普通高等教育"十四五"系列教材

水 力 学 （下册）

（第 3 版）

主编　张志昌　魏炳乾　郝瑞霞

中国水利水电出版社
www.waterpub.com.cn
·北京·

内 容 提 要

本书是在第 2 版的基础上修订完成的。全书分为上、下两册，共 20 章，其中上册 10 章，下册 10 章。上册内容为：绪论；水静力学；水动力学的基本原理；液流形态和水头损失；有压管道恒定流；有压管道非恒定流；液体三元流动基本理论；边界层理论基础；紊动射流与紊动扩散理论基础；波浪理论基础。下册内容为：明渠恒定均匀流；明渠恒定非均匀流；明渠恒定急变流——水跃和水跌；明渠非恒定流；堰流和孔流；泄水建筑物下游水流衔接与消能；渗流基础；动床水力学基础；计算水力学基础；高速水流简介。

本书在编写过程中，力求理论正确、概念准确、计算简单、通俗易懂、适应专业面广。

本书可作为高等学校水利类、热能动力类、土建类、环境工程类等专业本科生的教材，也可供高等职业院校、成人教育学院师生和有关工程技术人员参考。

图书在版编目（CIP）数据

水力学. 下册 / 张志昌，魏炳乾，郝瑞霞主编. --
3版. -- 北京：中国水利水电出版社，2021.6(2023.10重印)
普通高等教育"十四五"系列教材
ISBN 978-7-5170-9676-4

Ⅰ. ①水… Ⅱ. ①张… ②魏… ③郝… Ⅲ. ①水力学
—高等学校—教材 Ⅳ. ①TV13

中国版本图书馆CIP数据核字(2021)第122977号

书 名	普通高等教育"十四五"系列教材 **水力学（下册）（第 3 版）** SHUILIXUE	
作 者	主编 张志昌　魏炳乾　郝瑞霞	
出版发行	中国水利水电出版社 （北京市海淀区玉渊潭南路 1 号 D 座　100038） 网址：www.waterpub.com.cn E-mail：sales@mwr.gov.cn 电话：（010）68545888（营销中心）	
经 售	北京科水图书销售有限公司 电话：（010）68545874、63202643 全国各地新华书店和相关出版物销售网点	
排 版	中国水利水电出版社微机排版中心	
印 刷	天津嘉恒印务有限公司	
规 格	184mm×260mm　16 开本　25 印张　608 千字	
版 次	2011 年 7 月第 1 版第 1 次印刷 2021 年 6 月第 3 版　2023 年 10 月第 2 次印刷	
印 数	3001—6000 册	
定 价	**68.00 元**	

第3版重印说明

本次重印是在《水力学》（第3版）的基础上，对部分章节作了补充和完善，新增了课程思政、线上资源等内容。主要包括以下内容。

1. 部分章节的补充和完善

（1）上、下册修订的主要内容。

1）上册第1章对惯性力的概念作了说明；

2）上册第2章新增了用矢量法则推导静止液体中任一点处静水压强的方法；

3）上册第3章新增了由动能定理推导理想液体恒定流微小流束能量方程的通用方法；

4）上册第3章新增了例题3.17；

5）上册第4章对紊流产生的附加切应力一节进行了改写；

6）上册第7章新增了例题7.6；

7）上册第7章对偶极流的流速势函数给出了更准确的计算方法；

8）下册第5章对矩形薄壁大孔口自由出流的流量公式给出了更严谨的推导方法；

9）下册第5章对例题5.11作了修正。

（2）对全书的文字、图表、符号、公式、例题和习题进行了校对，对名词进行了统一。

（3）对参考文献进行了增减。增减后的参考文献上册有33篇，下册有52篇。

2. 增加课程思政素材的主要内容

（1）上册第2章"蛟龙号和奋斗者号"；

（2）上册第2章"莱昂哈德·欧拉"；

（3）上册第3章"丹尼尔·伯努利"；

（4）上册第4章"奥斯本·雷诺"；

（5）上册第 7 章"纳维埃-斯托克斯方程"；

（6）上册第 8 章"路德维希·普朗特"；

（7）下册第 1 章"南水北调工程"；

（8）下册第 3 章"生活中的水跃现象和工程中的水跃问题"；

（9）下册第 5 章"都江堰工程"；

（10）下册第 6 章"三峡水电站工程"；

（11）下册第 6 章"掺气分流墩设施"；

（12）下册第 7 章"坎儿井工程"；

（13）下册第 7 章"海绵城市"；

（14）下册第 10 章"白鹤滩水电站工程"；

（15）下册第 10 章"锦屏水电站工程"。

3. 增加课程线上资源的主要内容

包括每章教学 PPT、重难点讲解视频、教学视频。

《水力学》第 3 版重印的上册由张志昌、李国栋、李治勤主编，下册由张志昌、魏炳乾、郝瑞霞主编。其中张志昌编写上册第 1~5 章、第 8 章、第 9 章和第 10 章，下册第 2 章、第 5~6 章、第 9 章和第 10 章；李国栋编写上册第 6 章和第 7 章；魏炳乾编写下册第 3 章和下册第 8 章；李治勤编写下册第 1 章和下册第 4 章；郝瑞霞编写下册第 7 章。全书由张志昌统稿。

《水力学》第 3 版重印的主要工作人员和分工

序号	姓名	完 成 工 作
1	张志昌	部分章节的补充和完善，全书文字、图表、符号、公式、例题、习题的校对和名词的统一，参考文献的增减。
2	左娟莉	上册 1、2 章难点，重点习题修订，课程思政素材撰写。
3	魏炳乾	上册 1~3 章难点，上册第 6 章、下册第 1 章等修订，重点讲解视频。
4	杨振东	上册第 1、2、3、4、7 章修订，重点习题、上册第 3 章难点。
5	张巧玲	上册第 4、5 章难点，课程思政素材撰写。
6	李国栋	上册第 4、5 章和下册第 2、5、7 章难点修订。
7	荆海晓	下册第 1、2、3、7 章难点，重点习题修订。
8	李珊珊	下册第 5、6 章视频，课程思政素材撰写。
9	周蓓蓓，潘保柱	课程思政素材审核、线上资源平台建设。

本次重印得到了国家一流专业建设点经费支持，在此表示感谢！

编 者
2023 年 10 月

第 3 版前言

本次第 3 版是在第 2 版的基础上修订的。修订的主要内容如下。

（1）新增了 3 章内容。《水力学》（上册）新增了紊动射流与紊动扩散理论基础和波浪理论基础，下册新增了高速水流。使得水力学教材的理论体系更加完整，适应的专业范围更加广泛。

（2）对部分章节做了增补和完善。在《水力学》（上册）第 1 章新增了水力学发展简史及研究方法一节，以便读者了解水力学的发展历程、工程应用及研究方法。对下册第 7 章 7.9 节进行了改写，改写后的概念更加清晰，体系更加完整。

（3）对部分内容做了修改和调整。对收缩断面水深的计算采用显式计算，对有些复杂的计算公式给出了迭代公式，摒弃了以往的试算方法。对个别章节的内容进行了调整，调整后的内容更加紧凑和连贯。

（4）对全书的文字、符号、公式、图、表、例题和习题进行了校核和修正。

（5）新增参考文献 3 个。

《水力学》（第 3 版）中的上册由张志昌、李国栋、李治勤主编；下册由张志昌、魏炳乾、郝瑞霞主编。其中张志昌编写上册第 1～5 章、第 8 章、第 9 章和第 10 章，下册第 2 章、第 5～6 章、第 9 章和第 10 章；李国栋编写上册第 6 章和第 7 章；魏炳乾编写下册第 3 章和第 8 章；李治勤编写下册第 1 章和第 4 章；郝瑞霞编写下册第 7 章。

在本次修订中，吸收了国内外水力学教材的长处，征求了使用单位的意见和建议。使得水力学的有关概念更加准确，内容更加科学，水力计算更加简单，适应专业更加广泛，与工程实际结合更加紧密。由于编者水平有限，书中缺点和错误在所难免，恳请读者批评指正。

编 者

2020 年 12 月

第 2 版前言

2011 年《水力学》（上、下册）出版了第 1 版。通过 4 年的教学实践以及对水力学教材中一些问题的深入研究，对本教材进行了以下方面的修订：

（1）对原教材中的章节顺序做了调整，新增加了计算水力学基础。修订后的内容顺序上册为：第 1 章绪论，第 2 章水静力学，第 3 章水动力学的基本原理，第 4 章液流形态和水头损失，第 5 章有压管道恒定流，第 6 章有压管道非恒定流，第 7 章液体三元流动基本理论，第 8 章边界层理论。下册为：第 1 章明渠恒定均匀流，第 2 章明渠恒定非均匀流，第 3 章明渠恒定急变流——水跃和水跌，第 4 章明渠非恒定流简介，第 5 章堰顶溢流和孔流，第 6 章泄水建筑物下游水流衔接与消能，第 7 章渗流基础，第 8 章动床水力学基础，第 9 章计算水力学基础。

（2）对部分内容进行了修订。主要包括：上册第 1 章对第 1.3.1.7 小节中的汽化、空化和空蚀重新做了改写，以使概念更加清楚；第 2 章将第 2.6.1 小节中的静水压强分布图放在第 2.4.4 小节，使得内容更加紧凑，增加了例题 2.26；第 3 章在第 3.13.6 小节中增加了紊动阻力相似准则。下册第 2 章第 2.7.3 小节中的水力指数法计算公式部分由于查表计算烦琐而全部删除；第 3 章的第 3.4.2 小节中的梯形断面水跃共轭水深的计算、第 3.6 节中棱柱体水平明渠中水跃的长度计算、第 3.9 节中非棱柱体明渠水跃共轭水深的计算均应用了最新的简化计算公式；第 6 章的第 6.3.1 小节中的降低护坦高程所形成的消力池、第 6.3.2 小节中的在护坦末端修建消力坎形成的消力池、第 6.3.3 小节中的综合式消力池的水力计算均应用了最新的研究成果。

（3）对原文中的部分文字、公式、图表、例题、习题进行了校核和修正，新增参考文献 12 篇。

《水力学》（上、下册）（第 2 版）由张志昌主编，李国栋、李治勤为上册副主编，魏炳乾、郝瑞霞为下册副主编。其中张志昌编写上册第 1 章、第 2～5 章和第 8 章、下册第 2 章、第 5～6 章和第 9 章，李国栋编写上册第 6～7 章，魏炳乾编写下册第 3 章和第 8 章，李治勤编写下册第 1 章和第 4 章，郝瑞霞编写下册第 7 章。

本次修订内容由张志昌、魏炳乾、李国栋、李治勤、郝瑞霞等提出，由张志昌执笔。新增加的计算水力学基础由张志昌编写、李国栋和左娟莉审核。

本书的出版得到了陕西省国家重点学科建设专项基金的资助。

由于时间和编者水平所限，书中缺点和错误在所难免，恳请读者批评指正。

编 者

2015 年 7 月

第 1 版前言

　　水力学是以水为主要对象研究液体运动规律以及应用这些规律解决实际工程问题的科学，是水利水电工程、热能动力工程、给排水工程、环境工程、航运海港工程的基础理论，同时也是土建工程、机械工程、化学工程的必修课程。

　　在教材编写中，注重应用国内外最新科研成果。例如在有压管道的非恒定流、明渠恒定急变流、边界层理论基础、泄水建筑物下游水流的衔接与消能中应用了国内的最新研究成果，在堰顶溢流和孔流中应用了国际标准和我国测流规范的成果，并首次详细地把边界层理论应用于明渠测流中。这也是本教材的一个显著特点。

　　《水力学》（上、下册）主要内容包括：绪论，水静力学，水动力学的基本概念、液流形态和水头损失，液体三元流动基本理论，有压管道恒定流，有压管道非恒定流，明渠恒定均匀流，明渠恒定非均匀流，明渠恒定急变流——水跃和水跌，边界层理论基础，堰顶溢流和孔流，泄水建筑物下游的水流衔接与消能，明渠非恒定流简介，渗流基础，动床水力学基础，同时，附有例题、习题和应用图表。

　　《水力学》（上、下册）由张志昌主编，李国栋、李治勤为上册副主编，魏炳乾、郝瑞霞为下册副主编。其中张志昌编写上册第 1～4 章、第 6 章、下册第 1 章、第 3～5 章，魏炳乾编写下册第 2 章和第 8 章，李国栋编写上册第 5 章和第 7 章，李治勤编写上册第 8 章和下册第 6 章，郝瑞霞编写下册第 7 章。

　　本书的出版得到了水力学课程国家教学团队建设资金、西安理工大学教材建设基金及陕西省国家重点学科建设专项基金的资助。

　　由于时间和编者水平所限，书中缺点和错误在所难免，恳请读者批评指正。

编　者

2011 年 3 月

目录

第1章 明渠恒定均匀流

1.1 概　　述

天然河道和人工渠道统称为明渠。明渠的显著特点是水流显露在大气中具有自由液面，液面上各点的压强均为大气压强，即相对压强为零，因此，明渠水流又称为无压流。根据明渠水流的特点，在涵洞和隧洞中，当水流未充满整个断面时，液面压强为大气压强，这种水流亦称为明渠水流。

明渠水流运动是在重力作用下形成的。水流在流动过程中要克服阻力而消耗能量。明渠水流多属于紊流粗糙区，其沿程水头损失与断面平均流速的平方成正比。

明渠水流是在渠床边界约束范围内流动的，但其液面不受固体边界的约束。渠床边界条件如渠道的底坡、横断面形状尺寸以及表面粗糙程度等对明渠水流的运动状况有很大影响。例如，在一定的流量下，由于上、下游控制条件的不同，同一明渠中的水流可以形成各种不同形式的水面曲线。正是因为明渠水流的上边界不固定，所以解决无压流问题比解决有压流问题复杂得多。

明渠流动与有压管流的区别是：前者具有自由液面，作用在自由液面上的相对压强为零，自由液面位置可以随时间和空间变化，因而过水断面的几何形状及各水力要素也将相应地随时间和空间变化；而管流没有自由液面，过水断面不随时间而变化。另外，明渠的横断面形状及粗糙程度变化很大，而管道的断面形式较少且内表面的粗糙程度较均匀。

明渠水流根据其空间点上运动要素是否随时间变化，可分为恒定流与非恒定流；根据其运动要素是否随流程变化，可分为均匀流与非均匀流，非均匀流又有渐变流与急变流之分。

当明渠中水流的运动要素不随时间变化时，称为明渠恒定流；否则称为明渠非恒定流。明渠恒定流中，如果流线是一簇平行直线，则水深、断面平均流速均沿程不变，称为明渠恒定均匀流；如果流线不是平行直线，则称为明渠恒定非均匀流。本章主要研究明渠恒定均匀流。

1.2 明渠的底坡和横断面

明渠渠底与水平面夹角的正弦称为明渠的底坡，用 i 表示，如图 1.1 所示。即

$$i = \sin\theta = \frac{z_1 - z_2}{\Delta L'} = \frac{\Delta z}{\Delta L'} \tag{1.1}$$

式中：θ 为渠底与水平面的夹角；Δz 为断面 1—1 和断面 2—2 的渠底高差；$\Delta L'$ 为断面

1—1 和断面 2—2 之间的渠长。

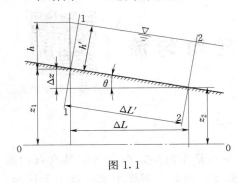

图 1.1

一般土渠的底坡很小，即 θ 角很小，常取 $\sin\theta = \tan\theta$。因此可用断面 1—1、断面 2—2 两断面之间的水平距离 ΔL 代替 $\Delta L'$，水深 h' 也可以用铅垂线的水深 h 代替。这种代替在 $\theta \leqslant 6°$（$i \leqslant 0.1$）的情况下是允许的。因为由此引起的误差小于 1.0%。

明渠的底坡有三种，即正坡、平坡和负坡。明渠的底坡沿程降低（$i > 0$），称为正坡或顺坡；明渠底坡沿程不变（$i = 0$），称为平坡；明渠底坡沿程升高（$i < 0$），称为负坡或逆坡，如图 1.2 所示。

天然河道的底坡起伏不平，底坡 i 沿流程是变化的，计算时采用的是一定河段上的平均底坡。

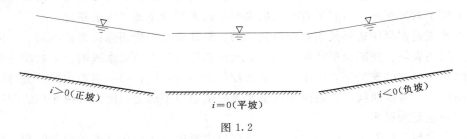

图 1.2

明渠的横断面有各种形状，如图 1.3 所示。人工明渠的横断面常见的有梯形、矩形、圆形、U 形、马蹄形等；天然河道的横断面则常呈不规则的形状。

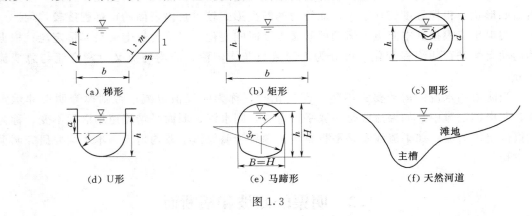

图 1.3

横断面形状和尺寸沿程不变的长直明渠称为棱柱体明渠。棱柱体明渠的过水断面面积 A 的大小只随水深而变化。轴线顺直、断面规则的人工渠槽、涵洞、隧洞均属棱柱体明渠。横断面形状和尺寸沿程变化的明渠称为非棱柱体明渠。非棱柱体明渠的过水断面既随水深变化，又因位置不同而不同。取水建筑物的渐变段就是典型的非棱柱体明渠。天然河道的断面不规则，主流弯曲多变，也是非棱柱体明渠。

1.3　明渠恒定均匀流的水流特性

前面已经提到，明渠恒定均匀流是指运动要素，即明渠中的水深、断面平均流速、流速分布等均保持沿程不变的流动，其流线为一组与渠底平行的直线。由于水深沿程不变，总水头线与水面曲线平行，如图 1.4 所示。可以看出，明渠恒定均匀流的水面坡度 J_z（即测压管水头线坡度）、水力坡度 J（即总水头线坡度）和底坡 i 都相等，即

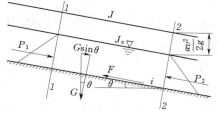

$$J_z = J = i \qquad (1.2)$$

图 1.4

明渠恒定均匀流既然是一种等速直线运动，没有加速度，则作用在液体上沿流动方向的力必然是平衡的。在图 1.4 中取出断面 1—1 和断面 2—2 之间的液体进行分析。作用在液体上的力有重力 G、阻力 F、两端断面上的动水压力 P_1 和 P_2。沿流动方向写力的平衡方程得

$$P_1 + G\sin\theta - F - P_2 = 0 \qquad (1.3)$$

因为是明渠恒定均匀流，断面上的动水压强符合静水压强分布规律；水深又不变，所以 P_1 和 P_2 大小相等，方向相反，互相抵消；因而 $G\sin\theta = F$。也就是说，在明渠恒定均匀流中，阻碍水流运动的阻力 F 与促使水流运动的重力分量 $G\sin\theta$ 相平衡。

从能量的观点看，在明渠恒定均匀流中，对于单位重量液体，重力所做的功正好等于阻力所做的功。所以，式 (1.3) 的物理意义是：在一定的距离上，水流因高程降低所引起的势能减小正好等于克服水流阻力所消耗的能量，而水流的动能维持不变。

为了区别明渠恒定均匀流与明渠恒定非均匀流，通常称明渠恒定均匀流的水深为正常水深，用 h_0 表示。

由于明渠恒定均匀流具有上述特性，它的形成就需要一定的条件：

（1）明渠水流必须是恒定流，流量沿程保持不变，沿程没有水流分出或汇入。

（2）必须是底坡不变的正坡明渠，即 $i > 0$。由式 (1.3) 可以得 $G\sin\theta = F$，即在正坡明渠中重力沿水流方向的分量与阻力相平衡。可以看出，平坡明渠中重力沿水流方向没有分量，负坡明渠中重力分量的方向与阻力方向一致，两者不可能平衡。所以在平坡和负坡明渠中均不可能形成均匀流。

（3）渠道必须是长直的棱柱体明渠，明渠表面的粗糙程度沿程不变。如果是非棱柱体明渠，则其流速和水深沿程改变，阻力也随之沿程改变，这样就不能保持重力分量与阻力的平衡。

（4）明渠中没有任何阻碍水流运动的建筑物（障碍物），如闸、坝、跌水等建筑物会造成水流的局部干扰，使得水流阻力发生变化，重力分量和阻力就不能保持平衡。

由以上分析可知，只有在满足上述四个条件的明渠中才能形成明渠恒定均匀流。实际工程中要完全满足上述四个条件是困难的。严格地讲，真正的明渠恒定均匀流极为少见，但对于顺直的正底坡棱柱体明渠，只要有足够的长度，总是有形成明渠恒定均匀流的趋

势，基本上满足上述条件，都可以近似地按照明渠恒定均匀流来分析和计算。因此，大致符合上述条件的人工渠道和某些顺直整齐的天然河道，均可按明渠恒定均匀流来计算。

1.4　明渠恒定均匀流的水力计算

明渠恒定均匀流水力计算的主要任务是计算流量（即过流能力）、过水断面尺寸、底坡和断面平均流速等。

明渠恒定均匀流水力计算的基本公式是连续性方程。即

$$Q = Av \tag{1.4}$$

式（1.4）中断面平均流速 v 的计算方法有谢才公式或对数律公式。谢才公式为

$$v = C\sqrt{RJ} \tag{1.5}$$

在紊流粗糙区，对数律公式为

$$v = \left(2.5\ln\frac{R}{\Delta} + 6.0\right)\sqrt{gRJ} \tag{1.6}$$

式中：R 为水力半径；Δ 为当量粗糙度。

在明渠恒定均匀流中，水力坡度等于底坡 i，水深为正常水深 h_0，相应的过水断面面积为 A_0，水力半径为 R_0。则明渠恒定均匀流的流量公式为

$$Q = A_0 C_0 \sqrt{R_0 i} \tag{1.7}$$

或

$$Q = A_0 \left(2.5\ln\frac{R_0}{\Delta} + 6.0\right)\sqrt{gR_0 i} \tag{1.8}$$

式（1.7）中的谢才系数 C_0 通常用曼宁公式或巴甫洛夫斯基公式计算。

曼宁公式为

$$C_0 = \frac{1}{n}R_0^{1/6} \tag{1.9}$$

巴甫洛夫斯基公式为

$$C_0 = \frac{1}{n}R_0^{y} \tag{1.10}$$

其中

$$y = 2.5\sqrt{n} - 0.13 - 0.75\sqrt{R_0}(\sqrt{n} - 0.10)$$

将式（1.9）代入式（1.7），并令式（1.7）和式（1.8）相等，可得当量粗糙度 Δ 与粗糙系数 n 以及水力半径 R_0 的关系为

$$\Delta = \frac{R_0}{\exp\left[\dfrac{0.18692}{n}\left(\dfrac{R_0}{g}\right)^{1/6} - 2.4\right]} \tag{1.11}$$

斯处克勒（Strickler）研究了 $v/\sqrt{gR_0 i}$ 与 $n\sqrt{g}/\Delta^{1/6}$ 的关系。研究表明，$v/\sqrt{gR_0 i}$ 的值一般为 8～25，在此之间若将 $n\sqrt{g}/\Delta^{1/6}$ 近似地看作常数就相当于曼宁公式。若取 $n\sqrt{g}/\Delta^{1/6} = 0.130 = 1/7.66$，则得粗糙系数和当量粗糙度的另一公式为

$$n = \Delta^{1/6}/(7.66\sqrt{g}) \tag{1.12}$$

式（1.12）称为曼宁-斯处克勒（Manning - Strickler）公式。

由式（1.7）～式（1.10）可以看出，粗糙系数 n 或当量粗糙度 Δ 是影响明渠恒定均

匀流流量的主要因素，正确选择粗糙系数 n 或当量粗糙度 Δ 是明渠恒定均匀流计算中的一个关键问题。以选择粗糙系数 n 为例，如果选择的 n 值与实际相比偏大，则势必增大断面尺寸，增加工程量，而且渠道中实际流速大于设计值，还可能引起土渠的冲刷；反之，如果选择的 n 值偏小，渠道建成后实际流速达不到设计值，会影响渠道的过流能力，造成渠道漫溢或淤积。

　　我国的南水北调工程东线工程全长 1785km，目前已建成的东线一期工程干线长1467km。中线工程干线全长 1432km，其中至北京的总干渠长 1276km，天津干渠长156km。南水北调后续工程中线引江补汉工程全长 194.8km，其中输水隧洞长 194.3km。陕西引汉济渭工程秦岭输水隧洞长 98.3km。这样超长的输水工程，粗糙系数 n 值的选取对于干渠输水能力有着极其重要的影响。

　　对于人工渠道，在长期实践中积累了丰富的资料，实际应用时可参照表 1.1 选择粗糙系数 n 值；对于天然河道，由于河床的不规则，粗糙系数的确定更为复杂，有条件时需通过对实际河流的测量来确定，初步设计时也可参照表 1.2 进行选择。

表 1.1　　　　　　　　　　各种材料明渠的粗糙系数 n 值

明渠断面材料情况及描述	n		
	表面粗糙情况较好	表面粗糙情况中等	表面粗糙情况较差
1. 土渠 清洁、形状正常	0.020	0.0225	0.025
不通畅并有杂草	0.027	0.030	0.035
曲线略有弯曲，有杂草	0.025	0.030	0.035
挖泥机挖成的土渠	0.0275	0.030	0.033
沙砾渠道	0.025	0.030	0.033
细砾石渠道	0.027	0.027	0.030
土底、石砌坡的岸渠	0.030	0.030	0.033
不光滑的石底、有杂草的土坡渠	0.030	0.035	0.040
2. 石渠 清洁的、形状正常的凿石渠	0.030	0.033	0.035
粗糙的、断面不规则的凿石渠	0.040	0.045	
光滑而均匀的石渠	0.025	0.035	0.040
精细开凿的石渠		0.02～0.025	
3. 各种材料护面的渠道 三合土（石灰、沙、煤灰）护面	0.014	0.016	
浆砌石护面	0.012	0.015	0.017
条石砌面	0.013	0.015	0.017
浆砌块石砌面	0.017	0.0225	0.030
干砌块石护面	0.023	0.032	0.035
4. 混凝土渠道 抹灰的混凝土或钢筋混凝土护面	0.011	0.012	0.013
无抹灰的混凝土或钢筋混凝土护面	0.013	0.014～0.015	0.017
喷浆护面	0.016	0.018	0.021
5. 木质渠道 抛光木板	0.012	0.013	0.014
未抛光的板	0.013	0.014	0.015

注　此表来自许茵椿、胡德保、薛朝阳主编的《水力学》（第三版），科学出版社，1990 年 8 月。

表 1.2　　　　　　　　　　　　　天然河道的粗糙系数 n 值

河道类型及情况	n		
	最小值	正常值	最大值
一、小河（洪水位的水面宽度小于 30m）			
1. 平原河流			
（1）清洁、顺直、无浅滩深潭；	0.025	0.030	0.033
（2）石块多、杂草多；	0.030	0.035	0.040
（3）清洁、弯曲、有浅滩深潭；	0.033	0.040	0.045
（4）有石块杂草；	0.035	0.045	0.050
（5）水深较浅、河底坡度多变、平面上回流区较多；	0.040	0.048	0.055
（6）石块多；	0.045	0.050	0.060
（7）多杂草、有深潭、流动缓慢的河段；	0.050	0.070	0.080
（8）多杂草的河段、深潭多或林木滩地上的过洪	0.075	0.100	0.150
2. 山区河流（河滩无草树、河岸较陡、岸坡树丛过洪时淹没）			
（1）河底为砾石、卵石、间有孤石；	0.030	0.040	0.050
（2）河底为砾石和大孤石	0.040	0.050	0.070
二、大河（洪水位的水面宽度大于 30m）			
相应于上述小河的各种情况，由于河岸阻力相对较小，n 值略小。			
（1）断面比较规则整齐、无孤石或丛木；	0.025		0.060
（2）断面不规则整齐、床面粗糙	0.035		0.100
三、洪水时期滩地漫流			
1. 草地、无树丛			
（1）短草；	0.025	0.030	0.035
（2）长草	0.030	0.035	0.050
2. 耕地			
（1）未熟庄稼；	0.020	0.030	0.040
（2）已熟成行庄稼；	0.025	0.035	0.045
（3）已熟密植庄稼	0.030	0.040	0.050
3. 矮树丛			
（1）稀疏、多杂草；	0.035	0.050	0.070
（2）不密、夏季情况；	0.040	0.060	0.080
（3）茂密、夏季情况	0.070	0.100	0.160
4. 树木			
（1）平整田地、干树无枝；	0.030	0.040	0.050
（2）干树多新枝；	0.050	0.060	0.080
（3）密林、树下植物多、洪水位在枝下；	0.080	0.100	0.120
（4）洪水位淹没树枝	0.100	0.120	0.160

注　此表来自清华大学水力学教研组编写的《水力学》（下册）（1980 年修订版），高等教育出版社，1984 年 8 月。

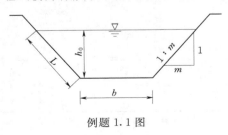

例题 1.1 图

明渠恒定均匀流的水力计算一般有三类问题，现举例说明如下：

（1）已知渠道的断面形状和尺寸、渠中水深 h_0、底坡 i、粗糙系数 n。求流量 Q。

【例题 1.1】　某梯形渠道底宽 $b=6$m，正常水深 $h_0=2$m，边坡系数 $m=2$，底坡 $i=3\times10^{-4}$，

$n = 0.024$，求渠中通过的流量。

解：

用谢才公式计算流量：

梯形断面面积为 $\qquad A_0 = (b + mh_0)h_0 = (6 + 2 \times 2) \times 2 = 20(\text{m}^2)$

湿周为 $\qquad \chi_0 = b + 2L = b + 2\sqrt{1 + m^2}h_0 = 6 + 2 \times \sqrt{1 + 2^2} \times 2 = 14.944(\text{m})$

水力半径为 $\qquad R_0 = A_0/\chi_0 = 20/14.944 = 1.338(\text{m})$

谢才系数为 $\qquad C_0 = \dfrac{1}{n}R_0^{1/6} = \dfrac{1}{0.024} \times 1.338^{1/6} = 43.739(\text{m}^{1/2}/\text{s})$

流量为 $\qquad Q = A_0 C_0 \sqrt{R_0 i} = 20 \times 43.739 \times \sqrt{1.338 \times 3 \times 10^{-4}} = 17.526(\text{m}^3/\text{s})$

用对数律公式计算流量：由式（1.12）得

$$\Delta = (7.66n\sqrt{g})^6 = (7.66 \times 0.024 \times \sqrt{9.8})^6 = 0.0363(\text{m})$$

流量为

$$Q = A_0(2.5\ln\frac{R_0}{\Delta} + 6.0)\sqrt{gR_0 i}$$

$$= 20 \times (2.5 \times \ln\frac{1.338}{0.0363} + 6.0) \times \sqrt{9.8 \times 1.338 \times 3 \times 10^{-4}}$$

$$= 18.838(\text{m}^3/\text{s})$$

（2）已知渠道的设计流量 Q、底坡 i、断面形状和粗糙系数 n、渠道的边坡系数 m。求正常水深 h_0。

【例题 1.2】 某电站引水渠的断面为梯形，并用浆砌块石衬砌。渠道的边坡系数 $m = 1$，底坡 $i = 1/800$，渠道底宽 $b = 6\text{m}$，设计流量 $Q = 70\text{m}^3/\text{s}$。试计算渠堤高度（要求超高 0.5m）。

解：

由表 1.1 查得浆砌块石护面的粗糙系数 $n = 0.0225$。

$$A_0 = (b + mh_0)h_0$$

$$\chi_0 = b + 2\sqrt{1 + m^2}h_0$$

$$R_0 = \frac{A_0}{\chi_0} = \frac{(b + mh_0)h_0}{b + 2\sqrt{1 + m^2}h_0}$$

$$C_0 = \frac{1}{n}R_0^{1/6}$$

$$Q = A_0 C_0 \sqrt{R_0 i} = A_0 \frac{1}{n}R_0^{2/3}\sqrt{i}$$

$$\frac{nQ}{\sqrt{i}} = A_0 R_0^{2/3} = \frac{[(b + mh_0)h_0]^{5/3}}{(b + 2\sqrt{1 + m^2}h_0)^{2/3}}$$

写成迭代式得

$$h_0 = \frac{\left[\dfrac{nQ}{\sqrt{i}}(b + 2\sqrt{1 + m^2}h_0)^{2/3}\right]^{3/5}}{b + mh_0}$$

将 $m=1$，底坡 $i=1/800$，$b=6\mathrm{m}$，$Q=70\mathrm{m}^3/\mathrm{s}$，$n=0.0225$ 代入上式得

$$h_0=\frac{\left[44.548\times(6+2\times\sqrt{2}h_0)^{2/3}\right]^{3/5}}{6+h_0}$$

求解上式得 $h_0=3.143\mathrm{m}$。渠堤高度为

$$渠堤高度=正常水深+超高=3.143+0.5=3.643(\mathrm{m})$$

（3）已知渠道的设计流量 Q、底坡 i、正常水深 h_0、粗糙系数 n 和渠道的边坡系数 m，求渠道的底宽。

【例题 1.3】 某梯形渠道的电站引水渠，在中等密实黏土中开挖，使用期中岸坡已生杂草。已知梯形断面渠道的边坡系数 $m=1.5$，粗糙系数 $n=0.03$，底坡 $i=1/7000$，渠底到堤顶高差为 $3.2\mathrm{m}$，电站引用流量 $Q=73.4\mathrm{m}^3/\mathrm{s}$。现要求渠道在保证超高为 $0.5\mathrm{m}$ 的条件下设计渠底宽度。

解：

由例题 1.2 已得

$$\frac{nQ}{\sqrt{i}}=\frac{\left[(b+mh_0)h_0\right]^{5/3}}{(b+2\sqrt{1+m^2}h_0)^{2/3}}$$

将上式变形为

$$b=\frac{\left[(b+2\sqrt{1+m^2}h_0)^{2/3}nQ/\sqrt{i}\right]^{3/5}}{h_0}-mh_0$$

将 $m=1.5$，$n=0.03$，$i=1/7000$，$Q=73.4\mathrm{m}^3/\mathrm{s}$，$h_0=3.2-0.5=2.7(\mathrm{m})$ 代入上式得

$$b=\frac{\left[(b+9.735)^{2/3}\times184.233\right]^{3/5}}{2.7}-4.05$$

解上式得 $b=34.52\mathrm{m}$。

（4）已知渠道的设计流量 Q、断面形状及几何尺寸和粗糙系数 n，求底坡 i。

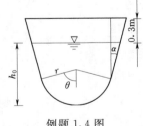
例题 1.4 图

【例题 1.4】 某灌溉渠道的断面形状为 U 形，底部半径 $r=1.25\mathrm{m}$，渠道倾角 $\alpha=14°$，渠深 $2.05\mathrm{m}$，要求超高 $0.3\mathrm{m}$，设计流量 $Q=5.5\mathrm{m}^3/\mathrm{s}$，粗糙系数 $n=0.013$。试设计渠道底坡 i。

解：

U 形渠道的断面如图所示。当水深 $h_0>r(1-\cos\theta)$ 时，液面处于梯形断面内，这时 θ 为一常数。过水断面面积 A_0、湿周 χ 和水力半径 R_0 计算如下：

$$A_0=r^2\theta+\frac{h_0^2+2r^2-2rh_0}{\tan\theta}+\frac{2r(h_0-r)}{\sin\theta}$$

将 $r=1.25\mathrm{m}$、$\theta=(180°-2\alpha)/2=(180°-2\times14°)/2=76°$，$h_0=2.05-0.3=1.75(\mathrm{m})$ $>r(1-\cos\theta)=1.25\times(1-\cos76°)=0.948(\mathrm{m})$，将 r、h_0、θ 代入上式得

$$A_0=3.813\mathrm{m}^2$$

$$\chi_0=2r\theta+\frac{2(h_0-r+r\cos\theta)}{\sin\theta}=5.485\mathrm{m}$$

$$R_0 = \frac{A_0}{\chi_0} = \frac{3.813}{5.485} = 0.695(\text{m})$$

因为 $Q = A_0 \frac{1}{n} R_0^{2/3} \sqrt{i}$ ，解出

$$i = \left(\frac{nQ}{A_0 R_0^{2/3}}\right)^2 = \left(\frac{0.013 \times 5.5}{3.813 \times 0.695^{2/3}}\right)^2 = 5.71 \times 10^{-4}$$

（5）已知流量 Q、断面平均流速 v、底坡 i、粗糙系数 n 和边坡系数 m，设计渠道的断面尺寸。

【例题 1.5】 某矩形渠道，流量 $Q = 19.5\text{m}^3/\text{s}$，断面平均流速 $v = 1.45\text{m/s}$，粗糙系数 $n = 0.02$，底坡 $i = 0.0007$。求所需的水深 h_0 和底宽 b（要求水深不超过 2m）。

解：

对于矩形渠道，断面面积 $A_0 = bh_0$，湿周 $\chi_0 = b + 2h_0$，则

水力半径为
$$R_0 = \frac{A_0}{\chi_0} = \frac{bh_0}{b + 2h_0}$$

断面平均流速为
$$v = \frac{1}{n} R_0^{2/3} \sqrt{i}$$

由上式得
$$R_0 = \left(\frac{nv}{\sqrt{i}}\right)^{3/2} = \left(\frac{0.02 \times 1.45}{\sqrt{0.0007}}\right)^{3/2} = 1.148(\text{m})$$
$$A_0 = Q/v = 19.5/1.45 = 13.448(\text{m}^2)$$
$$\chi_0 = A_0/R_0 = 13.448/1.148 = 11.714(\text{m})$$

即 $b + 2h_0 = 11.714$，给此式乘以 h_0 得

$$bh_0 + 2h_0^2 = 11.714h_0$$

因为 $bh_0 = A_0 = 13.448$，代入上式整理得

$$2h_0^2 - 11.714h_0 + 13.448 = 0$$

解上式得 $h_{01} = 4.289\text{m}$，$h_{02} = 1.568\text{m}$。依题意，取水深 $h_0 = 1.568\text{m}$。

渠道底宽为 $\qquad b = 13.448/h_0 = 13.448/1.568 = 8.577(\text{m})$

（6）已知流量 Q、水深 h_0、渠道断面尺寸、长度 L 和水面坡降 J_z，求粗糙系数 n。

【例题 1.6】 为了收集某梯形渠道的粗糙系数 n 的资料，今测得流量 $Q = 12.5\text{m}^3/\text{s}$，水深 $h_0 = 1.4\text{m}$，在长为 $L = 300\text{m}$ 的渠段内，水面降落 $\Delta z = 0.24\text{m}$。已知梯形渠道底宽 $b = 7.5\text{m}$，$m = 1.5$。试求粗糙系数 n。

解：

$$A_0 = (b + mh_0)h_0 = (7.5 + 1.5 \times 1.4) \times 1.4 = 13.44(\text{m}^2)$$

$$\chi_0 = b + 2\sqrt{1+m^2}\, h_0 = 7.5 + 2 \times \sqrt{1+1.5^2} \times 1.4 = 12.548(\text{m})$$

$$R_0 = \frac{A_0}{\chi_0} = \frac{13.44}{12.548} = 1.071(\text{m})$$

$$i = \frac{\Delta z}{L} = \frac{0.24}{300} = 0.0008$$

$$n = \frac{A_0}{Q} R_0^{2/3} \sqrt{i} = \frac{13.44}{12.5} \times 1.071^{2/3} \times \sqrt{0.0008} = 0.0318$$

1.5　水力最佳断面和允许流速

1.5.1　水力最佳断面

水力最佳断面是指在流量 Q、渠底纵坡 i 和粗糙系数 n 一定的情况下，过水断面面积最小。或者反过来说，在过水断面面积、粗糙系数 n 和渠底纵坡 i 一定的条件下，使渠道所通过的流量最大。凡是符合这一条件的断面形式都称为水力最佳断面。

把明渠恒定均匀流的流量公式写成

$$Q = A_0 C_0 \sqrt{R_0 i} = A_0 \frac{1}{n} R_0^{2/3} \sqrt{i} = \frac{1}{n} \frac{A_0^{5/3} i^{1/2}}{\chi_0^{2/3}}$$

由上式可以看出，当渠道的断面面积 A_0、渠底纵坡 i 和粗糙系数 n 一定时，要使流量最大，则必须使水力半径 R_0 最大，也就是湿周 χ_0 最小。

在各种几何形状中，同样的面积下，已知圆的湿周最小，说明圆形断面是各种断面形状中的水力最佳断面。而半圆形断面的水力半径与圆的水力半径相等，因而也是水力最佳断面。为了使渠道边坡稳定，近几十年来发展起来的底部为圆、上部为梯形或矩形断面的 U 形渠道是仅次于圆形断面的水力最佳断面。

本节从梯形断面入手，主要介绍梯形断面和 U 形断面水力最佳断面的计算方法。其他断面的水力最佳断面的计算方法与此方法完全一样。

1. 梯形断面

梯形断面的面积和湿周分别为

$$A = (b + mh)h \tag{1.13}$$

$$\chi = b + 2\sqrt{1 + m^2}\, h \tag{1.14}$$

根据水力最佳断面的条件

$$\left.\begin{array}{l} A = 常数 \\ \chi = 最小值 \end{array}\right\} \tag{1.15}$$

即

$$\left.\begin{array}{l} \dfrac{\mathrm{d}A}{\mathrm{d}h} = 0 \\[2mm] \dfrac{\mathrm{d}\chi}{\mathrm{d}h} = 0 \end{array}\right\} \tag{1.16}$$

对式（1.13）和式（1.14）分别求导数并使之为零，即

$$\frac{\mathrm{d}A}{\mathrm{d}h} = b + mh + h\left(\frac{\mathrm{d}b}{\mathrm{d}h} + m\right) = 0$$

$$\frac{\mathrm{d}\chi}{\mathrm{d}h} = \frac{\mathrm{d}b}{\mathrm{d}h} + 2\sqrt{1 + m^2} = 0$$

由以上两式消去 $\mathrm{d}b/\mathrm{d}h$，得

$$\beta_0 = \frac{b}{h} = 2\left(\sqrt{1 + m^2} - m\right) = f(m) \tag{1.17}$$

可以看出，梯形渠道的水力最佳断面的宽深比 β_0 仅是边坡系数 m 的函数，对于不同的边坡，有不同的 β_0。

对于矩形断面，$m=0$，则 $\beta_0=b/h=2$。由此得矩形渠道水力最佳断面的底宽是水深的 2 倍，即 $b=2h$。

梯形渠道的水力最佳断面的边坡系数 m 是决定断面宽度的主要因素之一，那么采用多大的 m 值才能使开挖和衬砌的方量最少呢？现讨论如下。

由式（1.17）中解出 b 并代入式（1.14）和式（1.13）得湿周 χ、水深 h 与边坡系数 m 的关系为

$$\chi=2\times(2\sqrt{1+m^2}-m)h$$

$$h=\sqrt{\frac{A}{2\sqrt{1+m^2}-m}}$$

由以上两式得
$$\chi=2[(2\sqrt{1+m^2}-m)A]^{1/2}$$

为了求使 χ 最小的 m 值，只需计算 $\partial\chi/\partial m=0$，则得

$$2m=\sqrt{1+m^2}$$

由上式得
$$m=1/\sqrt{3}=\cot60°=\tan30° \tag{1.18}$$

即 $m=\cot60°$ 时的边坡系数为梯形断面的最佳边坡系数。

在一般的土渠中，边坡系数 $m>1$，则得 $\beta_0<1$，即梯形渠道水力最佳断面通常都是窄而深的断面，这种断面虽然工程量小，但不便于施工及维护。所以无衬砌的大型土渠不宜采用梯形水力最佳断面。

【例题 1.7】 一梯形断面浆砌块石渠道，底坡 $i=1/1000$。按水力最佳断面设计，取底宽 $b=3\text{m}$，边坡为 1：0.25，设堤顶超高为 0.4m。试求渠底至堤顶高度 H 及流量 Q。

解：
$$\beta_0=\frac{b}{h_0}=2(\sqrt{1+m^2}-m)=2\times(\sqrt{1+0.25^2}-0.25)=1.562$$

水深为
$$h_0=b/\beta_0=3/1.562=1.921(\text{m})$$

渠底至堤顶高度 H 为

$$H=h_0+0.4=1.921+0.4=2.321(\text{m})$$

而
$$A_0=(b+mh_0)h_0=(3+0.25\times1.921)\times1.921=6.686(\text{m}^2)$$

$$\chi_0=b+2\sqrt{1+m^2}h_0=3+2\times\sqrt{1+0.25^2}\times1.921=6.960(\text{m})$$

$$R_0=\frac{A_0}{\chi_0}=\frac{6.686}{6.960}=0.961(\text{m})$$

对于浆砌块石渠道，取粗糙系数 $n=0.025$，则流量为

$$Q=A_0C_0\sqrt{R_0i}=A_0\frac{1}{n}R_0^{2/3}\sqrt{i}=\frac{6.686}{0.025}\times0.961^{2/3}\times\sqrt{1/1000}=8.236(\text{m}^3/\text{s})$$

【例题 1.8】 同例题 1.7，如果取边坡系数 $m=\cot60°=1/\sqrt{3}$，流量仍为 $Q=$

8.236m^3/s，试求渠底宽度 b、正常水深 h_0 和过水断面面积 A_0。

解：

$$\frac{b}{h_0}=2\times(\sqrt{1+m^2}-m)=2\times[\sqrt{1+(1/\sqrt{3})^2}-1/\sqrt{3}]=1.155$$

$$b=1.155h_0$$

$$A_0=(b+mh_0)h_0=(1.155+1/\sqrt{3})h_0^2=1.732h_0^2$$

$$\chi_0=b+2\sqrt{1+m^2}h_0=(1.155+2\times\sqrt{1+1/3})h_0=3.464h_0$$

$$R_0=\frac{A_0}{\chi_0}=\frac{1.732h_0^2}{3.464h_0}=\frac{1}{2}h_0$$

$$Q=A_0C_0\sqrt{R_0i}=A_0\frac{1}{n}R_0^{2/3}\sqrt{i}$$

由上式得　$A_0R_0^{2/3}=1.732h_0^2\times(0.5h_0)^{2/3}=1.091h_0^{8/3}=\dfrac{nQ}{\sqrt{i}}=\dfrac{0.025\times8.236}{\sqrt{1/1000}}=6.511$

解得 $h_0=1.954$m。则

$$b=1.155h_0=1.155\times1.954=2.257(\text{m})$$

$$A_0=1.732h_0^2=1.732\times1.954^2=6.613(\text{m}^2)$$

与例题 1.7 相比，断面面积减小了 0.073m^2，约为 1.1%。

2. U 形断面

U 形渠道的断面形式见例题 1.4。设渠道的半径为 r，圆心半角为 θ，外倾角为 α，渠道的底坡为 i，正常水深为 h_0，粗糙系数为 n。由例题 1.4 中图的几何关系可知，当 h_0 $<r(1-\cos\theta)$ 时，水流处于圆弧内，圆形断面本身就是水力最佳断面。现在讨论当水深 $h_0>r(1-\cos\theta)$ 时，液面处于梯形或矩形（$\alpha=0$）断面内，这时 θ 为一常数。过水断面面积 A_0、湿周 χ_0 用式（1.19）和式（1.20）计算：

$$A_0=r^2\theta+\frac{h_0^2+2r^2-2rh_0}{\tan\theta}+\frac{2r(h_0-r)}{\sin\theta} \tag{1.19}$$

$$\chi_0=2r\theta+\frac{2(h_0-r+r\cos\theta)}{\sin\theta} \tag{1.20}$$

对式（1.19）和式（1.20）求导数得

$$\frac{\mathrm{d}A_0}{\mathrm{d}h_0}=2r\sin\theta+2\frac{h_0+r\cos\theta-r}{\tan\theta}-\frac{(h_0+r\cos\theta-r)^2}{\sin^2\theta}\frac{\mathrm{d}\theta}{\mathrm{d}h_0}=0$$

$$\frac{\mathrm{d}\chi_0}{\mathrm{d}h_0}=2\sin\theta-(h_0+r\cos\theta-r)\cos\theta\frac{\mathrm{d}\theta}{\mathrm{d}h_0}=0$$

由以上两式解出 $\mathrm{d}\theta/\mathrm{d}h_0$，并令其相等得

$$\frac{h_0}{r}=1-\frac{\cos\theta}{\cos2\theta} \tag{1.21}$$

式（1.21）即为 U 形渠道水力最佳断面水深与半径的比值关系，此比值仅是圆心半角 θ 的函数。由式（1.21）可以看出，当 $\theta=90°$ 时，$h_0=r$，即半圆是水力最佳断面。同时还可以看出，随着 θ 的减小，h_0/r 增大，这时虽然湿周 χ 有所增加，但这对渠道稳定是必要的。U 形渠道的圆心半角一般为 70°～90°。陕西省的 U 形渠道圆心半角大多为 76°，设

计时可供参考。

【例题 1.9】 某 U 形渠道，设计流量 $Q = 3\text{m}^3/\text{s}$，底坡 $i = 1/1500$，粗糙系数 $n = 0.014$，要求按水力最佳断面设计渠道，试确定 U 形渠道的半径 r。

解：

取圆心半角 $\theta = 76°$，则

$$\frac{h_0}{r} = 1 - \frac{\cos\theta}{\cos2\theta} = 1 - \frac{\cos76°}{\cos152°} = 1.274$$

$$h_0 = 1.274r$$

将 $\theta = 76°$，$h_0 = 1.274r$ 代入式（1.19）和式（1.20）整理得 $A_0 = 2.159r^2$，$\chi_0 = 3.716r$。则

$$R_0 = \frac{A_0}{\chi_0} = \frac{2.159r^2}{3.716r} = 0.581r$$

$$Q = A_0 \frac{1}{n} R_0^{2/3} \sqrt{i} = \frac{2.159r^2}{0.014} \times 0.581^{2/3} r^{2/3} \times \sqrt{1/1500} = 2.772r^{8/3} = 3$$

由上式解得 $r = 1.03\text{m}$。

1.5.2 允许流速

为使渠道在正常运用过程中不发生冲淤现象，就需要对渠道的断面平均流速的上限和下限值作出规定，这种保证渠道正常工作的限制流速称为允许流速。

允许流速的上限，要保证渠槽不遭受冲刷，称为不冲流速 $v_{不冲}$。不冲流速主要与渠床材料性质、水力半径等因素有关。不同土壤和砌护条件下，渠道的最大允许不冲流速见表 1.3～表 1.5。

在渠道设计中，渠道的断面平均流速应小于等于不冲流速，即

$$v \leqslant v_{不冲}$$

对黄土地区，浑水渠道的不冲流速可以按陕西省水利科学研究所的经验公式计算：

$$v_{不冲} = C'R^{0.4}$$

式中：C' 为系数，对于粉质土壤 $C' = 0.96$，对于沙壤土 $C' = 0.70$。

表 1.3　　　均质黏性土壤渠道（水力半径 $R = 1\text{m}$）最大允许不冲流速值

土壤种类	干重度/(N/m³)	$v_{不冲}$/(m/s)	土壤种类	干重度/(N/m³)	$v_{不冲}$/(m/s)
轻壤土	12740～16660	0.6～0.8	重壤土	12740～16660	0.70～1.0
中壤土	12740～16660	0.65～0.85	黏土	12740～16660	0.75～0.95

注　此表来自许荫椿、胡德保、薛朝阳主编的《水力学》（第三版），科学出版社，1990 年 8 月。

表 1.4　　　均质无黏性土壤渠道（水力半径 $R = 1\text{m}$）最大允许不冲流速值

土壤种类	粒径/mm	$v_{不冲}$/(m/s)	土壤种类	粒径/mm	$v_{不冲}$/(m/s)
极细沙	0.05～0.10	0.35～0.45	中砾石	5.00～10.00	0.90～1.10
细沙和中沙	0.25～0.50	0.45～0.60	粗砾石	10.00～20.00	1.10～1.30
粗沙	0.50～2.00	0.60～0.75	小卵石	20.00～40.00	1.30～1.80
细砾石	2.00～5.00	0.75～0.90	中卵石	40.00～60.00	1.80～2.20

注　此表来自许荫椿、胡德保、薛朝阳主编的《水力学》（第三版），科学出版社，1990 年 8 月。

表 1.5　　　　　　　　　　岩石和人工护面渠道最大允许不冲流速值

岩石或护面种类	$v_{不冲}$/(m/s)		
	流量<$1m^3/s$	流量为 $1\sim10m^3/s$	流量>$10m^3/s$
软质水成岩(泥灰岩、页岩、软砾岩)	2.5	3.0	3.5
中等硬质水成岩(多孔石灰岩、层状石灰岩、白云石灰岩等)	3.5	4.25	5.0
硬质水成岩(白云沙岩、沙质石灰岩)	5.0	6.0	7.0
结晶岩、火成岩	8.0	9.0	10.0
单层块石铺砌	2.5	3.5	4.0
双层块石铺砌	3.5	4.5	5.0
混凝土护面(水流中不含沙和卵石)	6.0	8.0	10.0

注　此表来自许荫椿、胡德保、薛朝阳主编的《水力学》(第三版),科学出版社,1990 年 8 月。

说明:当渠道水力半径 $R \neq 1m$ 时,表 1.3～表 1.5 中的 $v_{不冲}$ 值应乘以 R^{α}。对于沙、砾石、卵石以及疏松的沙壤土、黏土,$\alpha = 1/3 \sim 1/4$;对中等密实的沙壤土、壤土、黏土,$\alpha = 1/4 \sim 1/5$。

允许流速的下限,要保证含沙水流的挟沙不致在渠道中淤积,称为不淤流速 $v_{不淤}$。渠道中的允许流速应大于不淤流速。

不淤流速的确定有以下几种方法。

(1) 如果渠道水流不含泥沙或含的泥沙量很低,只是为避免渠道中滋生杂草而降低过流能力,一般对于大型渠道 $v_{不淤}$ 应大于 0.5m/s;对于小型渠道 $v_{不淤}$ 应大于 0.3m/s。

(2) 如果渠道水流含有一定的泥沙,应使渠道设计流速不小于能挟带来水含沙量的流速。因此,渠道的最小不淤流速与水流中泥沙的性质有关。$v_{不淤}$ 可用下面的经验公式计算:

$$v_{不淤} = C'' \sqrt{R}$$

式中:C'' 为根据渠道水流中泥沙性质而定的一个系数,其值可查表 1.6。

(3) 对于北方寒冷地区,为防止冬季渠水结冰,流速应保证大于 0.6m/s。

对于航运渠道和水电站引水渠道,渠中流速还应满足某些技术经济条件及应用管理方面的要求。

表 1.6　　　　　　　　　　　　系　数　C''　值

泥沙性质	C''	泥沙性质	C''
粗颗粒泥沙	0.65～0.77	细颗粒泥沙	0.41～0.45
中颗粒泥沙	0.58～0.64	很细颗粒泥沙	0.37～0.41

注　此表来自许荫椿、胡德保、薛朝阳主编的《水力学》(第三版),科学出版社,1990 年 8 月。

【例题 1.10】　某梯形渠道设计流量 $Q = 3m^3/s$,底坡 $i = 0.0002$,粗糙系数 $n = 0.025$,边坡系数 $m = 1$,渠道为密实的黏土。试设计一水力最佳断面,并校正渠中是否会发生冲刷或淤积。已知不淤流速 $v_{不淤} = 0.4m/s$。

解:

$$\frac{b}{h_0}=2(\sqrt{1+m^2}-m)=2\times(\sqrt{1+1^2}-1)=0.828$$

$$b=0.828h_0$$

$$A_0=(b+mh_0)h_0=(0.828+1)h_0^2=1.828h_0^2$$

$$\chi_0=b+2\sqrt{1+m^2}h_0=(0.828+2\times\sqrt{1+1^2})h_0=3.656h_0$$

$$R_0=\frac{A_0}{\chi_0}=\frac{1.828h_0^2}{3.656h_0}=\frac{1}{2}h_0$$

$$Q=A_0C_0\sqrt{R_0i}=A_0\frac{1}{n}R_0^{2/3}\sqrt{i}$$

由上式得 $A_0R_0^{2/3}=1.828h_0^2\times(0.5h_0)^{2/3}=1.152h_0^{8/3}=\dfrac{nQ}{\sqrt{i}}=\dfrac{0.025\times3}{\sqrt{0.0002}}=5.303$

解上式得 $h_0=1.773\mathrm{m}$。

则 $b=0.828h_0=0.828\times1.773=1.468(\mathrm{m})$

$$R_0=0.5h_0=0.5\times1.773=0.886(\mathrm{m})$$

$$A_0=1.828h_0^2=1.828\times1.773^2=5.746(\mathrm{m}^2)$$

渠道中的断面平均流速为

$$v=Q/A_0=3/5.746=0.522(\mathrm{m/s})$$

对于密实的黏土,查表 1.3 得 $R=1\mathrm{m}$ 时,$v_{不冲}=0.75\sim0.95\mathrm{m/s}$,因为 $R\neq1\mathrm{m}$,取 $\alpha=1/4$,则

$$v_{不冲}=(0.75\sim0.95)R_0^{1/4}=(0.75\sim0.95)\times0.886^{1/4}=(0.728\sim0.922)(\mathrm{m/s})$$

已知 $v_{不淤}=0.4\mathrm{m/s}$,所以

$$v_{不淤}<v<v_{不冲}$$

所设计的断面满足不冲刷不淤积的条件。

1.6 复式断面明渠恒定均匀流的水力计算

深挖高填的大型渠道,如果水深变化较大,常采用复式断面,如图 1.5 所示。由图 1.5 可以看出,当流量较小时,水流集中在较深的部分,称为深槽;当流量较大时,水流溢出深槽而漫及渠堤,一部分水流从滩地上流过。天然河道漫滩也会形成复式断面。

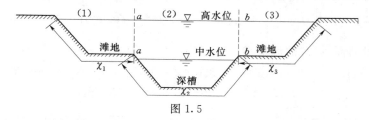

图 1.5

对复式断面明渠进行水力计算时,可以将复式断面分成几个单式断面,如图 1.5 中的 (1)、(2)、(3)。各个单式断面都有各自的过水断面面积、湿周、水力半径和粗糙系

15

数，但对各单式断面来说，底坡 i 是相同的。各单式断面的流量可用式（1.22）计算：

$$\left.\begin{array}{l} Q_1 = A_1 C_1 \sqrt{R_1 i} \\ Q_2 = A_2 C_2 \sqrt{R_2 i} \\ Q_3 = A_3 C_3 \sqrt{R_3 i} \\ \vdots \end{array}\right\} \tag{1.22}$$

由叠加原理得

$$Q = Q_1 + Q_2 + Q_3 + \cdots \tag{1.23}$$

在计算湿周时注意不要把垂直分界线考虑在内。

【例题 1.11】 有一复式断面河道，河道的底坡 $i=0.0001$，深槽的粗糙系数 $n_2=0.025$，滩地的粗糙系数 $n_1=n_3=0.030$，洪水位及断面尺寸如图所示。求洪水流量。

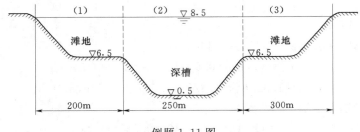

例题 1.11 图

解：

将复式断面分成单式断面（1）、（2）、（3），每个单式断面的形状都接近于矩形，故近似地按矩形断面计算。

（1）求通过断面（1）的流量 Q_1。由图中可以看出

$$h_{01}=8.5-6.5=2.0(\text{m}), A_{01}=200\times2=400(\text{m}^2), \chi_{01}=200+2=202(\text{m})$$
$$R_{01}=A_{01}/\chi_{01}=400/202=1.98(\text{m})$$

$$Q_1=\frac{1}{n_1}A_{01}R_{01}^{2/3}\sqrt{i}=\frac{1}{0.03}\times400\times1.98^{2/3}\times\sqrt{0.0001}=210.24(\text{m}^3/\text{s})$$

（2）求通过断面（2）的流量 Q_2。

$$h_{02}=8.5-0.5=8.0(\text{m}), A_{02}=250\times8=2000(\text{m}^2), \chi_{02}=250+2\times(6.5-0.5)=262(\text{m})$$
$$R_{02}=A_{02}/\chi_{02}=2000/262=7.634(\text{m})$$

$$Q_2=\frac{1}{n_2}A_{02}R_{02}^{2/3}\sqrt{i}=\frac{1}{0.025}\times2000\times7.634^{2/3}\times\sqrt{0.0001}=3101.53(\text{m}^3/\text{s})$$

（3）求通过断面（3）的流量 Q_3。

$$h_{03}=8.5-6.5=2.0(\text{m}), A_{03}=300\times2=600(\text{m}^2), \chi_{03}=300+2=302(\text{m})$$
$$R_{03}=A_{03}/\chi_{03}=600/302=1.987(\text{m})$$

$$Q_3=\frac{1}{n_3}A_{03}R_{03}^{2/3}\sqrt{i}=\frac{1}{0.03}\times600\times1.987^{2/3}\times\sqrt{0.0001}=316.08(\text{m}^3/\text{s})$$

总流量为 $\quad Q=Q_1+Q_2+Q_3=210.24+3101.53+316.08=3627.85(\text{m}^3/\text{s})$

1.7 断面周界上粗糙系数不同的水力计算

有时渠底和壁面材料或土质不同,因而断面周界上各段的粗糙系数 n 不同。例如,有的傍山渠道一侧为浆砌石或混凝土边墙,而另一侧与渠底为岩石,有的渠底为岩面而边坡为混凝土护面,如图 1.6 所示。这种周界上有两种以上粗糙系数的断面称为组合粗糙系数断面。在此情况下,可以采用综合粗糙系数或等效粗糙系数来进行水力计算。综合粗糙系数有不同的计算方法。

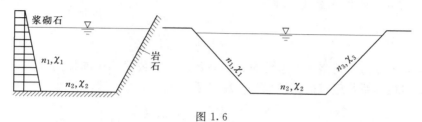

图 1.6

下面介绍巴甫洛夫斯基综合粗糙系数公式。

假设渠道断面有两种不同的粗糙系数 n_1 和 n_2,各相应部分的湿周为 χ_1 和 χ_2。巴甫洛夫斯基认为,粗糙系数不同的各部分湿周上的阻力之和,应该等于整个湿周的总阻力。即

$$\tau_0 \chi = \tau_1 \chi_1 + \tau_2 \chi_2 \tag{1.24}$$

式中:$\chi = \chi_1 + \chi_2$;τ_1 和 τ_2 分别为湿周 χ_1 和 χ_2 上的切应力;τ_0 为湿周 χ 上的平均切应力。

τ_0 可用下式计算:

$$\tau_0 = \gamma R J$$

将谢才公式 $v = C\sqrt{RJ}$ 代入上式得

$$\tau_0 = \gamma v^2 / C^2 \tag{1.25}$$

为了求得综合粗糙系数,巴甫洛夫斯基首先假定相应各湿周 χ_1 和 χ_2 的过水断面平均流速与整个过水断面的平均流速相等,即 $v_1 = v_2 = v$,所以有

$$\left.\begin{array}{l} \tau_1 = \gamma v^2 / C_1^2 \\ \tau_2 = \gamma v^2 / C_2^2 \end{array}\right\} \tag{1.26}$$

将式(1.25)、式(1.26)代入式(1.24),并注意 $\chi = \chi_1 + \chi_2$,得

$$\frac{\tau_0}{\gamma} = \frac{v^2(\chi_1/C_1^2 + \chi_2/C_2^2)}{\chi_1 + \chi_2} = RJ \tag{1.27}$$

由式(1.27)得

$$v = \frac{\sqrt{\chi_1 + \chi_2}}{\sqrt{\chi_1/C_1^2 + \chi_2/C_2^2}} \sqrt{RJ} = C\sqrt{RJ} \tag{1.28}$$

巴甫洛夫斯基的第二个假定是,粗糙系数不同的各部分的过水断面面积与相应的湿周成正比,即 $A_1/A_2 = \chi_1/\chi_2$,于是有 $A_1/A = \chi_1/\chi$,$A_2/A = \chi_2/\chi$,由此得

$$R_1 = A_1 / \chi_1 = A / \chi = R \atop R_2 = A_2 / \chi_2 = A / \chi = R \Bigg\} \tag{1.29}$$

可见巴甫洛夫斯基第二个假定的实质是 $R_1 = R_2 = R$。又因为 $C_1 = \dfrac{1}{n_1} R^y$，$C_2 = \dfrac{1}{n_2} R^y$，

$C = \dfrac{1}{n} R^y$，则

$$\frac{1}{n} R^y = \frac{\sqrt{\chi_1 + \chi_2}}{\sqrt{\chi_1 / C_1^2 + \chi_2 / C_2^2}}$$

将 C_1 和 C_2 的表达式代入上式整理得

$$n = \frac{\sqrt{\chi_1 n_1^2 + \chi_2 n_2^2}}{\sqrt{\chi_1 + \chi_2}} \tag{1.30}$$

式（1.30）即为巴甫洛夫斯基综合粗糙系数的计算公式。用同样的方法，可以得出 3 种或多种不同粗糙系数组成的渠道的综合粗糙系数为

$$n = \frac{\sqrt{\chi_1 n_1^2 + \chi_2 n_2^2 + \chi_3 n_3^2 + \cdots}}{\sqrt{\chi_1 + \chi_2 + \chi_3 + \cdots}} \tag{1.31}$$

除了巴甫洛夫斯基公式外，常用的还有别洛康（П. Н. Белоконь）和周文德（Ven Te Chow）公式、加权平均法公式，现不加推导地介绍如下。

别洛康和周文德公式：

$$n = \left(\frac{\chi_1 n_1^{3/2} + \chi_2 n_2^{3/2} + \chi_3 n_3^{3/2}}{\chi_1 + \chi_2 + \chi_3} \right)^{2/3} \tag{1.32}$$

加权平均法公式：

$$n = \frac{\chi_1 n_1 + \chi_2 n_2 + \chi_3 n_3 + \cdots + \chi_k n_k}{\chi_1 + \chi_2 + \chi_3 + \cdots + \chi_k} \tag{1.33}$$

杰尼先可（И. Д. Денисенко）认为式（1.32）适应于 $n_{max}/n_{min} > 1.5$；式（1.33）适应于 $n_{max}/n_{min} < 1.5$。其中 n_{max} 和 n_{min} 分别为同一渠段粗糙系数的最大值和最小值。

【例题 1.12】　拟设计一条渠道，其边坡用混凝土衬砌，而渠底未经加固。混凝土边坡的断面长度 $\chi_1 = 6.0\text{m}$，$n_1 = 0.012$；而未经加固的渠底长度 $\chi_2 = 5.0\text{m}$，$n_2 = 0.025$。试用 3 种不同的公式计算综合粗糙系数 n。

解：

（1）巴甫洛夫斯基公式：

$$n = \frac{\sqrt{\chi_1 n_1^2 + \chi_2 n_2^2}}{\sqrt{\chi_1 + \chi_2}} = \sqrt{\frac{6 \times 0.012^2 + 5 \times 0.025^2}{6 + 5}} = 0.019$$

（2）别洛康和周文德公式：

$$n = \left(\frac{\chi_1 n_1^{3/2} + \chi_2 n_2^{3/2}}{\chi_1 + \chi_2} \right)^{2/3} = \left(\frac{6 \times 0.012^{3/2} + 5 \times 0.025^{3/2}}{6 + 5} \right)^{2/3} = 0.0185$$

（3）加权平均法公式：

$$n = \frac{\chi_1 n_1 + \chi_2 n_2}{\chi_1 + \chi_2} = \frac{6 \times 0.012 + 5 \times 0.025}{6 + 5} = 0.018$$

习   题

1.1   如习题 1.1 图所示，试从理论上证明，明渠恒定均匀流的基本公式可采用 $v = C\sqrt{Ri}$ 。

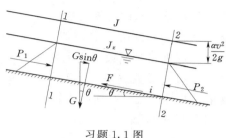 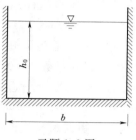

习题 1.1 图   习题 1.2 图

1.2   导出矩形断面明渠恒定均匀流正常水深与流量的关系式。已知矩形渠道（习题 1.2 图）的底宽 $b = 5\mathrm{m}$，粗糙系数 $n = 0.014$，流量 $Q = 11\mathrm{m^3/s}$，$h_0 = 1.06\mathrm{m}$。求底坡 i。

1.3   已知矩形断面渠道底宽 $b = 5\mathrm{m}$，粗糙系数 $n = 0.014$，流量 $Q = 11\mathrm{m^3/s}$，底坡 $i = 1/800$。试用流速分布的对数律求渠道的正常水深 h_0。

1.4   有两条矩形断面渡槽，如习题 1.4 图所示。其过水断面面积均为 $5\mathrm{m^2}$，粗糙系数 $n_1 = n_2 = 0.014$，渠道底坡 $i_1 = i_2 = 0.004$。问这两条渡槽中水流作恒定均匀流时，其通过的流量是否相等？如不等，流量各为多少？

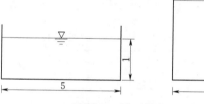

习题 1.4 图（单位：m）

1.5   有一梯形断面干渠通过的流量 $Q = 13\mathrm{m^3/s}$，渠道底坡 $i = 1/3500$，粗糙系数 $n = 0.025$，边坡系数 $m = 1.5$。已知渠道正常水深 $h_0 = 2\mathrm{m}$。求干渠的底宽 b。

1.6   有一坚实黏土的梯形断面渠道，已知底宽 $b = 8\mathrm{m}$，正常水深 $h_0 = 2\mathrm{m}$，粗糙系数 $n = 0.0225$，渠道底坡 $i = 0.0002$，通过的流量 $Q = 17.72\mathrm{m^3/s}$。试求渠道的边坡系数。

1.7   有一梯形断面渠道，已知底宽 $b = 4\mathrm{m}$，边坡系数 $m = 2.0$，粗糙系数 $n = 0.025$，渠道底坡 $i = 1/2000$，通过的流量 $Q = 8\mathrm{m^3/s}$。试求渠道的正常水深 h_0。

1.8*   一梯形断面土渠，按恒定均匀流设计。已知正常水深 $h_0 = 1.2\mathrm{m}$，底宽 $b = 2.4\mathrm{m}$，边坡系数 $m = 1.5$，粗糙系数 $n = 0.025$，底坡 $i = 0.0016$。试用谢才公式和流速分布的对数律公式求渠道的断面平均流速和流量。

1.9   某干渠断面为梯形，底宽 $b = 5\mathrm{m}$，边坡系数 $m = 2$，底坡 $i = 0.00025$，粗糙系数 $n = 0.0225$，计算水深为 2.15m 时渠道的断面平均流速及流量。如底坡不变，粗糙系数变为

---

*   为重难点习题。

$n=0.025$，流量有什么变化？如粗糙系数不变，底坡变为 $i=0.00033$，流量又有什么变化？

1.10 有一梯形断面渠道，流动为恒定均匀流。今欲测定该渠道的粗糙系数 n，在桩号 $1+780.00$ 处测得液面高程为 266.825m，在 $3+10.00$ 处测得液面高程为 266.525m。渠底宽度 $b=10\text{m}$，边坡系数 $m=1$，正常水深 $h_0=3\text{m}$，流量 $Q=39\text{m}^3/\text{s}$。试求粗糙系数 n。

1.11 做洪水调查时，在一清洁平直的河段上，发现一次洪水两处的洪痕相距为 2000m。分别测得洪痕高程 $\nabla_1=40.0\text{m}$、$\nabla_2=36.0\text{m}$；过水断面面积分别为 $A_1=350\text{m}^2$、$A_2=400\text{m}^2$；湿周分别为 $\chi_1=125\text{m}$、$\chi_2=150\text{m}$。试求洪水的洪峰流量。

1.12 有一梯形断面渠道，已知渠中通过的流量 $Q=20\text{m}^3/\text{s}$，边坡系数 $m=1.5$，底坡 $i=0.0004$，粗糙系数 $n=0.014$。试按水力最佳断面设计明渠（要求超高 0.5m）。

1.13 有一梯形断面渠道，底坡 $i=0.0005$，边坡系数 $m=1$，粗糙系数 $n=0.027$，过水断面面积 $A_0=10\text{m}^2$。求水力最佳断面及相应的最大流量。如改为矩形断面，仍欲维持原流量，且其粗糙系数和底坡均不变，问其最佳尺寸如何？

1.14 某梯形断面渠道，要求通过的流量 $Q=8\text{m}^3/\text{s}$。已知粗糙系数 $n=0.020$，底坡 $i=0.0002$，边坡系数 $m=1.5$。按水力最佳断面设计渠道断面尺寸。如果改用 $m=1/\sqrt{3}$，求流量不变时渠道的过水断面面积与原设计渠道过水断面面积之比。

1.15* 如习题 1.15 图所示，试证明：当梯形断面渠道的边坡一定时，$b=2h_0\tan(\alpha/2)$ 时的梯形断面是水力最佳断面。

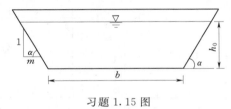

| 习题 1.15 图 | 习题 1.16 图 |

1.16 求边坡系数分别为 m_1 和 m_2 的不对称梯形断面（习题 1.16 图）渠道的水力最佳断面的条件。

1.17 试证明三角形断面渠道的水力最佳断面的边坡系数 $m=1.0$。

1.18 已知三角形断面渠道，边坡系数 $m=2.5$，底坡 $i=0.002$，粗糙系数 $n=0.015$，设计流量 $Q=13.2\text{m}^3/\text{s}$。求渠道的正常水深 h_0 和过水断面面积；如果取边坡系数 $m=1.0$，求渠道的正常水深和过水断面面积。

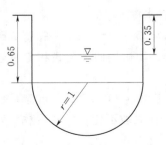

习题 1.21 图（单位：m）

1.19 一无压引水隧洞直径 $d=7.5\text{m}$，通过的流量 $Q=200\text{m}^3/\text{s}$，粗糙系数 $n=0.013$，底坡 $i=0.002$。求渠道的正常水深 h_0。

1.20 试证明圆形断面的流速和流量在某一小于直径（即不满流时）的水深处达到最大值。

1.21 钢筋混凝土薄壳渡槽断面为 U 形，底部为半圆，半径 $r=1.0\text{m}$；上面接铅直侧墙，高为 0.65m（包括超高 0.35m），如习题 1.21 图所示。渡槽的粗糙系数 $n=0.014$，通过的流量 $Q=4\text{m}^3/\text{s}$。求渡槽的底坡。

1.22　某 U 形断面渠道，已知底坡 $i=0.001$，粗糙系数 $n=0.014$，圆心半角 $\theta=80°$，半径 $r=1.0$m，正常水深 $h_0=1.6$m。求 U 形断面渠道通过的流量。

1.23　某灌区用 U 形断面渠道灌溉农田。已知渠道的半径 $r=0.25$m，底坡 $i=1/1500$，粗糙系数 $n=0.011$，圆心半角 $\theta=76°$，通过的流量 $Q=0.1$m³/s。试求渠道的正常水深。

1.24　某 U 形断面渠道，已知渠道的半径 $r=1.0$m，底坡 $i=0.0005$，粗糙系数 $n=0.025$，设计流量 $Q=1.5$m³/s。要求按水力最佳断面设计渠道，试求圆心半角 θ 和渠道的正常水深 h_0。

1.25　某 U 形断面渠道，已知设计流量 $Q=3$m³/s，底坡 $i=1/1500$，粗糙系数 $n=0.014$。试按水力最佳断面确定渠道的半径 r。

1.26　某抛物线形断面渠道 $y=0.016x^2$。已知正常水深 $h_0=3$m，底坡 $i=0.00052$，粗糙系数 $n=0.025$。求流量 Q。

1.27　有一梯形断面渠道，已知流量 $Q=15.6$m³/s，底宽 $b=10$m，边坡系数 $m=1.5$，粗糙系数 $n=0.02$，土壤的不冲允许流速 $v_{不冲}=0.85$m/s。试求渠道的正常水深 h_0 和底坡 i。

1.28*　某水电站引水渠为黏土，渠的岸边长有杂草。已知渠道底宽为 30m，边坡系数 $m=2.0$，底坡 $i=1/6000$，渠底至堤顶高差为 3.5m。试求：

（1）电站引水流量 $Q=85$m³/s，今因工业供水需求，试计算渠道在保证超高 0.5m 的条件下，除电站引用流量外，尚能供给工业用水若干？并校核此时渠中是否发生冲刷。

（2）与电站最小水头相应的渠中水深 $h=1.8$m，计算此时渠中通过的流量为多少，在此条件下渠道是否发生淤积（设不淤流速 $v_{不淤}=0.5$m/s）。

1.29　有一下水道直径 $d=0.305$m，底坡 $i=0.0036$，粗糙系数 $n=0.019$。为了避免下水道中产生沉淀，水流的最低不淤流速不能低于 0.61m/s。求下水道最小允许流量。

1.30　河道中的堤防如习题 1.30 图所示，通过的洪水流量 $Q=637$m³/s。如渠漫滩的水深限制在 1.52m，问所需的宽度（B_1+B_2）为多少？已知底坡 $i=0.0001$，河道的粗糙系数 $n_1=0.025$，河滩的粗糙系数 $n_2=0.03$。计算水力半径时，堤防的湿润面很小，可以忽略。

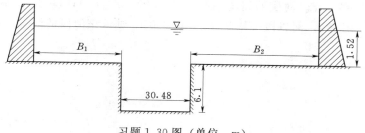

习题 1.30 图（单位：m）

1.31　有一复式断面运河如习题 1.31 图所示。为保证枯水期能通航，运河底坡 $i=0.003$，深槽底宽 $b_1=20$m。两侧滩地宽度 $b_2=b_3=30$m。滩地的边坡系数 $m_2=m_3=$

3.0；深槽的边坡系数 $m_1=2.5$。当 $h_1=4m$，$h_2=h_3=2m$，深槽的粗糙系数 $n_1=0.025$，滩地的粗糙系数 $n_2=n_3=0.03$ 时，求运河通过的流量。

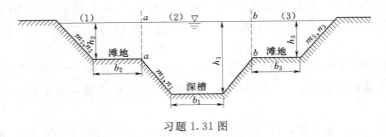

习题 1.31 图

1.32*　如习题 1.32 图所示的近似矩形断面的河道，在断面 1—1 和断面 2—2 间分汊成两段。已知 $L_1=6000m$、$L_2=2500m$；宽度 $b_1=80m$、$b_2=150m$；水深 $h_1=2.2m$、$h_2=4m$。河床表面情况良好，可取粗糙系数 $n=0.03$。当总流量 $Q=400m^3/s$ 时，断面 1—1 处的液面高程 $\nabla_1=120.00m$。试近似按明渠恒定均匀流求：

(1) 断面 2—2 的液面高程。

(2) 流量分配 Q_1 和 Q_2。

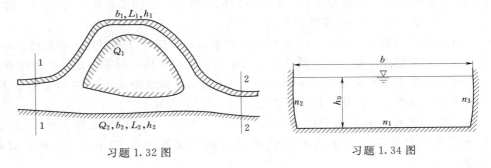

习题 1.32 图　　　　　　　　　习题 1.34 图

1.33　有一矩形断面渠道，已知渠宽 $b=3.3m$。渠的两边为开山后未衬砌的岩石，粗糙系数 $n_1=0.034$；渠底为混凝土衬砌，粗糙系数 $n_2=0.014$。已知渠底的比降 $i=1/2000$，通过的流量 $Q=9m^3/s$。试求渠中的正常水深 h_0。

1.34　如习题 1.34 图所示，某峡谷河段的断面图可视为矩形断面。当正常水深 $h_0=10m$ 时，河宽 $b=200m$。河底的粗糙系数 $n_1=0.025$，左岸的粗糙系数 $n_2=0.03$，右岸的粗糙系数 $n_3=0.035$，河谷段平均底坡 $i=0.0005$。试求该河段的流量。

第2章 明渠恒定非均匀流

2.1 概 述

第1章讲了明渠恒定均匀流。实际上,人工渠道或天然河道中的水流大多数是非均匀流。这是因为工程中常会遇到明渠底坡或粗糙系数沿程变化,或渠道的横断面形状(或尺寸)沿程变化,或在河道和明渠中修建水工建筑物(坝、闸、桥梁、涵洞等)使河道和明渠中的断面平均流速和水深发生变化,这些均会在明渠中形成非均匀流。

明渠恒定非均匀流的特点是明渠的底坡、水面曲线、总水头线彼此互不平行。也就是说,水深和断面平均流速 v 沿程变化,流线间互不平行,水力坡度线(总水头线)、测压管水头线(水面曲线)和底坡线彼此间不平行,如图 2.1 所示。

明渠恒定非均匀流又分为明渠恒定非均匀渐变流和明渠恒定非均匀急变流两种情况。在明渠恒定非均匀流中,若流线是接近互相平行的直线,或流线间夹角很小,流线的曲率半径很大,这种水流称为明渠恒定非均匀

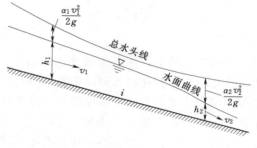

图 2.1

渐变流或缓变流。明渠恒定非均匀渐变流的测压管水头线与水面曲线重合,所以测压管坡度即为水面坡度。如果流线间互不平行,或流线间的夹角很大,流线的曲率半径很小,这种水流称为明渠恒定非均匀急变流。

在明渠恒定均匀流中,流量 $Q = AC\sqrt{Ri}$,当 $i = 0$ 或 $i < 0$ 时,该式失去物理意义,正常水深也不复存在。这就是说在平坡和逆坡渠道中,实际上不可能产生均匀流,但明渠恒定非均匀流则在顺坡、平坡和逆坡渠道中都能够发生。

研究明渠恒定非均匀流的主要任务包括以下内容:

(1)定性分析水面曲线。

(2)定量计算水面曲线。

分析和计算水面曲线的目的就是确定明渠的边墙高度,以及建坝后水库的回水淹没范围等。

2.2 明渠水流的三种流态

明渠水流由于具有自由液面而与有压流不同,具有独特的水流流态。一般明渠水流有三种流态,即缓流、临界流和急流。

观察一种水流现象时,如果在静止的水中沿铅垂方向丢下一块石子,水面将产生一个

微小的波动，称为干扰波或微波。这个波动以石子的着落点为中心，以一定的速度 v_w 向四周传播，平面上的波形将是一连串的同心圆，如图 2.2（a）所示。这种在静水中传播的微波速度 v_w 称为相对波速。

如果把石子投入流动的明渠恒定均匀流中，则波传播的速度应是水流的速度与相对波速的向量和。当水流断面的平均流速 v 小于相对波速 v_w 时，微波将以绝对速度 $v_w'=v-v_w$ 向上游传播，同时又以绝对速度 $v_w'=v+v_w$ 向下游传播，这种水流称为缓流，如图 2.2（b）所示。当水流断面的平均流速 v 等于相对波速 v_w 时，微波向上游传播的绝对速度 $v_w'=0$，而向下游传播的绝对速度 $v_w'=2v_w$，如图 2.2（c）所示，这种水流称为临界流。当水流断面平均流速 v 大于相对波速 v_w 时，微波只以绝对速度 $v_w'=v+v_w$ 向下游传播，而对上游水流不发生任何影响，这种水流称为急流，如图 2.2（d）所示。

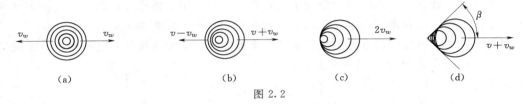

图 2.2

在日常生活中，大家凭感性认识也知道水流有缓流和急流之分。一般缓流中水深较大，流速较小，当在缓流渠道中有障碍物时将会产生干扰波，这时干扰波既能向上游传播也能向下游传播。急流中水深较小，流速较大，当在急流渠道中遇障碍物时，同样也产生干扰波，但这种干扰波只能向下游传播。可以想象，在缓流和急流之间还存在另一种流动，那就是临界流，但临界流的流态不稳定。

下面介绍判别流态的几种方法。

2.2.1　波速法

波速法是只要比较水流的断面平均流速 v 与微波的相对速度 v_w 的大小，就可以判断干扰波是否会向上游传播，也可以判断明渠水流是属于哪一种流态。

$v < v_w$ 时，水流为缓流，干扰波能向上游传播；

$v = v_w$ 时，水流为临界流，干扰波不能向上游传播；

$v > v_w$ 时，水流为急流，干扰波不能向上游传播。

下面推导微波相对波速的计算公式。

设有一任意形状的平底棱柱体明渠，渠内为静水，水深为 h，水面宽度为 B，断面面积为 A。用一竖直平板依一定的速度向左拨动一下，则在平板的左侧将激起一个干扰的微波。微波的波高为 Δh，以波速 v_w 向左移动，如图 2.3 所示。观察微波的传播，波形所到之处将带动槽内的水流运动，这时某一点的水流流速将是随时间而变化的。这本是一个非恒定流问题，但如果将参照系取在波峰上，即观察者处于波的位置上，这时，相对于这个动坐标系而言，观察者看到的波峰是静止不动的，而水流则以波速 v_w 向右运动。这就像人们坐在火车上观察到车厢是不动的，而窗外铁路沿线的树木则以车速向后运动一样。这样流动变成了恒定流，而水深沿程变化，是非均匀流动。

假设忽略摩擦阻力，以槽底为基准面，取相距很近的断面 1—1 和断面 2—2 建立连续性

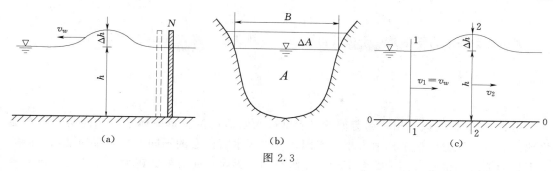

图 2.3

方程和能量方程，则

$$Av_w = (A + \Delta A)v_2$$

$$v_2 = \frac{A}{A + \Delta A}v_w$$

其中

$$\Delta A = B\Delta h$$

写断面 1—1 和断面 2—2 的能量方程，取 $\alpha_1 = \alpha_2 = 1$，则

$$h + \frac{v_w^2}{2g} = (h + \Delta h) + \frac{v_2^2}{2g} = (h + \Delta h) + \left(\frac{A}{A + \Delta A}\right)^2 \frac{v_w^2}{2g}$$

将 $\Delta A = B\Delta h$ 代入上式解得

$$v_w = \sqrt{\frac{2g(A/B + \Delta h)^2}{2A/B + \Delta h}} \tag{2.1}$$

对于微波，波高 $\Delta h \ll A/B$（即断面平均水深），则式（2.1）可简化为

$$v_w = \sqrt{gA/B} = \sqrt{g\overline{h}} \tag{2.2}$$

式中：$\overline{h} = A/B$。

对于矩形断面，$A = Bh$，则

$$v_w = \sqrt{gh} \tag{2.3}$$

在断面平均流速为 v 的水流中，微波传播的绝对速度 v_w' 应是静水中的相对波速 v_w 与水流断面平均流速的代数和，即

$$v_w' = v \pm v_w = v \pm \sqrt{g\overline{h}} \tag{2.4}$$

式中：微波顺水流方向传播的绝对速度用 "+" 号，微波逆水流方向传播的绝对速度用 "−" 号。

2.2.2 弗劳德数法

水力学中常用无量纲数作为判别流动特性的标准。由于缓流和急流取决于断面平均流速和相对波速比值的大小，所以用断面平均流速 v 与相对波速 v_w 的比值作为判别缓流和急流的标准，把断面平均流速与相对波速的比值称为弗劳德数，以 Fr 表示，即

$$Fr = \frac{v}{v_w} = \frac{v}{\sqrt{gA/B}} = \frac{v}{\sqrt{g\overline{h}}} \tag{2.5}$$

显然，对临界流来说，$v = v_w$，弗劳德数恰好等于 1。因此可以用弗劳德数来判别明渠水流的流态，即

$Fr < 1$，水流为缓流；

$Fr = 1$，水流为临界流；

$Fr>1$，水流为急流。

弗劳德数在水力学中是一个极其重要的流态判别数，将式（2.5）改写为

$$Fr=\sqrt{\dfrac{2\dfrac{v^2}{2g}}{h}} \tag{2.6}$$

由式（2.6）可以看出，弗劳德数是表示过水断面单位重量液体平均动能与平均势能之比的 2 倍开平方，这个比值大小的不同，反映了水流流态的不同。当水流的平均势能等于平均动能的 2 倍时，弗劳德数 $Fr=1$，水流为临界流。弗劳德数越大，意味着水流的平均动能所占的比例越大。

弗劳德数的力学意义为水流的惯性力与重力这两种作用力的对比关系，这可以由量纲分析得到。设水流中某液体质点的质量为 $\mathrm{d}m$，流速为 u，则它所受的惯性力 F 的量纲为

$$[F]=\left[\mathrm{d}m\,\frac{\mathrm{d}u}{\mathrm{d}t}\right]=\left[\mathrm{d}m\,\frac{\mathrm{d}u}{\mathrm{d}x}\,\frac{\mathrm{d}x}{\mathrm{d}t}\right]=\left[\rho\,l^3\,\frac{v}{l}v\right]=\left[\rho\,l^2v^2\right]$$

重力的量纲为

$$[G]=[g\,\mathrm{d}m]=[\rho g l^3]$$

而惯性力与重力之比开平方的量纲式为

$$\left[\frac{F}{G}\right]^{1/2}=\left[\frac{\rho\,l^2v^2}{\rho g l^3}\right]^{1/2}=\left[\frac{v}{\sqrt{gl}}\right]$$

这个比值的量纲式与弗劳德数相同。当这个比值等于 1 时，恰好说明惯性力与重力作用相等，水流是临界流。当 $Fr>1$ 时，说明惯性力作用大于重力的作用，惯性力对水流起主导作用，这时水流处于急流状态。当 $Fr<1$ 时，惯性力作用小于重力的作用，这时重力对水流起主导作用，水流处于缓流状态。

综上所述可以看出，综合反映水流断面平均流速和水深大小的弗劳德数 Fr，其数值是小于 1 还是大于 1，可以作为判别明渠水流是缓流还是急流的标准，故弗劳德数 Fr 又称流态判别数。

2.2.3　断面比能法

明渠中水流的流态也可以从能量的角度来分析。如图 2.4 所示为一明渠渐变流，若以 0—0 为基准面，则过水断面上单位重量液体所具有的总能量为

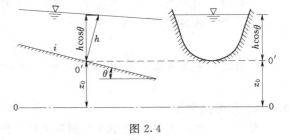

图 2.4

$$E=z_0+h\cos\theta+\frac{\alpha v^2}{2g} \tag{2.7}$$

式中：θ 为明渠底面与水平面的夹角。

若以某断面的最低点 $0'$—$0'$ 为基准面，计算得到的断面单位能量称为断面比能，用 E_s 表示，即

$$E_s=h\cos\theta+\frac{\alpha v^2}{2g}=h\cos\theta+\frac{\alpha Q^2}{2gA^2} \tag{2.8}$$

不难看出，断面比能 E_s 与断面单位重量液体总能量 E 的区别如下：

（1）断面比能 E_s 是总能量 E 中的一部分，$E_s = E - z_0$，两者相差的数值就是两个基准面之间的高差 z_0。

（2）由于有能量损失，E 总是沿流程减小的，即 $dE/ds < 0$；但 E_s 却不同，可以沿流程减小、不变甚至增加。

证明如下：

如图 2.5 所示，断面比能沿流程 s 的变化可写成

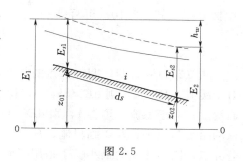

图 2.5

$$\frac{dE_s}{ds} = \frac{dE}{ds} - \frac{dz_0}{ds}$$

因为 $dz_0/ds = -i$，$dE/ds = -dh_w/ds = -J$，故

$$\frac{dE_s}{ds} = i - J$$

在明渠恒定均匀流中，水力坡度 J 等于渠道底坡，即 $i = J$，$dE_s/ds = 0$，说明断面比能 E_s 沿程不变；在明渠恒定非均匀流中，对于底坡 $i = 0$ 和 $i < 0$，则 $dE_s/ds < 0$，说明断面比能沿程减小。在顺坡渠道中，$i > 0$，因为是非均匀流，$i \neq J$，这时要看水力坡度 $J = -dE/ds$ 与底坡 i 的相对大小来决定了。如果水流的能量损失强度（水力坡度）$J < i$，则 $dE_s/ds > 0$，这时断面比能沿程增加；反之，如果 $J > i$，则 $dE_s/ds < 0$，断面比能沿程减小。由此可见，断面比能沿程变化表示着明渠水流的不均匀程度。

对于底坡较小的渠道，当 $\theta < 6°$ 时，$\cos\theta \approx 1$，则式（2.8）变为

$$E_s = h + \frac{\alpha v^2}{2g} = h + \frac{\alpha Q^2}{2gA^2} \tag{2.9}$$

由式（2.9）可知，当流量 Q、断面形状及尺寸一定时，断面比能 E_s 只是水深 h 的函数，即 $E_s = f(h)$，称 $E_s = h + \dfrac{\alpha Q^2}{2gA^2}$ 为断面比能函数，由此函数画出的曲线称为断面比能曲线。如果以纵坐标表示断面水深 h，以横坐标表示断面比能 E_s，则一定流量下所论断面的

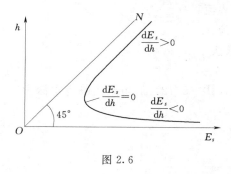

图 2.6

比能随水深的变化规律可以用 h-E_s 断面比能曲线表示出来。从式（2.9）可以看出，当 $h \to 0$ 时，$A \to 0$，$v \to \infty$，$v^2/(2g) \to \infty$，则 $E_s \to \infty$，断面比能曲线必以横坐标为渐近线；当 $h \to \infty$ 时，$A \to \infty$，$v \to 0$，$v^2/(2g) \to 0$，则 $E_s \to \infty$，断面比能曲线必以 45°直线 ON 为渐近线。在给定流量下计算不同水深的断面比能，可以点绘出 h-E_s 曲线，如图 2.6 所示。

在水深从 0 增加到 ∞ 时，断面比能 E_s 值从 ∞ 减小再增加到 ∞，则必有一个 E_s 的最小值，如图 2.6 所示，此值可以由 $dE_s/dh = 0$ 求得。对式（2.9）求导数得

$$\frac{dE_s}{dh} = \frac{d}{dh}\left(h + \frac{\alpha Q^2}{2gA^2}\right) = 1 - \frac{\alpha Q^2}{gA^3}\frac{dA}{dh}$$

因为过水断面上 $dA/dh = B$，B 为过水断面的水面宽度，代入上式得

$$\frac{\mathrm{d}E_s}{\mathrm{d}h}=1-\frac{\alpha Q^2}{g}\frac{B}{A^3}=1-\frac{\alpha v^2}{gA/B} \tag{2.10}$$

若取 $\alpha=1$，式（2.10）可写成

$$\frac{\mathrm{d}E_s}{\mathrm{d}h}=1-Fr^2 \tag{2.11}$$

式（2.11）说明，明渠水流的断面比能随水深的变化规律取决于断面上的弗劳德数。对于缓流，$Fr<1$，则 $\mathrm{d}E_s/\mathrm{d}h>0$，相当于断面比能曲线的上支，断面比能随水深的增加而增加；对于急流，$Fr>1$，则 $\mathrm{d}E_s/\mathrm{d}h<0$，相当于断面比能曲线的下支，断面比能随水深的增加而减小；对于临界流，$Fr=1$，则 $\mathrm{d}E_s/\mathrm{d}h=0$，相当于断面比能曲线上、下支的分界点，断面比能为最小。于是用断面比能判别水流流态的标准为

$$\frac{\mathrm{d}E_s}{\mathrm{d}h}>0，\text{水流为缓流；}$$

$$\frac{\mathrm{d}E_s}{\mathrm{d}h}=0，\text{水流为临界流；}$$

$$\frac{\mathrm{d}E_s}{\mathrm{d}h}<0，\text{水流为急流。}$$

2.2.4　临界水深法

相应于断面比能最小值的水深称为临界水深，以 h_k 表示。将式（2.9）对水深求导数，并令其等于 0，即令式（2.10）等于 0，可求得临界水深所应满足的条件为

$$\frac{\alpha Q^2}{g}=\frac{A_k^3}{B_k} \tag{2.12}$$

式中：下标 k 表示相应于临界水深时的水力要素。

当流量和过水断面形状及尺寸给定时，利用式（2.12）即可求得临界水深。由此得用临界水深法判别水流流态的标准为

$$h>h_k，\text{水流为缓流；}$$
$$h=h_k，\text{水流为临界流；}$$
$$h<h_k，\text{水流为急流。}$$

下面分别介绍矩形断面和梯形断面临界水深的求法。

1. 矩形断面

设矩形断面宽度为 b，则 $B_k=b$，$A_k=bh_k$，代入式（2.12）后可解出临界水深为

$$h_k=\sqrt[3]{\frac{\alpha Q^2}{gb^2}} \tag{2.13}$$

或

$$h_k=\sqrt[3]{\frac{\alpha q^2}{g}} \tag{2.14}$$

式中：$q=Q/b$ 称为单宽流量。

对式（2.14）进一步分析得出

$$h_k^3=\frac{\alpha q^2}{g}=\frac{\alpha(h_k v_k)^2}{g}$$

其中，$q=h_k v_k$，由上式得 $h_k=\dfrac{\alpha v_k^2}{g}$，或

$$\frac{\alpha v_k^2}{2g}=\frac{h_k}{2} \tag{2.15}$$

由式（2.15）可以看出，在矩形断面中，临界水深等于临界流速水头的 2 倍。即在临界流时，断面比能为

$$E_{s\min}=h_k+\frac{\alpha v_k^2}{2g}=h_k+\frac{h_k}{2}=\frac{3h_k}{2} \tag{2.16}$$

2. 梯形断面

对于等腰梯形断面，断面面积和水面宽度分别为

$$A_k=(b+mh_k)h_k$$
$$B_k=b+2mh_k$$

取 $\alpha=1$，将以上二式代入式（2.12）得

$$\frac{(b+mh_k)^3 h_k^3}{b+2mh_k}=\frac{Q^2}{g} \tag{2.17}$$

由式（2.17）得 h_k 的迭代式为

$$h_k=\left(\frac{Q^2}{g}\right)^{1/3}\frac{(b+2mh_k)^{1/3}}{b+mh_k} \tag{2.18}$$

2.2.5 底坡法

在流量、断面形状及尺寸一定的棱柱体渠道中，均匀流水深 h_0 恰好等于临界水深 h_k 时的渠底坡度定义为临界底坡，记为 i_k。由均匀流公式得

$$Q=C_k A_k \sqrt{R_k i_k}$$

将上式与式（2.12）联立得

$$i_k=\frac{gA_k}{\alpha C_k^2 B_k R_k}=\frac{g\chi_k}{\alpha C_k^2 B_k} \tag{2.19}$$

式中：R_k、χ_k、C_k 分别为渠道中水深为临界水深时所对应的水力半径、湿周和谢才系数。

由式（2.19）可以看出，明渠的临界底坡 i_k 与断面形状尺寸、流量及渠道的粗糙系数有关，而与渠道的实际底坡无关。因此，临界底坡 i_k 并不是实际存在的渠道底坡，它只是为便于分析非均匀流而引入的一个概念。

一个底坡为 i 的明渠，在同流量、同断面尺寸和同粗糙系数的情况下，与其相应的临界底坡相比较，可能有三种情况，即 $i<i_k$，$i=i_k$ 和 $i>i_k$。根据可能出现的不同情况，可将明渠的底坡分为三类：

$$i<i_k，为缓坡；$$
$$i=i_k，为临界坡；$$
$$i>i_k，为陡坡。$$

在明渠恒定均匀流中，若 $i<i_k$，则正常水深 $h_0>h_k$；若 $i>i_k$，则 $h_0<h_k$；若 $i=i_k$，则 $h_0=h_k$。所以在明渠恒定均匀流中，也可以用正常水深与临界水深相比较判别水流流态，即

$$h_0>h_k，水流为缓流；$$

$$h_0 = h_k，水流为临界流；$$

$$h_0 < h_k，水流为急流。$$

必须再一次强调，这种判别只适应于明渠恒定均匀流，对于明渠恒定非均匀流就不一定了。

【例题 2.1】 有一浆砌石护面的梯形渠道，边坡系数 $m = 1.5$，粗糙系数 $n = 0.025$，底坡 $i = 0.0004$，底宽 $b = 5\text{m}$。当通过流量 $Q = 8\text{m}^3/\text{s}$ 时，渠道中正常水深 $h_0 = 1.4\text{m}$。试用所学的方法判别渠道中的水流流态。

解：

（1）波速法。

$$A = (b + mh_0)h_0 = (5 + 1.5 \times 1.4) \times 1.4 = 9.94(\text{m}^2)$$

$$B = b + 2mh_0 = 5 + 2 \times 1.5 \times 1.4 = 9.2(\text{m})$$

断面平均流速为 $\quad v = Q/A = 8/9.94 = 0.805(\text{m/s})$

相对波速为 $\quad v_w = \sqrt{gA/B} = \sqrt{9.8 \times 9.94/9.2} = 3.254(\text{m/s})$

因为 $v < v_w$，所以水流为缓流。

（2）弗劳德数法。

$$Fr = \frac{v}{\sqrt{gA/B}} = \frac{0.805}{3.254} = 0.247 < 1$$

水流为缓流。

（3）断面比能法。

$$\frac{\mathrm{d}E_s}{\mathrm{d}h} = 1 - Fr^2 = 1 - 0.247^2 = 0.939 > 0$$

水流为缓流。

（4）临界水深法。

$$h_k = \left(\frac{Q^2}{g}\right)^{1/3} \frac{(b + 2mh_k)^{1/3}}{b + mh_k} = \left(\frac{8^2}{9.8}\right)^{1/3} \frac{(5 + 2 \times 1.5 h_k)^{1/3}}{5 + 1.5 h_k} = 1.8692 \times \frac{(5 + 3h_k)^{1/3}}{5 + 1.5 h_k}$$

迭代求得 $h_k = 0.6\text{m}$。因为 $h_0 = 1.4\text{m} > h_k = 0.6\text{m}$，所以水流为缓流。

（5）底坡法。由临界水深法已求得 $h_k = 0.6\text{m}$，则

$$A_k = (b + mh_k)h_k = (5 + 1.5 \times 0.6) \times 0.6 = 3.54(\text{m}^2)$$

$$B_k = b + 2mh_k = 5 + 2 \times 1.5 \times 0.6 = 6.8(\text{m})$$

$$\chi_k = b + 2\sqrt{1 + m^2}\, h_k = 5 + 2 \times \sqrt{1 + 1.5^2} \times 0.6 = 7.163(\text{m})$$

$$R_k = A_k/\chi_k = 3.54/7.163 = 0.4942(\text{m})$$

$$C_k = \frac{1}{n} R_k^{1/6} = \frac{1}{0.025} \times 0.4942^{1/6} = 35.567(\text{m}^{1/2}/\text{s})$$

$$i_k = \frac{g\chi_k}{\alpha C_k^2 B_k} = \frac{9.8 \times 7.163}{1 \times 35.567^2 \times 6.8} = 0.00816$$

因为 $i = 0.0004 < i_k$，所以水流为缓流。

2.3 明渠恒定非均匀渐变流的微分方程

如图 2.7 所示底坡为 i 的明渠渐变流中，沿水流方向任取一微分流段 $\mathrm{d}s$，设上游断面

1—1 的水深为 h，水位为 z，断面平均流速为 v，河底高程为 z_0；由于非均匀流中各种水力要素沿流程变化，所以下游断面 2—2 的水深为 $h+\mathrm{d}h$，水位为 $z+\mathrm{d}z$，断面平均流速为 $v+\mathrm{d}v$，河底高程为 $z_0+\mathrm{d}z_0$。对断面 1—1 和断面 2—2 写能量方程为

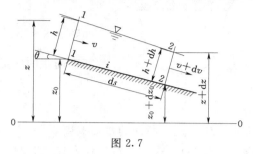

$$z_0+h\cos\theta+\frac{p_a}{\gamma}+\frac{\alpha_1 v^2}{2g}$$

$$=(z_0+\mathrm{d}z_0)+(h+\mathrm{d}h)\cos\theta$$

$$+\frac{p_a}{\gamma}+\frac{\alpha_2(v+\mathrm{d}v)^2}{2g}+\mathrm{d}h_f+\mathrm{d}h_j \qquad (2.20)$$

图 2.7

令 $\alpha_1=\alpha_2=\alpha$，$\dfrac{\alpha(v+\mathrm{d}v)^2}{2g}=\dfrac{\alpha}{2g}\left[v^2+2v\,\mathrm{d}v+(\mathrm{d}v)^2\right]$，代入式（2.20），忽略高阶微量得

$$\mathrm{d}z_0+\cos\theta\,\mathrm{d}h+\mathrm{d}\left(\frac{\alpha v^2}{2g}\right)+\mathrm{d}h_f+\mathrm{d}h_j=0 \qquad (2.21)$$

式中：$\mathrm{d}\left(\dfrac{\alpha v^2}{2g}\right)$ 为微分流段内流速水头的增量；$\mathrm{d}h_f$ 为微分流段内沿程水头损失；$\mathrm{d}h_j$ 为微分流段内局部水头损失。

式（2.21）即为明渠恒定非均匀渐变流的基本微分方程。

对于明渠恒定非均匀渐变流的沿程水头损失，目前仍采用明渠恒定均匀流的公式计算，即令 $\mathrm{d}h_f=\dfrac{Q^2}{K^2}\mathrm{d}s$ 或 $\mathrm{d}h_f=\dfrac{v^2}{C^2R}\mathrm{d}s$，其中 K、v、C、R 等一般采用流段上、下游断面的平均值。对于局部水头损失，一般令 $\mathrm{d}h_j=\zeta\,\mathrm{d}\left(\dfrac{v^2}{2g}\right)$，这样式（2.21）变为

$$\mathrm{d}z_0+\cos\theta\,\mathrm{d}h+(\alpha+\zeta)\,\mathrm{d}\left(\frac{v^2}{2g}\right)+\frac{Q^2}{K^2}\mathrm{d}s=0$$

由图 2.7 可以看出，$\mathrm{d}z_0=-i\,\mathrm{d}s$，代入上式得

$$i\,\mathrm{d}s=\cos\theta\,\mathrm{d}h+(\alpha+\zeta)\,\mathrm{d}\left(\frac{v^2}{2g}\right)+\frac{Q^2}{K^2}\mathrm{d}s \qquad (2.22)$$

如果渠道的底坡 i 值小于 0.1，在实用上一般都采用 $\cos\theta\approx1$，常用铅直水深代替垂直于槽底的水深，则式（2.22）可以写成

$$i\,\mathrm{d}s=\mathrm{d}h+(\alpha+\zeta)\,\mathrm{d}\left(\frac{v^2}{2g}\right)+\frac{Q^2}{K^2}\mathrm{d}s \qquad (2.23)$$

2.3.1 水深沿流程变化的微分方程

研究明渠恒定非均匀渐变流的重要目的是要探求明渠中水深沿流程的变化规律，也就是确定水深是沿流程增加的壅水形式，还是水深沿流程减小的降水形式。为了研究方便，需将基本微分方程转化为水深沿流程变化的形式。

因一般明渠的底坡较小，现仅讨论 $i<0.1$，$\cos\theta\approx1$ 的情况。将式（2.23）各项除以 $\mathrm{d}s$ 移项得

$$i-\frac{Q^2}{K^2}=\frac{\mathrm{d}h}{\mathrm{d}s}+(\alpha+\zeta)\frac{\mathrm{d}}{\mathrm{d}s}\left(\frac{v^2}{2g}\right) \qquad (2.24)$$

其中

$$\frac{\mathrm{d}}{\mathrm{d}s}\left(\frac{v^2}{2g}\right)=\frac{\mathrm{d}}{\mathrm{d}s}\left(\frac{Q^2}{2gA^2}\right)=-\frac{Q^2}{gA^3}\frac{\mathrm{d}A}{\mathrm{d}s} \qquad (2.25)$$

非棱柱体明渠过水断面面积 A 是水深 h 和流程 s 的函数，即 $A=f(h,s)$，故

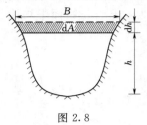

$$\frac{\mathrm{d}A}{\mathrm{d}s}=\frac{\partial A}{\partial h}\frac{\partial h}{\partial s}+\frac{\partial A}{\partial s} \qquad (2.26)$$

如图 2.8 所示，当过水断面水深 h 有一微分增量 $\mathrm{d}h$ 时，过水断面面积的增量为 $B\mathrm{d}h=\dfrac{\partial A}{\partial h}\mathrm{d}h$，由此得

图 2.8

$$\frac{\partial A}{\partial h}=B \qquad (2.27)$$

式中：B 为过水断面的水面宽度。

将式（2.25）～式（2.27）代入式（2.24）得

$$\frac{\mathrm{d}h}{\mathrm{d}s}=\frac{i-\dfrac{Q^2}{K^2}+(\alpha+\zeta)\dfrac{Q^2}{gA^3}\dfrac{\partial A}{\partial s}}{1-(\alpha+\zeta)\dfrac{Q^2B}{gA^3}} \qquad (2.28)$$

式（2.28）即为非棱柱体明渠恒定非均匀渐变流水深沿流程变化的微分方程。

特例 1：对于棱柱体渠道的恒定渐变流，因为 $\partial A/\partial s=0$，式（2.28）简化为

$$\frac{\mathrm{d}h}{\mathrm{d}s}=\frac{i-\dfrac{Q^2}{K^2}}{1-(\alpha+\zeta)\dfrac{Q^2B}{gA^3}} \qquad (2.29)$$

特例 2：对于明渠恒定均匀流，又有 $\mathrm{d}h/\mathrm{d}s=0$，所以

$$i-\frac{Q^2}{K^2}=0 \qquad (2.30)$$

即 $Q^2=K^2i=A^2C^2Ri$，$Q=AC\sqrt{Ri}$，这就是明渠恒定均匀流的基本公式。

以上所得明渠恒定渐变流的基本微分方程是水面曲线分析和计算的基础。如果忽略局部水头损失，取 $\alpha=1$，则式（2.29）可写成

$$\frac{\mathrm{d}h}{\mathrm{d}s}=\frac{i-\dfrac{Q^2}{K^2}}{1-\dfrac{Q^2B}{gA^3}}=\frac{i-J_f}{1-Fr^2} \qquad (2.31)$$

式（2.31）是在正坡渠道 $i>0$ 的情况下得出的，但对其他底坡渠道也同样适用。对于平坡渠道，$i=0$，则有

$$\frac{\mathrm{d}h}{\mathrm{d}s}=\frac{-J_f}{1-Fr^2} \qquad (2.32)$$

对于逆坡渠道，$i<0$，以渠底坡度的绝对值 $|i|=i'$ 代入式（2.31）得

$$\frac{\mathrm{d}h}{\mathrm{d}s}=\frac{-i'-J_f}{1-Fr^2} \qquad (2.33)$$

2.3.2　水位沿流程变化的微分方程

对天然河道内的恒定非均匀渐变流，因河底高低不平，坡降陡坦不一，常用水位代替

水深变化来进行分析。由图 2.7 可知，$z = z_0 + h\cos\theta$，于是有

$$dz = dz_0 + \cos\theta dh$$

$$z_0 + dz_0 = z_0 - i ds$$

即

$$dz_0 = -i ds$$

所以

$$dz = -i ds + \cos\theta dh \qquad (2.34)$$

因而

$$\cos\theta dh = dz + i ds$$

将式（2.34）代入式（2.22）得

$$i ds = dz + i ds + (\alpha + \zeta) d\left(\frac{v^2}{2g}\right) + \frac{Q^2}{K^2} ds$$

整理得

$$-\frac{dz}{ds} = (\alpha + \zeta) \frac{d}{ds}\left(\frac{v^2}{2g}\right) + \frac{Q^2}{K^2} \qquad (2.35)$$

式（2.35）即为恒定非均匀渐变流的水位沿流程变化的微分方程。对棱柱体和非棱柱体渠道都是适用的。

2.4　棱柱体明渠恒定非均匀渐变流水面曲线分析

在研究水面曲线计算之前，先对水面曲线进行定性分析。

棱柱体明渠恒定非均匀渐变流方程为式（2.31）。该式的分子反映了水流的不均匀程度，分母反映了水流的缓急程度。因为水流的不均匀程度需要与正常水深 h_0 作对比，水流缓急程度需要与临界水深作对比，由此可见，在棱柱体渠道中其水深沿程变化的规律与上述两方面的因素有关。水面曲线的形式必然与底坡 i、实际水深 h、正常水深 h_0 和临界水深 h_k 之间的相对位置有关。所以，对于水面曲线的形式应根据不同的底坡情况、不同流态进行具体分析。为此，首先将明渠按底坡性质分为三种情况，即正坡渠道（$i > 0$）、平坡渠道（$i = 0$）和逆坡渠道（$i < 0$）。

对于正坡渠道，根据它和临界底坡作比较，又可分为缓坡（$i < i_k$）、陡坡（$i > i_k$）和临界坡（$i = i_k$）三种情况。

2.4.1　不同底坡情况下正常水深 h_0 与临界水深 h_k 的相对位置关系

在正坡明渠中，水流有可能做均匀流动，因而它存在正常水深 h_0；另外，它也存在着临界水深 h_k。对于棱柱体明渠，任何断面的临界水深相同，画出各断面的临界水深线 $k—k$，是平行于渠底的直线。但临界水深 h_k 和正常水深 h_0 何者为大，则视明渠属于缓坡、陡坡和临界坡而别。图 2.9 所示为三种正坡棱柱体明渠中，正常水深线 $N—N$ 与临

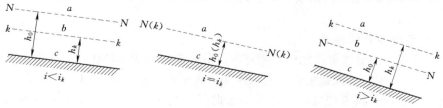

图 2.9

界水深线 $k-k$ 的相对位置关系。可以看出：

当 $i<i_k$ 时，属于缓坡，正常水深 h_0 大于临界水深 h_k，这时正常水深线 $N-N$ 高于临界水深线 $k-k$。

当 $i>i_k$ 时，属于陡坡，正常水深 h_0 小于临界水深 h_k，正常水深线 $N-N$ 低于临界水深线 $k-k$。

当 $i=i_k$ 时，属于临界坡，这时正常水深与临界水深相等，故 $N-N$ 线与 $k-k$ 线重合。

在平坡和逆坡棱柱体渠道中，因不可能有均匀流，不存在正常水深 h_0，仅存临界水深 h_k，所以只能画出与渠底相平行的临界水深线 $k-k$，如图 2.10 所示。

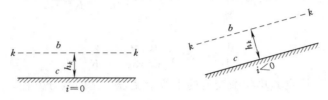

图 2.10

2.4.2　水面曲线的分区

在水面曲线分析中，一般以渠道底坡线、均匀流的水面线（$N-N$ 线）、临界水深线（$k-k$ 线）三者的相对关系，对水面曲线进行分区。对正坡渠道，可将水流实际存在的范围划分为三个区，如图 2.9 所示。

（1）a 区。$N-N$ 线与 $k-k$ 线以上的区域称为 a 区。其实际水深 h 大于正常水深 h_0 和临界水深 h_k。

（2）b 区。$N-N$ 线与 $k-k$ 线之间的区域称为 b 区。其实际水深介于正常水深 h_0 与临界水深 h_k 之间。b 区可能有两种情况，$k-k$ 线在 $N-N$ 线之下为缓坡渠道，或 $k-k$ 线在 $N-N$ 线之上为陡坡渠道，无论哪种情况都属于 b 区。

（3）c 区。$N-N$ 线与 $k-k$ 线以下的区域称为 c 区。其实际水深小于正常水深 h_0，也小于临界水深 h_k。

对于平坡渠道和逆坡渠道，因不存在 $N-N$ 线，所以只有 b 区和 c 区，如图 2.10 所示。

由以上分析可以看出，棱柱体明渠可能有 5 种不同底坡、12 个流区。不同底坡和不同流区的水面曲线的形式是不同的。为了便于分类，将以不同流区和底坡来标志水面曲线的形式。对于正坡渠道，当渠道为缓坡时，分为 a_1、b_1、c_1 型水面曲线；当渠道为陡坡时，分为 a_2、b_2、c_2 型水面曲线；当水流为临界坡时，分为 a_3、c_3 型水面曲线。对于平坡渠道，分为 b_0、c_0 型水面曲线。对于逆坡渠道，分为 b'、c' 型水面曲线。这样水面曲线共有 12 种形式。

2.4.3　水深沿程变化的性质

在正式分析水面曲线形式之前，先对水深沿程变化率 $\mathrm{d}h/\mathrm{d}s$ 作一总的说明。

当 $\mathrm{d}h/\mathrm{d}s>0$ 时，为减速流动，表示水深沿程增加，称为壅水曲线；当 $\mathrm{d}h/\mathrm{d}s<0$ 时，为加速流动，表示水深沿程减小，称为降水曲线；当 $\mathrm{d}h/\mathrm{d}s=0$ 时，表示水深沿程不变，为均匀流动；当 $\mathrm{d}h/\mathrm{d}s \to 0$ 时，表示水深变化越来越小，趋近于均匀流动。

　　当 $dh/ds = i$ 时，表示水面曲线是水平线，如图 2.11 所示。当水面曲线为水平线时，任意两个相邻断面的水深差值 $dh = h_2 - h_1 = ids$，即 $dh/ds = i$。

　　当 $dh/ds \to i$ 时，表示水面趋近于水平，水面曲线以水平线为渐近线。

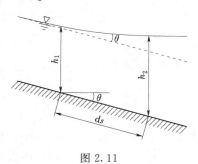

图 2.11

　　当 $dh/ds \to \infty$ 时，相当于式（2.31）中的分母趋近于零，即弗劳德数 $Fr \to 1$，表示渠道中的水深趋近于临界水深 h_k，水面曲线与临界水深 k—k 线垂直。而式（2.31）代表的是渐变流水面曲线，这时的情况说明水流已经越出渐变流的范围而变成急变流了，渐变流的基本方程（2.31）在水深接近临界水深的局部区域内是不适应的，计算结果也是不准确的。

　　下面分析 $dh/ds \to \pm\infty$ 时水面曲线的变化情况。

　　当 $dh/ds \to -\infty$ 时，表示水深突然减小，但水面曲线还可以是光滑地与另一条水面曲线连接起来，如图 2.12（a）所示，只是水流流线在接近临界水深的局部范围内过分弯曲而属于急变流。表明在 $h \to h_k$ 的局部范围内，水面出现急流跌水现象。

　　当 $dh/ds \to +\infty$ 时，表示水深突然增大，水面急剧上翘，形成直立的跃起，水面发生不连续现象，此时水面曲线就会发生突变，造成明渠水流中的一种非常特殊的现象——水跃，如图 2.12（b）所示，这也是一种急变流动。关于水跌和水跃现象留待以后分析。

　　需要说明的是，式（2.31）建立的前提为渐变流断面，对于急变流，断面中各点势能为常数的结论不再适用，用渐变流公式计算出来的水深与实际水深相比有较大的误差。

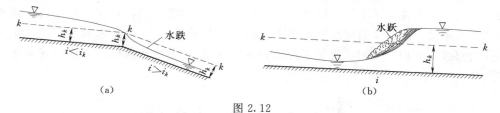

图 2.12

2.4.4　水面曲线分析

　　为了分析方便，将棱柱体明渠恒定渐变流水深沿程变化的微分方程写成如下形式：

$$\frac{dh}{ds} = \frac{i - Q^2/K^2}{1 - Fr^2} = i\,\frac{1 - (K_0/K)^2}{1 - Fr^2} \tag{2.36}$$

式中：K_0 为相应于明渠恒定均匀流的流量模数，$K_0 = A_0 C_0 \sqrt{R_0}$；K 为相应于明渠恒定非均匀流的流量模数，$K = AC\sqrt{R}$。

　　下面用式（2.36）来分析棱柱体渠道恒定渐变流各区水面曲线的性质，分析时主要了解以下几点：①水面曲线变化的总趋势，即水深沿流程是壅水曲线还是降水曲线；②曲线两端的变化情况；③变化发生在什么场合，在实际工程中有什么作用。

2.4.4.1　正坡渠道（$i > 0$）

　　1. 缓坡（$i < i_k$）

　　对于缓坡渠道，$i < i_k$，渠道正常水深 h_0 大于临界水深 h_k，流动分为三个区域，根

据控制水深的不同，可以形成三种情况的水面曲线，如图 2.13 所示。

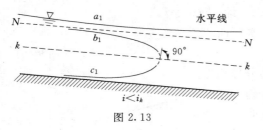

图 2.13

a 区：$h>h_0>h_k$。由于 $h>h_0$，故 $K>K_0$，又因为 $h>h_k$，故 $Fr<1$，i 为正值，因此 $1-(K_0/K)^2>0$，$1-Fr^2>0$，则 $dh/ds>0$，表示水深沿程增加，为壅水曲线，称为 a_1 型壅水曲线。现在分析这一水面曲线的极限情况，在曲线的上游端，水深越来越小，但始终大于正常水深 h_0，最后水深趋于 h_0，$K\to K_0$，所以 $dh/ds\to0$，水面曲线以 N—N 线为渐近线；在曲线的下游端，$h\to\infty$，$K\to\infty$，$K_0/K\to0$，$Fr\to0$，所以 $dh/ds\to i$，水面曲线以水平线为渐近线。

b 区：$h_0>h>h_k$。由于 $h<h_0$，故 $K<K_0$，又因为 $h>h_k$，所以 $Fr<1$，$1-(K_0/K)^2<0$，$1-Fr^2>0$，则 $dh/ds<0$，表示水深沿程减小，为降水曲线，称为 b_1 型降水曲线。在曲线的上游端 $h\to h_0$，所以 $dh/ds\to0$，水面曲线以 N—N 线为渐近线；在曲线的下游端，$h\to h_k$，$K_0/K>1$，$Fr\to1$，$dh/ds\to-\infty$，表示水深突然减小，水面曲线与 k—k 线有正交的趋势，这种通过临界水深的水面垂直降落，称为跌水。

c 区：$h<h_k<h_0$。由于 $h<h_0$，故 $K<K_0$，$1-(K_0/K)^2<0$，又因为 $h<h_k$，所以 $Fr>1$，$1-Fr^2<0$，故 $dh/ds>0$，水深沿程增加，称为 c_1 型壅水曲线。在曲线的上游端，由于某种边界条件须保持一定的水深（例如收缩断面水深）；在曲线的下游端，水深 $h\to h_k$，$Fr\to1$，$dh/ds\to\infty$，即水面曲线下端与 k—k 线垂直，形成水跃。

a_1 型、b_1 型、c_1 型三种水面曲线，在实际工程中都常常遇到。例如在缓坡渠道上修建闸、坝及束窄水流的建筑物，即可能在上游形成 a_1 型壅水曲线；在缓坡渠道末端出现跌坎或缓坡渠道与陡坡渠道衔接时，缓坡渠道上出现的就是 b_1 型降水曲线；缓坡渠道中的闸孔出流或溢流坝泄流时，闸坝下游出现的往往是 c_1 型壅水曲线。以上所述的水面曲线如图 2.14 所示。

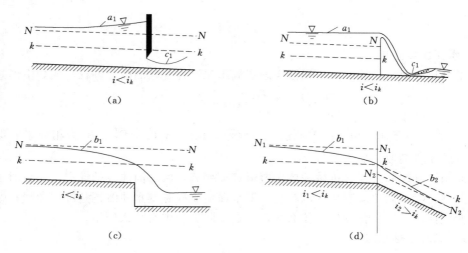

(a)　　　　　　　　　　(b)

(c)　　　　　　　　　　(d)

图 2.14

2. 陡坡 $(i>i_k)$

对于陡坡渠道，$i>i_k$，$h_0<h_k$，N—N 线在 k—k 线之下，其流动也分为三个区域，如图 2.15 所示。

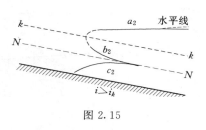

图 2.15

a 区：$h>h_k$，$K_0/K<1$，$Fr<1$，故 $dh/ds>0$，水深沿程增加，称为 a_2 型壅水曲线。在曲线的上游端，$h\to h_k$，$Fr\to1$，$dh/ds\to+\infty$，所以水面曲线与 k—k 线有正交的趋势；在曲线的下游端，$h\to\infty$，$Fr\to0$，$dh/ds\to i$，水面曲线以水平线为渐近线。

b 区：水深 $h>h_0$，$h<h_k$，$K_0/K<1$，$Fr>1$，所以 $dh/ds<0$，水深沿程减小，称为 b_2 型降水曲线。在曲线的上游端，$h\to h_k$，$dh/ds\to-\infty$，所以水面曲线的上游端与 k—k 线有正交的趋势，此处将发生水跃现象；在曲线的下游端，$h\to h_0$，$dh/ds\to0$，水面曲线将以 N—N 线为渐近线。

c 区：$h<h_k$，$h<h_0$，$K_0/K>1$，$Fr>1$，故 $dh/ds>0$，称为 c_2 型壅水曲线。在曲线的上游端，水深 h 的最小值随具体条件（例如收缩断面水深）而定；在曲线的下游端，$h\to h_0$，$dh/ds\to0$，水面曲线以 N—N 线为渐近线。

陡坡渠道的三种水面曲线发生在以下几种情况。在陡坡渠道的末端连接水库、缓坡渠道或修建堰、闸等建筑物时，均可能在陡坡渠道末端上游出现 a_2 型壅水曲线；在缓坡渠道末端修建陡坡渠道后，在陡坡渠道中可能出现 b_2 型降水曲线，如图 2.14（d）所示；在两个陡坡的连接处，并且 $i_1>i_2$，这时，在下游陡坡渠道中，或闸下出流进入陡坡渠道处，将可能出现 c_2 型壅水曲线。三种水面曲线发生的工程实例如图 2.16 所示。

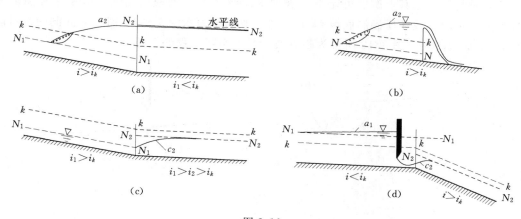

图 2.16

3. 临界坡 $(i=i_k)$

因为临界坡 $i=i_k$，$h_0=h_k$，所以 N—N 线与 k—k 线重合，因此不存在 b 区，只有 a 区和 c 区。水面曲线如图 2.17 所示。

a 区：$h>h_0=h_k$，$K_0/K<1$，$Fr<1$，故 $dh/ds>0$，水深沿程增加，称为 a_3 型壅水曲线。在曲线的下游端，$h\to\infty$，$K_0/K\to0$，$Fr\to0$，$dh/ds\to i$，水面曲线以水平线为渐近线。在曲线的上游端，当 $h\to h_0=h_k$ 时，$K\to K_0$，$Fr\to1$，此时式（2.36）中的分子、分母都趋

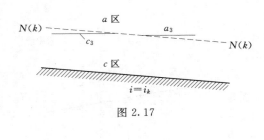

图 2.17

近于零，由高等数学知，此为未定式。因此要分析上游端水面曲线的变化情况，须将式（2.36）改写，以 i_k 代替 i，于是有

$$\frac{\mathrm{d}h}{\mathrm{d}s}=i_k\frac{1-Q^2/(K^2i_k)}{1-\alpha Q^2B/(gA^3)} \qquad (2.37)$$

式中

$$\frac{\alpha Q^2B}{gA^3}=\frac{Q^2}{A^2C^2R}\frac{\alpha C^2B}{g\chi}=\frac{Q^2}{K^2}\frac{\alpha C^2B}{g\chi}$$

当 $h\to h_k$ 时，$B\to B_k$，$\chi\to\chi_k$，$C\to C_k$，上式变为

$$\frac{\alpha Q^2B}{gA^3}=\frac{Q^2}{K^2}\frac{1}{g\chi_k/(\alpha C_k^2B_k)}=\frac{Q^2}{K^2i_k}$$

将上式代入式（2.37）得

$$\frac{\mathrm{d}h}{\mathrm{d}s}=i_k\frac{1-Q^2/(K^2i_k)}{1-Q^2/(K^2i_k)}=i_k \qquad (2.38)$$

即 $\mathrm{d}h/\mathrm{d}s\to i_k$，这就是说，在曲线的上游端，当 $h\to h_k$ 时，水面曲线以水平线为渐近线。由此可以看出，这种水面曲线的曲率很不显著，实际上几乎是一条水平线。

c 区：$h_0=h_k>h>0$，$K_0/K>1$，$Fr>1$，所以 $\mathrm{d}h/\mathrm{d}s>0$，水深沿程增加，称为 c_3 型壅水曲线。在曲线的上游端，起始于某已知控制断面水深（如收缩断面水深）；在曲线的下游端，当 $h\to h_k$ 时，同上分析可得 $\mathrm{d}h/\mathrm{d}s\to i_k$，水面曲线以水平线为渐近线。这种水面曲线实际上也可以认为几乎是水平的。

a_3 型壅水曲线发生在临界坡渠道与水库、湖泊相接处，或在临界坡渠道中修建桥涵等水工建筑物后，在其上游也可能出现这种水面曲线。c_3 型壅水曲线一般发生在急流下游临界坡的情况，或无压涵洞底坡 $i=i_k$，进口收缩断面水深 $h_c<h_k$ 时，在涵洞内也可能出现 c_3 型壅水曲线。图 2.18 所示为临界坡情况下实际工程的例子。

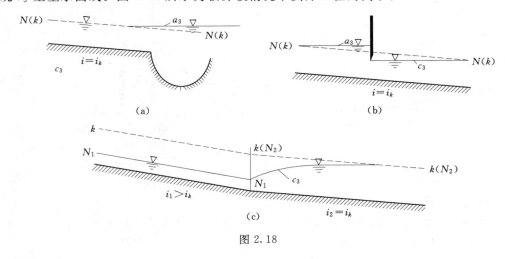

图 2.18

2.4.4.2 平坡渠道（$i=0$）

由于平坡渠道 $i=0$，所以不会发生明渠恒定均匀流，因此不存在正常水深 N—N 线，而只有临界水深 k—k 线。水面曲线的变化区域只有 b 区和 c 区，如图 2.19 所示。

$i=0$ 时，水深沿程变化的式（2.32）可以写成

$$\frac{\mathrm{d}h}{\mathrm{d}s}=\frac{-J_f}{1-Fr^2}=-\frac{Q^2/K^2}{1-Fr^2}=-\frac{A_k^2 C_k^2 R_k i_k / K^2}{1-Fr^2}$$

$$=-i_k \frac{(K_k/K)^2}{1-Fr^2} \qquad (2.39)$$

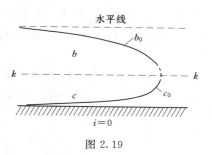

图 2.19

b 区：$h>h_k$，$Fr<1$，所以 $\mathrm{d}h/\mathrm{d}s<0$，为加速流动，水深沿程减小，称为 b_0 型降水曲线。在曲线的上游端，$h\to\infty$，$K\to\infty$，$Fr\to0$，$\mathrm{d}h/\mathrm{d}s\to0$，水面曲线以水平线为渐近线；在曲线的下游端，$h\to h_k$，$Fr\to1$，$\mathrm{d}h/\mathrm{d}s\to-\infty$，水面曲线与 $k-k$ 线有正交的趋势，将出现水跃现象。

c 区：$h<h_k$，$Fr>1$，$\mathrm{d}h/\mathrm{d}s>0$，水深沿程增加，称为 c_0 型壅水曲线。在曲线的上游端，水深起始于某一断面的控制水深（如收缩断面水深）；在曲线的下游端，$h\to h_k$，$Fr\to1$，$\mathrm{d}h/\mathrm{d}s\to\infty$，水面曲线与 $k-k$ 线有正交的趋势，将出现水跃现象。

在平坡上修建跌坎后，将在跌坎上游出现 b_0 型降水曲线；平底渠道中的闸下出流，在收缩断面下游可能出现 c_0 型壅水曲线，如图 2.20 所示。

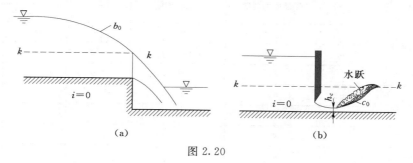

图 2.20

2.4.4.3　逆坡渠道（$i<0$）

逆坡渠道与平坡渠道一样，不可能发生明渠恒定均匀流，因此没有正常水深线，只有临界水深 $k-k$ 线。这样，在逆坡渠道中，同样只有 b 区和 c 区。水面曲线可以按式（2.33）分析。将式（2.33）改写成

$$\frac{\mathrm{d}h}{\mathrm{d}s}=\frac{-i'-J_f}{1-Fr^2}=-i'\frac{1+(K_0'/K)^2}{1-Fr^2} \qquad (2.40)$$

式中：i' 为逆坡 i 的绝对值，即 $i'=|i|$；K_0' 为借用均匀流公式 $Q=K_0'\sqrt{i}$ 的流量模数。

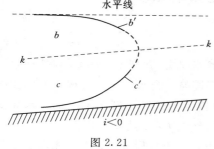

图 2.21

逆坡渠道的水面曲线形式如图 2.21 所示。

b 区：$h>h_k$，$Fr<1$，所以 $\mathrm{d}h/\mathrm{d}s<0$，为加速流动，水深沿程减小，称为 b' 型降水曲线。在曲线的上游端，$h\to\infty$，$K\to\infty$，$Fr\to0$，$\mathrm{d}h/\mathrm{d}s\to i$，水面曲线以水平线为渐近线；在曲线的下游端，$h\to h_k$，$Fr\to1$，$\mathrm{d}h/\mathrm{d}s\to-\infty$，水面曲线与 $k-k$ 线有正交的趋势，将出现水跃现象。

c 区：$h<h_k$，$Fr>1$，$\mathrm{d}h/\mathrm{d}s>0$，称为 c' 型壅

水曲线。在曲线的上游端，水深起始于某一断面的控制水深（如收缩断面水深）；在曲线的下游端，$h \to h_k$，$Fr \to 1$，$dh/ds \to \infty$，水面曲线与 $k-k$ 线有正交的趋势，将出现水跃现象。

在逆坡渠道中的闸孔出流，当闸门开度 $e < h_k$ 时，闸下的水面曲线为 c' 型壅水曲线；如果明渠末端为跌坎时，在跌坎前（当 $h > h_k$ 时）的水面曲线为 b' 型降水曲线，如图 2.22 所示。

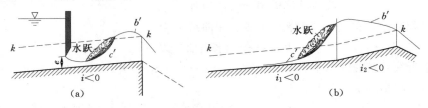

图 2.22

以上分析了 5 种坡度、12 种类型的水面曲线，现列入表 2.1。

表 2.1　　　　　　　　　　　　　12 种类型的水面曲线

底　坡		区域	水面曲线名称	水深范围	$\dfrac{dh}{ds}$	dh/ds 上下游变化情况	
						向上游端	向下游端
正坡渠道	缓坡 $i < i_k$	a	a_1	$h > h_0 > h_k$	> 0	$\to 0$	$\to i$
		b	b_1	$h_0 > h > h_k$	< 0	$\to 0$	$\to -\infty$
		c	c_1	$h_0 > h_k > h$	> 0		$\to \infty$
	陡坡 $i > i_k$	a	a_2	$h > h_k > h_0$	> 0	$\to \infty$	$\to i$
		b	b_2	$h_k > h > h_0$	< 0	$\to -\infty$	$\to 0$
		c	c_2	$h_k > h_0 > h$	> 0		$\to 0$
	临界坡 $i = i_k$	a	a_3	$h > h_k$	> 0		
		c	c_3	$h < h_k$	> 0		
平坡渠道	$i = 0$	b	b_0	$h > h_k$	< 0	$\to 0$	$\to -\infty$
		c	c_0	$h < h_k$	> 0		$\to \infty$
逆坡渠道	$i < 0$	b	b'	$h > h_k$	< 0	$\to i$	$\to -\infty$
		c	c'	$h < h_k$	> 0		$\to \infty$

2.5　水面曲线分析的一般原则和步骤

2.5.1　一般原则

（1）所有 a 型和 c 型水面曲线都是水深沿程增加的壅水曲线；b 型水面曲线为降水曲线。

（2）除 a_3 型和 c_3 型水面曲线外，其余水面曲线都遵循：当水深 $h \to h_0$ 时，水面曲线以 $N-N$ 线为渐近线；当 $h \to \infty$ 时，水面曲线以水平线为渐近线；当 $h \to h_k$ 时，水面曲线的连续性发生中断，与水跃或与水跃相连接（水面曲线与 $k-k$ 线垂直）。

（3）当渠道足够长时，在非均匀流影响不到的地方，水流将形成均匀流，水深为正常

水深 h_0，水面曲线为 N—N 线。

（4）水面曲线的衔接。在工程中经常会遇到几段渠道中的水面曲线的衔接问题，其中两段渠道中水面曲线的衔接是基础。水面曲线的衔接遵循以下原则。

1）由急流向缓流过渡时发生水跃。

2）由缓流向急流过渡时发生水跌。

3）由缓流向缓流过渡时只影响上游，下游为均匀流。

4）由急流向急流过渡时只影响下游，上游为均匀流。

5）临界底坡渠道中的流态取决于相邻渠道底坡的陡缓，如果上游（或下游）相邻渠道的底坡是缓坡，则为由缓流过渡到缓流；如果上游（或下游）相邻的渠道底坡是陡坡，则为由急流过渡到急流。

6）平坡和反坡渠道可视为缓坡渠道；水库中的流动可视为缓流。

2.5.2　步骤

（1）根据已知条件，给出一定底坡情况下的 N—N 线、k—k 线（或只有 k—k 线）。

（2）找出控制断面的位置及水深。

（3）由控制水深所处的区域确定水面曲线的类型，由水面曲线的变化规律确定水面曲线的变化趋势。

2.6　控制断面发生的位置

在水面曲线的分析中，控制断面的位置是非常重要的，工程中常见的控制断面如下。

（1）跌坎处或缓坡向陡坡转折处的水深为临界水深 h_k；渠道底坡由陡坡变为缓坡时，由于陡坡中水流为急流，缓坡中水流为缓流，水流由急流过渡到缓流时必然发生水跃，水跃自水深小于临界水深跃入大于临界水深，其间必经过临界水深；或当水流自水库进入陡坡时，水库中的水流为缓流，而陡坡中的水流为急流，水流由缓流过渡到急流时，必经过临界水深，实用上常假定临界水深的位置发生在陡坡起点。临界水深的几个实例如图 2.23 所示。

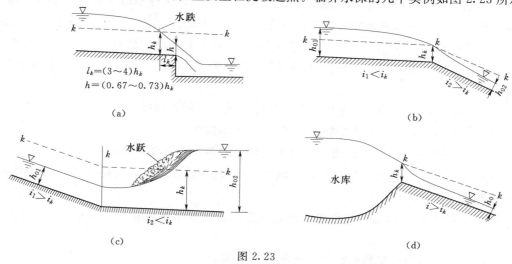

图 2.23

（2）收缩断面水深，如闸孔出流、无压涵洞进口、溢流堰下游等收缩断面水深，均可由已知条件计算确定。

（3）闸、坝、桥、涵上游断面的水深，由闸孔出流公式或堰流公式确定。

（4）长直渠道中的正常水深由已知条件计算确定。

由波的传播理论可知，急流时波的干扰只能向下游传播，缓流时波可以向上游也可以向下游传播。因此，缓流时的控制断面在下游找，急流时的控制断面在上游找。

【例题 2.2】　图为某输水道出口泄水渠，渠道各断面位置、底坡情况如图所示，试分析其水面曲线。

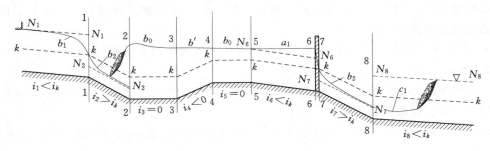

例题 2.2 图

解：

先根据渠底性质画出各个渠段的 $N—N$ 线和 $k—k$ 线，再从渠中某已知水深的断面——控制断面开始分析水面曲线，分析如下。

（1）各渠段 $N—N$ 线和 $k—k$ 线如图所示。

（2）断面 1—1 是缓坡与陡坡的连接处，必然发生临界水深。

（3）第一坡段，$i<i_k$，为缓坡，在曲线的上游端，水深趋近于正常水深，在曲线的下游端水深为临界水深，所以发生 b_1 型降水曲线。

（4）第二坡段，$i>i_k$，为陡坡，水深小于临界水深，水深由临界水深变得小于临界水深，所以水深必在正常水深和临界水深之间。在曲线的下游端，水深趋近于正常水深。但由于第三坡段 $i=0$，为平坡，水流变为缓流。水流从急流过渡到缓流必然发生水跃，其水跃的位置与正常水深 h_0 的共轭水深 h_0'' 有关，需计算确定，图中画出的是水跃位置的一种。

（5）第四坡段，$i<0$，为逆坡，在该坡段出现 b' 型降水曲线。

（6）第五坡段，$i=0$，为平坡，出现 b_0 型降水曲线。

（7）第六坡段，$i<i_k$，为缓坡，但由于桥墩的影响，出现 a_1 型壅水曲线。

（8）第七坡段，$i>i_k$，为陡坡，在断面 7—7 仍为临界水深，在陡坡段，水深由临界水深逐渐趋于正常水深。

（9）第八坡段，$i<i_k$，为缓坡，此处发生水跃，水跃的位置须待计算确定，此处只是其中的一种。

按以上分析画出的水面曲线亦绘于例题 2.2 图上。

2.7 明渠恒定非均匀渐变流水面曲线的计算

明渠恒定非均匀渐变流水面曲线的计算主要是预测明渠水深和断面平均流速的沿程变化，这对于堤岸高度的设计、渠道是否冲淤是一个十分重要的问题。

明渠恒定非均匀渐变流水面曲线的计算方法有分段试算法、水力指数法和简化计算法。其中分段试算法是计算明渠恒定非均匀渐变流水面曲线的基本方法，适合于各种流动情况。本章重点介绍分段试算法。水力指数法和简化计算方法参见张志昌主编的《水力学》第一版下册。

2.7.1 分段试算法的基本计算公式

在第 2.3 节已导出了明渠恒定非均匀渐变流的基本微分方程（2.22）。因为渐变流中的局部水头损失很小，可以忽略，即取 $\zeta = 0$，并令 $\alpha = 1$，则式（2.22）可以写成

$$\mathrm{d}\left(h\cos\theta + \frac{v^2}{2g}\right) = \left(i - \frac{Q^2}{K^2}\right)\mathrm{d}s$$

或

$$\frac{\mathrm{d}E_s}{\mathrm{d}s} = i - \frac{Q^2}{K^2} = i - J \tag{2.41}$$

式中：E_s 为断面比能，$E_s = h\cos\theta + \dfrac{v^2}{2g} = h\cos\theta + \dfrac{Q^2}{2gA^2}$；$K = AC\sqrt{R}$；$J = \dfrac{Q^2}{K^2} = \dfrac{v^2}{C^2R}$。

将式（2.41）的微分方程写成差分方程，即

$$\frac{\Delta E_s}{\Delta s} = i - \overline{J}$$

或

$$\Delta s = \frac{\Delta E_s}{i - \overline{J}} = \frac{E_{s2} - E_{s1}}{i - \overline{J}} \tag{2.42}$$

式中：$\overline{J}$ 为 Δs 段内的平均水力坡度，其表达式为

$$\overline{J} = \frac{1}{2}(J_1 + J_2) \tag{2.43}$$

或

$$\overline{J} = \frac{Q^2}{\overline{K}^2} = \frac{\overline{v}^2}{\overline{C}^2\overline{R}} \tag{2.44}$$

其中

$$\left.\begin{array}{l} \overline{v} = \dfrac{1}{2}(v_1 + v_2) \\[2mm] \overline{C} = \dfrac{1}{2}(C_1 + C_2) \\[2mm] \overline{R} = \dfrac{1}{2}(R_1 + R_2) \end{array}\right\} \tag{2.45}$$

平均值 $\overline{K}$ 可以用以下 4 种方法之一求得：

$$\overline{K} = \overline{A}\,\overline{C}\sqrt{\overline{R}} \tag{2.46}$$

$$\overline{K}^2 = \frac{1}{2}(K_1^2 + K_2^2) \tag{2.47}$$

$$\frac{1}{\overline{K}^2} = \frac{1}{2}\left(\frac{1}{K_1^2} + \frac{1}{K_2^2}\right) \tag{2.48}$$

$$\overline{K}^2 = K_1 K_2 \tag{2.49}$$

以上各式中，下标 1 代表上游断面；下标 2 代表下游断面。

2.7.2　计算方法

水面曲线的计算类型在渠道底坡 i 和粗糙系数 n 已知的情况下，分为以下三类。

（1）已知渠道两断面的断面形式、尺寸、水深、底坡、粗糙系数及通过的流量，求两断面间壅水或降水段长度。

（2）已知渠道的断面形式、尺寸、底坡、粗糙系数、流量，并已知一个断面的水深及两断面间的距离，求另一个断面的水深。

（3）已知渠道的断面形式、尺寸、底坡、粗糙系数、断面水深以及其间的渠段长度，求通过的流量。

分段试算法是以差分方程代替微分方程，在 Δs 流段内把断面比能 E_s 及水力坡度 J 视为线性变化，因而计算的精度和所取流段的长度有关，一般流段不宜取的太长。分段越多其计算精度越高。

分段试算法的控制断面。如果渠道中的水流为急流，应在上游找控制断面，由上游向下游推算水面曲线；如果渠道中的水流为缓流，一般在下游找控制断面，由下游向上游推算水面曲线。

【例题 2.3】　一长直棱柱体梯形断面明渠，底宽 $b=10\text{m}$，边坡系数 $m=1.5$，粗糙系数 $n=0.022$，底坡 $i=0.0009$。当通过流量 $Q=45\text{m}^3/\text{s}$ 时，渠道末端水深 $h=3.4\text{m}$。试求渠道中的水面曲线。

解：

（1）判断水面曲线的类型。对于梯形断面明渠，临界水深的计算公式为

$$h_k = \left(\frac{Q^2}{g}\right)^{1/3}\frac{(b+2mh_k)^{1/3}}{b+mh_k} = \left(\frac{45^2}{9.8}\right)^{1/3}\times\frac{(10+2\times1.5h_k)^{1/3}}{10+1.5h_k} = 5.912\times\frac{(10+3h_k)^{1/3}}{10+1.5h_k}$$

迭代得 $h_k = 1.196(\text{m})$。正常水深为

$$h_0 = \left(\frac{nQ}{\sqrt{i}}\right)^{3/5}\frac{(b+2\sqrt{1+m^2}\,h_0)^{2/5}}{b+mh_0} = \left(\frac{0.022\times45}{\sqrt{0.0009}}\right)^{3/5}\times\frac{(10+2\times\sqrt{1+1.5^2}\,h_0)^{2/5}}{10+1.5h_0}$$

$$= 8.149\times\frac{(10+2\times\sqrt{3.25}\,h_0)^{2/5}}{10+1.5h_0}$$

迭代得 $h_0 = 1.959(\text{m})$。

因为 $h_0 > h_k$，所以渠道属于缓坡渠道，水面曲线应从下游向上游推算。又因为下游水深大于正常水深，所以水面曲线为 a_1 型壅水曲线。曲线的上游端以正常水深为渐近线，曲线的下游端以水平线为渐近线。在计算水面曲线时，取曲线上游端比正常水深稍大一点，即取 $h = (1+1\%)h_0 = 1.01\times1.959 = 1.98(\text{m})$。

（2）计算水面曲线。

$$\Delta s = \frac{\Delta E_s}{i-\overline{J}} = \frac{E_{s2}-E_{s1}}{i-\overline{J}}$$

$$E_s = h\cos\theta + \frac{Q^2}{2gA^2} \approx h + \frac{Q^2}{2gA^2} = h + \frac{45^2}{2\times 9.8A^2} = h + \frac{103.3163}{A^2}$$

$$A = (b+mh)h = (10+1.5h)h$$

$$\chi = b + 2\sqrt{1+m^2}\,h = 10 + 2\times\sqrt{1.5^2}\,h = 10 + 2\times\sqrt{3.25}\,h$$

$$R = \frac{A}{\chi} = \frac{(10+1.5h)h}{10+2\times\sqrt{3.25}\,h}$$

现以 $h_2=3.4\text{m}$，$h_1=3.2\text{m}$ 和有关数据代入以上各式，求两断面之间的距离 s_{1-2}。分别求得

$$A_2 = (10+1.5\times 3.4)\times 3.4 = 51.34(\text{m}^2); \quad A_1 = (10+1.5\times 3.2)\times 3.2 = 47.36(\text{m}^2)$$

$$\chi_2 = 10 + 2\times\sqrt{3.25}\times 3.4 = 22.26(\text{m}); \quad \chi_1 = 10 + 2\times\sqrt{3.25}\times 3.2 = 21.54(\text{m})$$

$$R_2 = \frac{A_2}{\chi_2} = \frac{51.34}{22.26} = 2.306(\text{m}); \qquad R_1 = \frac{A_1}{\chi_1} = \frac{47.36}{21.54} = 2.199(\text{m})$$

$$v_2 = \frac{Q}{A_2} = \frac{45}{51.34} = 0.8765(\text{m/s}); \qquad v_1 = \frac{Q}{A_1} = \frac{45}{47.36} = 0.9502(\text{m/s})$$

$$C_2 = \frac{1}{n}R_2^{1/6} = \frac{1}{0.022}\times 2.306^{1/6} = 52.246\ (\text{m}^{1/2}/\text{s}); \quad C_1 = \frac{1}{n}R_1^{1/6} = \frac{1}{0.022}\times 2.199^{1/6} = 51.834\ (\text{m}^{1/2}/\text{s})$$

$$\overline{R} = \frac{1}{2}(R_2 + R_1) = \frac{1}{2}\times(2.306+2.199) = 2.253(\text{m})$$

$$\overline{C} = \frac{1}{2}(C_2 + C_1) = \frac{1}{2}\times(52.246+51.834) = 52.04(\text{m}^{1/2}/\text{s})$$

$$\overline{v} = \frac{1}{2}(v_2 + v_1) = \frac{1}{2}\times(0.8765+0.9502) = 0.9134(\text{m/s})$$

$$\overline{J} = \frac{\overline{v}^2}{\overline{C}^2\overline{R}} = \frac{0.9134^2}{52.04^2\times 2.253} = 0.00013675$$

$$E_{s2} = h_2 + \frac{103.3163}{A_2^2} = 3.4 + \frac{103.3163}{51.34^2} = 3.4392(\text{m})$$

$$E_{s1} = h_1 + \frac{103.3163}{A_1^2} = 3.2 + \frac{103.3163}{47.36^2} = 3.2461(\text{m})$$

$$\Delta s = \frac{E_{s2} - E_{s1}}{i - \overline{J}} = \frac{3.4392 - 3.2461}{0.0009 - 0.00013675} = 253.05(\text{m})$$

其余各流段的计算过程完全相同，列表计算见例题 2.3 计算表。

例题 2.3 计算表

h /m	A /m²	χ /m	R /m	v /(m/s)	C /(m$^{1/2}$/s)	$\overline{J}$ /($\times 10^{-4}$)	E_s /m	ΔE_s /m	$i-\overline{J}$ /($\times 10^{-4}$)	Δs /m
3.4	51.34	22.26	2.306	0.8765	52.246	1.3675	3.4392	0.19314	7.6325	253.05
3.2	47.36	21.54	2.199	0.9502	51.834		3.2461			
3.0	43.5	20.82	2.090	1.0345	51.397	1.7240	3.0546	0.19150	7.2760	263.19
2.8	39.76	20.10	1.979	1.132	50.931	2.2033	2.8650	0.1896	6.7967	278.96
2.6	36.14	19.37	1.865	1.245	50.430	2.8613	2.6790	0.1860	6.1387	303.00
2.4	32.64	18.65	1.750	1.379	49.900	3.7840	2.4970	0.1820	5.2160	348.93
2.2	29.26	17.93	1.632	1.538	49.321	5.1110	2.3210	0.1760	3.8890	452.56
2.1	27.62	17.57	1.572	1.630	49.014	6.4790	2.2355	0.0855	2.5210	339.15
1.98	25.68	17.14	1.500	1.752	48.632	7.8100	2.1367	0.0988	1.1900	830.25
距离合计										3069.09

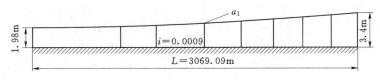

例题 2.3 图

【例题 2.4】　某一边墙成直线收缩的矩形断面渠道如图所示，渠长 $L=60\text{m}$，进口宽度 $b_1=8\text{m}$，出口宽度 $b_2=4\text{m}$，渠底为反坡，$i=-0.001$，粗糙系数 $n=0.014$。当流量 $Q=18\text{m}^3/\text{s}$ 时，渠道进口水深 $h_1=2\text{m}$。要求计算渠道中间断面和出口断面的水深。

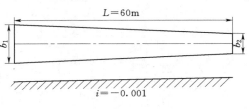

例题 2.4 图

解：

（1）渠道中间断面。渠道宽度逐渐缩窄，故为非棱柱体渠道。采用试算法，计算公式仍为式（2.42）。现求指定断面的水深。

中间断面的宽度 $b=\dfrac{b_1+b_2}{2}=\dfrac{8+4}{2}=6$（m），设中间断面的水深 $h=1.9\text{m}$，计算如下：

$$A_1=b_1h_1=8\times2=16(\text{m}^2)\,;\ A=bh=6\times1.9=11.4(\text{m}^2)$$

$$\chi_1=b_1+2h_1=8+2\times2=12(\text{m})\,;\ \chi=b+2h=6+2\times1.9=9.8(\text{m})$$

$$R_1=\frac{A_1}{\chi_1}=\frac{16}{12}=1.3333(\text{m})\,;\ R=\frac{A}{\chi}=\frac{11.4}{9.8}=1.1633(\text{m})$$

$$v_1=\frac{Q}{A_1}=\frac{18}{16}=1.125(\text{m/s})\,;\ v=\frac{Q}{A}=\frac{18}{11.4}=1.579(\text{m/s})$$

$$C_1=\frac{1}{n}R_1^{1/6}=\frac{1}{0.014}\times1.3333^{1/6}=74.9365(\text{m}^{1/2}/\text{s})\,;\ C=\frac{1}{n}R^{1/6}=\frac{1}{0.014}\times1.1633^{1/6}=73.2522(\text{m}^{1/2}/\text{s})$$

$$\overline{R}=\frac{1}{2}(R_1+R)=\frac{1}{2}\times(1.3333+1.1633)=1.2483(\text{m})$$

$$\overline{C}=\frac{1}{2}(C_1+C)=\frac{1}{2}\times(74.9365+73.2522)=74.0944(\text{m}^{1/2}/\text{s})$$

$$\overline{v}=\frac{1}{2}(v_1+v)=\frac{1}{2}\times(1.125+1.579)=1.352(\text{m/s})$$

$$\overline{J}=\frac{\overline{v}^2}{\overline{C}^2\overline{R}}=\frac{1.352^2}{74.0944^2\times1.2483}=2.6673\times10^{-4}$$

$$E_{si}=h+\frac{Q^2}{2gA^2}=h+\frac{18^2}{2\times9.8A^2}=h+\frac{16.5306}{A^2}$$

$$E_{s1}=h_1+\frac{16.5306}{A_1^2}=2+\frac{16.5306}{16^2}=2.0646(\text{m})$$

$$E_s=h+\frac{16.5306}{A^2}=1.9+\frac{16.5306}{11.4^2}=2.0272(\text{m})$$

$$\Delta s=\frac{E_s-E_{s1}}{i-\overline{J}}=\frac{2.0272-2.0646}{-(0.001+2.6673\times10^{-4})}=29.527(\text{m})$$

再设 $h=1.899\text{m}$，则

$$A=bh=6\times1.899=11.394(\text{m}^2)\,;\chi=b+2h=6+2\times1.899=9.798(\text{m})$$

$$R=\frac{A}{\chi}=\frac{11.394}{9.798}=1.1629(\text{m})\,;v=\frac{Q}{A}=\frac{18}{11.394}=1.5798(\text{m/s})$$

$$C=\frac{1}{n}R^{1/6}=\frac{1}{0.014}\times1.1629^{1/6}=73.2480(\text{m}^{1/2}/\text{s})$$

$$\overline{R}=\frac{1}{2}(R_1+R)=\frac{1}{2}\times(1.3333+1.1629)=1.2481(\text{m})$$

$$\overline{C}=\frac{1}{2}(C_1+C)=\frac{1}{2}\times(74.9365+73.2480)=74.0925(\text{m}^{1/2}/\text{s})$$

$$\overline{v}=\frac{1}{2}(v_1+v)=\frac{1}{2}\times(1.125+1.5798)=1.3524(\text{m/s})$$

$$\overline{J}=\frac{\overline{v}^2}{\overline{C}^2\overline{R}}=\frac{1.3524^2}{74.0925^2\times1.2481}=2.6694\times10^{-4}$$

$$E_s=h+\frac{16.5306}{A^2}=1.899+\frac{16.5306}{11.394^2}=2.02633(\text{m})$$

$$\Delta s=\frac{E_s-E_{s1}}{i-\overline{J}}=\frac{2.02633-2.0646}{-(0.001+2.6694\times10^{-4})}=30.207\approx30(\text{m})$$

所以中间断面的水深 $h=1.899\text{m}$。

（2）渠道出口断面。出口断面 $b_2=4\text{m}$，设水深 $h_2=1.517\text{m}$，计算如下：

$$A_2=b_2h_2=4\times1.517=6.068(\text{m}^2)\,;\chi_2=b_2+2h_2=4+2\times1.517=7.034(\text{m})$$

$$R_2=\frac{A_2}{\chi_2}=\frac{6.068}{7.034}=0.8627(\text{m})\,;v_2=\frac{Q}{A_2}=\frac{18}{6.068}=2.966(\text{m/s})$$

$$C_2=\frac{1}{n}R_2^{1/6}=\frac{1}{0.014}\times0.8627^{1/6}=69.6918(\text{m}^{1/2}/\text{s})$$

$$\overline{R}=\frac{1}{2}(R+R_2)=\frac{1}{2}\times(1.1629+0.8627)=1.0128(\text{m})$$

$$\overline{C}=\frac{1}{2}(C+C_2)=\frac{1}{2}\times(73.2480+69.6918)=71.470(\text{m}^{1/2}/\text{s})$$

$$\overline{v}=\frac{1}{2}(v+v_2)=\frac{1}{2}\times(1.5798+2.966)=2.2729(\text{m/s})$$

$$\overline{J}=\frac{\overline{v}^2}{\overline{C}^2\overline{R}}=\frac{2.2729^2}{71.470^2\times1.0128}=9.986\times10^{-4}$$

$$E_{s2}=h_2+\frac{16.5306}{A_2^2}=1.517+\frac{16.5306}{6.068^2}=1.966(\text{m})$$

$$\Delta s=\frac{E_{s2}-E_s}{i-\overline{J}}=\frac{1.966-2.02633}{-(0.001+9.986\times10^{-4})}=30.19\approx30(\text{m})$$

出口水深 $h_2=1.517\text{m}$。

2.8 天然河道水面曲线的计算

天然河道一般是不规则的，其过水断面形状和底坡都是沿程变化的。河床的粗糙系数

不仅沿程变化，而且在同一河段上还随水深的变化而变化。天然河道中的流量也随时间变化，一般在行洪时变化较大，在平水期变化较小。所以除行洪外，一般天然河道水面曲线仍按恒定流计算。

天然河道水面曲线用水位高程的沿程变化来表示。这是由于天然河道断面不规则，河床起伏不平且不断发生冲淤变化，水面曲线计算如用水深表示极为不便。

2.8.1　水面曲线的计算公式

图 2.24 所示为天然河道中的恒定非均匀流。取相距为 Δs 的两个渐变流断面 1—1 和断面 2—2，选 0—0 为基准面，列断面 1—1 和断面 2—2 的能量方程为

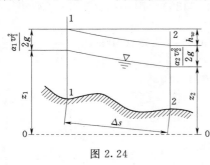

图 2.24

$$z_1 + \frac{\alpha_1 v_1^2}{2g} = z_2 + \frac{\alpha_2 v_2^2}{2g} + h_w$$

式中：z_1、v_1 和 z_2、v_2 分别为断面 1—1 和断面 2—2 的水位和断面平均流速；h_w 为两断面之间的水头损失。

$$h_w = h_f + h_j$$

式中：h_f 为沿程水头损失；h_j 为局部水头损失。

沿程水头损失可近似地用均匀流公式计算，即

$$h_f = \frac{Q^2}{\overline{K}^2} \Delta s$$

式中：$\overline{K}$ 为断面 1—1 和断面 2—2 的平均流量模数。

局部水头损失 h_j 是由于过水断面沿程变化所引起的，计算公式为

$$h_j = \zeta \left(\frac{v_2^2}{2g} - \frac{v_1^2}{2g} \right)$$

式中：ζ 为计算河段的平均局部阻力系数。

ζ 值与河道断面变化情况有关，在计算时可按下列方法取值：

顺直河段：$\zeta = 0$；

收缩河段，水流不发生回流：$\zeta = 0$；

扩散河段，对逐渐扩散河道：$\zeta = -(0.3 \sim 0.5)$；对急剧扩散河道：$\zeta = -(0.5 \sim 1.0)$。ζ 值取负号是因为扩散段 $v_2 < v_1$，而 h_j 是正值。

将 h_f 和 h_j 的关系式代入能量方程得

$$z_1 + \frac{\alpha_1 v_1^2}{2g} = z_2 + \frac{\alpha_2 v_2^2}{2g} + \frac{Q^2}{\overline{K}^2} \Delta s + \zeta \left(\frac{v_2^2}{2g} - \frac{v_1^2}{2g} \right) \tag{2.50}$$

式（2.50）即为天然河道水面曲线的一般计算公式。

如果所选的河段比较顺直均匀，两断面的面积变化不大，两断面的流速水头差和局部水头损失可略去不计，则式（2.50）简化为

$$z_1 - z_2 = \frac{Q^2}{\overline{K}^2} \Delta s \tag{2.51}$$

2.8.2　水面曲线的计算方法
2.8.2.1　试算法

计算时，河道的流量 Q、河段的粗糙系数 n、河段的局部阻力系数 ζ、计算河段的长

度 Δs 以及下游控制断面的水位 z_2 均为已知,由下游向上游逐段推算。由于 z_2 已知,而与 z_2 有关的量也已知,可将方程 (2.50) 写成

$$z_1+\frac{\alpha_1 v_1^2}{2g}+\zeta\frac{v_1^2}{2g}-\frac{Q^2}{K^2}\Delta s=z_2+\frac{\alpha_2 v_2^2}{2g}+\zeta\frac{v_2^2}{2g}$$

将 $v=Q/A$ 代入上式得

$$z_1+\frac{(\alpha_1+\zeta)}{2g}\left(\frac{Q}{A_1}\right)^2-\frac{Q^2}{K^2}\Delta s=z_2+\frac{(\alpha_2+\zeta)}{2g}\left(\frac{Q}{A_2}\right)^2 \qquad (2.52)$$

式 (2.52) 等号右端为已知值,以 A_0' 表示,左端为 z_1 的函数,以 $f(z_1)$ 表示,即

$$f(z_1)=A_0'$$

计算时,假设 z_1 值,计算 $f(z_1)$,如其计算的值与 A_0' 相等,则假设的 z_1 值即为所求;如不等,则重新假定 z_1 值,再计算 $f(z_1)$,直到 $f(z_1)$ 与 A_0' 相等为止。

【**例题 2.5**】 某河已测得桩号 $0+000$、$0+500$、$1+000$、$1+500$ 等测站的过水断面面积和水位的关系以及水力半径与水位的关系如例题 2.5 图 (一) 所示。河道各段顺直并无扩散,粗糙系数 $n=0.0275$。在下游 $0-020$ 处建坝后,当设计流量 $Q=7380\mathrm{m}^3/\mathrm{s}$ 时,桩号 $0+000$ 处的最高水位为 122.48m,试向上游推算桩号 $0+500$、$1+000$、$1+500$ 等断面的水位 (要求等式两边数值差的绝对值不大于 0.01)。

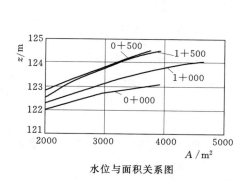

水位与面积关系图

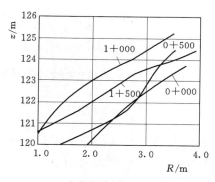

水位与水力半径关系图

例题 2.5 图 (一)

解:

应用式 (2.52),取动能修正系数 $\alpha=1.1$,$\zeta=0$,则

$$z_1+\frac{\alpha_1}{2g}\left(\frac{Q}{A_1}\right)^2-\frac{Q^2}{K^2}\Delta s=z_2+\frac{\alpha_2}{2g}\left(\frac{Q}{A_2}\right)^2$$

将已知条件代入上式,根据精度要求,等式两边数值差的绝对值不大于 0.01。计算如下:

分段:根据已有的测站资料,将河段分为三段,即 $0+000\sim 0+500$、$0+500\sim 1+000$、$1+000\sim 1+500$。现以 $0+000$ 断面为基准,向上游推算 $0+500$ 断面的水位。

(1) 已知 $0+000$ 断面的水位 $z_0=122.480\mathrm{m}$,查水位和面积关系图得 $A_0=2665.14\mathrm{m}^2$,查水位和水力半径图得 $R_0=3\mathrm{m}$。已知流量 $Q=7380\mathrm{m}^3/\mathrm{s}$,等式右边为

$$z_0+\frac{\alpha_0}{2g}\left(\frac{Q}{A_0}\right)^2=122.48+\frac{1.1}{2\times 9.8}\times\left(\frac{7380}{2665.14}\right)^2=122.91(\mathrm{m})$$

$$C_0 = \frac{1}{n}R_0^{1/6} = \frac{1}{0.0275} \times 3^{1/6} = 43.670(\text{m}^{1/2}/\text{s})$$

$$K_0 = A_0 C_0 \sqrt{R_0} = 2665.14 \times 43.670 \times \sqrt{3} = 201589.622(\text{m}^3/\text{s})$$

假设 0+500 断面处的水位 $z_1 = 123.20\text{m}$，由图查得 $A_1 = 2550.29\text{m}^2$，$R_1 = 3.101\text{m}$，则

$$C_1 = \frac{1}{n}R_1^{1/6} = \frac{1}{0.0275} \times 3.101^{1/6} = 43.912(\text{m}^{1/2}/\text{s})$$

$$K_1 = A_1 C_1 \sqrt{R_1} = 2550.29 \times 43.912 \times \sqrt{3.101} = 197209.6(\text{m}^3/\text{s})$$

$$\overline{K} = \frac{1}{2}(K_0 + K_1) = \frac{1}{2} \times (201589.622 + 197209.6) = 199399.611(\text{m}^3/\text{s})$$

$$z_1 + \frac{\alpha_1}{2g}\left(\frac{Q}{A_1}\right)^2 - \frac{Q^2}{K^2}\Delta s = 123.2 + \frac{1.1}{2 \times 9.8} \times \left(\frac{7380}{2550.29}\right)^2 - \frac{7380^2}{199399.611^2} \times 500 = 122.90(\text{m})$$

等式两边相差 0.01，符合要求，所以 $z_1 = 123.20\text{m}$。

（2）已知 0+500 断面处的水位 $z_1 = 123.20\text{m}$，向上游推算 1+000 断面的水位。

$$z_1 + \frac{\alpha_1}{2g}\left(\frac{Q}{A_1}\right)^2 = 123.20 + \frac{1.1}{2 \times 9.8} \times \left(\frac{7380}{2550.29}\right)^2 = 123.67(\text{m})$$

设 $z_2 = 123.95\text{m}$，查图得 $A_2 = 4310.29\text{m}^2$，$R_2 = 2.69\text{m}$，则

$$C_2 = \frac{1}{n}R_2^{1/6} = \frac{1}{0.0275} \times 2.69^{1/6} = 42.883(\text{m}^{1/2}/\text{s})$$

$$K_2 = A_2 C_2 \sqrt{R_2} = 4310.29 \times 42.883 \times \sqrt{2.69} = 303157.019(\text{m}^3/\text{s})$$

$$\overline{K} = \frac{1}{2}(K_2 + K_1) = \frac{1}{2} \times (303157.019 + 197209.6) = 250183.31(\text{m}^3/\text{s})$$

$$z_2 + \frac{\alpha_2}{2g}\left(\frac{Q}{A_2}\right)^2 - \frac{Q^2}{K^2}\Delta s = 123.95 + \frac{1.1}{2 \times 9.8} \times \left(\frac{7380}{4310.29}\right)^2 - \frac{7380^2}{250183.31^2} \times 500 = 123.68(\text{m})$$

等式两边相差 0.01，符合要求。

（3）已知 1+000 断面处的水位 $z_2 = 123.95\text{m}$，向上游推算 1+500 断面的水位。

$$z_2 + \frac{\alpha_2}{2g}\left(\frac{Q}{A_2}\right)^2 = 123.95 + \frac{1.1}{2 \times 9.8} \times \left(\frac{7380}{4310.29}\right)^2 = 124.115(\text{m})$$

设 $z_3 = 124.165\text{m}$，查图得 $A_3 = 3420.287\text{m}^2$，$R_3 = 3.686\text{m}$，则

$$C_3 = \frac{1}{n}R_3^{1/6} = \frac{1}{0.0275} \times 3.686^{1/6} = 45.195(\text{m}^{1/2}/\text{s})$$

$$K_3 = A_3 C_3 \sqrt{R_3} = 3420.287 \times 45.195 \times \sqrt{3.686} = 296779.17(\text{m}^3/\text{s})$$

$$\overline{K} = \frac{1}{2}(K_2 + K_3) = \frac{1}{2} \times (303157.019 + 296779.17) = 299968.09(\text{m}^3/\text{s})$$

$$z_3 + \frac{\alpha_3}{2g}\left(\frac{Q}{A_3}\right)^2 - \frac{Q^2}{K^2}\Delta s = 124.165 + \frac{1.1}{2 \times 9.8} \times \left(\frac{7380}{3420.287}\right)^2 - \frac{7380^2}{299968.09^2} \times 500 = 124.124(\text{m})$$

等式两边相差 $0.0086 < 0.01$，符合要求。最后求得：$z_0 = 122.480\text{m}$、$z_1 = 123.200\text{m}$、$z_2 = 123.950\text{m}$、$z_3 = 124.165\text{m}$。计算结果如例题 2.5 图（二）所示。

2.8.2.2　图解法

河道水面曲线图解法很多，归纳起来分为两大类：一类是考虑了流速水头和局部水头

损失的图解法；另一类是忽略流速水头和局部水头损失的图解法。从本质上看，后者是在前者基础上的简化。

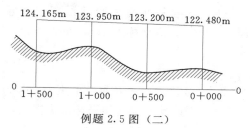

例题 2.5 图（二）

1. 计入流速水头和局部水头损失的图解法

将 $\dfrac{1}{K^2}=\dfrac{1}{2}\left(\dfrac{1}{K_1^2}+\dfrac{1}{K_2^2}\right)$ 代入式（2.52）整理得

$$z_1-z_2=\frac{Q^2}{2}\left[\left(\frac{\Delta s}{K_1^2}-\frac{\alpha_1+\zeta}{gA_1^2}\right)+\left(\frac{\Delta s}{K_2^2}+\frac{\alpha_2+\zeta}{gA_2^2}\right)\right] \tag{2.53}$$

令

$$\left.\begin{aligned}F_1(z_1)&=\frac{\Delta s}{K_1^2}-\frac{\alpha_1+\zeta}{gA_1^2}\\[2mm]F_2(z_2)&=\frac{\Delta s}{K_2^2}+\frac{\alpha_2+\zeta}{gA_2^2}\end{aligned}\right\} \tag{2.54}$$

则

$$z_1-z_2=\frac{Q^2}{2}\left[F_1(z_1)+F_2(z_2)\right]$$

或

$$\frac{Q^2}{2}=\frac{z_1-z_2}{F_1(z_1)+F_2(z_2)} \tag{2.55}$$

式（2.55）中的 α、ζ、Δs 和计算的流段都是已知的，下标 1 代表上游断面，下标 2 代表下游断面。则函数 $F_1(z_1)$、$F_2(z_2)$ 仅仅是反映断面特征的函数，称为断面函数，其值随着水位的变化而变化。

图解法的步骤如下：

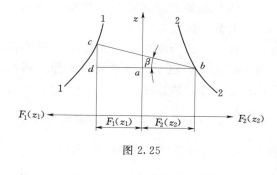

图 2.25

（1）事先做好各计算流段的断面函数曲线，即 $z_1 - F_1(z_1)$、$z_2 - F_2(z_2)$ 关系曲线。以水位为纵坐标，以下游及上游断面函数为横坐标，并分别布置在纵坐标的左、右两侧，如图 2.25 所示。

（2）如果已知下游断面的水位，求流段上游断面的水位时，首先在纵坐标上找到相应于下游断面水位的 a 点，过 a 点做一水平线与下游断面函数曲线相交于 b 点，b 点的坐标为 $[F_2(z_2),z_2]$，过 b 点作一斜率为 $\tan\beta=Q^2/2$ 的直线交该流段上游函数曲线于 c 点，c 点的坐标为 $[F_1(z_1),z_1]$。在直角三角形中

$$\tan\beta=\frac{\overline{cd}}{\overline{da}+\overline{ab}}=\frac{z_1-z_2}{F_1(z_1)+F_2(z_2)}=\frac{Q^2}{2}$$

（3）按以上程序作图，c 点的纵坐标即为计算流段的上游水位。

（4）以上面计算的水位作为下一流段计算的下游水位，按照上述程序又可推得该流段的上游水位。

（5）如此推演下去，便可得到全河道的水面曲线。

（6）在绘制断面函数曲线时，注意比例尺的应用。如果作图的横坐标上 1cm＝ m_1（s^2/m^5），纵坐标上 1cm＝m_2（m），则图上所展现的角度为

$$\tan\beta = \frac{Q^2}{2}\frac{m_1}{m_2} \tag{2.56}$$

2. 忽略流速水头和局部水头损失的图解法

由于不计流速水头和局部水头损失，式（2.53）可写成

$$z_1 - z_2 = \frac{Q^2}{2}\left(\frac{1}{K_1^2} + \frac{1}{K_2^2}\right)\Delta s \tag{2.57}$$

或

$$z_1 - z_2 = \frac{(nQ)^2}{2}\left(\frac{1}{A_2^2 R_2^{4/3}} + \frac{1}{A_1^2 R_1^{4/3}}\right)\Delta s \tag{2.58}$$

当断面形式、尺寸确定以后，式中的 K 或 $A^2 R^{4/3}$ 仅仅是水位的函数，仍称为断面函数。令

$$\varphi(z) = \frac{1}{A^2 R^{4/3}}$$

则式（2.58）可写成

$$z_1 - z_2 = \frac{(nQ)^2}{2}\left[\varphi(z_2) + \varphi(z_1)\right]\Delta s \tag{2.59}$$

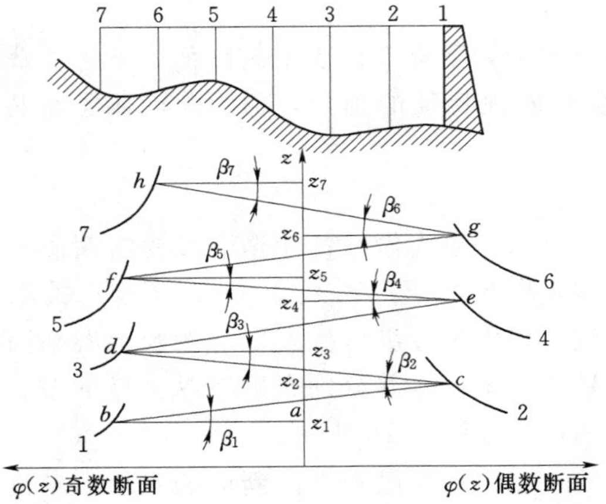

图 2.26

计算步骤如下：

（1）事先做好断面函数 $z - \varphi(z)$ 关系曲线。

（2）将河道的奇数断面的断面函数 $\varphi(z)$ 曲线布置在纵坐标（水位轴）的左侧，偶数断面的断面函数曲线布置在纵坐标的右侧，如图 2.26 所示。

（3）由已知断面 1 的水位 z_1，首先在纵坐标上从该点引一水平线交断面 1 函数曲线于 b 点，然后过 b 点作一斜率 $\tan\beta_1 = \dfrac{(nQ)_1^2}{2}\Delta s_1$ 的直线，交断面 2 函数曲线于 c 点，c 点之纵坐标即为断面 2 的水位 z_2。

（4）通过 c 点作斜率 $\tan\beta_2 = \dfrac{(nQ)_2^2}{2}\Delta s_2$ 的直线，交断面 3 的函数曲线于 d 点，d 点之纵坐标即为断面 3 的水位 z_3。

（5）按以上程序推演下去，便能获得全河道各断面的水位。

（6）如果纵横坐标所取的比例尺不同，若设横坐标 1cm＝m_1（$m^{-16/3}$），纵坐标上 1cm＝m_2（m），则图上所展现的角度为

$$\tan\beta = \frac{(nQ)^2 \Delta s}{2}\frac{m_1}{m_2} \tag{2.60}$$

以上所述的方法都是从下游向上游推算水面曲线。如已知河道上游水位，要推求下游各断面水位时，图解程序由上游向下游进行，原理都是一样的。

以上介绍的方法叫艾斯考夫（Escoffer）图解法。水面曲线的计算还有控制曲线法，其计算方法可参考有关文献。

【例题 2.6】 大渡河某地修建一座拦河坝，第一期工程坝前水位为 1520.00m，在初步设计时，要求推算各级流量下水库的回水曲线。

解：

（1）基本资料。

1）库区 1∶5000 或 1∶10000 地形图（略）。

2）库区纵剖面图（略）。

3）各计算断面 1∶200 或 1∶500 断面图（略）。

4）库区河段的粗糙系数 $n=0.025$。

5）某一级的计算流量为 10600m³/s。

（2）把河道划分为若干计算流段，并依次排列各个断面（图省略）。

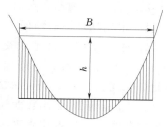

例题 2.6 图（一）

（3）绘制各断面的函数曲线，即 $z-\varphi(z)$ 关系曲线。本例采用忽略流速水头和局部水头损失的图解法（艾斯考夫法）。

$$\varphi(z)=\frac{1}{A^2 R^{4/3}}$$

式中：R 为水力半径，$R=\dfrac{A}{B+2h}$，$h=\dfrac{A}{B}$，如例题 2.6 图（一）所示。

对于宽浅河道，当 $B/h \geqslant 100$ 时，可取 $R \approx h$。各断面的水位与过水断面面积、水面宽度等断面函数关系列于例题 2.6 表。

例题 2.6 表

断面	水位 z /m	水面宽 B /m	面积 A /m²	水深 h /m	湿周 χ /m	水力半径 R /m	$\varphi(z)$/ $(\times 10^{-10}$ m$^{-16/3})$	$\dfrac{m_1}{m_2}$	间距 Δs /m	$\tan\beta$	水位 z /m
1—1	1520.00	339	12410	33.6	406.2	30.55	0.68	10^{-8}			1520.00
2—2	1520.00	373.5	10890	29.15	431.8	25.22	1.14				
	1521.00	379.5	11280	29.72	438.9	25.70	1.04	10^{-8}	9416	3.306	1520.06
	1522.00	385.5	11670	30.30	446.1	26.16	0.946				
3—3	1520.00	264.0	6530	24.7	313.4	20.84	4.09				
	1521.00	266.0	6790	25.0	316.3	21.49	3.63	10^{-8}	4150	1.457	1520.134
	1522.00	268.0	7050	26.3	320.3	21.99	3.27				
4—4	1520.00	332.5	3650	11.0	354.5	10.30	33.5				
	1521.00	334.7	3960	11.82	358.3	11.05	25.9	10^{-8}	9324	3.274	1521.092
	1522.00	338.0	4270	12.65	363.3	11.75	20.5				
5—5	1521.00	213.0	2640	12.37	237.7	11.11	57.9				
	1522.00	215.0	2860	13.3	241.6	11.84	45.3	10^{-8}	3358	1.179	1521.93
	1523.00	217.0	3035	14.2	245.4	12.37	37.9				
6—6	1521.00	164.0	1820	11.06	186.12	9.78	144				
	1522.00	174.0	1990	11.43	196.86	10.11	115	10^{-8}	1987	0.6977	1522.91
	1523.00	184.0	2170	11.76	207.52	10.44	93.1				

在列表计算时，取横坐标 $1\text{cm}=10^{-10}(\text{m}^{-16/3})=m_1$，纵坐标 $1\text{cm}=0.01\text{m}=m_2$。则

$$\tan\beta=\frac{(nQ)^2\Delta s}{2}\frac{m_1}{m_2}=\frac{(0.025\times10600)^2}{2}\times\frac{10^{-10}}{0.01}\Delta s=3.51125\times10^{-4}\Delta s$$

用表中的数据绘制 $z-\varphi(z)$ 关系曲线，将奇数断面绘在纵坐标的左侧，偶数断面绘在纵坐标的右侧，如例题 2.6 图（二）所示。图解过程说明如下：

1）根据坝址前的断面 1—1 的函数及水位，在图中找到它的位置，见图中的点 1。

2）过点 1 作一水平线交坐标轴，即为起始断面的水位，然后再过点 1 作一斜率为 $\tan\beta=3.306$ 的直线，与断面 2—2 函数曲线交于一点，作该点的水平线交于纵坐标轴得断面 2—2 的水位 $z_2=1520.06\text{m}$。

3）过断面 2—2 函数曲线上的交点，作一斜率 $\tan\beta_2=1.457$ 的直线，交于断面 3—3 的函数曲线，以该点作水平线交于纵坐标轴的断面 3—3 得水位 $z_3=1520.134\text{m}$。

4）以此类推，便得断面 4—4、断面 5—5、断面 6—6 的水位分别为 1521.092m、1521.93m、1522.91m。计算结果仍列于表中。

5）绘制河道水面曲线如例题 2.6 图（三）所示。

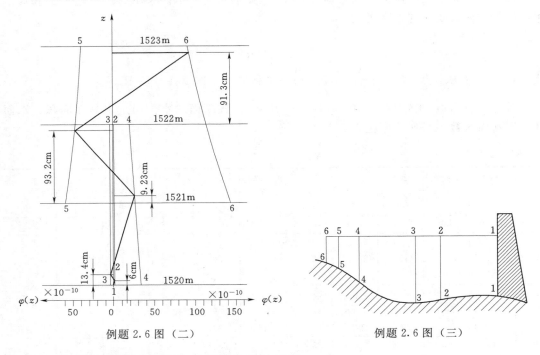

例题 2.6 图（二）　　　　　　　　　　　　例题 2.6 图（三）

2.8.3　复式断面河道及分汊河道水面曲线的计算

天然河道的下游一般底坡较缓，河面较宽，常出现滩地和江心洲，形成主槽和滩地或分汊河道。

1. 复式断面河道

具有主槽和滩地的河道断面称为复式断面，如图 2.27 所示。

主槽和滩地的粗糙系数是不同的，在计算复式断面河道的水面曲线时，河道的全部流量 Q 为主槽流量 Q_1 和滩地流量 Q_2 之和，即

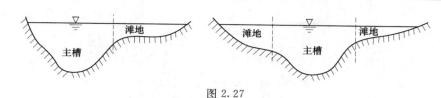

图 2.27

$$Q=Q_1+Q_2 \qquad (2.61)$$

在相当长的河段上，认为主槽及滩地的水面差几乎相等，即

$$\Delta z_1=\Delta z_2=\Delta z$$

按照式（2.51），可写出主槽和滩地的水面曲线公式

$$\Delta z=\frac{Q_1^2}{\overline{K}_1^2}\Delta s \text{ 或 } Q_1=\overline{K}_1\sqrt{\frac{\Delta z}{\Delta s}}$$

和

$$\Delta z=\frac{Q_2^2}{\overline{K}_2^2}\Delta s \text{ 或 } Q_2=\overline{K}_2\sqrt{\frac{\Delta z}{\Delta s}}$$

式中：$\overline{K}_1$、$\overline{K}_2$ 分别为主槽和滩地的平均流量模数。

将 Q_1 和 Q_2 的关系代入式(2.61)得

$$Q=\overline{K}_1\sqrt{\frac{\Delta z}{\Delta s}}+\overline{K}_2\sqrt{\frac{\Delta z}{\Delta s}}=(\overline{K}_1+\overline{K}_2)\sqrt{\frac{\Delta z}{\Delta s}}$$

或

$$\Delta z=\frac{Q^2\Delta s}{(\overline{K}_1+\overline{K}_2)^2} \qquad (2.62)$$

式（2.62）即为计算复式断面河道水面曲线的公式，它的形式和式（2.51）相同，只是流量模数不同而已。

2. 分汊河道

当河道中出现江心洲时，就形成分汊河道，如图 2.28 所示。它的两个河汊的过水断面面积的形状、大小和粗糙系数都不相同，因此其流量模数也不相等，而且两个河汊的流量 Q_1 和 Q_2 尚不知道，因此分汊河道的水面曲线计算比一般河道更为复杂。

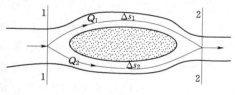

图 2.28

进行分汊河道水面曲线计算应满足下列两个条件：

（1）河道的总流量 $Q=Q_1+Q_2$。

（2）两分汊河道的水位差应相等，即 $\Delta z_1=\Delta z_2=\Delta z$。

设两分汊河段的长度分别为 Δs_1 和 Δs_2，对每一河汊而言，仍可用计算一般河道水面曲线的公式来计算，即

$$\Delta z_1=\Delta z=\frac{Q_1^2}{\overline{K}_1^2}\Delta s_1 \text{ 或 } Q_1=\overline{K}_1\sqrt{\frac{\Delta z}{\Delta s_1}}$$

$$\Delta z_2=\Delta z=\frac{Q_2^2}{\overline{K}_2^2}\Delta s_2 \text{ 或 } Q_2=\overline{K}_2\sqrt{\frac{\Delta z}{\Delta s_2}}$$

总流量为

$$Q = \overline{K}_1 \sqrt{\frac{\Delta z}{\Delta s_1}} + \overline{K}_2 \sqrt{\frac{\Delta z}{\Delta s_2}} = \left(\overline{K}_1 + \overline{K}_2 \sqrt{\frac{\Delta s_1}{\Delta s_2}} \right) \sqrt{\frac{\Delta z}{\Delta s_1}}$$

或

$$\Delta z = \frac{Q^2 \Delta s_1}{\left(\overline{K}_1 + \overline{K}_2 \sqrt{\Delta s_1 / \Delta s_2} \right)^2} \tag{2.63}$$

式 (2.63) 即为分汊河道水面曲线的计算公式。

2.9 弯 道 水 流

明渠与河道中一般均有弯道存在，弯道中水流做曲线运动，如图 2.29 所示。当水流做曲线运动时，不仅受重力的作用，而且还受离心惯性力的作用，离心惯性力的方向是从凸岸指向凹岸。

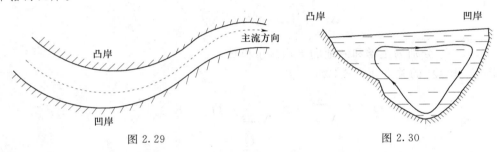

图 2.29   图 2.30

在重力和离心惯性力的共同作用下，弯道水流具有一些不同于直道水流的特殊现象：凹岸附近水面高于凸岸附近水面，即出现横向水面坡度，如图 2.30 所示；弯道表层水流的方向指向凹岸，凹岸的水流由水面流向底部，而底层水流方向则指向凸岸，后翻至水面流向凹岸，即在明渠横断面上形成了环形流动，这种流动称为断面环流，如图 2.31 (a) 所示。断面环流使凹岸发生冲刷，凸岸发生淤积。利用断面环流的这一特性，工程上常在稳定河道的凹岸布设取水口，能顺利地取得表层清水（或含泥沙浓度不大的表层水），而防止底沙进入渠道；弯道水流不仅具有垂直于过水断面的纵向流速，还存在径向和竖向流速，由于几个方向的流速交织在一起，便形成了弯道中的螺旋流，如图 2.31 (b) 所示。

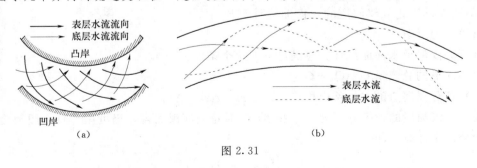

图 2.31

修克莱 (Shukry) 在宽 30cm 的矩形钢制弯道水槽中，测得弯道水位等值线如图 2.32 所示，纵向流速等值线如图 2.33 所示，由图可见，弯道水流有以下特点：

(1) 整个弯道水面是扭曲的，凹岸的水位线是一条上凸的曲线，而凸岸的水位线是一条下凹的曲线。

（2）在横断面上，由于受离心惯性力的影响，凹岸水位高，凸岸水位低，有明显的横比降存在，而且各过水断面横比降的大小不相等。

（3）弯道纵向流速分布沿横向及沿流程都不断发生改变，断面纵向最大流速在进入弯道之前就离开了它的正常位置，而偏向弯道的凸岸，出弯道以后还继续向弯道外侧发展，要经过相当长的距离方能恢复正常位置。

（4）由于弯道水流横比降的形成，水流沿垂线有横向流速分布。严格来说，横向流速分布沿横向及纵向都是变化的。

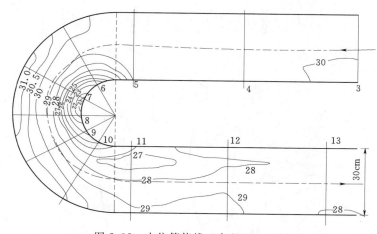

图 2.32 水位等值线（高程以 cm 计）

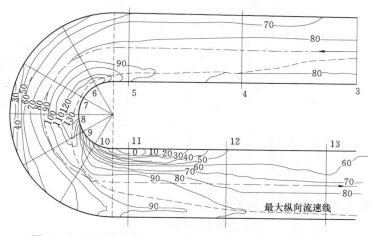

图 2.33 流速等值线（流速以 cm/s 计，180°弯道，$r/b=1$，
$v=77.8$cm/s，$Re=73500$）

弯道水流有缓流与急流之分。研究弯道缓流的水流特性主要包括：弯道横向自由水面形状、纵向和横向流速分布及变化规律、弯道的能量损失等。弯道急流的水流特性将在第 10 章介绍。

2.9.1 横向水面超高

由于离心惯性力的作用，在弯道水流的表面形成从凹岸到凸岸的横向水面坡度。曲率半径越小，则横向水面坡降越大，两岸的水面高差也越大。

图 2.34 所示为一弯道水流，在弯道水流中取距离曲率中心为 r 处的长宽各一个单位、高为 h 的水柱进行分析。因水柱做曲线运动，水柱具有向心加速度 $a_r = \overline{u}^2 / r$，其中 $\overline{u}$ 为纵向流速沿水深的平均值，当忽略水柱沿 r 方向所受的摩擦力，则沿 r 方向作用于液体上的力如下。

1. 离心惯性力 F

因水柱质量 $m = \rho r \, \mathrm{d}\alpha \, \mathrm{d}r h = \rho h$，所以离心惯性力 $F = m a_r = \rho h \overline{u}^2 / r$。

2. 水柱两侧的动水压力 P_1 和 P_2 之差

设 J_r 为横向水面比降，如图 2.34（c）所示，则

$$P_1 - P_2 = \frac{\gamma}{2} \left(h - \frac{J_r}{2} \right)^2 - \frac{\gamma}{2} \left(h + \frac{J_r}{2} \right)^2 = -\gamma h J_r$$

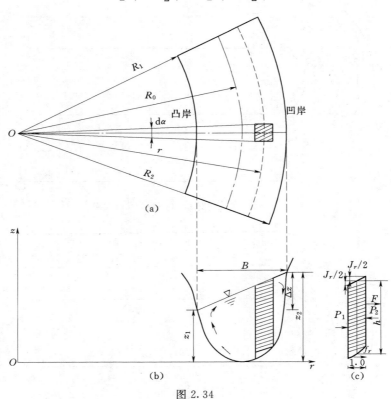

图 2.34

3. 水柱与槽底接触面上的横向阻力 f_r

$$f_r = \tau_{0r} (r \, \mathrm{d}\alpha \, \mathrm{d}r) = \tau_{0r}$$

根据达朗贝尔原理，上述三个横向力维持平衡，即

$$\rho h \frac{\overline{u}^2}{r} - \gamma h J_r + \tau_{0r} = 0$$

由上式解出

$$J_r = \frac{\overline{u}^2}{gr} + \frac{\tau_{0r}}{\gamma h} \tag{2.64}$$

式（2.64）等号右边的第二项较第一项小得多，可以忽略不计，则得

$$J_r = \frac{\overline{u}^2}{gr} \tag{2.65}$$

因为 $J_r = dz/dr$，代入式（2.65）得　$dz = \frac{\overline{u}^2}{gr}dr$

对上式积分得

$$\int_{z_1}^{z_2} dz = \int_{R_1}^{R_2} \frac{\overline{u}^2}{gr} dr$$

即

$$z_2 - z_1 = \Delta z = \int_{R_1}^{R_2} \frac{\overline{u}^2}{gr} dr$$

式中：z_1、z_2、R_1、R_2 分别为凸岸和凹岸的水位和曲率半径；Δz 为横向水面超高。

　　由于垂线纵向流速分布的平均值 $\overline{u}$ 沿横断面的分布规律一般是不知道的，所以上式无法积分。现以断面平均流速 v 代替 $\overline{u}$，以弯段轴线曲率半径 R_0 代替各点的曲率半径 r，代入上式并乘以校正系数 α_0 可得

$$\Delta z = \frac{\alpha_0 v^2}{gR_0} \int_{R_1}^{R_2} dr = \frac{\alpha_0 v^2}{gR_0}(R_2 - R_1) = \frac{\alpha_0 v^2}{gR_0} B \tag{2.66}$$

式中：B 为水面宽度；α_0 为校正系数，$\alpha_0 = 1.01 \sim 1.1$。

　　另一种计算方法是采用有势涡流的假定，即沿垂线上的平均流速与曲率半径成反比，$\overline{u}r = C_0$，可得

$$\Delta z = \frac{\alpha_0 C_0^2}{g} \int_{R_1}^{R_2} \frac{dr}{r^3} = \frac{\alpha_0 C_0^2}{2g}\left(\frac{1}{R_1^2} - \frac{1}{R_2^2}\right) \tag{2.67}$$

式中：C_0 为周流系数。

　　对于矩形断面

$$C_0 = \frac{Q}{\overline{h}\ln(R_2/R_1)}$$

对于梯形断面

$$C_0 = \frac{Q}{\overline{h}\ln(r_2/r_1) + (\overline{h} + r_2/m)\ln(1 + m\overline{h}/r_2) - (r_1/m - \overline{h})\ln[r_1/(r_1 + m\overline{h})]}$$

式中：$\overline{h}$ 为直道中的平均水深；R_1 为凸岸的曲率半径；R_2 为凹岸的曲率半径；m 为梯形断面的边坡系数；r_1 和 r_2 分别为凸岸和凹岸底线的曲率半径。

　　水面超高也可用式（2.68）估算：

$$\Delta z = \int_{R_1}^{R_2} \frac{\alpha_0 v^2}{gr} dr = \frac{\alpha_0 v^2}{g} \ln \frac{R_2}{R_1} \tag{2.68}$$

　　显然，式（2.68）是以断面平均流速 v 代替 $\overline{u}$ 的。

【例题 2.7】 某矩形断面的弯道模型，通过流量 $Q = 30400 \mathrm{cm}^3/\mathrm{s}$ 时，流速 $v = 16.6 \mathrm{cm/s}$，水面宽度 $B = 125 \mathrm{cm}$，直道平均水深 $\overline{h} = 14.7 \mathrm{cm}$，弯道曲率半径 $R_1 = 137.5 \mathrm{cm}$，$R_0 = 200 \mathrm{cm}$，$R_2 = 262.5 \mathrm{cm}$，试计算水面超高。

解：

（1）用式（2.66）计算：

$$\Delta z = \frac{\alpha_0 v^2}{g R_0} B = \frac{1.05 \times 16.6^2}{980 \times 200} \times 125 = 0.184 \text{(cm)}$$

（2）用式（2.68）计算：

$$\Delta z = \frac{\alpha_0 v^2}{g} \ln \frac{R_2}{R_1} = \frac{1.05 \times 16.6^2}{980} \times \ln \frac{262.5}{137.5} = 0.191 \text{(cm)}$$

（3）用式（2.67）计算：

$$C_0 = \frac{Q}{\bar{h} \ln \frac{R_2}{R_1}} = \frac{30400}{14.7 \times \ln \frac{262.5}{137.5}} = 3198.2$$

$$\Delta z = \frac{\alpha_0 C_0^2}{2g} \left(\frac{1}{R_1^2} - \frac{1}{R_2^2} \right) = \frac{1.05 \times 3198.2^2}{2 \times 980} \times \left(\frac{1}{137.5^2} - \frac{1}{262.5^2} \right)$$

$$= 0.21 \text{(cm)}$$

模型实测 $\Delta z = 0.19 \text{cm}$，以上公式的计算值与实测值均比较接近。

2.9.2　断面环流

断面环流是由于水流做曲线运动而形成的，它是一种从属于主流的次生流，又称为副流。现对副流的成因分析如下。

图 2.35 表示一矩形弯道，在其横断面上任意取一微分柱体，分析柱体的受力情况。

作用在微分柱体上的横向力有离心惯性力和动水压力。离心惯性力的大小与纵向流速的平方成正比，即 $F \propto u^2$，因为铅垂线上各点的纵向流速自上而下逐渐减小，因此作用在水柱各点的离心惯性力也是由水面向水底逐渐减小，如图 2.35（a）所示。柱体两侧的动水压强如图 2.35（b）所示。由于横向水面坡度所引起的压强差沿垂线分布是不变的，如图 2.35（c）所示。离心惯性力分布与压强差分布两者叠加，可得作用于水柱的横向合力分布如图 2.35（d）。当水柱某点的离心惯性力和动水压强差相平衡时，则该点的合力为 0。在该点以上各点，离心惯性力大于动水压强差，其合力指向凹岸，所以在水流上部出现流向凹岸的横向流动；反之，在该点以下的各点离心惯性力小于动水压强差，其合力指向凸岸，则水流下部出现流向凸岸的横向流动。由此可以看出，作用在微分柱体上的离心惯性力和动水压强差的合力分布构成一力矩，如图 2.35（e）所示，使水流在横向产生旋转运动，就形成了断面环流。

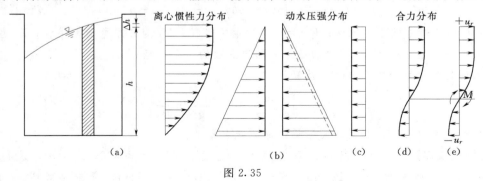

图 2.35

一般用横向流速 u_r 的大小来表示断面环流的强度。由于断面环流的离心惯性力与流速的平方成正比，所以也可以用切向流速 u 和垂线平均流速 $\bar{u}$ 来比较说明。如图 2.35（e）所示，在点 M 处切向流速 u 和垂线平均流速 $\bar{u}$ 相等，离心惯性力和横向压力差处于平衡状态，液体质点无横向运动；在点 M 以上的液体质点，切向流速 u 大于垂线平均流速 $\bar{u}$，对单位液体而言，离心惯性力超过动水压强差，因而液体质点就有指向凹岸的横向运动，其流速为 $+u_r$；在 M 点以下的液体质点，侧面动水压强差大于离心惯性力，因而就有指向凸岸的横向运动，其流速为 $-u_r$。结果在弯道横向的任意垂线上就有图 2.35（e）所示的横向分速 u_r 的分布情况，形成上部指向凹岸而下部指向凸岸的断面环流。一般指向凸岸的临底横向流速 $-u_r$ 要比靠近表面的横向流速 $+u_r$ 稍大。

根据实验及分析知，横向水力坡度最大的地方，也是断面环流强度最大的地方。如果以 θ 表示弯段的转角，则发生最大断面环流强度处的相应转角 $\theta_{smax} = \left(\dfrac{1}{2} \sim \dfrac{1}{3} \right) \theta$，当高水位时，$\theta_{smax} = \dfrac{1}{2}\theta$，低水位时 $\theta_{smax} = \dfrac{1}{3}\theta$。

从上面的分析可以看出，弯道水流横向垂线流速分布 ［图 2.36（a）］ 与纵向垂线流速分布有密切的关系。横向流速 u_r 沿垂线的分布公式有：

（1）M.B 波达波夫公式（М. В. Потапов）。波达波夫采用抛物线型纵向流速分布公式：

$$u = v_{cp} \left[1 - \frac{m}{3C} - \frac{m}{C}(1-\eta)^2 \right]$$

将此式代入弯道水流的微分方程，波达波夫求得横向垂线流速分布公式为

$$u_r = \frac{1}{3} v_{cp} \frac{h}{r} \frac{m^2}{g} \left(1 - 0.067 \frac{m}{C} \right) \left[(2\eta - \eta^2)^2 - \frac{8}{15} \right] \tag{2.69}$$

（2）К. И. 罗辛斯基（К. И. Росинский）及 И. А. 库兹明（И. А. Кузьмин）公式。

$$u_r = \frac{1.53}{g} C^2 v_{cp} \frac{h}{r} \eta^{0.15} (\eta^{0.3} - 0.8) \tag{2.70}$$

式中：v_{cp} 为纵向垂线平均流速；m 为巴森（Базен）系数，约等于 $22.0 \sim 25.0$；C 为谢才系数；h 为水深；r 为曲率半径；$\eta = y/h$ 为相对水深。

（3）罗索夫斯基（И. Л. Розовский）公式。罗索夫斯基采用对数型的纵向流速分布公式：

$$u = v_{cp} \left(\frac{\sqrt{g}}{C} \frac{1 + \ln\eta}{k} + 1 \right)$$

求得横向垂线流速分布公式为

$$u_r = \frac{v_{cp}}{k^2} \frac{h}{r} \left[F_1(\eta) - \frac{\sqrt{g}}{kC} F_2(\eta) \right] \tag{2.71}$$

式中：k 为卡门常数，矩形明渠 $k = 0.5$，天然河道 $k = 0.25 \sim 0.42$；$F_1(\eta)$、$F_2(\eta)$ 是相对水深 η 的函数，如图 2.36（b）所示。

综上所述，当水流在弯道中流动时，横向环流和纵向主流结合在一起，使整个河道水流呈螺旋流状态前进。如果河床是由可冲刷的泥沙组成，由于螺旋流的存在，使凹岸发生冲刷，并由横向环流将凹岸底部泥沙带向凸岸淤积起来，这就形成了弯道水流泥沙运动的主要特点。所以，在引水工程中的取水口位置的选择上，一般应布置在凹岸，其最好位置在弯道全长自起点向下游 3/5 的地方，即处于弯道顶部稍向下游处为好。

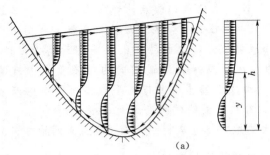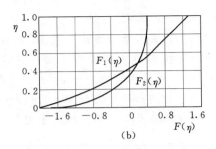

图 2.36

2.9.3　弯道水流的水头损失

由于弯道水流中存在断面环流，流动较为紊乱，而且由于水流转弯而引起弯道下端凸岸附近产生水流分离现象也会使水流阻力增大，所以弯道水流阻力比直道大。直道中的水流阻力一般为沿程阻力，在弯道中除沿程阻力外，还有弯道附加阻力。由弯道附加阻力引起的水头损失可表示为

$$h_弯 = \zeta_弯 \frac{v^2}{2g} \qquad (2.72)$$

式中：$h_弯$ 为弯道附加水头损失；$\zeta_弯$ 为弯道水头损失系数。

实验表明，弯道水头损失系数随弯道中心轴线的曲率半径 R_0 而变，$\zeta_弯$ 随 R_0/B 的变化见表 2.2。

表 2.2　　　　　　　　　弯道水头损失系数与 R_0/B 的变化关系

R_0/B	1.0	2.0	3.0	4.0	5.0	6.0
$\zeta_弯$	0.67	0.50	0.44	0.42	0.41	0.40

弯道段的附加水头损失系数也可用罗索夫斯基的公式计算：

$$\zeta_弯 = \left(24\frac{\sqrt{g}}{C} + 60\frac{g}{C^2}\right)\left(\frac{H}{R_0}\right)^2 \frac{L}{H} \qquad (2.73)$$

式中：H 为顺直段正常流动的水深；L 为弯道段沿轴线的长度。

布辛涅斯克（J. V. Boussinesq）建议用式（2.74）计算弯道段的水头损失：

$$J = \frac{v^2}{C^2 h}\left(1 + \frac{3}{4}\sqrt{\frac{B}{R_0}}\right) \qquad (2.74)$$

式中：J 为弯道段的平均水面坡度；v 为断面平均流速；h 为平均水深。

习　　　题

2.1　某矩形断面明渠均匀流，水面宽度 $B=9.8\text{m}$。在某一断面产生干扰波，经过 1min 后到达上游 $s_1=300\text{m}$ 处，到达下游 $s_2=400\text{m}$ 处。试求：

（1）水流的过水断面面积。

（2）水流的断面平均流速 v。

（3）渠中通过的流量 Q。

（4）静水中的相对波速 v_w。

（5）该水流是缓流还是急流？

2.2* 有一按水力最佳断面条件设计的浆砌石的矩形断面长渠道。已知渠道底坡 $i=0.0009$，粗糙系数 $n=0.017$，通过的流量 $Q=8\text{m}^3/\text{s}$，动能修正系数 $\alpha=1.1$。试分别用水深法、波速法、弗劳德数法、断面比能法和底坡法判别渠中流动是缓流还是急流。

2.3 有一梯形断面长渠道，已知流量 $Q=20\text{m}^3/\text{s}$，底宽 $b=10\text{m}$，边坡系数 $m=1$，底坡 $i=0.0004$，粗糙系数 $n=0.0225$，动能修正系数 $\alpha=1.1$。试分别用水深法、波速法、弗劳德数法、断面比能法和底坡法判别渠中流动是急流还是缓流。

2.4 有一无压圆形断面的钢筋混凝土隧洞，如习题 2.4 图所示。已知直径 $d=2\text{m}$，流量 $Q=3.14\text{m}^3/\text{s}$，正常水深 $h_0=1.5\text{m}$。试用水深法判别其流动是急流还是缓流。

2.5 试判别甲河与乙河的水流流态。

（1）甲河通过的流量 $Q=173\text{m}^3/\text{s}$，水面宽度 $B=80\text{m}$，断面平均流速 $v=1.6\text{m/s}$。

（2）乙河通过的流量 $Q=1730\text{m}^3/\text{s}$，水面宽度 $B=90\text{m}$，断面平均流速 $v=6.86\text{m/s}$。

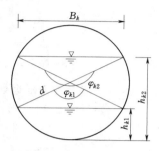

习题 2.4 图

2.6* 试证明，在矩形断面渠道中，最小断面比能 $E_{smin}=(3/2)h_k$，其中 h_k 为临界水深。

2.7 试绘制下列情况下的断面比能曲线 $E_s=f(h)$ 图，并由它求临界水深 h_k。

（1）已知通过流量 $Q=35\text{m}^3/\text{s}$，底宽 $b=28\text{m}$，边坡系数 $m=1.5$；

（2）通过流量 $Q=50\text{m}^3/\text{s}$，底宽 $b=15\text{m}$，边坡系数 $m=1.0$。

2.8 如习题 2.8 图所示，在渠道中做一矩形断面的狭窄部位，且此处为陡坡，在进口底坡转折处产生临界水深 h_k，如果测得上游水深为 h_0，就可求得渠中通过的流量。此装置称为文丘里量水槽，今测得 $h_0=2\text{m}$，底宽 $b=0.3B=1.2\text{m}$。试求渠中通过的流量。

2.9 设抛物线形渠道断面的方程 $y=ax^2$（习题 2.9 图）。试求其临界水深 h_k。

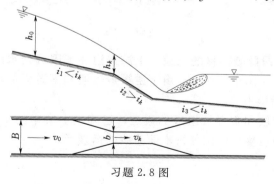

习题 2.8 图

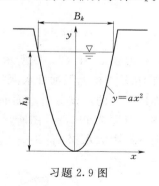

习题 2.9 图

2.10* 试论证以下结论：

（1）临界流断面比能 E_s 与临界流速的关系 $E_s=3\dfrac{v_k^2}{2g}$。

（2）临界流速与单宽流量的关系 $v_k=\sqrt[3]{gq}$。

（3）对于宽浅渠道，$\chi_k \approx B_k$，$R_k = h_k$，试论证临界底坡 $i_k = \dfrac{n^2 B^{2/9} g^{10/9}}{Q^{2/9}}$。

2.11 试分析习题 2.11 图所示图形的水面曲线：

（1）水流从缓坡过渡到陡坡时水面曲线的连接方法。

（2）两段断面尺寸及粗糙系数相同的长直棱柱体明渠，试分析由于底坡变化所引起的渠道中水面曲线的变化形式。已知上游及下游渠道底坡均为缓坡，但 $i_2 > i_1$。

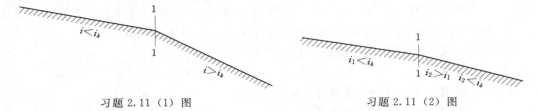

习题 2.11（1）图 习题 2.11（2）图

（3）已知上游无限远处的 $h = h_{01}$，下游在无限远处 $h = h_{02}$。

（4）如习题 2.11（4）图所示两段渠道连接的水面曲线类型。

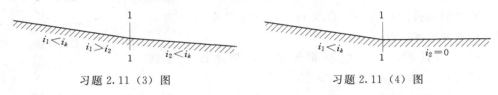

习题 2.11（3）图 习题 2.11（4）图

（5）试分析如习题 2.11（5）图所示两段渠道分别为 $i_1 < i_k$ 和 $i_2 = i_k$ 时水面曲线的连接类型。

（6）习题 2.11（6）图所示为一平坡与缓坡连接的渠道，在上渠中水深大于临界水深 h_k，下渠中在无限远处的水深等于正常水深 h_0。试分析水面曲线的衔接形式。

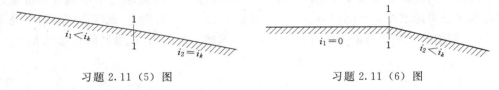

习题 2.11（5）图 习题 2.11（6）图

（7）习题 2.11（7）图所示为一两段陡坡连接的渠道，上游渠道在无限远处水深等于 h_{01}，下游渠道在无限远处水深等于 h_{02}。由于 $i_2 > i_1$，由上游渠道过渡到下游渠道水深的总趋势是下降的，试分析水面曲线的衔接形式。

（8）习题 2.11（8）图所示为一陡坡和临界坡组成的渠道，已知由上渠中的水深 h_{01} 过渡到下渠中的水深 h_{02} 时，总的趋势是壅水。试分析水面曲线的衔接形式。

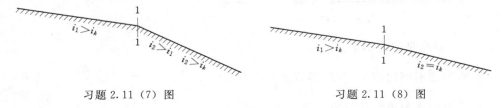

习题 2.11（7）图 习题 2.11（8）图

（9）如习题 2.11（9）图所示两段渠道，已知 $i_1 > i_k$，$i_2 > i_k$，且 $i_1 > i_2$。上渠道的上游水深趋近于 h_{01}，下渠道的下游水深趋近于 h_{02}。试分析水面曲线的衔接形式。

（10）习题 2.11（10）图所示为一陡坡与缓坡连接的渠道，由于渠道底坡的变化将产生明渠非均匀流，且长渠中底坡变化的远端应为均匀流。试分析水面曲线的衔接形式。

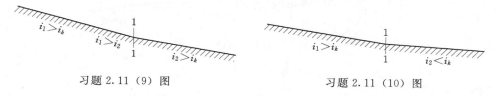

习题 2.11（9）图　　　　　　　　　　习题 2.11（10）图

（11）习题 2.11（11）图所示为一陡坡与平坡连接的渠道，由于渠道底坡改变将要产生明渠非均匀流。试分析水面曲线的衔接形式。

（12）某水库的溢洪道由平坡和陡坡两段棱柱体渠道组成，如习题 2.11（12）图所示。当进口闸门部分开启时，试分析溢洪道中可能出现的水面曲线类型。

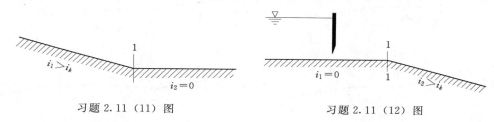

习题 2.11（11）图　　　　　　　　　　习题 2.11（12）图

2.12　试定性分析习题 2.12 图所示 6 个图的水面曲线衔接形式。

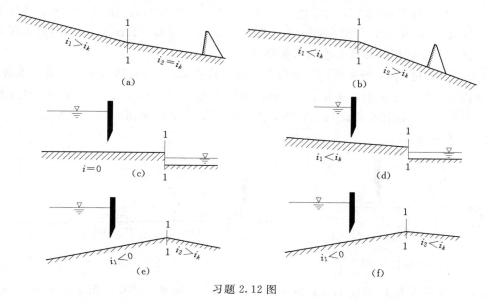

习题 2.12 图

2.13*　有一各段均充分长的变坡棱柱体渠道，各段底坡如习题 2.13 图所示。如果临界底坡 $i_k = 0.008$，试定性的绘制水面曲线。

2.14　试定性分析习题 2.14 图所示流量和粗糙系数沿程不变的长棱柱体渠道中可能

出现的水面曲线衔接形式。

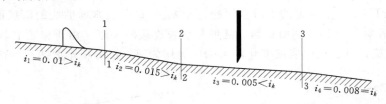

习题 2.13 图

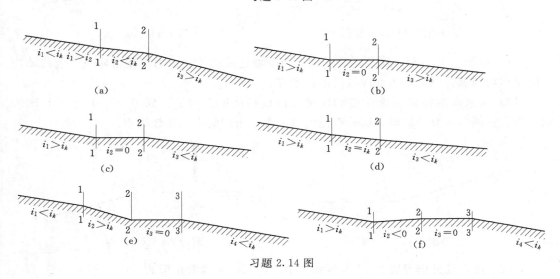

习题 2.14 图

2.15　有一梯形断面渠道（习题 2.15 图），长度 $L=500\text{m}$，底宽 $b=6\text{m}$，边坡系数 $m=2$，底坡 $i=0.0016$，粗糙系数 $n=0.025$。当通过流量 $Q=10\text{m}^3/\text{s}$ 时，闸前水深 $h_e=1.5\text{m}$。试按分段试算法计算并绘制水面曲线。

2.16　如习题 2.16 图所示，某闸门下游有一长度 $L_1=37\text{m}$ 的水平段，后接底坡 $i=0.03$ 的长渠，断面为矩形，底宽 $b=10\text{m}$，粗糙系数 $n=0.025$，$Q=80\text{m}^3/\text{s}$，收缩断面水深 $h_c=0.68\text{m}$。试按分段试算法计算并绘制闸后渠道中的水面曲线，并求 $L_1=37\text{m}$ 和 $L_2=100\text{m}$ 处的水深。

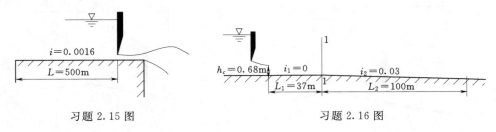

习题 2.15 图　　　　　　　习题 2.16 图

2.17　如习题 2.17 图所示为某地下厂房水电站梯形断面引水渠，渠长 $L=14000\text{m}$，底宽 $b=12\text{m}$，边坡系数 $m=1.5$，底坡 $i=0.0002$，粗糙系数 $n=0.025$。电站引用流量 $Q=80\text{m}^3/\text{s}$，坝前水深 $h=5\text{m}$，渠道进口局部阻力系数 $\zeta=0.2$。水面曲线可用下面简化公式计算。

$$\Delta s = \frac{h_2 - h_1}{i\left[1 - (h_0/\bar{h})^x\right]}$$

式中：x 为水力指数，其值为 3.664；h_0 为渠道正常水深；$\bar{h}$ 为计算的两个断面之间的平均水深。

试求：

（1）计算并绘制渠中的水面曲线。

（2）确定水库的水位高程。

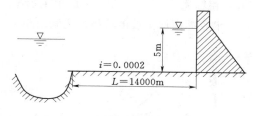

习题 2.17 图

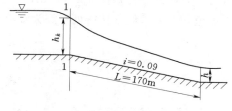

习题 2.18 图

2.18*　在某输水渠道中，流量为 $56 \mathrm{m}^3/\mathrm{s}$。由于地形的变化，在某处设有梯形断面的棱柱体混凝土陡坡段如习题 2.18 图所示。本段的底坡 $i = 0.09$，底宽 $b = 2.5 \mathrm{m}$，边坡系数 $m = 1$，粗糙系数 $n = 0.014$，渠道总长 $L = 170 \mathrm{m}$。陡坡上游渠道由于底坡很缓，已知为缓流。试用分段试算法计算陡坡末端处的断面平均流速。

2.19　某水库溢洪道，表面用混凝土衬砌。在溢流堰后接矩形断面的陡槽，槽长 80m。根据陡槽的底宽及底坡不同，分为三段：第一段长 $L_1 = 20 \mathrm{m}$，底宽 $b_1 = 35 \mathrm{m}$，底坡 $i_1 = 0.05$；第二段长 $L_2 = 40 \mathrm{m}$，底宽 b_2 从 35m 变为 25m，底坡 $i_2 = 0.15$；第三段长 $L_3 = 20 \mathrm{m}$，底宽 $b_3 = 25 \mathrm{m}$，底坡 $i_3 = 0.25$，如习题 2.19 图所示。当泄流量 $Q = 825 \mathrm{m}^3/\mathrm{s}$，粗糙系数 $n = 0.014$ 时，试计算陡槽水面曲线。

2.20　一矩形断面浆砌石引渠，与同一底宽较窄的矩形断面混凝土渡槽相连接，故将渠道逐渐缩窄形成一渐变段（习题 2.20 图）。已知：流量 $Q = 10 \mathrm{m}^3/\mathrm{s}$，渠道、渐变段和渡槽的底坡均为 $i = 0.005$，渠道的粗糙系数 $n_1 = 0.025$，渐变段和渡槽的粗糙系数 $n_2 = 0.014$，前渠底宽 $b_1 = 4 \mathrm{m}$，渡槽底宽 $b_2 = 2.6 \mathrm{m}$，渐变段长 $L = 20 \mathrm{m}$，其底宽由 b_1 减到 b_2，设计时要求渡槽中呈均匀流动。试用分段试算法按一段计算渐变段起点和终点的水深 h_1 和 h_2，并分析引渠中所产生的水面曲线衔接形式。

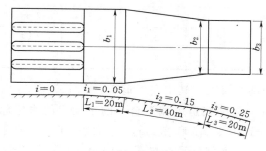

习题 2.19 图

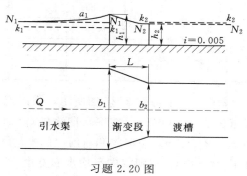

习题 2.20 图

2.21　试证明不计摩阻时矩形断面棱柱体渠道水面曲线方程为

$$L=\frac{h}{2i}\left[2-3\frac{h_k}{h}+\left(\frac{h_k}{h}\right)^3\right]+\frac{3}{2i}h_k+c$$

2.22　某泄水渠道断面为矩形，如习题 2.22 图所示。用浆砌石护面，其粗糙系数 $n=0.025$，底宽 $b=3.6m$，底坡 $i=0.27$，渠长 $L=43.6m$。当流量 $Q=24m^3/s$ 时，计算其水面曲线；如果渠道中的最大允许流速 $v_{允许}=14m/s$ 时，试校核其流速。

2.23　如习题 2.23 图所示，在矩形断面渠道中，装有控制闸门。闸孔通过的流量 $Q=12.7m^3/s$，收缩断面水深 $h_c=0.5m$，渠宽 $b=3.5m$，粗糙系数 $n=0.012$。平底渠道后接一陡坡渠道，若要求坡度转折处水深为临界水深 h_k，试求收缩断面至坡度转折处之间的距离。

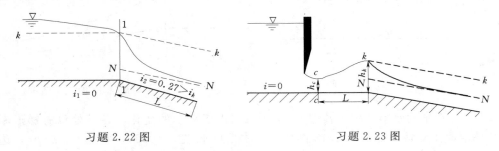

习题 2.22 图　　　　　　　　　　　　　习题 2.23 图

2.24　证明矩形断面宽浅平底渠道水面曲线可以表示为

$$s=\frac{C^2}{g}\left(h-\frac{h^4}{4h_k^3}\right)+c$$

2.25*　设某河水文站的桩号为 $0+000$，今测得其上游桩号 $1+000$、$1+500$、$2+000$、$2+500$ 四个断面的水位 z、过水断面面积 A 和水力半径 R 的关系见习题 2.25 表。河道各段均较顺直且无支流，其粗糙系数 $n=0.032$。今在桩号 $0+900$ 处修建一座水坝（习题 2.25 图）。建坝后当设计流量 $Q=4250m^3/s$ 时，$1+000$ 断面的水位为 $101.48m$。试向上游推算至 $2+500$ 处的水面曲线，并绘制这一河段的水面曲线。

习题 2.25 表

水位 z /m	1+000		1+500		2+000		2+500	
	A/m^2	R/m	A/m^2	R/m	A/m^2	R/m	A/m^2	R/m
101.0	2000	2.37	1880	2.24	1830	1.90	1740	1.85
101.5	2300	2.80	1980	2.94	2080	2.30	1860	2.40
102.0	3200	2.48	2170	3.07	2530	2.47	2160	2.68
102.5	4500	3.44	2470	4.50	3400	2.78	2800	3.04
103.0			3040	5.35	4800	3.17	3720	3.35

2.26*　如习题 2.26 图所示，某河道分为两个汊道，其中左汊道长 $\Delta s_1=2500m$，右汊道长 $\Delta s_2=6000m$。在平水期流量 $Q=400m^3/s$，两汊道下端汇合处的水尺上的水位标高 $z_2=21.00m$。左河汊和右河汊的平均水深分别为 $4.0m$ 和 $2.2m$。左河汊的平均水面宽度 $B_1=150m$，右河汊的平均水面宽度 $B_2=80m$。两汊河段粗糙系数均为 0.03。试用本章分汊河道公式（2.63）求河汊上游分汊处的水位标高和流量分配。并将计算结果与第 1 章

的习题 1.32 的流量计算结果进行比较。

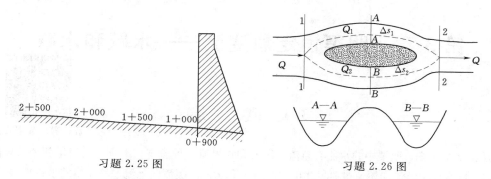

習题 2.25 图　　　　　　　习题 2.26 图

2.27　某矩形断面明渠，底宽 $b=4\mathrm{m}$，通过的流量 $Q=8\mathrm{m}^3/\mathrm{s}$。明渠某处有一弯道，弯道内半径 $R_1=13.7\mathrm{m}$，外半径 $R_2=26.3\mathrm{m}$。已知直道平均水深 $\overline{h}=1.25\mathrm{m}$。试计算弯道断面上的横向超高。

2.28*　一矩形断面明渠，底宽 $b=3\mathrm{m}$，通过的流量 $Q=10\mathrm{m}^3/\mathrm{s}$，粗糙系数 $n=0.017$，底坡 $i=0.0016$。明渠某处有一弯道，弯道内半径 $R_1=15\mathrm{m}$，外半径 $R_2=18\mathrm{m}$，弯道长度 $L=14\mathrm{m}$。试计算弯道断面上的横向超高。

第3章 明渠恒定急变流——水跃和水跌

3.1 概 述

从第2章可知，明渠中的水流有急流、缓流和临界流三种流态。本章主要讨论两个重要的流动现象，即水流由急流向缓流过渡发生的水跃现象和水流由缓流向急流过渡发生的水跌现象。

水流由急流向缓流过渡发生水跃现象，而水流由缓流向急流过渡发生水跌现象，这两种现象都属于明渠恒定急变流。明渠恒定急变流是指在较短的渠段中水流的流线曲率很大或流场中流速分布发生急剧变化的一种流动。急变流的主要特征是流线弯曲显著，流速分布不均匀，水流的惯性力起主要作用，因而过水断面上的动水压强分布规律不符合静水压强分布规律，使问题的分析相对复杂得多。

急变流的形成往往是由局部渠段边界形状急剧变化引起水流流态的急剧变化，常限于较短的距离之内。因此边界形状对水流运动的影响是主要的，水流阻力以形状阻力为主，水头损失主要是局部水头损失，边界阻力的影响则较小，这是与渐变流不同的地方。

在急变流中，有些和边界不发生分离，有些则发生分离而出现回流区，在这种情况下，主流的部分边界是回流而不是固体，情形又更复杂些。

对急变流的研究在理论上不如渐变流成熟，也无统一的分析方法。工程上最常用的方法仍然是应用动量方程按总流来分析水流总体上的运动变化规律，所得结果常带有系数，这些系数需通过实验确定。目前，已能按急变流的一般理论，由数值分析方法得出急变流流场的流速分布、压强分布、水头损失和漩涡运动特性；并可通过现代测量技术测量急变流的水力要素。

本章主要讨论明渠中的水跃、水跌的急变流现象，堰、闸等急变流现象在以后章节中专门论述。

3.2 水跃——急流到缓流的过渡

在明渠中水流由急流过渡到缓流时，会产生一种水面突然跃起的局部水力现象，即在较短的渠段内水深从小于临界水深急剧地跃到大于临界水深，这种局部水力现象称为水跃。在闸、坝及陡槽下泄的急流与天然河道缓流相接时，一般都会出现水跃现象。

水跃现象如图3.1所示。由图中可以看出，水跃区的水流可分为两部分：一部分是急流冲入缓流所激起的表面旋流，水流翻腾滚动，掺入大量的空气，称为表面旋滚；另一部分是旋滚下面急剧扩散的主流，流速由快变慢，水深由小变大。表面旋滚起点的过水断面1—1称为跃前断面，该断面的水深称为跃前水深 h_c'；表面旋滚末端的过水断面2—2称为跃后断面，该断面的水深称为跃后水深 h_c''；跃后水深与跃前水深之差称为水跃高度 a，即 $a = h_c'' - h_c'$；跃后断面与跃前断面之间的距离称为水跃长度 L_j。

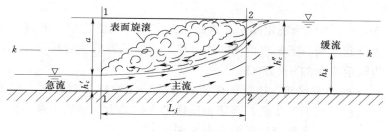

图 3.1

在跃前与跃后之间的水跃段内，水流运动要素急剧变化，在主流扩散与表面旋滚的交界面上流速梯度很大，液体质点紊动混掺极为强烈，两者之间不断进行质量和动量交换。在发生水跃的突变过程中，水流内部产生强烈的摩擦掺混作用，其内部的结构和流速分布要经历剧烈的改变和再调整，致使水流内部有较大的能量损失。因此，工程上常利用水跃来消除泄水建筑物下游高速水流中的巨大动能。

3.2.1 水跃发生的条件

水跃的发生必须具备一定的条件，说明如下：在断面大小一定的明渠中，一定流量的水流从堰、闸等建筑物以急流状态泄出时，必具有一定的水深和流速。水流在向下游流动的过程中，遇到下游水深较大的缓流的遏阻作用，流速就要减低，下游水深越大，遏阻的作用也越大。当下游水深达到一定值时，部分表面急流就被壅高翻倒，在水面形成表面旋滚，发生水跃。由于跃前水深与跃后水深存在一定的关系，所以称为共轭水深。只有满足这个共轭水深的条件才能发生水跃，这就是急流过渡到缓流时必须具备的条件。

3.2.2 水跃的分类

水跃可以按其跃首所处的位置和跃前断面的弗劳德数进行分类。按水跃的跃首所处的位置，可以将水跃分为远驱水跃、临界水跃和淹没水跃。其分类标准以坝址（或闸后收缩断面）处收缩断面水深 h'_c 的共轭水深 h''_c（即跃后水深）与下游水深 h_t 相比较，当 $h''_c > h_t$ 时为远驱水跃、$h''_c = h_t$ 时为临界水跃、$h''_c < h_t$ 时为淹没水跃。

按跃前断面的弗劳德数 Fr 可以将水跃分为波状水跃、弱水跃、不稳定水跃、稳定水跃和强水跃。当 $1 < Fr \leqslant 1.7$ 时为波状水跃，其特点是水跃表面会形成一系列起伏不平的波浪，如图 3.2 所示。诸波峰沿流降低，最后消失；波状水跃无表面旋滚存在，混掺作用差，故其消能效果不显著。

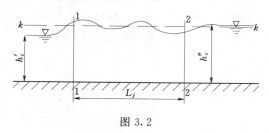

图 3.2

当 $Fr > 1.7$ 时，水跃成为具有表面旋滚的一种典型水跃，这种水跃根据跃前断面的弗劳德数的不同又可分为如下几种。

（1）当 $1.7 < Fr \leqslant 2.5$ 时为弱水跃。水跃表面形成一连串小的表面旋滚，但跃后水面平静，其跃后缓流水深为跃前急流水深的 $2 \sim 3$ 倍，流速分布较均匀。

（2）当 $2.5 < Fr \leqslant 4.5$ 时为不稳定水跃，也叫颤动水跃。底部主流常不规则地上窜，旋滚随时间摆动不定，跃后水面波动较大，对岸坡和河床的冲刷能力较强，跃后水深为跃

前水深的 3～6 倍。

（3）当 $4.5 < Fr \le 9$ 时为稳定水跃。水跃形态完整，流态稳定，底部主流常在表面旋滚的末端附近上升到水面，下游水位的微小变化对水跃位置的影响较小，跃后水面也较平稳，跃后水深为跃前水深的 6～12 倍。

（4）当 $Fr > 9$ 时为强水跃。底部的主流常在表面旋滚的末端之前即向上翻滚，水面有汹涌的波浪，也称"汹涌"水跃，高速主流挟带间歇发生的漩涡不断滚向下游，跃后产生较大的水面波动，跃后水深超过跃前断面水深的 12 倍。

以上 4 种形式的水跃统称为"直跃式水跃"，表面旋滚与跃首急流相遇的位置明显。在工程实用上，最好选用稳定水跃，即 $4.5 < Fr \le 9$，此时水跃形态完整，跃后水面比较平稳，消能率高；不稳定水跃的水跃形态不完整，跃后水面波动较大，消能率较低，是不理想的水跃衔接形式。由于不稳定水跃的跃前断面弗劳德数较低，所以又称为低弗劳德数消能。低弗劳德数消能是水利工程中泄洪消能研究的主要课题之一。强水跃虽然消能率可进一步提高，但此时跃后水面波动大并一直传播到下游，这类水跃的工程实例很少。至于弱水跃和波状水跃，消能率就更低了。

3.3　棱柱体水平明渠的水跃方程

因为水跃中有大量的能量损失，当能量损失未知时，无法用能量方程推求跃前、跃后断面共轭水深的关系。但当水流以急变流下泄时，它带有一定的动量，遇到下游水深较大的缓流，受其阻遏作用引起动量的变化。现在应用动量方程来推导恒定流平底棱柱体明渠中水跃的基本方程。

在推导水跃基本方程时，有以下假设。

（1）忽略明渠壁面对水流的摩阻力，即 $F_f = 0$。

（2）跃前与跃后两断面上的水流为渐变流。

（3）跃前与跃后两断面上的动量修正系数相等，即 $\beta_1 = \beta_2 = \beta$。

设一水跃产生于一棱柱体水平明渠中，如图 3.3 所示。对跃前断面 1—1 和跃后断面 2—2 的水跃段沿水流方向写动量方程得

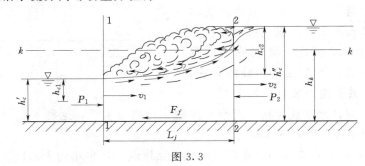

图 3.3

$$\frac{\gamma}{g} Q(\beta_2 v_2 - \beta_1 v_1) = P_1 - P_2 - F_f \qquad (3.1)$$

式中：Q 为流量；γ 为水的重度；v_1、v_2 分别为水跃前、后断面处的断面平均流速；β_1、

β_2 分别为水跃前、后断面处的水流动量修正系数；P_1、P_2 分别为水跃前、后断面上的动水总压力；F_f 为水跃中水流与渠壁接触面上的摩阻力。

根据假设（2），跃前与跃后两断面上的水流为渐变流，作用于断面上的动水压强服从静水压强分布规律，于是有

$$P_1 = \gamma A_1 h_{c1}$$
$$P_2 = \gamma A_2 h_{c2}$$

式中：A_1、A_2 分别为水跃前、后断面的面积；h_{c1}、h_{c2} 分别为水跃前、后断面形心距水面的距离。

根据假设（1），$F_f = 0$，由于水跃段中的边界切应力较小，同时跃长不大，故 F_f 与 P_1、P_2 相比较一般较小，故可以略去不计。设 $\beta_1 = \beta_2 = \beta = 1$，又由连续性方程得 $v_1 = Q/A_1$，$v_2 = Q/A_2$，将以上各式代入式（3.1）得

$$\frac{Q^2}{gA_1} + A_1 h_{c1} = \frac{Q^2}{gA_2} + A_2 h_{c2} \tag{3.2}$$

式（3.2）就是棱柱体水平明渠水跃的基本方程，也称水跃方程。

当明渠断面的形状、尺寸以及渠中的流量一定时，水跃方程（3.2）的左、右两边都是水深的函数。此函数称为水跃函数，以符号 $J(h)$ 表示，则有

$$J(h) = \frac{Q^2}{gA} + A h_{ci} \tag{3.3}$$

于是式（3.2）可以写成

$$J(h_c') = J(h_c'') \tag{3.4}$$

式（3.4）表明，在棱柱体水平明渠中，跃前水深 h_c' 与跃后水深 h_c'' 之间具有相同的水跃函数值，所以也称这两个水深为共轭水深，其中 h_c' 为第一共轭水深，h_c'' 为第二共轭水深。

3.4　棱柱体水平明渠中水跃共轭水深的计算

3.4.1　图解法

对于较复杂的断面，在不易直接求解的情况下，可以采用图解法求解共轭水深。

对于任意断面形状的棱柱体明渠和已给的流量，可以假设不同的水深，根据式（3.3）算出相应的水跃函数 $J(h)$，以水深为纵坐标，以水跃函数 $J(h)$ 为横坐标，即可绘出水跃函数曲线，如图 3.4 所示。

由图 3.4 可以看出，水跃函数曲线有以下特性。

（1）水跃函数 $J(h)$ 有一极小值 $J(h)_{min}$，与极小值 $J(h)_{min}$ 对应的水深即为临界水深 h_k。

由式（3.3）可以看出，当 $h \to 0$ 时，$A \to 0$，$h_{ci} \to 0$，$J(h) = Q^2/(gA) + A h_{ci} \to \infty$；当 $h \to \infty$ 时，$A \to \infty$，$h_{ci} \to \infty$，$J(h) = Q^2/(gA) + A h_{ci} \to \infty$。由此可见，当 $0 < h < \infty$ 时，$J(h)$ 为有限值，可见 $J(h)$ 与 h 关系曲线的两端均趋于 ∞，中间必有一极小值 $J(h)_{min}$，可以证明 $J(h)_{min}$ 对应的水深恰好就是临界水深。证明如下：

对水跃函数进行微分得

$$\frac{\mathrm{d}J(h)}{\mathrm{d}h} = -\frac{Q^2}{gA^2}\frac{\mathrm{d}A}{\mathrm{d}h} + \frac{\mathrm{d}}{\mathrm{d}h}(Ah_{ci})$$

其中：

$$\frac{\mathrm{d}A}{\mathrm{d}h} = B$$

式中：Ah_{ci} 为过水断面面积 A 对水面线 0—0 的静面距，如图 3.5 所示。

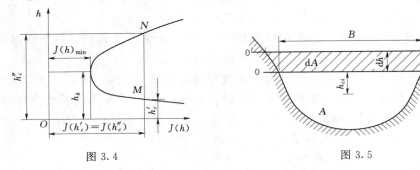

图 3.4　　　　　　　　　　　　　图 3.5

给水深 h 以增量 $\mathrm{d}h$，并计算相应的静面距增量 $\mathrm{d}(Ah_{ci})$，此增量等于两个静面距（一个是对 0—0 的静面距，另一个是对 $0'$—$0'$ 的静面距）的差，即

$$\mathrm{d}(Ah_{ci}) = \left[A(h_{ci}+\mathrm{d}h) + \mathrm{d}A\frac{\mathrm{d}h}{2}\right] - Ah_{ci} = A\mathrm{d}h + \mathrm{d}A\frac{\mathrm{d}h}{2}$$

略去二阶微量得

$$\mathrm{d}(Ah_{ci}) = A\mathrm{d}h$$

因而 $\mathrm{d}(Ah_{ci})/\mathrm{d}h = A$，这样有

$$\frac{\mathrm{d}J(h)}{\mathrm{d}h} = -\frac{Q^2}{gA^2}B + A$$

令 $\dfrac{\mathrm{d}J(h)}{\mathrm{d}h} = 0$，由上式得

$$\frac{Q^2}{g} = \frac{A^3}{B}$$

如果取第 2 章的式 (2.12) 中的动能修正系数 $\alpha = 1$，则上式与临界水深公式相同，因此证得 $J(h)_{\min}$ 对应的水深即为临界水深。

(2) 当 $h > h_k$ 时（相当于图 3.4 曲线的上半支），$J(h)$ 随着水深 h 亦即随着跃后水深的减小而减小。

(3) 当 $h < h_k$ 时（相当于图 3.4 曲线的下半支），$J(h)$ 随着水深 h 亦即随着跃前水深的减小而增大。

由图 3.4 可以看出，$J(h)$ 与 h 曲线有上、下两支，当已知共轭水深之一 h_c'（或 h_c''），以该水深作水平线交曲线一支于点 M（或 N），自该点作平行于 h 轴的直线与 $J(h)$ 曲线的另一支交于点 N（或 M），此点的水深 h_c''（或 h_c'）即为所求的另一共轭水深。

最后指出，当明渠中流量（亦即断面的形状和尺寸）一定时，跃前水深越小，则跃后水深越大；反之，跃前水深越大则跃后水深越小，跃前与跃后水深这一重要关系可以由图 3.4 看出。

【例题 3.1】　一水跃产生于一棱柱体梯形断面水平明渠中。已知 $Q = 6.0\mathrm{m}^3/\mathrm{s}$，底宽 $b = 2.0\mathrm{m}$，边坡系数 $m = 1.0$，$h_c' = 0.4\mathrm{m}$。求跃后水深 h_c''。

解:

应用水跃函数曲线的图解法求 h_c'':

$$A = (b + mh)h$$

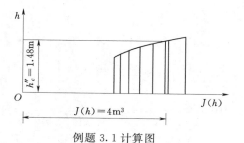

例题 3.1 计算图

$$h_{ci} = \frac{h}{3}\frac{B+2b}{B+b} = \frac{h}{3}\frac{b+2mh+2b}{b+2mh+b} = \frac{h}{3}\frac{3b+2mh}{2b+2mh}$$

$$= \frac{h}{3}\times\frac{3\times2+2\times1h}{2\times2+2\times1h} = \frac{h}{3}\frac{3+h}{2+h}$$

$$J(h) = \frac{Q^2}{gA} + Ah_{ci} = \frac{6^2}{9.8A} + Ah_{ci} = \frac{3.67}{A} + Ah_{ci}$$

已知 $h_c'=0.4\text{m}$,由以上各式关系分别得

$$A_c' = (b+mh_c')h_c' = (2+1\times0.4)\times0.4 = 0.96(\text{m}^2)$$

$$h_{c1} = \frac{h_c'}{3}\frac{3+h_c'}{2+h_c'} = \frac{0.4}{3}\times\frac{3+0.4}{2+0.4} = 0.189(\text{m})$$

$$J(h_c') = \frac{3.67}{A_c'} + A_c'h_{c1} = \frac{3.67}{0.96} + 0.96\times0.189 = 4.0(\text{m}^3)$$

求临界水深 h_k:

$$h_k = \left(\frac{Q^2}{g}\right)^{1/3}\frac{(b+2mh_k)^{1/3}}{b+mh_k} = \left(\frac{6^2}{9.8}\right)^{1/3}\frac{(2+2\times1h_k)^{1/3}}{2+1\times h_k} = 1.543\times\frac{(2+2h_k)^{1/3}}{2+h_k}$$

迭代求得 $h_k=0.839\text{m}$。水跃共轭水深 $h_c''>h_k$,现设几个 h_c'' 列表计算如下。

例题 3.1 计算表

h_c'' /m	A_c'' /m²	h_{c2} /m	$J(h_c'')$ /m³	h_c'' /m	A_c'' /m²	h_{c2} /m	$J(h_c'')$ /m³
1.0	3	0.444	2.555	1.4	4.76	0.604	3.646
1.1	3.41	0.485	2.730	1.5	5.25	0.643	4.075
1.2	3.84	0.525	2.972	1.6	5.76	0.681	4.560
1.3	4.29	0.565	3.279				

作 $J(h)$ 与 h 曲线如例题 3.1 计算图所示,由图中求得 $J(h)=4.0\text{m}^3$ 时, $h_c''=1.48\text{m}$。

3.4.2　解析法

1. 矩形断面棱柱体水平明渠水跃共轭水深的计算

矩形断面水平明渠中水跃的跃前或跃后水深可以直接由水跃方程解出。对于矩形断面水平明渠,如以 b 表示渠宽, q 表示单宽流量,则有 $Q=bq$, $A=bh$, $h_{ci}=h/2$。将这些关系代入式(3.2),则得矩形断面棱柱体水平明渠的水跃方程为

$$\frac{q^2}{gh_c'} + \frac{h_c'^2}{2} = \frac{q^2}{gh_c''} + \frac{h_c''^2}{2} \tag{3.5}$$

对式(3.5)简化后得

$$h_c'h_c''^2 + h_c'^2 h_c'' - \frac{2q^2}{g} = 0$$

上式是对称二次方程,解方程得

$$h'_c = \frac{h''_c}{2}\left(\sqrt{1 + \frac{8q^2}{gh''^3_c}} - 1\right) \tag{3.6}$$

或

$$h''_c = \frac{h'_c}{2}\left(\sqrt{1 + \frac{8q^2}{gh'^3_c}} - 1\right) \tag{3.7}$$

因为 $\dfrac{q^2}{gh'^3_c} = \dfrac{v_1^2}{gh'_c} = Fr_c^2$，$\dfrac{q^2}{gh''^3_c} = \dfrac{v_2^2}{gh''_c} = Fr''^2_c$，所以式（3.7）和式（3.6）可以写成

$$h''_c = \frac{h'_c}{2}(\sqrt{1 + 8Fr_c^2} - 1) \tag{3.8}$$

$$h'_c = \frac{h''_c}{2}(\sqrt{1 + 8Fr''^2_c} - 1) \tag{3.9}$$

或

$$\eta = \frac{h''_c}{h'_c} = \frac{1}{2}(\sqrt{1 + 8Fr_c^2} - 1) \tag{3.10}$$

式中：η 为共轭水深比。

从式（3.10）可以看出，η 是随 Fr_c 的增加而增加的。也就是说，共轭水深比主要取决于跃前断面的弗劳德数 Fr_c，即跃前急流的动能与势能的比值越大，形成水跃所需的跃后与跃前水深的比值也越大。

对于波状水跃，由实验得

$$\frac{h''_c}{h'_c} = \frac{1}{2}(1 + Fr_c^2) \tag{3.11}$$

【例题 3.2】　有一水跃产生于矩形断面棱柱体水平明渠中，已知单宽流量 $q = 0.351\text{m}^3/(\text{s} \cdot \text{m})$，跃前水深 $h'_c = 0.053\text{m}$，求跃后水深 h''_c。

解：

$$Fr_c^2 = \frac{q^2}{gh'^3_c} = \frac{0.351^2}{9.8 \times 0.053^3} = 84.44$$

$$h''_c = \frac{h'_c}{2}(\sqrt{1 + 8Fr_c^2} - 1) = \frac{0.053}{2} \times (\sqrt{1 + 8 \times 84.44} - 1) = 0.663(\text{m})$$

2. 梯形断面棱柱体水平明渠水跃共轭水深的计算

梯形断面的面积 A 和形心到水面的距离 h_{ci} 分别为

$$A = (b + mh)h$$

$$h_{ci} = \frac{h}{6}\frac{3b + 2mh}{b + mh}$$

式中：b 为梯形断面渠道的底宽；m 为边坡系数；h 为水深。

将其代入水跃方程（3.2）得

$$\frac{Q^2}{g(b + mh'_c)h'_c} + \frac{b}{2}h'^2_c + \frac{mh'^3_c}{3} = \frac{Q^2}{g(b + mh''_c)h''_c} + \frac{b}{2}h''^2_c + \frac{mh''^3_c}{3}$$

式中：h'_c 为跃前断面的水深；h''_c 为跃后断面的水深。

对上式并项整理和运算得

$$\frac{6Q^2}{gm^2h'^5_c}\left(1 + \frac{h''_c}{h'_c} + \frac{b}{mh'_c}\right) = \left[\frac{3b}{mh'_c}\left(1 + \frac{h''_c}{h'_c}\right) + 2\left(1 + \frac{h''_c}{h'_c} + \frac{h''^2_c}{h'^2_c}\right)\right]\frac{h''_c}{h'_c}\left(\frac{b}{mh'_c} + 1\right)\left(\frac{b}{mh'_c} + \frac{h''_c}{h'_c}\right)$$

令 $\beta = \dfrac{b}{mh'_c}$，$\eta = \dfrac{h''_c}{h'_c}$，$\sigma^2 = \dfrac{Q^2}{gm^2h'^5_c} = \dfrac{v_1^2(b + mh'_c)^2h'^2_c}{gm^2h'^5_c} = \dfrac{v_1^2}{gh'_c}\left(\dfrac{b}{mh'_c} + 1\right)^2 = Fr_1^2(\beta + 1)^2$，$v_1$

为跃前断面的平均流速。将以上关系代入上式进一步整理得

$$\eta^4 + (2.5\beta+1)\eta^3 + (1.5\beta+1)(\beta+1)\eta^2$$
$$+ [(1.5\beta+1)\beta - 3Fr_1^2(\beta+1)]\eta - 3Fr_1^2(\beta+1)^2 = 0 \qquad (3.12)$$

式中：$Fr_1^2 = v_1^2/(gh'_c)$ 为梯形断面跃前的虚拟弗劳德数。

式（3.12）即为梯形断面棱柱体水平明渠水跃共轭水深的计算公式。可以看出式（3.12）为一元四次方程，可以通过解一元四次方程求出共轭水深比 η，但求解一元四次方程的过程并不简单。下面研究梯形断面棱柱体水平明渠水跃共轭水深的简化求解方法。将式（3.12）写成

$$\eta^2 [\eta^2 + (2.5\beta+1)\eta + (1.5\beta+1)(\beta+1)]$$
$$= 3Fr_1^2(\beta+1)^2 - [(1.5\beta+1)\beta - 3Fr_1^2(\beta+1)]\eta$$

令 $a_1 = (2.5\beta+1)$，$b_1 = (1.5\beta+1)(\beta+1)$，$c_1 = 3Fr_1^2(\beta+1)^2$，$d_1 = (1.5\beta+1)\beta - 3Fr_1^2(\beta+1)$，代入上式得

$$\eta = \sqrt{(c_1 - d_1\eta)/(\eta^2 + a_1\eta + b_1)} \qquad (3.13)$$

式（3.13）即为已知跃前断面水深求跃后断面水深的梯形断面棱柱体水平明渠水跃共轭水深的迭代公式。迭代时取弗劳德数 $Fr_1 = \sqrt{v_1^2/(gh'_c)}$ 为迭代初值。

如果已知跃后水深，可以将式（3.12）写成

$$\eta_0^4 + a_2\eta_0^3 + b_2\eta_0^2 + d_2\eta_0 - c_2 = 0$$

上式的迭代公式为

$$\eta_0 = c_2/(\eta_0^3 + a_2\eta_0^2 + b_2\eta_0 + d_2) \qquad (3.14)$$

式中：$\eta_0 = h'_c/h''_c$；$a_2 = (2.5\beta_0+1)$；$b_2 = (1.5\beta_0+1)(\beta_0+1)$；$c_2 = 3Fr_2^2(\beta_0+1)^2$；$d_2 = (1.5\beta_0+1)\beta_0 - 3Fr_2^2(\beta_0+1)$；$\beta_0 = b/(mh''_c)$；$Fr_2^2 = v_2^2/(gh''_c)$。

式（3.14）即为已知跃后水深求跃前水深的迭代公式，迭代时初值在 0～1 之间选取即可。

【例题 3.3】 有一水跃产生于梯形断面棱柱体水平明渠中。已知流量 $Q = 6.0\text{m}^3/\text{s}$，底宽 $b = 2.0\text{m}$，边坡系数 $m = 1.0$，跃后水深 $h''_c = 1.48\text{m}$。试求：

（1）跃前水深 h'_c。

（2）将求得的跃前水深代入式（3.13）求跃后水深 h''_c。

解：

（1）求跃前水深 h'_c。

$$A_2 = (b + mh''_c)h''_c = (2 + 1.0 \times 1.48) \times 1.48 = 5.1504 (\text{m}^2)$$
$$v_2 = Q/A = 6.0/5.1504 = 1.16496 (\text{m/s})$$
$$\beta_0 = b/(mh''_c) = 2.0/(1.0 \times 1.48) = 1.35135$$
$$Fr_2^2 = v_2^2/(gh''_c) = 1.16496^2/(9.8 \times 1.48) = 0.093570$$

用以上参数求 a_2、b_2、c_2、d_2。得 $a_2 = 4.3783784$、$b_2 = 7.117604$、$c_2 = 1.5519907$、$d_2 = 3.430535$。

$$\eta_0 = c_2/(\eta_0^3 + a_2\eta_0^2 + b_2\eta_0 + d_2)$$
$$= 1.5519907/(\eta_0^3 + 4.3783784\eta_0^2 + 7.117604\eta_0 + 3.430535)$$

取迭代初值为 0.5，代入上式迭代得 $\eta_0 = 0.271846$，则

$$h'_c = \eta_0 h''_c = 0.271846 \times 1.48 = 0.402332(\text{m})$$

（2）用已求得的 $h'_c = 0.402332\text{m}$，反求跃后水深 h''_c。

$$A_1 = (b + mh'_c)h'_c = (2 + 1.0 \times 0.402332) \times 0.402332 = 0.966535(\text{m}^2)$$

$$v_1 = Q/A_1 = 6.0/0.966535 = 6.207742(\text{m/s})$$

$$\beta = b/(mh'_c) = 2.0/(1.0 \times 0.402332) = 4.97102$$

$$Fr_1^2 = v_1^2/(gh'_c) = 6.207742^2/(9.8 \times 0.402332) = 9.77365$$

$a_1 = 13.42754$、$b_1 = 50.49407$、$c_1 = 1045.38136$、$d_1 = -133.03837$，代入式（3.13）得

$$\eta = \sqrt{\frac{c_1 - d_1\eta}{\eta^2 + a_1\eta + b_1}} = \sqrt{\frac{1045.38136 + 133.03837\eta}{\eta^2 + 13.42754\eta + 50.49407}}$$

迭代初值为 $Fr_1 = \sqrt{9.77365} = 3.13$，迭代得 $\eta = 3.678553$。则跃后水深为

$$h''_c = \eta h'_c = 3.678553 \times 0.402332 = 1.48(\text{m})$$

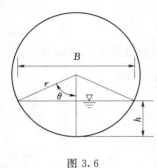

图 3.6

3. 圆形断面棱柱体水平明渠水跃共轭水深的计算

设圆形断面的直径为 D，半径为 r，水深为 h，圆心半角为 θ，如图 3.6 所示。

圆形断面的过水断面面积为

$$A = \frac{r^2}{2}(2\theta - \sin2\theta) = \frac{D^2}{4}(\theta - \sin\theta\cos\theta)$$

水面宽度为

$$B = 2r\sin\theta = D\sin\theta$$

水深 h 与圆心角 θ 的关系为

$$h = r(1 - \cos\theta) = \frac{D}{2}(1 - \cos\theta)$$

设过水断面面积形心在水面下的深度为 h_{ci}，则

$$h_{ci} = \frac{B^3}{12A} - \frac{D}{2}\cos\theta$$

将以上关系代入式（3.2）得

$$\frac{4Q^2}{gD^2(\theta_1 - \sin\theta_1\cos\theta_1)} + \frac{D^3\sin^3\theta_1}{12} - \frac{D^3}{8}(\theta_1 - \sin\theta_1\cos\theta_1)\cos\theta_1$$

$$= \frac{4Q^2}{gD^2(\theta_2 - \sin\theta_2\cos\theta_2)} + \frac{D^3\sin^3\theta_2}{12} - \frac{D^3}{8}(\theta_2 - \sin\theta_2\cos\theta_2)\cos\theta_2 \tag{3.15}$$

式中：θ_1 和 θ_2 分别为跃前、跃后断面水深所对应的圆心半角。

4. 抛物线形断面棱柱体水平明渠水跃共轭水深的计算

设抛物线形渠道的方程为

$$y = ax^{m_0}$$

式中：a 为常数；m_0 为指数。

渠道形状如图 3.7 所示。抛物线形渠道的过水断面面积为

$$A = \frac{2m_0}{m_0 + 1}\left(\frac{h}{a}\right)^{1/m_0}h$$

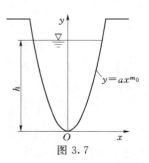

图 3.7

由断面形心到水面的距离为

$$h_{ci} = \frac{m_0 h}{2m_0 + 1}$$

将以上各式代入式（3.2）得水跃方程为

$$\frac{m_0+1}{2m_0}\frac{Q^2}{gh_c'}\left(\frac{a}{h_c'}\right)^{1/m_0} + \frac{2m_0^2}{(2m_0+1)(m_0+1)}\left(\frac{h_c'}{a}\right)^{1/m_0}h_c'^2$$

$$= \frac{m_0+1}{2m_0}\frac{Q^2}{gh_c''}\left(\frac{a}{h_c''}\right)^{1/m_0} + \frac{2m_0^2}{(2m_0+1)(m_0+1)}\left(\frac{h_c''}{a}\right)^{1/m_0}h_c''^2 \tag{3.16}$$

3.5 棱柱体水平明渠中水跃方程的验证

完整水跃的共轭水深计算是以水跃方程为依据的。在推导水跃方程时，曾做过一些假定，这些假定是否正确，有待实验的验证。图 3.8 是矩形断面棱柱体水平明渠水跃共轭水深比 $\eta = h_c''/h_c'$ 与跃前断面弗劳德数 Fr_c 的关系，图中点绘了实验资料。可以看出，当 $\eta > 2.5$ 时，η 的实验值与用式（3.10）计算的值很接近，说明忽略阻力的假定对水跃共轭水深比的计算影响很小。

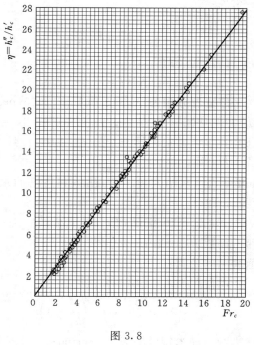

图 3.8

3.6 棱柱体水平明渠中水跃的长度

水跃长度与建筑物下游河床加固保护有着密切的关系，它是消能建筑物尺寸设计的主要依据之一。

对水跃长度的确定是困难的，这不仅是因为旋滚处于连续的脉动中，并时常改变着自己的大小，使得水跃位置前后摆动，不易测准；而且因为研究者对水跃跃尾位置的确定有着不同的标准。有人把跃尾取在表面旋滚的末端；有人则取在表面旋滚下游水面最高处；还有人提出以旋滚后水流流速达到渐变流流速分布的断面作为跃后断面。由此可以看出，由于各研究者对水跃长度的判断标准不一致，所以各家的经验公式相差较大。因此有关水跃长度的计算公式只能看作是近似公式。

3.6.1　矩形断面水跃长度的经验公式

（1）以跃后水深表示：

$$L_j = 6.1 h_c'' \tag{3.17}$$

式中：L_j 为水跃长度。

式（3.17）的适应条件为 $4.5 < Fr_c < 10$。

（2）以跃高表示：

$$L_j = c(h_c'' - h_c') \tag{3.18}$$

式中：c 为经验系数。斯密顿那（Smetans）取 $c = 6.0$；欧勒佛托斯基（Elevatorski）取 $c = 6.9$；吴持恭根据实验资料，在 $Fr_c = 2.15 \sim 7.45$ 范围内，取 $c = 10/Fr_c^{0.32}$；长江水利科学研究院取 $c = 4.4 \sim 6.7$。

巴甫洛夫斯基公式：

$$L_j = 2.5(1.9 h_c'' - h_c') \tag{3.19}$$

（3）包含弗劳德数 Fr_c 的经验公式：

$$L_j = A h_c'(Fr_c - 1)^B \tag{3.20}$$

四川大学根据水槽（水槽宽度分别为 0.3m、0.46m、0.61m、1.21m、1.50m）实验资料得出，在 $Fr_c = 1.72 \sim 19.55$ 范围内，$A = 10.8$，$B = 0.93$；切尔托乌索夫（Чертоусов）给出 $A = 10.3$，$B = 0.81$；姚琢之给出 $A = 11.4$，$B = 0.78$；陈椿庭给出 $A = 9.4$，$B = 1.0$。

张志昌等分析了 Bradley 六组水槽实验、Hughes 和自己的水跃长度实验资料，得到的公式为

$$L_j = 10.55 h_c'(Fr_c - 1)^{0.9416} \tag{3.21}$$

式（3.21）适应的弗劳德数 $Fr_c = 1.7 \sim 19.55$。

（4）以跃后跃前比值表示的公式：

瓦西基（Woycicki）公式为

$$L_j = \left(8 - 0.05 \frac{h_c''}{h_c'}\right) h_c' \left(\frac{h_c''}{h_c'} - 1\right) \tag{3.22}$$

对于矩形断面的波状水跃，季米特里耶夫（Дмитриев）公式为

$$L_j = 10.6(h_c'' - h_c') \tag{3.23}$$

3.6.2　梯形断面水跃长度的经验公式

$$L_j = 5 h_c'' \left(1 + \sqrt[4]{\frac{B_2 - B_1}{B_1}}\right) \tag{3.24}$$

式中：B_1、B_2 分别为水跃前、后断面的水面宽度。

3.6.3 U 形渠道水跃长度的经验公式

U 形渠道水跃共轭水深的计算见张志昌主编的《水力学习题解析》。水跃长度的经验公式为

$$L_j = h_c'(2.541 + 4.476 Fr_c)$$ (3.25)

3.7 棱柱体水平明渠中水跃的能量损失

3.7.1 水跃的消能机理

实验证明，在水跃区内水流运动要素有很大的变化。在水跃表面旋滚与主流的交界面附近漩涡强烈，从而导致该处水流的激烈紊动、剪切、混掺，使得紊流的附加切应力远较一般渐变紊流为大。水跃区的流速分布如图 3.9 所示，由图中可以看出，跃前断面流速最大，分布比较均匀；水跃区内，流速较大的主流接近底部，且流速分布急剧改变。在水跃区之后的断面 2—2，流速分布还是很不均匀，该处的紊流强度也远较正常的渐变紊流为大；虽然在断面 2—2 下游不远处的断面 c—c，流速分布已与渐变紊流的相近，但紊流强度仍较大。直到断面 3—3 处，流速分布才接近下游正常紊流的流速分布，紊流强度才基本恢复正常。

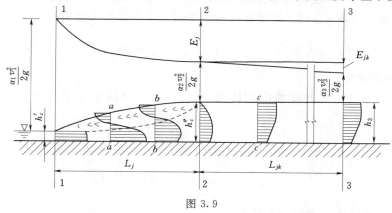

图 3.9

在图 3.9 上作出断面 1—1 至断面 3—3 的总水头线，可以看出：断面 1—1 至断面 a—a 的总水头线急剧降落，从断面 a—a 至断面 2—2 降落仍很明显，这说明在水跃旋滚区内，由于水流要素的急剧变化，特别是很大的紊流附加切应力使得跃前断面水流的大部分动能在水跃段内转化为热能而耗散；从断面 2—2 至断面 3—3 总水头线下降缓慢，说明能量消耗较小。用 L_j 表示断面 1—1 至断面 2—2 之间的水跃长度，由于水跃区底流流速大，紊动强，这段河床需要特别加固，加固的工程称为护坦。断面 2—2 至断面 3—3 之间称为跃后段，长度用 L_{jk} 表示，L_{jk} 约为（2.5～3.5）L_j，由于这段水流紊动的还相当激烈，一般情况下，其河床也要适当加固，加固的工程称为海漫。

3.7.2 水跃段水头损失的计算

对水跃的跃前和跃后断面应用能量方程，可以写出棱柱体水平明渠中的水头损失 E_j 为

$$E_j = \left(h_c' + \frac{\alpha_1 v_1^2}{2g}\right) - \left(h_c'' + \frac{\alpha_2 v_2^2}{2g}\right)$$ (3.26)

式中：α_1、α_2 分别为跃前及跃后断面处的水流动能修正系数。

由于跃前断面处的水流可视为渐变流，故在计算时取 $\alpha_1 = 1$；至于 α_2，由于跃后断面流速分布不均匀和紊动强度大，α_2 一般较 1 大得较多。α_2 可按式（3.27）计算：

$$\alpha_2 = 0.25 + 0.85 Fr_c^{2/3} \tag{3.27}$$

由式（3.27）可以看出，α_2 随 Fr_c 的增大而增大。

3.7.3　跃后段水头损失的计算

对跃后断面 2—2 和断面 3—3 应用能量方程，则得到棱柱体水平明渠的跃后段的水头损失公式为

$$E_{jk} = \left(h_c'' + \frac{\alpha_2 v_2^2}{2g} \right) - \left(h_3 + \frac{\alpha_3 v_3^2}{2g} \right) \tag{3.28}$$

观察表明，断面 3—3 处的水深 h_3 与跃后水深 h_c'' 基本相等，故一般近似地认为 $h_3 = h_c''$，$v_3 = v_2$。断面 3—3 已为明渠正常渐变流断面，α_3 可取为 1，所以式（3.28）变为

$$E_{jk} = \frac{\alpha_2 v_2^2}{2g} - \frac{v_2^2}{2g} = (\alpha_2 - 1) \frac{v_2^2}{2g} \tag{3.29}$$

3.7.4　水跃总水头损失的计算

水跃总水头损失 E 是指水跃段和跃后段水头损失之和。因此，将式（3.26）和式（3.29）相加，并取 $\alpha_1 = 1$，则得棱柱体水平明渠水跃总水头损失的计算公式为

$$E = E_j + E_{jk} = \left(h_c' + \frac{v_1^2}{2g} \right) - \left(h_c'' + \frac{v_2^2}{2g} \right) \tag{3.30}$$

3.7.5　水跃的消能率

水跃段总水头损失 E 与跃前断面比能 E_1 之比称为水跃消能系数或消能率，以符号 K_j 表示，即

$$K_j = \frac{E}{E_1} = \frac{\left(h_c' + \frac{v_1^2}{2g} \right) - \left(h_c'' + \frac{v_2^2}{2g} \right)}{h_c' + \frac{v_1^2}{2g}} = 1 - \frac{h_c'' \left(2 + \frac{v_2^2}{gh_c''} \right)}{h_c' \left(2 + \frac{v_1^2}{gh_c'} \right)} \tag{3.31}$$

式（3.31）即为水跃消能率的一般计算公式。

对于矩形断面，由式（3.5）可得

$$h_c' h_c'' (h_c' + h_c'') = \frac{2q^2}{g}$$

$$\frac{v_1^2}{2g} = \frac{1}{2g} \frac{q^2}{h_c'^2} = \frac{1}{4h_c'^2} \frac{2q^2}{g} = \frac{h_c''(h_c' + h_c'')}{4h_c'}$$

$$\frac{v_2^2}{2g} = \frac{1}{2g} \frac{q^2}{h_c''^2} = \frac{1}{4h_c''^2} \frac{2q^2}{g} = \frac{h_c'(h_c' + h_c'')}{4h_c''}$$

将以上各式代入式（3.30）得

$$E = \frac{(h_c'' - h_c')^3}{4h_c' h_c''}$$

又由矩形断面水跃的共轭水深公式（3.8）知 $h_c'' = \dfrac{h_c'}{2} \left(\sqrt{1 + 8 Fr_c^2} - 1 \right)$，而

$$E_1 = h'_c + \frac{v_1^2}{2g} = h'_c + \frac{h'_c}{2}\frac{v_1^2}{gh'_c} = h'_c + \frac{h'_c}{2}Fr_c^2$$

将以上各式代入式（3.31）得矩形断面棱柱体水平明渠水跃的消能率公式为

$$K_j = \frac{E}{E_1} = \frac{(\sqrt{1+8Fr_c^2}-3)^3}{8(\sqrt{1+8Fr_c^2}-1)(2+Fr_c^2)} \tag{3.32}$$

从式（3.32）可以看出，消能率 K_j 是弗劳德数 Fr_c 的函数。图 3.10 是矩形、梯形、三角形和 U 形渠道水跃消能率与 Fr_c 的关系。可以看出，K_j 随着 Fr_c 的增大而增大。由此可知，Fr_c 越大，水跃的消能率越高。以矩形断面为例，当 $1.7 < Fr_c \leqslant 2.5$ 时，$K_j \approx 5\% \sim 18\%$；当 $2.5 < Fr_c \leqslant 4.5$ 时，$K_j \approx 18\% \sim 45\%$；当 $4.5 < Fr_c \leqslant 9$ 时，$K_j \approx 45\% \sim 70\%$；当 $Fr_c > 9$ 时，$K_j > 70\%$。至于波状水跃，消能率很低，小于 5%。

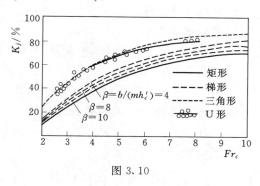

图 3.10

对于 U 形渠道，水跃的消能率可用下面的经验公式计算（图 3.10）：

$$K_j = 20.58 Fr_c^{0.716} \tag{3.33}$$

【例题 3.4】 有一水跃产生于矩形断面棱柱体水平明渠中。已知单宽流量 $q = 5.0$ $\text{m}^3/(\text{s}\cdot\text{m})$，渠宽 $b = 6\text{m}$，跃前水深 $h'_c = 0.5\text{m}$。求水跃的水头损失、消能率和水跃长度。

解：

（1）求水跃段的水头损失 E_j：

$$Fr_c = \frac{v_1}{\sqrt{gh'_c}} = \frac{q}{h'_c\sqrt{gh'_c}} = \frac{5}{0.5\times\sqrt{9.8\times0.5}} = 4.52$$

$$h''_c = \frac{h'_c}{2}(\sqrt{1+8Fr_c^2}-1) = \frac{0.5}{2}\times(\sqrt{1+8\times4.52^2}-1) = 2.954(\text{m})$$

$$\alpha_2 = 0.25 + 0.85 Fr_c^{2/3} = 0.25 + 0.85\times4.52^{2/3} = 2.574$$

$$v_1 = \frac{q}{h'_c} = \frac{5}{0.5} = 10(\text{m/s}), v_2 = \frac{q}{h''_c} = \frac{5}{2.954} = 1.693(\text{m/s})$$

$$E_j = \left(h'_c + \frac{v_1^2}{2g}\right) - \left(h''_c + \frac{\alpha_2 v_2^2}{2g}\right)$$

$$= \left(0.5 + \frac{10^2}{2\times9.8}\right) - \left(2.954 + \frac{2.574\times1.693^2}{2\times9.8}\right) = 2.272(\text{m})$$

（2）求单位时间内水跃段中的能量损失 F_j：

$$F_j = \gamma Q E_j = \gamma bq E_j = 9.8\times6\times5\times2.272 = 667.86(\text{kW})$$

（3）求跃后段的水头损失 E_{jk}：

$$E_{jk} = (\alpha_2 - 1)\frac{v_2^2}{2g} = (2.574-1)\times\frac{1.693^2}{2\times9.8} = 0.23(\text{m})$$

（4）求水跃段的总水头损失 E：

$$E = E_j + E_{jk} = 2.272 + 0.23 = 2.502(\text{m})$$

（5）求水跃段水头损失占总水头损失的百分数：

$$E_j/E = 2.272/2.502 = 90.8\%$$

（6）求水跃的总消能率：

$$K_j = \frac{E}{E_1} = \frac{E}{h'_c + v_1^2/(2g)} = \frac{2.502}{0.5 + 10^2/(2 \times 9.8)} = 44.62\%$$

（7）求水跃长度。

以跃后水深表示：

$$L_j = 6.1 h''_c = 6.1 \times 2.954 = 18.02(\text{m})$$

以跃高表示：

$$L_j = c(h''_c - h'_c) = 6.9 \times (2.954 - 0.5) = 16.93(\text{m})$$

包含弗劳德数 Fr_c 的经验公式：

$$L_j = 10.55 h'_c (Fr_c - 1)^{0.9416} = 10.55 \times 0.5 \times (4.52 - 1)^{0.9416} = 17.21(\text{m})$$

以跃后跃前比值表示：

$$L_j = \left(8 - 0.05 \frac{h''_c}{h'_c}\right)\left(\frac{h''_c}{h'_c} - 1\right) h'_c = \left(8 - 0.05 \times \frac{2.954}{0.5}\right) \times \left(\frac{2.954}{0.5} - 1\right) \times 0.5 = 18.91(\text{m})$$

由以上各公式计算的水跃长度可以看出，各公式的计算结果是不一样的，这主要是因为对水跃长度的判断标准不一致造成的。

3.8　斜　坡　上　的　水　跃

在底坡很平缓的明渠中发生水跃，一般常近似采用平底槽的水跃公式。但如果明渠的底坡较大，其影响不能忽略，则应用动量方程推导水跃共轭水深关系时，必须考虑水跃区的水体所受重力的影响。

设与水平面成 θ 角的矩形断面槽中发生水跃，如图 3.11 所示。取单位渠宽写沿流向的动量方程，仍忽略槽底阻力得

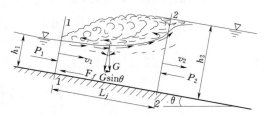

图 3.11　斜坡上的水跃

$$\frac{\gamma}{g} q(\beta_2 v_2 - \beta_1 v_1) = P_1 - P_2 + G\sin\theta$$

$$(3.34)$$

式中：G 为水跃区水体的重量。

如果假设水跃的纵剖表面是直线，则该水体的重量为

$$G = \frac{1}{2} k\gamma L_j (h_1 + h_2)$$

式中：k 为水跃表面与直线有差异及槽底坡度影响的修正系数；L_j 为水跃长度；h_1 为斜坡上的跃前水深；h_2 为斜坡上的跃后水深。

考虑到 $q = v_1 h_1$，$v_2 = v_1 h_1/h_2$，$P_1 = \frac{1}{2}\gamma h_1^2 \cos\theta$，$P_2 = \frac{1}{2}\gamma h_2^2 \cos\theta$，取 $\beta_2 = \beta_1 = 1$，代入式（3.34）得

$$\left(\frac{h_2}{h_1}\right)^3 - (2w^2+1)\frac{h_2}{h_1} + 2w^2 = 0 \qquad (3.35)$$

其中

$$w = \frac{Fr_1}{\sqrt{\cos\theta - kL_j\sin\theta/(h_2-h_1)}}$$

解式 (3.35) 得

$$\frac{h_2}{h_1} = \frac{1}{2}\left(\sqrt{1+8w^2} - 1\right) \qquad (3.36)$$

因跃前铅垂水深为 $h_1/\cos\theta$，跃后铅垂水深为 $h_2/\cos\theta$，则铅垂水深之间的共轭水深关系仍是式 (3.36)。用式 (3.36) 计算水跃的共轭水深时，需要知道水跃长度和修正系数 k，计算很不方便。《水工设计手册（第六卷）》给出了斜坡水跃的计算公式为

$$\frac{h_2}{h_1} = \frac{1}{\cos\theta}\left[\sqrt{2Fr_1^2\left(\frac{\cos^2\theta}{1-2C\tan\theta}\right)+0.25} - 0.5\right] \qquad (3.37)$$

式中：Fr_1 为跃前断面弗劳德数；C 为随 θ 角而变的修正系数。

实验得到的 C-$\tan\theta$ 的关系如图 3.12 所示。

因为 $w=f(Fr_1, \theta)$，故 h_2/h_1 也是 Fr_1 和 θ 的函数。通过实验，可得以 $i=\sin\theta$ 为参变量的 h_2/h_1-Fr_1 的关系如图 3.13 所示。可以看出，同一 Fr_1 情况下，随着 θ 角的增大，共轭水深比增大。

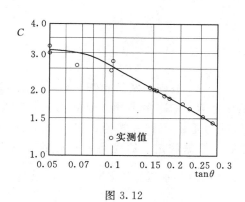

图 3.12

图 3.13

斜坡上的水跃根据实测资料得到的关系为

$$h_i = (1+3\tan\theta)h_{i0} \qquad (3.38)$$

$$L_j = (1-1.75\tan\theta)L_{j0} \qquad (3.39)$$

式中：h_{i0}、L_{j0} 分别为 $i=0$ 时水平明渠中水跃的水深和跃长；h_i、L_j 分别为斜坡水跃的水深和跃长。式 (3.38) 和式 (3.39) 的适应条件为 $Fr_1=2.3\sim8.4$，$\theta=0°\sim18.66°$。

3.9　非棱柱体明渠中的水跃

非棱柱体明渠中的水流由急流过渡到缓流时，也要发生水跃。最常见的是矩形水平扩散段的水跃。

在逐渐扩散的平底矩形断面明渠中，当边墙扩散角很小时（$\alpha < 10°$），可假设水流与边墙不分离，仍可用动量方程推求水跃的共轭水深。

3.9.1　矩形水平扩散明渠的水跃方程

设一完全水跃发生于矩形断面水平扩散明渠中，如图 3.14 所示。

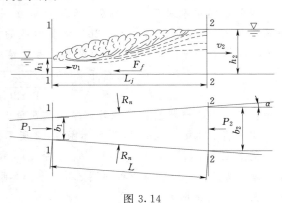

图 3.14

由于水流沿辐射方向流动，过水断面是弧形面，但因扩散角较小，可近似的将过水断面看作平面。在图 3.14 中取断面 1—1 和断面 2—2 之间的水体写动量方程。沿水流方向的作用力有断面 1—1 和断面 2—2 上的动水压力 P_1 和 P_2，每边的边墙反力 R_n 在水流方向的分力 $R_x = R_n \sin\alpha$，设 $\beta_1 = \beta_2 = \beta$，忽略壁面的摩阻力 F_f，则沿水流方向的动量方程为

$$\frac{\beta\gamma}{g}Q(v_2 - v_1) = P_1 - P_2 + 2R_n \sin\alpha \tag{3.40}$$

对于边墙为铅垂的矩形断面，则

$$P_1 = \frac{\gamma}{2}b_1 h_1^2$$

$$P_2 = \frac{\gamma}{2}b_2 h_2^2$$

式中：b_1、b_2 分别为跃前和跃后断面的宽度；h_1、h_2 分别为跃前和跃后断面的水深。

因水跃对边墙的作用力比较复杂，对于反力 R_x 有许多不同的计算方法。这里介绍一种较简单的方法，即假定沿边墙长度上其反力是由小到大按直线变化的，用此法计算的共轭水深和实验结果相比还是比较符合的。根据假定，边墙每米长度的反力在跃前为 $\frac{\gamma}{2}h_1^2$，在跃后为 $\frac{\gamma}{2}h_2^2$（在铅垂方向的动水压强仍符合静水压强分布规律），于是侧壁反力为

$$R_n = \frac{1}{2}\left(\frac{\gamma}{2}h_1^2 + \frac{\gamma}{2}h_2^2\right)L$$

其中，$L = \dfrac{b_2 - b_1}{2\sin\alpha}$，代入上式并以 $\sin\alpha$ 乘以上式得

$$R_n \sin\alpha = \frac{\gamma}{8}(h_1^2 + h_2^2)(b_2 - b_1)$$

将以上各式代入动量方程（3.40）得

$$\frac{4\beta Q}{g}(v_2 - v_1) = (h_1^2 - h_2^2)(b_2 + b_1)$$

因为 $v_2=Q/(b_2h_2)$，$v_1=Q/(b_1h_1)$，代入上式得

$$\frac{4\beta Q^2}{g}\left(\frac{1}{b_2h_2}-\frac{1}{b_1h_1}\right)=(h_1^2-h_2^2)(b_2+b_1) \tag{3.41}$$

式（3.41）即为矩形断面扩散明渠的水跃方程。为了便于求解，令 $\eta=h_2/h_1$，$\xi=b_2/b_1$，$Fr_1^2=v_1^2/(gh_1)$，$Q=v_1b_1h_1$，于是水跃方程可化为以下形式：

$$\frac{4\beta Fr_1^2}{\xi(1+\xi)}=\frac{\eta(\eta^2-1)}{\xi\eta-1}$$

对上式求解得

$$\eta=2\sqrt{\frac{1+\xi+4\beta Fr_1^2}{3(1+\xi)}}\cos\frac{\varphi}{3} \tag{3.42}$$

或

$$h_2=2h_1\sqrt{\frac{1+\xi+4\beta Fr_1^2}{3(1+\xi)}}\cos\frac{\varphi}{3} \tag{3.43}$$

式（3.43）中的 φ 按式（3.44）计算：

$$\cos\varphi=-\frac{10.4\beta(1+\xi)^{0.5}Fr_1^2}{\xi(1+\xi+4\beta Fr_1^2)^{1.5}} \tag{3.44}$$

在计算时，β 可取为 1.03。

式（3.42）虽然是在扩散角较小的情况下导出的，但实验证明，即使当扩散角度大到 25°，按该式计算出来的 η 值也基本上与实测的 η 值相吻合。

张志昌等给出了一个比较简单的计算公式：

$$h_2=\frac{h_1}{2}(\sqrt{1+8Fr_1^2}-1)\left(\frac{b_1}{b_2}\right)^{0.15} \tag{3.45}$$

3.9.2　矩形水平扩散明渠的水跃长度

陕西省水利科学研究所以水跃表面旋滚的水平投影作为水跃长度。根据实验，在 $Fr_1=3.5\sim6.5$ 范围内，水跃长度可用式（3.46）计算：

$$L_j=0.077h_1(Fr_1\cot\alpha)^{1.5} \tag{3.46}$$

华西列夫（Васильев）通过实验得出弧形闸门下游矩形水平扩散明渠水跃长度的经验公式为

$$L_j=\frac{10.3b_1h_1(Fr_1-1)^{0.81}}{b_1+1.08h_1(Fr_1-1)^{0.81}\sin\alpha} \tag{3.47}$$

南京水利科学研究院公式：

当 $3<Fr_1^2<6$ 时

$$L_j=(1+0.6Fr_1^2)h_2 \tag{3.48}$$

当 $6<Fr_1^2<17$ 时

$$L_j=4.6h_2 \tag{3.49}$$

【例题 3.5】　某陡槽下游的矩形水平扩散段中有一水跃产生。已知 $b_1=2.0$m，$\cot\alpha=10$，$Q=6.0$m^3/s，跃前水深 $h_1=0.391$m。求跃后水深 h_2 和水跃长度 L_j。

解：

$$Fr_1=\frac{v_1}{\sqrt{gh_1}}=\frac{Q}{b_1h_1\sqrt{gh_1}}=\frac{6}{2\times0.391\times\sqrt{9.8\times0.391}}=3.92$$

水跃长度为

$$L_j = 0.077h_1(Fr_1\cot\alpha)^{1.5} = 0.077\times0.391\times(3.92\times10)^{1.5} = 7.39\,(\text{m})$$

跃后断面的宽度为

$$b_2 = b_1 + 2L_j\tan\alpha = b_1 + \frac{2L_j}{\cot\alpha} = 2 + \frac{2\times7.39}{10} = 3.478\,(\text{m})$$

$$\xi = b_2/b_1 = 3.478/2 = 1.739$$

$$\cos\varphi = -\frac{10.4\beta(1+\xi)^{0.5}Fr_1^2}{\xi(1+\xi+4\beta Fr_1^2)^{1.5}} = -\frac{10.4\times1.03\times(1+1.739)^{0.5}\times3.92^2}{1.739\times(1+1.739+4\times1.03\times3.92^2)^{1.5}}$$

$$= -0.292$$

$$\varphi = \arccos(-0.292) = 107°$$

跃后水深为

$$h_2 = 2h_1\sqrt{\frac{1+\xi+4\beta Fr_1^2}{3(1+\xi)}}\cos\frac{\varphi}{3}$$

$$= 2\times0.391\times\sqrt{\frac{1+1.739+4\times1.03\times3.92^2}{3\times(1+1.739)}}\cos\frac{107°}{3} = 1.80\,(\text{m})$$

如果用式（3.45）计算，则

$$h_2 = \frac{h_1}{2}(\sqrt{1+8Fr_1^2}-1)\left(\frac{b_1}{b_2}\right)^{0.15}$$

$$= \frac{0.391}{2}\times(\sqrt{1+8\times3.92^2}-1)\times\left(\frac{2.0}{3.478}\right)^{0.15} = 1.823\,(\text{m})$$

3.10　水跌——缓流到急流的过渡

处于缓流状态的明渠水流，或因槽底突然变为陡坡，或因下游槽身断面形状突然改变，水面急剧降落，水流以临界流动的状态通过这个突变的断面，转变为急流。这种从缓流过渡到急流的局部水力现象称为水跌。

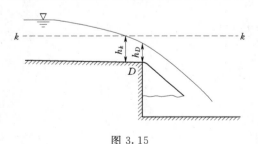

图 3.15

图 3.15 是一明渠在 D 点处底坡突然变为 ∞ 的情况，现在分析这种流动情况。

设想明渠的底坡在 D 点处并无改变，而是一直向下游延伸，则在通过某一流量时就会在明渠中形成缓流流态的均匀流动，渠中水深等于正常水深，水面曲线与总水头线和渠底平行。如果设想渠底在 D 点处突然变为 ∞，形成跌坎，由于渠底条件的突然改变，渠底对水流的阻力突然消失，过坎后水流自由跌落，使重力的作用得到充分的发挥，它力图将跌坎上水流的势能变为动能，使水面尽可能地向下降落，并使跌坎上的水流变为加速的非均匀流，即急变流。

对于急变流，流线弯曲较大，过水断面上的动水压强分布规律不符合静水压强分布规律，水深 h 不代表断面上的平均单位势能。如果用一个势能改正系数 β_0'，使 $\beta_0'h$ 等于断面上的平均单位势能，则断面单位能量的表达式可以写成

$$E_s = \beta_0' h + \frac{\alpha v^2}{2g} \tag{3.50}$$

对于凸形水流，$\beta_0' < 1$；对于凹形水流，$\beta_0' > 1$。

需要注意的是，前面关于临界水深 h_k 的理论都是建立在渐变流的前提下的，而急变流的临界水深并不等于前述的 h_k 值，它的分析和计算将复杂得多。

实验表明，由于跌坎上水流的流线很弯曲，水流为急流，跌坎断面的水深 h_D 小于临界水深 h_k，$h_k \approx 1.4 h_D$，临界水深的发生位置在跌坎端的上游，距跌坎端约 $(3 \sim 4) h_k$ 的距离。

习　题

3.1　如习题 3.1 图所示，证明水跃函数 $J(h)_{\min}$ 时的水深为临界水深。

3.2　如习题 3.2 图所示，试推导水平底棱柱体明渠的水跃方程。

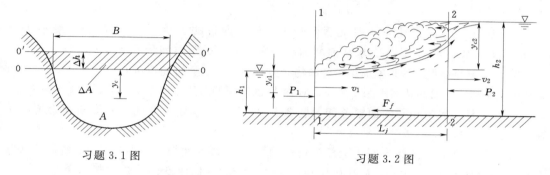

习题 3.1 图　　　　　　　　　　习题 3.2 图

3.3*　如习题 3.3 图所示，当棱柱体水平明渠的流量、断面形状、尺寸以及跃前水深一定时，试问水跃区中的底槛将对水跃的跃后水深有何影响？

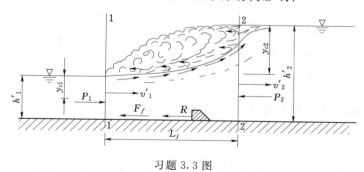

习题 3.3 图

3.4　有一矩形断面明渠，已知：流量 $Q = 15 \text{m}^3/\text{s}$，底宽 $b = 5\text{m}$，产生水跃时的跃前水深 $h_1 = 0.3\text{m}$。试判断水跃的类型并求跃后水深。

3.5　已知某水闸为平底矩形断面，当通过的单宽流量 $q = 1.93 \text{m}^3/(\text{s} \cdot \text{m})$ 时发生水跃，已测得跃后水深 $h_2 = 1.46\text{m}$。试判断水跃的类型并求跃前水深。

3.6　一水跃产生于棱柱体的梯形断面水平明渠中。已知流量 $Q = 25 \text{m}^3/\text{s}$，底宽 $b = 5\text{m}$，边坡系数 $m = 1.25$，$h_2 = 3.14\text{m}$。求跃前水深 h_1。

3.7　有一平底梯形断面渠道，通过的流量 $Q=54.3\mathrm{m}^3/\mathrm{s}$，底宽 $b=7\mathrm{m}$，边坡系数 $m=1$，在渠道中发生水跃，已知跃前水深 $h_1=0.8\mathrm{m}$。试用迭代法求跃后水深 h_2。

3.8　试证明平底梯形断面渠道的水跃方程为

$$\frac{1}{g(h_1/q^{2/3})(1+Nh_1/q^{2/3})}+\frac{1}{6}\left(\frac{h_1}{q^{2/3}}\right)^2\left(3+2N\frac{h_1}{q^{2/3}}\right)$$
$$=\frac{1}{g(h_2/q^{2/3})(1+Nh_2/q^{2/3})}+\frac{1}{6}\left(\frac{h_2}{q^{2/3}}\right)^2\left(3+2N\frac{h_2}{q^{2/3}}\right)$$

式中：$N=mq^{2/3}/b$，$q=Q/b$。

3.9　试证明平底梯形断面明渠中水跃前、后断面水深满足下述关系：

$$\eta^4+\left(\frac{5}{2}\beta+1\right)\eta^3+\left(\frac{3}{2}\beta+1\right)(\beta+1)\eta^2+\left[\left(\frac{3}{2}\beta+1\right)\beta-\frac{3\sigma^2}{\beta+1}\right]\eta-3\sigma^2=0$$

式中：$\beta=\dfrac{b}{mh_1}$；$\eta=\dfrac{h_2}{h_1}$；$\sigma=\dfrac{Q}{\sqrt{g}\,mh_1^{5/2}}$。

3.10　有一水跃产生于水平无压圆管中。已知通过的流量 $Q=1.0\mathrm{m}^3/\mathrm{s}$，管径 $D=1.0\mathrm{m}$，跃前水深 $h_1=0.4\mathrm{m}$。求跃前断面形心在水面下的距离和跃后水深 h_2。

3.11　某平底抛物线形断面渠道的抛物线方程 $y=x^2$，通过的流量 $Q=2.0\mathrm{m}^3/\mathrm{s}$。如果在渠道中发生水跃，已知跃前水深 $h_1=0.2\mathrm{m}$，求跃前断面的弗劳德数 Fr_1 和第二共轭水深 h_2。

3.12　某平底三角形断面渠道如习题 3.12 图所示，试导出平底三角形断面渠道的水跃方程。

3.13　试推导下部为半圆、上部为矩形的平底 U 形断面渠道（习题 3.13 图）的水跃方程，并计算当 $r=0.22\mathrm{m}$，$h_1=0.05\mathrm{m}$，$Q=0.04\mathrm{m}^3/\mathrm{s}$ 时水跃的第二共轭水深 h_2。

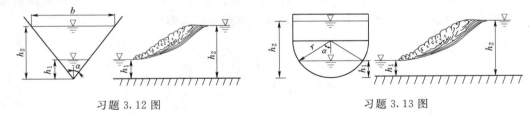

习题 3.12 图　　　　　　　　　　　　习题 3.13 图

3.14　一水跃产生于棱柱体水平矩形断面明渠中。已知 $b=5\mathrm{m}$，$Q=50\mathrm{m}^3/\mathrm{s}$，跃前水深 $h_1=0.5\mathrm{m}$。试判断水跃类型，并确定 h_2、E_j、E_{jk}、E、K_j、F_j、K_{jk} 和 L_j。

3.15*　某溢流坝如习题 3.15 图所示。已知坝高 $P=50\mathrm{m}$，坝上水头 $H=3.2\mathrm{m}$，坝宽 $b=10\mathrm{m}$，溢流坝通过的流量 $Q=500\mathrm{m}^3/\mathrm{s}$。护坦始端的急流水深由下式给出：

$$h_1=\frac{q}{\sqrt{2g(P+H)(1+c_0P/H)}}$$

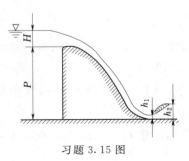

习题 3.15 图

式中：q 为单宽流量；c_0 为溢流面粗糙系数的函数，约为 $0.015\sim0.025$，取 $c_0=0.02$。

试求由护坦的始端发生水跃所必需的下游缓流水

深（底部水平），并计算水跃段的水头损失、消能率和水跃长度。

3.16* 试证明矩形断面水平明渠中临界水深与水跃共轭水深的关系为

$$h_k^3 = \frac{h_1 h_2 (h_1 + h_2)}{2}$$

3.17 如习题 3.17 图所示为一闸下出流，渠道底坡 $i=0$，断面为矩形，宽度 $b=$ 5m，下泄的单宽流量 $q=7.0\text{m}^3/(\text{s}\cdot\text{m})$。闸后水流收缩断面的水深用下式计算：

$$H = h_c + \frac{q^2}{2g\varphi^2 h_c^2}$$

式中：h_c 为收缩断面水深，用第 6 章的式（6.4）计算；φ 为流速系数，取为 0.95；H 为闸前水深。

已知 $H=5.0\text{m}$，下游水深 $h_t=3.12\text{m}$。试求：

（1）判别闸下发生水跃的类型。

（2）水跃的长度。

（3）水跃的水头损失。

（4）水跃的消能率和消能功率。

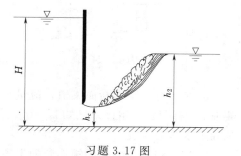

习题 3.17 图

3.18 有一平底梯形断面渠道，底宽 $b=8\text{m}$，边坡系数 $m=1.5$，通过的流量 $Q=45\text{m}^3/\text{s}$。在渠道中发生水跃，其跃前水深 $h_1=0.85\text{m}$。试求：

（1）跃后水深 h_2。

（2）水跃的高度 a。

（3）水跃的长度 L_j。

（4）水跃的水头损失 E。

（5）弗劳德数 Fr_1 和水跃的消能率 K_j。

3.19 已知一平底矩形断面渠道中发生水跃，实测跃前水深 $h_1=0.5\text{m}$，跃后水深 $h_2=2.2\text{m}$。试求单宽流量 q，临界水深 h_k 和水跃的水头损失 E。

3.20 某平底 U 形断面渠道的上部为矩形，已知直径 $d=1.0\text{m}$，底坡 $i=0$，流量 $Q=2.0\text{m}^3/\text{s}$，跃前水深 $h_1=0.4\text{m}$。试求跃后水深 h_2、跃高 a、水跃长度 L_j 并判断水跃的类型，水跃区的总水头损失 E 和水跃的消能率 K_j。

3.21 有一波状水跃发生在平底矩形断面明渠中。已知单宽流量 $q=1.75\text{m}^3/(\text{s}\cdot\text{m})$，跃前水深 $h_1=0.5\text{m}$。求跃后水深、水跃长度和消能率。

3.22 某水跃发生在坡度 $\theta=17.46°$ 的斜坡上。已知：渠道断面为矩形，流量 $Q=2.0\text{m}^3/\text{s}$，渠宽 $b=2.0\text{m}$，渠道的粗糙系数 $n=0.014$。求跃前水深 h_1、跃后水深 h_2 和水跃长度。

3.23 试证明平底矩形断面扩散水平明渠中，当扩散角不太大时，共轭水深的关系为

$$\eta = 2\sqrt{\frac{1+\xi+4\beta Fr_1^2}{3(1+\xi)}} \cos\frac{\varphi}{3}$$

式中：$\eta = h_2/h_1$，$\xi = b_2/b_1$，$Fr_1^2 = v_1^2/(gh_1)$，$\cos\varphi = -\dfrac{10.4\beta(1+\xi)^{0.5}Fr_1^2}{\xi(1+\xi+4\beta Fr_1^2)^{1.5}}$。

3.24　如习题 3.24 图所示，在一陡槽下游的矩形断面水平扩散段中产生水跃。已知扩散段的进口宽度 $b_1=2.0\text{m}$，扩散角 $\alpha=6°$，通过的流量 $Q=5.4\text{m}^3/\text{s}$，跃前水深 $h_1=0.35\text{m}$。求水跃长度及跃后水深。

3.25　实验水槽中的水流现象如习题 3.25 图所示，且流量不变。如果尾部闸门的顶部抬高或降低，试分析水跃位置是否移动，并指出向哪边移动，为什么？

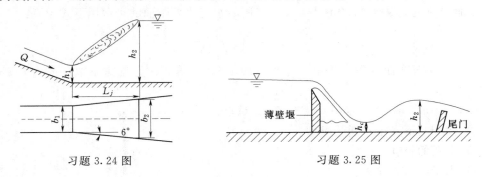

习题 3.24 图　　　　　　　　　习题 3.25 图

3.26　有一矩形断面渠道，流量 $Q=40\text{m}^3/\text{s}$，渠宽 $b=10\text{m}$，粗糙系数 $n=0.013$。若陡坡 i_1 与缓坡 i_2 相接，已知 $i_1=0.01$，$i_2=0.0009$，试问有无水跃发生？若有水跃发生，试确定水跃的位置。

3.27　修筑一条宽的矩形断面渠道，其粗糙系数 $n=0.025$，坡度由陡坡 $i_1=0.01$ 变化到缓坡 $i_2=0.002$，在缓坡渠段均匀流的正常水深 $h_{02}=1.53\text{m}$。试定性地判断水跃发生的位置。如果陡坡 $i_1=0.03$，其他条件不变，问水跃位置有何变化？

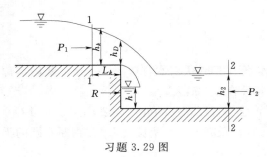

习题 3.29 图

3.28　有一宽而长的矩形断面渠道，底坡由 $i_1=0.067$ 变化到缓坡 $i_2=0.0011$，两段渠道均很长。设底坡 $i_2=0.0011$ 渠段均匀流的正常水深 $h_{02}=1.5\text{m}$，试确定水跃发生的位置。假设渠道的粗糙系数 $n=0.015$。

3.29*　有一跌水如习题 3.29 图所示。水舌下面与大气相通，跌水前某一距离处的水深为临界水深 h_k。今测得单宽流量 $q=9.8\text{m}^3/(\text{s}\cdot\text{m})$，下游水深 $h_2=3\text{m}$。试求跌坎上的水深和临界水深的位置，以及水舌下水的深度 h（跌坎垂直壁面上的动水压强可按静水压强分布规律考虑，不计坎壁摩擦阻力）。

第4章 明渠非恒定流

以上各章讨论的明渠流动都是属于恒定流动。在实际工程中还会经常遇到明渠非恒定流。明渠非恒定流是由于河渠中某处因某种原因发生水位涨落，使明渠中的流量、流速等水力要素随时间变化的流动。例如洪水的涨落过程、船闸的充水和放水、堤坝的溃决、涨潮和落潮、泄水建筑物流量的调节过程、水电站运行中引用流量的改变等，都会使河道、引水渠道及尾水渠道中发生非恒定流。

实际上，自然界或水利工程中大多数明渠流动均属于非恒定流，但由于非恒定流的计算非常复杂，为简化计算，人们常把一些特定时段内水情随时间变化缓慢的水流当作恒定流来处理。

明渠非恒定流研究的主要任务是确定在非恒定流过程中，明渠中水流的流速、流量或水深等水力要素随时间的变化规律，为洪水预报、堤防设计、河道治理提供科学依据。

明渠非恒定流的计算工作量大，但计算机和计算技术的发展为明渠非恒定流的计算提供了有力的工具，尤其是各种大型商业流体力学计算软件的推出，为解决明渠非恒定流计算问题提供了极为有利的条件。

4.1 概　　述

4.1.1 明渠非恒定流的特性

（1）明渠非恒定流的基本特征是其水力要素（如流速、流量、过水断面、水位或水深等）随时间 t 和位置 s 而改变。对一维非恒定流可表示为

$$v = v(s, t)$$
$$A = A(s, t)$$
$$Q = Q(s, t)$$
$$z = z(s, t) \text{ 或 } h = h(s, t)$$

（2）明渠非恒定流与管道的非恒定流一样，也是一种波动现象。有压管道中非恒定流波的传播是液体的弹性力与惯性力起主要作用，水击波是弹性波；而明渠非恒定流波的传播是由惯性力和重力这两个主要因素所决定的，所以称为重力波。重力波通过液体质点的位移而形成波的传播，波传到某处就使该处断面的流量、水位、过水断面发生变化，所以这种波又称为变位波。

明渠非恒定流的波由两部分组成，即波峰和波体。波的前峰称为波峰（或波额）；波的躯体称为波体，是指波传到某处时该处的水面高出或低于原来水面的空间，如图4.1所示。波峰的推进速度 v_w 称为波速，波峰的顶点到原水面的距离称为波高，用 ζ 表示，v 为过水断面的平均流速。

（3）波所及之区域内，各过水断面水位流量关系不再是单一稳定的关系。在明渠恒定流时，水面坡度不随时间而变化，所以水位流量关系呈单值关系。而在明渠非恒定流中，水位流量关系呈绳套形曲线关系，即相应于同一水位，出现多个流量，如图 4.2 所示。

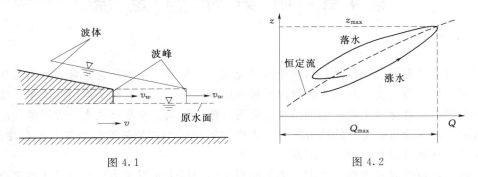

图 4.1　　　　　　　　　　　　　　图 4.2

形成绳套形曲线的原因比较复杂，有水力学因素，也有河床变形方面的因素。如果河床冲淤变形不大，则主要是水力学条件决定的。例如在涨水过程中，一般情况下，上游先涨水，同一水位下非恒定流的水面坡度比恒定流时大得多，因此其流量亦大；落水时则是上游先退水，故水面坡度变平缓，同一水位下非恒定流的水面坡度比恒定流时小，因此其流量亦小。由于同一水位下水面坡度具有多值关系，使得流量也相应的具有多值关系。在有冲淤变化的河渠非恒定流中，由于河道断面的大小、河道的粗糙系数还将随冲淤的变化而变化，其水位流量关系为更复杂的多值关系。还应该指出，非恒定流情况下，过水断面上的水面坡度、流速、流量、水位的最大值并不在同一时刻出现，例如涨水过程中，由于洪水的传递，水面坡度增加得很快而首先出现最大值，而后依次出现最大流速、最大流量、最高水位。落水过程中，先出现最小流量，然后出现最低水位。

4.1.2　明渠非恒定流的分类

1. 按波的传播方向和水面涨落情况分类

根据波的传播方向和水面涨落情况，明渠非恒定流分为四种类型，即顺行涨水波和逆行落水波、顺行落水波和逆行涨水波。

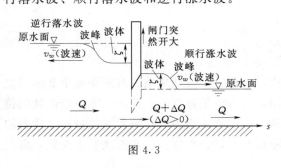

图 4.3

（1）顺行涨水波。波的传播方向与 s 轴的正方向相同且水位上涨的波，称为顺行涨水波。例如闸门突然开大，其下游就会发生这种波，如图 4.3 所示。

（2）逆行落水波。波的传播方向与 s 轴的正方向相反且水位下降的波，称为逆行落水波。例如闸门突然开大，其上游就会发生这种波，如图 4.3 所示。

（3）顺行落水波。波的传播方向与 s 轴的正方向相同，且水位下降的波，称为顺行落水波。例如闸门突然关小，其下游发生的波就是这种波，如图 4.4 所示。

（4）逆行涨水波。波的传播方向与 s 轴的正方向相反，且水位上涨的波，称为逆行涨水波。例如闸门突然关小，其上游发生的波就是这种波，如图 4.4 所示。

2. 按行波水面坡度的平缓与陡峻分类

按照行波水面坡度的平缓与陡峻可分为连续波和断波。

（1）连续波。如果波动发生过程比较平缓，所形成的波高相对于波长很小，水流的瞬时流线也近乎成平行直线，这种波称为连续波。连续波的各种水力要素可视为流程 s 和时间 t 的连续函数。河流的洪水

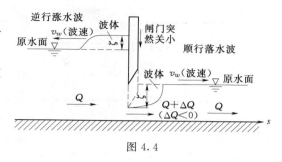

图 4.4

波，水电站进行正常调节所引起的非恒定流均属于此类。连续波可以看成是一种非恒定渐变流。

（2）断波。如果波动发生过程短骤，水力要素随时间剧烈变化，波高较大，水面坡度有突变的特征，几乎直立，在波峰附近水力要素不再是流程 s 和时间 t 的连续函数，称为断波。断波也称不连续波，其流动称为非恒定急变流。钱塘江涌潮和溃坝后形成的涌波等都是断波的典型例子。断波的波体部分水面仍较平缓，可近似看作渐变流。

4.2　波速和波流量

4.2.1　波速

波峰移动的速度称为波速。在推导波速方程时，采用动坐标可将非恒定流转变为恒定流处理。

所谓动坐标，可以做这样的比喻，如果观察者站在地面上观看从他面前驶过的火车（相对于地球来讲，是以固定坐标系来研究火车的运动），可以看到火车以速度 v 向前运动。如果观察者坐在汽车里，而汽车以与火车相同的速度向前行驶（相对于地球来讲，是以动坐标系来研究火车运动），观察者看到的火车是不运动的。如果汽车的速度 v_1 大于火车的速度 v，观察者看到的火车是以速度 v_1-v 向后运动；如果汽车的速度 v_1 小于火车的速度 v，观察者看到的火车是以速度 $v-v_1$ 向前运动。

如果采用平行于波速方向，速度与波速 v_w 相等的动坐标，则波对动坐标是不运动的。如果水流的速度为 v，当 $v_w > v$ 时，则水流以 $v-v_w$ 的速度向后运动。经过这样处理以后，就可将非恒定流化成恒定流来研究波速问题。

在波峰前后取断面 1—1 和断面 2—2，如图 4.5 所示。因为 $v_w > v$，所以经处理后的明渠水流由原来的由左向右流动改变为由右向左流动。断面 1—1 的流速 $v_1 = v - v_w$，断面 2—2 的流速为 v_2，可由连续性方程求出

$$(v - v_w)A = v_2(A + B\zeta)$$

则
$$v_2 = \frac{(v - v_w)A}{A + B\zeta} = \frac{v - v_w}{1 + \zeta/(A/B)} = \frac{v - v_w}{1 + \zeta/\overline{h}} \tag{4.1}$$

$$\overline{h} = A/B$$

式中：$\overline{h}$ 为原过水断面的平均水深；A 为断面 1—1 的面积；B 为水面宽度。

对断面 1—1 和断面 2—2 写能量方程

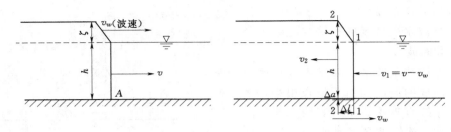

图 4.5

$$h + \frac{\alpha(v - v_w)^2}{2g} = (\Delta a + h + \zeta) + \frac{\alpha v_2^2}{2g} + h_w$$

将式（4.1）代入上式得

$$h + \frac{\alpha(v - v_w)^2}{2g} = (\Delta a + h + \zeta) + \frac{\alpha(v - v_w)^2}{2g(1 + \zeta/\overline{h})^2} + h_w \tag{4.2}$$

因为两个断面的距离很短，水头损失比起其他各项小，可以忽略不计，又因 Δl 很短，$\Delta a \ll (h + \zeta)$，也可以略去，取 $\alpha = 1$，于是式（4.2）可写成

$$h + \frac{(v - v_w)^2}{2g} = h + \zeta + \frac{(v - v_w)^2}{2g(1 + \zeta/\overline{h})^2}$$

整理上式得

$$(v - v_w)^2 = \frac{2g\zeta}{1 - \dfrac{1}{(1 + \zeta/\overline{h})^2}}$$

由上式得

$$v_w = v \pm \left(\frac{2g\zeta}{1 - \dfrac{1}{(1 + \zeta/\overline{h})^2}} \right)^{1/2} = v \pm \sqrt{g\overline{h}\left[1 + \frac{3}{2}\frac{\zeta}{h} + \frac{1}{4}\left(\frac{\zeta}{h}\right)^2\right]} \tag{4.3}$$

因为 $\zeta < \overline{h}$，故 $\dfrac{1}{4}\left(\dfrac{\zeta}{h}\right)^2$ 比其他项小可以略去不计，则得

$$v_w = v \pm \sqrt{g\overline{h}\left(1 + \frac{3}{2}\frac{\zeta}{h}\right)} \tag{4.4}$$

如果 $\zeta \ll \overline{h}$，$\dfrac{3}{2}\dfrac{\zeta}{h} \ll 1$，则式（4.4）可写成

$$v_w = v \pm \sqrt{g\overline{h}} \tag{4.5}$$

对于矩形断面，$h = \overline{h}$，则式（4.5）变为

$$v_w = v \pm \sqrt{gh} \tag{4.6}$$

在用式（4.3）～式（4.6）计算波速时，对于顺波用"+"号，对于逆波用"-"号。对于涨水断波，波高 ζ 取正值，对于落水断波，ζ 取负值。

4.2.2　波流量

随波运动而带来的流量变化称为波流量。

在某一瞬时波峰到达分界面 $A_0 B_0$，如图 4.6 所示。此时分界面右边的水流尚未受到波的影响，水流仍保持原状无改变；而左边的水流已受到波的影响，水流由恒定流变为非恒定流。

经时段 dt 后，分界面移到 $A'B'$，断面 A_0B_0 与断面 $A'B'$ 之间的距离为 $v_w dt$，在 dt 时段内由断面 A_0B_0 流进 $A_0A'B'B_0$ 的水量为 Qdt，其中 Q 为非恒定流的流量。在 dt 时段内由断面 $A'B'$ 流出的水量为 $Q_0 dt$，其中 Q_0 为原来恒定流的流量。流进流出的水量差为

$$\Delta Qdt = (Q-Q_0)dt$$

这两个水量的差必等于体积 $A_0A'C'C$，其值为 $B\zeta v_w dt$，由此得

$$(Q-Q_0)dt = B\zeta v_w dt$$

由上式得

$$\Delta Q = (Q-Q_0) = B\zeta v_w \qquad\qquad (4.7)$$

式中：ΔQ 为由于波动带来的流量，即波流量。

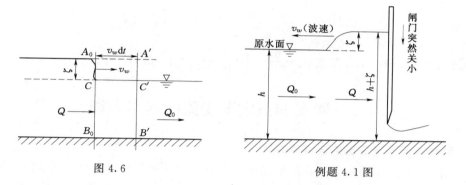

图 4.6

例题 4.1 图

【例题 4.1】 有一矩形渠道，底宽 $B=3m$，水深 $h=2m$，如果下游端闸门突然关小，流量由 $Q_0=18m^3/s$ 骤降至 $Q=12m^3/s$，如例题 4.1 图所示，试求波速和波高。

解：

已知流量差值为

$$\Delta Q = (Q-Q_0) = 12-18 = -6(m^3/s)$$

$$v_w = v_0 - \sqrt{gh\left[1+\frac{3}{2}\frac{\zeta}{h}+\frac{1}{4}\left(\frac{\zeta}{h}\right)^2\right]}$$

$$v_0 = \frac{Q_0}{Bh} = \frac{18}{3\times 2} = 3(m/s)$$

$$v_w = 3 - \sqrt{9.8\times\left(2+\frac{3}{2}\zeta+\frac{1}{8}\zeta^2\right)}$$

$$\Delta Q = B\zeta v_w = 3\zeta v_w$$

$$v_w = \frac{\Delta Q}{B\zeta} = -\frac{6}{3\zeta} = -\frac{2}{\zeta}$$

由此得

$$-\frac{2}{\zeta} = 3 - \sqrt{9.8\times\left(2+\frac{3}{2}\zeta+\frac{1}{8}\zeta^2\right)}$$

求得波高 $\zeta=0.7643\text{m}$，波速 $v_w=-\dfrac{2}{\zeta}=-\dfrac{2}{0.7643}=-2.617(\text{m/s})$（负号表示逆波方向）。

【例题 4.2】　有一矩形渠道，底宽 $B=4\text{m}$，自闸下泄出的流量 $Q_0=4.4\text{m}^3/\text{s}$，闸下游水深 $h=0.6\text{m}$，如将闸门突然开大，流量增至 $Q=6.7\text{m}^3/\text{s}$，试求波速和波高。

解：

$$\Delta Q=(Q-Q_0)=6.7-4.4=2.3(\text{m}^3/\text{s})$$

$$v_0=\frac{Q_0}{Bh}=\frac{4.4}{4\times0.6}=1.833(\text{m/s})$$

$$v_w=v_0+\sqrt{gh\left[1+\frac{3}{2}\frac{\zeta}{h}+\frac{1}{4}\left(\frac{\zeta}{h}\right)^2\right]}=1.833+\sqrt{9.8\times0.6\times\left[1+1.5\times\frac{\zeta}{0.6}+\frac{1}{4}\times\left(\frac{\zeta}{0.6}\right)^2\right]}$$

$$v_w=\frac{\Delta Q}{B\zeta}=\frac{2.3}{4\zeta}=\frac{0.575}{\zeta}$$

由以上两式得
$$\frac{0.575}{\zeta}=1.833+\sqrt{5.88+14.7\zeta+4.083\zeta^2}$$

试算得波高 $\zeta=0.1244\text{m}$，波速 $v_w=\dfrac{0.575}{\zeta}=\dfrac{0.575}{0.1244}=4.622(\text{m/s})$。

4.3　明渠非恒定渐变流的基本方程

4.3.1　明渠非恒定渐变流的连续性方程

在《水力学》（上册）第 6 章已根据质量守恒原理推导出非恒定流的连续性方程为

$$\frac{\partial}{\partial s}(\rho Q)+\frac{\partial}{\partial t}(\rho A)=0 \tag{4.8}$$

由于液体不可压缩，$\rho=$ 常数，式（4.8）变为

$$\frac{\partial Q}{\partial s}+\frac{\partial A}{\partial t}=0 \tag{4.9}$$

式（4.9）即为明渠非恒定流的连续性方程。

如果所取的过水断面是平面，则 $Q=Av$，式（4.9）还可以写成

$$\frac{\partial(Av)}{\partial s}+\frac{\partial A}{\partial t}=0$$

或

$$\frac{\partial A}{\partial t}+v\frac{\partial A}{\partial s}+A\frac{\partial v}{\partial s}=0 \tag{4.10}$$

式（4.10）是明渠非恒定流连续性方程的另一种表达形式。

由式（4.9）可以看出，在明渠非恒定流中，如果 $\partial Q/\partial s<0$，必然 $\partial A/\partial t>0$，说明在微分区间内如果流进的流量多，流出的流量少，控制体内的水位将随时间而上涨，发生涨水波。反之，如果 $\partial Q/\partial s>0$，$\partial A/\partial t<0$，说明如果流进的流量少，流出的流量多，微分区间内水位将随时间而下降，发生落水波。如果 $\partial A/\partial t=0$，必有 $\partial Q/\partial s=0$，说明流量沿程不变，为明渠恒定流。

对于矩形断面，$A = Bh$，式（4.10）可写成

$$\frac{\partial h}{\partial t} + v \frac{\partial h}{\partial s} + h \frac{\partial v}{\partial s} = 0 \tag{4.11}$$

4.3.2 明渠非恒定渐变流的运动方程

在明渠非恒定渐变流中取一段长度为 ds 的液体，如图 4.7（a）所示。作用在液体上的力有断面 1—1 和断面 2—2 上的动水压力 P 和 $P + \frac{\partial P}{\partial s} ds$，该段液体的重量 dG 和作用于该段液体上的切力 dT，作用于该段液体的明渠侧表面压力 P'。

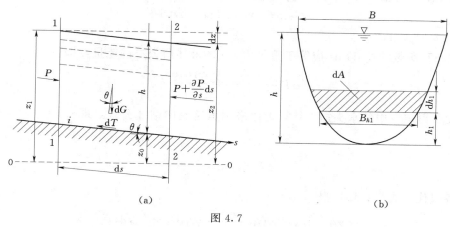

图 4.7

根据牛顿第二定律，运动方程沿 s 方向的投影为

$$P - \left(P + \frac{\partial P}{\partial s} ds\right) - dT + dG \sin\theta + P_s' = \rho A \, ds \frac{dv}{dt} \tag{4.12}$$

式中：P_s' 为 P' 在 s 方向的投影，对于棱柱体明渠，$P_s' = 0$。

下面分别讨论式（4.12）中各项的计算。

1. 计算 P 和 $\frac{\partial P}{\partial s}$

图 4.7（b）为断面 1—1 的剖面，在断面上任取一微分面积 $dA = B_{h1} dh_1$，作用在 dA 上的平均压强为 $p = \gamma(h - h_1)$，所以

$$dP = p \, dA = \gamma(h - h_1) B_{h1} dh_1$$

把过水断面在 h_1 处的宽度 B_{h1} 用 h_1 的函数来表示，则

$$B_{h1} = f(h_1)$$

于是有

$$dP = \gamma(h - h_1) f(h_1) dh_1$$

积分上式得

$$P = \gamma \int_0^h (h - h_1) f(h_1) dh_1$$

对上式求偏导数：

$$\frac{\partial P}{\partial s} = \gamma \frac{\partial}{\partial s} \int_0^h (h - h_1) f(h_1) dh_1 = \gamma \int_0^h \frac{\partial}{\partial s} (h - h_1) f(h_1) dh_1$$

对于棱柱体渠道，h_1 与 s 无关，上式可写成

$$\frac{\partial P}{\partial s} = \gamma \int_0^h \frac{\partial h}{\partial s} f(h_1) \mathrm{d}h_1 = \gamma \frac{\partial h}{\partial s} \int_0^h f(h_1) \mathrm{d}h_1$$

因为 $\int_0^h f(h_1) \mathrm{d}h_1 = A$ ，上式可写成

$$\frac{\partial P}{\partial s} = \gamma A \frac{\partial h}{\partial s}$$

2. 计算 $\mathrm{d}G \sin\theta$

重力 $\mathrm{d}G = \gamma A \mathrm{d}s$ ，$\sin\theta = i$ ，i 为明渠的底坡。所以

$$\mathrm{d}G \sin\theta = \gamma A \mathrm{d}s \sin\theta = \gamma A \mathrm{d}si$$

3. 计算阻力 $\mathrm{d}T$

阻力 $\mathrm{d}T$ 所做的功 $\mathrm{d}T \mathrm{d}s$ 应等于重量为 $\mathrm{d}G$ 的液体所损失的能量，即

$$\mathrm{d}T = \frac{\mathrm{d}G \mathrm{d}h_w}{\mathrm{d}s} = \frac{\gamma A \mathrm{d}s \mathrm{d}h_f}{\mathrm{d}s}$$

假设非恒定流中的水头损失计算近似采用恒定流的谢才公式，即 $\dfrac{\mathrm{d}h_f}{\mathrm{d}s} = \dfrac{v^2}{C^2 R}$ ，则上式变为

$$\mathrm{d}T = \gamma A \mathrm{d}s \frac{v^2}{C^2 R}$$

将以上各式代入式 (4.12) 得

$$-\gamma A \frac{\partial h}{\partial s} \mathrm{d}s - \gamma A \mathrm{d}s \frac{v^2}{C^2 R} + \gamma A \mathrm{d}si = \frac{\gamma}{g} A \mathrm{d}s \frac{\mathrm{d}v}{\mathrm{d}t}$$

两边同除以 $\gamma A \mathrm{d}s$ ，得

$$-\frac{\partial h}{\partial s} - \frac{v^2}{C^2 R} + i = \frac{1}{g} \frac{\mathrm{d}v}{\mathrm{d}t}$$

上式的右边 $\dfrac{\mathrm{d}v}{\mathrm{d}t}$ 为

$$\frac{\mathrm{d}v}{\mathrm{d}t} = \frac{\partial v}{\partial s} \frac{\mathrm{d}s}{\mathrm{d}t} + \frac{\partial v}{\partial t} \frac{\mathrm{d}t}{\mathrm{d}t} = v \frac{\partial v}{\partial s} + \frac{\partial v}{\partial t}$$

代入上式整理得

$$i - \frac{\partial h}{\partial s} = \frac{1}{g} \frac{\partial v}{\partial t} + \frac{v}{g} \frac{\partial v}{\partial s} + \frac{v^2}{C^2 R} \tag{4.13}$$

由图 4.7 可以看出，$z = z_0 + h$ ，则

$$\frac{\partial z}{\partial s} = \frac{\partial z_0}{\partial s} + \frac{\partial h}{\partial s} = -i + \frac{\partial h}{\partial s}$$

将上式代入式 (4.13) 得

$$-\frac{\partial z}{\partial s} = \frac{1}{g} \frac{\partial v}{\partial t} + \frac{v}{g} \frac{\partial v}{\partial s} + \frac{v^2}{C^2 R} \tag{4.14}$$

对于棱柱体渠道

$$\frac{\partial A}{\partial s} = \frac{\partial A}{\partial h} \frac{\partial h}{\partial s} = B \frac{\partial h}{\partial s}$$

所以 $\dfrac{\partial h}{\partial s} = \dfrac{1}{B} \dfrac{\partial A}{\partial s}$ ，代入式 (4.13) 得

$$\frac{\partial v}{\partial t} + v\,\frac{\partial v}{\partial s} + \frac{g}{B}\,\frac{\partial A}{\partial s} = g\left(i - \frac{v^2}{C^2 R}\right) \tag{4.15}$$

式（4.13）～式（4.15）均为明渠非恒定流运动方程的不同表达式。

4.3.3　明渠非恒定渐变流的基本微分方程组

以上根据质量守恒和牛顿第二定律，导出了非恒定流的连续性方程和运动方程，称为圣·维南（Saint - Venant）方程组，即

$$\left.\begin{aligned} &\frac{\partial Q}{\partial s} + \frac{\partial A}{\partial t} = 0 \\ &-\frac{\partial z}{\partial s} = \frac{1}{g}\,\frac{\partial v}{\partial t} + \frac{v}{g}\,\frac{\partial v}{\partial s} + \frac{v^2}{C^2 R} \end{aligned}\right\} \tag{4.16}$$

或

$$\left.\begin{aligned} &\frac{\partial A}{\partial t} + A\,\frac{\partial v}{\partial s} + v\,\frac{\partial A}{\partial s} = 0 \\ &\frac{\partial v}{\partial t} + v\,\frac{\partial v}{\partial s} + \frac{g}{B}\,\frac{\partial A}{\partial s} = g\left(i - \frac{v^2}{C^2 R}\right) \end{aligned}\right\} \tag{4.17}$$

工程中的非恒定流问题归结为在已知的初始条件和边界条件下由以上方程组解出两个函数 $Q = Q(s,t), z = z(s,t)$（或其他水力要素）。于是明渠某断面的流量过程线、水位过程线、瞬时水面线、最低和最高水位等都可以得到。

4.3.4　初始条件和边界条件

初始条件通常是指非恒定流的起始时刻的水流条件，故常为非恒定流开始前的恒定流的流量与水位，也可以是非恒定流过程中任何指定时刻的水流条件。

发生非恒定流的河渠两端断面应满足的水力条件称为边界条件。

发生非恒定流的起始断面应满足的水力条件称为第一边界条件。它常常以发生非恒定流起始断面的流量过程线或水位过程线来表示，即

$$Q = Q(t)$$

或

$$z = z(t)$$

非恒定流可能波及的末端断面应满足的水力条件称为第二边界条件，一般以水位、流量关系来表示。例如洪水演算中第二边界条件用下游某断面恒定流的水位流量关系来表示。第二边界条件有时也用某一稳定水位来表示，如波及末端为大型水库或湖泊，则常以水库或湖泊的水位来表示。

明渠非恒定流的计算常用的方法有特征线法、瞬态法和差分法。本章仅介绍特征线法。

4.4　明渠非恒定渐变流计算的特征线法

特征线法是把圣·维南的偏微分方程组转化为常微分方程-特征方程组求解。

4.4.1　化偏微分方程为特征方程

考虑最简单的矩形断面，断面面积 $A = Bh$，将其代入式（4.17），则偏微分方程组用下面的形式：

$$
\left.
\begin{aligned}
&\frac{\partial h}{\partial t}+v\,\frac{\partial h}{\partial s}+h\,\frac{\partial v}{\partial s}=0 \\
&g\,\frac{\partial h}{\partial s}+v\,\frac{\partial v}{\partial s}+\frac{\partial v}{\partial t}=g\left(i-\frac{v^2}{C^2 R}\right)
\end{aligned}
\right\}
\tag{4.18}
$$

式（4.18）中的第一个方程具有流速的量纲，第二个方程具有加速度的量纲。可以在连续性方程中乘以某量 φ 再与运动方程相加，φ 具有 $1/[T]$ 的量纲。这样式（4.18）变为

$$
\varphi\left(\frac{\partial h}{\partial t}+v\,\frac{\partial h}{\partial s}+h\,\frac{\partial v}{\partial s}\right)+\frac{\partial h}{\partial s}+\frac{v}{g}\frac{\partial v}{\partial s}+\frac{1}{g}\frac{\partial v}{\partial t}=i-\frac{v^2}{C^2 R}
$$

将上式写成

$$
\frac{\partial v}{\partial t}+(v+\varphi h)\frac{\partial v}{\partial s}+\varphi\left[\frac{\partial h}{\partial t}+\left(v+\frac{g}{\varphi}\right)\frac{\partial h}{\partial s}\right]=g\left(i-\frac{v^2}{C^2 R}\right)
\tag{4.19}
$$

如果将式（4.19）的左边写成如下的形式

$$
\left.
\begin{aligned}
&\frac{\partial v}{\partial t}+(v+\varphi h)\frac{\partial v}{\partial s}=\frac{\partial v}{\partial t}+\frac{\partial v}{\partial s}\frac{\mathrm{d}s}{\mathrm{d}t}=\frac{\mathrm{d}v}{\mathrm{d}t} \\
&\frac{\partial h}{\partial t}+\left(v+\frac{g}{\varphi}\right)\frac{\partial h}{\partial s}=\frac{\partial h}{\partial t}+\frac{\partial h}{\partial s}\frac{\mathrm{d}s}{\mathrm{d}t}=\frac{\mathrm{d}h}{\mathrm{d}t}
\end{aligned}
\right\}
\tag{4.20}
$$

由式（4.20）可以看出

$$
\frac{\mathrm{d}s}{\mathrm{d}t}=v+\varphi h=v+\frac{g}{\varphi}=\lambda
\tag{4.21}
$$

求解式（4.21）得

$$
\varphi=\pm\sqrt{\frac{g}{h}}
\tag{4.22}
$$

将式（4.22）代入式（4.21）得

$$
\frac{\mathrm{d}s}{\mathrm{d}t}=\lambda^{\pm}=v\pm\sqrt{gh}
\tag{4.23}
$$

式（4.23）表明，在明渠非恒定流自变量域 s-t 平面上，存在两簇曲线，一簇为顺特征方向，用 λ^{+} 表示，称为顺特征线方程；另一簇为逆特征方向，用 λ^{-} 表示，称为逆特征线方程。在两条特征线上，运动方程（4.19）相应地化为两个特征关系：

$$
\frac{\mathrm{d}v}{\mathrm{d}t}\pm\sqrt{\frac{g}{h}}\frac{\mathrm{d}h}{\mathrm{d}t}=g\left(i-\frac{v^2}{C^2 R}\right)
$$

或

$$
\mathrm{d}(v\pm 2\sqrt{gh})=g\left(i-\frac{v^2}{C^2 R}\right)\mathrm{d}t
\tag{4.24}
$$

式（4.24）表明沿这两条特征线上 v 和 h 的变化规律。这样就把原来的一对偏微分方程变为两对常微分方程，写成

沿 λ^{+} 方向

$$
\frac{\mathrm{d}s}{\mathrm{d}t}=v+\sqrt{gh}
\tag{4.25}
$$

$$
\mathrm{d}(v+2\sqrt{gh})=g\left(i-\frac{v^2}{C^2 R}\right)\mathrm{d}t
\tag{4.26}
$$

沿 λ^{-} 方向

$$
\frac{\mathrm{d}s}{\mathrm{d}t}=v-\sqrt{gh}
\tag{4.27}
$$

$$d(v-2\sqrt{gh}\,)=g\left(i-\frac{v^2}{C^2R}\right)dt \tag{4.28}$$

式（4.25）和式（4.27）分别表示非恒定流顺波和逆波传播的绝对速度。

在明渠流动中，区分水流是急流还是缓流的准数是弗劳德数 $Fr=\dfrac{v}{\sqrt{gh}}$。当 $\dfrac{v}{\sqrt{gh}}<1$ 时水流为缓流，这时 $v<\sqrt{gh}$，式（4.25）中的 $\dfrac{ds}{dt}>0$，λ^+ 具有正值，随着时间的推移，正特征线指向下游，即在 $s-t$ 平面上具有正的斜率；而式（4.27）中的 $\dfrac{ds}{dt}<0$，λ^- 具有负值，负特征线指向上游，即在 $s-t$ 平面上具有负的斜率，如图 4.8 所示。

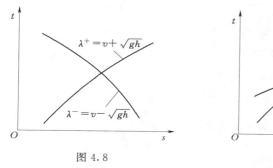

图 4.8   图 4.9

在急流中，$v>\sqrt{gh}$，$\lambda^+>0$，$\lambda^->0$，故通过任一点的两根特征线随时间的推移都指向下游，在 $s-t$ 平面上都具有正的斜率，如图 4.9 所示。

以上四个常微分方程组亦可写成如下的形式：

$$\left.\begin{aligned}
ds &= (v+\sqrt{gh}\,)dt \\
dv+\sqrt{\frac{g}{h}}\,dh &= g(i-J_f)dt \\
ds &= (v-\sqrt{gh}\,)dt \\
dv-\sqrt{\frac{g}{h}}\,dh &= g(i-J_f)dt
\end{aligned}\right\} \tag{4.29}$$

对于非矩形断面明渠，式（4.29）变为

$$\left.\begin{aligned}
ds &= (v+\sqrt{gA/B}\,)dt \\
dv+\sqrt{\frac{g}{AB}}\,dA &= g(i-J_f)dt \\
ds &= (v-\sqrt{gA/B}\,)dt \\
dv-\sqrt{\frac{g}{AB}}\,dA &= g(i-J_f)dt
\end{aligned}\right\} \tag{4.30}$$

式中：$J_f=\dfrac{v^2}{C^2R}$。

因为 $C=\dfrac{1}{n}R^{1/6}$，所以 $J_f=\dfrac{n^2v^2}{R^{4/3}}$，其中 n 为粗糙系数。

下面说明特征线方程的物理意义。在矩形明渠中，微干扰波的相对波速为 $\sqrt{gh}$，而 $v+\sqrt{gh}$ 和 $v-\sqrt{gh}$ 分别为微干扰波向下游和向上游传播的绝对波速。可见，对 $s-t$ 平面上的某一点而言，两条特征线的切线方向表示着明渠非恒定流从该断面该时刻出发的微干扰波向上游和向下游的传播速度。特征线方程在 $s-t$ 平面上所决定的曲线可以看作是微干扰波的轨迹线。在缓流中，微干扰波可以向下游传播，也可以向上游传播，所以一簇特征线指向下游，而另一簇特征线指向上游。在急流中，微干扰波不能向上游传播，所以特征线都指向下游。明渠非恒定流的任一断面，水流特性的微小变化都会造成微小的扰动或波动，并通过微干扰波的传播而影响其他断面的水流特性。微干扰波从一个断面经 $\mathrm{d}t$ 时段传到另一个断面时，这两个断面间的水力要素间存在的关系则由特征关系，即式（4.26）和式（4.28）所确定。

4.4.2　特征方程组的近似解法

1. 把特征方程组改写成差分方程

顺特征差分方程及其微分关系为

$$\left.\begin{aligned} \frac{\Delta s}{\Delta t} &= v+\sqrt{gh} \\ \frac{\Delta(v+2\sqrt{gh})}{\Delta t} &= g\left(i-\frac{n^2v^2}{R^{4/3}}\right) \end{aligned}\right\} \tag{4.31}$$

逆特征差分方程及其微分关系为

$$\left.\begin{aligned} \frac{\Delta s}{\Delta t} &= v-\sqrt{gh} \\ \frac{\Delta(v-2\sqrt{gh})}{\Delta t} &= g\left(i-\frac{n^2v^2}{R^{4/3}}\right) \end{aligned}\right\} \tag{4.32}$$

2. 域内点的求解

可根据初始条件和初始时刻的已知值，求解不在边界上的内节点值。计算过程如下：

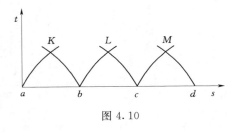

图 4.10

如图 4.10 所示，设 K 点在 $s-t$ 平面上的坐标为 (s_K, t_K)，相应的函数值为 (v_K, h_K)，将 a、K 两点的值代入差分方程（4.31），把 b、K 两点的值代入差分方程（4.32），可分别得到

$$\left.\begin{aligned} \frac{s_K-s_a}{t_K-t_a} &= v_{Ka}+\sqrt{gh_{Ka}} \\ \frac{(v_K+2\sqrt{gh_K})-(v_a+2\sqrt{gh_a})}{t_K-t_a} &= g\left(i-\frac{n^2v_{Ka}^2}{R_{Ka}^{4/3}}\right) \end{aligned}\right\} \tag{4.33}$$

$$\left.\begin{aligned} \frac{s_K-s_b}{t_K-t_b} &= v_{Kb}-\sqrt{gh_{Kb}} \\ \frac{(v_K-2\sqrt{gh_K})-(v_b-2\sqrt{gh_b})}{t_K-t_b} &= g\left(i-\frac{n^2v_{Kb}^2}{R_{Kb}^{4/3}}\right) \end{aligned}\right\} \tag{4.34}$$

在近似计算中

$$h_{Ka} = \frac{1}{2}(h_K + h_a) \\ h_{Kb} = \frac{1}{2}(h_K + h_b)$$ (4.35)

$$R_{Ka} = \frac{1}{2}(R_K + R_a) \\ R_{Kb} = \frac{1}{2}(R_K + R_b)$$ (4.36)

$$v_{Ka} = \frac{1}{2}(v_K + v_a) \\ v_{Kb} = \frac{1}{2}(v_K + v_b)$$ (4.37)

由初始条件，已知 s_a、t_a、h_a、v_a、s_b、t_b、h_b、v_b 诸值，利用式（4.33）和式（4.34）四个方程，可求解四个未知数 s_K、t_K、h_K 和 v_K。计算过程如下：

（1）在 a、b 两点值的附近假定一个 h_K 和 v_K，将其代入式（4.35）～式（4.37）中，求出 h_{Ka}、h_{Kb}、R_{Ka}、R_{Kb}、v_{Ka}、v_{Kb} 等值，然后将这些值代入差分方程组，可解出一组相应的 s_K、t_K、h_K、v_K 值作为第一次近似。

（2）由第一次计算所得的 h_K、v_K 值代入式（4.35）～式（4.37），重新计算 h_{Ka}、h_{Kb}、R_{Ka}、R_{Kb}、v_{Ka}、v_{Kb} 等值，然后将这些值代入差分方程组，解出新一组的 s_K、t_K、h_K、v_K 值作为第二次近似。

（3）重复上述步骤，直至所计算的点的值达到所需的精度为止。

3. 边界点的求解

对于边界点，从 K 或 R 点出发，可作逆、顺特征线与上、下游边界分别相交于点 i、j，如图 4.11 所示。沿特征线 Ki 和 Rj 上分别满足的特征线差分方程为

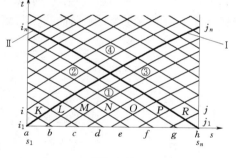

图 4.11

逆特征线

$$\frac{s_i - s_K}{t_i - t_K} = v_{iK} - \sqrt{gh_{iK}} \\ \frac{(v_i - 2\sqrt{gh_i}) - (v_K - 2\sqrt{gh_K})}{t_i - t_K} = g\left(i - \frac{n^2 v_{iK}^2}{R_{iK}^{4/3}}\right)$$ (4.38)

顺特征线

$$\frac{s_j - s_R}{t_j - t_R} = v_{jR} + \sqrt{gh_{jR}} \\ \frac{(v_j + 2\sqrt{gh_j}) - (v_R + 2\sqrt{gh_R})}{t_j - t_R} = g\left(i - \frac{n^2 v_{jR}^2}{R_{jR}^{4/3}}\right)$$ (4.39)

下面以第一边界条件为例，说明计算过程：

（1）已知第一边界条件 $v_{s=s_1}=v(t)$ 或 $h_{s=s_1}=h(t)$，对于 i 点，已知 $s_i=s_1$，应用逆特征线方程（4.38）。

（2）以上方程中共有 t_i、h_i、v_i 等 3 个未知数，首先假定一个 t_i 值，用式（4.38）求出 h_i、v_i，如果所求的 h_i 或 v_i 和从第一边界条件中用同样的 t_i 值所查得的 h_i 或 v_i 相等，则该 h_i、v_i 即为所求。否则需重新假定 t_i 值，重复上面的计算过程直至满足精度为止。

（3）第二边界上的点的求法与第一边界上的求法类似。

最后要说明的是，在特征线网格中有两条特征线具有特殊意义。即图 4.11 中的线 I 和线 II 。线 I 是由第一边界上干扰开始时刻出发的顺特征线，线 II 是由第二边界初始时刻出发的逆特征线。线 I 的轨迹反映了非恒定流波传播所及位置和时间；线 II 表示受下游边界水流条件控制的轨迹线。线 I 和线 II 把自变量域划分为四个区。位于线 I 以下的①、③区未受第一边界所发生的非恒定流波动的影响，不是研究的重点。位于线 I 以上的②、④区受到第一边界上非恒定流波动的影响，其中②区未受第二边界的影响，而④区既受第一边界的影响，也受第二边界的影响，故②、④区是研究的主要范围。

【例题 4.3】　在一平底矩形棱柱体明渠中，原设置拦水坝一座。坝上游水深及流速分别为 h_1 和 v_1，下游水深及流速分别为 h_3 和 v_3，但在瞬息之间坝体全溃，坝上游形成落水区，坝下游形成涌波区。坝上、下游离坝较远处暂时未受到波及之区域称为静区，如例题 4.3 图（a）所示，溃坝后设坝址处水深和流速分别为 h_2 和 v_2。在不计阻力情况下，试推求溃坝后受波动区域的瞬时水面曲线、断面平均流速以及坝址处最大流量的计算公式。

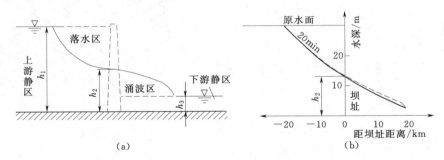

例题 4.3 图

解：

根据假设条件，$i=J_f=0$，则方程（4.26）的右边为零，即

$$d(v+2\sqrt{gh})=0$$

对上式积分得

$$v+2\sqrt{gh}=C$$

故

$$v_1+2\sqrt{gh_1}=v_2+2\sqrt{gh_2}=v_3+2\sqrt{gh_3}=\cdots$$

假设原水库流速 v_1 很小，可以略去不计，则

$$v=2\sqrt{gh_1}-2\sqrt{gh} \tag{4.40}$$

将式（4.40）代入式（4.27）得

$$\frac{ds}{dt}=v-\sqrt{gh}=2\sqrt{gh_1}-3\sqrt{gh}$$

在不计阻力的情况下，$\dfrac{ds}{dt}$为常数，可用$\dfrac{s}{t}$代替，于是得到

$$h=\frac{1}{9g}\left(2\sqrt{gh_1}-\frac{s}{t}\right)^2 \tag{4.41}$$

式（4.41）是矩形、平底、无阻力明渠中瞬息坝体全溃波及区域内的自由水面方程。针对某一指定时刻，按式（4.41）可以计算瞬时水面曲线。

因为$v_w=\sqrt{gh}$，所以式（4.40）可以写成

$$v_w=\sqrt{gh_1}-\frac{1}{2}v$$

将上式代入式（4.27）得

$$\frac{ds}{dt}=\frac{3}{2}v-\sqrt{gh_1}$$

将$\dfrac{ds}{dt}=\dfrac{s}{t}$代入上式得

$$v=\frac{2}{3}\left(\frac{s}{t}+\sqrt{gh_1}\right) \tag{4.42}$$

式（4.42）表示溃坝后波及区域内断面平均流速随时间和位置变化的关系式。

在坝址断面，$s=0$，可由式（4.41）和式（4.42）求得坝址处的水深和流速分别为

$$h_2=\frac{4}{9}h_1 \quad (h_2\text{ 恰好为临界水深})$$

$$v_2=\frac{2}{3}\sqrt{gh_1} \quad (v_2\text{ 为临界流速})$$

因此坝址断面流量公式为

$$Q=Bh_2v_2=\frac{8}{27}B\sqrt{g}\,h_1^{3/2} \tag{4.43}$$

或

$$q=h_2v_2=\frac{8}{27}\sqrt{g}\,h_1^{3/2} \tag{4.44}$$

式（4.44）是瞬时坝体全溃坝址断面最大单宽流量公式，又称为圣·维南理论公式。

设坝前水深$h_1=30\text{m}$，当溃坝后20min，坝上、下游水面曲线如例题4.3图（b）实线所示（图中虚线为实际水面曲线）。坝址处流速为

$$v_2=\frac{2}{3}\sqrt{gh_1}=\frac{2}{3}\times\sqrt{9.8\times30}=11.43(\text{m/s})$$

水深为

$$h_2=\frac{4}{9}h_1=\frac{4}{9}\times30=13.33(\text{m})$$

单宽流量为

$$q=\frac{8}{27}\sqrt{g}\,h_1^{3/2}=\frac{8}{27}\times\sqrt{9.8}\times30^{3/2}=152.4[\text{m}^3/(\text{s}\cdot\text{m})]$$

习　　题

4.1*　设在底坡平缓的矩形渠道内，水深$h=5\text{m}$，流速$v=1.5\text{m/s}$，顺涨波的波高

为 $\zeta = 0.5$m。试分别用不同的波速公式计算波速，并比较其计算结果。

4.2　如习题 4.2 图所示，试用连续性方程和动量方程推导波速和波流量的表达式。

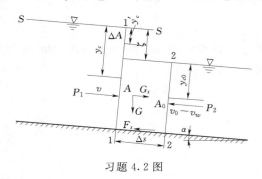

习题 4.2 图

4.3　根据习题 4.2 推出的断波公式，证明矩形断面明渠中断波波速公式为

$$v_w = v_0 \pm \sqrt{gh_0}\sqrt{\frac{1}{2}\frac{h}{h_0}\left(\frac{h}{h_0}+1\right)}$$

式中：h_0 为未受波影响的渠道水深。

4.4　在水深 $h = 1.2$m 的矩形断面渠道中，单宽流量 $q_0 = 2\text{m}^3/(\text{s}\cdot\text{m})$。试用习题 4.3 推导的公式求下述两种情况下所形成的断波的波高和传播速度：

(1) 上游的闸门急速关闭切断水流。

(2) 急速关闭下游的闸门。

4.5*　一水力发电引水渠为矩形断面，渠宽 $b = 10$m，底坡 $i = 0.002$，粗糙系数 $n = 0.02$。在机组正常运行期间引水渠水流为均匀流，流量 $Q_0 = 40\text{m}^3/\text{s}$。由于电站突然卸荷，引水渠闸门突然部分关闭，使流量减小到 $Q = 0.5\text{m}^3/\text{s}$。试求：确定自闸门向上游和向下游传播的波高和波速，以及需要多长时间波能到达闸门上游 1000m 的断面。

4.6　有一矩形断面渠道，底宽 $B = 5$m，自闸下泄出的流量 $Q_0 = 6\text{m}^3/\text{s}$，闸下游水深 $h_0 = 0.6$m。如将闸门突然开大，流量增至 $Q = 8.5\text{m}^3/\text{s}$，试求波速和波高。

4.7*　在一断面近似为矩形的平底河道中，原设置挡水坝一座，坝上游水深 $H_0 = 40$m，河宽 $B = 60$m。如瞬间坝体全溃，在不计阻力的情况下，试求：

(1) 溃坝后 600s 时上、下游所波及的最大距离。

(2) 溃坝最大流量。

4.8　在一矩形断面平底河道中，原设置挡水坝一座，坝上游水深 $H_0 = 45$m。在瞬间坝体全溃，坝址以下在溃坝前假定是干涸无水的。在不计阻力的情况下，试求：

(1) 在溃坝后 10min 受波动区域的水面曲线方程、断面平均流速方程、坝址处瞬时最大流量、流速、水深及波速。

(2) 溃坝后 300s 时坝上、下游瞬时水面曲线和所波及的距离。

(3) 溃坝后 300s 和溃坝后 600s 时的坝址流量、流速和水深有没有变化？

第5章 堰流和孔流

5.1 堰 流 概 述

堰在水利工程中既是溢流建筑物又是挡水建筑物。堰的作用是抬高水位和宣泄流量。在水力学中，把顶部溢流而水面不受约束的壅水建筑物称为堰，通过堰顶而具有自由液面的水流称为堰流。

我国古代劳动人民就已经掌握了堰流的基本规律。最著名的当属坐落于岷江之上、距今已有 2200 多年、至今还发挥着重要作用的都江堰。它是集分水、防洪、排沙、灌溉和城市供水为一体的大型水利工程；是古代水利工程皇冠上一颗璀璨的明珠。

当水流从堰上溢流时，水面曲线是一条光滑的降水曲线。从作用力方面说，重力作用是主要的；因过堰水流的流线急剧弯曲，属急变流动，离心惯性力对建筑物表面的压强分布及建筑物的过流能力均有一定的影响；同时表面张力影响也要考虑。从能量方面说，其出流过程的能量损失主要是局部水头损失。

如图 5.1 所示，与堰的过流能力有关的特征参数有：堰顶超出上游河床的高度称为堰的高度，用 P 表示；堰顶超出下游河床的高度称为下游堰高，用 P_1 表示；堰顶的上游水面超出堰顶的高度称为堰上水头，用 H 表示；堰上水头的观测位置应在上游水位未有明显降落的地方，此处距堰壁上游 $L=(3\sim5)H$，其过水断面的平均流速 v_0 称为堰前行近流速；b 为堰宽，即堰的溢流宽度；δ 为堰墙厚度；z 为堰的上、下游水位差；B_0 为堰上游引水渠宽度；H_0 为

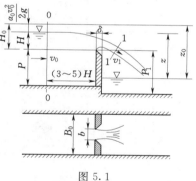

图 5.1

计入行近流速水头时的堰上总水头，即 $H_0 = H + \alpha_0 v_0^2/(2g)$；$z_0$ 为计入行近流速水头时堰的上、下游水头差，即 $z_0 = z + \alpha_0 v_0^2/(2g)$。

研究堰流的目的在于探求流经堰的流量 Q 与其他特征量的关系，这些特征量包括堰宽 b、堰前水头 H（或 H_0）、堰墙厚度 δ、堰高 P、堰的剖面形状以及堰的下游水深等。

5.1.1 堰的分类

根据堰墙厚度 δ 与堰上水头比值的不同，可以把堰分为薄壁堰、实用堰和宽顶堰，如图 5.2 所示。

1. 薄壁堰

当 $\delta/H < 0.67$ 时，称为薄壁堰，如图 5.2（a）、（b）所示。从堰顶下泄的溢流水舌不受堰墙厚度的影响。常将薄壁堰做成锐缘，所以又称为锐缘薄壁堰。

2. 实用堰

当 $0.67 < \delta/H \leqslant 2.5$ 时，称为实用堰，如图 5.2 (c)、(d) 所示。堰顶水流表面虽然具有薄壁堰水流表面类似的弯曲形状，但堰顶厚度的变化已经影响水舌的形状，从而也影响堰的过流能力。实用堰的堰顶形式有曲线形和折线形。

3. 宽顶堰

当 $2.5 < \delta/H \leqslant 10$ 时，称为宽顶堰，如图 5.2 (e)、(f) 所示。根据实验，当 $2.5 < \delta/H \leqslant 4$ 时，堰顶水面只有一次跌落，在堰坎末端偏上游处的水深为临界水深；当 $4 < \delta/H \leqslant 10$ 时，堰顶水面有两次跌落，堰坎首端水面跌落是由于水流经过堰坎时产生局部水头损失，并在纵向受到堰顶垂直方向的约束，过流断面减小，流速增大，势能减小，水面最大跌落处形成收缩断面 $c—c$，如图 5.2 (f)，收缩断面水深 h_c 小于临界水深 h_k，h_c 约为 $(0.8 \sim 0.92)h_k$；此后，由于堰顶对水流的顶托作用以及堰顶阻力，使水面形成壅水曲线，水深逐渐接近临界水深 h_k。如果下游水深较低，在堰坎末端再次出现水面降落。实验表明，在上述两种情况下，由于堰顶厚度不大，堰顶水流的沿程水头损失可以忽略，堰顶厚度的变化并不影响堰的过流能力，所以把 $2.5 < \delta/H \leqslant 10$ 的堰统称为宽顶堰。

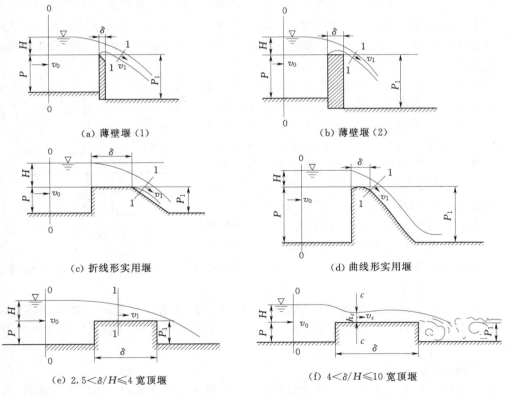

(a) 薄壁堰 (1)　　　　　　　　　　　(b) 薄壁堰 (2)

(c) 折线形实用堰　　　　　　　　　　(d) 曲线形实用堰

(e) $2.5 < \delta/H \leqslant 4$ 宽顶堰　　　　(f) $4 < \delta/H \leqslant 10$ 宽顶堰

图 5.2

当堰顶厚度 $\delta > 10H$ 时，堰顶水流的沿程水头损失已不能忽略，它对堰的过流能力有明显的影响，这已属于明渠的范畴了。

按下游水位对过流能力的影响，堰还分为自由出流和淹没出流。当下游水位不影响堰的过流能力时称为自由出流，反之称为淹没出流。

按有无侧收缩，堰又可以分为无侧收缩堰和有侧收缩堰。当溢流宽度与上游渠道的宽度相等时，称为无侧收缩堰；当溢流宽度小于上游渠道宽度，或堰顶设有边墩及闸墩时，都会引起水流的侧向收缩，降低过流能力，这种堰称为有侧收缩堰。

堰在工程中应用得非常普遍，大、中、小型水利工程都离不开它。水力学和水工实验室、灌溉渠道工程、给水工程和水利机械制造工程中常用薄壁堰作为测量流量的设备。实用堰和宽顶堰在工程中应用广泛。一般大、中型水利工程中的溢流坝、各式溢洪道的进口多采用曲线形实用堰，小型水利工程为施工方便也采用折线形实用堰；平底引水闸、无压隧洞进口等多采用宽顶堰。

5.1.2 堰流的基本公式

现在应用能量方程来推求堰流的基本公式。

对图 5.1 的堰前断面 0—0 及堰顶断面 1—1 列出能量方程。以通过堰顶的水平面作为基准面，其中断面 0—0 的水流为渐变流，断面 1—1 由于流线弯曲水流属于急变流，过水断面的测压管水头不为常数，故用 $\overline{\left(z_1 + \dfrac{p_1}{\gamma}\right)}$ 表示断面 1—1 上的测压管水头的平均值，由此可得

$$H + \frac{\alpha_0 v_0^2}{2g} = \overline{\left(z_1 + \frac{p_1}{\gamma}\right)} + \frac{\alpha_1 v_1^2}{2g} + \zeta \frac{v_1^2}{2g}$$

式中：α_0、v_0 分别为堰前断面 0—0 的动能修正系数和平均流速；α_1、v_1 分别为断面 1—1 的动能修正系数和平均流速；ζ 为局部阻力系数。

设 $H_0 = H + \dfrac{\alpha_0 v_0^2}{2g}$；$\overline{\left(z_1 + \dfrac{p_1}{\gamma}\right)} = \xi H_0$，$\xi$ 为一修正系数，即堰上平均测压管水头与堰上总水头的比值，则上式可写成

$$H_0 - \xi H_0 = (\alpha_1 + \zeta) \frac{v_1^2}{2g}$$

由上式解出

$$v_1 = \frac{1}{\sqrt{\alpha_1 + \zeta}} \sqrt{2g(1 - \xi)H_0}$$

因为堰顶过水断面面积一般为矩形，设其断面宽度为 b，断面 1—1 的水深为 h，则堰上通过的流量为

$$Q = \frac{bh}{\sqrt{\alpha_1 + \zeta}} \sqrt{2g(1 - \xi)H_0}$$

令 $h = kH_0$，k 为反映堰顶水流垂直收缩的系数，$\varphi = \dfrac{1}{\sqrt{\alpha_1 + \zeta}}$，$\varphi$ 为流速系数，则上式变为

$$Q = k\varphi \sqrt{1 - \xi}\, b \sqrt{2gH_0}\, H_0$$

令 $m = k\varphi \sqrt{1 - \xi}$，则

$$Q = mb\sqrt{2g}\, H_0^{3/2} \tag{5.1}$$

式中：m 为流量系数；H_0 为堰上总水头。

式（5.1）适合于薄壁堰、实用堰和宽顶堰。由式（5.1）可以看出，过堰水流的流量与堰顶总水头 H_0 的 3/2 次方成比例，即 $Q \propto H_0^{3/2}$。

式（5.1）即为堰流流量的一般计算公式，也称堰流的基本公式。

由上面的推导可以看出，影响堰流流量系数的主要因素是 $m=f(\varphi,k,\xi)$，其中 φ 反映了局部水头损失的影响；k 反映了堰顶水流垂直收缩的程度；ξ 则为堰顶断面平均测压管水头与堰顶总水头之比的比例系数。显然这些影响因素还与堰上水深 H、堰的边界条件（例如堰高 P 以及堰的形状）有关。所以不同类型、不同高度的堰，其流量系数各不相同。流量系数 m 一般需通过实验来确定。

为了便于根据实测堰上水头 H 来计算流量，式（5.1）可以改写成

$$Q=mb\sqrt{2g}\left(H+\frac{\alpha_0 v_0^2}{2g}\right)^{3/2}=mb\sqrt{2g}\left[\left(1+\frac{\alpha_0 v_0^2}{2gH}\right)H\right]^{3/2}$$

令 $m_0=m\left(1+\dfrac{\alpha_0 v_0^2}{2gH}\right)^{3/2}$，则得

$$Q=m_0 b\sqrt{2g}H^{3/2} \tag{5.2}$$

式中：m_0 为包括行近流速水头影响的流量系数。

当考虑到下游水位的淹没作用和侧收缩的影响，可以在式（5.1）中乘以淹没系数 σ 和侧收缩系数 ε，则堰流的流量计算公式为

$$Q=\sigma\varepsilon mb\sqrt{2g}H_0^{3/2} \tag{5.3}$$

5.2　薄 壁 堰 的 水 力 计 算

5.2.1　薄壁堰设计的基本要求

标准薄壁堰的堰顶剖面如图 5.3 所示。在堰顶有一厚度为 1.0～2.0mm 的水平面（一般三角堰取厚度为 1.0mm，矩形堰取厚度为 2.0mm）。如果堰壁厚度大于堰顶的最大允许厚度，则下游边缘要做成斜面，该斜面与堰口顶面的夹角不小于 45°。堰板上游堰缘必须加工成 90°，不能出现明显的圆角，也不能有毛刺。

薄壁堰水舌下表面的收缩程度对堰的过流能力影响很大。当水流向堰顶集中时，对水流的任何阻碍都会影响上游水位流量关系。因此在堰板上游靠近堰板的地方，不允许有任何影响水流的凸起物，在行近渠槽中也不能沉积泥沙、碎石或其他杂物。另外，薄壁堰的水舌必须全部与大气接触。对于矩形全宽堰，须在靠近堰板下游侧面墙内埋设通气孔，保证水舌通气良好。

堰板上游的行近渠槽长度不小于在最大水头处水面宽度的 10 倍。侧墙上的通气孔直径用式（5.4）计算：

$$d_{通气}=0.11H_0\sqrt{b} \tag{5.4}$$

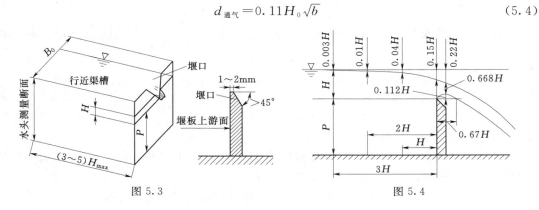

图 5.3　　　　　　　　　　　　　　　　　　图 5.4

图 5.4 是巴赞（Bazin）通过实验得出的矩形薄壁堰稳定水舌的轮廓。由图中可以看出，在距堰壁上游 $3H$ 处，水面降落了 $0.003H$，在堰顶上，水舌上缘降落了 $0.15H$，在距堰壁上游 $2H$ 和 H 的地方，水面分别降落了 $0.01H$ 和 $0.04H$。由于液体质点沿上游壁面越过堰顶时的惯性，水舌下缘在距堰壁 $0.27H$ 处升得最高，高出堰顶 $0.112H$，此处水舌的垂直厚度为 $0.668H$。距堰壁 $0.67H$ 处，水舌下缘与堰顶同高。由此可以看出，只要堰壁厚度 $\delta < 0.67H$，堰壁就不会影响水舌形状，这就是薄壁堰 $\delta/H < 0.67$ 的由来。矩形薄壁堰自由溢流水舌几何形状的观测成果，为后来设计曲线形实用堰提供了依据。

薄壁堰常用的有三角形薄壁堰、矩形薄壁堰和梯形薄壁堰。

5.2.2　三角形薄壁堰的水力计算

1. 理论分析

三角形薄壁堰如图 5.3 所示。理论分析简图见图 5.5。由图中的几何关系可得

$$\frac{x}{b} = \frac{H-z}{H}$$

由上式得

$$x = \frac{b}{H}(H-z)$$

取宽为 x，高为 dz 的一微小长方条，其面积为

$$dA = x\,dz = \frac{b}{H}(H-z)\,dz$$

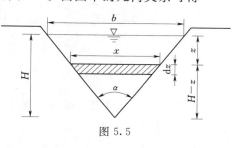

图 5.5

根据托里拆利定律，当作用于微小长方条上的水头为 z 时，液体通过此微小长方条的流速 v 和流量 dQ_i 分别为

$$v = \sqrt{2gz}$$

$$dQ_i = v\,dA = \sqrt{2gz}\,\frac{b}{H}(H-z)\,dz$$

对上式积分得

$$Q_t = \int_0^H \sqrt{2gz}\,\frac{b}{H}(H-z)\,dz = \frac{4}{15}b\sqrt{2g}\,H^{3/2}$$

由图 5.5 的几何关系可得 $b = 2H\tan(\alpha/2)$，代入上式得

$$Q_t = \frac{8}{15}\tan\frac{\alpha}{2}\sqrt{2g}\,H^{5/2} \tag{5.5}$$

式（5.5）即为三角形薄壁堰的理论流量公式。如果考虑水头损失以及过堰水流收缩等情况，则实际流量为

$$Q = \frac{8}{15}C_e\tan\frac{\alpha}{2}\sqrt{2g}\,H^{5/2} \tag{5.6}$$

式中：C_e 为流量系数。

茨瓦特-沈（Kindsvater - Shen）认为，在用式（5.6）计算流量时，堰顶以上水深 H 应该用有效水头 H_e 来表示，即

$$H_e = H + K_H \tag{5.7}$$

式中：K_H 为考虑黏滞力和表面张力综合影响的校正值。

这样式（5.6）可以写成

$$Q = \frac{8}{15}C_e\tan\frac{\alpha}{2}\sqrt{2g}\,H_e^{5/2} \tag{5.8}$$

茨瓦特-沈的实验表明，当 $\alpha = 90°$ 时，K_H 为一定值 0.00085m。当 $30° < \alpha < 90°$ 时，K_H 可用式（5.9）计算：

$$K_H = \frac{0.0006}{\sin(\alpha/2)} \tag{5.9}$$

流量系数 C_e 是堰高 P、堰上水头 H、行近渠槽宽度 B_0 和堰顶角 α 的函数。对于 90° 的直角三角形薄壁堰，流量系数 C_e 与 H/P 和 P/B_0 的关系如图 5.6 所示。由图中可以看出，当 H/P 一定时，P/B_0 越大，流量系数越大。

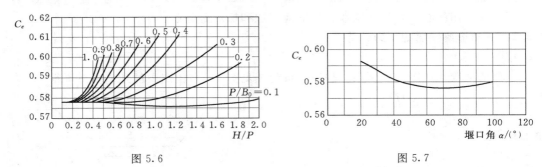

图 5.6 图 5.7

对于堰口角度不等于 90° 的三角形薄壁堰，流量系数 C_e 与堰口角度 α 的关系见图 5.7，供计算时查用。

三角形薄壁堰流量公式（5.8）的应用条件：

（1）$\alpha = 20° \sim 100°$。

（2）当 $\alpha = 90°$ 时，H/P 和 P/B_0 应限制在图 5.6 的范围内，对于 α 的其他角度，$H/P \leqslant 0.35$，$P/B_0 = 0.1 \sim 1.5$。

（3）$H \geqslant 0.06\text{m}$，$P \geqslant 0.09\text{m}$。

2. 三角形薄壁堰的其他流量公式

对于 $\alpha = 90°$ 的三角形薄壁堰，常用的有 H. W. 金（H. W. King）公式：

$$Q = 1.343 H^{2.47} \tag{5.10}$$

式（5.10）的适用条件为 $H = 0.05 \sim 0.65\text{m}$，$P \geqslant 2H$，$B_0 > 5H$。

日本沼知·黑川·渊泽公式：

$$Q = \left[1.354 + \frac{0.004}{H} + \left(0.14 + \frac{0.2}{\sqrt{P}} \right) \left(\frac{H}{B_0} - 0.09 \right)^2 \right] H^{5/2} \tag{5.11}$$

式（5.11）的适用条件为 $H = 0.07 \sim 0.25\text{m}$，$P = 0.1 \sim 0.75\text{m}$，$B_0 = 0.44 \sim 1.18\text{m}$。在此范围内，误差小于 1.4%。

5.2.3 矩形薄壁堰的水力计算

1. 理论分析

如图 5.8 所示为一矩形薄壁堰。由托里拆利定律，当水头为 z 时，液体通过孔口横条的平均流速 $v = \sqrt{2gz}$，矩形横条的面积 $\mathrm{d}A = b\mathrm{d}z$，通过此横条的流量为

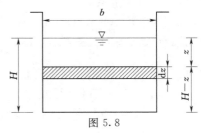

图 5.8

$$dQ_i = v dA = b \sqrt{2gz} \, dz$$

对上式积分得

$$Q_t = \int_0^H b \sqrt{2gz} \, dz = \frac{2}{3} b \sqrt{2g} H^{3/2} \tag{5.12}$$

式（5.12）即为通过矩形薄壁堰的理论流量。如果考虑实际液体的黏滞力和表面张力影响以及水头的摩阻损失，式（5.12）可写成

$$Q = \frac{2}{3} b_e C_e \sqrt{2g} H_e^{3/2} \tag{5.13}$$

式中：H_e 仍用式（5.7）计算；b_e 为有效宽度，可表示为

$$b_e = b + K_b \tag{5.14}$$

将式（5.7）、式（5.14）代入式（5.13）得

$$Q = \frac{2}{3} \left(1 + \frac{K_b}{b}\right) \left(1 + \frac{K_H}{H}\right)^{3/2} C_e b \sqrt{2g} H^{3/2}$$

令 $m_0 = \frac{2}{3} \left(1 + \frac{K_b}{b}\right) C_e \left(1 + \frac{K_H}{H}\right)^{3/2}$，上式又变为用能量方程推导的公式（5.2）。

2. 等宽矩形薄壁堰流量的计算

等宽矩形薄壁堰没有侧收缩，堰顶与所在渠道的宽度相同，这时 $b/B_0 = 1$，$b_e = b$，H_e 用式（5.15）计算：

$$H_e = H + 0.0012 \tag{5.15}$$

流量系数 C_e 为

$$C_e = 0.602 + 0.083 H/P \tag{5.16}$$

将式（5.15）和式（5.16）代入式（5.13）得

$$Q = \frac{2}{3} b \sqrt{2g} \left(0.602 + 0.083 \frac{H}{P}\right) (H + 0.0012)^{3/2} \tag{5.17}$$

式（5.17）的适应条件为 $H/P < 1$，$b > 0.3\text{m}$，$P > 0.1\text{m}$，$H = 0.03 \sim 0.75\text{m}$。

矩形等宽薄壁堰亦可用式（5.2）计算，式中的流量系数 m_0 的计算公式有巴赞公式：

$$m_0 = \left(0.405 + \frac{0.0027}{H}\right) \left[1 + 0.55 \left(\frac{H}{H+P}\right)^2\right] \tag{5.18}$$

式（5.18）的适应条件为 $b < 2.0\text{m}$，$0.2\text{m} < P < 1.13\text{m}$，$0.1\text{m} < H < 1.24\text{m}$。

还有直接计算流量的公式，这类公式很多，我国常用的有雷伯克（T. Rehbock）公式：

$$Q = b \left(1.782 + 0.24 \frac{H}{P}\right) (H + 0.0011)^{3/2} \tag{5.19}$$

式（5.19）的适应条件为 $H < 4P$，$0.15\text{m} < P < 1.22\text{m}$。

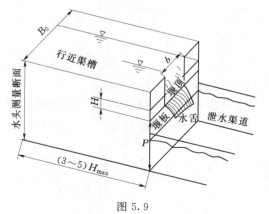

图 5.9

3. 有侧收缩的矩形薄壁堰

有侧收缩的矩形薄壁堰是指堰宽 b 与行近渠槽宽度 B_0 之比 $b/B_0 < 1$ 的堰，如图 5.9 所示。有侧收缩的堰的流量计算公式仍为式（5.13）或式（5.2）。在用式（5.13）计算流量时，堰上有效水深用式（5.7）计算，式中的 $K_H = 0.001\text{m}$。堰宽用有效宽度 b_e 计算，计算公式仍为式（5.14），其中 K_b 与 b/B_0 的关系见表 5.1。流量系数 C_e 是 b/B_0 和 H/P 的函数，即

$$C_e = a + a' \frac{H}{P} \tag{5.20}$$

式中系数 a 和 a' 随 b/B_0 的变化亦列于表 5.1 中。

表 5.1　　　　　　　　　　　　　　　a、a' 和 K_b 值

b/B_0	1.0	0.9	0.8	0.7	0.6	0.4	0.2	0
a	0.602	0.598	0.596	0.594	0.593	0.591	0.589	0.587
a'	0.075	0.064	0.045	0.030	0.018	0.0058	−0.0018	−0.0023
K_b/m	−0.0009	0.0037	0.0042	0.0039	0.0036	0.0027	0.0024	0.0024

如果用式（5.2）计算流量，则流量系数的计算公式较多，这里仅介绍巴赞公式：

$$m_0 = \left(0.405 + \frac{0.0027}{H} - 0.03\frac{B_0 - b}{B_0}\right)\left[1 + 0.55\left(\frac{b}{B_0}\right)^2\left(\frac{H}{H+P}\right)^2\right] \tag{5.21}$$

5.2.4　梯形薄壁堰的水力计算

梯形薄壁堰如图 5.10 所示。实验表明，当 $\beta = 14.036°$，即 $\tan\beta = 1/4$ 时，西坡列梯（Cippoletti）得出的流量公式为

$$Q = 1.856bH^{3/2} \tag{5.22}$$

式中：b 为堰底宽度。

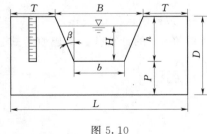

图 5.10

式（5.22）适用的条件为 $b \geqslant 3H$，$0.25\text{m} \leqslant b \leqslant 1.5\text{m}$，$0.083\text{m} \leqslant H \leqslant 0.5\text{m}$，$0.083\text{m} \leqslant P \leqslant 0.5\text{m}$。当下游水位高于梯形堰的堰槛，上、下游水位差与堰槛高之比 $z/P < 0.7$ 时，梯形薄壁堰为淹没出流，这时流量公式为

$$Q = 1.856\sigma_s bH^{3/2} \tag{5.23}$$

$$\sigma_s = \sqrt{1.23 - \left(\frac{h_s}{H}\right)^2} - 0.127 \tag{5.24}$$

式中：h_s 为堰槛以上水深。

【例题 5.1】　一无侧收缩的矩形薄壁堰，堰宽 $b = 0.5\text{m}$，堰高 $P = 0.5\text{m}$，堰上最大水头 $H = 0.4\text{m}$。试设计通气孔的直径，并计算 $H = 0.4\text{m}$ 时的流量。

解：

（1）计算通气孔的直径。

$$d_{通气} = 0.11H\sqrt{b} = 0.11 \times 0.4 \times \sqrt{0.5} = 0.031(\text{m}) = 3.1(\text{cm})$$

（2）求流量。

用式（5.17）计算：

$$Q = \frac{2}{3} b \sqrt{2g} \left(0.602 + 0.083 \frac{H}{P} \right) (H + 0.0012)^{3/2}$$

$$= \frac{2}{3} \times 0.5 \times \sqrt{2 \times 9.8} \times \left(0.602 + 0.083 \times \frac{0.4}{0.5} \right) \times (0.4 + 0.0012)^{3/2}$$

$$= 0.2507 (\text{m}^3/\text{s})$$

用雷伯克经验公式计算：

$$Q = b \left(1.782 + 0.24 \frac{H}{P} \right) (H + 0.0011)^{3/2}$$

$$= 0.5 \times \left(1.782 + 0.24 \times \frac{0.4}{0.5} \right) \times (0.4 + 0.0011)^{3/2}$$

$$= 0.2507 (\text{m}^3/\text{s})$$

用巴赞公式计算：

$$m_0 = \left(0.405 + \frac{0.0027}{H} \right) \left[1 + 0.55 \times \left(\frac{H}{H+P} \right)^2 \right]$$

$$= \left(0.405 + \frac{0.0027}{0.4} \right) \left[1 + 0.55 \times \left(\frac{0.4}{0.4+0.5} \right)^2 \right]$$

$$= 0.4565$$

$$Q = m_0 b \sqrt{2g} H^{3/2} = 0.4565 \times 0.5 \times \sqrt{2 \times 9.8} \times 0.4^{3/2}$$

$$= 0.2556 (\text{m}^3/\text{s})$$

【例题 5.2】 试论证矩形和三角形薄壁堰水头测量误差造成的流量计算误差。

解：

设薄壁堰的流量计算公式为

$$Q = NH^n$$

式中 N 可看作与水头无关，对上式求微分得

$$dQ = nNH^{n-1}dH$$

$$\frac{dQ}{Q} = \frac{nNH^{n-1}dH}{NH^n} = n\frac{dH}{H}$$

由上式可以看出，如果测量水头有 1.0% 的相对误差，则计算流量所得的相对误差为 $n\%$。对于矩形薄壁堰，$n = 1.5$；对于三角形薄壁堰，$n = 2.47 \sim 2.5$。可见，测量水头的误差会造成更大的计算流量的误差。因此，对测量水头特别是对三角形薄壁堰的水头测量，应要求有较高的精度。

5.3 实 用 溢 流 堰

5.3.1 概述

实用溢流堰（简称实用堰）是在薄壁堰溢流水舌的基础上发展起来的。实用堰的堰顶曲线大多按薄壁堰溢流水股的下缘曲线来进行构制。1888 年，巴赞首次按上述原则制定

了巴赞实用堰剖面，认为沿该堰面溢流将不会产生负压。但实际上，由于堰面粗糙和存在着摩阻，在该堰面上容易产生负压，如果负压过大将会引起实用堰的空蚀破坏。

为了使实用堰不发生空蚀破坏，又要过流能力大、稳定安全且经济，100 多年来，许多学者对巴赞实用堰剖面作了不同的修正，提出了许多不同的剖面曲线形式。例如，我国在 20 世纪五六十年代应用较多的克里格－奥菲采洛夫（W. P. Creager － A. C. Офицеров）实用堰（简称克－奥型实用堰）；又如我国在 20 世纪 70 年代以后应用较多的美国陆军工程兵团水道实验站（Waterways Experiment Station，WES）研制的 WES 实用堰；还有我国研制的长研 I 型实用堰、驼峰堰等。这些堰统称为曲线形实用堰。对一些小型水利工程，人们还研制了折线形实用堰。

1. 曲线形实用堰

曲线形实用堰的剖面由下列几个部分组成：上游直线段 AB，堰顶曲线段 BC，坡度 $m = \cot\alpha$ 的下游直线段 CD，以及用于和下游河床连接的反弧段 DE，如图 5.11 所示。

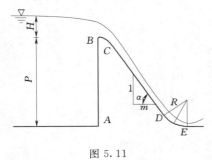

图 5.11

上游直线段 AB 常做成垂直的，有时也做成倾斜的。AB 段的坡度和 CD 段的坡度主要根据坝体的稳定和强度要求来确定；反弧段 DE 的作用是使直线 CD 与下游河槽平顺连接，避免水流直冲下游河床，并有利于溢流堰下游的消能。反弧半径 R 的选择应结合消能形式统一考虑。

堰顶曲线段 BC 对水流特性影响最大，是设计曲线形实用堰剖面形状的关键。国内外设计堰剖面形状有许多方法，其主要区别就在于曲线段 BC 如何确定。

曲线形实用堰又分为非真空剖面堰和真空剖面堰两种，如图 5.12 所示。

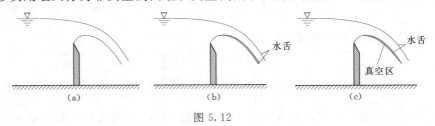

图 5.12

若实用堰剖面的外形轮廓做成与薄壁堰自由溢流水舌的下缘完全吻合，堰面溢流将无真空产生，堰面压强应为大气压强，称为非真空剖面堰，如图 5.12（a）所示；若堰面曲线突出于水舌下缘，则堰顶将顶托水流，水舌不能保持原有的形状，堰面压强大于大气压强，堰前总水头中的一部分势能将转化成压能，使转换成水舌动能的有效水头减小，过流能力就会降低，如图 5.12（b）所示；若实用堰的堰面与溢流水舌的下缘之间存在空隙，溢流水舌将脱离堰顶表面，脱离处空气被水舌带走，在堰面形成局部负压区，这种剖面的实用堰称为真空剖面堰，如图 5.12（c）所示。真空剖面堰堰顶附近负压区的存在，等于加大了作用水头，过流能力将增加，但是堰面过大的负压将会使堰面形成空蚀破坏和水舌颤动。所以理想的剖面形状应是堰面曲线与薄壁堰水舌下缘吻合，这样既不产生负压，又有比较大的过流能力。然而由于堰面的粗糙度不可避免地对水舌发生影响，而且由于上游水头的可变性以及水舌形变的不稳定性，这种理想情况往往是做不到的。所以，实际采用的堰面形状都是按薄壁堰水舌下缘曲线稍加修改而成。

2. 折线形实用堰

折线形实用堰如图 5.13 所示。这种堰一般用于中小型水利工程。常用当地材料如石条、砖或木材做成。其流量系数随堰顶相对厚度、相对堰高及下游坡度而变。

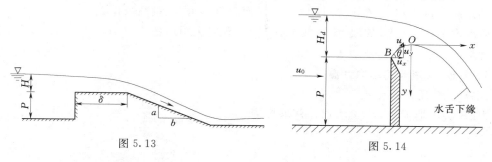

图 5.13   图 5.14

5.3.2 实用堰的堰顶曲线和流量公式

首先来分析薄壁堰自由出流时的水舌下缘曲线的特性。图 5.14 为矩形薄壁堰自由出流时的水舌状态，设堰顶 B 点处液体质点的流速 u 与水平方向相交成 θ 角，则 x、y 方向的流速分别为

$$u_x = u\cos\theta$$
$$u_y = u\sin\theta$$

假设 u_x 在运动中保持为常数，并设液体质点的运动只受重力作用。取如图 5.14 所示的坐标系，则当液体质点运动到坐标原点 O（水舌下缘最高处）时，$u_y = 0$，$u_x = u\cos\theta$。经 t 时刻后，液体质点的坐标值为

$$x = u_x t = ut\cos\theta$$
$$y = \frac{1}{2}gt^2$$

在上两式中消去 t 后得

$$y = \frac{g}{2u^2\cos^2\theta}x^2$$

给上式两边同除以堰上设计水头 H_d，则得

$$\frac{y}{H_d} = \frac{gH_d}{2u^2\cos^2\theta}\left(\frac{x}{H_d}\right)^n = K\left(\frac{x}{H_d}\right)^n \tag{5.25}$$

$$K = \frac{H_d}{4(u^2/2g)\cos^2\theta}, \quad n = 2$$

式（5.25）还不能直接用来计算堰顶曲线，因为 u 及 θ 均为未知，所以系数 K 不易确定；另外，由于水流行近堰顶时流线发生垂向收缩，邻近堰顶水舌内部的压强并不等于大气压强，因而作用在液体质点上的力不仅有重力，而且有其他力。这说明堰顶水流运动与一般的质点自由抛射运动有一定的出入。所以，工程中通常通过实验研究求得不同条件下的 K 及 n 值，然后用式（5.25）计算堰面曲线。或者根据直接测量的矩形薄壁堰自由溢流水舌下缘的曲线，经过修改后得出堰顶曲线的坐标值。

实用堰的流量计算公式仍为式（5.1）或式（5.2）。

过去我国应用较多的是克-奥型实用堰，但该堰剖面略显肥大，剖面没有计算公式，而是用表格给出坐标值，设计施工过程中不便控制。所以，现在多采用美国陆军工程兵团水道实验站的标准剖面，即 WES 剖面。与克-奥型实用堰相比，WES 实用堰有以下优点：

（1）WES 实用堰由曲线方程表示，设计施工比较方便。

（2）堰体剖面较瘦，工程量较省。

（3）堰面负压较小（当 $H/H_d \leqslant 1$ 时堰面无负压），流量系数稍大。

所以本节重点介绍 WES 实用堰，有关克-奥型实用堰的设计方法及水力计算可参考有关文献。

5.3.3　WES 实用堰的水力计算

1. WES 实用堰的形状

WES 实用堰如图 5.15 所示，其堰面方程为

$$y = \frac{x^n}{KH_d^{n-1}} \tag{5.26}$$

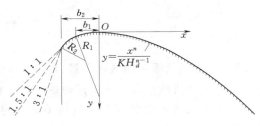

图 5.15

式中：x、y 是以堰顶为原点的坐标；H_d 为不包括行近流速水头在内的堰上设计水头；K、n 为与堰上游迎水面坡度有关的参数，其值见表 5.2。

表 5.2　　　　　　　　　　　WES 实用堰面曲线参数表

上游坡面	K	n	R_1	b_1	R_2	b_2
垂直	2.000	1.850	$0.50H_d$	$0.175H_d$	$0.20H_d$	$0.282H_d$
3:1	1.936	1.836	$0.68H_d$	$0.139H_d$	$0.21H_d$	$0.237H_d$
1.5:1	1.939	1.810	$0.48H_d$	$0.115H_d$	$0.22H_d$	$0.214H_d$
1:1	1.873	1.776	$0.45H_d$	$0.119H_d$	0	0

由图 5.15 和表 5.2 可以看出，这种 WES 实用堰坐标原点以上为二圆弧曲线。1966 年，葡萄牙里斯本土木实验室对上述剖面曲线进行修改，建议将原来的二圆弧改为三圆弧。1969 年，美国陆军工程兵团水道实验站对此进行了验证，认为其流量系数相差不大，唯有三圆弧改善了由于二圆弧与上游垂直面存在交角，使曲线斜率不连续造成水流分离而出现负

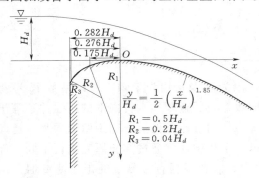

图 5.16

压，水头较大时甚至出现了空蚀破坏的现象，而三圆弧的堰面负压最小。1970 年，美国陆军工程兵团水道实验站将三圆弧曲线的 WES 实用堰编入《水力设计准则》，如图 5.16 所示。对于上游面垂直，取 $K=2.0$，$n=1.85$，则 WES 实用堰的堰面方程为

$$\frac{y}{H_d} = \frac{1}{2}\left(\frac{x}{H_d}\right)^{1.85} \tag{5.27}$$

从图 5.16 可以看出，剖面的下游曲线和

上游三圆弧各几何量均与堰上设计水头 H_d 有关，为保证具有较大的流量系数和堰面不发生较大的负压，工程中常采用的设计水头 $H_d = (0.75 \sim 0.95) H_{max}$。

2. WES 实用堰的流量系数

实验表明，影响流量系数的主要因素为 P/H_d、H_0/H_d 以及上游坝面的坡角等。对于上游面垂直的 WES 实用堰，当 $P/H_d \geqslant 1.33$ 时称之为高堰，计算时可不考虑行近流速水头的影响。在这种情况下，当实际的工作总水头等于设计水头，即 $H_0/H_d = 1$ 时，堰面无负压，流量系数 $m = m_d = 0.502$；当 $H_0/H_d < 1$ 时，堰上水股紧压堰面，堰上压强增大，$m < m_d$；当 $H_0/H_d > 1$ 时，水股下缘和堰面脱离，堰面将产生负压（例如当 $H/H_d = 1.33$ 时，负压可达 $0.5H_d$），使堰的过流能力增大，$m > m_d$。

过堰水流因受堰壁阻挡而发生垂向收缩。当水头 H 一定时，上游堰高 P 不同，收缩程度和堰的过流能力也不同。当 P 达到一定数值时，水流的收缩已达到充分的程度；如 P 再增大，收缩程度将保持不变。据研究，当 $P/H \geqslant 3$ 时，收缩程度将保持不变，P/H 不再影响流量系数。因此当 $P/H < 3$ 时应该考虑上游堰高对流量系数的影响。

综上所述，上游为三圆弧曲线的 WES 实用堰，当 $P/H_d \geqslant 3$ 时，其流量系数 m 与 H_0/H_d 的关系如图 5.17 所示。

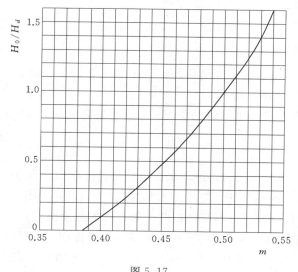

图 5.17

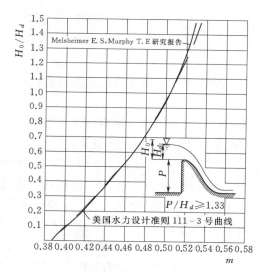

图 5.18

当 $P/H_d \geqslant 1.33$ 时，称为高堰，流量系数 m 只与 H_0/H_d 有关。流量系数可由图 5.18 查算。

对于上游面直立的三圆弧 WES 实用堰，其高堰的流量系数也可用我国《水工建筑物测流规范》（SL 20—92）给出的公式计算，即

$$m = 0.385 + 0.149 \frac{H}{H_d} - 0.04 \left(\frac{H}{H_d} \right)^2 + 0.004 \left(\frac{H}{H_d} \right)^3 \tag{5.28}$$

式（5.28）的适应条件为 $H/H_d = 0 \sim 1.8$。

当 $P/H_d < 1.33$ 时，堰高较小，堰前水流收缩不充分，堰顶上压强增大，使流量系数

有所降低。流量系数不仅与 H_0/H_d 有关，而且与 P/H_d 有关，流量系数可由图 5.19 查算。

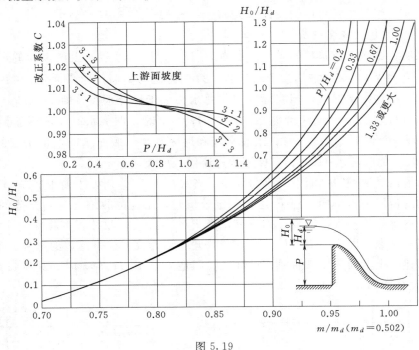

图 5.19

对于堰顶上游具有两段圆弧曲线的 WES 实用堰，流量系数 m' 可用式 (5.29) 计算：

$$m' = Cm \tag{5.29}$$

式中：C 为上游坡面影响的改正系数；m 为上游面直立时的 WES 实用堰的流量系数。C 可由图 5.19 左上角小图查算。

3. WES 实用堰的淹没条件和淹没系数

当下游水位超过堰顶，同时在下游发生淹没水跃时，过堰水流呈淹没溢流状态。根据对 WES 实用堰的研究，自由出流的条件为下游堰高 P_1 与堰上水头之比 $P_1/H_0 \geqslant 2$ 及下游堰顶以上水深 h_s 与堰上总水头之比 $h_s/H_0 \leqslant 0.15$，不符合这两个条件时为淹没出流。

淹没出流时，流量公式为式 (5.3)。式中淹没系数 σ_s 与下游堰高的相对比值 P_1/H_0 和反映淹没程度的 h_s/H_0 有关，如图 5.20 所示。图中虚线为淹没系数 σ_s 的等值线，右下方的区域为自由流区。

4. 侧收缩的影响

一般溢流堰面上都有边墩，多孔溢流堰还设有闸墩，边墩和闸墩将使水流在平面上发生收缩，减小了有效过流宽度，增大了局部水头损失，因而降低了过流能力。有侧向收缩的堰流公式仍用式 (5.3)。

侧收缩系数的计算方法最早是由弗朗西斯 (J. B. Francis) 提出来的。弗朗西斯认为，堰孔每边侧向收缩使堰的宽度减小了 $0.1H_0$。据此，有侧向收缩时，每孔堰的有效宽度为 $b_0 = b - 2 \times (0.1H_0)$，$n$ 个相同堰孔的有效宽度为

$$B = nb - 0.2nH_0$$

上式是针对最不利的所谓完全收缩的情况提出来的。实际上，如果边墩和闸墩做得平顺，符合流线形，每边侧向收缩减小宽度 $0.1H_0$ 应乘以形状系数 ξ，这样上式变为

$$B = nb - 0.2\xi nH_0$$

边墩和闸墩的形状不同，形状系数也不相同。如果边墩的形状系数为 ξ_K，闸墩的形状系数为 ξ_0，上式可以写成

$$B = nb - 0.2[\xi_K + (n-1)\xi_0]H_0$$

令 $B/nb = \varepsilon$，则上式可写成

$$\varepsilon = 1 - 0.2[\xi_K + (n-1)\xi_0]\frac{H_0}{nb} \tag{5.30}$$

式中：ξ_K 为边墩的形状系数，简称边墩系数；ξ_0 为闸墩的形状系数，简称闸墩系数。

ξ_K 和 ξ_0 都表示边墩和闸墩迎水面的外形对侧向收缩影响的大小，其值可按图 5.21 选取。

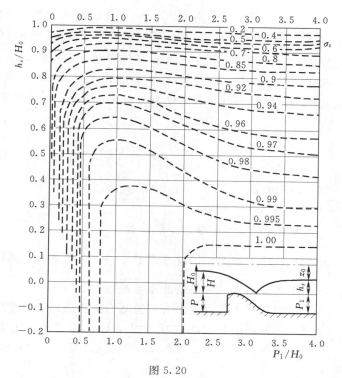

图 5.20

闸墩的形状系数 ξ_0 值

闸墩头部平面形状		$h_s/H_0 \leqslant 0.75$	$h_s/H_0 = 0.8$	$h_s/H_0 = 0.85$	$h_s/H_0 = 0.90$	$h_s/H_0 = 0.95$
矩形		0.80	0.86	0.92	0.98	1.00
尖角形	$\alpha = 90°$	0.45	0.51	0.57	0.63	0.69
半圆形	$r = d/2$					
尖圆形	$1.21d$ d r $r = 1.71d$	0.25	0.32	0.39	0.46	0.53

边墩的形状系数 ξ_K 值

边 墩 平 面 形 状		ξ_K
直角形		1.00
斜角形（八字形）	$45°$	0.70
圆弧形	r	0.70

图 5.21

式（5.30）只适用于 $H_0/b \leqslant 1.0$ 的情况。对于 $H_0/b > 1.0$，克里格建议采用另外的公式。克里格认为，在 $H_0/b > 1.0$ 时，堰孔的侧向收缩比 b_0/b 最多等于孔口面积的收缩系数 ε_0 的平方根。孔口面积的收缩系数 $\varepsilon_0 = 0.64$，则 $\sqrt{\varepsilon_0} = 0.8$，根据这个数值，克里格提出，对 $H_0/b > 1.0$ 时每个孔的有效宽度 $b_0 = (1 - 0.1 \times 2)b$，如果和以前那样分别考虑边墩和闸墩的形状系数，则对于有几个堰孔的情况可得

$$B = nb - 0.2[\xi_K + (n-1)\xi_0]b$$

$$\varepsilon = 1 - 0.2[\xi_K + (n-1)\xi_0]\frac{1}{n} \tag{5.31}$$

式（5.31）即为 $H_0/b > 1.0$ 时侧收缩系数的计算公式。

5. 低 WES 实用堰

对于 WES 实用堰，一般认为 $P/H_d < 1.33$ 为低堰。由于上游堰高 P 较小，堰前水流的行近流速较大，行近流速水头 $\dfrac{\alpha_0 v_0^2}{2g}$ 不能忽略；又因为 P 较小，过堰水流收缩不充分，堰顶上压强增大，使低堰的流量系数小于高堰。

美国陆军工程兵团水道实验站的二圆弧和三圆弧的 WES 实用堰均可作为低堰的设计剖面。其低堰的流量系数可查图 5.19。对于上游面垂直的 WES 低堰，在设计水头情况下，设计流量系数 m_d 与 P/H_d 的关系如图 5.22 所示，流量系数为

$$m_d = 0.4987(P/H_d)^{0.0241} \tag{5.32}$$

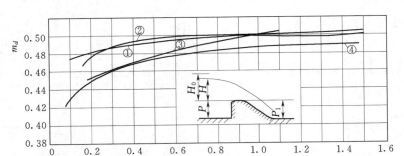

图 5.22

①—上游堰面垂直的 WES 低堰；②—上游堰面为 45°斜坡的低堰；
③—上游堰面垂直的 WES 低堰估算资料；④—上游堰面垂直的 ogee 低堰

由图 5.22 可以看出，随着堰高 P 的减小，m_d 也逐渐降低，当 $P/H_d < 0.3 \sim 0.4$ 时，m_d 明显降低。因此，上游堰高不宜过低，一般认为 $P \geqslant 0.3H_d$ 为宜。对低堰的设计水头一般选用 $H_d = (0.65 \sim 0.75)H_{\max}$。关于下游堰高 P_1，由图 5.20 可以看出，当 $P_1/H_0 \leqslant 0.7$ 左右时，淹没系数 σ_s 迅速减小。故下游堰高 P_1 以大于 $0.7H_0$ 为宜，否则，将会因下游堰高 P_1 较小而引起的流量系数降低较大。

式（5.32）仅考虑了 P/H_d 对流量系数的影响，没有考虑 H_0/H_d 的影响。根据实测资料，当 $P/H_d = 0.2 \sim 1.33$，$H_0/H_d = 0.4 \sim 1.3$ 时，流量系数可近似地用式（5.33）计算：

$$m = \frac{H_0/H_d}{A(H_0/H_d)+B} \qquad (5.33)$$

式中，$A=1.8162(P/H_d)^{-0.0357}$；$B=0.199(P/H_d)^{0.0963}$。

对于 WES 低堰上设立闸墩、边墩引起的侧收缩系数，以及由于淹没引起的淹没系数，仍按前述方法处理。

5.3.4 折线形实用堰

折线形实用堰一般有三种形式，如图 5.23 所示。折线形实用堰的流量系数一般介于宽顶堰与曲线形实用堰之间，其值为 0.33～0.46，并随相对堰顶厚度 δ/H、相对堰高 P/H 和前后堰坡的不同而异，一般有 I、II、III 型折线形实用堰，其流量系数分别见表 5.3～表 5.5。

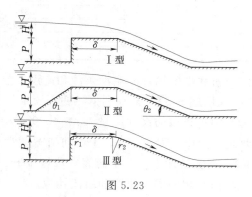

图 5.23

表 5.3　　　　　　　　　　I 型折线形实用堰流量系数

下游坡	P/H	流 量 系 数			
		$\delta/H=2.0$	$\delta/H=1.0$	$\delta/H=0.75$	$\delta/H=0.5$
1:1	2～3	0.33	0.37	0.42	0.46
1:2	2～3	0.33	0.36	0.40	0.42
1:3	0.5～2.0	0.34	0.36	0.40	0.42
1:5	0.5～2.0	0.34	0.35	0.37	0.38
1:10	0.5～2.0	0.34	0.35	0.36	0.36

表 5.4　　　　　　　　　　II 型折线形实用堰流量系数

堰上游坡 $\cot\theta_1$	堰下游坡 $\cot\theta_2$	P/H	流 量 系 数		
			$\delta/H<0.5$	$\delta/H=0.5～1.0$	$\delta/H=1.0～2.0$
0.5	0.5	2～5	0.43～0.42	0.40～0.38	0.36～0.35
1.0	0		0.44	0.42	0.40
2.0	0		0.43	0.41	0.39
0	1		0.42	0.40	0.38
0	2		0.40	0.38	0.36
3	0	2～3	0.42	0.40	0.38
4	0		0.41	0.39	0.37
5	0		0.40	0.38	0.36
10	0		0.38	0.36	0.35
0	3	1～2	0.39	0.37	0.35
0	5		0.37	0.35	0.34
0	10		0.35	0.34	0.33

表 5.5   Ⅲ型折线形实用堰流量系数

下游坡	P/H	流 量 系 数			
		$\delta/H = 2.0$	$\delta/H = 1.0$	$\delta/H = 0.75$	$\delta/H = 0.5$
1:1	2~3	0.347	0.388	0.441	0.488
1:2	2~3	0.347	0.378	0.420	0.441
1:3	0.5~2.0	0.357	0.378	0.420	0.441
1:5	0.5~2.0	0.357	0.368	0.388	0.400
1:10	0.5~2.0	0.357	0.368	0.378	0.378

折线形实用堰的淹没条件和淹没系数可近似地按曲线形实用堰的方法来确定。

【例题 5.3】 某水利枢纽的溢流堰采用 WES 实用堰剖面。已知边墩为圆弧形，闸墩为半圆形；堰的设计流量 $Q_d = 4800\text{m}^3/\text{s}$，相应的上、下游水位分别为 54.5m 和 38.9m；坝址处河床高程为 18m，上游河道宽度为 150m；根据地质条件选用单宽流量为 $60\text{m}^3/(\text{s} \cdot \text{m})$；堰上游面直立，下游直线段坡度 $m_a = \cot\alpha = 0.7$，即 $\alpha = 55°$。试求：

(1) 堰的溢流宽度和溢流孔数。

(2) 堰顶高程。

(3) 整个堰面的设计（反弧半径 $R = H_d + P_1/4$）。

解：

(1) 求堰的溢流宽度和溢流孔数。堰的溢流净宽度为
$$B = Q/q = 4800/60 = 80 (\text{m})$$

选用每个闸孔的宽度 $b = 10\text{m}$，则溢流孔数 n 为
$$n = B/b = 80/10 = 8$$

(2) 计算堰顶高程。堰流的基本公式为
$$Q = \varepsilon mnb\sqrt{2g}\,H_0^{3/2}$$

在设计水位时，$m = m_d = 0.502$，假设侧收缩系数 $\varepsilon = 0.9$，代入上式得
$$H_0 = \left(\frac{Q}{\varepsilon mnb\sqrt{2g}}\right)^{2/3} = \left(\frac{4800}{0.9 \times 0.502 \times 8 \times 10 \times \sqrt{2 \times 9.8}}\right)^{2/3} = 9.654 (\text{m})$$

用求得的 H_0 的近似值求侧收缩系数 ε。假设溢流堰为自由出流，对于边墩为圆弧形，查图 5.21 得边墩系数 $\xi_K = 0.7$，闸墩为半圆形，查图 5.21 得闸墩系数 $\xi_0 = 0.45$，则

$$\varepsilon = 1 - 0.2 \times [\xi_K + (n-1)\xi_0]\frac{H_0}{nb} = 1 - 0.2 \times [0.7 + (8-1) \times 0.45] \times \frac{9.654}{8 \times 10}$$
$$= 0.9071$$

故 $H_0 = \left(\frac{Q}{\varepsilon mnb\sqrt{2g}}\right)^{2/3} = \left(\frac{4800}{0.9071 \times 0.502 \times 8 \times 10 \times \sqrt{2 \times 9.8}}\right)^{2/3} = 9.604 (\text{m})$

由求得的 H_0 再求侧收缩系数 ε 和 H_0 得

$$\varepsilon = 1 - 0.2[\xi_K + (n-1)\xi_0]\frac{H_0}{nb} = 1 - 0.2 \times [0.7 + (8-1) \times 0.45] \times \frac{9.604}{8 \times 10} = 0.9076$$

$$H_0 = \left(\frac{Q}{\varepsilon mnb\sqrt{2g}}\right)^{2/3} = \left(\frac{4800}{0.9076 \times 0.502 \times 8 \times 10 \times \sqrt{2 \times 9.8}}\right)^{2/3} = 9.6 (\text{m})$$

重复上述步骤，再求 $\varepsilon = 0.9076$，说明求得的侧收缩系数不再变化，即取 $H_0 = 9.6\text{m}$。

已知上游河道宽度为 150m，上游设计水位为 54.5m，河床高程为 18m，则上游过水断面面积为

$$A = 150 \times (54.5 - 18) = 5475 (\text{m}^2)$$

行近流速为

$$v_0 = Q/A = 4800/5475 = 0.877 (\text{m/s})$$

行近流速水头为

$$\frac{\alpha_0 v_0^2}{2g} = \frac{1 \times 0.877^2}{2 \times 9.8} = 0.0392 (\text{m})$$

堰上设计水头为

$$H_d = H_0 - \frac{\alpha_0 v_0^2}{2g} = 9.6 - 0.0392 = 9.561 (\text{m})$$

堰顶高程＝上游设计水头－H_d＝54.5－9.561＝44.939(m)

校核出流条件：

$P = P_1 = 44.939 - 18 = 26.939 (\text{m})$，$P_1/H_0 = 26.939/9.6 = 2.806 > 2$。下游水位高程为 38.9m，低于堰顶高程，满足自由出流条件，说明以上按自由出流计算的结果是正确的。

（3）整个堰面的设计。

1）上游三圆弧的半径及其水平坐标值：

$$R_1 = 0.5H_d = 0.5 \times 9.561 = 4.7805 (\text{m})$$
$$x_1 = -0.175H_d = -0.175 \times 9.561 = -1.6732 (\text{m})$$
$$R_2 = 0.2H_d = 0.2 \times 9.561 = 1.9122 (\text{m})$$
$$x_2 = -0.276H_d = -0.276 \times 9.561 = -2.6388 (\text{m})$$
$$R_3 = 0.04H_d = 0.04 \times 9.561 = 0.3824 (\text{m})$$
$$x_3 = -0.282H_d = -0.282 \times 9.561 = -2.6962 (\text{m})$$

2）坐标原点下游堰面的曲线方程：

$$y = \frac{H_d}{2}\left(\frac{x}{H_d}\right)^{1.85} = \frac{9.561}{2} \times \left(\frac{x}{9.561}\right)^{1.85} = 0.073374x^{1.85}$$

3）曲线末端与直线段相切点的坐标 $C(x_c, y_c)$。对曲线方程求导得

$$\frac{\mathrm{d}y}{\mathrm{d}x} = 0.073374 \times 1.85x^{0.85} = 0.135742x^{0.85}$$

因为 $\dfrac{\mathrm{d}y}{\mathrm{d}x} = \dfrac{1}{m_a}$，即

$$0.135742x^{0.85} = 1/0.7$$

由上式解得 $x_c = 15.943$m，则

$$y_c = 0.073374x_c^{1.85} = 0.073374 \times 15.943^{1.85} = 12.311 (\text{m})$$

4）求反弧半径、反弧曲线圆心点 O' 的坐标和 E、D 点的坐标。

反弧半径

$$R = H_d + P_1/4 = 9.561 + 26.939/4 = 16.3 (\text{m})$$

取 $R = 17$m。

反弧曲线圆心点的坐标

$$x_{O'} = x_c + m_a(P_1 - y_c) + R\cot\left(\frac{180° - \alpha}{2}\right)$$
$$= 15.943 + 0.7 \times (26.939 - 12.311) + 17 \times \cot\left(\frac{180° - 55°}{2}\right)$$
$$= 35.032 (\text{m})$$

$$y_{O'}=P_1-R=26.939-17=9.939(\text{m})$$

E 点坐标

$$x_E=x_{O'}=35.032(\text{m})$$
$$y_E=P_1=26.939(\text{m})$$

D 点坐标

$$x_D=x_{O'}-R\sin\alpha=35.032-17\times\sin55°=21.106(\text{m})$$
$$y_D=y_{O'}+R\cos\alpha=9.939+17\times\cos55°=19.690(\text{m})$$

根据上述计算结果，可绘得溢流堰剖面如例题 5.3 图所示。

例题 5.3 图

5.4　宽　顶　堰

5.4.1　宽顶堰概述

宽顶堰在水利工程中广泛应用，如进水闸［不论有坎或无坎（平底）］，其水流流态均属于宽顶堰流；各种无压隧洞及涵洞的进口，桥孔、施工围堰等，在平面上水流收缩，其自由液面发生降落，且在 $2.5<\delta/H\leqslant10$ 范围内，也均属于宽顶堰流。

宽顶堰分为直角形宽顶堰和流线形宽顶堰，二者的区别在于堰的进口形式不同。直角形宽顶堰的进口为直角；而流线形宽顶堰的进口修成圆形或流线形。虽然只是堰的进口稍有差别，然而对堰的过流能力影响却较大；还有一点是后者可以通过边界层理论推求堰的水位流量关系，而前者只能通过实验率定流量系数。

图 5.2 （e）、（f）为宽顶堰上的水流流态。由图中可以看出，宽顶堰上的水流有两种情况，一种情况是当堰的厚度 $2.5H<\delta\leqslant4H$ 时，堰顶水深逐渐下降，由大于临界水深 h_k 变到小于临界水深；另一种情况是当 $4H<\delta\leqslant10H$ 时，在堰的进口附近形成一收缩水深 h_c，$h_c<h_k$，然后水面逐渐回升，由于堰顶对水流的顶托作用，有一段水面与堰顶几乎平行。当下游水位较低时，出堰水流又有第二次跌落。

按照下游水位对堰的过流能力有无影响，宽顶堰可分为自由出流和淹没出流。当下游水位较低不影响堰的过流能力时为自由出流；当下游水位升高至将收缩断面淹没，$h_c>h_k$，堰顶水流全部为缓流，下游干扰可向上游传播，下游水位已影响堰的过流能力时即为淹没出流。

5.4.2　宽顶堰的流量系数

宽顶堰的流量公式仍为式（5.1）。其流量系数与宽顶堰的进口形式有关，如图 5.24 和图 5.25 所示。

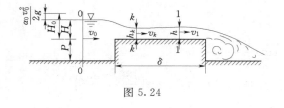

图 5.24

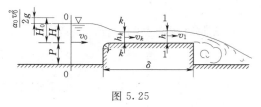

图 5.25

流量系数的公式主要有：

伯朗日（J. B. Be. Langer）公式

$$m = \frac{2}{3\sqrt{3}}\varphi \tag{5.34}$$

巴赫米切夫（Б. Бахметев）公式

$$m = \frac{2\varphi^3}{(1+2\varphi^2)^{3/2}} \tag{5.35}$$

彼卡洛夫（Ф. И. Пикалов）公式

$$m = \frac{2\varphi^3(2\varphi^2-1)}{[1+2\varphi^2(2\varphi^2-1)]^{3/2}} \tag{5.36}$$

以上 3 个公式中：φ 为流速系数。当 $\varphi=1$ 时，三个公式计算的流量系数均为 0.385，这就是不考虑水头损失时宽顶堰的最大流量系数。

表 5.6 是通过实验得出的流量系数 m 及由式（5.36）反算的流速系数 φ，可供初步计算时参考。

表 5.6　　　　　　　　　　　　流速系数 φ 和流量系数 m

序　号	堰　顶　性　质	φ	m
1	无损失（理想情况）	1.00	0.385
2	具有很好的圆形入口和极光滑的路径	0.95	0.36
3	加圆入口边缘的堰顶	0.94	0.35
4	钝角入口	0.91	0.33
5	不加圆的入口边缘的堰顶	0.90	0.32
6	不加圆的入口边缘并在不良的水力条件下（不整齐而又粗糙的入口）	0.85	0.30

苏联的 A. P. 别列津斯基（А. P. Верезинскин）对宽顶堰流的流量系数进行了系统的研究，认为流量系数 m 取决于堰顶的进口形式和堰的相对高度 P/H，可用下列经验公式计算流量系数。

（1）堰顶进口边缘为直角（图 5.24）。

当 $2.5 < \delta/H \leqslant 10$，$0 \leqslant P/H \leqslant 3$ 时

$$m = 0.32 + 0.01 \times \frac{3 - P/H}{0.46 + 0.75 P/H} \tag{5.37}$$

当 $2.5 < \delta/H \leqslant 10$，$P/H > 3$ 时

$$m = 0.32 \tag{5.38}$$

（2）堰顶进口边缘为圆弧形（图 5.25）。

当 $2.5 < \delta/H \leqslant 10$，$0 \leqslant P/H \leqslant 3$ 时

$$m = 0.36 + 0.01 \times \frac{3 - P/H}{1.2 + 1.5 P/H} \tag{5.39}$$

当 $2.5 < \delta/H \leqslant 10$，$P/H > 3$ 时

$$m = 0.36 \qquad\qquad (5.40)$$

（3）斜坡式进口和 45°斜角式进口。斜坡式进口和 45°斜角式进口的宽顶堰如图 5.26 所示。其流量系数分别见表 5.7 和表 5.8。

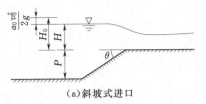

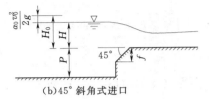

（a）斜坡式进口　　　　　　　　　　（b）45°斜角式进口

图 5.26

表 5.7　　　　　　　　　　　　　　斜坡式进口的流量系数

P/H	$\cot\theta$				
	0.5	1.0	1.5	2.0	≥2.5
0	0.385	0.385	0.385	0.385	0.385
0.2	0.372	0.377	0.380	0.382	0.382
0.4	0.365	0.373	0.377	0.380	0.381
0.6	0.361	0.370	0.376	0.379	0.380
0.8	0.357	0.368	0.375	0.378	0.379
1.0	0.355	0.367	0.374	0.377	0.378
2.0	0.349	0.363	0.371	0.375	0.377
4.0	0.345	0.361	0.370	0.374	0.376
6.0	0.344	0.360	0.369	0.374	0.376
8.0	0.343	0.360	0.369	0.374	0.376
∞	0.340	0.358	0.368	0.373	0.375

表 5.8　　　　　　　　　　　　　45°斜角式进口的流量系数

P/H	f/H			
	0.025	0.05	0.10	≥2.0
0	0.385	0.385	0.385	0.385
0.2	0.371	0.374	0.376	0.377
0.4	0.364	0.367	0.370	0.373
0.6	0.359	0.363	0.367	0.370
0.8	0.356	0.360	0.365	0.368
1.0	0.353	0.358	0.363	0.367
2.0	0.347	0.353	0.358	0.363
4.0	0.342	0.349	0.355	0.361
6.0	0.341	0.348	0.354	0.360
∞	0.337	0.345	0.352	0.358

【例题 5.4】　求矩形宽顶堰的流量。已知堰前水深 $H = 2\text{m}$，堰前渠道中的行近流速 $v_0 = 0.8\text{m/s}$，堰高 $P = 0.8\text{m}$，堰宽 $b = 3\text{m}$，流速系数 $\varphi = 0.9$，堰前为直角进口，堰为自由出流。试用伯朗日、巴赫米切夫、彼卡洛夫和别列津斯基公式分别求流量。

解：

$$H_0 = H + \frac{\alpha_0 v_0^2}{2g} = 2 + \frac{1 \times 0.8^2}{2 \times 9.8} = 2.033(\text{m})$$

（1）求流量系数。

伯朗日公式　　　$m=\dfrac{2}{3\sqrt{3}}\varphi=\dfrac{2}{3\sqrt{3}}\times 0.9=0.3465$

巴赫米切夫公式　$m=\dfrac{2\varphi^3}{(1+2\varphi^2)^{3/2}}=\dfrac{2\times 0.9^3}{(1+2\times 0.9^2)^{3/2}}=0.3440$

彼卡洛夫公式　　$m=\dfrac{2\varphi^3(2\varphi^2-1)}{[1+2\varphi^2(2\varphi^2-1)]^{3/2}}=\dfrac{2\times 0.9^3\times(2\times 0.9^2-1)}{[1+2\times 0.9^2\times(2\times 0.9^2-1)]^{3/2}}=0.3185$

别列津斯基公式　对于进口为直角形，$P/H=0.8/2=0.4$，符合 $0\leqslant P/H\leqslant 3$ 的条件，流量系数为

$$m=0.32+0.01\times\dfrac{3-P/H}{0.46+0.75P/H}=0.32+0.01\times\dfrac{3-0.4}{0.46+0.75\times 0.4}=0.3542$$

（2）由伯朗日、巴赫米切夫、彼卡洛夫公式和别列津斯基公式求流量。流量公式为

$$Q=mb\sqrt{2g}\,H_0^{3/2}$$

将以上求得的流量系数和 $H_0=2.033\mathrm{m}$，$b=3\mathrm{m}$ 代入上式分别得

伯朗日公式　　　　　　　$Q=13.340\mathrm{m^3/s}$
巴赫米切夫公式　　　　　$Q=13.240\mathrm{m^3/s}$
彼卡洛夫公式　　　　　　$Q=12.264\mathrm{m^3/s}$
别列津斯基公式　　　　　$Q=13.637\mathrm{m^3/s}$

如果以别列津斯基公式计算的流量为标准流量，则彼卡洛夫公式计算的流量误差为 10.1%，巴赫米切夫公式的误差为 2.91%，伯朗日公式的误差为 2.18%。

由以上的计算可以看出，由于假定的理论不同，所得的计算结果也不同，有的甚至差异较大。1964 年，辛格（J. Singer）和克雷布（A. P. Crabbe）对宽顶堰的流量系数重新进行了研究。通过实验发现，宽顶堰上的流量系数 C_e 是 H/δ 和 $H/(H+P)$ 这两个比值的函数。流量系数存在两个区域，即固定流量系数区和变动流量系数区。国际标准根据辛格和克雷布等人的实验结果，给出的宽顶堰流量的计算公式为

$$Q=\left(\dfrac{2}{3}\right)^{3/2}C_e b\sqrt{g}\,H^{3/2} \tag{5.41}$$

式（5.41）中流量系数的取值范围为：
当 $2.5\leqslant\delta/H\leqslant 10$，$0.15\leqslant H/P\leqslant 0.6$ 时

$$C_e=0.864 \tag{5.42}$$

当 $0.625\leqslant\delta/H<2.5$，$H/P<0.6$ 时

$$C_e=0.191\dfrac{H}{\delta}+0.782 \tag{5.43}$$

当 $\delta/H>1.176$，$H/P>0.6$ 时

$$C_e=F\left(0.191\dfrac{H}{\delta}+0.782\right) \tag{5.44}$$

式中：F 为校正系数，可由表 5.9 查算，对于中间值可用直线内插。

表 5.9			校 正 系 数 *F* 值				
H/P	0.6	0.7	0.8	0.9	1.0	1.25	1.5
F	1.011	1.023	1.038	1.054	1.064	1.092	1.123

式（5.41）应用限制：$H \geqslant 0.06$m，$b \geqslant 0.3$m，$P \geqslant 0.15$m，$0.15 \leqslant P/\delta \leqslant 4$，$0.1 \leqslant H/\delta \leqslant 1.6$（$H/\delta > 0.85$ 时，$H/P \leqslant 0.85$），$0.15 \leqslant H/P \leqslant 1.5$（$H/P > 0.85$ 时，$H/\delta \leqslant 0.85$）。

以上计算公式的流态限于自由出流。其判断方法如图 5.27 所示。

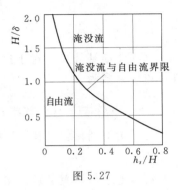

图 5.27

【例题 5.5】 有一进水闸净宽为 5m，底坎高 $P = 3$m，底坎边缘为直角，坎长 $\delta = 12$m。当闸门全开时，堰上水头 $H = 1.8$m，闸前行近流速 $v_0 = 0.5$m/s。求过闸的流量。

解：

$\delta/H = 12/1.8 = 6.667$，$H/P = 1.8/3 = 0.6$，满足式（5.42）的条件，流量系数 $C_e = 0.864$，则

$$Q = \left(\frac{2}{3}\right)^{3/2} C_e b \sqrt{g} H^{3/2} = \left(\frac{2}{3}\right)^{3/2} \times 0.864 \times 5 \times \sqrt{9.8} \times 1.8^{3/2} = 17.777 (\text{m}^3/\text{s})$$

如果用式（5.37）计算流量系数，则

$$m = 0.32 + 0.01 \times \frac{3 - P/H}{0.46 + 0.75 P/H} = 0.32 + 0.01 \times \frac{3 - 3/1.8}{0.46 + 0.75 \times 3/1.8} = 0.3278$$

$$H_0 = H + \frac{\alpha_0 v_0^2}{2g} = 1.8 + \frac{1 \times 0.5^2}{2 \times 9.8} = 1.813 (\text{m})$$

$$Q = mb\sqrt{2g} H_0^{3/2} = 0.3278 \times 5 \times \sqrt{2 \times 9.8} \times 1.813^{3/2} = 17.713 (\text{m}^3/\text{s})$$

5.4.3 无底坎宽顶堰

宽顶堰的堰顶高程与上游引水渠渠底高程相同时，称为无底坎宽顶堰或平底宽顶堰，此时堰高 $P = 0$。由于堰孔宽度小于引水渠宽度，过堰水流虽无底坎阻碍，但在平面上，过堰水流受到侧向收缩，过水断面减小，局部阻力增加，上游水面被迫壅高，然后在过堰时水面又降落，这种水流现象完全是一种宽顶堰溢流，故称为无底坎宽顶堰流。无底坎宽顶堰流主要因平面上侧向束缩而引起，在一定程度上已具有三元水流的性质。

无底坎宽顶堰的流量计算仍用式（5.1）。但在计算单孔堰时不必另外考虑侧收缩系数的影响，这是因为对各种不同进口形式、不同堰孔宽与引水渠宽之比的无底坎宽顶堰流的流量系数测定中，已包含了侧收缩的影响。流量系数 m 随不同的翼墙和进口形式而不同，计算时可按表 5.10 所列图形查算。

表 5.10　　　　　　　　　　　　　　无底坎宽顶堰流量系数表

进口形式			流量系数										
			b/B_0 =0	b/B_0 =0.1	b/B_0 =0.2	b/B_0 =0.3	b/B_0 =0.4	b/B_0 =0.5	b/B_0 =0.6	b/B_0 =0.7	b/B_0 =0.8	b/B_0 =0.9	b/B_0 =1.0
（斜角 θ 进口）	$\cot\theta$	0	0.320	0.322	0.324	0.327	0.330	0.334	0.340	0.346	0.355	0.367	0.385
		0.5	0.343	0.344	0.346	0.348	0.350	0.352	0.356	0.360	0.365	0.373	0.385
		1.0	0.350	0.351	0.352	0.354	0.356	0.358	0.361	0.364	0.369	0.375	0.385
		2.0	0.353	0.354	0.355	0.357	0.358	0.360	0.363	0.366	0.370	0.376	0.385
		3.0	0.350	0.351	0.352	0.354	0.356	0.358	0.361	0.364	0.369	0.375	0.385
（折角 e 进口）	e/b	0	0.320	0.322	0.324	0.327	0.330	0.334	0.340	0.346	0.355	0.367	0.385
		0.025	0.335	0.337	0.338	0.341	0.343	0.346	0.350	0.355	0.362	0.371	0.385
		0.05	0.340	0.341	0.343	0.345	0.347	0.350	0.354	0.358	0.364	0.372	0.385
		0.1	0.345	0.346	0.348	0.349	0.351	0.354	0.357	0.361	0.366	0.374	0.385
		≥0.2	0.350	0.351	0.352	0.354	0.356	0.358	0.361	0.364	0.369	0.375	0.385
（圆角 r 进口）	r/b	0	0.320	0.322	0.324	0.327	0.330	0.334	0.340	0.346	0.355	0.367	0.385
		0.05	0.335	0.337	0.338	0.340	0.343	0.346	0.350	0.355	0.362	0.371	0.385
		0.1	0.342	0.344	0.345	0.347	0.349	0.352	0.354	0.359	0.365	0.373	0.385
		0.2	0.349	0.350	0.351	0.353	0.355	0.357	0.360	0.363	0.368	0.375	0.385
		0.3	0.354	0.355	0.356	0.357	0.359	0.361	0.363	0.366	0.371	0.376	0.385
		0.4	0.357	0.358	0.359	0.360	0.362	0.363	0.365	0.368	0.372	0.377	0.385
		≥0.5	0.360	0.361	0.362	0.363	0.364	0.366	0.368	0.370	0.373	0.378	0.385

对于被闸墩分隔的多孔无底坎宽顶堰，流量系数可按式（5.45）计算：

$$m=\frac{m_m(n-1)+m_s}{n} \tag{5.45}$$

式中：n 为孔数；m_m 为中孔流量系数；m_s 为边孔流量系数。

中孔流量系数和边孔流量系数按图 5.28 所示的方法确定。将中墩的一半当成边墩，然后按此墩形状，从表 5.10 中查出流量系数即为 m_m。表中的 b/B_0 用 $b/(b+d)$ 代替，b 为孔宽，d 为墩厚。

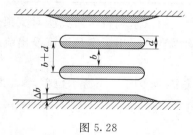

图 5.28

边孔流量系数 m_s 的求法直接按边墩的形状从表 5.10 中查出。表中 b/B_0 用 $b/(b+2\Delta b)$ 代替，Δb 为边墩边缘线与上游引水渠边线之间的距离。

如果堰孔是部分开启，则开启孔的两端孔应作边孔看待，此种边孔上游引水渠的计算宽度 B_0 应按实际情况决定。

无底坎宽顶堰淹没出流时的淹没系数近似地按矩形宽顶堰的淹没系数计算，可查表 5.11。

5.4.4　矩形宽顶堰的淹没出流

宽顶堰的淹没过程如图 5.29 所示。当下游水位高于堰顶，虽然以堰顶算起的下游水深 h_s 大于收缩断面的水深 h_c，即 $h_s>h_c$，但收缩断面水深 h_c 仍不受影响，如图 5.29（a）所示，则堰上仍为自由出流；当下游水位升高到水流刚开始淹没临界水深 $k-k$ 线时，堰顶上出现波状水跃，此时下游水深仍不影响堰的过流能力，如图 5.29（b）所示；当下游水深再升高，下游水深超过 h_c 的共轭水深 h_c'' 后，下游干扰能传向上游，成为淹

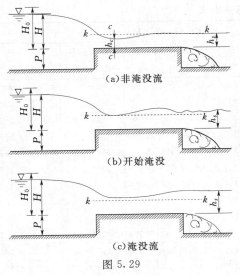

(a)非淹没流

(b)开始淹没

(c)淹没流

图 5.29

没出流的情况，如图 5.29（c）所示。所以，宽顶堰的淹没条件是：下游水位超过堰顶的水深 h_s 大于堰顶收缩断面的水深 h_c 相共轭的跃后水深 h_c''。

宽顶堰淹没出流的流态十分复杂，目前用理论分析来确定淹没条件还十分困难，多采用经验公式来判别宽顶堰是否淹没。其淹没条件为

$$\left.\begin{array}{l} \dfrac{h_s}{H_0} > 0.75 \sim 0.85 \\[3mm] \text{或}\quad \dfrac{h_s}{h_k} \geqslant 1.25 \sim 1.35 \end{array}\right\} \tag{5.46}$$

在堰的进口平顺时，取 $h_s/H_0 > 0.75$ 为淹没出流。在堰的进口不平顺时，取 $h_s/H_0 > 0.85$ 为淹没出流。为安全起见，一般取 $h_s/H_0 > 0.80$ 为淹没条件。

关于淹没系数，A. P. 别列津斯基、阿格罗斯金（И. И. Агроскин）和巴甫洛夫斯基都进行过研究。下面给出 A. P. 别列津斯基的研究结果，见表 5.11。其他研究结果可参考有关文献。

表 5.11　　　　　A. P. 别列津斯基的宽顶堰淹没出流时的淹没系数 σ

h_s/H_0	0.80	0.81	0.82	0.83	0.84	0.85	0.86	0.87	0.88	0.89
σ	1.000	0.995	0.990	0.980	0.970	0.960	0.950	0.930	0.900	0.870
h_s/H_0	0.90	0.91	0.92	0.93	0.94	0.95	0.96	0.97	0.98	
σ	0.840	0.820	0.780	0.740	0.700	0.650	0.590	0.500	0.400	

南京水利科学研究所对宽顶堰的淹没出流进行了系统的研究，较全面地考虑了各种影响因素，提出了宽顶堰淹没出流的判别标准，即

$$z/z_k \leqslant 1 \tag{5.47}$$

式中：z 为上、下游水位差；z_k 为开始淹没时的上、下游水位差的临界值，可按式（5.48）计算：

$$z_k = 0.2435 h_k \left(\frac{2.1}{m\sqrt{2g}}\right)^{\frac{1}{2.53 - 2.13 b/B}} \tag{5.48}$$

式中：b 为溢流宽度；B 为包括闸墩在内的闸身宽度；h_k 为临界水深，按式（5.49）计算：

$$h_k = \sqrt[3]{\frac{q^2}{g}} = \sqrt[3]{\frac{Q^2}{gb^2}} = \sqrt[3]{\frac{m^2 b^2 \times 2gH_0^3}{gb^2}} = \sqrt[3]{2m^2}\, H_0 \tag{5.49}$$

淹没系数为

$$\sigma = \sqrt[2.3]{\left(2 - \frac{z}{z_k}\right)\frac{z}{z_k}} \tag{5.50}$$

5.4.5　具有侧收缩的宽顶堰

如果堰宽小于引渠宽度，则水流从堰顶上流过时不仅由于堰顶的存在，底部受到束缩，并且两侧也受到束缩，这种宽顶堰称为有侧收缩的宽顶堰。

当水流通过闸墩（包括翼墙、边墩和中墩）发生收缩时，增加了局部水头损失，从而影响了堰的过流能力。这种影响用侧收缩系数 ε_1 来表示 [ε_1 区别于式（5.30）的 ε]，ε_1 用式（5.51）计算：

$$\varepsilon_1 = 1 - \frac{a_0}{\sqrt[3]{0.2+P/H}} \sqrt[4]{\frac{b}{B_0}} \left(1 - \frac{b}{B_0}\right) \tag{5.51}$$

式中：a_0 为考虑墩头及堰顶入口形状的系数。当闸墩（或边墩）头部为矩形，宽顶堰进口边缘为直角时，$a_0 = 0.19$；当闸墩（或边墩）墩头为圆弧形，进口边缘为直角或圆弧形时，$a_0 = 0.10$；b 为溢流净宽度；B_0 为上游引渠宽度（对于梯形断面，近似用一半水深处的渠道宽，即 $B_0 = b_0' + m'h'/2$，b_0' 为梯形渠道的底宽，m' 为边坡系数，h' 为梯形渠道的水深）。

式（5.51）的应用条件为：当 $b/B_0 > 0.2$ 时，$P/H \leqslant 3$；当 $b/B_0 < 0.2$ 时，应采用 $b/B_0 = 0.2$；当 $P/H > 3$ 时，应采用 $P/H = 3$。

对多孔宽顶堰，侧收缩系数应取边孔及中孔的加权平均值，即

$$\bar{\varepsilon}_1 = \frac{(n-1)\varepsilon_1' + \varepsilon_1''}{n} \tag{5.52}$$

式中：n 为孔数；ε_1' 为中孔侧收缩系数 [按式（5.51）计算时，可取 $b = b'$，b' 为单孔净宽度；$B_0 = b' + d$，d 为闸墩厚度]；ε_1'' 为边孔侧收缩系数 [用式（5.51）计算时，$b = b'$，b' 为边孔净宽度；$B_0 = b' + 2\Delta$，Δ 为边墩计算厚度，是边墩边缘与堰上游同侧水边线间的距离]。

侧收缩系数亦可按式（5.30）计算。

【例题 5.6】 在某拦河坝上游修建一灌溉进水闸。已知进闸流量 $Q = 36\mathrm{m^3/s}$，引水角 $\alpha = 45°$，闸下游渠道中水深 $h_t = 2.5\mathrm{m}$，闸前水头 $H = 2\mathrm{m}$，闸孔数 $n = 3$。边墩进口处为圆弧形，闸墩头部为半圆形，闸墩厚 $d = 1.0\mathrm{m}$，边墩的计算厚度 $\Delta = 0.8\mathrm{m}$。闸底坎进口为直角形，坎长 $\delta = 6\mathrm{m}$。上游堰高 $P = 7\mathrm{m}$，下游堰高 $P_1 = 0.7\mathrm{m}$，拦河坝前流速 $v_0 = 1.6\mathrm{m/s}$。求所需的闸孔净宽度。如果其他条件不变，将堰的前缘修成圆弧形，求堰的过流量。

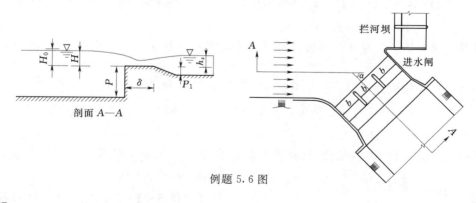

例题 5.6 图

解：

（1）求闸前总水头：

$$H_0 = H + \frac{a_0 v_0^2}{2g} \cos\alpha = 2 + \frac{1 \times 1.6^2}{2 \times 9.8} \times \cos 45° = 2.092(\mathrm{m})$$

（2）求流量系数。因为 $P = 7\mathrm{m}$，$P/H = 7/2 = 3.5 > 3.0$，对堰进口为直角形的宽顶堰，由式（5.38）得流量系数 $m = 0.32$。

（3）判断堰是否淹没。由 $\dfrac{h_s}{H_0}=\dfrac{2.5-0.7}{2.092}=0.86>0.8$，为淹没出流，查表 5.11 得 $\sigma=0.95$。

（4）求侧收缩系数。用式（5.51）计算侧收缩系数，先计算 ε_1' 和 ε_1''：

$$\varepsilon_1=1-\frac{a_0}{\sqrt[3]{0.2+P/H}}\sqrt[4]{\frac{b}{B_0}}\left(1-\frac{b}{B_0}\right)$$

对于中孔，$B_0=b+d=b+1$，因为闸墩墩头为圆弧形，边墩为圆弧形，所以 $a_0=0.10$，将已知的 $P/H=3.5$ 代入上式得

$$\varepsilon_1'=1-\frac{0.1}{\sqrt[3]{0.2+3.5}}\sqrt[4]{\frac{b}{b+1}}\left(1-\frac{b}{b+1}\right)=1-0.064655\sqrt[4]{\frac{b}{b+1}}\left(1-\frac{b}{b+1}\right)$$

对于边孔，$B_0=b+2\Delta=b+2\times0.8=b+1.6$，则

$$\varepsilon_1''=1-0.064655\sqrt[4]{\frac{b}{b+2\Delta}}\left(1-\frac{b}{b+2\Delta}\right)=1-0.064655\sqrt[4]{\frac{b}{b+1.6}}\left(1-\frac{b}{b+1.6}\right)$$

由于 b 未知，上式无法计算。现假设 $b=3\mathrm{m}$，代入上式得

$$\varepsilon_1'=1-0.064655\sqrt[4]{\frac{b}{b+1}}\left(1-\frac{b}{b+1}\right)=1-0.064655\times\sqrt[4]{\frac{3}{3+1}}\times\left(1-\frac{3}{3+1}\right)=0.985$$

$$\varepsilon_1''=1-0.064655\times\sqrt[4]{\frac{3}{3+1.6}}\times\left(1-\frac{3}{3+1.6}\right)=0.980$$

由式（5.52）得

$$\bar{\varepsilon}_1=\frac{(n-1)\varepsilon_1'+\varepsilon_1''}{n}=\frac{(3-1)\times0.985+0.98}{3}=0.9833$$

流量为

$$Q=\sigma\varepsilon mnb\sqrt{2g}\,H_0^{3/2}=0.95\times0.9833\times0.32\times3\times3\times\sqrt{2\times9.8}\times2.092^{3/2}$$
$$=36.04(\mathrm{m^3/s})$$

计算结果与所给流量非常接近，所以取单孔闸孔宽度 $b=3\mathrm{m}$，总净宽度 $nb=3\times3=9(\mathrm{m})$。

将堰的前缘修成圆弧形，流量系数 $m=0.36$，则堰的过流量为

$$Q=\sigma\varepsilon mnb\sqrt{2g}\,H_0^{3/2}=0.95\times0.9833\times0.36\times3\times3\times\sqrt{2\times9.8}\times2.092^{3/2}$$
$$=40.544(\mathrm{m^3/s})$$

由以上计算可以看出，虽然只是将堰的前缘修成圆弧形，但流量却增加了 $(40.544-36)/36=12.62\%$

【例题 5.7】 某河进水闸底板高程与上游河床高程相同，都是 5.0m。闸孔共有 28 孔，每孔宽度为 10m，闸墩厚度为 1.6m，墩头为半圆形，边墩为 1/4 圆弧，圆弧半径 $r=1.9\mathrm{m}$。闸上游河宽为 327m，闸全开时上游水位为 9.0m。当下游水位为 5.0m

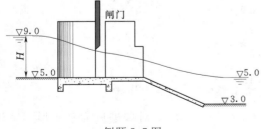

例题 5.7 图

时，求过闸的流量。

解：

闸门全开时，下游水位与堰顶齐平，故过堰水流为自由出流。因为堰的高度 $P=0$，为无底坎宽顶堰流。又因为闸室总宽度 $B=28\times10+(28-1)\times1.6=323.2(\text{m})$，小于引渠宽度 $B_0=327\text{m}$，所以过闸水流有侧向收缩。对于被闸墩分隔的多孔无底坎宽顶堰，流量系数可按式（5.45）计算。

（1）用式（5.45）求流量系数：

$$m=\frac{m_m(n-1)+m_s}{n}$$

已知中墩墩头为半圆形，$r/b=0.8/10=0.08$，$b/(b+d)=10/(10+1.6)=0.863$，查表 5.10 得中孔的流量系数 $m_m=0.3690$。

已知边墩为 1/4 圆弧，半径 $r=1.9\text{m}$，$r/b=1.9/10=0.19$，边墩边缘线与上游引水渠边线之间的距离 $\Delta=r=1.9\text{m}$，$b/(b+2\Delta)=10/(10+2\times1.9)=0.725$，仍查表 5.10 得边孔流量系数 $m_s=0.3639$。流量系数为

$$m=\frac{m_m(n-1)+m_s}{n}=\frac{0.3690\times(28-1)+0.3639}{28}=0.3688$$

（2）求流量：

$$Q=nmb\sqrt{2g}H_0^{3/2}=28\times0.3688\times10\times\sqrt{2\times9.8}H_0^{3/2}=457.17H_0^{3/2}$$

$$H_0=H+\frac{\alpha_0 v_0^2}{2g}=H+\frac{1}{2g}\left[\frac{Q}{B_0(H+P)}\right]^2$$

由题知，$H=9-5=4(\text{m})$，$P=0$，$B_0=327\text{m}$，代入上式得

$$H_0=4+\frac{1}{2\times9.8}\left(\frac{Q}{327\times4}\right)^2=4+\frac{Q^2}{33532934.4}$$

由此得

$$Q=457.17H_0^{3/2}=457.17\times\left(4+\frac{Q^2}{33532934.4}\right)^{3/2}$$

迭代得 $Q=4526.6\text{m}^3/\text{s}$。

5.5 流线形宽顶堰流量的计算

许多实验表明，只要将矩形宽顶堰的上游堰顶角修圆或做成流线形，就能使其流量系数大大增加。如例题 5.6 中只是将堰的前缘修成了圆弧形，流量却增加了 12.62%。此外，实验也表明，只要堰顶长度足以使堰上水流成为流向堰顶末端的近似平行流，就能通过边界层的发展来估算通过流线形（或圆头形）宽顶堰的流量。

5.5.1 流线形宽顶堰水力特性的理论分析

如图 5.30 所示为最简单的流线形宽顶堰。设堰上水头为 H，行近流速为 v_0，堰高为 P，堰长 L（为了与边界层厚度 δ 相区别，这里取堰长为 L），堰顶上的临界水深为 h_k，且 h_k 位于堰顶下游端附近，该断面的动水压强呈静水压强分布。当水流通过堰顶时，由

于黏性，在堰顶及边壁上形成边界层，边界层厚度与水深相比较是很小的，边界层以外的水流流速分布是均匀的。

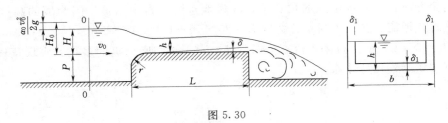

图 5.30

根据以上假设，可以由伯努利方程求出边界层以外的势流流速为

$$U_0 = \sqrt{2g(H_0 - h)} \tag{5.53}$$

而用势流流速与边界层位移厚度表示的流量公式为

$$Q = U_0(A - \chi \delta_1) \tag{5.54}$$

式中：A 为堰顶过水断面面积；χ 为湿周；δ_1 为边界层的位移厚度。

对于矩形断面，式（5.54）变为

$$Q = U_0 [bh - (b + 2h)\delta_1] \tag{5.55}$$

将式（5.53）代入式（5.55）得

$$Q = \sqrt{2g(H_0 - h)} [bh - (b + 2h)\delta_1] \tag{5.56}$$

由临界水深理论可知，能使流量为最大的水流条件即为临界水深条件。因此对式（5.56）求微分并令 $\mathrm{d}Q/\mathrm{d}h = 0$，则可得临界水流条件：

$$h_k = \frac{2}{3} H_0 + \frac{b\delta_1}{3(b - 2\delta_1)} \approx \frac{2}{3} H_0 + \frac{\delta_1}{3} \tag{5.57}$$

式（5.57）即为临界水深与总水头 H_0 和边界层位移厚度 δ_1 之间的关系。将式（5.57）代入式（5.56）得

$$Q = \left(\frac{2}{3}\right)^{3/2} \sqrt{g} \, (b - 2\delta_1)(H_0 - \delta_1)^{3/2} \tag{5.58}$$

式（5.58）即为矩形断面流线形宽顶堰的流量公式。对于其他断面形状，其计算方法可参考文献 [26] 和文献 [38]。

5.5.2　边界层位移厚度 δ_1 的计算

边界层位移厚度 δ_1 可以用英国测流标准和国际测流标准给出的方法计算。英国测流标准规定，在室内率定时，δ_1/L 应采用一常数，取 $\delta_1/L = 0.003$。对于表面抹光的混凝土建筑物，$\delta_1/L = 0.005$。国际测流标准规定，对于具有良好表面光洁度的量水建筑物，δ_1/L 实际上处于 $0.002 \sim 0.004$ 之间，例如当雷诺数 $Re_L > 2 \times 10^5$，$4000 < L/\Delta < 10^5$ 时，可以假定 $\delta_1/L = 0.003$。

哈里森（A. J. M. Harrison）通过实验得出雷诺数 Re_L 与 δ_1/L 和相对粗糙度 L/Δ 的关系，提出了边界层位移厚度的计算公式。哈里森采用层流转变为紊流时的临界雷诺数 $Re_k = 3 \times 10^5$，δ_1 可用式（5.59）和式（5.63）计算。

（1）当 $Re_L > Re_k$ 时，为紊流边界层：

$$\delta_1 = L\left[(1-\zeta)\left(\frac{1.72}{\sqrt{Re_L}}\right) + \zeta\left(1-\frac{Re_k}{Re_L}\right)\left(\frac{\delta_1}{L}\right)_T\right] \tag{5.59}$$

式中：系数 ζ 用式（5.60）计算：

$$\ln(1-\zeta) = -0.412\left(\frac{Re_L-Re_k}{5\sqrt{Re_L}}\right)^{1/2} \tag{5.60}$$

$\left(\dfrac{\delta_1}{L}\right)_T$ 是 L/Δ 的函数，当 $L/\Delta \leqslant 3\times10^4$ 时

$$\left(\frac{\delta_1}{L}\right)_T = \left[6.92\left(\frac{\Delta}{L}Re_L+6\right)^{-0.841}+1\right]\times\left\{0.0952\left[\frac{L}{\Delta}\left(1-\frac{Re_k}{Re_L}\right)\right]^{-0.417}+0.0013\right\} \tag{5.61}$$

当 $L/\Delta > 3\times10^4$ 时

$$\left(\frac{\delta_1}{L}\right)_T = \left[0.15(Re_L-Re_k)^{-0.303}+0.0008\right]$$

$$\times\left\{0.445\left[\frac{L/\Delta}{0.0834Re_L(Re_L-Re_k)^{-0.222}+0.006Re_L}+0.2\right]^{-0.727}+1\right\} \tag{5.62}$$

（2）当 $Re_L \leqslant Re_k$ 时，为层流边界层：

$$\delta_1 = \frac{1.72L}{\sqrt{Re_L}} \tag{5.63}$$

式中，雷诺数可用式（5.64）或式（5.65）计算，即

$$Re_L = \frac{L}{\nu}\left(\frac{gQ}{b}\right)^{1/3} \tag{5.64}$$

哈里森认为，δ_1/L 不是严格地取决于雷诺数 Re_L，如果知道上游水头 H，雷诺数可近似地用式（5.65）计算：

$$Re_L = \frac{L}{\nu}\sqrt{\frac{2}{3}gH} \tag{5.65}$$

粗糙高度 Δ 的确定对边界层位移厚度的计算非常重要，一般需通过实测确定。但 Δ 的测量十分困难，所以在计算时可查表 5.12 估算。

表 5.12 　　　　　　　　　　　　**粗糙高度 Δ 推荐值**

表面类型		Δ/mm	
		表面情况良好	表面情况一般
塑料	有机玻璃、聚氯乙烯及其他表面光滑的塑料		0.003
	石棉水泥		0.015
	用光滑金属拌和抛光油漆木板作模板浇注的树脂胶合玻璃纤维板	0.03	0.06
金属	经机械磨光的光滑金属板	0.003	0.006
	无涂层金属板（无锈）	0.015	0.03
	油漆金属板	0.03	0.06
	白铁皮	0.06	0.15
	油漆或有涂层铸铁	0.06	0.15
	无涂层铸铁	0.15	0.3

表 面 类 型		Δ/mm	
		表面情况良好	表面情况一般
混凝土	用钢模板浇筑的预制或现浇混凝土（表面抹光）	0.06	0.15
	用胶合板或抛光木板作模板预制或现浇混凝土	0.3	0.6
	抹光的水泥砂浆面	0.3	0.6
	表面有粘污水的混凝土	0.6	1.5
木材	抛光木板或胶合板	0.3	0.6
	油漆抛光木板	0.03	0.06

【例题 5.8】 某进水闸，共三孔，每孔净宽 $b=5.0\text{m}$，底坎高 $P=0.5\text{m}$。堰的前缘为圆头形，堰长 $L=12\text{m}$，闸墩采用半圆形，边墩采用圆弧形。当闸门全开时，堰顶水头 $H=2.0\text{m}$。闸前行近流速 $v_0=0.6\text{m/s}$，堰表面的粗糙度 $\Delta=0.6\text{mm}$。试求过闸的流量为多少？

解：

(1) 计算堰前总水头 H_0：

$$H_0 = H + \frac{\alpha_0 v_0^2}{2g} = 2 + \frac{1 \times 0.6^2}{2 \times 9.8} = 2.018(\text{m})$$

(2) 计算侧收缩系数。已知闸墩为半圆形，查图 5.21 得闸墩系数 $\xi_0=0.45$，边墩为圆弧形，查图 5.21 得边墩系数 $\xi_K=0.7$，则

$$\varepsilon = 1 - 0.2[\xi_K + (n-1)\xi_0]\frac{H_0}{nb} = 1 - 0.2 \times [0.7 + (3-1) \times 0.45] \times \frac{2.018}{3 \times 5} = 0.957$$

(3) 计算边界层的位移厚度 δ_1。设水温为 20℃，水的运动黏滞系数 $\nu = 1 \times 10^{-6}\text{m}^2/\text{s}$，雷诺数为

$$Re_L = \frac{L}{\nu}\sqrt{\frac{2}{3}gH} = \frac{12}{10^{-6}} \times \sqrt{\frac{2}{3} \times 9.8 \times 2} = 4.34 \times 10^7$$

又 $L/\Delta = 12/0.0006 = 20000$，$L/\Delta \leqslant 3 \times 10^4$，将有关值代入式 (5.61) 得

$$\left(\frac{\delta_1}{L}\right)_T = \left[6.92 \times \left(\frac{0.0006}{12} \times 4.34 \times 10^7 + 6\right)^{-0.841} + 1\right]$$

$$\times \left\{0.0952 \times \left[20000 \times \left(1 - \frac{3 \times 10^5}{4.34 \times 10^7}\right)\right]^{-0.417} + 0.0013\right\}$$

$$= 2.8665 \times 10^{-3}$$

$$\ln(1-\zeta) = -0.412\left(\frac{Re_L - Re_k}{5\sqrt{Re_L}}\right)^{1/2} = -0.412 \times \left(\frac{4.34 \times 10^7 - 3 \times 10^5}{5 \times \sqrt{4.34 \times 10^7}}\right)^{1/2}$$

$$= -14.903$$

$$\zeta = 1 - e^{-14.903} = 0.999999663 \approx 1$$

$$\delta_1 = L(1-\zeta)\left(\frac{1.72}{\sqrt{Re_L}}\right) + \zeta L\left(1 - \frac{Re_k}{Re_L}\right)\left(\frac{\delta_1}{L}\right)_T$$

$$= 1 \times 12 \times \left(1 - \frac{3 \times 10^5}{4.34 \times 10^7}\right) \times 2.8665 \times 10^{-3}$$

$$= 0.03416(\text{m})$$

$$Q = \left(\frac{2}{3}\right)^{3/2} n\varepsilon \sqrt{g}(b - 2\delta_1)(H_0 - \delta_1)^{3/2}$$

$$= \left(\frac{2}{3}\right)^{3/2} \times 3 \times 0.957 \times \sqrt{9.8} \times (5 - 2 \times 0.03416) \times (2.018 - 0.03416)^{3/2}$$

$$= 67.42 \, (\text{m}^3/\text{s})$$

上面计算位移厚度 δ_1 较烦琐，如果按国际测流标准，取 $\delta_1/L = 0.003$，则得 $\delta_1 = 0.003L = 0.003 \times 12 = 0.036(\text{m})$，代入流量公式得 $Q = 67.27 \text{m}^3/\text{s}$。

用经验公式计算：

$L/H = 12/2 = 6$，$P/H = 0.5/2 = 0.25$，则 $2.5 < L/H < 10$，$0 \leqslant P/H \leqslant 3$，流量系数为

$$m = 0.36 + 0.01 \frac{3 - P/H}{1.2 + 1.5P/H} = 0.36 + 0.01 \times \frac{3 - 0.25}{1.2 + 1.5 \times 0.25} = 0.3775$$

则　　$Q = \varepsilon nmb\sqrt{2g} H_0^{3/2} = 0.957 \times 3 \times 0.3775 \times 5 \times \sqrt{2 \times 9.8} \times 2.018^{3/2} = 68.77(\text{m}^3/\text{s})$

两种计算方法相差了 2.1%。

5.6 孔 口 出 流

5.6.1 孔口出流的分类

在盛有液体的容器壁上开一孔口，液体就会通过孔口流出容器。这种流动现象称为孔口出流。

根据孔口的出流条件，孔口出流可以分为以下几种类型：

（1）从出流的下游条件看，孔口出流可分为自由出流和淹没出流。出流水股射入大气中称为自由出流，下游液面淹没孔口时称为淹没出流。

（2）从射流速度的均匀性看，分为小孔口出流和大孔口出流。孔口各点的流速可认为是常数时称为小孔口出流，否则称为大孔口出流。一般认为孔口高度 $e \leqslant 0.1H$ 时为小孔口出流，这时，作用于孔口断面上各点的水头可近似认为与形心处的水头相等。若 $e > 0.1H$ 时，则称为大孔口出流，作用于大孔口的上部和下部的水头有明显的差别。

（3）按孔口作用水头是否稳定分为常水头孔口出流和变水头孔口出流。如果出流情况不随时间而变，称为常水头孔口出流，否则称为变水头孔口出流。

（4）按孔壁厚度及形状对出流的影响分为薄壁孔口出流和厚壁孔口出流。若孔口具有锐缘，液体与孔壁几乎只有周线上的接触，孔壁厚度不影响射流形状时，称为薄壁孔口出流，反之，称为厚壁孔口出流。当孔壁厚度 δ 达到孔口高度的 3～4 倍时，出流充满孔壁的全部周界，此时便是管嘴出流。

（5）按器壁边界对孔口出流的影响，孔口又分为完善收缩孔口、非完善收缩孔口和部分收缩孔口。完善收缩孔口是指孔口距离器壁及液面相当远，器壁对孔口的收缩情况毫无影响。一般认为，只有当孔口距器壁的距离大于孔口尺寸的 3 倍时才会发生完善收缩。当孔口距器壁的距离小于 3 倍的孔口尺寸时，其收缩情况受器壁的影响，这种收缩称为非完善收缩。如果只有部分边界上有收缩的称为部分收缩。如图 5.31 所示的孔 1 上、下、左、右距器壁及液面的距离均大于 3 倍的孔口尺寸，所以是完善收缩，而孔 2 就不是完善收缩。孔 3 和孔 4 有一边不收缩，所以是部分收缩。

5.6.2 恒定流圆形薄壁小孔口出流的流量系数

当孔口直径 $d \leqslant 0.1H$ 时称为圆形薄壁小孔口出流,如图
5.32 所示。当液体从孔口流出时,由于水流的惯性作用,流出
孔口的水流的流线只能逐渐弯曲而不能拐直角,水流断面发生
收缩,在距离孔口约 $0.5d$ 处断面收缩到最小,该断面称为收
缩断面 $c—c$。在收缩断面上各流线近似平行。过收缩断面以
后,由于空气阻力作用,流速变小,水流断面又开始扩散,液
体受重力作用而下落。

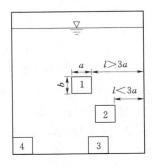

图 5.31

对于薄壁圆形小孔口出流,设出流的收缩断面面积为 A_c,
孔口的面积为 A,$A_c = \varepsilon A$。对图 5.32(a)的断面 1—1 和收缩

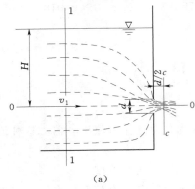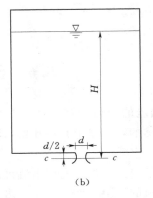

(a)   (b)

图 5.32

断面 $c—c$ 写能量方程,即

$$H + \frac{p_a}{\gamma} + \frac{\alpha_1 v_1^2}{2g} = \frac{p_c}{\gamma} + \frac{\alpha_c v_c^2}{2g} + \zeta_c \frac{v_c^2}{2g} \tag{5.66}$$

式中:H 为孔口形心以上的水深;p_a 为大气压强;p_c 为断面 $c—c$ 上的动水压强,由于
断面 $c—c$ 在孔口的外面,所以 $p_c = p_a$;v_1 和 v_c 分别为断面 1—1 和断面 $c—c$ 的断面平
均流速;ζ_c 为局部阻力系数。

令 $H_0 = H + \frac{\alpha_1 v_1^2}{2g}$,则

$$v_c = \frac{1}{\sqrt{\alpha_c + \zeta_c}} \sqrt{2gH_0} = \varphi_{孔} \sqrt{2gH_0} \tag{5.67}$$

式中:$\varphi_{孔}$ 为孔口出流的流速系数。

通过孔口的流量为

$$Q_{孔} = v_c A_c = \varepsilon A \varphi_{孔} \sqrt{2gH_0} = \mu_{孔} A \sqrt{2gH_0} \tag{5.68}$$

式中:$\mu_{孔}$ 为孔口出流的流量系数,$\mu_{孔} = \varepsilon \varphi_{孔}$;$\varepsilon$ 为孔口出流的收缩系数,即收缩断面面
积与孔口面积的比值;H_0 为孔口形心以上的总水头。

式(5.68)即为孔口出流的流量公式。当用式(5.68)计算流量时,如果孔口安装在
容器底部垂直出流时,收缩断面约在孔口下面 $d/2$ 处,水深 H 应从收缩断面算至液面,

如图 5.32（b）所示。

对于圆形薄壁小孔口，当其为完善收缩时，由实验求得 $\varphi_{孔}=0.97\sim0.98$，$\varepsilon=0.6\sim0.64$，则 $\mu_{孔}=0.582\sim0.627$。有的文献认为，$\mu_{孔}=0.60\sim0.62$。

对于非完善收缩，流量系数为

$$\mu_{非完}=\mu_{完}\left[1+0.64\left(\frac{A}{A_{壁}}\right)^2\right] \tag{5.69}$$

$$\varepsilon=0.63+0.37\left(\frac{A}{A_{壁}}\right)^2 \tag{5.70}$$

式（5.70）适应的条件为 $A/A_{壁}\leqslant0.8$。

部分收缩时

$$\mu_{部}=\mu_{完}\left(1+\alpha\,\frac{x}{\chi}\right) \tag{5.71}$$

式中：$A_{壁}$ 为孔口所在器壁的面积；x 为不收缩的孔口周边长；χ 为孔口的全周长；α 为孔口的形状系数，圆形孔口 $\alpha_{圆}=0.13$，方形孔口 $\alpha_{方}=0.15$。

5.6.3 矩形薄壁大孔口自由出流

流经矩形薄壁大孔口的自由出流如图 5.33 所示。由于孔口断面尺寸较大，作用于大孔口上部与下部的水头差较大，因而各点流速有所不同。解决大孔口自由出流流量计算的方法是将孔口的过水断面划分成若干具有微小高度 $\mathrm{d}H_i$ 的水平小条，将每一条的微分面积看作具有相同水头 H_i 和相同流速 v_c 的小孔口。

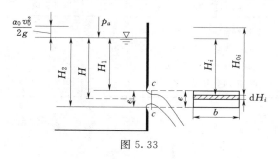

图 5.33

取自由液面下深为 H_i 处，宽度为 b，高为 $\mathrm{d}H_i$ 的矩形横条，通过该横条的理论流速为 $v_c=\sqrt{2gH_i}$，该横条的面积为 $b\mathrm{d}H_i$，则通过该横条的理论流量为

$$\mathrm{d}Q_{理}=b\sqrt{2gH_i}\,\mathrm{d}H_i$$

对上式从 H_1 到 H_2 积分得大孔口出流的理论流量为

$$Q_{理}=b\sqrt{2g}\int_{H_1}^{H_2}\sqrt{H_i}\,\mathrm{d}H_i=\frac{2}{3}b\sqrt{2g}\left(H_2^{3/2}-H_1^{3/2}\right)$$

对于实际流量，上式应乘以一个流量系数 μ_i，则实际流量为

$$Q=\frac{2}{3}\mu_i b\sqrt{2g}\left(H_2^{3/2}-H_1^{3/2}\right)$$

式中：H_1 和 H_2 分别为大孔口上、下缘处的水头；μ_i 为流量系数，对于矩形薄壁大孔口，μ_i 约为 $0.70\sim0.85$。

令大孔口形心处的水头为 H，孔口的高度为 e，则 $H_2=H+e/2$，$H_1=H-e/2$，代入上式得

$$Q=\frac{2}{3}\mu_i b\sqrt{2g}\left[\left(1+\frac{e}{2H}\right)^{3/2}-\left(1-\frac{e}{2H}\right)^{3/2}\right]H^{3/2}$$

将上式的 $\left(1+\dfrac{e}{2H}\right)^{3/2}$ 和 $\left(1-\dfrac{e}{2H}\right)^{3/2}$ 用二项式展开，并取级数的前两项代入上式得

$$Q=\mu_i be\sqrt{2gH} \qquad (5.72)$$

式（5.72）即为不考虑行近流速水头的大孔口出流的流量公式。如果考虑行近流速水头，式（5.72）中的 H 可以用 H_0 代替，H_0 为大孔口形心处的总水头，即 $H_0=H+\alpha_0 v_0^2/(2g)$。则用大孔口形心处总水头 H_0 表示的大孔口出流的流量公式为

$$Q=\mu_i be\sqrt{2gH_0}=\mu_i A\sqrt{2gH_0} \qquad (5.73)$$

其中
$$A=be$$

由式（5.73）可以看出，大孔口出流的流量公式在形式上与小孔口出流的流量公式（5.68）相同，而仅是流量系数的大小不同。在实际工程中，大孔口出流几乎都是非全部收缩和不完善收缩的，因此流量系数往往大于小孔口出流的流量系数。现将巴甫洛夫斯基实验的部分大孔口出流的流量系数 μ_i 值列于表 5.13，供参考选用。

表 5.13　　　　大孔口出流的流量系数 μ_i 值

孔口形式和水流收缩情况	流量系数 μ_i	孔口形式和水流收缩情况	流量系数 μ_i
全部收缩的孔口（宽达 2m）	0.65	(2) 侧面收缩影响不大	0.70~0.75
不完善收缩的大型孔口（宽 5~6m）	0.70	(3) 具有平滑侧面进口	0.80~0.85
底边无收缩孔口		(4) 其他各方面均有极平滑进口	0.90
(1) 侧面收缩显著影响	0.65~0.70		

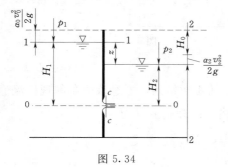

图 5.34

5.6.4　薄壁孔口淹没出流

薄壁孔口淹没出流如图 5.34 所示，由于作用于孔口断面上各点的水头差均相等，因此，不论是大孔口出流还是小孔口出流，其计算方法相同。

对图 5.34 中的过水断面 1—1 和断面 2—2 写能量方程：

$$H_1+\frac{p_1}{\gamma}+\frac{\alpha_0 v_0^2}{2g}=H_2+\frac{p_2}{\gamma}+\frac{\alpha_2 v_2^2}{2g}+h_j$$

式中：h_j 为局部水头损失，包括水流经孔口流出的局部水头损失和经收缩断面后突然放大的局部水头损失两项，即

$$h_j=(\zeta_1+\zeta_2)\frac{v_c^2}{2g}$$

由于孔口断面比容器面积小得多，故 $\zeta_2=1$，令 $H_1-H_2=z$，因此有

$$z+\frac{\alpha_0 v_0^2}{2g}-\frac{\alpha_2 v_2^2}{2g}+\frac{p_1-p_2}{\gamma}=(1+\zeta_1)\frac{v_c^2}{2g}$$

令 $H_0=z+\dfrac{\alpha_0 v_0^2}{2g}-\dfrac{\alpha_2 v_2^2}{2g}$，则

$$v_c = \frac{1}{\sqrt{1+\zeta_1}}\sqrt{2g\left(H_0 + \frac{p_1 - p_2}{\gamma}\right)} = \varphi\sqrt{2g\left(H_0 + \frac{p_1 - p_2}{\gamma}\right)}$$

$$Q = A_c v_c = \varepsilon A \varphi \sqrt{2g\left(H_0 + \frac{p_1 - p_2}{\gamma}\right)} = \mu A \sqrt{2g\left(H_0 + \frac{p_1 - p_2}{\gamma}\right)} \quad (5.74)$$

当作用在容器液面上的压强均为大气压强时，$p_1 = p_2 = p_a$，式（5.74）变为

$$Q = \mu A \sqrt{2gH_0} \quad (5.75)$$

式（5.75）在形式上与薄壁小孔口自由出流的公式基本相同，流量系数也基本相等，所不同的是淹没出流时的 H_0 为孔口上、下游总水头的差值。如果容器很大，上、下游的流速水头可以忽略时，H_0 即为上、下游液面差 z，式（5.75）可写成

$$Q = \mu A \sqrt{2gz} \quad (5.76)$$

5.6.5 变水头孔口出流

在孔口出流过程中，如作用水头随时间变化（升高或降低），则孔口出流的流量也将随时间而变化，这时的孔口出流为非恒定流，称为变水头孔口出流。

如图 5.35 所示，设液体由器壁上的孔口流出，出流流量为 Q；同时有流量 Q_0 流入容器。如果流出的流量 Q 恰好等于流入的流量 Q_0，则在容器内将有一个高出孔口的水头 H_a，使满足

$$Q = Q_0 = \mu A \sqrt{2gH_a} \quad (5.77)$$

从而得到

$$H_a = \frac{Q_0^2}{2g(\mu A)^2} \quad (5.78)$$

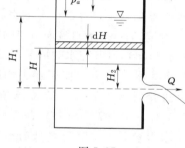

图 5.35

若在已知时刻容器中水头 $H_1 \neq H_a$，则有如下情况：

（1）$H_1 < H_a$，流过孔口的流量 $Q < Q_0$，容器内的液面将逐渐增加（充水），水头相应升高并在达到 H_a 时变为恒定出流 $Q = Q_0$。

（2）$H_1 > H_a$，流过孔口的流量 $Q > Q_0$，因而液面将逐渐下降（泄水），直至水头 H_1 降至 H_a 时出现恒定出流 $Q = Q_0$。

现在推导不同水力条件下容器内水头变化所需时间的微分方程。

设在 dt 时段内，流入容器的液体体积为 $Q_0 dt$，由孔口流出的液体体积为 $Q dt$，根据孔口出流公式有 $Q dt = \mu A \sqrt{2gH} dt$，因此容器中液体体积的变化量为

$$Q_0 dt - Q dt = (Q_0 - \mu A \sqrt{2gH}) dt$$

由于容器内液体体积的改变，使容器中液面在 dt 时段终了时上升或下降一个微小高度 dH，以 Ω 表示水位为 H 时容器的横断面面积，容器内水位上升或下降的体积为 ΩdH，因此有

$$(Q_0 - \mu A \sqrt{2gH}) dt = \Omega dH$$

由上式得

$$dt = \frac{\Omega dH}{Q_0 - \mu A \sqrt{2gH}} \qquad (5.79)$$

此即变水头情况下容器内水头变化与时间关系的一般微分方程。下面以棱柱体容器中的几种主要情况进行讨论。

1. 有恒定入流时的自由出流

此时，入流的流量 Q_0 为常数，孔口的面积 A 为常数，Ω 为常数，并可以认为式 (5.79) 中的流量系数 μ 也为常数。因此，将式 (5.77) 代入式 (5.79) 得

$$dt = \frac{\Omega dH}{\mu A \sqrt{2gH_a} - \mu A \sqrt{2gH}} = \frac{\Omega}{\mu A \sqrt{2g}} \frac{dH}{\sqrt{H_a} - \sqrt{H}} \qquad (5.80)$$

对式 (5.80) 积分，水头的积分限为 $H_1 \sim H_2$，得

$$t = \frac{2\Omega}{\mu A \sqrt{2g}} \left(\sqrt{H_1} - \sqrt{H_2} + \sqrt{H_a} \ln \frac{\sqrt{H_a} - \sqrt{H_1}}{\sqrt{H_a} - \sqrt{H_2}} \right) \qquad (5.81)$$

式 (5.81) 可以用来计算有恒定流入流量 Q_0 时容器内液面由孔口中心以上水头 H_1 变到 H_2 所需的时间。

2. 无入流的自由出流（泄空）和上游液面恒定，而下游液面变化的出流

无入流时的液体自由出流如图 5.36 (a) 所示。在出流过程中，因无液体补充，故作用水头不断减小，容器逐渐泄空。

图 5.36 (b) 为自液面恒定的容器 A 经器壁小孔口向容器 B 充水的情况，属淹没出流。

此两种情况下，作用水头均随时间而变化，可作为式 (5.81) 的特殊情况来分析。此时，$Q_0 = 0$，Ω 为常数，$H_a = 0$，$H_2 = 0$，则可求得容器水位降至最低时或容器充水时水位涨至与上游水位齐平时所需的时间为

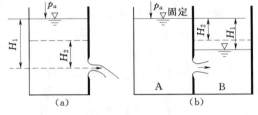

图 5.36

$$t = \frac{2\Omega \sqrt{H_1}}{\mu A \sqrt{2g}} = \frac{2\Omega H_1}{\mu A \sqrt{2gH_1}} \qquad (5.82)$$

3. 上、下游均为变水位时的出流

如图 5.37 所示，有两个横断面面积不等的棱柱体容器，用一短管相连通。在某瞬时，两容器的液面分别位于 CD 和 $C'D'$ 处，这时作用水头为 H_1。液体由容器 A 经短管流入容器 B 中，这时，容器 A 中液面下降，而容器 B 中液面上升，结果使开始时的作用水头 H_1 逐渐减小，最终达到两容器液面齐平，水头 H_1 降至零，流动停止。

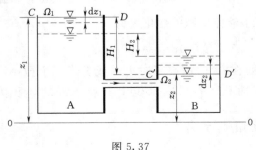

图 5.37

设容器 A 和容器 B 的横断面面积分别为 Ω_1 和 Ω_2，某瞬时的作用水头为 H，并近似地认为在微小时段 dt 内作用水头不变，从而应用恒定流公式可得 dt 时段内由容器 A 流

入容器 B 的液体体积为

$$dV = \mu_s A \sqrt{2gH} \, dt \tag{5.83}$$

式中：μ_s 为计入液体由容器 A 流入容器 B 过程中所有水头损失的流量系数。

这时，容器 A 中的液面下降 dz_1，容器 B 中的液面上升 dz_2，由于两容器中液面变化而引起作用水头 H 的减小量为

$$dH = dz_1 - dz_2 \tag{5.84}$$

两容器中液体体积的改变量为

$$-\Omega_1 dz_1 = \Omega_2 dz_2 = dV \tag{5.85}$$

将式（5.83）代入式（5.85）得

$$\mu_s A \sqrt{2gH} \, dt = -\Omega_1 dz_1$$

即

$$dt = \frac{-\Omega_1 dz_1}{\mu_s A \sqrt{2gH}} \tag{5.86}$$

式中：Ω_1 为常数；z_1、H 均为变量。

由式（5.85）得 $dz_2 = \dfrac{-\Omega_1}{\Omega_2} dz_1$，代入式（5.84）得

$$dz_1 = \frac{\Omega_2}{\Omega_1 + \Omega_2} dH \tag{5.87}$$

将式（5.87）代入式（5.86）得

$$dt = \frac{-\Omega_1}{\mu_s A \sqrt{2g}} \frac{\Omega_2}{\Omega_1 + \Omega_2} \frac{dH}{\sqrt{H}} \tag{5.88}$$

对式（5.88）从 H_1 到 H_2 积分得

$$t = \frac{2}{\mu_s A \sqrt{2g}} \frac{\Omega_1 \Omega_2}{\Omega_1 + \Omega_2} (\sqrt{H_1} - \sqrt{H_2}) \tag{5.89}$$

令式（5.89）中的 $H_2 = 0$，可得两液面达到齐平时所需的时间为

$$t = \frac{2\sqrt{H_1}}{\mu_s A \sqrt{2g}} \frac{\Omega_1 \Omega_2}{\Omega_1 + \Omega_2} \tag{5.90}$$

【例题 5.9】 如例题 5.9 图所示一敞口水箱用隔板分成两部分 A 与 B。隔板上有一小孔口，其直径 $d_1 = 4\text{cm}$，B 水箱底部另有一薄壁小孔口，直径 $d_2 = 3\text{cm}$，流量系数为 0.6。设 A 水箱水深保持恒定，H 为 3m，隔板上的小孔口中心到容器底的距离 $H_1 = 0.5\text{m}$。试问：

（1）B 水箱液面恒定后 H_2 和 ΔH 为多少？

（2）流出水箱的流量为多少？

解：

当考虑隔板上的孔口出流时有

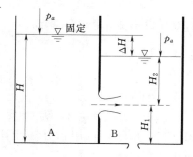

例题 5.9 图

$$Q_1 = \mu_1 A_1 \sqrt{2g(H - H_1 - H_2)} = \mu_1 A_1 \sqrt{2g \Delta H}$$

当考虑 B 水箱底部上的孔口出流（忽略水箱底部到收缩断面的距离）时有

$$Q_2 = \mu_2 A_2 \sqrt{2g(H_1 + H_2)} = \mu_2 A_2 \sqrt{2g(H - \Delta H)}$$

当 B 水箱内的液面恒定时有 $Q_1 = Q_2$，即

$$\mu_1 A_1 \sqrt{2g\Delta H} = \mu_2 A_2 \sqrt{2g(H - \Delta H)}$$

对于孔口出流，$\mu_1 \approx \mu_2$，$A_1 = \dfrac{\pi d_1^2}{4}$，$A_2 = \dfrac{\pi d_2^2}{4}$，代入上式整理得

$$\Delta H = \frac{d_2^4}{d_1^4 + d_2^4} H = \frac{0.03^4}{0.04^4 + 0.03^4} \times 3 = 0.721 \,(\text{m})$$

$$H_2 = H - H_1 - \Delta H = 3 - 0.5 - 0.721 = 1.779 \,(\text{m})$$

由水箱流出的流量为

$$Q_2 = \mu_2 A_2 \sqrt{2g(H - \Delta H)} = 0.6 \times \frac{\pi \times 0.03^2}{4} \times \sqrt{2 \times 9.8 \times (3 - 0.721)}$$

$$= 2.835 \times 10^{-3} \,(\text{m}^3/\text{s})$$

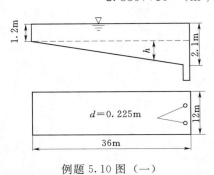

例题 5.10 图 （一）

【例题 5.10】 某游泳池如例题 5.10 图 （一） 所示。池长 36m，池宽 12m，底部倾斜，池深由 1.2m 均匀地变为 2.1m。在底部最深端有两个泄水孔，均为孔口，直径均为 22.5cm，流量系数均为 0.62。试求游泳池放空所需的时间。

解：

水池由两部分组成，即上部的矩形和下部的三角形。在第一阶段，水池断面不变，两个孔口出流的面积均为 A，由式 （5.81） 得

$$t = \frac{2\Omega}{\mu A \sqrt{2g}}\left(\sqrt{H_1} - \sqrt{H_2} + \sqrt{H_a}\ln\frac{\sqrt{H_a} - \sqrt{H_1}}{\sqrt{H_a} - \sqrt{H_2}}\right)$$

由例题 5.10 图 （一） 可以看出，$H_1 = 2.1\text{m}$，$H_2 = H_1 - 1.2 = 2.1 - 1.2 = 0.9\,(\text{m})$，由于 $Q_0 = 0$，所以 $H_a = 0$，代入上式得

$$t = \frac{2\Omega}{\mu A \sqrt{2g}}(\sqrt{H_1} - \sqrt{H_2})$$

而双孔口出流，由于 $\mu_1 = \mu_2 = \mu = 0.62$，$A_1 = A_2 = A = \dfrac{\pi d^2}{4} = \dfrac{\pi \times 0.225^2}{4} = 0.0397\,(\text{m}^2)$，上式可写成

$$t_1 = \frac{2\Omega}{2\mu A \sqrt{2g}}(\sqrt{H_1} - \sqrt{H_2}) = \frac{12 \times 36}{0.62 \times 0.0397 \times \sqrt{2 \times 9.8}} \times (\sqrt{2.1} - \sqrt{0.9}) = 1984\,(\text{s})$$

在第二阶段，横断面变化如例题 5.10 图 （二） 所示，可用积分法计算，这时，横断面面积计算如下：

$$L/h = 36/0.9 = 40, \quad L = 40h$$

$$\Omega = Lb = 40bh = 40 \times 12h = 480h$$

$$Q\,\mathrm{d}t = -\Omega\,\mathrm{d}h = -480h\,\mathrm{d}h$$

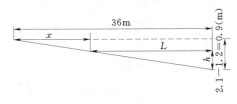

例题 5.10 图 （二）

$$dt = \frac{-480h\,dh}{Q} = \frac{-480h\,dh}{2\mu A\sqrt{2gh}} = \frac{-480}{2\mu A\sqrt{2g}}\sqrt{h}\,dh$$

积分上式得

$$t_2 = \frac{-480}{2\mu A\sqrt{2g}}\int_{0.9}^{0}\sqrt{h}\,dh = \frac{-480}{2\mu A\sqrt{2g}}\left(\frac{2}{3}h^{3/2}\right)\Big|_{0.9}^{0}$$

$$= \frac{-480}{2\times0.62\times0.0397\times\sqrt{2\times9.8}}\times\frac{2}{3}\times(-0.9^{3/2}) = 1253.64(\text{s})$$

游泳池放空的总时间为

$$t = t_1 + t_2 = 1984 + 1253.64 = 3237.64(\text{s}) = 0.899(\text{h})$$

5.7 管 嘴 出 流

在孔口断面处接一段长度为 $L=(3\sim4)d$ 的短管，液体经短管流出的现象称为管嘴出流。如果在厚度为 L 的厚壁上钻一直径为 d 的孔，就相当于管嘴出流。

与孔口出流一样，按照作用于管嘴上的上、下游水位是否随时间而变，管嘴出流可分为恒定出流与非恒定出流；也可分为自由出流（液体从管嘴流入大气）和淹没出流（液体从管嘴流入液下）。

从结构上分为圆柱形管嘴、流线形管嘴、扩散形管嘴和收缩形管嘴。根据管嘴上的位置可分为外伸管嘴和内伸管嘴，如图 5.38 所示。

常用的圆柱形外伸管嘴为 $L=(3\sim4)d$ 的短管嘴，这样的管嘴称为文丘里管嘴，管嘴出流的流动现象如图 5.39 所示。当水流进入管嘴时，在管嘴内同样形成一收缩断面，如同孔口出流，然后水流又逐渐扩大而后满管流出。管嘴出流的收缩断面 $c-c$ 在管嘴内部，出口断面的水流不发生收缩。与孔口出流比较，管嘴出流除具有和孔口一样的孔口阻力外，还有水流扩大的局部阻力和沿程阻力。

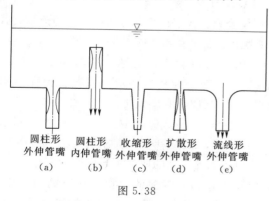

圆柱形　　圆柱形　　收缩形　　扩散形　　流线形
外伸管嘴　内伸管嘴　外伸管嘴　外伸管嘴　外伸管嘴
（a）　　　（b）　　　（c）　　　（d）　　　（e）

图 5.38

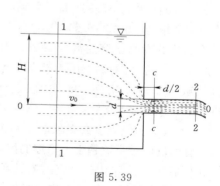

图 5.39

下面推导管嘴出流的流量公式。如图 5.39 所示，以管嘴中心所在平面为基准面，列断面 1—1 和管嘴出口断面 2—2 的能量方程得

$$H + \frac{p_a}{\gamma} + \frac{\alpha_0 v_0^2}{2g} = 0 + \frac{p_a}{\gamma} + \frac{\alpha_2 v_2^2}{2g} + h_{w1-2} \tag{5.91}$$

式中：h_{w1-2} 为管嘴出流的水头损失，包括液体流经孔口的局部水头损失、液体流经收缩断面后水流突然扩大的局部水头损失和短管的沿程水头损失，即

$$h_{w1-2} = \zeta_c \frac{v_c^2}{2g} + \zeta_{扩} \frac{v_2^2}{2g} + \lambda \frac{L}{d} \frac{v_2^2}{2g}$$

令 $H + \frac{\alpha_0 v_0^2}{2g} = H_0$，将上式代入式（5.91）得

$$H_0 = \frac{\alpha_2 v_2^2}{2g} + \zeta_c \frac{v_c^2}{2g} + \zeta_{扩} \frac{v_2^2}{2g} + \lambda \frac{L}{d} \frac{v_2^2}{2g}$$

因为 $\varepsilon = A_c/A$，A 为管嘴出口断面的面积，由连续性方程 $v_c A_c = A v_2$，$v_c = A v_2 / A_c = v_2/\varepsilon$；对于收缩断面后的水流突然扩大，由突然扩大的局部阻力系数可知，$\zeta_{扩} = (A/A_c - 1)^2 = (1/\varepsilon - 1)^2$。将这些关系代入上式得

$$H_0 = \left[\alpha_2 + \frac{\zeta_c}{\varepsilon^2} + \left(\frac{1}{\varepsilon} - 1 \right)^2 + \lambda \frac{L}{d} \right] \frac{v_2^2}{2g}$$

由上式得

$$v_2 = \frac{1}{\sqrt{\alpha_2 + \zeta_c/\varepsilon^2 + (1/\varepsilon - 1)^2 + \lambda L/d}} \sqrt{2gH_0} \tag{5.92}$$

取 $\alpha_2 = 1$，令

$$\frac{1}{\sqrt{1 + \zeta_c/\varepsilon^2 + (1/\varepsilon - 1)^2 + \lambda L/d}} = \varphi_{嘴} \tag{5.93}$$

则

$$v_2 = \varphi_{嘴} \sqrt{2gH_0} \tag{5.94}$$

式中：$\varphi_{嘴}$ 为管嘴出流的流速系数。

流量为

$$Q = A v_2 = \varphi_{嘴} A \sqrt{2gH_0} = \mu_{嘴} A \sqrt{2gH_0} \tag{5.95}$$

当忽略行近流速水头时，仍可由式（5.95）得

$$Q = \mu_{嘴} A \sqrt{2gH} \tag{5.96}$$

式（5.95）和式（5.96）即为管嘴出流的流量公式。式（5.95）与孔口出流的流量公式在形式上完全相同，由式（5.95）还可以看出，管嘴出流的流量系数等于流速系数，即 $\mu_{嘴} = \varphi_{嘴}$。

下面研究管嘴出流的流量系数。由式（5.93）可以看出，流速系数取决于 ζ_c、ε、λ 及 L/d。ζ_c 为孔口的局部阻力系数，$\zeta_c = 1/\varphi_{孔}^2 - 1$，$\varphi_{孔}$ 为孔口的流速系数，由孔口出流一节已知，$\varphi_{孔} = 0.97 \sim 0.98$，所以 $\zeta_c = 0.0628 \sim 0.0412$，取中值 $\zeta_c = 0.052$，取 $\varepsilon = 0.62$，取沿程阻力系数 $\lambda = 0.02$，$L = (3 \sim 4)d$，$\lambda L/d = 0.06 \sim 0.08$，取 $\lambda L/d = 0.06$，则求得 $\mu_{嘴} = \varphi_{嘴} = 0.80$。但大多数文献取 $\zeta_c = 0.06$，$\varepsilon = 0.64$，$\lambda L/d = 0.06$，求得 $\mu_{嘴} = \varphi_{嘴} = 0.82$。可见，管嘴的流量系数趋于一稳定的值，此值因对 ζ_c、ε、L 的取值不同而稍有变化。

比较管嘴出流和孔口出流的流量系数可以看出，如果管嘴的面积与孔口的面积相等，作用水头 H 也相等，管嘴出流的阻力大于孔口出流的阻力，但管嘴出流的流量系数大于孔口出流的流量系数，实验结果也确实如此，这是为什么呢？为了分析原因，现以管嘴出流的断面 1—1 和收缩断面 c—c 列能量方程进行分析，由图 5.39 可得

$$H + \frac{p_a}{\gamma} + \frac{\alpha_0 v_0^2}{2g} = \frac{p_c}{\gamma} + \frac{\alpha_c v_c^2}{2g} + \zeta_c \frac{v_c^2}{2g} \tag{5.97}$$

整理式（5.97）得

$$v_c = \frac{1}{\sqrt{\alpha_c + \zeta_c}} \sqrt{2g\left(H_0 + \frac{p_a - p_c}{\gamma}\right)} = \varphi_{孔} \sqrt{2g\left(H_0 + \frac{p_a - p_c}{\gamma}\right)} \tag{5.98}$$

管嘴出流的流量为

$$Q_{嘴} = A_c v_c = \varepsilon A \varphi_{孔} \sqrt{2g\left(H_0 + \frac{p_a - p_c}{\gamma}\right)}$$

$$= \mu_{孔} A \sqrt{2g\left(H_0 + \frac{p_a - p_c}{\gamma}\right)} = \mu_{嘴} A \sqrt{2gH_0} \tag{5.99}$$

比较孔口出流和管嘴出流的流量公式（5.68）和式（5.99）可以看出，在管嘴出流的流量公式中多了一项 $(p_a - p_c)/\gamma$，这就是收缩断面的真空度，此真空度相当于把管嘴出流的水头提高了 $(p_a - p_c)/\gamma$，所以使得管嘴出流的流量大于孔口出流的流量。正是由于收缩断面真空度的存在，对水流产生抽吸作用，因而使管嘴出流的流量增大。比较式（5.99）和式（5.68）可得 $Q_{嘴} > Q_{孔}$，则 $Q_{嘴}/Q_{孔} = \mu_{嘴}/\mu_{孔} > 1.0$，所以 $\mu_{嘴} > \mu_{孔}$。

由式（5.97）可以得出

$$\frac{p_a - p_c}{\gamma} = (\alpha_c + \zeta_c)\frac{v_c^2}{2g} - H_0$$

取 $\alpha_c = 1.0$，$v_c = \dfrac{Q}{A_c} = \dfrac{\mu_{嘴} A \sqrt{2gH_0}}{\varepsilon A} = \dfrac{\mu_{嘴}}{\varepsilon}\sqrt{2gH_0}$，$\dfrac{v_c^2}{2g} = \left(\dfrac{\mu_{嘴}}{\varepsilon}\right)^2 H_0$，$\mu_{嘴} = 0.82$，$\varepsilon = 0.64$，$\zeta_c = 0.06$，代入上式得

$$\frac{p_a - p_c}{\gamma} = \left[(1 + 0.06) \times \left(\frac{0.82}{0.64}\right)^2 - 1\right] H_0 = 0.74 H_0 \tag{5.100}$$

式（5.100）就是收缩断面处的真空度与作用水头的关系。由式中可以看出，管嘴内部收缩断面上的真空度与水头 H_0 有关，H_0 越大，真空度也越大。这样，似乎为加大管嘴出流的流量，就可以使真空度尽可能地大？然而实际情况是真空度过大，会使收缩断面处的绝对压强过低，其结果使该处液体发生空化，产生空泡，被液流带出管嘴，而管嘴口外的空气也将在大气压作用下沿管嘴内壁冲进管嘴内，使管嘴内的液流脱离内管壁，成为非满管出流，此时管嘴实际上已不起作用，犹如孔口出流一样。理论上最大真空度为 10.33m 水柱，所以要保证收缩断面的真空度，最大作用水头不超过 $H_{0max} = 10.33/0.74 = 13.96$（m）。实际上，在作用水头远不到 H_{0max} 时，管嘴中的液流因真空度过大已产生空化，收缩断面处的真空被破坏而使流束脱离开管嘴壁面。通常在真空度大于 7m 水柱时已发生上述空化现象，为了保持管嘴正常出流，一般使真空度 $(p_a - p_c)/\gamma \leqslant 7$m 水柱。

此外，管嘴长度应限制在 $L = (3 \sim 4)d$。如果管嘴长度 $L < (3 \sim 4)d$，管嘴的真空区有受到破坏的可能，在这种情况下，就不能发挥管嘴可以增大流量的作用；如果管嘴过长，由于管段的沿程阻力增加，增加流量的作用也同样会减弱。

【例题 5.11】 设有一隔板将水箱分为左右两室，如例题 5.11 图所示。隔板和右室底板各有一完善收缩的薄壁小孔口和圆柱形外伸管嘴，直径分别为 $d_1 = 6$cm，$d_2 = 3$cm，管嘴长度 $L = 0.1$m，左室水深 $H_1 = 2.23$m。试求流出水箱的流量 Q 和右室水深 H_2，以及

管嘴收缩断面的真空度 p_v/γ。

解：

忽略两个水箱的流速水头，孔口出流和管嘴出流的流

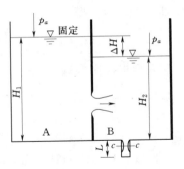

例题 5.11 图

量公式为

$$Q_1 = \mu_{孔} A_1 \sqrt{2g(H_1 - H_2)}$$

$$Q_2 = \mu_{嘴} A_2 \sqrt{2g(H_2 + L)}$$

因为 $Q_1 = Q_2 = Q$，即

$$\mu_{孔} A_1 \sqrt{2g(H_1 - H_2)} = \mu_{嘴} A_2 \sqrt{2g(H_2 + L)}$$

取 $\mu_{孔} = 0.62$，$\mu_{嘴} = 0.82$，代入上式得

$$0.62 \times \frac{\pi}{4} \times 0.06^2 \times \sqrt{2.23 - H_2} = 0.82 \times \frac{\pi}{4} \times 0.03^2 \times \sqrt{H_2 + 0.1}$$

由上式解出 $H_2 = 2.0\text{m}$。

流量为

$$Q = \mu_{孔} A_1 \sqrt{2g(H_1 - H_2)} = 0.62 \times \frac{\pi}{4} \times 0.06^2 \times \sqrt{2 \times 9.8 \times (2.23 - 2.0)}$$

$$= 3.722 \times 10^{-3} (\text{m}^3/\text{s})$$

下面推求管嘴安装在水箱底部时断面 c—c 的真空度。

写水箱 B 的液面和管嘴出流收缩断面 c—c 的能量方程得

$$H_2 + \frac{d_2}{2} + \frac{p_a}{\gamma} + \frac{\alpha_0 v_0^2}{2g} = \frac{p_c}{\gamma} + \frac{\alpha_c v_c^2}{2g} + \zeta_c \frac{v_c^2}{2g}$$

令 $H_2 + \alpha_0 v_0^2/(2g) = H_0$，取 $\alpha_c = 1$，则

$$\frac{p_a - p_c}{\gamma} = (1 + \zeta_c) \frac{v_c^2}{2g} - H_0 - \frac{d_2}{2}$$

再写液面与管嘴出口断面的能量方程，可得管嘴出流的流量和管嘴出口的流速为

$$Q = \mu_{嘴} A \sqrt{2g(H_0 + L)}$$

$$v = Q/A = \mu_{嘴} \sqrt{2g(H_0 + L)}$$

由连续性方程，$v_c A_c = A v$，$v_c = A v/A_c = v/\varepsilon$。

则

$$v_c = \frac{\mu_{嘴}}{\varepsilon} \sqrt{2g(H_0 + L)}$$

由此得

$$\frac{P_a - P_c}{\gamma} = (1 + \zeta_c) \left(\frac{\mu_{嘴}}{\varepsilon}\right)^2 (H_0 + L) - \left(H_0 + \frac{d_2}{2}\right)$$

仍取 $\mu_{嘴} = 0.82$，$\varepsilon = 0.64$，$\zeta_c = 0.06$，代入上式得

$$\frac{P_a - P_c}{\gamma} = 1.74(H_0 + L) - \left(H_0 + \frac{d_2}{2}\right)$$

近似地取 $H_0 = H_2 = 2.0\text{m}$，则

$$\frac{P_a - P_c}{\gamma} = 1.74 \times (2 + 0.1) - \left(2 + \frac{0.03}{2}\right) = 1.639 \text{(m)}$$

其他管嘴出流的计算公式与圆柱形外伸管嘴相同，不同的是有各自的流速系数和流量系数，计算断面一般为管嘴出口断面，具体计算方法可参考有关文献。

5.8　闸　孔　出　流

5.8.1　闸孔出流的类型及判断标准

闸孔出流是水利工程中最常见的出流形式。从干渠向支渠、斗渠、分渠、毛渠引水，泄水建筑物的坝中孔口等通常采用闸门控制并用闸门调节流量，都属于闸孔出流。

闸孔出流和堰流是两种不同的水流现象，但也有许多共同点。首先，堰流和闸孔出流都是因水闸或溢流坝等建筑物壅高了上游水位，在重力作用下形成的水流运动，从能量的观点看，出流的过程都是一种势能转化为动能的过程。其次，这两种水流都是在较短的距离内流线发生急剧弯曲，离心惯性力对建筑物表面的压强分布及建筑物的过流能力均有一定的影响，因而都属于明渠急变流，其出流过程的能量损失主要是局部水头损失。再次，堰流由于闸门对水流不起控制作用，水面曲线为一条光滑的降落曲线；闸孔出流由于受到闸门的控制，闸孔上、下游的水面是不连续的。也正是由于堰流和闸孔出流这种边界条件的差异，它们的水流特征及过流能力也不相同。

闸孔出流与堰流的判断标准是用闸门的开度 e 与堰上水头 H 的比值来判断的。在平底和宽顶堰底坎上，$e/H \leqslant 0.65$ 为闸孔出流，$e/H > 0.65$ 为堰流；在实用堰上，$e/H \leqslant 0.75$ 为闸孔出流，$e/H > 0.75$ 为堰流。

闸孔出流有以下形式：①无底坎闸孔出流；②跌水前的闸孔出流；③宽顶堰上的闸孔出流；④实用堰上的闸孔出流。

闸孔出流也分为自由出流和淹没出流。如果出流不受下游水位影响称为闸孔自由出流；否则称为闸孔淹没出流。如果闸门开度 e 一定，闸前水头、出流流速和流量不随时间而变则称为闸孔恒定出流，否则称为闸孔非恒定出流。

闸门形式对闸孔出流也有影响，因此闸门的形式不同，通过闸孔的流量也不一样。

5.8.2　平底平板闸门下的闸孔出流

平底平板闸门下的出流情况如图 5.40 所示。由图中可以看出，当闸门前水头 H 在出流过程中保持不变，闸门开度为 e 时，水流从闸孔流出后，一种是在闸后形成远驱水跃，另一种是水跃直接靠近闸门。但无论哪种出流状态，都在距闸后（$2 \sim 3$）e 的地方出现收缩断面[有的教材取（$0.5 \sim 1.0$）e]。收缩断面的流动可认为是渐变流动，断面上的动水压强可以按静水压强分布规律考虑。

设收缩断面的水深为 h_c，h_c 的跃后共轭水深为 h_c''，下游水深为 h_t。根据水跃原理，当 $h_c'' > h_t$ 时，在收缩断面后发生远驱水跃；当 $h_c'' = h_t$ 时，在收缩断面发生临界水跃；当 $h_c'' < h_t$ 时，则水跃发生在收缩断面上游，称为淹没水跃。对于远驱水跃和临界水跃，下游水深 h_t 的大小不影响闸孔出流的流量，称为闸孔自由出流，如图 5.40 (a) 所示；当水跃旋滚淹没了收缩断面，流量将随着下游水深的增大而减小，称为闸孔淹没出流，如图 5.40 (b) 所示。

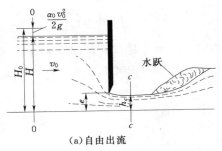
(a)自由出流

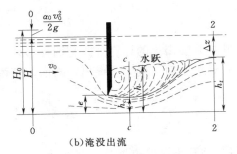
(b)淹没出流

图 5.40

5.8.2.1 平板闸门自由出流的水力计算

对图 5.40 （a）所示的闸孔自由出流，写闸前断面 0—0 和闸后收缩断面 c—c 的能量方程：

$$H + \frac{\alpha_0 v_0^2}{2g} = h_c + \frac{\alpha_c v_c^2}{2g} + \zeta \frac{v_c^2}{2g}$$

式中：$\zeta \frac{v_c^2}{2g}$ 为水流从断面 0—0 流至断面 c—c 的水头损失。

令 $H + \frac{\alpha_0 v_0^2}{2g} = H_0$，则上式可写成

$$H_0 = h_c + (\alpha_c + \zeta) \frac{v_c^2}{2g}$$

由上式得收缩断面的断面平均流速为

$$v_c = \frac{1}{\sqrt{\alpha_c + \zeta}} \sqrt{2g(H_0 - h_c)} = \varphi \sqrt{2g(H_0 - h_c)}$$

式中：φ 为闸孔出流的流速系数。

收缩断面水深 h_c 与闸门开度 e 有关，引入比例系数

$$h_c = \varepsilon e \qquad (5.101)$$

式中：ε 为垂向收缩系数。

将式 （5.101）代入收缩断面的断面平均流速公式得

$$v_c = \varphi \sqrt{2g(H_0 - \varepsilon e)} \qquad (5.102)$$

通过闸孔的流量为 $Q = v_c A_c$，而 $A_c = b h_c = b \varepsilon e$，则

$$Q = \varphi b \varepsilon e \sqrt{2g(H_0 - \varepsilon e)} \qquad (5.103)$$

式 （5.103）即为闸孔出流的流量公式。为了应用方便，将式 （5.103）改写成

$$Q = \varphi b \varepsilon e \sqrt{2g H_0 \left(1 - \frac{\varepsilon e}{H_0}\right)}$$

令 $\mu_0 = \varphi \varepsilon \sqrt{1 - \frac{\varepsilon e}{H_0}}$，则

$$Q = \mu_0 b e \sqrt{2g H_0} \qquad (5.104)$$

式中：μ_0 为闸孔出流的流量系数。

5.8.2.2 平板闸门淹没出流的水力计算

对图 5.40（b）的出流情况进行分析。当闸孔出流处于淹没状态时，下游水位的变化将影响闸孔的出流量。这时闸孔上的作用水头是 H_0-h，其中 h 为收缩断面处漩涡表面水深。实验表明，收缩断面 c—c 上的动水压强接近静水压强，主流的有效水深仍然是 h_c，断面平均流速为 v_c。因此对图 5.40（b）中的断面 0—0 和断面 c—c 写能量方程为

$$H + \frac{\alpha_0 v_0^2}{2g} = h + \frac{\alpha_c v_c^2}{2g} + \zeta \frac{v_c^2}{2g}$$

令 $H_0 = H + \dfrac{\alpha_0 v_0^2}{2g}$，$\varphi = \dfrac{1}{\sqrt{\alpha_c + \zeta}}$，代入上式得

$$v_c = \varphi \sqrt{2g(H_0 - h)}$$

因为收缩断面 c—c 上主流的有效水深为 h_c，故 $A_c = b h_c = b \varepsilon e$，所以

$$Q = \varphi b \varepsilon e \sqrt{2g(H_0 - h)} = \mu_0 b e \sqrt{2g(H_0 - h)} \tag{5.105}$$

式中：$\mu_0 = \varphi \varepsilon$ 为闸孔淹没出流的流量系数，一般认为该流量系数与闸孔自由出流的流量系数相同。

对于收缩断面处漩涡表面的水深 h，可以取断面 c—c 和断面 2—2 之间的液体为隔离体，并认为断面 c—c 和断面 2—2 上的动水压强符合静水压强分布规律，写断面 c—c 和断面 2—2 的动量方程可得

$$\frac{\gamma}{g} Q (v_t - v_c) = \frac{\gamma b}{2} (h^2 - h_t^2)$$

式中：v_t、h_t 分别为断面 2—2 的断面平均流速和水深。

利用连续性方程，$v_c = Q/(b h_c)$，$v_t = Q/(b h_t)$，代入上式并与式（5.105）联立求解得

$$\left.\begin{array}{l} h = \sqrt{h_t^2 - M\left(H_0 - \dfrac{M}{4}\right)} + \dfrac{M}{2} \\[3mm] M = 4\varphi^2 h_c^2 \left(\dfrac{h_t - h_c}{h_t h_c}\right) = 4\mu_0^2 e^2 \left(\dfrac{h_t - h_c}{h_t h_c}\right) \end{array}\right\} \tag{5.106}$$

式中的流速系数 φ 用闸孔自由出流时的流速系数。

闸孔淹没出流也可以在闸孔自由出流的流量公式（5.104）中乘以淹没系数 σ_s，即

$$Q = \sigma_s \mu_0 b e \sqrt{2g H_0} \tag{5.107}$$

闸孔淹没出流的判别条件为 $h_t > h_c''$，可用水跃理论分析。对矩形渠道有

$$h_c'' = \frac{h_c}{2}\left(\sqrt{1 + 8 Fr_c^2} - 1\right) \tag{5.108}$$

式中：Fr_c 为收缩断面水流的弗劳德数，可表示为

$$Fr_c^2 = \frac{v_c^2}{g h_c} = \frac{2\varphi^2(H_0 - h_c)}{h_c} \tag{5.109}$$

5.8.2.3 平底弧形闸门下的出流

弧形闸门是一种常见的闸门形式，如图 5.41 所示。由于弧形闸门面板较顺应流线方向，水流转弯较缓，过

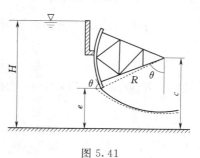

图 5.41

闸后水流收缩不大,其垂向收缩系数 ε 值较大。同时,因局部水头损失较小,流速系数 φ 较大,因此其流量系数也较大。

弧形闸门的闸孔出流特性基本上与平板闸门一样,理论推导方法完全相同,其不同点在于垂向收缩系数 ε、流速系数 φ 和流量系数 μ_0 不同。为了与平板闸门相区别,分别用 ε_1、φ_1 和 μ_1 表示弧形闸门闸孔出流的垂向收缩系数、流速系数和流量系数,其流量表达式可以写成

$$Q = \varphi_1 b \varepsilon_1 e \sqrt{2g(H_0 - \varepsilon_1 e)} \tag{5.110}$$

或

$$Q = \mu_1 be \sqrt{2gH_0} \tag{5.111}$$

对于淹没出流,亦有

$$Q = \varphi_1 b \varepsilon_1 e \sqrt{2g(H_0 - h)} = \mu_1 be \sqrt{2g(H_0 - h)} \tag{5.112}$$

$$\left. \begin{aligned} h &= \sqrt{h_t^2 - M\left(H_0 - \frac{M}{4}\right)} + \frac{M}{2} \\ M &= 4\varphi_1^2 h_c^2 \left(\frac{h_t - h_c}{h_t h_c}\right) = 4\mu_1^2 e^2 \left(\frac{h_t - h_c}{h_t h_c}\right) \end{aligned} \right\} \tag{5.113}$$

或

$$Q = \sigma_{s1} \mu_1 be \sqrt{2gH_0} \tag{5.114}$$

5.8.2.4 平底闸孔出流垂向收缩系数、流速系数和流量系数

1. 垂向收缩系数

垂向收缩系数是收缩断面面积与闸孔过流断面面积的比值,即 $\varepsilon = A_c/A$。儒可夫斯基求得 ε 与 e/H 的关系见表 5.14。

表 5.14　　　　　　平板闸门垂向收缩系数 ε 与闸门相对开度 e/H 关系

e/H	0.025	0.05	0.10	0.15	0.20	0.25	0.30	0.35
ε	0.612	0.613	0.615	0.617	0.619	0.622	0.625	0.628
e/H	0.40	0.45	0.50	0.55	0.60	0.65	0.70	0.75
ε	0.633	0.639	0.645	0.652	0.661	0.673	0.687	0.703

ε 也可用式(5.115)计算:

$$\varepsilon = 0.6159 - 0.0343\frac{e}{H} + 0.1923\left(\frac{e}{H}\right)^2 \tag{5.115}$$

式(5.115)的适用范围为 $0.025 \leqslant \dfrac{e}{H} \leqslant 0.75$。

对于闸门底缘上游部分为圆弧形的平板闸门,ε 值可按下列经验公式(5.116)计算:

$$\varepsilon = \frac{1}{1 + \sqrt{K[1 - (e/H)^2]}} \tag{5.116}$$

式中:K 取决于比值 r/e(r 为闸门底缘圆弧半径),可用式(5.117)计算:

$$K = \frac{0.4}{2.718^{16r/e}} \tag{5.117}$$

式(5.117)适用于 $0 < r/e < 0.25$。

对于弧形闸门,垂向收缩系数 ε_1 主要与闸门的相对开度 e/H 及闸门开度的夹角 θ 有

关（θ 见图 5.41），θ 可用式（5.118）计算：

$$\cos\theta = \frac{c-e}{R}$$ (5.118)

式中：c 为弧形闸门转轴高度；R 为弧形闸门半径。

θ 与 ε_1 的关系见表 5.15。

表 5.15　　　　　弧形闸门垂向收缩系数 ε_1 与闸门开度夹角 θ 的关系

$\theta/(°)$	35	40	45	50	55	60	65	70	75	80	85	90
ε_1	0.789	0.766	0.742	0.720	0.698	0.678	0.662	0.646	0.635	0.627	0.622	0.620

ε_1 也可用式（5.119）计算：

$$\varepsilon_1 = 2.11\theta^{-0.276}$$ (5.119)

式中：θ 以度计。

2. 流速系数

平板闸门的流速系数 φ 与闸坎形式、闸门底缘形状有关，可由表 5.16 查算。

表 5.16　　　　　　　　　　流 速 系 数 φ

建筑物泄流方式	图　形	φ
闸孔出流的跌水	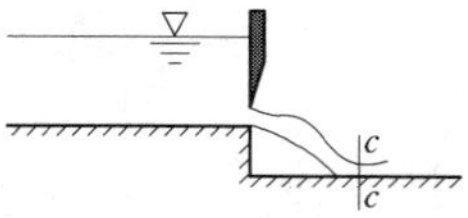	0.97～1.00
闸下底孔出流	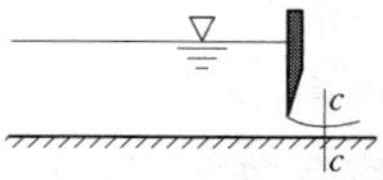	0.95～1.00
堰顶有闸门的平顺实用堰溢流	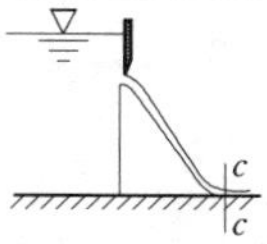	0.85～0.95
闸底板高于渠底的闸孔出流	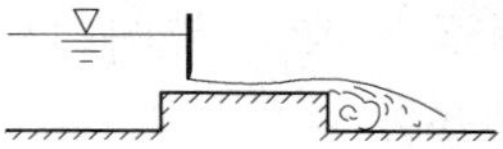	0.85～0.95

3. 流量系数

（1）平底平板闸门底部为锐缘情况下自由出流的流量系数。这方面的公式较多，这里仅介绍 3 个：

1）武汉水电学院公式：

$$\mu_0 = 0.60 - 0.18e/H$$ (5.120)

2）《水工建筑物测流规范》（SL 20—92）推荐的公式：

$$\mu_0 = 0.454\left(\frac{e}{H}\right)^{-0.138}$$ (5.121)

3）西安理工大学公式。当水流与闸孔有一定的夹角时

$$\mu_0 = a\left(\frac{e}{H}\right)^2 + b\left(\frac{e}{H}\right) + c$$ (5.122)

$$a=-0.0002\alpha^2+0.0121\alpha-0.0464$$
$$b=-0.0002\alpha^2-0.0049\alpha-0.2102$$
$$c=4\times10^{-5}\alpha^2+0.0121\alpha+0.6073$$

其中 (5.123)

式中：α 为闸孔与上游主干渠道的夹角。

式 (5.123) 的适用范围为 $\alpha=0°\sim20°$。$\alpha=0°$ 表示闸门与渠道轴线垂直。

(2) 平底弧形闸门自由出流的流量系数。

1) 武汉水电学院公式：

$$\mu_1=\left(0.97-0.258\frac{\pi}{180}\theta\right)-\left(0.56-0.258\frac{\pi}{180}\theta\right)\frac{e}{H}\qquad(5.124)$$

式中：θ 以度计，$25°<\theta<90°$；$0<e/H<0.65$。

2)《水工建筑物测流规范》(SL 20—92) 推荐的公式：

$$\mu_1=1-0.0166\theta^{0.723}-(0.582-0.0371\theta^{0.547})\frac{e}{H}\qquad(5.125)$$

5.8.2.5 平底闸孔淹没出流的水力计算

平底闸孔淹没出流的流量计算有下列 3 种方法。

1. 理论计算方法

由式 (5.105) 或式 (5.112) 计算淹没出流的流量。计算时根据建筑物的泄流方式，由表 5.16 查出流速系数 φ，再由闸前实测水头 H 和闸门开度 e，求收缩系数 ε (或 ε_1)，由式 (5.106) 或式 (5.113) 求出 h，然后代入有关公式求出流量。

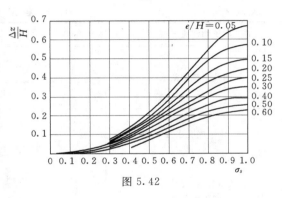

图 5.42

2. 淹没系数法

研究表明，闸孔淹没出流的淹没系数 σ_s 与闸门相对开度 e/H、上下游水位差 Δz 和水头 H 的比值有关，如图 5.42 所示。

武汉水电学院公式：

$$\sigma_s=0.95\sqrt{\frac{\ln(H/h_t)}{\ln(H/h_c'')}}\qquad(5.126)$$

其中

$$h_c''=\frac{\varepsilon e}{2}\left(\sqrt{1+\frac{16\mu^2 H_0}{\varepsilon^3 e}}-1\right)\qquad(5.127)$$

式中：h_c'' 为水跃的第二共轭水深；μ 为流量系数，对于平板闸门用 μ_0，对弧形闸门用 μ_1；ε 为收缩系数，对平板闸门用 ε，对弧形闸门用 ε_1。

3.《水工建筑物测流规范》(SL 20—92) 推荐公式

$$Q=0.76\left(\frac{e}{H}\right)^{0.038}be\sqrt{2g\Delta z}\qquad(5.128)$$

式中：Δz 为上、下游水位差。

【**例题 5.12**】 设在矩形断面渠道的水平底面上建造一平板挡水闸门，如例题 5.12 图所示。已知渠宽 $b=5\text{m}$，闸前水深 $H=10\text{m}$，下游水深 $h_t=6\text{m}$，试求闸门开度 $e=2\text{m}$ 时通过闸孔的流量。

例题 5.12 图

解：

(1) 判断是否为闸孔出流：

$$e/H=2/10=0.2<0.65$$

为闸孔出流。

(2) 求流量系数：

$$\mu_0=0.60-0.18e/H=0.60-0.18\times0.2=0.564$$

(3) 求流量：

$$Q=\mu_0 be\sqrt{2gH_0}=\mu_0 be\sqrt{2g}\sqrt{\left(H+\frac{Q^2}{2gA^2}\right)}$$

式中，$A=bH=5\times10=50(\text{m}^2)$，代入上式得

$$Q=0.564\times5\times2\times\sqrt{2\times9.8}\times\sqrt{\left(10+\frac{Q^2}{2\times9.8\times50^2}\right)}=24.97\times\sqrt{10+\frac{Q^2}{49000}}$$

迭代得 $Q=79.47\text{m}^3/\text{s}$。

(4) 验算出流条件。当 $e/H=0.2$ 时，由表 5.14 查得收缩系数 $\varepsilon=0.619$，则收缩断面水深为

$$h_c=\varepsilon e=0.619\times2=1.238(\text{m})$$

$$v_c=\frac{Q}{bh_c}=\frac{79.47}{5\times1.238}=12.838(\text{m/s})$$

$$Fr_c^2=\frac{v_c^2}{gh_c}=\frac{12.838^2}{9.8\times1.238}=13.586$$

$$h_c''=\frac{h_c}{2}\left(\sqrt{1+8Fr_c^2}-1\right)=\frac{1.238}{2}\times\left(\sqrt{1+8\times13.586}-1\right)=5.864(\text{m})<6\text{m}$$

为淹没出流。

$$H_0=H+\frac{Q^2}{2gA^2}=10+\frac{79.47^2}{2\times9.8\times50^2}=10.13(\text{m})$$

按淹没出流重新计算流量：

$$M=4\mu_0^2 e^2\left(\frac{h_t-h_c}{h_t h_c}\right)=4\times0.564^2\times2^2\times\frac{6-1.238}{6\times1.238}=3.263(\text{m})$$

$$h=\sqrt{h_t^2-M\left(H_0-\frac{M}{4}\right)}+\frac{M}{2}=\sqrt{6^2-3.263\times\left(10.13-\frac{3.263}{4}\right)}+\frac{3.263}{2}=4(\text{m})$$

试算如下：第一次近似：

$$Q_0=\mu_0 be\sqrt{2g(H_0-h)}=0.564\times5\times2\times\sqrt{2\times9.8}\times\sqrt{10.13-4}=61.816(\text{m}^3/\text{s})$$

$$v_{01}=\frac{Q}{bH}=\frac{61.816}{5\times10}=1.236(\text{m/s})$$

$$H_{01}=H+\frac{v_{01}^2}{2g}=10+\frac{1.236^2}{2\times9.8}=10.078\,(\text{m})$$

$$h_1=\sqrt{6^2-3.263\times\left(10.078-\frac{3.263}{4}\right)}+\frac{3.263}{2}=4.035\,(\text{m})$$

$$Q_1=\mu_0be\sqrt{2g(H_0-h_1)}=0.564\times5\times2\times\sqrt{2\times9.8}\times\sqrt{10.078-4.035}=61.382\,(\text{m}^3/\text{s})$$

第二次近似：

$$v_{02}=\frac{Q}{bH}=\frac{61.382}{5\times10}=1.228\,(\text{m/s})$$

$$H_{02}=10+\frac{1.228^2}{2\times9.8}=10.077\,(\text{m})$$

$$h_2=\sqrt{6^2-3.263\times\left(10.077-\frac{3.263}{4}\right)}+\frac{3.263}{2}=4.036\,(\text{m})$$

$$Q_2=\mu_0be\sqrt{2g(H_0-h_2)}=0.564\times5\times2\times\sqrt{2\times9.8}\times\sqrt{10.077-4.036}=61.372\,(\text{m}^3/\text{s})$$

两次计算的流量已很接近，取流量 $Q=61.372\text{m}^3/\text{s}$。

如果用式（5.128）计算，则

$$Q=0.76\left(\frac{e}{H}\right)^{0.038}be\sqrt{2g\Delta z}=0.76\times\left(\frac{2}{10}\right)^{0.038}\times5\times2\times\sqrt{2\times9.8\times(10-6)}$$

$$=63.301\,(\text{m}^3/\text{s})$$

由以上计算可以看出，使用的公式不同，所计算的流量也有差异。

5.8.3 实用堰上的闸孔出流

实用堰上的闸孔出流如图 5.43 所示。由于这种堰都有相当的高度，当闸前水流向闸孔汇流时，水流的收缩比平底闸孔要完善得多。出闸后，水流在重力作用下紧贴溢流面下泄，下泄水流的厚度越向下游越薄，不像平底闸孔那样具有明显的收缩断面。所以，实用堰上闸孔出流的流量系数和收缩系数也不同于平底闸孔出流。

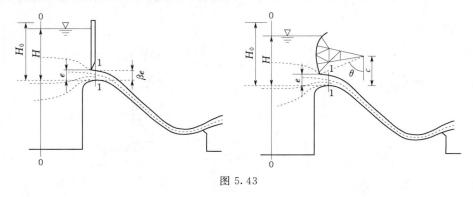

图 5.43

取闸前和闸孔后两个过水断面，并以堰顶为基准面建立能量方程。因闸孔后断面水流为急变流，动水压强不符合静水压强分布规律，故其势能以闸孔开度 e 乘以势能修正系数 β 来表示。写闸前断面 0—0 和闸孔后断面 1—1 的能量方程为

$$H_0 = \beta e + \frac{\alpha_1 v_1^2}{2g} + \zeta \frac{v_1^2}{2g}$$

由上式得

$$v_1 = \frac{1}{\sqrt{\alpha_1 + \zeta}} \sqrt{2g(H_0 - \beta e)} = \varphi \sqrt{2g(H_0 - \beta e)}$$

则流量为

$$Q = bev_1 = be\varphi \sqrt{2g(H_0 - \beta e)}$$

将上式写成

$$Q = be\varphi \sqrt{1 - \beta e/H_0} \sqrt{2gH_0} \tag{5.129}$$

令 $\mu = \varphi \sqrt{1 - \beta e/H_0}$，$\mu$ 称为实用堰闸孔出流的流量系数。则式 (5.129) 变为

$$Q = \mu eb \sqrt{2gH_0} \tag{5.130}$$

对于高坝，行近流速水头较小，可以用闸前水深 H 近似地代替 H_0。式 (5.129) 和式 (5.130) 即为实用堰上的闸孔出流的流量公式。式 (5.129) 中的流速系数 φ 可查表 5.16。

影响实用堰上闸孔出流流量系数 μ 的因素主要有闸门的形式，闸门的位置和闸门的相对开度。目前确定实用堰上闸孔出流的流量系数主要是依据实验资料得出的经验公式。

1. 实用堰上的平板闸门

(1) 武汉水电学院公式：

$$\mu = 0.745 - 0.274 \frac{e}{H} \tag{5.131}$$

式 (5.131) 适用的条件为 $0.1 < e/H < 0.75$。

对于 WES 实用堰，有

$$\mu = 0.575 \left(\frac{e}{H}\right)^{-0.062} \tag{5.132}$$

以上公式的闸门位置正处于堰的顶点。

(2) 王涌泉公式。对实用堰上具有不同底缘形式的平板闸门，如图 5.44 所示，且平板闸门位于堰顶最高点时

$$\mu = 0.65 - 0.186 \frac{e}{H} + \left(0.25 - 0.375 \frac{e}{H}\right) \cos\theta \tag{5.133}$$

式 (5.133) 适用的条件为 $0.05 < e/H < 0.75$，$\theta = 0° \sim 90°$。

对于 WES 实用堰上的平板闸门，当闸门位置在堰顶下游堰面时，如图 5.45 所示，流量公式为

$$Q = mb \sqrt{2g} (h_2^{3/2} - h_1^{3/2}) \tag{5.134}$$

式中：m 为堰顶水头为 H 时自由出流的堰流流量系数；h_2 为闸门座位于堰前水位下的深度；h_1 为闸门开启时闸门底缘位于堰前水位下的深度。

2. 实用堰上的弧形闸门

(1) 武汉水电学院公式：

$$\mu = 0.685 - 0.19 \frac{e}{H} \tag{5.135}$$

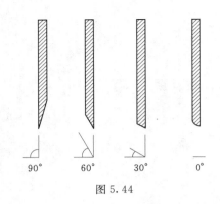

图 5.44

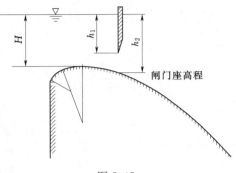

图 5.45

式（5.135）适用的条件为 $0.1 < e/H < 0.75$。

（2）王伟公式：

$$\mu = 0.736 - 0.356 \frac{e}{H} + 0.101 \left(\frac{e}{H}\right)^2 \tag{5.136}$$

μ 也可按表 5.17 查算。

表 5.17　　　　　实用堰上弧形闸门的流量系数 μ 值

e/H	0.05	0.10	0.15	0.20	0.25	0.30	0.35	0.40	0.50	0.60	0.70
μ	0.721	0.700	0.683	0.667	0.652	0.638	0.625	0.610	0.584	0.559	0.535

当下游水位超过实用堰顶时，下游水位影响闸孔的过流能力，如图 5.46 所示。实用堰上闸孔淹没出流的流量公式可近似用式（5.137）计算：

$$Q = \mu e b \sqrt{2g(H_0 - h_s)} \tag{5.137}$$

式中：h_s 为下游水位超过堰顶的高度；μ 为实用堰上闸孔自由出流时的流量系数。

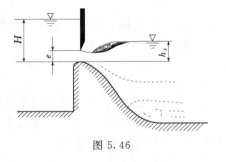

图 5.46

需要说明的是，对于有边墩或闸墩存在的闸孔出流，一般不需要再单独考虑侧收缩系数的影响。实践证明，在闸孔出流的条件下，边墩及闸墩对流量的影响很小。

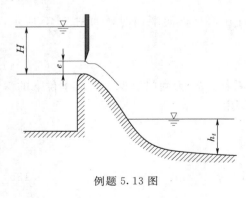

例题 5.13 图

【例题 5.13】　如例题 5.13 图所示实用堰上的单孔平板闸门泄流。闸门底缘斜面朝向下游，当闸门开度 $e = 1.0\text{m}$ 时，其泄流量 $Q = 24.3\text{m}^3/\text{s}$，闸孔宽度 $b = 4\text{m}$，不计行近流速水头。试求堰上的水头 H。

解：

用王涌泉公式计算流量系数：

$$\mu = 0.65 - 0.186 \frac{e}{H} + \left(0.25 - 0.375 \frac{e}{H}\right) \cos\theta$$

因为 $\theta = 90°$，$\cos\theta = \cos90° = 0$，所以

$$\mu = 0.65 - 0.186\frac{e}{H} = 0.65 - \frac{0.186}{H}$$

流量为

$$Q = \mu eb\sqrt{2gH_0} \approx \mu eb\sqrt{2g} \times \sqrt{H}$$

将 μ 和 $Q = 24.3\text{m}^3/\text{s}$ 代入上式得

$$24.3 = \left(0.65 - \frac{0.186}{H}\right) \times 1.0 \times 4 \times \sqrt{2 \times 9.8} \times \sqrt{H}$$

$$= 17.709 \times \left(0.65 - \frac{0.186}{H}\right)\sqrt{H}$$

解得 $H = 5.013\text{m}$。

习　　题

5.1* 　实验室进行水工模型试验，已知最大流量 $Q_{\max} = 40\text{L/s}$，最小流量 $Q_{\min} = 10\text{L/s}$。试用经验公式设计一顶角 $\alpha = 90°$ 的三角形薄壁堰。

5.2 　在矩形平底明渠中设计一无侧收缩的矩形薄壁堰。已知通过的最大流量 $Q = 0.25\text{m}^3/\text{s}$，相应的下游水深 $h_t = 0.45\text{m}$。为了保证堰流为自由出流，堰顶高于下游水位不应低于 0.1m；明渠边墙的高度为 1.0m，边墙墙顶高于上游水面不应小于 0.1m。试设计薄壁堰的高度和宽度。

5.3 　某河中筑有单孔溢流堰如习题 5.3 图所示。堰顶剖面按 WES 曲线设计。已知筑堰处的河底高程为 12.20m，堰顶高程为 20.00m。上游设计水位为 21.31m；下游水位为 16.35m。堰前河道近似矩形，河宽 100m，边墩头部呈圆弧形。试求上游为设计水位时，通过流量 $Q = 100\text{m}^3/\text{s}$ 所需的堰顶宽度 b。

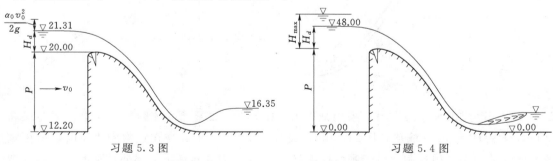

习题 5.3 图　　　　　　　　　　　　　习题 5.4 图

5.4* 　某溢流堰按 WES 剖面设计，如习题 5.4 图所示。堰顶设置 10 个溢流孔，每孔净宽 $b = 18\text{m}$，边墩及中墩的头部均为半圆形。堰前河道为矩形断面，河宽 $B_0 = 200\text{m}$。当设计水位为 48.00m 时，下泄的设计流量 $Q_d = 4300\text{m}^3/\text{s}$。试求下泄最大流量 $Q_{\max} = 6000\text{m}^3/\text{s}$ 时，水库的最高洪水位。

5.5 　某水库的溢流堰采用堰顶上游为三圆弧形实用堰剖面，如习题 5.5 图所示。溢流堰共 5 孔，每孔宽度 $b = 10\text{m}$，设计水头 $H_d = 10\text{m}$，闸墩墩头为半圆形，翼墙为圆弧

形。上游水库断面面积很大，$v_0 \approx 0$。当水库水位为 347.30m，下游水位为 342.50m 时，求通过溢流堰的流量。

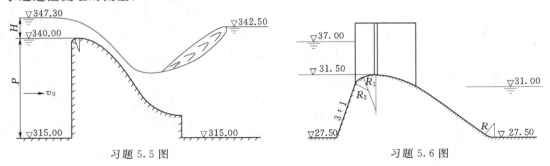

习题 5.5 图　　　　　　　　　　习题 5.6 图

5.6　某水库的溢流堰共 10 孔，每孔宽 $b = 5.0$m，堰的剖面采用堰顶上游为两圆弧段的 WES 实用堰。堰的上游坡度为 3∶1，如习题 5.6 图所示。闸墩头部为尖圆形，翼墙为八字形。堰顶高程为 31.50m，河床高程为 27.50m。当水库设计水位（相应水头为设计水头）为 37.00m 时，相应的下游水位为 31.00m。上游水库近似矩形，宽度为 100m。试求在设计水位时溢流堰通过的流量。

5.7*　某 WES 高堰如习题 5.7 图所示。堰高 $P = 107.00$m，堰上最大水头 $H_{\max} = 11.0$m，设计水头取 $H_d = 0.85H_{\max}$，下游堰面直线段坡度 $m_a = 0.75$，决定采用垂直的上游堰面。试绘制堰顶曲线及堰的全部剖面。

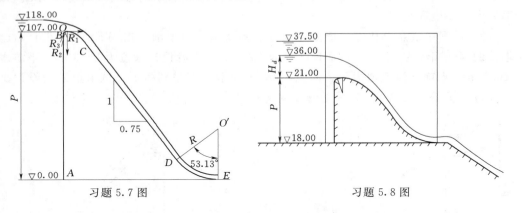

习题 5.7 图　　　　　　　　　　习题 5.8 图

5.8　卧虎山水库溢洪道，采用低 WES 溢流堰，如习题 5.8 图所示。上、下游堰高相同，$P = P_1 = 3$m，堰顶高程 21.00m，设计水头 $H_d = 15$m。在正常库水位时，采用宽 $b = 14$m 的弧形闸门控制泄洪。闸墩厚度 $d = 2.0$m，边墩和闸墩头部都是圆形。要求保坝洪水流量 $Q = 8770\text{m}^3/\text{s}$ 时，库内非常洪水位不超过 37.50m。设溢洪道上游引水渠与溢洪道同宽，溢洪道下游接矩形陡槽。问此溢洪道应设几孔。

5.9　某小型水利工程采用梯形断面浆砌石溢流堰，无闸墩和翼墙，如习题 5.9 图所示。已知堰宽和河宽相等，$b = B_0 = 30$m，上、下游堰高 $P = P_1 = 4$m，堰顶厚度 $\delta = 2.5$m，上游面垂直，下游面的边坡为 1∶1。堰上水头 $H = 2.0$m，下游水位超过堰顶的水深 $h_s = 1.0$m。求过堰的流量。

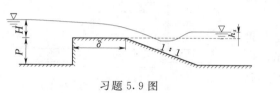

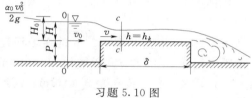

习题 5.9 图　　　　　　　　　　　习题 5.10 图

5.10* 如习题 5.10 图所示宽顶堰水流，设忽略水流进入堰的局部水头损失，且动能修正系数 $\alpha=1$，堰上水头 $H_0=$ 常数。试证明：

（1）当堰上水深 $h=h_k$ 时泄流量最大。

（2）最大流量系数 $m=0.385$。

5.11 求前缘不修圆的宽顶堰流量。已知堰上水深 $H=2.4\text{m}$，$v_0=0.8\text{m/s}$，堰宽 $b=3.0\text{m}$，堰高 $P=0.5\text{m}$，堰顶以上的下游水深 $h_s=2.0\text{m}$，流速系数 $\varphi=0.91$。试用彼卡罗夫公式、别列津斯基公式和南京水利科学研究院公式分别计算流量。

5.12 某宽顶堰式进水闸如习题 5.12 图所示，共 4 孔，每孔宽度 $b=5\text{m}$。边墩为八字形，中墩为半圆形，宽顶堰进口底坎为圆形。上游水位为 15.00m，下游水位为 14.00m，堰顶高程为 11.00m，上、下游渠底高程均为 10.00m，引渠过水断面面积 $A=250\text{m}^2$。试求通过该闸的流量。

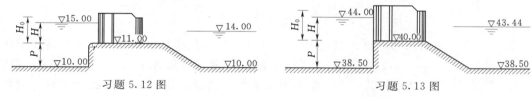

习题 5.12 图　　　　　　　　　　　习题 5.13 图

5.13 如习题 5.13 图所示为灌溉渠上的引水闸，边墩为八字形，中墩为尖角形。为防止泥沙入库，水闸进口设置直角形闸坎，闸底板高程为 40.00m，上、下游河渠高程均为 38.50m。当通过设计流量 $Q_d=100\text{m}^3/\text{s}$ 时，相应上、下游水位分别为 44.00m 和 43.44m，引渠的行近流速 $v_0=1.0\text{m/s}$。试在宽度为 4～5m 范围内选择闸孔宽度 b 及孔数 n。

5.14 某宽顶堰式水闸共 6 孔，每孔宽 $b=6\text{m}$，具有尖圆形闸墩墩头和圆弧形翼墙，其他尺寸如习题 5.14 图所示。已知水闸上游水位为 4.50m，下游水位为 3.40m，引渠宽 $B_0=50\text{m}$。求通过水闸的流量。

5.15 某灌溉进水闸共 3 孔，每孔宽度 $b=10\text{m}$。闸墩头部为半圆形，墩厚 $d=3\text{m}$，边墩头部为圆弧形，边墩计算厚度 $\Delta=2\text{m}$，闸前行近流速 $v_0=0.5\text{m/s}$，其他数据如习题 5.15 图所示。试确定下游水位为 16.70m 和 17.75m 时的过闸流量。

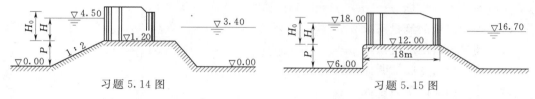

习题 5.14 图　　　　　　　　　　　习题 5.15 图

5.16 条件同习题 5.15。如果将堰前缘的圆弧改为直角，试用别列津斯基公式和国际标准的公式计算相应于不同下游水深时的过闸流量。

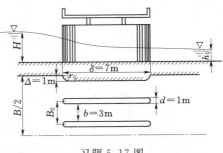

习题 5.17 图

5.17* 在一宽度 $B=21$m 的缓坡河道上建一座桥（习题 5.17 图）。桥墩厚 $d=1.0$m，长度 $\delta=7$m，共 5 孔，每孔净宽 $b=3$m。河道中流量 $Q=64$m³/s，原河道中水深 $h_0=1.6$m。试求修桥墩后上游水深的壅高值。

5.18 在梯形断面渠道上建筑一座矩形断面的宽顶堰（习题 5.18 图），其上装有一扇平板闸门控制流量。边墩墩头和堰进口均为圆弧形，堰高 $P=P_1=0.7$m，渠道底宽 $b_0=8$m，边坡系数 $m_0=1$。当闸门全开时过堰流量 $Q=25$m³/s，堰上水头 $H=2.6$m，下游水深 $h_t=2.9$m。求堰顶溢流的宽度 b。

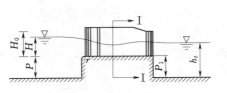

习题 5.18 图

5.19 有一进水闸如习题 5.19 图所示，共 5 孔，每孔净宽度 $b=5$m。底坎高度 $P=0.72$m，底坎前缘入口角为 45°，坎长 $L=12$m。闸墩采用尖头形，边墩采用八字形。底坎下游与陡坡相接，当闸门全开时，堰顶以上水头 $H=1.8$m，闸前行近流速 $v_0=0.5$m/s。试用边界层的位移厚度求过堰的流量。

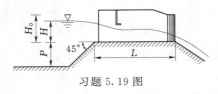

习题 5.19 图

5.20 某矩形圆头宽顶堰，堰高 $P=0.8$m，堰宽 $b=3$m，堰长 $L=6$m，过堰流量 $Q=17$m³/s。试用边界层理论求堰前水深 H。

5.21 某矩形宽顶堰，已知堰顶为圆形，堰高 $P=6$m，堰宽 $b=10$m，堰长 $L=18$m，过堰流量 $Q=85$m³/s。堰的表面当量粗糙度 $\Delta=0.6$mm，水温为 20℃，水的运动黏滞系数 $\nu=10^{-6}$m²/s，堰为自由出流。试求堰前水深 H。

5.22* 如习题 5.22 图所示，水箱侧壁有一小孔，其直径 $d=10$mm，在水头 $H=2$m 的作用下水流经此孔口自由射入大气。若孔口的出流量 $Q=0.0003$m³/s，射流流束中心某一断面的中心坐标 $x=3$m，$y=1.2$m。试求：

（1）孔口出流的流量系数 μ。

（2）孔口出流的流速系数 φ。

（3）孔口出流的收缩断面系数 ε。

（4）孔口出流的阻力系数 ζ_c。

5.23 有一圆形薄壁孔口，其直径 $d=0.01$m。现测得射流收缩断面的直径 $d_c=$

0.008m，作用水头 $H=2$m，在 32.8s 时间内，经孔口流出的水量为 0.01m³。试求该孔口的收缩系数 ε、流量系数 μ、流速系数 φ 及孔口的局部阻力系数 ζ_c。

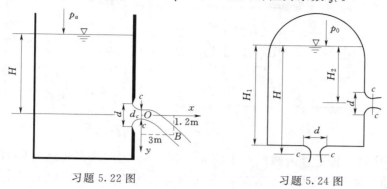

习题 5.22 图　　　　　习题 5.24 图

5.24　有一密闭容器如习题 5.24 图所示。已知容器中水深保持为 $H_1=1.8$m，$H_2=1.3$m，液面上的压强 $p_0=70$kN/m²（相对压强）。在容器底部和侧面各开一孔口，孔口的直径均为 $d=0.05$m，流量系数 $\mu_1=\mu_2=0.61$。求用此侧孔和底孔排水时的出流量。

5.25　如习题 5.25 图所示某水库的泄水卧管，由 3 个水平底孔放水。孔口的直径 $d=0.2$m，孔上水深分别为 2.0m、2.2m、2.4m。试求总泄流量（取流量系数 $\mu=0.62$，计算水头到收缩断面）。

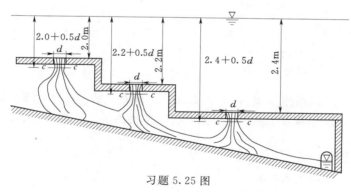

习题 5.25 图

5.26　为了使水均匀地进入水平沉淀池，在沉淀池进口处设置穿孔墙，如习题 5.26 图所示。穿孔墙上开有边长为 0.1m 的方形孔 14 个，所通过的总流量为 0.122m³/s，流量系数 $\mu=0.62$。试求穿孔墙前后的水位差 H（墙厚及孔间相互影响不计）。

5.27*　一直径 $D=2$m、高 $H_1=3$m 的圆筒形水箱内充满水如习题 5.27 图所示。流入水箱的流量 $Q_0=0.0216$m³/s。水箱底孔所开的排水孔的直径 $d=0.1$m，孔口的流量系数 $\mu=0.62$。试求：

（1）水箱中水位达到平衡位置时的水深 H_a。

（2）水箱中的水位达到 $H_2=1.5$m 时所需的时间。

5.28　一矩形箱式船闸，长 $L=50$m，宽 $b=6$m，上、下游液面差 $H=4$m，在闸室下游壁面上开有 $d=0.4$m 的圆形孔口，如习题 5.28 图所示。当瞬时打开孔口时，水自孔口泄出。试求需要几个这样的孔口能使闸室中水位在 10min 内降至下游水位。

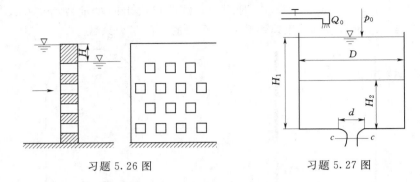

习题 5.26 图　　　　　　　习题 5.27 图

5.29　一个具有铅垂轴的圆柱形水箱如习题 5.29 图所示。水箱内径 $D=0.6\text{m}$，高 1.5m。在水箱底部开一直径 $d=0.05\text{m}$ 的孔口与大气相通，孔口的流量系数 $\mu=0.60$，箱顶部敞开并且是空的。若以 $Q_0=0.014\text{m}^3/\text{s}$ 的流量给水箱注水，求需多长时间可将此水箱充满，此期间由孔口流出的水的体积是多少？

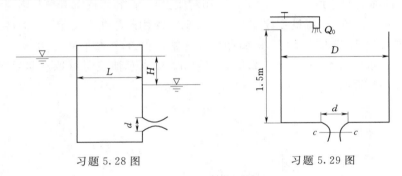

习题 5.28 图　　　　　　　习题 5.29 图

5.30　设注入左水箱的恒定流量 $Q=0.08\text{m}^3/\text{s}$，隔板上的小孔口和两管嘴均为完善收缩，且直径均为 $d=0.1\text{m}$，管嘴长 $L=0.4\text{m}$，如习题 5.30 图所示。试求流量 Q_1、Q_2 和 Q_3。

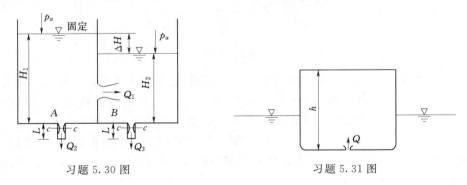

习题 5.30 图　　　　　　　习题 5.31 图

5.31　有一平底空船如习题 5.31 图所示。其横截面积 $\Omega=8\text{m}^2$，船舷高 $h=0.5\text{m}$，船自重 $G=9.8\text{kN}$。现船底有一直径 $d=0.1\text{m}$ 的破孔，水自破孔漏入船中。试问经过多长时间船将沉没。

5.32　如习题 5.32 图所示为一矩形放水孔，已知孔宽 $b=0.8\text{m}$，孔高 $e=1.2\text{m}$，闸孔上缘在液面下的深度为 $H_1=2\text{m}$，闸孔的流量系数 $\mu=0.7$。试计算孔口出流的流量。

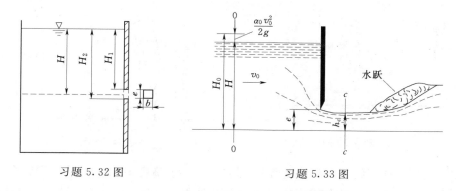

習题 5.32 图　　　　　　　　　　　習题 5.33 图

5.33* 设一平板闸门下的自由出流，如习题 5.33 图所示。闸宽 $b=10\text{m}$，闸前水头 $H=8\text{m}$，闸门开度 $e=2\text{m}$。试求闸孔出流的流量。

5.34* 某梯形断面渠道上修建一水闸，如习题 5.34 图所示。建闸处渠道为矩形断面，宽度 $B=12\text{m}$。已知梯形渠道的渠底宽度 $b'=10\text{m}$，边坡系数 $m=1.5$，粗糙系数 $n=0.0225$，底坡 $i=0.0002$。每个闸孔的宽度 $b=3\text{m}$，共 3 孔，闸前水深 $H=4\text{m}$，行近流速 $v_0=1.0\text{m/s}$，闸门开度 $e=1\text{m}$。试求通过该闸的泄流量 Q。

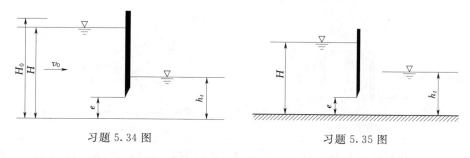

習题 5.34 图　　　　　　　　　　　習题 5.35 图

5.35 设在矩形断面渠道的水平底面上建造一平板挡水闸门如习题 5.35 图所示。已知渠宽 $b=5\text{m}$，闸前水深 $H=12\text{m}$，下游水深 $h_t=8\text{m}$。试求闸门开度 $e=1.5\text{m}$ 时通过闸孔的流量。

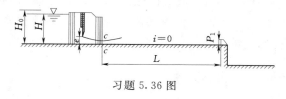

習题 5.36 图

5.36 如习题 5.36 图所示闸后接一平底渠道。已知闸孔为两孔，每孔宽度 $b=6\text{m}$，开度 $e=1.0\text{m}$，水头 $H=5\text{m}$，闸前行近流速 $v_0=1.0\text{m/s}$。闸下收缩断面到跌坎处的距离 $L=500\text{m}$，此间为矩形断面渠道，宽度 $B=14\text{m}$，粗糙系数 $n=0.017$。今欲在跌坎处建一折线形实用堰以抬高渠中水位，堰的流量系数 $m=0.42$，要求闸孔泄流量不受影响且闸下游保护段最短。试求最大堰高 P_1。

5.37* 某矩形断面排水渠道上有一单孔弧形闸门，闸下游接一陡坡渠道，如习题 5.37 图所示。已知上游水深 $H=3\text{m}$，弧形闸门门轴高 $c=4\text{m}$，闸门半径 $r=5\text{m}$，闸门开度 $e=1\text{m}$，下泄流量 $Q=19.2\text{m}^3/\text{s}$。试求闸孔宽度 b。

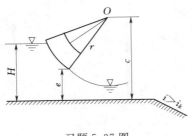

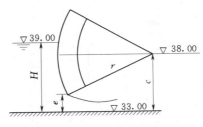

习题 5.37 图   习题 5.38 图

5.38　有一平底闸如习题 5.38 图所示,共 3 孔,每孔宽度 $b=10$m。闸上设弧形闸门,闸门的圆弧半径 $r=7.5$m,门轴高程为 38.00m,闸底高程为 33.00m。上游水位为 39.00m,上游渠道宽度为 36m,下游为自由出流。当闸门开度 $e=2$m 时,求通过闸孔的流量。

5.39　某宽顶堰式水闸如习题 5.39 图所示,共 10 孔,每孔宽度 $b=4$m。闸上设平板闸门,闸门底缘上游部分为圆弧形,圆弧半径 $r=0.2$m。上游河宽 $B=60$m,闸坎高于河床 2.0m。已知闸门开度 $e=2$m,流速系数 $\varphi=0.95$,下游水深 $h_t=3$m,通过闸孔的流量 $Q=465$m³/s。求闸前水头 H。

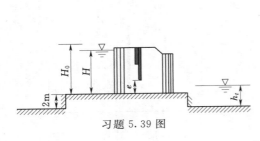

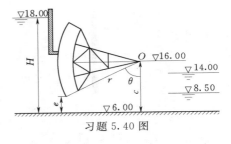

习题 5.39 图   习题 5.40 图

5.40　某水利枢纽设平底冲沙闸如习题 5.40 图所示,用弧形闸门控制流量。闸孔宽度 $b=10$m,弧门半径 $r=15$m,门轴高程为 16.00m,上游水位为 18.00m,闸门底高程为 6.00m。试计算闸门开度 $e=2$m,下游水位为 8.50m 和 14.00m 时通过闸孔的流量。

5.41　某实用堰上共有 7 孔闸门,每孔宽度 $b=5$m,堰上设弧形闸门,如习题 5.41 图所示。已知闸前水头 $H=5.6$m,闸孔开度 $e=1.5$m,实用堰高 $P=30$m,堰前渠宽 $B=46$m,下游水位在堰顶以下。求通过闸孔的流量。

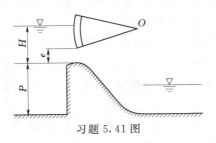

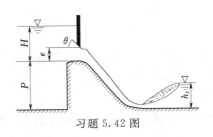

习题 5.41 图   习题 5.42 图

5.42　如习题 5.42 图所示为实用堰上的平板闸门下的泄流。已知堰上水头 $H=6$m,共 4 孔,每孔宽度 $b=8$m,闸门底缘向上游倾斜,倾斜角度为 45°,下泄流量 $Q=431$m³/s,

下游水位低于堰顶。试求闸门开度 e。

5.43　某水库千年一遇设计洪水位为 100.00m，下泄的设计流量 $Q=20000\text{m}^3/\text{s}$。拟采用带胸墙的溢流孔泄流，共 14 孔，每孔净宽度 $b=12\text{m}$，如习题 5.43 图所示。闸前渠道宽度 $B=190\text{m}$，泄洪时闸门全开，孔高 $e=12\text{m}$，胸墙底缘为圆弧形。试求设计水头 H_d 和堰顶高程。

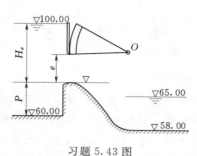

习题 5.43 图

第6章 泄水建筑物下游水流衔接与消能

6.1 概　述

第6章　数字资源

6.1.1 水流衔接与消能的问题

天然河道中的水流，一般多为缓流，单宽流量沿河宽的分布比较均匀。但在天然河道中修建泄水建筑物（如闸、坝）后，往往会改变天然河道水流的特性，使流动条件发生了变化。在河道上修建挡水建筑物后，抬高了上游河道的水位，以致从溢洪道、隧洞、坝身底孔等泄水建筑物下泄的水流具有较高的流速，动能很大；同时，从泄水建筑物的经济造价和工程布置要求来说，往往要求尽可能地缩窄泄流宽度，这就使得泄出的流量比较集中，单宽流量较大，大大地超过了下游河道所能承受的不冲流速，引起下游河道的冲刷。故必须采取消能防冲措施，使得高速集中下泄的水流与下游河道的正常水流衔接起来。如果对水流衔接不加以控制，或者控制措施设计不当，就会造成严重后果。

（1）集中下泄的水流可能严重地冲刷河床和河岸，危及建筑物的安全。如图6.1所示的溢流坝，水流自坝顶下泄至坝址断面 c—c 时单位重量液体所具有的能量为 E_1，下游断面 2—2 处的能量为 E_2，两者的差值 $\Delta E = E_1 - E_2$ 称为余能，余能的数值往往很大。如果某一溢流坝泄洪时的余能为50m，即 $\Delta E = 50$m，单位宽度泄流量 $q = 80\text{m}^3/(\text{s}\cdot\text{m})$，则单位宽度上余能的功率为

$$N = \gamma q \Delta E = 9.8 \times 80 \times 50 = 3.92 \times 10^4 (\text{kW})$$

这样巨大的能量（主要是动能）如不设法消除，势必冲刷河床，冲毁河堤，甚至使闸、坝等建筑物遭到破坏，有时部分能量转变为波动能量，对下游河道两岸造成严重冲刷，这就是所谓的消能问题。例如奥地利的列伯苓（Lebring）大坝，上、下游水位差仅为11.35m，沙卵石河床，冲刷坑深度就达到了12m；我国丹江口水电站，坝高97m，1967年开始蓄水运用，经多年洪水冲刷，河道局部冲刷深度达24m。我国三峡大坝坝高181m；白鹤滩水电站坝高289m，泄洪洞出口流速为47m/s；锦屏水电站坝高为305m，目前为世界第一高坝，泄洪洞出口流速高达51.55m/s。百米高坝尤其是300m量级以上的高坝消能防冲问题十分突出。

（2）当水流集中下泄时，如果下泄的水流不对称于下游河道中心线时，或河渠的下游水面宽度比溢流宽度 b 大许多时，以及多闸孔的闸门启闭程序不当时，经水工建筑物下泄的水流就会向一边偏折，而另一边形成巨大的回流，这种现象称为折冲水流。如图6.2所示的水利枢纽平面布置，溢流坝下泄的高速水流受到水电站出流的挤压向左岸偏折，在右岸形成巨大的回流。由于主流的有效过水断面面积受到压缩，偏折趋向左岸，则左岸的岸坡及河床受到冲刷，且在船闸下游形成不良的航行条件；同时，右岸的回流，又可能把从岸坡河床冲出的泥沙带回，堆积在水电站的下游，影响水电站的发电，这就是水流平面衔接问题。

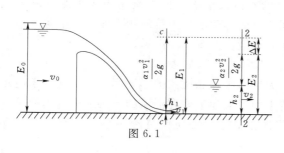

图 6.1

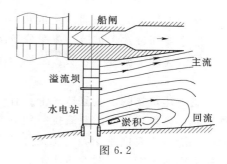

图 6.2

6.1.2　水流衔接与消能的形式

目前，常采用的水流衔接与消能形式大致有 4 种基本类型，即底流消能、挑流消能、面流消能和戽流消能，以及由此而派生出的各种各样的消能工形式。本章主要介绍这 4 种基本类型消能工的水力计算。

1. 底流消能

当从溢流坝下泄的急流向下游的缓流过渡时，必然发生水跃。所谓底流消能，就是在建筑物下游采取一定的人工措施，控制水跃发生的位置，通过水跃产生的表面旋滚和强烈紊动以达到消能的目的。这种水流衔接形式由于高速水流的主流在底部，故称为底流消能，如图 6.3 所示。

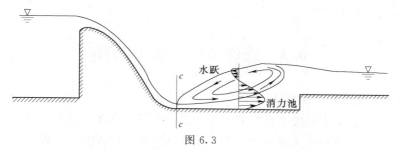

图 6.3

2. 挑流消能

利用出流部分的挑流鼻坎和水流所挟带的巨大动能，将下泄的急流挑射至远离建筑物的下游，使射流对河床造成的冲刷坑不致影响建筑物的安全。下泄水流的余能一部分在空中消散，大部分则在水股跌入下游水垫后通过两侧形成的旋滚而消除，如图 6.4 所示。

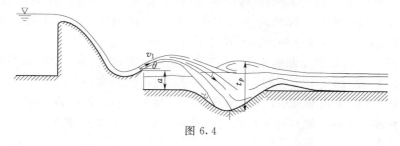

图 6.4

3. 面流消能

当下游水位较高，而且比较稳定时，可采取一定的工程措施，将下泄的高速水流导向下游水流的上层，主流与河床之间由巨大的底流旋滚隔开，可避免高速水流对河床的冲刷。余能主要通过水舌扩散、流速分布调整及底部旋滚与主流的相互作用而消除。由于衔接段中高流速的主流位于表层，故称为面流消能，如图 6.5 所示。

4. 戽流消能

在泄水建筑物的末端建造一个具有较大反弧半径和挑角的形同戽勺的鼻坎，下游水位比鼻坎高，鼻坎将出泄的急流挑射到下游水面形成涌浪，在涌浪的上游形成戽内旋滚，在涌浪的下游形成表面旋滚，主流之下形成底部旋滚，即所谓三滚一浪，这就是消力戽消能，简称戽流消能，如图 6.6 所示。

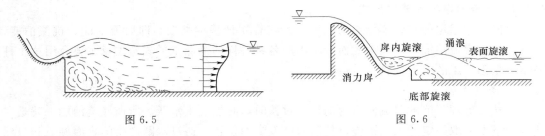

图 6.5　　　　　　　　　　　　　　　　图 6.6

实际工程中消能形式的选择是一个十分复杂的问题，必须结合具体工程的运用条件和水力条件、地形、地址及使用条件综合考虑，因地制宜地采取消能措施，以达到消除余能和保证建筑物安全的目的。

6.2　底流消能的水力条件

6.2.1　底流消能的三种衔接形式

从建筑物下泄的水流一般多具有较大的流速，多属于急流；而下游河道中的水流，因底坡一般较缓，流速较小，多属缓流。当下泄的急流过渡到缓流时，必然会发生水跃。底流消能就是借助于一定的工程措施控制水跃的位置，通过水跃发生的表面旋滚和强烈紊动来消除余能。

水跃的位置取决于坝址收缩断面水深 h_c 的共轭水深 h_c'' 与下游水深 h_t 的相对大小，可能出现下列三种衔接形式：

(1) 当 $h_c''=h_t$ 时，因为 h_t 恰好等于 h_c 的共轭水深 h_c''，故水跃跃首恰好在收缩断面发生，如图 6.7 (a) 所示。这种消能形式称为临界水跃衔接。只要水流条件稍有变化，水跃位置即发生改变，因此这种衔接形式是不稳定的。

(2) 当 $h_c''>h_t$ 时，收缩断面水深 h_c 与下游实际水深 h_t 不满足水跃的共轭水深条件，故水跃不会在收缩断面发生。水流从收缩断面起经过一段距离后，因为摩擦阻力的作用而消除部分动能，使流速逐渐减小，水深逐渐增大，至某一断面处，其水深恰好与下游水深 h_t 所要求的跃前水深相共轭时，水跃就在该断面发生。由于水跃发生在收缩断面的下游，称为远驱式水跃衔接，如图 6.7 (b) 所示。

(3) 当 $h_c''<h_t$ 时，下游水流所具有的断面比能大于临界水跃相应的跃后断面比能，使水跃向上游并淹没了收缩断面，形成淹没式水跃衔接，如图 6.7 (c) 所示。

上述三种底流型的衔接形式都能通过水跃消能，但它们的消能率和工程保护的范围却不相同。远驱水跃式衔接时，建筑物至水跃前有相当长一段为急流，流速高，对河床冲刷能力强，故要求保护的范围很长而不经济；淹没水跃式衔接时，当淹没度 h_t/h_c'' 较大时，消能效率较低，同时水跃段长度也比较长；临界水跃式衔接时，消能效率比较高，且紧靠坝址，需要保护的范围也最短，但水跃位置不够稳定是其缺点。因此工程实际中采用的是稍有淹没的水跃衔接。

工程中一般用 h_t/h_c'' 表示水跃的淹没程度，该比值称为水跃的淹没系数或淹没度，用 σ_j 表示，即

$$\sigma_j = h_t/h_c'' \tag{6.1}$$

当 $\sigma_j > 1$ 时为淹没水跃；$\sigma_j = 1$ 时为临界水跃；$\sigma_j < 1$ 时为远驱水跃。临界水跃和远驱水跃都是非淹没水跃，称为自由水跃，两者之间的区别仅在于它们所发生的相对位置不同。

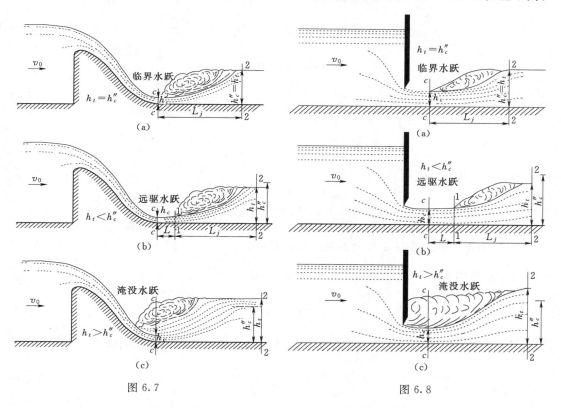

图 6.7   图 6.8

理论及实验研究表明，当淹没系数 $\sigma_j > 1.2$ 时，淹没水跃的消能率 K_j 小于弗劳德数相同时的自由水跃的消能率；淹没水跃的水跃长度则大于自由水跃的水跃长度；而且 σ_j 越大，消能率越小，水跃长度越长。主要原因是淹没程度增加，淹没水跃跃后断面的比能 $h_t + \dfrac{\alpha_2 v_2^2}{2g}$ 也增加，所以消能率降低。同时，位于表面旋滚下面的高速主流扩散得越慢，因此水跃长度加大。在进行建筑物的消能设计时，一般要求

$$\sigma_j = 1.05 \sim 1.1 \qquad (6.2)$$

上面所述的溢流坝下游水跃位置及形式的判别方法，对水闸或其他形式的泄水建筑物同样适用，如图 6.8 所示。

6.2.2　收缩断面水深 h_c 的计算

以图 6.9 所示的溢流坝为例，来推导收缩断面水深 h_c 的计算公式。

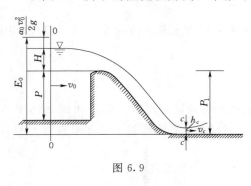

图 6.9

设通过溢流坝的流量为 Q，行近流速为 v_0，坝上水头为 H，下游坝高为 P_1，收缩断面水深为 h_c。现以通过收缩断面底部的水平面为基准面，列出坝前断面 0—0 及收缩断面 c—c 的能量方程得

$$H + P_1 + \frac{\alpha_0 v_0^2}{2g} = h_c + \frac{\alpha_c v_c^2}{2g} + \zeta \frac{v_c^2}{2g}$$

令 $E_0 = H + P_1 + \dfrac{\alpha_0 v_0^2}{2g}$，则上式可写成

$$E_0 = h_c + (\alpha_c + \zeta)\frac{v_c^2}{2g}$$

令 $\varphi = \dfrac{1}{\sqrt{\alpha_c + \zeta}}$，则有

$$E_0 = h_c + \frac{v_c^2}{2g\varphi^2}$$

以 $v_c = Q/A_c$ 代入上式得

$$E_0 = h_c + \frac{Q^2}{2g\varphi^2 A_c^2} \qquad (6.3)$$

式中：E_0 为上游总水头；φ 为溢流坝的流速系数。

对于矩形断面，$A_c = bh_c$，$q = Q/b$ 为单宽流量，则

$$E_0 = h_c + \frac{q^2}{2g\varphi^2 h_c^2}$$

对上式求解一般用试算法或迭代法，计算比较麻烦。这里给出显式解为

$$h_c = \left[\frac{1}{3} + \frac{2}{3}\sin\left(\frac{\pi}{6} - \frac{\theta}{3}\right) \right] E_0 \qquad (6.4)$$

其中

$$\theta = \arccos\left(-1 + \frac{27q^2}{4g\varphi^2 E_0^3}\right)$$

当断面形状、尺寸、流量及流速系数已知时，即可用式（6.3）来计算收缩断面的水深 h_c。对于矩形断面由式（6.4）计算。

6.2.3　流速系数 φ 的计算

由式（6.3）和式（6.4）可以看出，在计算收缩断面的水深时，必须确定流速系数

φ。流速系数 φ 主要取决于坝顶入口部分的局部水头损失和溢流坝的沿程水头损失。局部水头损失与溢流坝顶的形状和坝高有关，所占比例较小；在沿程水头损失方面，下泄水流是加速的非均匀流动，从坝顶开始发展的水流边界层逐渐延伸至一定距离才达到水面，水头损失主要取决于边界层内部的有涡流动。除此以外，流速系数 φ 还与坝面的粗糙程度、反弧半径 R 以及单宽流量 q 的大小有关，影响因素比较复杂。初步设计时，可按表 5.16 和表 6.1 初步选定。

表 6.1　　　　　　　　　　　流　速　系　数 φ

建筑物泄流方式	图　形	φ
无闸门的曲线形实用堰 　1. 溢流面长度较短 　2. 溢流面长度中等 　3. 溢流面较长		1.00 0.95 0.90
折线形实用堰 （多边形断面）		0.80～0.90
宽顶堰		0.85～0.95
跌水		1.00

计算溢流坝流速系数的经验公式很多，这里介绍两个公式：

$$\varphi = 1 - 0.0155 \frac{P_1}{H} \tag{6.5}$$

式（6.5）是综合系统实验资料得出的，适用于实用堰的自由溢流无显著掺气现象且 $P_1/H < 30$ 的情况。

陈椿庭根据国内外一些高坝的实测资料，提出的公式为

$$\varphi = \left(\frac{q^{2/3}}{Z} \right)^{0.2} \tag{6.6}$$

式中：Z 为坝的上游库水面至收缩断面底部的高差。

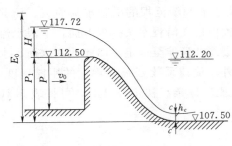

例题 6.1 图

【例题 6.1】　某水库溢洪道进口为曲线形实用堰，堰顶高程为 112.50m，溢洪道宽度 $b=18m$，下游渠底高程为 107.50m。当溢洪道通过流量 $Q=250m^3/s$ 时，相应的上游水位为 117.72m，下游水位为 112.20m，行近流速 $v_0=1.36m/s$，如例题 6.1 图所示。试求收缩断面的水深，并判别下游发生何种形式的水跃。

解：

（1）求收缩断面水深 h_c。

单宽流量为
$$q=Q/b=250/18=13.89[m^3/(s \cdot m)]$$

下游堰高为
$$P_1=112.5-107.5=5.0(m)$$

堰上水头为
$$H=117.72-112.5=5.22(m)$$

上游总水头为
$$E_0=P_1+H+\frac{\alpha_0 v_0^2}{2g}=5.0+5.22+\frac{1\times1.36^2}{2\times9.8}=10.314(m)$$

因为 $P_1/H=5.0/5.22=0.958<30$，所以

$$\varphi=1-0.0155\frac{P_1}{H}=1-0.0155\times\frac{5}{5.22}=0.985$$

$$\theta=\arccos\left(-1+\frac{27q^2}{4g\varphi^2 E_0^3}\right)=\arccos\left(-1+\frac{27\times13.89^2}{4\times9.8\times0.985^2\times10.314^3}\right)=151.065°$$

$$h_c=\left[\frac{1}{3}+\frac{2}{3}\sin\left(\frac{\pi}{6}-\frac{\theta}{3}\right)\right]E_0=\left[\frac{1}{3}+\frac{2}{3}\sin\left(\frac{\pi}{6}-\frac{151.065°}{3}\right)\right]\times10.314=1.046(m)$$

（2）求跃后水深 h_c''。

收缩断面平均流速为
$$v_c=q/h_c=13.89/1.046=13.279(m/s)$$

收缩断面的弗劳德数为
$$Fr=\frac{v_c}{\sqrt{gh_c}}=\frac{13.279}{\sqrt{9.8\times1.046}}=4.15$$

跃后水深为
$$h_c''=\frac{h_c}{2}\left(\sqrt{1+8Fr^2}-1\right)=\frac{1.046}{2}\times\left(\sqrt{1+8\times4.15^2}-1\right)=5.635(m)$$

（3）判别水跃衔接形式。

下游水深为
$$h_t=112.20-107.50=4.70(m)$$

因为 $h_c''>h_t$，下游发生远驱水跃衔接形式。

6.3　消力池的水力计算

当建筑物下游发生远驱式或临界式水跃衔接时，必须设法加大建筑物的下游水深，使水跃控制在紧靠建筑物处，并形成淹没程度不大的水跃。这种消能措施称为消力池。

加大下游水深的工程措施，主要有以下 3 种：

（1）降低护坦高程，使在下游形成消力池。

（2）在护坦末端修建消力坎来壅高水位，使坎前形成消力池。

（3）综合式消力池。

6.3.1 降低护坦高程所形成的消力池

降低护坦高程形成的消力池如图 6.10 所示。图中 0—0 线为原河床底面线，0′—0′ 线为挖深 d 后的护坦底面线。当池中形成淹没水跃后，水流出池时，其水流现象类似于宽顶堰的水流现象，水面跌落高度为 Δz，然后与下游水面相衔接。

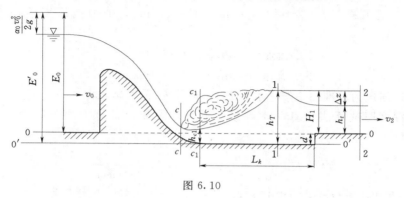

图 6.10

为了使消力池中形成稍有淹没的水跃，就要求渠末水深 $h_T = \sigma_j h_{c1}''$。其中，σ_j 为水跃的淹没系数，一般取 $\sigma_j = 1.05$；h_{c1}'' 为护坦高程降低后收缩断面水深 h_{c1} 的跃后共轭水深。由矩形断面的水跃方程得

$$h_{c1}'' = \frac{h_{c1}}{2}\left(\sqrt{1 + \frac{8q^2}{gh_{c1}^3}} - 1\right) \tag{6.7}$$

1. 消力池深度 d 的计算

由图 6.10 可知，h_{c1}'' 与下游河床水深 h_t、消力池深度 d、出池的水面跌落高度 Δz 有下列关系：

$$h_T = \sigma_j h_{c1}'' = d + h_t + \Delta z \tag{6.8}$$

由式（6.8）得

$$d = \sigma_j h_{c1}'' - h_t - \Delta z \tag{6.9}$$

下面推求水面跌落高度 Δz。以通过断面 2—2 底部的水平面为基准面，对消力池出口上游断面 1—1 及下游断面 2—2 列出能量方程得

$$H_1 + \frac{\alpha_1 v_1^2}{2g} = h_t + \frac{\alpha_2 v_2^2}{2g} + \zeta \frac{v_2^2}{2g}$$

由上式得

$$\Delta z = H_1 - h_t = \frac{v_2^2}{2g\varphi'^2} - \frac{\alpha_1 v_1^2}{2g}$$

令 $\alpha_1 = 1$，$v_2 = q/h_t$，$v_1 = q/(\sigma_j h_{c1}'')$，代入上式得

$$\Delta z = \frac{q^2}{2g}\left[\frac{1}{(\varphi' h_t)^2} - \frac{1}{(\sigma_j h_{c1}'')^2}\right] \tag{6.10}$$

$$\varphi' = 1/\sqrt{\alpha_2 + \zeta}$$

式中：φ' 为消力池的流速系数，其值取决于消力池出口处的顶部形式，一般取 $\varphi' = 0.95$。

当 E_0、q、φ 已知时，即可用式（6.4）、式（6.7）、式（6.9）和式（6.10）四个方程联立求解消力池深度 d。在计算时需注意，护坦高度降低一个 d 值后，E_0 增加为 $E_{01}=E_0+d$，收缩断面位置也由断面 $c—c$ 下移至断面 $c_1—c_1$，水深由 h_c 变为 h_{c1}。所以利用式（6.4）求 h_{c1} 时，式中的 E_0 应当用 E_{01} 代替。d 与 h_c'' 之间是一个复杂的隐函数关系，故求解消力池深度 d 时，一般需要试算法，具体计算过程见例题 6.2。

对于中小型工程 $[q<25\text{m}^3/(\text{s}\cdot\text{m})$，$E_0<35\text{m}]$，消力池深度的初值可近似用式（6.11）估算：

$$\left.\begin{array}{l} \text{下游流速 } v<3\text{m/s}, \quad d=1.05h_c''-h_t \\ \text{下游流速 } v>3\text{m/s}, \quad d=h_c''-h_t \end{array}\right\} \tag{6.11}$$

式中：h_c'' 是以河床为基准面，按总水头 E_0 求得的 h_c 的共轭水深。

消力池深度用试算法计算非常麻烦，下面寻求简化计算方法。将式（6.10）代入式（6.9）得

$$d=\sigma_j h_{c1}''+\frac{q^2}{2g(\sigma_j h_{c1}'')^2}-\left[h_t+\frac{q^2}{2g}\frac{1}{(\varphi'h_t)^2}\right] \tag{6.12}$$

对式（6.7）两边平方代入式（6.12）得

$$d=\sigma_j\frac{h_{c1}}{2}\left[\sqrt{1+8q^2/(gh_{c1}^3)}-1\right]$$

$$+\frac{q^2}{2g\sigma_j^2}\frac{1}{(h_{c1}/2)^2\left[1+8q^2/(gh_{c1}^3)-2\sqrt{1+8q^2/(gh_{c1}^3)}+1\right]}-A \tag{6.13}$$

式中：$A=h_t+q^2/[2g(\varphi'h_t)^2]$。

令 $1+8q^2/(gh_{c1}^3)=x^2$，则

$$h_{c1}=(8q^2/g)^{1/3}/(x^2-1)^{1/3} \tag{6.14}$$

将式（6.14）代入式（6.13）整理得

$$d=\left(\frac{8q^2}{g}\right)^{1/3}\left[\frac{\sigma_j}{2}\frac{x-1}{(x^2-1)^{1/3}}+\frac{(x^2-1)^{2/3}}{4\sigma_j^2(x-1)^2}\right]-A \tag{6.15}$$

写如图 6.10 所示的上游断面和断面 $c_1—c_1$ 的能量方程得

$$E_0+d=h_{c1}+q^2/(2g\varphi^2 h_{c1}^2)$$

由上式解出 d，并将式（6.14）代入上式得

$$d=\left(\frac{8q^2}{g}\right)^{1/3}\left[\frac{(x^2-1)^{2/3}}{16\varphi^2}+\frac{1}{(x^2-1)^{1/3}}\right]-E_0 \tag{6.16}$$

由式（6.15）和式（6.16）可得

$$\left(\frac{8q^2}{g}\right)^{1/3}\left[\frac{(x^2-1)^{2/3}}{16\varphi^2}+\frac{1}{(x^2-1)^{1/3}}-\frac{\sigma_j}{2}\frac{x-1}{(x^2-1)^{1/3}}-\frac{(x^2-1)^{2/3}}{4\sigma_j^2(x-1)^2}\right]=E_0-A$$

上式可以写成　$\dfrac{1}{(x^2-1)^{1/3}}\left[\dfrac{(x^2-1)}{16\varphi^2}+1-\dfrac{\sigma_j}{2}(x-1)-\dfrac{x^2-1}{4\sigma_j^2(x-1)^2}\right]=B \tag{6.17}$

式中：$B=(E_0-A)/(8q^2/g)^{1/3}$。

将式（6.17）写成迭代形式得

$$x = \frac{16\varphi^2 \{B(x^2-1)^{1/3} - 1 + (\sigma_j/2)(x-1) + (x+1)/[4\sigma_j^2(x-1)]\}}{x-1} - 1 \quad (6.18)$$

式中：φ 为流速系数；E_0 为从下游原河床算起的上游总水头。

式（6.18）的迭代初值 $x = \sqrt{1 + 8q^2/(gh_c^3)}$，其中 h_c 为以下游河床计算的收缩断面的水深。

求得 x 后，则可由式（6.14）计算 h_{c1}，由式（6.15）或式（6.16）计算消力池的深度 d。

2. 消力池长度 L_k 的计算

消力池的长度必须能保证水跃不越出池外，所以，合理的池长应从平底完全水跃的长度出发来考虑。但消力池中的水跃受到消力池末端的垂直壁面产生的一个反向作用力，减小了水跃长度。实验表明，它的长度要比无坎阻挡的完全水跃缩短 20%～30%。由此可得消力池的长度为

$$L_k = (0.7 \sim 0.8)L_j \quad (6.19)$$

式中：L_j 为平底渠道自由水跃的长度，其计算公式见第 3 章的 3.6 节。

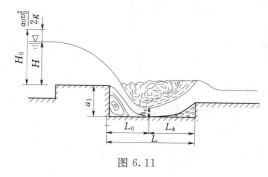

图 6.11

对于具有垂直跌坎的宽顶堰，其池长除 L_k 外还应计及跌坎壁到收缩断面的距离 L_0，如图 6.11 所示，则池长为

$$L = L_0 + L_k \quad (6.20)$$

L_0 可近似的按式（6.21）计算：

$$L_0 = 4m\sqrt{(a_1 + 0.25H_0)H_0} \quad (6.21)$$

式中：m 为宽顶堰的流量系数；a_1 为宽顶堰的下游堰高；H_0 为堰上总水头。

3. 消力池设计流量的选择

上面所述消力池的深度和长度的计算是针对一个给定的流量及相应的下游水深 h_t，但泄水建筑物在运用时，其下泄流量是根据实际情况来控制的，有一定的变化范围。现在的问题是，根据哪一个流量来计算池长和池深，才能在不同的流量变化范围内都能保证池中形成淹没水跃，这就是如何选择消力池设计流量的问题。显然，应该选择要求有最大的池深和池长的流量作为消力池的设计流量。

由式（6.9）知，如果忽略水面跌落高度 Δz，池深 d 是随（$h_c'' - h_t$）的增大而增大的，因此 d 的最大值必须相应于（$h_c'' - h_t$）的最大值。所以（$h_c'' - h_t$）为最大时的流量即为所要求的池深最大流量，据此求出的消力池深度是各种流量下所需消力池深度的最大值。实践证明，池深 d 的设计流量并不一定是建筑物所通过的最大流量。

实际计算时，应在给定的流量范围内，对不同的流量计算 h_c 和 h_c''，给出流量 Q 与（$h_c'' - h_t$）的关系曲线，如图 6.12 所示。当

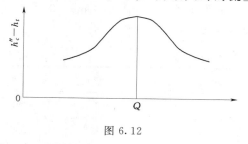

图 6.12

181

$(h_c'' - h_t)$ 为最大时，对应的流量即为消力池深度的设计流量。但在计算时须注意，计算 h_c 和 h_c'' 时，应是护坦降低前的 h_c 和 h_c''。

消力池的长度取决于水跃长度 L_j，一般来说，水跃长度随流量的增大而增大，所以，消力池长度的设计流量应为建筑物通过的最大流量。

【例题 6.2】　某溢流坝为 WES 剖面，坝顶部设闸门控制流量，如例题 6.2 图（一）所示。今保持坝顶部水头 $H = 3.2\mathrm{m}$，调节闸门开度，使单宽流量 q 的变化范围为 $3 \sim 12\mathrm{m}^3/(\mathrm{s} \cdot \mathrm{m})$，相应的下游水深由 q-h_t 关系查得。已知坝高 $P = P_1 = 10\mathrm{m}$，试判别坝下游的水跃衔接形式；若需设置消力池，试计算降低护坦式消力池的深度和长度。

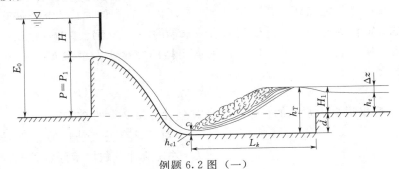

例题 6.2 图（一）

解：

（1）判别坝下游水跃的衔接形式。因为坝高 $P = P_1 = 10\mathrm{m} > 1.33H = 1.33 \times 3.2 = 4.26(\mathrm{m})$，为高坝，可不计行近流速水头的影响，即 $H_0 \approx H = 3.2\mathrm{m}$，则

$$E_0 = P_1 + H_0 = 10 + 3.2 = 13.2(\mathrm{m})$$

对于图示出流情况，由表 5.16 查得流速系数 $\varphi = 0.85 \sim 0.95$，取 $\varphi = 0.90$，当 $q = 3\mathrm{m}^3/(\mathrm{s} \cdot \mathrm{m})$ 时，则

$$\theta = \arccos\left(-1 + \frac{27q^2}{4g\varphi^2 E_0^3}\right) = \arccos\left(-1 + \frac{27 \times 3^2}{4 \times 9.8 \times 0.9^2 \times 13.2^3}\right) = 175.325°$$

$$h_c = \left[\frac{1}{3} + \frac{2}{3}\sin\left(\frac{\pi}{6} - \frac{\theta}{3}\right)\right]E_0 = \left[\frac{1}{3} + \frac{2}{3}\sin\left(\frac{\pi}{6} - \frac{175.325°}{3}\right)\right] \times 13.2 = 0.209(\mathrm{m})$$

跃后水深为

$$h_c'' = \frac{h_c}{2}\left(\sqrt{1 + \frac{8q^2}{gh_c^3}} - 1\right) = \frac{0.209}{2} \times \left(\sqrt{1 + \frac{8 \times 3^2}{9.8 \times 0.209^3}} - 1\right) = 2.862(\mathrm{m})$$

同理可得 $q = 6\mathrm{m}^3/(\mathrm{s} \cdot \mathrm{m})$、$9\mathrm{m}^3/(\mathrm{s} \cdot \mathrm{m})$、$12\mathrm{m}^3/(\mathrm{s} \cdot \mathrm{m})$ 时相应的 h_c 和 h_c''，计算结果见例题 6.2 表。

例题 **6.2** 表　　　　　　　　　　h_c 和 h_c'' 计算结果

$q/[\mathrm{m}^3/(\mathrm{s} \cdot \mathrm{m})]$	h_c/m	h_c''/m	$q/[\mathrm{m}^3/(\mathrm{s} \cdot \mathrm{m})]$	h_c/m	h_c''/m
3	0.209	2.862	9	0.637	4.782
6	0.421	3.969	12	0.857	5.441

将例题 6.2 表中的 h_c'' 与 q 的对应值点绘在 $h_t - q$ 曲线的同一张图上，如例题 6.2 图（二）所示。由图中可以看出，在所讨论的流量范围内，h_c'' 均大于 h_t，故下游产生远驱式水跃衔接。

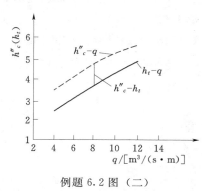

例题 6.2 图（二）

（2）消力池设计流量的选择。由 $h_c''(h_t)$ 与 q 的关系图上可以看出，$(h_c'' - h_t)$ 最大时对应的流量为 $q = 6\text{m}^3/(\text{s} \cdot \text{m})$，此流量即为消力池深度的设计流量。相应于 $q = 6\text{m}^3/(\text{s} \cdot \text{m})$ 时，$h_c = 0.421\text{m}$，$h_c'' = 3.969\text{m}$，$h_t = 3.05\text{m}$。

（3）消力池深度的计算。

1）试算法：首先用式（6.11）估算消力池深度的初值 d，因为下游流速 $v = q/h_t = 6/3.05 = 1.967(\text{m/s}) < 3\text{m/s}$，所以

$$d = 1.05h_c'' - h_t = 1.05 \times 3.969 - 3.05 = 1.118(\text{m})$$

取 $d = 1.12\text{m}$，于是

$$E_{01} = E_0 + d = 13.2 + 1.12 = 14.32(\text{m})$$

$$\theta_1 = \arccos\left(-1 + \frac{27q^2}{4g\varphi^2 E_{01}^3}\right) = \arccos\left(-1 + \frac{27 \times 6^2}{4 \times 9.8 \times 0.9^2 \times 14.32^3}\right) = 171.72°$$

$$h_{c1} = \left[\frac{1}{3} + \frac{2}{3}\sin\left(\frac{\pi}{6} - \frac{\theta_1}{3}\right)\right]E_{01} = \left[\frac{1}{3} + \frac{2}{3}\sin\left(\frac{\pi}{6} - \frac{171.72°}{3}\right)\right] \times 14.32 = 0.404(\text{m})$$

$$h_{c1}'' = \frac{h_{c1}}{2}\left(\sqrt{1 + \frac{8q^2}{gh_{c1}^3}} - 1\right) = \frac{0.404}{2} \times \left(\sqrt{1 + \frac{8 \times 6^2}{9.8 \times 0.404^3}} - 1\right) = 4.067(\text{m})$$

$$\Delta z = \frac{q^2}{2g}\left[\frac{1}{(\varphi' h_t)^2} - \frac{1}{(\sigma_j h_{c1}'')^2}\right] = \frac{6^2}{2 \times 9.8} \times \left[\frac{1}{(0.95 \times 3.05)^2} - \frac{1}{(1.05 \times 4.067)^2}\right]$$

$$= 1.837 \times (0.1191 - 0.05484) = 0.118(\text{m})$$

$$d = \sigma_j h_{c1}'' - h_t - \Delta z = 1.05 \times 4.067 - 3.05 - 0.118 = 1.102(\text{m})$$

与假设不相符，再设 $d = 1.102\text{m}$，则

$$E_{02} = E_0 + d = 13.2 + 1.102 = 14.302(\text{m})$$

$$\theta_2 = \arccos\left(-1 + \frac{27q^2}{4g\varphi^2 E_{02}^3}\right) = \arccos\left(-1 + \frac{27 \times 6^2}{4 \times 9.8 \times 0.9^2 \times 14.302^3}\right) = 171.704°$$

$$h_{c2} = \left[\frac{1}{3} + \frac{2}{3}\sin\left(\frac{\pi}{6} - \frac{\theta_2}{3}\right)\right]E_{02} = \left[\frac{1}{3} + \frac{2}{3}\sin\left(\frac{\pi}{6} - \frac{171.704°}{3}\right)\right] \times 14.302 = 0.4039(\text{m})$$

$$h_{c2}'' = \frac{0.4039}{2} \times \left(\sqrt{1 + \frac{8 \times 6^2}{9.8 \times 0.4039^3}} - 1\right) = 4.067(\text{m})$$

$$\Delta z = 1.837 \times \left(0.1191 - \frac{1}{(1.05 \times 4.067)^2}\right) = 0.118(\text{m})$$

$$d = \sigma_j h_{c2}'' - h_t - \Delta z = 1.05 \times 4.067 - 3.05 - 0.118 = 1.102(\text{m})$$

所以池深 $d = 1.102\text{m}$ 即为所求。

2）迭代法。

$$A = h_t + q^2/[2g(\varphi' h_t)^2] = 3.05 + 6^2/[2 \times 9.8 \times (0.95 \times 3.05)^2] = 3.268776$$

$$B = (E_0 - A)/(8q^2/g)^{1/3} = (13.2 - 3.268776)/(8 \times 6^2/9.8)^{1/3} = 3.218207$$

迭代初值为 $\sqrt{1 + 8q^2/(gh_c^3)} = \sqrt{1 + 8 \times 6^2/(9.8 \times 0.421^3)} = 19.87$，将 $B = 3.218207$，$\varphi = 0.90$ 和 $\sigma_j = 1.05$ 代入式（6.18）迭代得 $x = 21.141648$，则

$$h_{c1} = (8q^2/g)^{1/3}/(x^2 - 1)^{1/3} = (8 \times 6^2/9.8)^{1/3}/(21.141648^2 - 1)^{1/3} = 0.4039(\text{m})$$

$$d = q^2/(2g\varphi^2 h_{c1}^2) + h_{c1} - E_0 = 6^2/(2 \times 9.8 \times 0.9^2 \times 0.4039^2) + 0.4039 - 13.2$$

$$= 1.103(\text{m})$$

与试算法一致，但计算过程简单得多。

（4）消力池长度 L_k。取最大单宽流量 $q = 12\text{m}^3/(\text{s} \cdot \text{m})$。

$$E_0' = E_0 + d = 13.2 + 1.102 = 14.302(\text{m})$$

$$\theta = \arccos\left(-1 + \frac{27q^2}{4g\varphi^2 E_0'^3}\right) = \arccos\left(-1 + \frac{27 \times 12^2}{4 \times 9.8 \times 0.9^2 \times 14.302^3}\right) = 163.364°$$

$$h_c' = \left[\frac{1}{3} + \frac{2}{3}\sin\left(\frac{\pi}{6} - \frac{\theta}{3}\right)\right]E_0' = \left[\frac{1}{3} + \frac{2}{3}\sin\left(\frac{\pi}{6} - \frac{163.364°}{3}\right)\right] \times 14.302 = 0.82(\text{m})$$

$$h_c'' = \frac{h_c'}{2}\left(\sqrt{1 + \frac{8q^2}{gh_c'^3}} - 1\right) = \frac{0.82}{2} \times \left(\sqrt{1 + \frac{8 \times 12^2}{9.8 \times 0.82^3}} - 1\right) = 5.588(\text{m})$$

因为 $Fr_c = \dfrac{q}{\sqrt{gh_c'^3}} = \dfrac{12}{\sqrt{9.8 \times 0.82^3}} = 5.16$，$4.5 < Fr_c < 10$，所以可用第 3 章的式（3.17）计算水跃长度，即

$$L_j = 6.1h_c'' = 6.1 \times 5.588 = 34.09(\text{m})$$

消力池长度为

$$L_k = (0.7 \sim 0.8)L_j = (0.7 \sim 0.8) \times 34.09 = 23.86 \sim 27.27(\text{m})$$

取 $L_k = 25\text{m}$。

6.3.2　在护坦末端修建消力坎形成的消力池

在河床不宜开挖或开挖太深造价不经济时，可在护坦末端修建消力坎壅高坎前水深形成消力池。消力坎的作用在于局部壅高坎前水深来形成池内具有一定安全系数的淹没水跃。水力计算的主要任务是确定消力坎的高度 c 及池长 L_k。

如图 6.13 所示，建坎后水流受坎壅阻，池末水深 h_T 大于下游水深 h_t，池内形成水跃。坎前水深 $h_T = \sigma_j h_c''$，从图 6.13 可以看出：

$$h_T = \sigma_j h_c'' = c + H_1$$

式中：c 为坎高；H_1 为坎顶水深。

由此可得坎高 c 的计算式为

$$c = \sigma_j h_c'' - H_1 \tag{6.22}$$

消力坎一般做成折线形或曲线形实用堰，故坎顶水头可用堰流公式计算：

$$H_1 = H_{10} - \frac{q^2}{2g(\sigma_j h_c'')^2} = \left(\frac{q}{\sigma_s m_1 \sqrt{2g}}\right)^{2/3} - \frac{q^2}{2g(\sigma_j h_c'')^2} \tag{6.23}$$

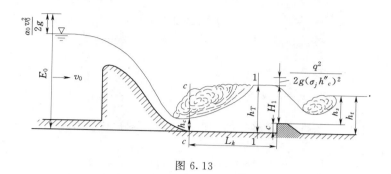

图 6.13

式中：m_1 为消力坎的流量系数，与坎的形状及池内水流状态有关，目前尚无系统的研究资料，初步设计时可取 $m_1 = 0.42$；σ_s 为消力坎的淹没系数，它取决于淹没程度 h_s/H_{10}，而 $h_s = h_t - c$，故

$$\sigma_s = f\left(\frac{h_t - c}{H_{10}}\right) = f\left(\frac{h_s}{H_{10}}\right)$$

因为消力坎前有水跃存在，与一般实用堰前的水流状态不同，故淹没系数及淹没出流的条件也有所不同。判别淹没出流的条件为

$$\frac{h_t - c}{H_{10}} = \frac{h_s}{H_{10}} \geq 0.45 \tag{6.24}$$

当 $h_s/H_{10} \leq 0.45$ 时，消力坎为非淹没出流，$\sigma_s = 1$；当 $h_s/H_{10} > 0.45$ 时，消力坎为淹没出流，$\sigma_s < 1$，σ_s 可由表 6.2 查得。

表 6.2 消 力 坎 的 淹 没 系 数

h_s/H_{10}	≤ 0.45	0.50	0.55	0.60	0.65	0.70	0.72	0.74	0.76	0.78
σ_s	1.00	0.99	0.985	0.975	0.960	0.940	0.930	0.915	0.900	0.885
h_s/H_{10}	0.80	0.82	0.84	0.86	0.88	0.90	0.92	0.95	1.00	
σ_s	0.865	0.845	0.815	0.785	0.750	0.710	0.651	0.535	0.00	

应用式（6.22）和式（6.23）计算消力坎的高度时，一般用试算法。计算时先假定坎高 c，利用上述各式计算 H_1、H_{10}，由表 6.2 查得淹没系数 σ_s，校核单宽流量 q，直到与给定的 q 相符为止。

消力坎高度的计算涉及消力坎的淹没系数和消力坎的高度，计算过程复杂，下面寻求简化计算方法。

根据表 6.2 的数据，拟合淹没系数的公式为

$$\sigma_s = \left[1 - (h_s/H_{10})^{6.48}\right]^{1/2} \tag{6.25}$$

式（6.25）的最大误差为 1.29%，尤其在高度淹没时误差没有超过 1%。

由式（6.25）得

$$H_{10} = h_s/(1 - \sigma_s^2)^{1/6.48} = (h_t - c)/(1 - \sigma_s^2)^{1/6.48}$$

由式（6.23）得

$$H_{10} = \left(\frac{q}{\sigma_s m_1 \sqrt{2g}} \right)^{2/3}$$

由以上两式得

$$c = h_t - (1 - \sigma_s^2)^{1/6.48} \left(\frac{q}{\sigma_s m_1 \sqrt{2g}} \right)^{2/3} \qquad (6.26)$$

联立式（6.22）、式（6.23）和式（6.26）得淹没系数的迭代公式为

$$\sigma_s = \left[1 - \left(1 - \frac{\sigma_s^{2/3}}{A} \right)^{6.48} \right]^{1/2} \qquad (6.27)$$

式中：$A = \dfrac{[q/(m_1 \sqrt{2g})]^{2/3}}{\sigma_j h_c'' + q^2/[2g(\sigma_j h_c'')^2] - h_t}$，此值为已知值。

式（6.27）的迭代初值可取为 1。有了淹没系数，坎高可以用式（6.26）直接计算。

求出消力坎高度后，还要注意坎下游水流的衔接情况。如果坎太高，以致在坎的下游又发生远驱式水跃，则可在下游修建二道消力坎或采取其他消能措施。判别方法如下：

（1）计算消力坎前总水头 E_{10}：

$$E_{10} = c + H_{10} \qquad (6.28)$$

（2）取流速系数 $\varphi_0 = 0.9 \sim 0.95$，计算坎后收缩断面的水深 h_{c0}：

$$h_{c0} = \left[\frac{1}{3} + \frac{2}{3} \sin\left(\frac{\pi}{6} - \frac{\theta_0}{3} \right) \right] E_{10} \qquad (6.29)$$

$$\theta_0 = \arccos\left(-1 + \frac{27q^2}{4g\varphi_0^2 E_{10}^3} \right)$$

由式（6.29）求出 h_{c0}，然后由式（6.7）计算跃后水深 h_{c0}''，如果 $h_{c0}'' > h_t$，需修建第二级消力坎……直到跃后产生淹没水跃衔接形式为止。第二级消力池的计算方法与上面的计算方法相同。

【例题 6.3】　隧洞出口消力池的水力计算。某隧洞出口接扩散段，下接矩形断面消力池，如例题 6.3 图所示。已知护坦面以上总水头 $E_0 = 11.6\mathrm{m}$，下游水深 $h_t = 3.5\mathrm{m}$，护坦段单宽流量 $q = 8.3\mathrm{m^3/(s \cdot m)}$，隧洞出口至消力池的流速系数 $\varphi = 0.95$。试求：

（1）判别下游水流衔接形式，是否需要设置消能设施。

（2）如设置消力坎，求消力坎的高度和消力池的长度。

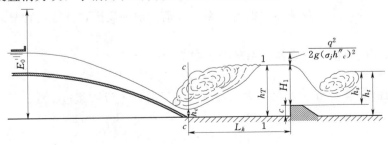

例题 6.3 图

解：

（1）判别是否需要修建消力池。

$$\theta=\arccos\left(-1+\frac{27q^2}{4g\varphi^2 E_0^3}\right)=\arccos\left(-1+\frac{27\times 8.3^2}{4\times 9.8\times 0.95^2\times 11.6^3}\right)=165.087°$$

$$h_c=\left[\frac{1}{3}+\frac{2}{3}\sin\left(\frac{\pi}{6}-\frac{\theta}{3}\right)\right]E_0=\left[\frac{1}{3}+\frac{2}{3}\sin\left(\frac{\pi}{6}-\frac{165.087°}{3}\right)\right]\times 11.6=0.595(\text{m})$$

跃后水深为

$$h_c''=\frac{h_c}{2}\left(\sqrt{1+\frac{8q^2}{gh_c^3}}-1\right)=\frac{0.595}{2}\times\left(\sqrt{1+\frac{8\times 8.3^2}{9.8\times 0.595^3}}-1\right)=4.573(\text{m})$$

因为 $h_c''>h_t=3.5\text{m}$，为远驱式水跃衔接，故需修建消力池。现拟设计一消力坎式消力池。

（2）计算消力坎高度。

1）试算法：由于坎高的计算与坎顶流态有关，故先假定消力坎为非淹没堰，即令淹没系数 $\sigma_s=1$。取消力坎的流量系数 $m_1=0.42$，则消力坎顶总水头为

$$H_{10}=\left(\frac{q}{\sigma_s m_1\sqrt{2g}}\right)^{2/3}=\left(\frac{8.3}{1\times 0.42\times\sqrt{2\times 9.8}}\right)^{2/3}=2.710(\text{m})$$

取 $\sigma_j=1.05$，则坎顶水深为

$$H_1=H_{10}-\frac{q^2}{2g(\sigma_j h_c'')^2}=2.710-\frac{8.3^2}{2\times 9.8\times(1.05\times 4.573)^2}=2.560(\text{m})$$

坎高为

$$c=\sigma_j h_c''-H_1=1.05\times 4.573-2.560=2.242(\text{m})$$

然后校核坎顶是否淹没。

$$h_s=h_t-c=3.5-2.242=1.258(\text{m})$$

$$\frac{h_s}{H_{10}}=\frac{1.258}{2.71}=0.463>0.45$$

为淹没出流。应考虑淹没系数 σ_s 的影响。以下按淹没出流情况试算坎高 c。

设坎高 $c_1=2.2\text{m}$，则

$$H_1=\sigma_j h_c''-c_1=1.05\times 4.573-2.2=4.802-2.2=2.602(\text{m})$$

$$H_{10}=H_1+\frac{q^2}{2g(\sigma_j h_c'')^2}=2.602+\frac{8.3^2}{2\times 9.8\times(1.05\times 4.573)^2}=2.754(\text{m})$$

$$\frac{h_s}{H_{10}}=\frac{h_t-c_1}{H_{10}}=\frac{3.5-2.2}{2.754}=0.472$$

查表 6.2 得淹没系数 $\sigma_s=0.995$，则消力坎上的单宽流量为

$$q=\sigma_s m_1\sqrt{2g}H_{10}^{3/2}=0.995\times 0.42\times\sqrt{2\times 9.8}\times 2.754^{3/2}=8.46\ [\text{m}^3/(\text{s}\cdot\text{m})]$$

与假设不相符，重新假设坎高 c，计算结果见例题 6.3 表。

例题 6.3 表　　　　　　　　　　消 力 坎 高 度 计 算 表

c /m	$H_1=\sigma_j h_c''-c$ /m	$H_{10}=H_1+\dfrac{q^2}{2g\ (\sigma_j h_c'')^2}$ /m	$\dfrac{h_s}{H_{10}}=\dfrac{h_t-c}{H_{10}}$	σ_s	$q=\sigma_s m_1 \sqrt{2g}\,H_{10}^{3/2}$ /[m³/(s·m)]
2.2	2.603	2.754	0.472	0.995	8.46
2.235	2.568	2.720	0.465	0.997	8.42
2.238	2.565	2.717	0.464	0.9975	8.30

由例题 6.3 表中可以看出，当坎高 $c=2.238\mathrm{m}$ 时，单宽流量 $q=8.3\mathrm{m^3/(s \cdot m)}$，与给定流量相同。所以取坎高 $c=2.238\mathrm{m}$。

2）迭代法。

$$A=\frac{[q/(m_1 \sqrt{2g}\,)]^{2/3}}{\sigma_j h_c''+q^2/[2g(\sigma_j h_c'')^2]-h_t}$$

$$=\frac{[8.3/(0.42 \times \sqrt{2 \times 9.8}\,)]^{2/3}}{1.05 \times 4.573+8.3^2/[2 \times 9.8 \times (1.05 \times 4.573)^2]-3.5}$$

$$=1.8644$$

将其代入式（6.27）迭代得 $\sigma_s=0.9965$。

$$c=h_t-(1-\sigma_s^2)^{1/6.48}\left(\frac{q}{\sigma_s m_1 \sqrt{2g}}\right)^{2/3}$$

$$=3.5-(1-0.9965^2)^{1/6.48} \times \left(\frac{8.3}{0.9965 \times 0.42 \times \sqrt{2 \times 9.8}}\right)^{2/3}$$

$$=2.237(\mathrm{m})$$

与试算法一致。

（3）计算消力池长度。

$$Fr=\frac{q}{\sqrt{gh_c^3}}=\frac{8.3}{\sqrt{9.8 \times 0.595^3}}=5.78$$

因为 $4.5<Fr<10$，所以

$$L_j=6.1h_c''=6.1 \times 4.573=27.895(\mathrm{m})$$

池长为

$$L_k=(0.7\sim0.8)L_j=(0.7\sim0.8) \times 27.895=19.526\sim22.316(\mathrm{m})$$

取消力池长度 $L_k=21\mathrm{m}$。

因为消力坎已是淹没出流，故不再验算坎后水流的衔接形式。

6.3.3　综合式消力池

当所需消力坎过高，坎后难以保证出现淹没水跃，而单独使用降低护坦式消力池有可能开挖量过大时，可考虑采用综合式消力池。综合式消力池水力计算的主要任务是求坎高 c、池深 d 和池长 L_k。

设一综合式消力池如图 6.14 所示。求综合式消力池参数的基本思路是：先假定消力池内和消力坎的下游河槽内均发生临界水跃，求得所需的池深 d 及坎高 c，然后求临界水跃转变为淹没水跃所需的池深和坎高。求解步骤如下。

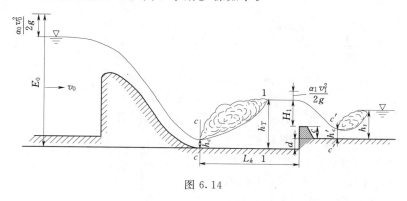

图 6.14

1. 求坎高 c

（1）假设消力坎后形成二次水跃，跃后水深为下游水深 h_t，跃前水深 h_c' 用式（6.30）计算：

$$h_c' = \frac{h_t}{2}\left(\sqrt{1+\frac{8q^2}{gh_t^3}}-1\right)$$ （6.30）

（2）以下游河床为基准面，计算跃前断面总水头 E_0'：

$$E_0' = h_c' + \frac{q^2}{2g(\varphi_0 h_c')^2}$$ （6.31）

式中：φ_0 为消力坎后水流收缩断面的流速系数。

（3）取 $m=0.42$，计算坎顶以上总水头：

$$H_{10} = \left(\frac{q}{m\sqrt{2g}}\right)^{2/3}$$ （6.32）

（4）求坎高 c：

$$c = E_0' - H_{10}$$ （6.33）

当求出坎高 c 后，为安全起见，可使坎高较求出的坎高稍低一些，使坎后形成稍有淹没的水跃。

2. 求池深 d

为了使消力池中形成稍有淹没的水跃，由图 6.14 可得

$$\sigma_j h_c'' = H_1 + c + d$$ （6.34）

式中：H_1 用式（6.23）计算；h_c'' 为挖深式消力池的跃后水深。

将式（6.23）代入式（6.34）得

$$H_{10} + c = \sigma_j h_c'' + \frac{q^2}{2g(\sigma_j h_c'')^2} - d$$ （6.35）

式（6.35）的左边为已知量，右边为消力池深度 d 的函数，可由试算法求得。计算过程与降低护坦高程形成消力池的计算过程相同。

和降低护坦式消力池一样，综合式消力池在求得坎高 c 以后，也可以用迭代法求池深 d。推导过程与降低护坦式消力池一样，为了加以区别，设 $1+8q^2/(gh_{c1}^3)=z^2$，则

$$h_{c1} = (8q^2/g)^{1/3}/(z^2-1)^{1/3} \tag{6.36}$$

z 的迭代公式为

$$z = \frac{16\varphi^2\{B(z^2-1)^{1/3}-1+(\sigma_j/2)(z-1)+(z+1)/[4\sigma_j^2(z-1)]\}}{z-1}-1 \tag{6.37}$$

式中：$B=(E_0-H_{10}-c)/(8q^2/g)^{1/3}$；迭代初值为 $z=\sqrt{1+8q^2/(gh_c^3)}$。

求出 z 后，由式（6.36）计算 h_{c1}，则消力池深度为

$$d = q^2/(2g\varphi^2h_{c1}^2)+h_{c1}-E_0 \tag{6.38}$$

【**例题 6.4**】　如例题 6.4 图所示为一修筑于河道中的溢流坝，坝顶高程为 110.00m，溢流面长度中等，河床高程为 100.00m。上游水位为 112.96m，下游水位为 103.00m，通过溢流坝的单宽流量 $q=11.3\text{m}^3/(\text{s}\cdot\text{m})$。试判别下游是否需要修建消力池，如需要修建消力池，试设计一综合式消力池。

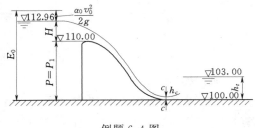

例题 6.4 图

解：

（1）判别是否需要修建消力池。

堰上水深为

$$H=112.96-110=2.96(\text{m})$$

下游堰高为

$$P_1=110-100=10(\text{m})$$

$$v_0=\frac{q}{P+H}=\frac{11.3}{10+2.96}=0.872(\text{m/s})$$

$$H_0=H+\frac{\alpha_0 v_0^2}{2g}=2.96+\frac{1\times 0.872^2}{2\times 9.8}=3.0(\text{m})$$

$$E_0=H_0+P_1=3.0+10=13(\text{m})$$

溢流面长度中等，查表 6.1 得流速系数 $\varphi=0.95$，则

$$\theta=\arccos\left(-1+\frac{27q^2}{4g\varphi^2E_0^3}\right)=\arccos\left(-1+\frac{27\times 11.3^2}{4\times 9.8\times 0.95^2\times 13^3}\right)=162.871°$$

$$h_c=\left[\frac{1}{3}+\frac{2}{3}\sin\left(\frac{\pi}{6}-\frac{\theta}{3}\right)\right]E_0=\left[\frac{1}{3}+\frac{2}{3}\sin\left(\frac{\pi}{6}-\frac{162.871°}{3}\right)\right]\times 13=0.768(\text{m})$$

$$h_c''=\frac{h_c}{2}\left(\sqrt{1+\frac{8q^2}{gh_c^3}}-1\right)=\frac{0.768}{2}\times\left(\sqrt{1+\frac{8\times 11.3^2}{9.8\times 0.768^3}}-1\right)=5.451(\text{m})$$

下游水深 $h_t=103.0-100.0=3.0\text{m}$。因为 $h_c''>h_t$，故需要修建消力池。

（2）综合式消力池的计算。

1）试算法。

a. 求坎高 c。假定消力池后形成二次水跃，跃后水深为下游水深 h_t。跃前水深用式（6.30）计算：

$$h'_c = \frac{h_t}{2}\left(\sqrt{1+\frac{8q^2}{gh_t^3}}-1\right) = \frac{3}{2}\times\left(\sqrt{1+\frac{8\times11.3^2}{9.8\times3^3}}-1\right) = 1.807(\text{m})$$

取 $\varphi_0 = 0.9$，求跃前断面总水头 E'_0

$$E'_0 = h'_c + \frac{q^2}{2g(\varphi_0 h'_c)^2} = 1.807 + \frac{11.3^2}{2\times9.8\times(0.9\times1.807)^2} = 4.270(\text{m})$$

取 $m = 0.42$，计算坎顶以上总水头

$$H_{10} = \left(\frac{q}{m\sqrt{2g}}\right)^{2/3} = \left(\frac{11.3}{0.42\times\sqrt{2\times9.8}}\right)^{2/3} = 3.330(\text{m})$$

坎高 c 为

$$c = E'_0 - H_{10} = 4.270 - 3.330 = 0.940(\text{m})$$

为使坎后形成稍有淹没的水跃，取坎高 $c = 0.9\text{m}$。

b. 求消力池深度 d。

$$H_{10} + c = 3.330 + 0.9 = 4.230(\text{m})$$

$$\sigma_j h''_c + \frac{q^2}{2g(\sigma_j h''_c)^2} - d = 1.05h''_c + \frac{11.3^2}{2\times9.8\times1.05^2 h''^2_c} - d$$

$$= 1.05h''_c + \frac{5.91}{h''^2_c} - d = f(d)$$

由式 (6.35) 得

$$1.05h''_c + \frac{5.91}{h''^2_c} - d = H_{10} + c = 4.230$$

试算如下：

设 $d = 1.0\text{m}$，则

$$E_{01} = E_0 + d = 13 + 1 = 14(\text{m})$$

$$\theta_1 = \arccos\left(-1+\frac{27q^2}{4g\varphi^2 E_{01}^3}\right) = \arccos\left(-1+\frac{27\times11.3^2}{4\times9.8\times0.95^2\times14^3}\right) = 164.684°$$

$$h_{c1} = \left[\frac{1}{3}+\frac{2}{3}\sin\left(\frac{\pi}{6}-\frac{\theta_1}{3}\right)\right]E_{01} = \left[\frac{1}{3}+\frac{2}{3}\sin\left(\frac{\pi}{6}-\frac{164.684°}{3}\right)\right]\times14 = 0.738(\text{m})$$

$$h''_{c1} = \frac{h_{c1}}{2}\left(\sqrt{1+\frac{8q^2}{gh_{c1}^3}}-1\right) = \frac{0.738}{2}\times\left(\sqrt{1+\frac{8\times11.3^2}{9.8\times0.738^3}}-1\right) = 5.585(\text{m})$$

$$1.05h''_c + \frac{5.91}{h''^2_c} - d = 1.05\times5.585 + \frac{5.91}{5.585^2} - 1.0 = 5.054 \neq 4.230$$

重新假定 d，计算结果见例题 6.4 表。

例题 6.4 表   **消力池深度计算表**

i	d /m	E_{0i} /m	h_{ci} /m	h''_{ci} /m	$f(d)$ /m
1	1.0	14.0	0.738	5.585	5.054
2	1.5	14.5	0.724	5.650	4.618
3	1.9	14.9	0.713	5.695	4.263
4	1.94	14.94	0.7123	5.703	4.230

由例题 6.4 表可以看出，当 $d=1.94\text{m}$ 时，$f(d)=4.230\text{m}$，所以取池深 $d=1.94\text{m}$。

2）迭代法。

$$B=(E_0-H_{10}-c)/(8q^2/g)^{1/3}=(13-3.33-0.9)/(8\times11.3^2/9.8)^{1/3}=1.86349$$

将 $\varphi=0.95$，$\sigma_j=1.05$，$B=1.86349$ 代入式（6.37）得

$$z=\frac{14.44\times\{1.86349(z^2-1)^{1/3}-1+0.525(z-1)+(z+1)/[4.41(z-1)]\}}{z-1}-1$$

由上式迭代得 $z=17.0124$，将其代入式（6.36）得

$$h_{c1}=(8q^2/g)^{1/3}/(z^2-1)^{1/3}=(8\times11.3^2/9.8)^{1/3}/(17.0124^2-1)^{1/3}=0.7123(\text{m})$$

$$h''_{c1}=\frac{h_{c1}}{2}\left(\sqrt{1+\frac{8q^2}{gh_{c1}^3}}-1\right)=\frac{0.7123}{2}\times\left(\sqrt{1+\frac{8\times11.3^2}{9.8\times0.7123^3}}-1\right)=5.703(\text{m})$$

$$d=\frac{q^2}{2g\varphi^2h_{c1}^2}+h_{c1}-E_0=\frac{11.3^2}{2\times9.8\times0.95^2\times0.7123^2}+0.7123-13=1.94(\text{m})$$

与试算法求得的结果一样。

（3）求池长 L_k。

$$L_j=6.9(h''_{c4}-h_{c4})=6.9\times(5.703-0.7123)=34.440(\text{m})$$

$$L_k=(0.7\sim0.8)L_j=(0.7\sim0.8)\times34.440=24.108\sim27.552(\text{m})$$

取消力池长度 $L_k=26\text{m}$。

进一步研究表明，用式（6.30）～式（6.33）计算消力坎的高度并不是总能成功的。例如已知单宽流量 $q=32.558\text{m}^3/(\text{s}\cdot\text{m})$，原河床以上总水头 $E_0=62.414\text{m}$，下游水深 $h_t=10\text{m}$，溢流坝的流速系数 $\varphi=0.885$，消力池的淹没系数 $\sigma_j=1.05$，消力坎的流量系数 $m=0.42$，流速系数 $\varphi_0=0.9$。求得的消力坎高度为 15.045m，远高出下游水深 5.045m，甚至比单纯式消力坎还高出了 7.085m，而求得的消力池深度却为负值，其结果显然是错误的。其原因见参考文献 [46]。如果出现上述问题，在计算时可以先假设消力池的深度，再求消力坎的高度。

6.3.4　跌水

跌水是连接两段有一定水面落差的渠道建筑物。跌水口有两种形式，一种为窄口平底宽顶堰，如图 6.15（a）所示；另一种为折线形实用堰，如图 6.15（b）所示。

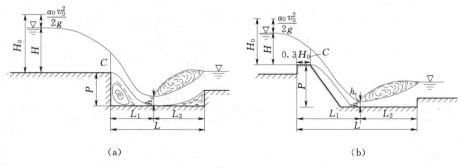

图 6.15

水流由上游渠道经跌水跌入下游渠道，必须在跌墙以下修建消力池，以免冲刷下游渠道。消力池的计算方法与上面所述的方法相同，只是消力池的长度应包括跌水墙至收缩断面

的距离 L_1，L_1 可按水股中心 C 处液体质点自由降落的轨迹线计算。根据实验和分析得：

跌水口为宽顶堰形式时

$$L_1 = 1.74\sqrt{H_0(P+0.24H_0)} \qquad (6.39)$$

跌水口为折线形实用堰形式时

$$L_1 = 0.3H_0 + 1.65\sqrt{H_0(P+0.32H_0)} \qquad (6.40)$$

上两式中：H_0 为堰顶总水头；P 为跌水墙高度。

水跃总长度为

$$L_k = L_1 + L_2 \qquad (6.41)$$

【例题 6.5】 某矩形断面渠道经过天然坡度陡峻地段，为减少挖填方工程量，拟修建三级跌水，如例题 6.5 图所示。已知流量 $Q=10\text{m}^3/\text{s}$，底宽 $b=4\text{m}$，各级跌水渠底落差相同，即 $P_1=P_2=P_3=3\text{m}$，下游渠道水深 $h_t=1.33\text{m}$。跌水进口为无坎宽顶堰形式，流量系数 $m=0.365$。试确定各级跌水的消力池尺寸。

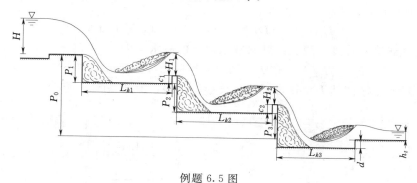

例题 6.5 图

解：

（1）第一级跌水的计算。单宽流量为

$$q = Q/b = 10/4 = 2.5[\text{m}^3/(\text{s}\cdot\text{m})]$$

跌水进口为无坎宽顶堰，流量系数 $m=0.365$，堰顶以上总水头为

$$H_0 = \left(\frac{q}{m\sqrt{2g}}\right)^{2/3} = \left(\frac{2.5}{0.365\times\sqrt{2\times9.8}}\right)^{2/3} = 1.34(\text{m})$$

第一级跌水从消力池底部算起的上游总水头为

$$E_{01} = H_0 + P_1 = 1.34 + 3 = 4.34(\text{m})$$

对第一级跌水，由表 6.1 查得流速系数为 $0.85\sim0.95$，取流速系数 $\varphi=0.9$，则

$$\theta_1 = \arccos\left(-1 + \frac{27q^2}{4g\varphi^2 E_{01}^3}\right) = \arccos\left(-1 + \frac{27\times2.5^2}{4\times9.8\times0.9^2\times4.34^3}\right) = 159.226°$$

$$h_{c1} = \left[\frac{1}{3} + \frac{2}{3}\sin\left(\frac{\pi}{6} - \frac{\theta_1}{3}\right)\right]E_{01} = \left[\frac{1}{3} + \frac{2}{3}\sin\left(\frac{\pi}{6} - \frac{159.226°}{3}\right)\right]\times4.34 = 0.313(\text{m})$$

$$h_{c1}'' = \frac{h_{c1}}{2}\left(\sqrt{1 + \frac{8q^2}{gh_{c1}^3}} - 1\right) = \frac{0.313}{2}\times\left(\sqrt{1 + \frac{8\times2.5^2}{9.8\times0.313^3}} - 1\right) = 1.868(\text{m})$$

今在第一级跌水平台上修建消力坎式消力池，为保证平台上产生淹没水跃所需的消力

坎高度为

$$c_1 = \sigma_j h''_{c1} - H_1$$

坎顶的总水头为

$$H_{10} = \left(\frac{q}{m_1 \sqrt{2g}}\right)^{2/3} = \left(\frac{2.5}{0.42 \times \sqrt{2 \times 9.8}}\right)^{2/3} = 1.218 (\text{m})$$

$$H_1 = H_{10} - \frac{q^2}{2g(\sigma_j h''_{c1})^2} = 1.218 - \frac{2.5^2}{2 \times 9.8 \times (1.05 \times 1.868)^2} = 1.135 (\text{m})$$

$$c_1 = \sigma_j h''_{c1} - H_1 = 1.05 \times 1.868 - 1.135 = 0.826 (\text{m})$$

第一级跌水下游消力池的长度为

$$L_1 = 1.74 \sqrt{H_0 (P_1 + 0.24 H_0)} = 1.74 \times \sqrt{1.34 \times (3 + 0.24 \times 1.34)} = 3.671 (\text{m})$$

$$L_{j1} = 6.9(h''_{c1} - h_{c1}) = 6.9 \times (1.868 - 0.313) = 10.730 (\text{m})$$

$$L_2 = (0.7 \sim 0.8) L_{j1} = (0.7 \sim 0.8) \times 10.730 = 7.510 \sim 8.580 (\text{m})$$

取 $L_2 = 8.0 \text{m}$

$$L_{k1} = L_1 + L_2 = 3.671 + 8.0 = 11.671 (\text{m})$$

（2）第二级跌水计算。第二级跌水底部以上的总水头为

$$E_{02} = P_2 + c_1 + H_{10} = 3 + 0.826 + 1.218 = 5.044 (\text{m})$$

第二级跌水上游的消力坎，可视为折线形实用堰，流速系数 $\varphi = 0.85$，则

$$\theta_2 = \arccos\left(-1 + \frac{27q^2}{4g\varphi^2 E_{02}^3}\right) = \arccos\left(-1 + \frac{27 \times 2.5^2}{4 \times 9.8 \times 0.85^2 \times 5.044^3}\right) = 164.472°$$

$$h_{c2} = \left[\frac{1}{3} + \frac{2}{3}\sin\left(\frac{\pi}{6} - \frac{\theta_2}{3}\right)\right] E_{02} = \left[\frac{1}{3} + \frac{2}{3}\sin\left(\frac{\pi}{6} - \frac{164.472°}{3}\right)\right] \times 5.044 = 0.305 (\text{m})$$

$$h''_{c2} = \frac{h_{c2}}{2}\left(\sqrt{1 + \frac{8q^2}{gh_{c2}^3}} - 1\right) = \frac{0.305}{2} \times \left(\sqrt{1 + \frac{8 \times 2.5^2}{9.8 \times 0.305^3}} - 1\right) = 1.896 (\text{m})$$

第二级跌水下游消力坎上的总水头 H_{20} 应与第一级跌水下游坎顶水头相同，即

$$H_{20} = H_{10} = 1.218 \text{m}$$

$$H_2 = H_{20} - \frac{q^2}{2g(\sigma_j h''_{c2})^2}$$

$$= 1.218 - \frac{2.5^2}{2 \times 9.8 \times (1.05 \times 1.896)^2} = 1.138 (\text{m})$$

$$c_2 = \sigma_j h''_{c2} - H_2 = 1.05 \times 1.896 - 1.138 = 0.853 (\text{m})$$

第二级跌水下游消力池长度为

$$L_1 = 0.3 H_{10} + 1.65 \sqrt{H_{10}(P_2 + c_1 + 0.32 H_{10})}$$

$$= 0.3 \times 1.218 + 1.65 \times \sqrt{1.218 \times (3 + 0.826 + 0.32 \times 1.218)} = 3.753 (\text{m})$$

$$L_{j2} = 6.9(h''_{c2} - h_{c2}) = 6.9 \times (1.896 - 0.305) = 10.980 (\text{m})$$

$$L_2 = (0.7 \sim 0.8) L_{j2} = (0.7 \sim 0.8) \times 10.980 = 7.680 \sim 8.780 (\text{m})$$

取 $L_2 = 8.3 \text{m}$，则

$$L_{k2} = L_1 + L_2 = 3.753 + 8.3 = 12.053 (\text{m})$$

（3）第三级跌水计算。第三级跌水下游的消力池采用降低护坦式消力池。下游渠道以

上的总水头为

$$E_{03}=P_3+c_2+H_{20}=3+0.853+1.218=5.071(\text{m})$$

第三级跌水上游的消力坎，可视为折线型实用堰，流速系数 $\varphi=0.85$，则

$$\theta_3=\arccos\left(-1+\frac{27q^2}{4g\varphi^2E_{03}^3}\right)=\arccos\left(-1+\frac{27\times2.5^2}{4\times9.8\times0.85^2\times5.071^3}\right)=162.613°$$

$$h_{c3}=\left[\frac{1}{3}+\frac{2}{3}\sin\left(\frac{\pi}{6}-\frac{\theta_3}{3}\right)\right]E_{03}=\left[\frac{1}{3}+\frac{2}{3}\sin\left(\frac{\pi}{6}-\frac{162.613°}{3}\right)\right]\times5.071=0.304(\text{m})$$

$$h''_{c3}=\frac{h_{c3}}{2}\left(\sqrt{1+\frac{8q^2}{gh_{c3}^3}}-1\right)=\frac{0.304}{2}\times\left(\sqrt{1+\frac{8\times2.5^2}{9.8\times0.304^3}}-1\right)=1.902(\text{m})$$

因为 $h''_{c3}>h_t$，故需要修建消力池。

下游渠道流速 $v=q/h_t=2.5/1.33=1.88(\text{m/s})<3(\text{m/s})$，初估消力池深度为

$$d=1.05h''_{c3}-h_t=1.05\times1.902-1.33=0.667(\text{m})$$

取池深 $d=0.65\text{m}$，则

$$E_{04}=E_{03}+d=5.071+0.65=5.721(\text{m})$$

$$\theta_4=\arccos\left(-1+\frac{27q^2}{4g\varphi^2E_{04}^3}\right)=\arccos\left(-1+\frac{27\times2.5^2}{4\times9.8\times0.85^2\times5.721^3}\right)=165.507°$$

$$h_{c4}=\left[\frac{1}{3}+\frac{2}{3}\sin\left(\frac{\pi}{6}-\frac{\theta_4}{3}\right)\right]E_{04}=\left[\frac{1}{3}+\frac{2}{3}\sin\left(\frac{\pi}{6}-\frac{165.507°}{3}\right)\right]\times5.721=0.285(\text{m})$$

$$h''_{c4}=\frac{h_{c4}}{2}\left(\sqrt{1+\frac{8q^2}{gh_{c4}^3}}-1\right)=\frac{0.285}{2}\times\left(\sqrt{1+\frac{8\times2.5^2}{9.8\times0.285^3}}-1\right)=1.980(\text{m})$$

$$\Delta z=\frac{q^2}{2g}\left[\frac{1}{(\varphi'h_t)^2}-\frac{1}{(\sigma_jh''_{c4})^2}\right]=\frac{2.5^2}{2\times9.8}\times\left[\frac{1}{(0.95\times1.33)^2}-\frac{1}{(1.05\times1.980)^2}\right]=0.126(\text{m})$$

$$d=\sigma_jh''_{c4}-h_t-\Delta z=1.05\times1.980-1.33-0.126=0.623(\text{m})$$

与假设不相符，再取 $d=0.623\text{m}$，相应的各值为

$$E_{05}=5.071+0.623=5.694(\text{m})$$

$$\theta_5=\arccos\left(-1+\frac{27q^2}{4g\varphi^2E_{05}^3}\right)=\arccos\left(-1+\frac{27\times2.5^2}{4\times9.8\times0.85^2\times5.694^3}\right)=165.404°$$

$$h_{c5}=\left[\frac{1}{3}+\frac{2}{3}\sin\left(\frac{\pi}{6}-\frac{\theta_5}{3}\right)\right]E_{05}=\left[\frac{1}{3}+\frac{2}{3}\sin\left(\frac{\pi}{6}-\frac{165.404°}{3}\right)\right]\times5.694=0.286(\text{m})$$

$$h''_{c5}=\frac{h_{c5}}{2}\left(\sqrt{1+\frac{8q^2}{gh_{c5}^3}}-1\right)=\frac{0.286}{2}\times\left(\sqrt{1+\frac{8\times2.5^2}{9.8\times0.286^3}}-1\right)=1.977(\text{m})$$

$$\Delta z=\frac{q^2}{2g}\left[\frac{1}{(\varphi'h_t)^2}-\frac{1}{(\sigma_jh''_{c5})^2}\right]$$

$$=\frac{2.5^2}{2\times9.8}\times\left[\frac{1}{(0.95\times1.33)^2}-\frac{1}{(1.05\times1.977)^2}\right]=0.126(\text{m})$$

$$d=\sigma_jh''_{c5}-h_t-\Delta z=1.05\times1.977-1.33-0.126=0.62(\text{m})$$

两次计算已很接近，取 $d=0.62\mathrm{m}$。

消力池长度为

$$L_1=0.3H_{20}+1.65\sqrt{H_{20}(P_3+c_2+d+0.32H_{20})}$$
$$=0.3\times1.218+1.65\times\sqrt{1.218\times(3+0.853+0.62+0.32\times1.218)}=4.381(\mathrm{m})$$
$$L_{j3}=6.9(h''_{c5}-h_{c5})=6.9\times(1.977-0.286)=11.670(\mathrm{m})$$
$$L_2=(0.7\sim0.8)L_{j3}=(0.7\sim0.8)\times11.670=8.170\sim9.340(\mathrm{m})$$

取 $L_2=9.0\mathrm{m}$，则

$$L_{k3}=L_1+L_2=4.381+9.0=13.381(\mathrm{m})$$

6.3.5　辅助消能工

当流速小于 $15\sim18\mathrm{m/s}$ 时，为了提高消力池的消能效率，常在消力池中加设各种形状的墩槛，如趾墩、消能墩及尾槛等，如图 6.16 所示。

(1) 趾墩：趾墩又叫分流齿墩，布置在消力池的入口。它的作用是分散入池水股，以增加水跃区中主流与旋滚的交界面，加剧紊动混掺作用来提高消能率。

(2) 消能墩：布置在消力池的护坦上。它的作用除了分散水流，形成更多漩涡以增加消能效果外，还能迎拒水流，对水流的冲击产生反作用力。按照动量方程分析容易知道，这个反作用力降低了水跃共轭水深的要求，因而可以提高护坦，减少开挖量。

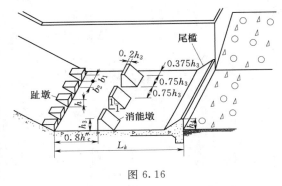

图 6.16

(3) 尾槛（连续槛或齿槛）：它的作用是把池末流速较大的底部水流导向下游水流的上层，改变下游的流速分布，使面层流速较大，底部流速减小，从而减轻对池后河床或海漫的冲刷作用。

这些消能工可以根据具体情况单独采用或组合采用。但需注意，当流速较高时，例如坝址附近的断面平均流速 $v_c>15\mathrm{m/s}$ 时，消力池容易发生空蚀；同时，有漂浮物（如漂木、漂冰等）及推移质的河道，辅助消能工常遭撞击破坏。对于重要工程，消能方案应通过水工模型试验确定。

在国外，根据工程实践和水工模型试验，提出了五种设有辅助消能工的消力池形式，它们分别适应于跃前断面弗劳德数为不同大小的各类泄水建筑物，有兴趣的读者可参阅有关文献。

6.3.6　护坦下游河床的保护

由上面的论述可知，消力池通过水跃的形式把急流转变为缓流。但从第 3 章可知，在水跃的跃后段内，底部流速较大，紊动强度也较强烈，水流对河床仍具有较大的冲刷能力。所以，对于消力池下游的河床，除河床岩质较好，足以抵抗水流的冲刷以外，一般在

护坦后还需要设置较为简易的河床保护段，称为海漫。海漫常用粗石料或表面凹凸不平的混凝土块铺砌而成，能够加速跃后段水流紊动的急速衰减过程。海漫的水力学设计包括确定海漫长度和海漫末端基础问题。

海漫长度 L_P 可用式（6.42）估算：

$$L_P = (0.65 \sim 0.80)L_{jk} \tag{6.42}$$

式中：L_{jk} 为跃后段长度，可表示为

$$L_{jk} = (2.5 \sim 3.0)L_j \tag{6.43}$$

故海漫长度为

$$L_P = (1.63 \sim 2.4)L_j \tag{6.44}$$

或 $\qquad\qquad L_P = (8.5 \sim 12.5)h_t \tag{6.45}$

上两式中：L_j 为自由水跃长度；h_t 为下游水深。

南京水利科学研究所建议的估算海漫长度公式为

$$L_P = K\sqrt{q\sqrt{\Delta z}} \tag{6.46}$$

式中：q 为消力池出口的单宽流量；Δz 为上、下游水位差；K 为取决于河床性质的系数：细沙及沙壤土采用 $10 \sim 12$；粗沙及黏性土壤采用 $8 \sim 9$；密实黏土（硬黏土）采用 $6 \sim 7$。

式（6.46）的适用范围为 $\sqrt{q\sqrt{\Delta z}} = 1 \sim 9$。

另外，离开海漫的水流还具有一定的冲刷能力，往往在海漫末端形成冲刷坑。为保护海漫的基础不遭破坏，海漫后常做成比冲刷坑略深的齿槽或防冲槽，如图 6.17 所示。冲刷坑的深度可按式（6.47）估算：

$$t_s = \frac{0.66q\sqrt{2\alpha_0 - y/h}}{\sqrt{\left(\dfrac{\gamma_s}{\gamma} - 1\right)gd}\left(\dfrac{h}{d}\right)^{1/6}} \tag{6.47}$$

式中：t_s 为冲刷坑中最大水深；q 为护坦或海漫末端的单宽流量；h 为护坦或海漫末端的水深；y 为护坦或海漫末端水流的流速分布图中最大流速点距河床的高度，当流速分布均匀时，$y = 0.5h$；α_0 为护坦或海漫末端的流速不均匀分布的动量改正系数；d 为床沙的中值粒径；γ_s 为床沙的重度；γ 为水的重度。

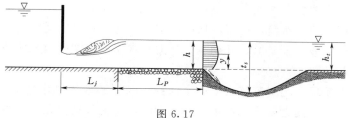

图 6.17

由式（6.47）求出 t_s，然后减去下游水深，即为冲刷坑深度。

当海漫末端有流速分布资料时，α_0 和 y 不难确定；没有流速分布资料时，可参考表

6.3 查算。

冲刷坑的深度也可以用式（6.48）计算：

$$t_s = K' h_t \tag{6.48}$$

式中：K' 为水跃消能段后水流的冲刷能力系数，$K' > 1.0$，其值可查阅有关文献。

表 6.3　　　　　　　　　　　α_0 和 y/h 表

布　置　情　况	进入冲刷河床前的流速分布	α_0	y/h	$\sqrt{2\alpha_0 - y/h}$
消力池后为倾斜海漫		1.05~1.15	0.8~1.0	1.06~1.22
消力池后有较长的水平海漫		1.0~1.05	0.5~0.8	1.10~1.26
消力池后无海漫而且坎前产生水跃		1.1~1.3	0.0~0.5	1.30~1.61
消力池后无海漫而且坎前为缓流	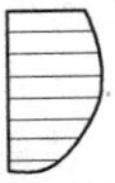	1.05~1.2	0.5~1.0	1.05~1.38

计算出海漫下游的冲刷坑深度后，就可设置相应深度的齿槽，或在海漫末端建造防冲槽，槽底最低点不高于冲刷最深点，沿冲刷坑上游的斜坡做抛石护坡等措施。对重要工程，常需做水工模型试验进行校核。

6.4　挑　流　消　能

对中、高水头的泄水建筑物，由于水头和单宽流量都较大，如果采用底流消能，往往需要很长的护坦，工程费用很大；如果采用面流消能，又因为下游水深不够而无法实施。因此，可采用挑流消能。

挑流消能就是在泄水建筑物的下游端修建一挑流鼻坎，利用下泄水流的巨大动能，将水流挑入空中，然后降落在远离建筑物的下游进行消能。

挑流消能的过程主要分为两个阶段：

（1）空中消能阶段。水流从挑流鼻坎抛向空中，射流在空中运动的过程中，由于失去固体边界的约束，水股逐渐扩散，并受空气阻力和水流内部摩擦阻力而消耗部分能量，水流扩散越大，消能越多。

（2）水垫消能阶段。当射流落入下游水面后，与下游液体发生碰撞，水舌继续扩散，流速逐渐减小，入水点附近则形成两个巨大的旋滚，主流与旋滚之间发生强烈的动量交换及剪切作用而消耗了入流水股的大部分能量，潜入河底的主流则冲刷河床而形成冲刷坑。

挑流消能水力计算的主要任务是按已知的水力条件，选定适宜的挑流形式，确定挑流鼻坎的高程、反弧半径和挑射角度，计算挑流的射程和下游冲刷坑深度等。

6.4.1 挑流射程的计算

挑流射程是指挑坎末端至冲刷坑最深点之间的水平距离，如图 6.18 所示。由图中可以看出，挑流射程由两部分组成，一是射流在空中的抛射距离，即空中射程；二是水舌入水后的水下射程。

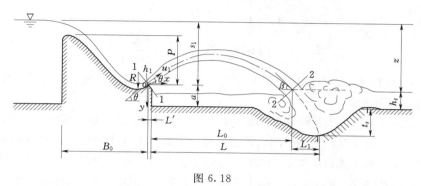

图 6.18

1. 空中射程 L_0

如图 6.18 所示，设挑坎为平滑连续式挑坎，挑射角为 θ。假定断面 1—1 中点水流的流速 u_1 与水平方向的夹角等于挑坎角 θ，略去空气阻力和水股扩散的影响，可把抛射水流的运动看作自由抛射体的运动。取挑坎末端水流断面 1—1 的中点为坐标原点，则抛射体方程为

$$x = u_1 t \cos\theta$$

$$y = \frac{1}{2} g t^2 - u_1 t \sin\theta$$

由以上两式解出

$$x = \frac{u_1^2 \sin\theta \cos\theta}{g} \left(1 + \sqrt{1 + \frac{2gy}{u_1^2 \sin^2\theta}}\right) \tag{6.49}$$

从图 6.18 可知，当 $y = a - h_t + \frac{h_1}{2}\cos\theta$ 时，$x = L_0$，代入式（6.49）得

$$L_0 = \frac{u_1^2 \sin\theta \cos\theta}{g}\left[1 + \sqrt{1 + \frac{2g\left(a - h_t + \frac{1}{2}h_1\cos\theta\right)}{u_1^2 \sin^2\theta}}\right] \tag{6.50}$$

式中：a 为坎高，即下游河床距挑坎顶部的距离；h_t 为冲刷坑后的下游水深；h_1 为断面 1—1 的水深。

如果忽略挑坎出口水流中心至挑坎末端的距离（一般该距离很小，可以忽略），则 L_0 即为水舌空中抛射的距离。

设断面 1—1 流速为均匀分布，即 $u_1 = v_1$，v_1 为断面 1—1 的平均流速。对上游断面及断面 1—1 写能量方程可得

$$v_1 = \varphi\sqrt{2g(s_1 - h_1\cos\theta)} \tag{6.51}$$

将式（6.51）代入式（6.50），则

$$L_0 = \varphi^2 \sin2\theta(s_1 - h_1\cos\theta)\left[1 + \sqrt{1 + \frac{a - h_t + \frac{1}{2}h_1\cos\theta}{\varphi^2\sin^2\theta(s_1 - h_1\cos\theta)}}\right] \tag{6.52}$$

对于高坝，$s_1 \gg h_1$，略去 h_1 后，式（6.51）和式（6.52）变为

$$v_1 = \varphi\sqrt{2gs_1} \tag{6.53}$$

$$L_0 = \varphi^2 s_1 \sin2\theta\left(1 + \sqrt{1 + \frac{a - h_t}{\varphi^2 s_1 \sin^2\theta}}\right) \tag{6.54}$$

上两式中：s_1 为上游水面至挑坎顶部的距离；φ 为坝面的流速系数，它反映了水流自上游至鼻坎间的水头损失。

上面推导的挑射水流的射距公式忽略了水舌在空中分散、掺气及空气阻力的影响。观测表明，当流速 $v_1 > 15\text{m/s}$ 时，上述影响已不能忽略。为此，工程上根据原型观测资料由实测的 L_0 代入式（6.52）反求流速系数 φ，由此得出的 φ 值包含了水舌分散、掺气及空气阻力的影响。但由于影响射程的因素较多，工程具体情况差异很大，上述处理方法只能作为初步估算。

原长江流域规划办公室根据一些原型观测资料，建议流速系数用式（6.55）计算：

$$\varphi = \sqrt[3]{1 - \frac{0.055}{K^{0.5}}} \tag{6.55}$$

其中

$$K = \frac{q}{\sqrt{g}\, s_1^{1.5}}$$

式中：K 为流能比。

式（6.55）适用于 $K = 0.04 \sim 0.15$ 的情况；对于 $K > 0.15$，可取 $\varphi = 0.95$。

原水电部东北勘测设计院根据国内 9 个工程的原型观测资料得出

$$\varphi = 1 - \frac{0.0077}{(q^{2/3}/S_0)^{1.15}} \tag{6.56}$$

$$S_0 = \sqrt{P^2 + B_0^2}$$

式中：q 为单宽流量，$\text{m}^3/(\text{s}\cdot\text{m})$；$S_0$ 为坝面流程，m；P 为挑坎顶部以上的坝高，m；B_0 为溢流面的水平投影长度，m。

式（6.56）的适用范围为 $q^{2/3}/S_0 = 0.025 \sim 0.25$，当 $q^{2/3}/S_0 > 0.25$ 时，可取 $\varphi = 0.95$。

2. 水下射程 L_1

水舌自断面 2—2 进入下游液体后，属于淹没射流运动，其运动轨迹不符合自由抛射理论。可以近似认为，水舌从断面 2—2 起沿入射角 β 方向直线前进，则

$$L_1 = \frac{t_s + h_t}{\tan\beta} \tag{6.57}$$

式中：t_s 为冲刷坑深度；β 为入射角。

β 可用下述方法求得：对式（6.49）变形并求导得

$$\frac{\mathrm{d}y}{\mathrm{d}x} = \frac{gx}{u_1^2\cos^2\theta} - \tan\theta$$

在水舌入水处，$x = L_0$，$\frac{\mathrm{d}y}{\mathrm{d}x} = \tan\beta$，将式（6.52）的 L_0 代入上式整理得

$$\tan\beta = \sqrt{\tan^2\theta + \frac{a - h_t + \frac{1}{2}h_1\cos\theta}{\varphi^2(s_1 - h_1\cos\theta)\cos^2\theta}} \tag{6.58}$$

将式 (6.58) 代入式 (6.57) 得水下射程的计算公式为

$$L_1 = \frac{t_s + h_t}{\sqrt{\tan^2\theta + \frac{a - h_t + \frac{1}{2}h_1\cos\theta}{\varphi^2(s_1 - h_1\cos\theta)\cos^2\theta}}} \tag{6.59}$$

对于高坝，略去 h_1 后得

$$L_1 = \frac{t_s + h_t}{\sqrt{\tan^2\theta + \frac{a - h_t}{\varphi^2 s_1\cos^2\theta}}} \tag{6.60}$$

挑射水流的总挑距 L 为空中射程 L_0 与水下射程 L_1 之和，即

$$L = L_0 + L_1 \tag{6.61}$$

6.4.2 冲刷坑深度的估算

当水舌跌入下游河道时，下游河道中的液体相当于一个垫层，与下跌水舌发生碰撞，主流则潜入下游河底，主流前后形成两个大旋滚而消除一部分能量。若潜入下游河床的水舌所具有的冲刷能力大于河床的抗冲能力时，河床被冲刷，从而形成冲刷坑。随着坑深的增加，水垫的消能作用加大，水舌冲刷能力降低，冲刷坑趋于稳定。

冲刷坑深度取决于水流的冲刷能力与河床的抗冲能力两个方面。水舌的冲刷能力主要与单宽流量、上下游水位差、下游水深以及水舌的空中分散、掺气的程度和水舌的入水角有关。而河床的抗冲能力则与河床的组成、河床的地质条件有关。对于沙卵石河床，其抗冲能力与散粒体的大小、级配和重度有关；对于岩石河床，抗冲能力主要取决于岩基节理的发育程度、地层的产状和胶结的性质等。

由于影响因素的多样性和地质条件的复杂性，工程上目前只能依据一些经验公式来估算冲刷坑的深度。

(1) 对于沙卵石河床，冲刷坑深度用式 (6.62) 估算：

$$t_s = 2.4q\left(\frac{\eta}{\omega} - \frac{2.5}{v_i}\right)\frac{\sin\beta}{1 - 0.175\cot\beta} - 0.75h_t \tag{6.62}$$

式中：t_s 为冲刷坑深度；h_t 为冲刷坑后的下游水深；β 为水舌的入水角；η 为反映流速脉动的某一系数值，可取为 1.5~2.0；v_i 为水舌进入下游水面的流速，用式 (6.63) 计算；ω 为河床颗粒的水力粗度，用式 (6.64) 计算。

$$v_i = \varphi\sqrt{2gz} \tag{6.63}$$

式中：z 为上、下游水位差。

$$\omega = \sqrt{\frac{2(\gamma_s - \gamma_0)d_{90}}{1.75\gamma_0}} \tag{6.64}$$

式中：γ_s 为河床颗粒的重度；γ_0 为冲刷坑内掺气水流的重度；d_{90} 为河床颗粒级配曲线上粒径小于它的颗粒重量占 90% 的粒径。

（2）对于岩基河床，我国普遍采用的公式为

$$t_s = K_s q^{1/2} z^{1/4} - h_t \tag{6.65}$$

式中：对于溢流孔闸门同步开启，边墙不扩散的挑坎，单宽流量 q 可采用挑坎上的单宽流量；对于边墙扩散（或收缩）的挑坎，应采用水舌落入下游河床时的单宽流量。

K_s 为反映岩基特性的系数，原水电部东北勘测设计院分析了国内 13 个工程的原型观测资料，建议将岩基按其构造情况分为 4 类，各类岩基的特征及相应的系数 K_s 见表 6.4。

表 6.4　　　　　　　　　　　　　岩基构造特性及系数 K_s

岩 基 构 造 特 性	岩基类型	K_s
节理不发育，多为密闭状，延展不长，岩石呈巨块状	I	0.8～0.9
节理发育，岩石呈大块状，裂隙密闭，少有充填	II	0.9～1.2
节理较发育，岩石呈块状，部分裂隙为黏土充填	III	1.2～1.5
节理很发育，裂隙很杂乱，岩石呈碎块状，裂隙内部为黏土充填，包括松软结构，松散结构和破碎带	IV	1.5～2.0

冲刷坑是否会危及建筑物的基础或安全，这与建筑物深度及河床基岩节理裂隙、层面发育情况有关，应全面研究确定。设 $i = t_s/L$，i 为冲刷坑深度 t_s 与挑射距离 L 的比值。一般认为，当 i 小于某一临界值 i_k 时，冲刷坑深度就不会影响建筑物的安全。工程中常将 $i_k = 1/2.5 \sim 1/5$ 作为判断建筑物是否安全的标准，当 $i > i_k$ 时建筑物不安全，当 $i < i_k$ 时建筑物安全。

6.4.3　挑坎的形式及尺寸

常用的挑坎形式有连续式和差动式两种，如图 6.19 所示。连续式挑坎施工简单，比相同条件下的差动式挑坎射程远。差动式挑坎是将挑坎做成齿状，使通过挑坎的水流分成上、下两层，垂直方向有较大的扩散，可以减轻对河床的冲刷，但流速高时易产生空蚀。

挑坎尺寸，包括挑射角 θ、反弧半径 R 和挑坎高程三个方面。

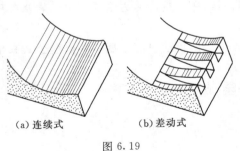

（a）连续式　　　　（b）差动式

图 6.19

1. 挑射角 θ

根据抛射体理论，当挑坎高程与下游水面同高时，挑射角 $\theta = 45°$ 时抛射距离最远，即挑射角

最大。但挑角增大，水流的入水角 β 也增大，水下射程 L_1 减小；同时，入水角增大后，冲刷坑深度增加。另外，随着挑射角的增大，起挑流量也增大，当实际通过的流量小于起挑流量时，由于动能不足，水流挑不出去，而在挑坎的反弧段内形成旋滚，然后沿挑坎溢流而下，在紧靠挑坎下游形成冲刷坑，对建筑物威胁较大。所以，挑角不宜选得过大，我国所建的一些大中型工程，挑角一般在 15°～35° 之间。

2. 反弧半径 R

反弧半径 R 与挑坎上水流的断面平均流速的大小有关。水流在挑坎反弧段内运动时，

由于离心力的影响，将使反弧段的压强增大；反弧半径越小，离心力越大，挑坎内水流的压能增大，动能减小，射程也会减小，所以反弧半径不宜太小。根据实验和工程实践，反弧半径应大于最大设计流量时坎顶水深 h_1 的 6 倍，即 $R > 6h_1$。一般设计中，多采用 $R = (6 \sim 10)h_1$；可能时以采用 $R = (8 \sim 12)h_1$ 较好。有的资料表明，不减小挑流射程的最小反弧半径可用经验公式 (6.66) 计算：

$$R_{\min} = 23h_1/Fr_1 \tag{6.66}$$

$$Fr_1 = v_1/\sqrt{gh_1}$$

式 (6.66) 的适用范围为 $Fr_1 = 3.6 \sim 6.0$。

3. 挑坎高程

挑坎高程越低，出射水流的流速则越大，这对增加射距是有利的。但是，当下游水位较高并超过挑坎达一定程度时，水流挑不出去，达不到挑流消能的目的；或因水舌下面被带走的空气得不到充分补充造成负压而使射程缩短。考虑到水舌跌落后对尾水的推动作用，坎后的水流会低于水舌落点下游的水位，故一般取挑流鼻坎最低高程等于或略低于最高的下游水位。

【例题 6.6】 某 5 孔溢流坝剖面如例题 6.6 图所示。每孔净宽 $b = 7$m，闸墩厚度 $d = 2$m，坝顶高程为 245m，连续式挑坎顶高程 185m，挑角 $\theta = 30°$。下游河床岩基属 Ⅱ 类，高程为 175m。溢流面投影长度 $B_0 = 70$m。设计水位为 251m 时下泄流量 $Q = 1583$m³/s，对应的下游水位为 183m。试估算挑流射程和冲刷坑深度，并检验冲刷坑是否危及大坝的安全。

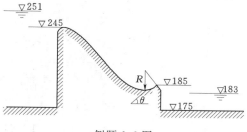

例题 6.6 图

解：

(1) 求空中射程 L_0。单宽流量为

$$q = \frac{Q}{nb + (n-1)d} = \frac{1583}{5 \times 7 + (5-1) \times 2} = 36.81 [\text{m}^3/(\text{s} \cdot \text{m})]$$

坎高为 $\qquad\qquad a = 185 - 175 = 10 (\text{m})$

下游水深为 $\qquad\quad h_t = 183 - 175 = 8 (\text{m})$

鼻坎顶以上坝高为 $\qquad P = 245 - 185 = 60 (\text{m})$

坝面流程为 $\qquad S_0 = \sqrt{P^2 + B_0^2} = \sqrt{60^2 + 70^2} = 92.2 (\text{m})$

流速系数为 $\qquad \varphi = 1 - \frac{0.0077}{(q^{2/3}/S_0)^{1.15}} = 1 - \frac{0.0077}{(36.81^{2/3}/92.2)^{1.15}} = 0.912$

鼻坎顶部至上游水面的高差为 $\qquad s_1 = 251 - 185 = 66 (\text{m})$

在式 (6.51) 中，鼻坎断面平均流速 $v_1 = q/h_1$，因此式 (6.51) 变为

$$s_1 = h_1 \cos\theta + \frac{q^2}{2g\varphi^2 h_1^2}$$

上式解为 $\quad \theta' = \arccos\left(-1 + \frac{27q^2\cos^2\theta}{4g\varphi_1^2 s_1^3}\right) = \arccos\left(-1 + \frac{27 \times 36.81^2 \times \cos^2 30°}{4 \times 9.8 \times 0.912^2 \times 66^3}\right) = 175.615°$

$$h_1 = \frac{1}{3\cos\theta}\left[1+2\sin\left(\frac{\pi}{6}-\frac{\theta'}{3}\right)\right]s_1 = \frac{1}{3\times\cos30°}\left[1+2\times\sin\left(\frac{\pi}{6}-\frac{175.615°}{3}\right)\right]\times66 = 1.131(\text{m})$$

鼻坎断面平均流速为

$$v_1 = q/h_1 = 36.81/1.131 = 32.55(\text{m/s})$$

$$L_0 = \frac{v_1^2\sin\theta\cos\theta}{g}\left[1+\sqrt{1+\frac{2g\left(a-h_t+\frac{1}{2}h_1\cos\theta\right)}{v_1^2\sin^2\theta}}\right]$$

$$= \frac{32.55^2\times\sin30°\cos30°}{9.8}\left[1+\sqrt{1+\frac{2\times9.8\times(10-8+0.5\times1.131\times\cos30°)}{32.55^2\times\sin^2 30°}}\right]$$

$$= 97.76(\text{m})$$

（2）求冲刷坑深度。对于Ⅱ类基岩，查表 6.4 得 $K_s = 0.9\sim1.2$，取 $K_s = 1.2$，冲刷坑深度为

$$t_s = K_s q^{1/2} z^{1/4} - h_t = 1.2\times36.81^{1/2}\times(251-183)^{1/4} - 8 = 12.91(\text{m})$$

（3）求水下射程 L_1 和挑流总射程 L：

$$\tan\beta = \sqrt{\tan^2\theta+\frac{a-h_t+\frac{1}{2}h_1\cos\theta}{\varphi^2(s_1-h_1\cos\theta)\cos^2\theta}}$$

$$= \sqrt{\tan^2 30°+\frac{10-8+0.5\times1.131\times\cos30°}{0.912^2\times(66-1.131\times\cos30°)\times\cos^2 30°}}$$

$$= 0.6283$$

$$L_1 = \frac{t_s+h_t}{\tan\beta} = \frac{12.91+8}{0.6283} = 33.28(\text{m})$$

挑流总射程为

$$L = L_0+L_1 = 97.76+33.28 = 131.04(\text{m})$$

（4）判断冲刷坑是否危及大坝的安全：

$$i = t_s/L = 12.91/131.04 = 1/10.15$$

因为 $i < i_k = (1/2.5\sim1/5)$，故认为冲刷坑不会危及大坝的安全。

6.5　面　流　消　能

在泄水建筑物的末端设一鼻坎，将下泄的高速水股引向水流表面，并逐渐向下游扩散，而靠近河底的流速则较小，同时，在坎后的主流区下部形成激烈的旋滚，以消耗下泄水流的能量，这种消能方式称为面流消能。面流消能适应于下游水深较大的情况。

6.5.1　面流消能的水流衔接形式

面流流态受下游水深的影响较大，当泄流量一定时，面流流态将随着尾水深度的变化出现多种衔接形式。按射流水股与尾水衔接的方式和外形来区分，其流态演变过程见表 6.5。

当尾水深度 h_t 较小时，由坎顶射出的水股受重力作用向下跌落形成收缩断面，在下游河槽形成远驱水跃或淹没水跃，称为底流型衔接，见表 6.5 中的序号Ⅰ。

当尾水深度 h_t 增加到某个值 h_{t1} 时，水股受下游水流顶托在表面扩散，主流下面形成较长的底部旋滚，见表 6.5 中的序号 Ⅱ，称为自由面流。从底流过渡到自由面流称为面流的第一临界状态，相应的下游水深 h_{t1} 称为面流的第一界限水深。

当水深 h_t 继续增加到某个值 h_{t2} 时，水股向上弯曲再潜没扩散，水面有一表面旋滚，主流与跌坎间仍有一底部旋滚，但长度较短，衔接段由面流和底流两部分组成，见表 6.5 中的序号 Ⅲ，称为自由混合流。从自由面流过渡到自由混合流称为面流的第二临界状态，相应的下游水深 h_{t2} 称为面流的第二界限水深。

当 h_t 继续增加，水股向上更加弯曲，波峰也更陡，当 h_t 达到某个值 h_{t3} 时，波峰上游一侧的液体质点失去前进的速度而回跌，形成的表面旋滚将坎顶水股淹没，坎后仍为混合流态，见表 6.5 中的序号 Ⅳ，称为淹没混合流。从自由混合流过渡到淹没混合流称为面流的第三临界状态，相应的下游水深 h_{t3} 称为面流的第三界限水深。

当 h_t 继续增加达到某个值 h_{t4} 时，水面仅有淹没坎顶水股的旋滚，坎后则是底部旋滚较长的面流，见表 6.5 中的序号 Ⅴ，称为淹没面流。从淹没混合流过渡到淹没面流称为面流的第四临界状态，相应的下游水深 h_{t4} 称为面流的第四界限水深。

表 6.5   面流衔接流态演变过程

序号	流态示意图	流态名称	界限水深
Ⅰ		底流消能	
Ⅱ		自由面流	h_{t1}
Ⅲ		自由混合流	h_{t2}
Ⅳ		淹没混合流	h_{t3}
Ⅴ		淹没面流	h_{t4}
Ⅵ		回复底流	h_{t5}

当 h_t 再继续增加，会促使坎顶表面旋滚增大，当 h_t 达到某个值 h_{t5} 时，主流被迫再度潜入槽底，坎上和坎后的表面旋滚连成一大片，见表 6.5 中的序号 Ⅵ，称为回复底流。从淹没面流过渡到回复底流称为面流的第五临界状态，相应的下游水深 h_{t5} 称为面流的第五界限水深。

影响面流流态演变过程的因素比较复杂，实验表明，当坎高 a 适当且单宽流量 q 较大时，跌坎的挑角 θ 起主要作用。在 $\theta=0°\sim18°$ 时，流态按表 6.5 所列的序号演变；$18°<\theta<40°$ 时，流态演变过程不出现自由面流；若 $\theta>40°$ 时，则出坎水流将由挑流径直演变为淹没混合流而成为消力戽的流态。

当跌坎挑角 $\theta=0°\sim18°$ 且单宽流量较大时，要想产生面流衔接还必须有适当的坎高 a 和较大的尾水深度 h_t。如坎高不够，无论下游水深如何增加，水流都不能从底流变为面流。至于尾水深度 h_t，不仅必须大于无坎时临界水跃的跃后水深，而且还应该满足 $h_{t1}<h_t<h_{t5}$ 的要求；若有输送漂浮物（如木材、冰等）的任务，则只能采用自由面流的流态，其下游水深的限制范围为 $h_{t1}<h_t<h_{t2}$。

从消能观点来看，最有利的是出现自由面流和淹没面流，其次是混合流。不利和不允许出现的是底流和回复底流。因为底流的最大流速靠近河床表面，对河床会产生严重的冲刷，也会危及大坝的安全。

6.5.2　面流衔接的水力计算

面流衔接水力计算的主要任务是：在已知相对于下游河床的上游总水头 E_0 及单宽流量 q，选定坎高 a，求某个临界状态所对应的下游界限水深 h_{ti}，并检验各级流量和下游实际水深时的面流衔接流态。

图 6.20 所示为一面流衔接流态。可列上游断面 0—0 和坎顶断面 1—1 的能量方程，以及断面 1—1 和断面 2—2 的动量方程。由于坎上水流为急变流，所以坎顶的动水压强不等于渐变流的压强，设 h_0 为坎顶测压管水头大于渐变流压强水头的增值，并假设断面 1—1 和跌坎垂直壁面上的动水压强分布均为直线变化，可导出能量方程和动量方程为

$$E_0-a=h_1\cos\theta+\frac{h_0}{2}+\frac{q^2}{2g\varphi^2h_1^2} \tag{6.67}$$

$$\frac{2\alpha_0q^2}{gh_1h_t}(h_1-h_t\cos\theta)=(h_1\cos\theta+a)^2+h_0(h_1\cos\theta+2a)-h_t^2 \tag{6.68}$$

上两式中：E_0 为从坝后河床算起的上游总水头；a 为坎高；θ 为坎顶挑角；h_1 为坎顶出流断面的水深；h_t 为下游水深。

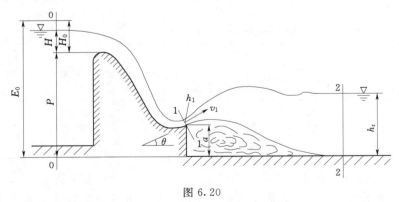

图 6.20

对于不同的面流衔接流态，坎上水股的弯曲程度不同，h_0 也就不同，它们之间的关系只能由实验确定。将 h_0 写成坎顶断面平均流速水头的函数，即

$$h_0 = \eta \frac{v_1^2}{2g} = \eta \frac{q^2}{2gh_1^2} \tag{6.69}$$

由实验得出：面流为第一临界状态时

$$\eta_1 = \frac{16 - \psi_a}{5Fr_1^2} - \frac{3.5}{Fr_1^{2.4}} \tag{6.70}$$

面流为第二临界状态时

$$\eta_2 = 0.4 \sqrt{\frac{\psi_a}{Fr_1^2}} \tag{6.71}$$

面流为第三临界状态时

$$\eta_3 = \frac{1.6}{Fr_1} \tag{6.72}$$

其中 $\quad\quad\quad\quad\quad\quad \psi_a = a/h_1, Fr_1 = (h_k/h_1)^{3/2}$

以上实验结果是在 $\theta = 0°$ 时得到的，但对于小挑角跌坎也可以近似地应用。

一般设计中常常是在已知水头 E_0 及单宽流量 q 的情况下，给定坎高 a 求某一临界状态下的下游水深 h_{ti}，或已知下游水深求应有的坎高 a。故有 h_1、h_0、h_t（或 a）三个未知数，可由式（6.67）、式（6.68）和式（6.69）三式联立求解。但须注意，求解出的坎高 a 还必须满足最小坎高的要求（具体计算在后面详述）。

另一种计算途径是通过量纲分析的方法将有关水力要素组成相应的无量纲数，通过实验以确立各种临界状态时的经验公式。南京水利科学研究所王正桌整理国内外资料得出以下经验公式：

h_{t1}： $\quad\quad\quad\quad\quad \frac{h_{t1}}{h_k} = 0.84 \frac{a}{h_k} - 1.48 \frac{a}{P} + 2.24 \tag{6.73}$

h_{t4}： $\quad\quad\quad\quad\quad \frac{h_{t4}}{h_k} = 1.16 \frac{a}{h_k} - 1.81 \frac{a}{P} + 2.38 \tag{6.74}$

h_{t5}： $\quad\quad\quad\quad\quad \frac{h_{t5}}{h_k} = \left(4.33 - 4.0 \frac{a}{P} \right) \frac{a}{h_k} + 0.9 \tag{6.75}$

上三式中：h_k 为临界水深；P 为从下游河床算起的坝高。

式（6.73）～式（6.75）的适用范围为 $a/h_k = 0.5 \sim 3.0$。

对于最小坎高，有许多经验公式，库明（Д. И. Кумин）最早提出的最小坎高的计算式为

$$a_{min} = h_k - h_1 \tag{6.76}$$

切尔陀乌索夫（М. Д. Чертоусов）公式为

$$a_{min} = 0.4 h_k \sqrt{\frac{E_0}{h_k} - 1.5} \tag{6.77}$$

基谢列夫（П. Г. Киселев）公式为

$$a_{min} = (4.05 \sqrt[3]{Fr_1^2} - \kappa) h_1 \tag{6.78}$$

式中：$\kappa = 8.4 - 0.4\theta$，θ 为鼻坎断面上水流的倾角（以度计），在 $15 < Fr_1^2 < 50$ 时，取水流倾角等于鼻坎挑角。

王正篆公式为

$$a_{\min} = 0.186 h_k \left(\frac{h_1}{h_k} \right)^{-1.75} \tag{6.79}$$

以上公式中，除式（6.77）外，其余公式中都含有坎上水深 h_1，但 h_1 与坎高 a 有关，所以计算比较麻烦。因此建议在初步设计时用式（6.77）计算最小坎高，式中 E_0 为从下游河床算起的上游总水头。也可以用王正篆的图解法求最小坎高，如图 6.21 所示。图中的外包线是根据式（6.79）绘制的。图中有 5 条 a/P 曲线，其值依次为 0.1、0.2、0.3、0.4、0.5，如果知道坝高 P，可计算出 5 个相应的 a 值；然后求相应于最大单宽流量时的临界水深 h_k，

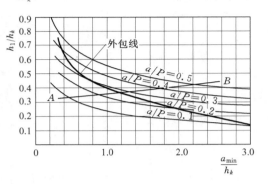

图 6.21

于是可得 5 个相应的 a/h_k 值。这 5 对 a/P 和 a/h_k 值可在图 6.21 上连成一条曲线 AB，它与外包线相交处的 a/h_k 即为最小坎高 $a_{\min}$ 与 h_k 的比值，由此可得最小坎高 $a_{\min}$。

在已知流量和下游水深的情况下，形成自由面流和淹没面流的界限坎高计算如下。

（1）形成自由面流的界限坎高 a_1：

$$a_1 = \frac{1}{3}(1 + \sqrt{1 + 6Fr_1^2})h_1 - 2h_1 - h_t + 2\sqrt{h_t^2 - 2Fr_1^2 h_1^3 \left(\frac{\alpha_1}{h_1} - \frac{\alpha_t}{a + h_1} \right)} \tag{6.80}$$

式中：α_1、α_t 为动量修正系数，一般取为 1.0。

在用式（6.80）计算出坎高后，实际选择坎高时比计算值应小 7%～10%。

（2）形成淹没面流流态的界限坎高 a_4：

$$a_4 = -h_{akp} + \sqrt{(h_{akp} - h_1)h_{akp} + h_t^2 - 2Fr_1^2 h_1^3 \left(\frac{\alpha_1}{h_1} - \frac{\alpha_t}{a + h_{akp}} \right)} \tag{6.81}$$

$$h_{akp} = \frac{1}{3}(1 + \sqrt{1 + 6Fr_1^2})h_1$$

在选择坎高时应比计算值小 5%。

6.5.3 面流消能的水力设计原则和步骤

面流消能水力设计的目的，在于确定坎台尺寸，以使设计的各级流量均能发生需要的面流流态衔接。设计时，一般是按 $q_{\min} \sim q_{\max}$ 处于所需的面流流态区间去设计坎台尺寸的。上、下游水位与流量关系曲线、最小及最大单宽流量已经确定时，设计步骤如下。

1. 按坎高 $a = 0$ 判别是否能产生面流流态

按坎高 $a = 0$，求得底流衔接时跃后水深 h_c''，若下游水深 $h_t > h_c''$，则可能产生面流流态；否则不能产生面流流态。

2. 选择坎台高度 a

（1）按式（6.80）和式（6.81）计算相应各级流量的坎高 a_1、a_4 值。

（2）按式（6.77）或式（6.79）或用图 6.21 计算相应各级流量的 $a_{\min}$ 值。

（3）按设计要求的流态区间确定坎台高度：

1）若按自由面流至淹没面流区间设计，a 值按 $a_4 \leqslant a \leqslant 0.93a_1$，$a > a_{\min}$ 范围选择。

2）若按淹没面流区间设计，a 值按 $a \leqslant 0.95a_4$，$a > a_{\min}$ 范围选择。

3. 对上述选定的坎台高度 a，计算界限水深 h_{t1}、h_{t4} 和 h_{t5}

（1）按式（6.73）计算各级流量下的 h_{t1}。

（2）按式（6.74）计算各级流量下的 h_{t4}。

（3）按式（6.75）计算各级流量下的 h_{t5}。

4. 进行流态复核

（1）当按自由面流区间设计时应满足：

$$h_{t1} < h_t < h_{t2}$$

（2）当按淹没面流区间设计时应满足：

$$1.05h_{t4} \leqslant h_t < h_{t5}$$

（3）如果运行上没有特殊要求时，一般可按 $h_{t1} \leqslant h_t \leqslant 1.05h_{t4}$ 控制。

必须指出，由于面流流态复杂多变，控制因素很多，现有的经验公式很难全面反映各种因素的影响，计算理论也不够完善，重要的工程设计都必须通过水工模型试验验证。

6.6 戽 流 消 能

在泄水建筑物的出流部分造成一个具有较大反弧半径和较大挑角的凹面戽勺称为消力戽，如图 6.22 所示。当下游有足够的水深时，出流水股经戽坎挑起后形成涌浪，涌浪上游面的液体回跌形成戽旋滚，涌浪潜入下游水面处形成二次旋滚，而在戽后的主流下面产生一个反向的底部旋滚，这就是典型的戽流流态，称为"三滚一浪"。显然，它是一种底流和面流混合的衔接形式，消力戽消能简称戽流消能。

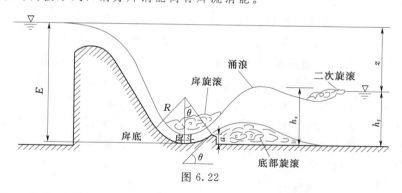

图 6.22

戽流消能主要是通过戽内表面旋滚及戽后底部旋滚与主流相互作用所产生的强烈紊动混掺，以及涌浪后的水流扩散过程中能量的耗散，它的消能率高于平底完全水跃；戽后底部流速较低，戽斗的实体也比较小，流态比面流易于控制；一般戽后不需再造护坦，工程费用比底流消能低。其缺点是下游水面波动比底流型的大。

6.6.1　戽流消能的衔接形式

形成戽流要有一定的下游水深。当戽斗的体型、尺寸及流量一定时，随着下游水深 h_t 的增加，会出现不同的流态演变过程，见表 6.6。

表 6.6 戽流衔接流态演变过程

序号	流 态 示 意 图	流态名称	界限水深
I	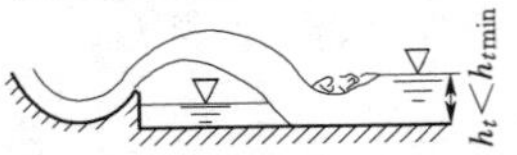	挑流	下限水深 h_{tmin}
II	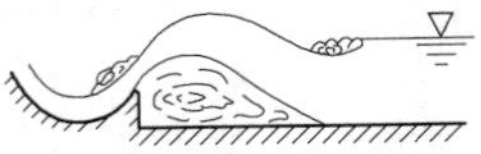	临界戽流	
III		稳定戽流	上限水深 h_{t2}
IV	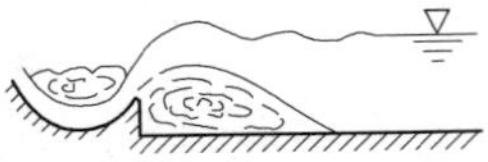	淹没戽流	极限水深 h_{t3}
V	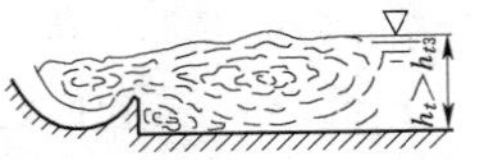	回复底流	

当下游水深较小时，戽上水流自由射出，出戽水流呈表 6.6 中序号 I 的挑流状态。

当下游水深 h_t 逐渐增加，出戽水股受尾水顶遏，使得上仰角增大，待 h_t 增大到某个值 h_{tmin} 时，水股上游一侧的部分液体向戽内翻跌，形成戽内旋滚。主流则继续沿戽面射出，在下游形成涌浪并伴生表面旋滚，涌浪之下形成底流旋滚，如序号 II 所示。这就是戽流流态的起始状态，称为临界戽流，相应的下游水深 h_{tmin} 称为戽流的下限水深。

当 h_t 继续增加，戽内旋滚和底部旋滚也继续增大，下游表面旋滚减小，形成如序号 III 那样所谓 "三滚一浪" 的稳定戽流。

当 h_t 再增加到某个值 h_{t2} 时，戽旋滚进一步增大，而下游表面旋滚消失为一系列的波浪，主流呈波状沿表面逐渐扩散，称为淹没戽流，如序号 IV 所示。这种流态的临底流速比稳定戽流的小，而水面波动较为汹涌，h_{t2} 称为戽流的上限水深。

当 h_t 再增加，戽旋滚也随着增大，当 h_t 增大到某个值 h_{t3} 时，出戽水流突然下坠，底部旋滚范围减小，而戽内外水流在主流上面连成一巨大的旋滚，如序号 V 所示，这种流态称为回复底流，临底流速又变大，h_{t3} 称为戽流的极限水深。

从消能防冲角度看，有利的流态是稳定戽流，稳定戽流对河床的冲刷深度仅为挑流深度的 1/3~1/2。淹没戽流因底流速低也还允许出现，但下游水面波动较大，对河道两岸稳定造成影响。挑流和回复底流则因冲刷能力大而应避免。因此，工程中应用的是稳定戽流和淹没戽流两种流态，相应的下游水深不仅要大于无戽斗时临界水跃的跃后水深，而且要满足 $h_{tmin} < h_t < h_{t2}$ 或 $h_{tmin} < h_t < h_{t3}$。

6.6.2 消力戽的尺寸选择

设计消力戽时，首先要对挑角、反弧半径、戽唇高度和戽底高程进行选择。

1. 挑角 θ

目前修建的工程，大多数采用挑角 $\theta = 45°$，少数采用 $\theta = 30° \sim 40°$，甚至有采用 $\theta = 15°$ 的。实验表明，挑角大，下游水位适应产生稳定戽流的范围增大，但是大的挑角会造成高的涌浪，从而下游产生过大的水面波动，造成对两岸的冲刷，同时过大的挑角，也会造成过深的冲刷坑。但 θ 角过小,则戽内表面旋滚趋于"冲出"戽外,并容易出现潜底戽流。因此挑角的选择须视具体情况而定。

2. 反弧半径 R

反弧半径 R 的范围为 5～30m,变化较大,还有采用 80～90m 的,但目前大多数工程采用的实际尺寸为 10～25m。一般来讲,消力戽的戽底反弧半径 R 越大,坎上水流的出流条件越好,同时增加水流的戽内旋滚,使得消能率增加。但当 R 大于某一值时,R 的增大对出流状况的影响并不大。R 值的选择与流能比 $K = \dfrac{q}{\sqrt{g}\,E^{1.5}}$ 有关,一般选择范围为 $E/R = 2.1 \sim 8.4$。E 为从戽底算起的上游水头。

3. 戽唇高度 a

戽唇应高出河床,以防止泥沙入戽。对于标准设计的消力戽,戽唇高度 $a = R(1-\cos\theta)$,戽唇高度 a 一般取尾水深度的 1/6,高度不够时可用切线延长加高。

4. 戽底高程

戽底高程一般取与下游河床同高。其设置标准是以保证在各级下游水位条件下均能发生稳定戽流为原则。戽底抬高,容易发生挑流流态,戽底降低,虽能保证戽流流态的产生,但降低过多,挖方量增大。因此戽底高程的确定,须将流态要求和工程量的大小统一考虑。

6.6.3 戽流消能的水力计算

消力戽的水力计算主要是确定发生典型戽流流态时所需的下游水深。实验表明,最大界限水深 $h_{t\max}$、最小界限水深 $h_{t\min}$ 均与弗劳德数 Fr、反弧半径 R 以及坎顶与河床的高差等因素有关。然而,由于戽流流态的复杂性,目前的理论研究和实验研究尚未得出较为一致的结论。

6.6.3.1 戽流消能的理论研究成果

消力戽的理论研究成果很多,这里仅介绍张志恒的研究成果。

西北水利科学研究所张志恒对消力戽的水力计算进行了研究,他所做的假定如下:

(1) 戽跃的跃前断面与平底水跃相同,取在戽底。第二共轭水深断面取在涌浪下游的正常河段。戽底取与下游河床同高。

(2) 以临界戽流作为计算流态,由涌浪上游面下塌形成的薄层旋滚恰好回落在跃前断面 1—1 处。

(3) 由于戽内表面旋滚微弱,计算时旋滚作用不予考虑。

(4) 共轭水深断面内沿水平方向的动水压力暂按静水压力计算。

(5) 不考虑戽内的摩擦力及反弧的垂直扩散作用,即假定戽内水深均等于跃前水深 h_1。

如图 6.23 所示为戽跃水力计算示意图,写断面 1—1 和断面 2—2 之间水流的动量方程为

$$\frac{\gamma q}{g}(v_2 - v_1) = P_1 - P_2 - P_{3x} + P_4 \tag{6.82}$$

式中:q 为戽内单宽流量;v_1 和 v_2 分别为断面 1—1 和断面 2—2 水流的平均流速;P_1 和

P_2 分别为断面 1—1 和断面 2—2 的动水压力；P_{3x} 为戽坎弧面上动水反力的水平分力；P_4 为戽坎下游面的动水反力。

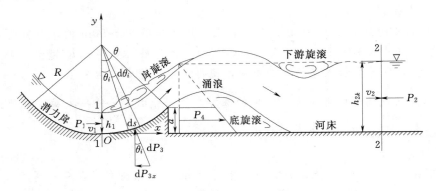

图 6.23

戽坎弧面上的动水反力由两部分组成，一部分为弧面的离心反力，另一部分为戽坎水舌的静压反力，方向均为向心方向。

设戽坎表面任一点的动水反力压强为

$$p_3 = p_{3a} + p_{3b}$$

其中

$$p_{3a} = \beta \frac{\gamma}{g} \frac{v_1^2}{R} h_1$$

$$p_{3b} = \gamma h_1 \cos\theta_i$$

式中：p_{3a} 为离心力压强；p_{3b} 为静水压强。

则作用在弧段 $\mathrm{d}s$ 上微小动水反力的水平分力为

$$\mathrm{d}P_{3x} = (p_{3a} + p_{3b}) \sin\theta_i \, \mathrm{d}s$$

于是可得戽内动水总反力的水平分力为

$$P_{3x} = \int_0^\theta (p_{3a} + p_{3b}) R \sin\theta_i \, \mathrm{d}\theta_i = \beta \frac{\gamma v_1^2}{g} h_1 \int_0^\theta \sin\theta_i \, \mathrm{d}\theta_i + \gamma h_1 R \int_0^\theta \sin\theta_i \cos\theta_i \, \mathrm{d}\theta_i$$

对上式积分得

$$P_{3x} = \beta \frac{\gamma q^2}{g h_1} (1 - \cos\theta) + \gamma h_1 R \frac{\sin^2\theta}{2}$$

式中：β 为戽内离心力修正系数。

戽坎下游面的动水反力 P_4，实际观测表明它符合静水压力分布规律，而该断面的静压水头也约与跃后水深 h_{2k} 接近，取为 αh_{2k}，其中 α 为动水压力修正系数，于是可得

$$P_4 = \gamma a \left(\alpha h_{2k} - \frac{a}{2} \right) = \gamma R (1 - \cos\theta) \left[\alpha h_{2k} - \frac{R(1 - \cos\theta)}{2} \right]$$

断面 1—1 和断面 2—2 的动水压力分别为

$$P_1 = \frac{1}{2}\gamma h_1^2$$

$$P_2 = \frac{1}{2}\gamma h_{2k}^2$$

将以上各式代入式（6.82），并注意式中的 $v_2 = q/h_{2k}$，$v_1 = q/h_1$，整理得

$$2Fr_1^2\left[\left(1-\frac{1}{\eta}\right)-\beta(1-\cos\theta)\right] = (\eta^2-1)-\frac{R}{h_1}\left[2(1-\cos\theta)\left(\alpha\eta-\frac{R}{h_1}\frac{1-\cos\theta}{2}\right)-\sin^2\theta\right]$$

$$(6.83)$$

在用式（6.83）计算时，可取 $\alpha=\beta=1$，因此将式（6.83）写成迭代式为

$$\eta = \left\{\frac{2R}{h_1}(1-\cos\theta)\eta^2 + \left[2Fr_1^2\cos\theta+1-\frac{R^2}{h_1^2}(1-\cos\theta)^2-\frac{R}{h_1}\sin^2\theta\right]\eta-2Fr_1^2\right\}^{1/3} \quad (6.84)$$

其中

$$Fr_1^2 = \frac{q^2}{gh_1^3}, \quad \eta = \frac{h_{2k}}{h_1}$$

式中：Fr_1 为跃前断面的弗劳德数；η 为戽跃的共轭水深比。

式（6.84）即为戽跃计算的基本方程。根据式（6.84）求得的跃后水深 h_{2k} 即为形成戽流所需的最低尾水深度，称为第一界限水深。如果下游实际水深小于 h_{2k}，将会出现挑流流态。

戽底水深 h_1 可用式（6.4）计算，式（6.4）中的 h_c 用 h_1 代替。流速系数用式（6.6）计算，式中的 Z 用 E 代替；对于高坝，流速系数也可用麦登坝公式计算，即

$$\varphi = \sqrt{1-0.1\frac{E^{1/2}}{q^{1/3}}} \quad (6.85)$$

由式（6.84）求得的仅是临界戽流所需的最小水深，但从临界戽流到稳定戽流有一个过渡区，因此产生稳定戽流的界限水深 $h_{t\min} = \sigma_1 h_{2k}$，其中 σ_1 称为第一淹没系数，取值为 1.05～1.1。从稳定戽流进入淹没戽流的界限水深 $h_{t2} = \sigma_2 h_{2k}$，σ_2 称为第二淹没系数，其大小与流能比 $K = q/(\sqrt{g}E^{1.5})$、挑角 θ、反弧半径 R 有关，可参照图 6.24 确定。为了保证产生稳定戽流，应使下游水深 h_t 满足 $h_{t\min} < h_t < h_{t2}$。如允许部分流态处于淹没戽流区运行，即允许 $h_t > h_{t2}$，但以不出现潜底戽流为限。

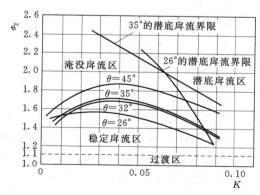

图 6.24

6.6.3.2 戽流消能的实验研究成果

西安理工大学王文焰对挑角 $\theta=45°$ 的消力戽的水力特性进行了实验研究，他把戽流的界限水深分为下限水深 h_{2k}、上限水深 h_{2m} 和极限水深 h_{2D}。下限水深是水流由挑流状态过渡到戽内出现水跃面滚状态的戽后水深，是保证消力戽正常工作的最低界限水深。当戽后水深继续增加时，戽后底旋滚逐渐消失，涌浪后开始以波状水跃与下游尾水衔接，此

时主流完全集中在表面，呈现出淹没面流的状态，下游水面出现剧烈波动，此种状态下的戽后水深称为上限水深 h_{2m}。极限水深 h_{2D} 是指戽后出现回复底流的界限水深。

1. 下限水深 h_{2k}

实验表明，当下游固定床面处于戽底高程的位置（图 6.23）时，下限水深 h_{2k} 可用式（6.86）计算：

$$\frac{h_{2k}}{h_1}=\frac{1}{2}(\sqrt{1+8Fr_1^2}-1)+0.42 \tag{6.86}$$

当下游固定床面不处于戽底高程的位置时，下限水深 h_{2k} 可用式（6.87）计算：

$$\frac{h_{2k}}{h_1}=1.4Fr_1+\left(\frac{7.0}{c/a+4.78}-1.21\right) \tag{6.87}$$

$$Fr_1=\frac{q}{\sqrt{gh_1^3}} \quad a=R(1-\cos\theta)$$

式中：Fr_1 为戽底断面的弗劳德数；c 为戽唇至下游固定床面的高差；a 为标准戽唇高，即挑角 $\theta=45°$ 时的固定值。

用式（6.87）求得的 h_{2k} 值，不论下游固定床面处于任何高程，该值均指戽底高程至下游水面的深度。

2. 上限水深 h_{2m}

实验表明，在消力戽体型一定的情况下，h_{2m} 随流量的增加而增大。当流量一定时，h_{2m} 与 h_{2k} 和 Fr_1 的关系为

$$\frac{h_{2m}}{h_{2k}}=1.12Fr_1^{1/3} \tag{6.88}$$

3. 极限水深 h_{2D}

极限水深 h_{2D} 与消力戽的体型有密切关系，可表示为

$$\frac{h_{2D}}{h_{2k}}=\frac{0.27-0.028P/R}{K} \tag{6.89}$$

其中
$$K=\frac{q}{\sqrt{g}E^{1.5}}$$

式中：K 为流能比。

应该指出，在一般情况下，消力戽出现回复底流的极限水深 h_{2D} 应大于上限水深 h_{2m}，但在流量较大且戽斗半径较小的条件下，往往戽后的二次水跃尚未消失即出现了回复底流。对于这种情况，实际上只有下限水深 h_{2k} 和极限水深 h_{2D}，而没有上限水深 h_{2m}，因此在运用式（6.88）和式（6.89）分别计算 h_{2m} 和 h_{2D} 时，如计算中所得 h_{2D} 值小于 h_{2m}，即为此种情况。

4. 消力戽收缩断面水深 h_1

实验表明，在 $P/R=1.5\sim5.0$ 的情况下，收缩断面水深 h_1 用式（6.90）计算：

$$\frac{h_1}{R} = \frac{K}{\dfrac{1.2}{P/R} - \dfrac{3.5}{(P/R)^{2/3}}K} \qquad (6.90)$$

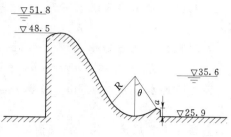

【例题 6.7】 某河床式溢流坝，设计最大泄洪量 $Q = 510 \mathrm{m^3/s}$，上、下游水位及河床标高如例题 6.7 图所示。溢流坝净宽 $b = 24.4\mathrm{m}$，采用戽流消能形式。已知反弧半径 $R = 6\mathrm{m}$，$\theta = 45°$，试确定在下游水深 $h_t = 9.7\mathrm{m}$ 情况下能否形成戽流流态。

例题 6.7 图

解：

单宽流量为 $\qquad q = Q/b = 510/24.4 = 20.9 [\mathrm{m^3/(s \cdot m)}]$

反弧以上坝高为 $\qquad P = 48.5 - 25.9 = 22.6 (\mathrm{m})$

坝上水头为 $\qquad H = 51.8 - 48.5 = 3.3 (\mathrm{m})$

流速系数为 $\qquad \varphi = 1 - 0.0155 P/H = 1 - 0.0155 \times 22.6/3.3 = 0.894$

反弧底以上总水头为 $\qquad E = P + H + \dfrac{q^2}{2g(P+H)^2}$

$$= 22.6 + 3.3 + \frac{20.9^2}{2 \times 9.8 \times (22.6 + 3.3)^2} = 25.933 (\mathrm{m})$$

流能比为 $\qquad K = \dfrac{q}{\sqrt{g} E^{1.5}} = \dfrac{20.9}{\sqrt{9.8} \times 25.933^{1.5}} = 0.05$

反弧水深为

$$\theta' = \arccos\left(-1 + \frac{27q^2}{4g\varphi^2 E^3}\right) = \arccos\left(-1 + \frac{27 \times 20.9^2}{4 \times 9.8 \times 0.894^2 \times 25.933^3}\right) = 168.074°$$

$$h_1 = \left[\frac{1}{3} + \frac{2}{3}\sin\left(\frac{\pi}{6} - \frac{\theta'}{3}\right)\right]E = \left[\frac{1}{3} + \frac{2}{3}\sin\left(\frac{\pi}{6} - \frac{168.074°}{3}\right)\right] \times 25.933 = 1.059 (\mathrm{m})$$

反弧底断面的弗劳德数为

$$Fr_1 = \frac{q}{\sqrt{gh_1^3}} = \frac{20.9}{\sqrt{9.8 \times 1.059^3}} = 6.13$$

由式 (6.84) 求第一界限水深：

$$\frac{2R}{h_1}(1 - \cos\theta) = \frac{2 \times 6}{1.059} \times (1 - \cos 45°) = 3.319$$

$$2Fr_1^2 \cos\theta + 1 - \frac{R^2}{h_1^2}(1 - \cos\theta)^2 - \frac{R}{h_1}\sin^2\theta$$

$$= 2 \times 6.13^2 \times \cos 45° + 1 - \frac{6^2}{1.059^2} \times (1 - \cos 45°)^2 - \frac{6}{1.059} \times \sin^2 45° = 48.49$$

代入式 (6.84) 得

$$\eta = (3.319\eta^2 + 48.49\eta - 2 \times 6.13^2)^{1/3}$$

解上式得 $\eta = 8.14$，则下限水深为

$$h_{2k} = \eta h_1 = 8.14 \times 1.059 = 8.62 (\mathrm{m})$$

取 $\sigma_1 = 1.05$，则第一界限水深为

$$h_{t\min} = \sigma_1 h_{2k} = 1.05 \times 8.62 = 9.05 (\text{m})$$

查图 6.24，当流能比 $K = 0.05$ 时，淹没系数 $\sigma_2 = 1.84$，淹没戽流的界限水深为

$$h_{t2} = \sigma_2 h_{2k} = 1.84 \times 8.62 = 15.86 (\text{m})$$

因为下游水深 $h_t = 9.7\text{m}$，所以 $h_{t\min} < h_t < h_{t2}$，满足戽流消能的条件，能形成戽流流态。

上面介绍了底流消能、挑流消能、面流消能和戽流消能 4 种消能设施，这是消能的基本形式。在实际工程中，可以采用某一种消能形式，也可以联合应用。但任何一种消能设施，只能消除一部分能量。尤其是对于高坝单宽流量大，弗劳德数低，消能效果差的情况，为了加强消能效果，近几十年来，水利工作者提出了许多辅助消能设施，如差动坎、趾墩消力池、T 形墩消力池、高低坎、扭曲鼻坎、宽尾墩、掺气分流墩、窄缝挑坎、台阶式溢洪道和漩流消能工等，由于篇幅有限，这里不再一一介绍。

习　题

6.1　某泄洪闸放在高度 $P = 2.0\text{m}$ 的跌水上，其出口处设平板闸门控制流量，如习题 6.1 图所示。当流量 $Q = 10\text{m}^3/\text{s}$ 时，下游水深 $h_t = 1.4\text{m}$。河渠为矩形断面，底宽 $b = 4\text{m}$，闸前水头 $H = 1.6\text{m}$，行近流速 $v_0 = 1.0\text{m/s}$，流速系数 $\varphi = 0.97$。试计算收缩断面水深，并判别下游水流的衔接形式。

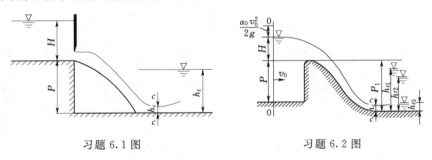

习题 6.1 图　　　　　　　　　　习题 6.2 图

6.2*　某溢流坝如习题 6.2 图所示。下游的河道为矩形断面，溢流宽度 $b = 60\text{m}$。下游坝高 $P_1 = 6.0\text{m}$，通过的流量 $Q = 480\text{m}^3/\text{s}$，坝的流量系数 $m = 0.45$，流速系数 $\varphi = 0.95$。试求：

（1）收缩断面水深 h_c。

（2）如下游水深分别为 $h_{t1} = 5.0\text{m}$、$h_{t2} = 4.06\text{m}$、$h_{t3} = 1.0\text{m}$，判别在下游水深不同时，下游水流的衔接形式。

6.3　一矩形断面的陡槽如习题 6.3 图所示。宽度 $b = 5\text{m}$，下接一同样宽度的缓坡渠槽。当流量 $Q = 20\text{m}^3/\text{s}$ 时，陡槽末端水深 $h_1 = 0.5\text{m}$，下游水深 $h_t = 1.8\text{m}$，试判断水跃的衔接形式；如果水跃从断面 1—1 开始发生，所需的下游水深应为多少？

6.4　某 WES 实用堰如习题 6.4 图所示。已知堰上设计水头 $H = 5\text{m}$，共 3 孔，每孔宽 $b = 10\text{m}$，边墩采用圆弧形，半径 $r = 1.0\text{m}$，闸墩采用半圆形，闸墩厚度为 2m，堰高 $P = P_1 = 80\text{m}$，下游水深 $h_t = 8\text{m}$。试计算收缩断面水深 h_c，并判别水跃的衔接形式。

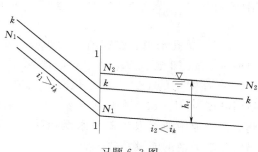

习题 6.3 图

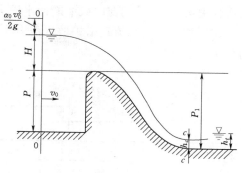

习题 6.4 图

6.5　如习题 6.5 图所示正堰溢洪道，堰下游为一段梯形断面的混凝土渠道。已知：堰上水头 $H=3m$，堰宽 $b=5m$，渠宽与堰宽相同，堰高 $P_1=7m$，堰的流量系数 $m=0.45$，流速系数 $\varphi=0.95$，闸前行近流速 $v_0=1m/s$，梯形渠道底宽 $b=5m$，边坡系数 $m'=1$。试求：当堰上单孔闸门全开时，堰下收缩断面的水深 h_c。

6.6　某灌溉渠道上有一无闸门控制的溢流堰段，堰下接一矩形断面长渠。已知：

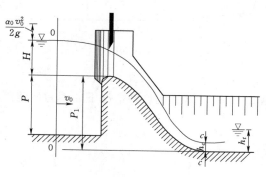

习题 6.5 图

堰高 $P=2m$，$P_1=4m$，堰上水头 $H=1m$，溢流堰的流速系数 $\varphi=0.95$，流量系数 $m=0.49$，下游渠道的底坡 $i=0.0001$，粗糙系数 $n=0.017$，堰长等于渠宽。试判别堰下游水流的衔接形式。

6.7*　一单孔式溢流坝如习题 6.7 图所示，护坦宽与堰宽相同。已知 $q=8m^3/(s\cdot m)$，$H_0=2.4m$，$P_1=7m$，$h_t=2.5m$，$\varphi=0.95$。试设计一降低护坦式消力池。

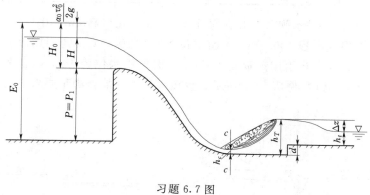

习题 6.7 图

6.8　某压力隧洞如习题 6.8 图所示。出口宽 $b=4m$，高 $h=3m$，最大流量 $Q=180m^3/s$，下游河床低于隧洞出口底部为 5m，下游水深为 6m。试求：

(1) 如出口后水流不扩散［习题 6.8 图（b）］，消力池深度 $d=4.8m$（出口段不长，

217

水头损失可忽略），问此时收缩断面水深为多少？能否在消力池中发生淹没水跃？

（2）如出口后水流逐渐扩散，消力池宽度增加到 8m［习题 6.8 图（c）］，问池深能减为多少？

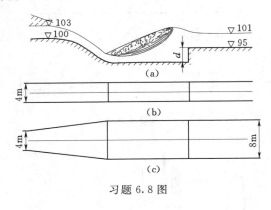

习题 6.8 图

6.9　单孔水闸已建成消力池如习题 6.9 图所示。已知池长 $L_k = 16m$，池深 $d = 1.5m$。在图示的上、下游水位时开闸放水，闸门开度 $e = 1.0m$，流速系数 $\varphi = 0.9$，验算此时消力池中能否发生淹没水跃衔接，并求出实际消力池的淹没系数 σ_j。

6.10　由平板闸门控制的溢流建筑物如习题 6.10 图所示。有多种运用情况，其中一组为，当水头 $H = 2.5 \sim 3.5m$ 时，闸孔开度 $e = 1.5m$，下游坝高 $P_1 = 8.5m$，流速系数 $\varphi = 0.9$，下游水深与单宽流量的关系见习题 6.10 表。试选定这种情况下的消力池池深的设计单宽流量和池长设计的单宽流量。

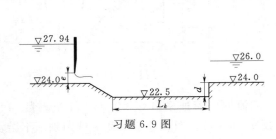

习题 6.9 图

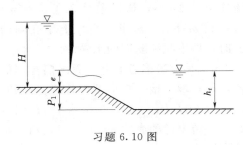

习题 6.10 图

习题 6.10 表

$q/[m^3/(s \cdot m)]$	5.0	5.5	6.0	6.5
h_t/m	3.40	3.45	3.50	3.55

6.11　某引水渠的进水闸共 2 孔，每孔宽 4.5m，孔口高 2m，中墩厚 1.2m。坝顶高程 101.0m，下游渠底高程 100.5m，上游水位控制在 104.5m。当引用流量 $Q = 17.5m^3/s$ 时渠中水位为 101.9m，当引用流量 $Q = 30m^3/s$ 时渠中水位为 102.3m。采用挖深式消力池，深度 $d = 1.5m$，如习题 6.11 图所示。校核该消力池能否满足要求。

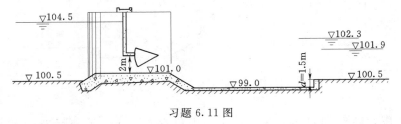

习题 6.11 图

6.12*　某分洪闸如习题 6.12 图所示，底坎为曲线形低堰。泄洪单宽流量 $q = 11$ $m^3/(s \cdot m)$，流速系数 $\varphi = 0.9$，其他有关尺寸如图示。试设计一消力坎式消力池。

6.13　某隧洞如习题 6.13 图所示。出口断面总水头 $E_0 = 12.2\text{m}$。下游接扩散段，底宽由 4.1m 扩宽至 10m，再接等宽矩形消力池，相应的单宽流量 $q = 11.5\text{m}^3/(\text{s}\cdot\text{m})$，出口至消能段的流速系数 $\varphi = 0.95$。试求：

（1）池首收缩断面水深 h_c 为多少？相应的跃后水深 h_c'' 为多少？

（2）当下游水深 $h_t = 5\text{m}$ 时，判断水流衔接形式，是否需要修建消能设施？

（3）如修建挖深式消力池，求池深 d 和池长 L_k。

（4）如修建消力坎式消力池，求坎高。

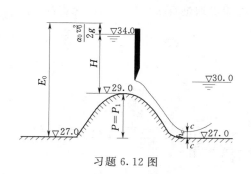

习题 6.12 图

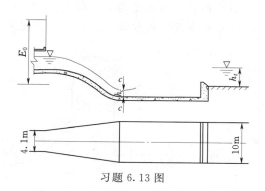

习题 6.13 图

6.14　某溢流坝如习题 6.14 图所示，共 5 孔，每孔净宽度 $b = 6\text{m}$，闸墩厚度 $d = 1.5\text{m}$，坝高 $P = P_1 = 20\text{m}$。已知 $Q_1 = 300\text{m}^3/\text{s}$ 为计算消力坎高度的设计流量，其下游水深 $h_{t1} = 3.5\text{m}$；$Q_2 = 340\text{m}^3/\text{s}$ 为消力池池长的设计流量。溢流坝的流量系数均为 $m = 0.48$，流速系数 φ 用下式计算：

$$\varphi = \sqrt{1 - 0.1\frac{E_0^{1/2}}{q^{1/3}}}$$

试设计消力坎式消力池的轮廓尺寸。

6.15　某单孔溢洪道如习题 6.15 图所示，护坦宽与堰宽相同。已知单宽流量 $q = 8\text{m}^3/(\text{s}\cdot\text{m})$，下游堰高 $P_1 = 7\text{m}$，堰上总水头 $H_0 = 2.4\text{m}$，下游水深 $h_t = 2.5\text{m}$，流速系数 $\varphi = 0.95$。试设计一综合式消力池。

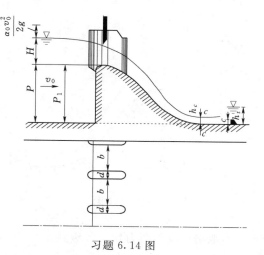

习题 6.14 图

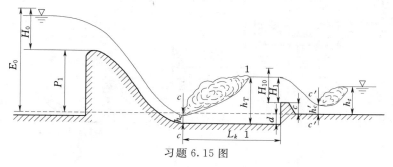

习题 6.15 图

6.16　如习题 6.16 图所示为一 5 孔溢流坝，每孔净宽 $b=7\mathrm{m}$，闸墩厚度 $d_0=2\mathrm{m}$，上、下游水位如图中所示。当每孔闸门全开时通过的泄流量 $Q=1400\mathrm{m^3/s}$，下游河宽 $B=5b+5d_0$。流速系数用下式计算：

$$\varphi=\sqrt{1-0.1\frac{E_0^{1/2}}{q^{1/3}}}$$

试求：

（1）判别下游水流的衔接形式。

（2）若为远驱式水跃，设计一综合式消力池，假设取池深 $d=2.77\mathrm{m}$，求坎高 c。

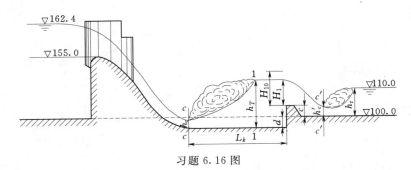

习题 6.16 图

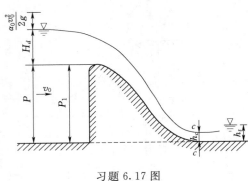

习题 6.17 图

6.17　如习题 6.17 图所示为克-奥 I 型剖面溢流坝，坝高 $P=P_1=8\mathrm{m}$。设计水头 $H_d=2\mathrm{m}$，下游水深 $h_t=3.31\mathrm{m}$，坝面的流速系数 $\varphi=0.9$，消力坎的流量系数 $m_1=0.42$，无侧收缩，设计一综合式消力池。已知消力坎高度 $c=0.94\mathrm{m}$，试求消力池深度 d。

6.18　某渠道按地形条件须修一座跌水，上、下游渠底高差为 10m。拟采用四级跌水，如习题 6.18 图所示。首部为平底宽顶堰，跌水消力池出口设置消力坎，各级跌水口均为等宽的矩形断面，宽度 $b=5\mathrm{m}$，设计流量 $Q=12.5\mathrm{m^3/s}$，下游渠道水深 $h_t=1.3\mathrm{m}$，宽顶堰的流量系数 $m=0.36$。试设计跌水。

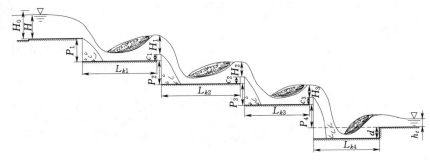

习题 6.18 图

6.19　某陡槽溢洪道如习题 6.19 图所示。已知堰为 WES 曲线堰,堰上设计水头 $H=2\mathrm{m}$,下游坝高 $P_1=50\mathrm{m}$,下游水深 $h_t=3.5\mathrm{m}$。试设计一挖深式消力池,并设计护坦的长度和防冲槽。

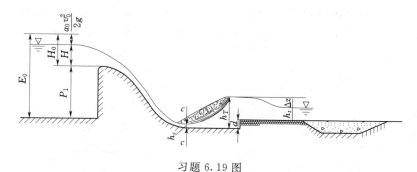

习题 6.19 图

6.20　如习题 6.20 图所示的矩形断面泄水闸,宽度 $b=2\mathrm{m}$,闸孔开度 $e=0.52\mathrm{m}$,流量 $Q=4\mathrm{m}^3/\mathrm{s}$,下游水深 $h_t=1.2\mathrm{m}$,流速系数 $\varphi=0.95$。试判断闸门后的水流衔接形式,如需修建消力池,试确定消力池的尺寸。如果消力池后有较长的水平海漫,且河床组成为粗沙,求海漫的长度和冲刷坑的深度。

6.21　某电站溢流坝共 3 孔,每孔宽度 $b=16\mathrm{m}$,闸墩厚度 $d=4\mathrm{m}$,设计流量 $Q=6480\mathrm{m}^3/\mathrm{s}$,相应的上、下游水位及河底高程如习题 6.21 图所示。今在坝的末端设一挑坎,采用挑流消能。已知挑坎末端高程为 218.50m,挑角 $\theta=25°$,反弧半径 $R=24.5\mathrm{m}$,试计算挑流射程和冲刷坑深度,下游河床为 IV 类基岩。

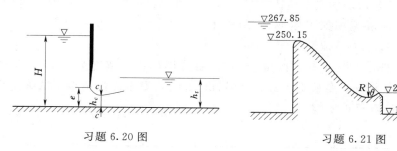

习题 6.20 图　　　　　　　　习题 6.21 图

6.22　某隧洞出口采用连续式挑流鼻坎消能,如习题 6.22 图所示。坎顶高程为 115.0m,反弧起点高程为 113.00m,挑射角 $\theta=30°$,下游河床高程为 100.00m,河床基岩为岩性中等的节理裂隙较密的花岗岩片麻岩,$K_s=1.45$。已知设计水位为 158.50m,挑坎反弧起点水深 $h=2.36\mathrm{m}$,相应单宽流量 $q=64.4\mathrm{m}^3/(\mathrm{s} \cdot \mathrm{m})$,下游水位为

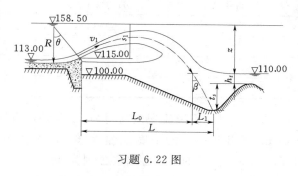

习题 6.22 图

110.00m。求坎顶水深和流速,计算冲刷坑最深点高程和挑射距离 L。

6.23　某溢流坝采用连续式鼻坎挑流消能，如习题 6.23 图所示。已知：坝顶高程为 88.80m，鼻坎顶高程为 77.90m，挑射角 $\theta=22°$。某年汛期后测得下游河床冲刷坑最低点高程为 57.60m，泄洪时库水位为 93.47m，下游水位为 71.56m，坎顶单宽流量 $q_1=17.7$ $m^3/(s·m)$。试估算在设计单宽流量 $q_2=36m^3/(s·m)$ 时的冲刷坑深度及最深点位置，相应的库水位为 96.32m，下游水位为 76.28m，原河床高程为 63.50m。

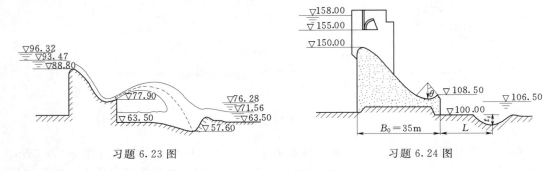

习题 6.23 图　　　　　　　　　　　　　习题 6.24 图

6.24　某水利枢纽溢流坝，各有关高程如习题 6.24 图所示。共 5 孔，每孔净宽 $b=7m$，闸墩厚度 $d=2m$，$B_0=35m$，挑流鼻坎的挑射角 $\theta=25°$。坝址处岩石节理发育并成大块状，冲刷系数 $K_s=1.1$，溢流坝处河宽 $B=nb+nd$，泄洪时闸门全开。试求：

(1) 冲刷坑深度 t_s。

(2) 挑距 L。

(3) 检查冲刷后溢流坝的安全性。

6.25　某一拦河溢流坝如习题 6.25 图所示。坝顶高程为 17.00m，设计最大流量 $Q=2071m^3/s$，相应的上游水位为 20.25m。共 24 孔，挑角 $\theta=0°$，溢流坝鼻坎总宽度为 217m。河床高程 13.35m，坝高 $P=3.65m$。要求 $Q=293\sim2071m^3/s$ 时均发生面流衔接，试确定坎台尺寸。水位流量关系见习题 6.25 表。

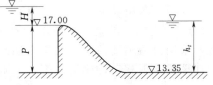

习题 6.25 图

习题 6.25 表

组号	流量 $Q/(m^3/s)$	上游水位/m	下游水位/m
1	2071	20.25	18.05
2	950	18.83	16.75
3	653	18.43	16.35
4	293	17.83	15.75

6.26　某工程溢流坝顶高程为 52.00m，鼻坎出口断面平均最大单宽流量 $q=60m^3/(s·m)$。相应于坎上单宽流量为 $60m^3/(s·m)$、$45m^3/(s·m)$、$30m^3/(s·m)$ 和 $15m^3/(s·m)$ 时的坝下游水位分别为 46.20m、45.60m、44.70m 和 43.50m。河床高程为 20.00m。由于下游水深较大，拟采用面流衔接流态。试用王正楽的经验公式和图解法确定鼻坎高程，并验算坎下水流的衔接流态。

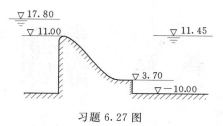

习题 6.27 图

6.27　某电站的河床式溢洪道，上游水位为 17.80m，下游水位为 11.45m，单宽流量 $q=24.5\text{m}^3/(\text{s}\cdot\text{m})$，流速系数 $\varphi=0.98$，堰顶高程为 11.00m，河床高程为 -10.00m，如习题 6.27 图所示。试确定能否采用高坎面流消能？如采用坎角 $\theta=0°$，鼻坎高程定为 3.70m 是否合适。

6.28　某水库泄水孔采用消力戽消能。戽体尺寸为：挑角 $\theta=45°$，反弧半径 $R=35\text{m}$，戽底与河床同高，河床高程为 220.00m，水流条件见习题 6.28 表。试用王文焰公式校核其戽流流态。

习题 6.28 表　　　　　水 流 条 件 参 数 表

组次	流量 $Q/(\text{m}^3/\text{s})$	单宽流量 $q/[\text{m}^3/(\text{s}\cdot\text{m})]$	库水位 /m	下游水位 /m	下游水深 h_t/m
1	4500	147.0	327.2	259.0	39.0
2	4400	144.0	325.0	258.3	38.3
3	4300	140.4	321.0	257.5	37.5

第7章 渗流基础

流体在孔隙介质中的流动称为渗流。流体包括水、石油及天然气等各种流体；孔隙介质包括土壤、岩层等各种多孔介质和裂隙介质。研究流体在多孔介质中的运动规律及其应用的科学称为渗流力学。渗流力学的基本理论通常简称为渗流理论。

在水利水电工程、环境保护、给水排水、岩土工程、水文地质与工程地质、农田水利、水资源开发利用等众多的专业领域内所涉及的渗流问题，主要是地下水在多孔介质中的流动问题。因此把这种渗流也称为地下水流动。

渗流理论在水利水电工程、城市工业用水和生活用水、农田供水和排水、环境保护等方面都有着广泛的应用。在水利水电工程方面：土坝坝体内渗流浸润曲线的位置问题、建筑在透水地基上的水工建筑物底部的扬压力和水量损失问题，混凝土坝坝基渗流与绕坝渗流中的渗透压力、渗流速度分布、渗流量、水-岩相互间的作用力问题等，都与坝体的安全息息相关，在大坝设计与施工中必须应用渗流理论预测可能发生的渗流情况并采取相应的防渗措施。在城市工业用水和生活用水方面：地下水水源地允许开采量是多少、需要打多少开采井、井点如何布局方能获得最大的经济效益、长期开采会不会引起地面沉降、水质恶化等，这些问题都是渗流理论研究和需要解决的问题。在农田供水和排水方面：如何评价和合理开发利用地下水资源、如何进行灌溉排水和防止土地盐碱化问题，均需应用有关的渗流理论。在环境保护方面：由于城市工业污水、生活污水的大量排放，农药、化肥、杀虫剂、除草剂的广泛施用，以及工业垃圾及生活垃圾的大量堆放等原因，常使地下水受到人为的污染，使地下水资源在数量上和质量上不断恶化，要预防、预测和控制这类污染，就要了解污染物在多孔介质中的输运规律，而这也是近代渗流理论研究的主要课题。此外，在石油、采矿、化工等方面渗流理论也有着广泛的应用。

古代劳动人民在开发利用地下水方面积累了丰富的经验。早在2000多年前，我国新疆地区修建的坎儿井，将地下渗流引入暗渠，通过暗渠和自然落差将地下水引进地面明渠灌溉农田。坎儿井主要分布在吐鲁番盆地和哈密等地区，计有千余条，长达5000km，被人们称之为"地下运河"。坎儿井、万里长城和京杭大运河并称为中国古代三大工程。

7.1 渗流的基本概念

7.1.1 水在土壤中的存在形式

土壤是孔隙介质的典型代表。水在土壤中的运动规律，不仅取决于液体的物理力学性质，同时也受到土壤的制约，由于水和土壤相互影响的结果，水在土壤中的存在形式可以分为气态水、附着水、薄膜水、毛细水和重力水等。

气态水就是水蒸气，以蒸汽的状态混合在空气中而存在于土壤孔隙内，数量很少。附着水是由于分子力的作用而吸附于土壤颗粒周围，其厚度为最薄分子层的水，只有当温度升高、水分子变为蒸汽水之后，附着水才可能在土壤中移动，因而其数量也是微不足道的。薄膜水也是在土壤颗粒与水分子的相互作用下形成的，当水分子聚集在以土粒分子作用半径的薄膜层以内时，此薄膜层内所含之水称为薄膜水，薄膜水在数量上也很少。在研究宏观的渗流运动时，一般不考虑气态水、附着水和薄膜水对工程实际问题的影响。毛细水由于毛细管作用而保持在土壤毛管孔隙中，除特殊情况外，往往也可以忽略。由于重力作用而在土壤孔隙中运动的水称为重力水。从工程实用观点看，参与地下水运动的主要是重力水。重力水充满土壤的孔隙中，对土壤颗粒有压力作用，其运动可以带动土壤，并有溶解作用，使土壤产生机械及化学潜蚀，造成土壤结构的破坏，严重时将影响建筑物的安全。本章所研究的地下水运动一般是指重力水的运动。

7.1.2 土壤的渗流特性

土壤的性质对渗流发生有很大的制约作用和影响。疏松的土壤，其透水能力比密实的土壤大得多，颗粒均匀的土壤透水能力较大，而不均匀的则较小。土壤的渗流特性是指与水分储容（存）及运移有关的土壤性质，主要有透水性、容水度、持水度和给水度。容水度是指土壤能容纳的最大的水体积和土壤总体积之比。持水度是指在重力作用下仍能保持的水体积与土壤总体积之比。给水度是指在重力作用下能释放出来的水体积与土壤总体积之比。

透水性是指土壤允许透过的能力。土壤的透水性与土壤孔隙的大小、多少、形状、分布等有关，也与土壤颗粒的粒径、形状、均匀程度、排列方式有关。

土壤孔隙的多少（密实度）用孔隙率 n 来反映。孔隙率是表示一定体积的土壤中，孔隙的体积 ω 与土壤的总体积 W （包括孔隙体积）的比值，即

$$n = \omega/W \tag{7.1}$$

一般说，孔隙率大土壤透水性也大，而且其容纳水的能力也大。

土壤颗粒的均匀程度，常用土壤的不均匀系数 η 来反映，即

$$\eta = d_{60}/d_{10} \tag{7.2}$$

式中：d_{60} 为土粒经过筛分时，占 60% 的重量的土粒所能通过的筛孔直径；d_{10} 为筛分时占 10% 的重量的土粒所能通过的筛孔直径。

η 值越大，表示土壤颗粒越不均匀。

透水性的定量指标是渗透系数，也称导水率。渗透系数越大，表示透水能力越强。

实际上土壤的孔隙形状和分布是相当复杂的，从渗流特性的角度可将土壤分类。如果土壤的透水性各处相同，不随空间位置而变化的土壤，称之为均质土壤；反之，称之为非均质土壤。各个方向透水性都一样的土壤称为各向同性土壤或等向土壤；否则就是各向异性土壤或非等向土壤。在本章中主要讨论均质各向同性土壤中的渗流问题。

7.1.3 渗流模型

实际的地下水流动仅存在于空隙空间，而且是极不规则的迂回曲折运动，要详细地确定渗流在每个孔隙中的流动情况是非常困难的。从工程应用的角度来说也没有这个必要，工程上所关心的主要是宏观的平均效果。为了研究方便常用简化的渗流模型来代替实际的渗流运动。所谓渗流模型，就是保持渗流区的边界条件、渗流量、渗流阻力和渗透压力与

实际渗流完全一样,但所设想的渗流区内的全部土粒骨架不存在,其空间被液体所充满。这种假想渗流的性质(如密度、黏滞性等)和真实的渗流相同,但它充满了既包括空隙空间也包括颗粒所占据空间的整个渗流区域。渗流模型的实质在于:把实际上并不充满全部空间的液体运动,看作是连续空间内的连续介质运动,渗流的运动要素可作为渗流区全部空间的连续函数来研究。以渗流模型代替实际的渗流运动,必须遵守以下几个原则:

(1) 在任意的渗流区间内渗流模型中所受的阻力应等于实际渗流所受的阻力,也就是说水头损失应相等。

(2) 通过渗流模型任一断面的流量以及任一点的压力或水头均和实际渗流相同。

根据渗流模型的概念,任一过水断面面积 ΔA 上的渗流速度 u 应等于通过该断面上的真实流量 ΔQ 除以面积 ΔA,即

$$u = \frac{\Delta Q}{\Delta A} \tag{7.3}$$

式中:ΔA 为包括土粒骨架所占横截面积在内的假想的过水断面面积。

真实孔隙的过水断面面积 $\Delta A'$ 要比 ΔA 小,$\Delta A' = n\Delta A$,n 为土壤的孔隙率,因此孔隙中真实的渗流速度 u' 为

$$u' = \frac{\Delta Q}{\Delta A'} = \frac{\Delta Q}{n\Delta A} = \frac{u}{n} \tag{7.4}$$

因为 $n < 1.0$,故 $u' > u$。

引入渗流模型之后,就有可能利用前面各章关于分析连续介质空间场运动要素的各种方法和概念进行渗流场的研究。分析渗流问题就可以和一般水力学方法一样了。因此渗流和一般水流运动的性质一样,可以按运动要素是否随时间变化而分为恒定渗流与非恒定渗流;按运动要素是否沿程变化分为均匀渗流与非均匀渗流,非均匀渗流又可分为渐变渗流和急变渗流;按运动要素与坐标的关系分为一元渗流、二元(平面)渗流和三元(空间)渗流;按有无自由液面还可分为无压渗流和有压渗流。

7.2 渗流的基本定律——达西定律

7.2.1 达西定律

1856 年法国工程师达西(H. Darcy)在装满沙的圆筒中进行实验,实验设备如图 7.1 所示。在上端开口的直立圆筒侧壁上装两支(或多支)测压管,在筒底以上一定距离处安装一块滤板 C,在这上面装颗粒均一的沙体。水从上端注入圆筒,并以溢水管 B 使筒内维持一个恒定水位。渗透过沙体的水从短管 T 流入容器 V 中,并由此来计算渗流量 Q。因为渗流速度极为微小,所以速度水头可以忽略不计。因此总水头 H 可以用测压管水头 h 来表示。水头损失 h_w 可以用测压管水头差来表示,水力坡度 J 可以用测压管水头坡度来表示,即

$$H = h = z + p/\gamma$$
$$h_w = h_1 - h_2$$

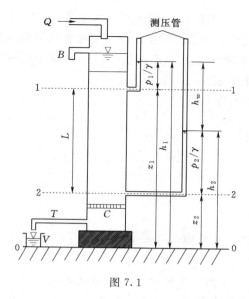

图 7.1

$$J = \frac{h_w}{L} = \frac{h_1 - h_2}{L}$$

大量的实验研究表明，渗流量 Q 与圆筒断面面积 A 及水头损失 h_w 成正比，与断面间距 L 成反比，并和土壤的透水性有关。据此，达西得到了如下基本关系式：

$$Q = kAJ = kA\,\frac{h_1 - h_2}{L} \qquad (7.5)$$

$$v = \frac{Q}{A} = kJ = k\,\frac{h_1 - h_2}{L} \qquad (7.6)$$

式中：v 为渗流简化模型的断面平均渗流速度；k 为反映孔隙介质透水性能的一个综合系数，也就是前面提到的渗透系数。

式（7.5）和式（7.6）所表示的关系称为达西定律，它是渗流的基本定律。由式（7.6）可以看出，渗流速度 v 与水力坡度 J 呈线性关系，所以达西定律又称为线性渗流定律。

如在过水断面 A 上围绕某点取一微小面积 dA，通过 dA 的流量为 dQ，则 $\dfrac{dQ}{dA} = u$ 表示该点处的渗流速度。式（7.6）可推广应用于断面上的每一点。于是有点渗流速度的达西定律为

$$u = kJ \qquad (7.7)$$

如取间距为 dL 的两个断面，其间水头损失为 dh_f，则水力坡度 $J = \dfrac{dh_f}{dL} = -\dfrac{dH}{dL}$，因为单位势能的增量 dH 恒为负值，为使 J 为正值，故加负号，于是式（7.5）和式（7.7）可以写成

$$\left.\begin{array}{l} Q = -kA\,\dfrac{dH}{dL} \\[3mm] u = -k\,\dfrac{dH}{dL} \end{array}\right\} \qquad (7.8)$$

7.2.2 渗流流动形态的判别

地下水的运动也存在层流和紊流两种流动形态，分别如图 7.2（a）、（b）所示。判别渗流流动形态的方法很多，但常用的还是用雷诺数来判别，最常用的公式为

$$Re = \frac{vd}{\nu} \qquad (7.9)$$

式中：d 为含水层颗粒的有效粒径（可用 d_{10} 代替）；ν 为渗流的运动黏滞系数。

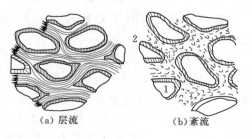

（a）层流　　　　　　（b）紊流

图 7.2

1—固体颗粒；2—结合水；←—水流运动方向

如果由式（7.9）求得的雷诺数小于临界雷诺数，则渗流的流动形态为层流；若大于临界雷诺数则为紊流。对于渗流，用实验方法求临界雷诺数比较困难，不同作者的结果也不尽相同。有人提出的临界雷诺数 $Re=1\sim10$，也就是说，当 $Re<1\sim10$ 时，属于层流渗流，但也有人提出把 $Re=100$ 作为层流渗流的上限值。

И.И. 巴甫洛夫斯基给出渗流流动形态的判别式为

$$Re=\frac{1}{0.75n+0.23}\frac{vd_{10}}{\nu}$$

式中：n 为孔隙率。

当 $Re<Re_k=7\sim9$ 时为层流渗流。

7.2.3 达西定律的适用范围

1. 基本条件

达西定律适用于均质等温不可压缩流体（$\rho=$ 常数）在均质各向同性多孔介质中的渗流。

2. 达西定律的上限

如果作渗流速度 v 和水力坡度 J 的关系曲线，如图 7.3 所示。若符合达西定律则为直线。直线的斜率为渗透系数的倒数。图 7.3 中的曲线表明，只有当按式（7.9）计算的雷诺数不超过 $1\sim10$ 时，渗流的运动才符合达西定律。

有的学者把多孔介质中的渗流运动状态分为三种情况，如图 7.4 所示。

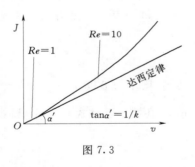

图 7.3

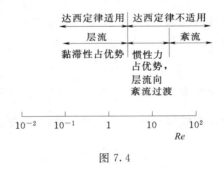

图 7.4

（1）当渗流低速运动时，即雷诺数小于 $1\sim10$ 之间某值时，为黏滞力占优势的层流运动，适用达西定律。为安全起见，可按 $Re=1.0$ 作为渗流线性定律适用范围的上限值。

（2）随着渗流速度的增大，当雷诺数大致在 $1\sim100$ 之间时，为一过渡带，由黏滞力占优势的层流运动转变为惯性力占优势的层流运动再转变为紊流运动。

（3）高雷诺数时为紊流运动，例如，当 $Re>150\sim300$ 时，渗流就完全变为紊流了。

即使这样，绝大多数渗流运动仍然服从达西定律。例如渗流通过平均粒径 $d=0.5\text{mm}$ 的粗沙层，当水温为 $15\,℃$ 时运动黏滞系数 $\nu=0.1\text{m}^2/\text{d}$，当雷诺数 $Re=1.0$ 时，由式（7.9）求得渗流速度 $v=200\text{m/d}$，表明在粗沙中当 $v<200\text{m/d}$ 时，渗流服从达西定律。在天然状况下，若取粗沙的渗透系数 $k=100\text{m/d}$，水力坡度 $J=1/500$，代入达西定律式（7.6），得天然状态下的渗流速度 $v=kJ=0.2\text{m/d}$，远小于 200m/d。显然，多数情况下粗沙中的地下水运动是服从达西定律的。

3. 达西定律的下限

对于某些黏性土，存在一个起始坡度 J_0。当 $J < J_0$ 时，几乎不发生流动，如图 7.5 所示。这时的达西定律变为

$$\begin{cases} \text{当 } J \leqslant J_0 \text{ 时}, v = 0 \\ \text{当 } J > J_0 \text{ 时}, v = k(J - J_0) \end{cases} \tag{7.10}$$

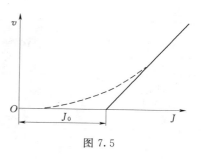

图 7.5

关于起始水力坡度的机制，尚未完全研究清楚，目前在黏性土的渗流计算中，一般仍采用达西定律。

超出线性定律以外的水头损失规律称为非线性定律，这时的渗流流动形态可能是紊流，也可能是层流。渗流水头损失的一般表达式比较常用的是福熙海麦尔（P. Forchheimer）公式，即

$$J = av + bv^2 \tag{7.11}$$

或

$$J = av + bv^m \tag{7.12}$$

式中：a 和 b 为两个待定系数。

当 $a = 0$ 时，式（7.12）变为

$$v = K_c J^{1/m} \tag{7.13}$$

式中：K_c 为该情况下的渗透系数。

当 $m = 1$ 时为层流渗流；当 $m = 2$ 时为紊流渗流；当 $m = 1 \sim 2$ 时为渗流过渡区。

只有在少数情况下，如渗流在大裂隙或大溶洞中的运动，渗流才服从上述非线性定律。水利工程中的堆石坝和堆石排水中的渗流运动，水在岩体空隙中的运动，以及在水力坡度很大时，渗流在孔隙介质中的运动可能出现紊流运动的情况。

7.2.4 渗透系数及其确定方法

渗透系数 k 是反映土壤透水性的一个综合指标，其大小主要取决于土壤颗粒的形状、大小、均匀程度以及地质构造等孔隙介质的特性，同时也和流体的物性如黏滞性和重度等有关。因此 k 将随孔隙介质的不同而不同；对于同一介质，也因流体的不同而有差别；即使同一流体，当温度变化时重度和黏滞系数也有所变化，因而 k 也有所变化。

渗透系数可用下述几种方法确定。

1. 经验法

当未获得实际资料时，可以参照有关规范和已成工程的资料来选定渗透系数 k，各类土壤的渗透系数 k 可参考表 7.1 所列的数值。显然只有在极其粗略的估算中可以采用。

2. 实验室测定法

为了能较真实地反映土的渗透性质，可取一些未受扰动的土样，在实验室内测定其渗透系数。通常采用图 7.1 所示之达西实验装置测定，也可以用例题 7.1 图所示的变水位测定装置测定。

表 7.1 土的渗透系数参考值

土 名	渗透系数 k		土 名	渗透系数 k	
	m/d	cm/s		m/d	cm/s
黏土	<0.005	$<6\times10^{-6}$	粗沙	$20\sim50$	$2\times10^{-2}\sim6\times10^{-2}$
亚黏土	$0.005\sim0.1$	$6\times10^{-6}\sim1\times10^{-4}$	均质粗沙	$60\sim75$	$7\times10^{-2}\sim8\times10^{-2}$
轻亚黏土	$0.1\sim0.5$	$1\times10^{-4}\sim6\times10^{-4}$	圆砾	$50\sim100$	$6\times10^{-2}\sim1\times10^{-1}$
黄土	$0.25\sim0.5$	$3\times10^{-4}\sim6\times10^{-4}$	卵石	$100\sim500$	$1\times10^{-1}\sim6\times10^{-1}$
粉沙	$0.5\sim1.0$	$6\times10^{-4}\sim1\times10^{-3}$	无填充物卵石	$500\sim1000$	$6\times10^{-1}\sim1\times10$
细沙	$1.0\sim5.0$	$1\times10^{-3}\sim6\times10^{-3}$	稍有裂隙岩石	$20\sim60$	$2\times10^{-2}\sim7\times10^{-2}$
中沙	$5.0\sim20.0$	$6\times10^{-3}\sim2\times10^{-2}$	裂隙多的岩石	>60	$>7\times10^{-2}$
均质中沙	$35\sim50$	$4\times10^{-2}\sim6\times10^{-2}$			

注 本表资料引自中国建筑工业出版社 1975 年出版的《工程地质手册》。

3. 现场测定法

这是较可靠的测定方法，可保持土壤结构原状，不受取土样的干扰，可以获得较真实的大面积的平均渗透系数。一般做法是在现场钻井或挖试坑，采用抽水或注水的方法测得水头及流量等数值，反求出渗透系数。现场测定法规模较大，需要的经费及劳力均较多，故多用于重要的大型工程。

4. 经验公式法

（1）哈曾（Hazen）提出用有效粒径 d_{10} 并考虑水温影响的计算较均匀沙的渗透系数公式为

$$k=116d_{10}^2(0.7+0.03T) \tag{7.14}$$

式中：T 为水的温度，℃。

（2）太沙基（Terzaghi）提出了考虑土体孔隙比的经验公式，即

$$k=2d_{10}^2n_0^2 \tag{7.15}$$

式中：n_0 为土体孔隙比，定义为孔隙体积与土粒体积的比值。

（3）科兹尼（Kozeny）公式

$$k=\frac{cg}{\nu}\frac{n^3}{(1-n)^2}d_s^2 \tag{7.16}$$

式中：c 为与沙粒形状有关的常数，$c=0.003\sim0.006$；n 为孔隙率；d_s 为有效粒径，用式（7.17）计算。

$$\frac{1}{d_s}=\sum\frac{\Delta_{12}}{d_{12}} \tag{7.17}$$

式中：Δ_{12} 为筛眼 d_1 与 d_2 之间土壤的重量与总重量的比值；$d_{12}=\sqrt{d_1d_2}$。

式（7.14）和式（7.16）适用于孔隙内的流动是层流，即雷诺数 $Re=\dfrac{vd_{10}}{\nu}<4$。

（4）弗埃-海屈（Fair-Hatch）公式。在美国常采用弗埃和海屈公式，该公式是根据广泛的实验资料得出的，即

$$\begin{cases} k=0.937g\,\dfrac{n^4}{C_D}\dfrac{d_s}{v} \\ C_D=\dfrac{24}{Re}+\dfrac{3}{\sqrt{Re}}+0.34,\ Re=\dfrac{vd_s}{\nu} \end{cases} \tag{7.18}$$

式（7.18）适应于大雷诺数流动。如果 $Re < 1$，$C_D \approx 24/Re$，这时

$$k = 0.039 \frac{g}{\nu} n^4 d_s^2 \qquad (7.19)$$

式（7.14）～式（7.19）中，d_{10}、d_s 的单位为 cm；ν 的单位为 cm²/s；重力加速度 $g = 980$ cm/s²；渗透系数 k 的单位为 cm/s。

【例题 7.1】 设在例题 7.1 图所示的变水位法测定装置中，装入内径 $D = 10$ cm、厚 $L = 20$ cm 的被测土样。2min 内，内径 $d = 8$ mm 的水位管中的水位由 92cm 降到 30cm。试求渗透系数 k。

解：

设圆筒横断面面积为 A，水位管横断面面积为 a，时间 t 时的水位若为 h，则渗流量 Q 可由达西定律和连续性方程求得

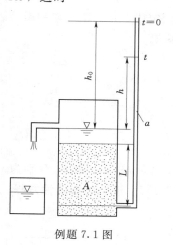

例题 7.1 图

$$Q = kA \frac{h}{L} = -a \frac{\mathrm{d}h}{\mathrm{d}t}$$

当 $t = 0$ 时，$h = h_0$，当 $t = t_1$ 时，$h = h_1$，积分上式可得渗透系数 k 为

$$k = 2.3 \frac{a}{A} \frac{L}{t_1} \lg \frac{h_0}{h_1}$$

据题给数值：$a/A = (0.8/10)^2 = 0.64 \times 10^{-2}$，$L = 20$ cm，$t_1 = 120$ s，$h_0/h_1 = 92/30 = 3.07$，代入上式得

$$k = 2.3 \times 0.64 \times 10^{-2} \times (20/120) \times \lg 3.07 = 1.195 \times 10^{-3} \ (\text{cm/s})$$

7.3 渗流的运动微分方程和连续性方程

为了研究三元渗流场的渗流速度和动水压强的分布规律，本节推导渗流的运动微分方程和连续性方程。

7.3.1 渗流的运动微分方程

由式（7.8）可知，渗流场中任意点的渗流速度为

$$\vec{u} = -k \frac{\mathrm{d}H}{\mathrm{d}\vec{L}}$$

因而任意点渗流速度在 3 个坐标方向的投影可表示为

$$\left.\begin{aligned} u_x &= -k \frac{\partial H}{\partial x} \\ u_y &= -k \frac{\partial H}{\partial y} \\ u_z &= -k \frac{\partial H}{\partial z} \end{aligned}\right\} \qquad (7.20)$$

其中

$$H = z + \frac{p}{\gamma}$$

式（7.20）即为渗流中广泛应用的运动微分方程。显然该式就是各向同性介质中的达西定律，是达西定律的微分表达式。如果将该式推广于各向异性孔隙介质的渗流运动中，则有

$$\left. \begin{array}{l} u_x = -k_x \dfrac{\partial H}{\partial x} \\[2mm] u_y = -k_y \dfrac{\partial H}{\partial y} \\[2mm] u_z = -k_z \dfrac{\partial H}{\partial z} \end{array} \right\} \tag{7.21}$$

式中：k_x、k_y 和 k_z 分别为 x、y、z 方向的渗透系数。

7.3.2 渗流的连续性方程

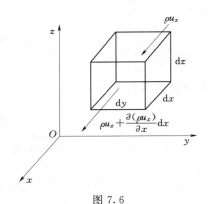

图 7.6

按照渗流模型，设想渗流区内的全部空间被连续的渗流所充满，如果在渗流里取一微小控制体如图 7.6 所示，根据质量守恒，流入与流出这个控制体的总质量与控制体内液体质量的变化量相等，即

$$-\left[\frac{\partial (\rho u_x)}{\partial x} + \frac{\partial (\rho u_y)}{\partial y} + \frac{\partial (\rho u_z)}{\partial z} \right] \mathrm{d}x\,\mathrm{d}y\,\mathrm{d}z = \frac{\partial}{\partial t}(n\rho\,\mathrm{d}x\,\mathrm{d}y\,\mathrm{d}z) \tag{7.22}$$

式（7.22）即为渗流的连续性方程，也叫质量守恒方程。

如果骨架不变形，液体不可压缩，这时式（7.22）可以简化为

$$\frac{\partial u_x}{\partial x} + \frac{\partial u_y}{\partial y} + \frac{\partial u_z}{\partial z} = 0 \tag{7.23}$$

式（7.23）表明在同一时段内流入均衡控制体的液体体积等于流出的液体体积，即体积守恒。

将式（7.21）代入式（7.23）得各向异性土壤的连续性方程为

$$\frac{\partial}{\partial x}\left(k_x \frac{\partial H}{\partial x}\right) + \frac{\partial}{\partial y}\left(k_y \frac{\partial H}{\partial y}\right) + \frac{\partial}{\partial z}\left(k_z \frac{\partial H}{\partial z}\right) = 0 \tag{7.24}$$

式（7.23）和式（7.24）为渗流中广泛应用的连续性方程，对恒定渗流、非恒定渗流都适用。但只能应用于骨架不变形，液体不可压缩的情况。要考虑土壤的压缩与变形时就要应用式（7.22）。

连续性方程和运动微分方程所组成的微分方程组共有 4 个微分方程，其中包含 4 个未知数 u_x、u_y、u_z 和 H，若解此微分方程组，就可求解渗流的流场。

7.3.3 渗流的流速势函数与拉普拉斯方程

在均质等向的土壤中，k 是常数，如令 $H = H(x, y, z)$，则

$$\varphi = -kH = \varphi(x, y, z) \tag{7.25}$$

则渗流的运动方程可以写为

$$u_x = \frac{\partial \varphi}{\partial x}$$
$$u_y = \frac{\partial \varphi}{\partial y} \qquad (7.26)$$
$$u_z = \frac{\partial \varphi}{\partial z}$$

式（7.26）中函数 φ 即为渗流的流速势函数。

将式（7.26）代入连续性方程（7.23）可得

$$\frac{\partial^2 \varphi}{\partial x^2} + \frac{\partial^2 \varphi}{\partial y^2} + \frac{\partial^2 \varphi}{\partial z^2} = 0 \qquad (7.27)$$

将式（7.25）代入式（7.27）得

$$\frac{\partial^2 H}{\partial x^2} + \frac{\partial^2 H}{\partial y^2} + \frac{\partial^2 H}{\partial z^2} = 0 \qquad (7.28)$$

式（7.28）表明，不可压缩的恒定渗流，水头函数满足拉普拉斯方程，通过在一定边界条件下求解拉普拉斯方程，即可求解渗流场。

7.3.4 渗流问题的求解方法

求解渗流的方法可分为以下 4 种。

1. 解析法

解析法即根据渗流的微分方程，结合具体边界条件求得水头函数 H 或流速势函数 φ 的解析解。其优点在于该方法较直接地反映渗流机理，推理性强，理论严密，对于选择和应用其他方法具有基础和启示作用。其缺点是当含水层条件和边界条件复杂时难以直接求解。

2. 数值法

目前常用的有两种，一种是有限差分法，另一种是有限单元法。借助电子计算机，应用上述方法求解条件比较复杂的渗流问题是相当有效的，尤其是有限差分法，国内外都有大量成功的应用实例。有限单元法在渗流研究中的应用也在快速发展，其计算精度优于有限差分法。

3. 试验法

试验法主要有河槽模型法、狭缝槽法和电模拟法。其中电模拟法应用较为广泛，它主要用于研究地下水的稳定运动，研究小区域的复杂渗流，如水工建筑物的坝、闸基础的渗流和土坝渗流等。

4. 图解法

图解法即流网法，主要是利用流速势函数和流函数的正交性作出流网。有了流网以后，就可以求解渗透压强、渗流速度、渗流水力坡度和渗流量等各项运动要素。该法只能用于服从达西定律的恒定渗流的平面问题，或者经过推广应用于轴对称渗流问题。

7.4　地下河槽中恒定均匀渗流和非均匀渐变渗流

位于不透水地基上的孔隙区域内具有自由液面的渗流，称为地下河槽渗流。该渗流为

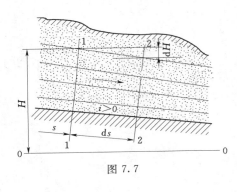

图 7.7

无压渗流，渗流与大气相接触的自由液面称为浸润面，非均匀渗流的水面曲线称为浸润曲线。地下河槽渗流与地面明槽流类似，可分为棱柱体，非棱柱体地下河槽；正坡，平坡，逆坡地下河槽；渗流可分为均匀渗流，非均匀渗流。地下河槽的水力要素沿流程不变的渗流称为均匀渗流，反之称为非均匀渗流。在非均匀渗流中，若流线近于直线则为非均匀渐变渗流，反之为非均匀急变渗流。本节主要研究符合达西定律的恒定均匀渗流和非均匀渐变渗流。

7.4.1 地下河槽中的恒定均匀渗流

设一恒定均匀渗流在渠底坡度为 i（$i>0$）的地下河槽中流动，如图 7.7 所示。因为是均匀渗流，水深沿程不变，断面平均渗流速度在各断面上是相等的，水力坡度 J 和底坡 i 相等。如果令 h_0 为均匀渗流的正常水深，b 为地下河槽的宽度，过水断面面积 $A_0=bh_0$，由达西定律，水力坡度 J 和断面平均渗流速度的关系为

$$J=-\frac{\mathrm{d}H}{\mathrm{d}s}=i \tag{7.29}$$

$$v=kJ=ki \tag{7.30}$$

通过过水断面的渗流量为

$$Q=kibh_0 \tag{7.31}$$

通过地下河槽的单宽渗流量为

$$q=kih_0 \tag{7.32}$$

7.4.2 地下河槽中的恒定渐变渗流

7.4.2.1 裘布衣（Dupuit）假设

地下河槽中的恒定渐变渗流，其潜水面通常不是水平的，如潜水含水层中存在着流速的垂直分量。潜水面本身又是渗流区的边界，它的位置在有关渗流问题解出来以前是未知数。因此像承压含水层那样直接积分拉普拉斯方程去求它的解析解是困难的。但潜水流动是渐变流，根据渐变流的特点，以及潜水面的坡度对于大多数地下水而言是很小的这样一个事实，1863 年，裘布衣作了以下假说：

（1）在垂直的二维平面 x、z 平面内，如图 7.8 所示，对潜水面上任一点 p 有

$$J=-\frac{\mathrm{d}H}{\mathrm{d}s}=-\frac{\mathrm{d}z}{\mathrm{d}s}=-\sin\theta \tag{7.33}$$

该点的渗流速度方向与潜水面相切，大小由达西定律有

$$v_s=-k\frac{\mathrm{d}H}{\mathrm{d}s}=-k\frac{\mathrm{d}z}{\mathrm{d}s}=-k\sin\theta \tag{7.34}$$

由于潜水面的坡角 θ 很小，可以用 $\tan\theta=\mathrm{d}H/\mathrm{d}x$ 来代替 $\sin\theta$，则式（7.34）变为

$$v_s=-k\frac{\mathrm{d}H}{\mathrm{d}x} \tag{7.35}$$

（2）渗流中在铅直剖面上各点具有同一水头值和同一水力坡度值，因而在同一铅直剖

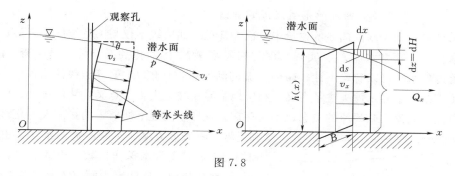

图 7.8

面上各点的渗流速度相等，并等于垂线平均渗流速度。此时，渗流速度可写成

$$v_x = -k \frac{\mathrm{d}H}{\mathrm{d}x} \quad H = H(x) \tag{7.36}$$

对于更一般的情况，$H = H(x, y)$，则有

$$v_x = -k \frac{\mathrm{d}H}{\mathrm{d}x} \quad v_y = -k \frac{\mathrm{d}H}{\mathrm{d}y} \quad H = H(x, y) \tag{7.37}$$

式（7.37）即为无压渐变渗流的运动方程，又叫裘布衣公式。

裘布衣公式在潜水面坡角 θ 不大的情况下是合理的，在解决实际渗流问题时很有用。有的作者对潜水面坡度 i_0 进行过研究，认为 $i_0^2 \ll 1$ 应用裘布衣假设误差是很小的。对于流线曲率很大的急变渗流，不能应用裘布衣公式。

7.4.2.2 渐变渗流的基本微分方程

上面已经说明，渐变渗流的基本关系式是裘布衣公式 $v = -k \mathrm{d}H/\mathrm{d}s$。下面利用这个基本关系式研究渐变渗流的基本微分方程。

设有一渐变渗流如图 7.9 所示，不透水地基的渠底坡度为 i。取基准面为 0—0 及任意两个相距为 $\mathrm{d}s$ 的过水断面 1—1 及断面 2—2，其水头 H 为渗流水深 h 与不透水层面至基准面之间的铅直距离 z_0 之和，即

$$H = h + z_0$$

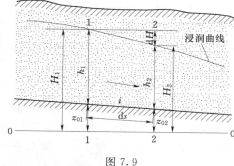

图 7.9

对上式求导得

$$\frac{\mathrm{d}H}{\mathrm{d}s} = \frac{\mathrm{d}}{\mathrm{d}s}(h + z_0) = \frac{\mathrm{d}h}{\mathrm{d}s} + \frac{\mathrm{d}z_0}{\mathrm{d}s}$$

由于底坡 $i = \dfrac{z_{01} - z_{02}}{\mathrm{d}s} = -\dfrac{z_{02} - z_{01}}{\mathrm{d}s} = -\dfrac{\mathrm{d}z_0}{\mathrm{d}s}$，所以 $\dfrac{\mathrm{d}H}{\mathrm{d}s} = \dfrac{\mathrm{d}h}{\mathrm{d}s} - i$，代入裘布衣公式得

$$v = -k \left(\frac{\mathrm{d}h}{\mathrm{d}s} - i \right) = k \left(i - \frac{\mathrm{d}h}{\mathrm{d}s} \right) \tag{7.38}$$

$$Q = kA \left(i - \frac{\mathrm{d}h}{\mathrm{d}s} \right) \tag{7.39}$$

式（7.39）即为渐变渗流的基本微分方程。

7.4.2.3　渐变渗流浸润曲线的形式及浸润曲线方程

在第 2 章的明渠水面曲线的讨论中，已经知道水面曲线不仅与渠底坡度 i 有关，而且还和实际水深 h 与正常水深 h_0、实际水深与临界水深 h_k 的对比关系有关。但在渐变渗流中，由于渗流速度水头可以忽略不计，因而渗流的断面单位比能 E_s 就等于渗流水深 h，比能曲线变成了直线，临界水深失去了意义，相应地临界底坡也失去了意义，从而缓坡、陡坡、临界坡、急流、缓流、临界流的概念也不再存在。这样，在地下河槽中的渗流仅有正坡、平坡和逆坡三种底坡类型。实际渗流的水深，也仅仅能和均匀渗流的正常水深作比较。由此可见，渐变渗流的浸润曲线形式比明渠水面曲线形式简单得多。

现按不透水层坡度分别讨论如下。

1. 正坡（$i>0$）地下河槽的浸润曲线

对于正坡 $i>0$ 的地下河槽，如图 7.10 所示。若渗流的单宽渗流量为 q，相应的正常水深为 h_0，则 $q=kih_0$，$Q=qb$，代入式（7.39），则

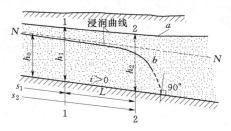

图 7.10　正坡地下河槽浸润曲线

$$\frac{\mathrm{d}h}{\mathrm{d}s}=i\left(1-\frac{h_0}{h}\right) \tag{7.40}$$

用式（7.40）可以分析正坡地下河槽浸润曲线的形状。

像分析明渠水面曲线一样，在正坡地下河槽中存在正常水深 h_0，所以可以给出正常水深 N—N 线，此线将渗流区分为两个区域，即图 7.10 中的 a 区和 b 区。

在 a 区，实际水深 $h>h_0$，由式（7.40）知，$\mathrm{d}h/\mathrm{d}s>0$，浸润曲线为壅水曲线。在曲线的上游端，当 $h\rightarrow h_0$、$\mathrm{d}h/\mathrm{d}s\rightarrow0$ 时，浸润曲线将以 N—N 线为渐近线；在曲线的下游端，当 $h\rightarrow\infty$、$\mathrm{d}h/\mathrm{d}s\rightarrow i$ 时，浸润曲线将以水平线为渐近线，所以 a 区的浸润曲线为下凹的壅水曲线。

在 b 区，$h<h_0$，由式（7.40）知 $\mathrm{d}h/\mathrm{d}s<0$，浸润曲线为降水曲线。在曲线的上游端，当 $h\rightarrow h_0$、$\mathrm{d}h/\mathrm{d}s\rightarrow0$ 时，浸润曲线将以 N—N 线为渐近线；在曲线的下游端，当 $h\rightarrow0$、$\mathrm{d}h/\mathrm{d}s\rightarrow-\infty$ 时，浸润曲线将与渠底有正交的趋势。这种情况实际上不可能存在，原因是此时流线的曲率很大，已不是渐变渗流，式（7.40）已不再适用。实际上浸润曲线将以某一个不等于零的水深为终点，该水深取决于具体的边界条件。

下面通过对式（7.40）的积分来求渗流的单宽渗流量和浸润曲线方程，并假设渐变渗流的过水断面面积为矩形，过水宽度为 b。

令 $h=h_0\eta$，则 $\mathrm{d}h=h_0\mathrm{d}\eta$，代入式（7.40）得

$$\frac{h_0\mathrm{d}\eta}{\mathrm{d}s}=i\left(1-\frac{1}{\eta}\right) \tag{7.41}$$

分离变量得

$$\frac{i\mathrm{d}s}{h_0}=\left(1+\frac{1}{\eta-1}\right)\mathrm{d}\eta \tag{7.42}$$

从断面 1—1 到断面 2—2 对式（7.42）积分，并令 $s_2-s_1=L$ 得

$$L=\frac{h_0}{i}\left(\eta_2-\eta_1+\ln\frac{\eta_2-1}{\eta_1-1}\right) \tag{7.43}$$

式（7.43）即为正坡地下河槽的渐变渗流浸润曲线方程。求解时，可由已知的 i、k、q 等值求 h_0。若已知断面 1—1 的水深 h_1，可假定断面 2—2 的水深 h_2，由式（7.43）可求出两断面间的距离 L，再假定一系列 h_2 值，可求得一系列对应的 L 值，即可绘出浸润曲线。

如果对式（7.39）进行积分，则可用另外的方法直接求出单宽渗流量和浸润曲线方程。令 $Q=bq$，$A=bh$，代入式（7.39）得

$$\frac{\mathrm{d}h}{\mathrm{d}s}=i-\frac{q}{kh} \tag{7.44}$$

对式（7.44）分离变量并积分得渐变渗流的单宽渗流量为

$$q=\frac{ki(Li-h_2+h_1)}{\ln\left[(kih_2-q)/(kih_1-q)\right]} \tag{7.45}$$

对于任意断面 x，其水深为 h，单宽渗流量可表示为

$$q=\frac{ki(xi-h+h_1)}{\ln\left[(kih-q)/(kih_1-q)\right]} \tag{7.46}$$

由式（7.46）可解出 x 为

$$x=\frac{1}{i}\left(h-h_1+\frac{q}{ki}\ln\frac{kih-q}{kih_1-q}\right) \tag{7.47}$$

用式（7.47）可以计算任意断面的水深，并可绘出浸润曲线。

2. 平坡（$i=0$）地下河槽的浸润曲线

将 $i=0$ 代入式（7.39）得

$$Q=-kA\frac{\mathrm{d}h}{\mathrm{d}s}\text{ 或 }\frac{\mathrm{d}h}{\mathrm{d}s}=-\frac{Q}{kA} \tag{7.48}$$

因平底地下河槽中不可能发生均匀流，不存在正常水深，浸润曲线仅有一种唯一的形式。由于式（7.48）中的 Q、k、A 均为正值，所以 $\frac{\mathrm{d}h}{\mathrm{d}s}<0$，平底地下河槽中浸润曲线只能发生沿程水深渐减的降水曲线，如图 7.11 所示。在曲线的上游端，当 $h\rightarrow\infty$、$A\rightarrow\infty$、$\frac{\mathrm{d}h}{\mathrm{d}s}\rightarrow0$，浸润曲线将以水平线为渐近线；在曲线的下游端，当 $h\rightarrow0$、$A\rightarrow0$、$\frac{\mathrm{d}h}{\mathrm{d}s}\rightarrow-\infty$ 时，浸

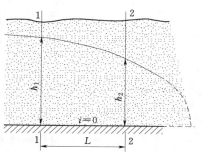

图 7.11　平坡地下河槽浸润曲线

润曲线与渠底有正交的趋势。如前所述，此时已不是渐变渗流。

将地下河槽断面宽度 b、面积 $A=bh$ 代入式（7.48）得

$$\frac{\mathrm{d}h}{\mathrm{d}s}=-\frac{Q}{kbh}=-\frac{q}{kh} \tag{7.49}$$

对式（7.49）分离变量并积分得

$$q=\frac{k}{2L}(h_1^2-h_2^2) \tag{7.50}$$

式中：h_1、h_2 分别为任意两断面的水深。

若已知两个断面的水深，两断面之间的距离 L 以及含水层的渗透系数 k，即可用式（7.50）计算出单宽渗流量。

为了求得渗流的浸润曲线，对断面 1—1 和任意断面 x，同样可求出下列方程

$$\frac{h_1^2 - h_2^2}{L} = \frac{h_1^2 - h^2}{x} \tag{7.51}$$

因此得平底地下河槽渗流的浸润曲线方程为

$$h = \sqrt{h_1^2 - \frac{x}{L}(h_1^2 - h_2^2)} \tag{7.52}$$

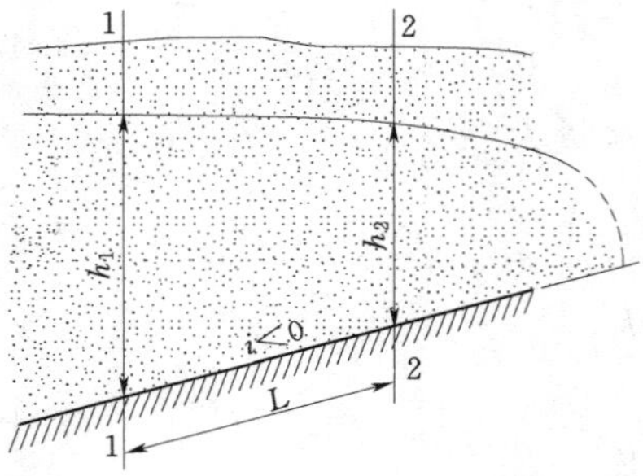

3. 逆坡（$i<0$）地下河槽的浸润曲线

对于逆坡地下河槽，如图 7.12 所示。逆坡地下河槽也没有正常水深线，因此没有均匀渗流。为了便于分析和计算，可设想有一个正坡 i'，且 $i' = -i$，对于这个假想的正坡 i'，单宽渗流量 q 可用均匀渗流的关系来表示，其正常水深为 h_0'，则

$$q = ki'h_0' \tag{7.53}$$

图 7.12　逆坡地下河槽浸润曲线

于是式（7.39）可以写成

$$ki'h_0'b = hbk\left(i - \frac{\mathrm{d}h}{\mathrm{d}s}\right) \tag{7.54}$$

以 $i = -i'$ 代入式（7.54）得

$$i'h_0' = -h\left(i' + \frac{\mathrm{d}h}{\mathrm{d}s}\right) \tag{7.55}$$

或

$$\frac{\mathrm{d}h}{\mathrm{d}s} = -i'\left(1 + \frac{h_0'}{h}\right) \tag{7.56}$$

由于式（7.56）中 i'、h_0'，h 均为正值，所以 $\frac{\mathrm{d}h}{\mathrm{d}s}<0$，浸润曲线为降水曲线。在曲线的上游端，当 $h \to \infty$、$\frac{\mathrm{d}h}{\mathrm{d}s} \to -i' = i$ 时，浸润曲线将以水平线为渐近线；在曲线的下游端，当 $h \to 0$、$\frac{\mathrm{d}h}{\mathrm{d}s} \to -\infty$ 时，浸润曲线将有与槽底正交的趋势。前已述及，当水深很小时，已不是渐变渗流，超出裘布依公式的适用范围。

令 $h_0'/h = 1/\eta'$，则 $\mathrm{d}h = h_0'\mathrm{d}\eta'$，代入式（7.56）得

$$\frac{i'\mathrm{d}s}{h_0'} = -\mathrm{d}\eta' + \frac{\mathrm{d}\eta'}{\eta' + 1} \tag{7.57}$$

对式（7.57）从断面 1—1 到断面 2—2 积分，令 $s_2 - s_1 = L$ 为两个断面之间的距离，$\eta_1' = h_1/h_0'$，$\eta_2' = h_2/h_0'$，则有

$$L = \frac{h_0'}{i'}\left(\eta_1' - \eta_2' + \ln\frac{\eta_2' + 1}{\eta_1' + 1}\right) \tag{7.58}$$

式（7.58）可用于计算逆坡地下河槽中渐变渗流的浸润曲线。

如同分析正坡地下河槽渐变渗流的渗流量与浸润曲线方程一样，从基本微分方程式（7.39）出发，将过水断面宽度 b、$A=bh$、$q=\dfrac{Q}{b}$，以 $i'=|i|$ 代入式（7.39）得

$$q=-kh\left(i'+\frac{dh}{ds}\right) \tag{7.59}$$

由式（7.59）解出 dh/ds，并从断面 1—1 到断面 2—2 积分，则有

$$q=\frac{ki'(Li'+h_2-h_1)}{\ln[(ki'h_2+q)/(ki'h_1+q)]} \tag{7.60}$$

对于任意断面水深 h 和该断面距断面 1—1 的距离 x，式（7.60）可改写为

$$q=\frac{ki'(xi'+h-h_1)}{\ln[(ki'h+q)/(ki'h_1+q)]} \tag{7.61}$$

比较式（7.60）和式（7.61）得

$$x=\frac{1}{i'}\left(h_1-h+\frac{q}{ki'}\ln\frac{ki'h+q}{ki'h_1+q}\right) \tag{7.62}$$

式（7.60）～式（7.62）是计算逆坡地下河槽单宽渗流量和浸润曲线的基本方程。

【例题 7.2】 如例题 7.2 图所示，在渠道与河流之间为一透水层，已知不透水层的坡度 $i=0.02$，渗透系数 $k=0.005\text{cm/s}$，河渠之间的距离 $L=180\text{m}$，渠岸右侧出流深度 $h_1=1.0\text{m}$，河岸左侧入流深度 $h_2=1.9\text{m}$。试求单宽渗流量，并绘制浸润曲线。

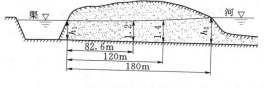

例题 7.2 图

解：

将已知 k、i、L、h_2、h_1 的值代入式（7.45）直接求得单宽渗流量 $q=9.451\times10^{-7}\text{m}^3/(\text{s}\cdot\text{m})$。

将 i、h_1、h_2、k、q 并假设一系列 h 代入式（7.47）得 x 与水深 h 的关系，计算结果如例题 7.2 表中的 x 所示。为了对比，表中还列出了用式（7.43）计算的浸润曲线如例题 7.2 表中 L 所示。由表中可以看出，用式（7.47）计算结果与式（7.43）计算结果基本相同。但式（7.47）不需计算正常水深 h_0，计算更简便。

例题 7.2 表		浸 润 曲 线 计 算			
h/m	1.2	1.4	1.7	1.8	1.9
L/m	82.63	120.01	158.95	169.83	180.00
x/m	82.57	119.95	158.89	169.77	180.00

7.5 承压含水层中渗流的稳定运动

设有一均质的承压含水层，隔水底板水平，含水层厚度 M 沿程不变，此时渗流的流线为平行的水平直线，水头仅仅是坐标 x 的函数，如图 7.13 所示。这时，拉普拉斯方

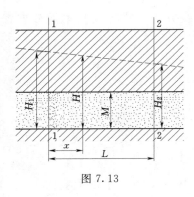

图 7.13

程（7.28）简化为

$$\frac{\mathrm{d}^2 H}{\mathrm{d} x^2} = 0$$

对上式求通解得

$$H = C_1 x + C_2$$

式中：C_1、C_2 为积分常数，可由边界条件确定。

在断面 1—1 处，$x = 0$，$H = H_1$；在断面 2—2 处，$x = L$，$H = H_2$，代入上式得 $C_1 = (H_2 - H_1)/L$，$C_2 = H_1$，由此得

$$H = H_1 - \frac{H_1 - H_2}{L} x \qquad (7.63)$$

式中：x 为从断面 1—1 算起的距离。

式（7.63）即为承压含水层中渗流的浸润曲线方程，它是一条均匀倾斜的直线。

下面求解渗流的流量，根据达西定律有

$$Q = -kA \frac{\mathrm{d} H}{\mathrm{d} x}$$

对于图 7.13 所示的断面，过水断面的大小和形状不变。如果取单位宽度，则 $A = M$，上式可写成

$$q = -kM \frac{\mathrm{d} H}{\mathrm{d} x} \qquad (7.64)$$

式中：M 为含水层的厚度。

将式（7.64）分离变量得

$$\mathrm{d} x = -\frac{kM}{q} \mathrm{d} H$$

在断面 1—1 和断面 2—2 之间，由于不考虑入渗补给和消耗，是稳定运动，所以 $q =$ const。同时渗流又是连续和不可压缩的，因此对上式的左边从 0 到 L，右边从 H_1 到 H_2 积分得

$$L = \frac{k}{q} M (H_1 - H_2)$$

或

$$q = \frac{kM(H_1 - H_2)}{L} \qquad (7.65)$$

式（7.65）即为求解承压含水层中单宽渗流量的公式，总渗流量为

$$Q = b \frac{kM(H_1 - H_2)}{L} \qquad (7.66)$$

式中：b 为渗流的过水断面宽度。

当隔水底板倾斜时，如图 7.14 所示，这时过水断面应当在垂直于流线的方向上测量，其值为 n'，但当隔水底板的倾角不大时，用铅直方向上的 $M = n'/\cos\theta$ 代替 n' 误差不会太大，如当 $\theta < 10°$ 时，误差不大于 1.5%，这在水文地质中是允许的。同理当倾角不大时，

也可用 L 代替 L'，所以计算式仍为式（7.63）和式（7.65）。

当承压含水层的厚度 M 是变化的，如图 7.15 所示。这时渗流量公式（7.66）中的 $M=M(x)$，即 M 随坐标 x 改变而变化。为了求得该微分方程的精确解，必须找出 M 和 x 之间的函数关系，但这并不是经常可以做到的。因此在实际应用中，通常取上、下两断面含水层厚度的平均值 $(M_1+M_2)/2$ 来代替 M，再分离变量求积分，求得近似解为

$$q=k\frac{M_1+M_2}{2}\frac{H_1-H_2}{L} \tag{7.67}$$

式（7.67）即为当含水层厚度变化时承压含水层中单宽渗流量的计算公式。

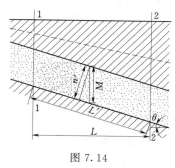

图 7.14

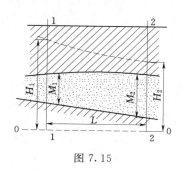

图 7.15

【例题 7.3】 为了探寻地下水源，打了两个钻孔，其间距 $\Delta L=200\text{m}$，两孔均贯穿厚度为 $M=15\text{m}$ 的含水沙层，如例题 7.3 图所示。今测得沙层渗透系数 $k=45\text{m/d}$，钻孔 1 的地下水位为 64.2m，钻孔 2 的地下水位为 63.4m。试计算此沙层的单宽渗流量。

解：

由式（7.65）有

$$q=kM\frac{H_1-H_2}{L}=45\times15\times\frac{64.2-63.4}{200}$$

$$=2.7[\text{m}^3/(\text{d}\cdot\text{m})]$$

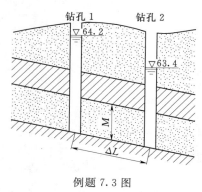

例题 7.3 图

7.6 地下水向集水建筑物——井的运动

井是一种汲取地下水或排水用的集水建筑物。在解决供水、排水等生产中有着广泛的应用。亦可通过井的抽水实验或压水实验来测定岩石的渗透系数等水文地质参数。

根据井径的大小和开凿方法的不同，井可分为管井和筒井两类。管井的直径小，通常小于 0.5m，而深度比较大，常用钻机开凿；筒井的直径大，可达 1m 至数米，而深度较浅，通常用人工开挖。根据井所揭露的地下水的类型，井又分为普通井和承压井。无论普通井还是承压井，当井底直达不透水层时称为完整井；如井底未达到不透水层则称为非完整井。

7.6.1　地下水向承压井的恒定运动

设在一半径为 R 的圆形岛屿状的承压含水层的中心打一口井，如图 7.16 所示。当未从井中抽水时，井中水面与原地下水面齐平。抽水后，井中水面下降，四周的地下水汇流入井，

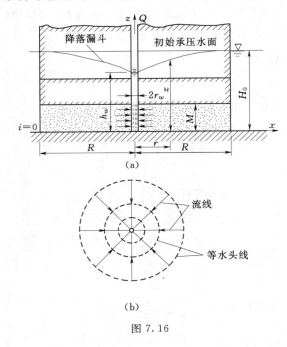

图 7.16

入井，井周围的地下水面逐渐下降而形成降落漏斗形的浸润面。随着抽水的延续，降落漏斗不断扩展以供给井的抽水量，这一阶段的地下水运动是非恒定的。当降落漏斗扩展到岛屿的边界时，岛屿周围的水补给地下水，直到补给量等于抽水量时，地下水的运动才达到恒定状态。这种地下水运动有如下特点：

（1）流线为指向井中心的放射状直线，等水头面是以井为中心的同心圆柱面如图 7.16（b）所示，等水头面和过水断面是一致的。

（2）通过距井轴不同距离的过水断面的流量处处相等，都等于井的出水流量 Q，即 $Q_{r1} = Q_{r2} = Q_{r3} = \cdots = Q$。

承压井稳定流时水头满足拉普拉斯方程（7.28）。计算井流时，把它转换为柱坐标是比较方便的，因而有

$$\frac{1}{r}\frac{\partial}{\partial r}\left(r\frac{\partial H}{\partial r}\right) + \frac{1}{r^2}\frac{\partial^2 H}{\partial \theta^2} + \frac{\partial^2 H}{\partial z^2} = 0 \tag{7.68}$$

因为水流是水平的，z 轴方向的分速度等于 0，而水头对于井轴是对称的，与 θ 角无关，因而式（7.68）中的 $\frac{\partial^2 H}{\partial \theta^2}$ 和 $\frac{\partial^2 H}{\partial z^2}$ 均等于 0，于是方程化简为

$$\frac{1}{r}\frac{\partial}{\partial r}\left(r\frac{\partial H}{\partial r}\right) = 0 \tag{7.69}$$

边界条件为：当 $r = R$ 时，$H = H_0$；当 $r = r_w$ 时，$H = h_w$。其中，r_w 为井的半径；h_w 为井中水深；R 为井的有效影响半径，即从井轴至实际上已观察不到水位降深点的水平距离；其余符号见图 7.16。

对于含水层来说，$1/r \neq 0$，于是有

$$\frac{\mathrm{d}}{\mathrm{d}r}\left(r\frac{\mathrm{d}H}{\mathrm{d}r}\right) = 0$$

对上式积分一次得

$$r\frac{\mathrm{d}H}{\mathrm{d}r} = C_1 \tag{7.70}$$

下面确定积分常数 C_1。由于通过井轴不同距离的过水断面的渗流量都等于井的出水流量 Q，根据达西定律有

$$Q = 2\pi kMr \frac{dH}{dr}$$

所以有

$$r \frac{dH}{dr} = \frac{Q}{2\pi kM} = C_1 \tag{7.71}$$

式中：M 为含水层厚度。

将式（7.71）代入式（7.70），并移项积分得

$$H = \frac{Q}{2\pi kM} \ln r + C_2 \tag{7.72}$$

将边界条件代入式（7.72）得

$$H_0 = \frac{Q}{2\pi kM} \ln R + C_2 \tag{7.73}$$

$$h_w = \frac{Q}{2\pi kM} \ln r_w + C_2 \tag{7.74}$$

由式（7.74）解出 C_2 代入式（7.72），可得承压井的浸润曲线方程为

$$H = h_w + \frac{Q}{2\pi kM} \ln \frac{r}{r_w} \tag{7.75}$$

由式（7.73）和式（7.74）相减消去 C_2 得

$$S_w = H_0 - h_w = \frac{Q}{2\pi kM} \ln \frac{R}{r_w} \tag{7.76}$$

式中：S_w 为井水位降深；R 为有效影响半径。

由式（7.76）解出承压井的出水流量 Q 为

$$Q = \frac{2\pi kMS_w}{\ln(R/r_w)} \tag{7.77}$$

式（7.77）称为承压井的裘布衣公式。

上面在推导承压井的裘布衣公式时，引用了有效半径的概念。但如何确定有效半径 R 至今仍是一个需要讨论的问题，虽然有的学者提出过一些计算 R 的经验公式，但在实际应用中都不同程度地存在一些问题。因此在初步计算时，根据经验对细沙可采用 $R = 100 \sim 200\text{m}$，中等粒径沙可采用 $R = 250 \sim 500\text{m}$，粗沙可采用 $R = 700 \sim 1000\text{m}$。

7.6.2 地下水向潜水井的恒定运动

潜水井即普通井。设有一潜水井如图 7.17 所示。由前面对无压渗流区的讨论可知，潜水流动仍然符合拉普拉斯方程，仍可以将它转换为柱坐标根据边界条件求解，但计算比较麻烦。今根据渐变流的裘布衣公式求解，有兴趣的读者可根据拉普拉斯方程自行推导。

设 h 为距井轴 r 处的浸润线高度，半径为 r 的过水断面面积为 $2\pi rh$，在断面上各处的水力坡度 $J = dh/dr$，根据渐变流的裘布衣公式，断面上的平均渗流速度和渗流量为

$$v = k \frac{dh}{dr}$$

$$Q = Av = 2\pi krh \frac{dh}{dr} \tag{7.78}$$

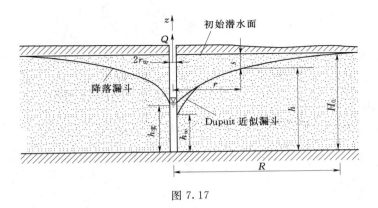

图 7.17

对式 (7.78) 分离变量并积分得

$$h^2 = \frac{Q}{\pi k} \ln r + C \tag{7.79}$$

利用边界条件 $r = r_w$ 时，$h = h_w$，$r = R$ 时，$h = H_0$，代入式 (7.79) 得

$$h^2 - h_w^2 = \frac{Q}{\pi k} \ln \frac{r}{r_w} \tag{7.80}$$

$$h^2 - H_0^2 = \frac{Q}{\pi k} \ln \frac{r}{R} \tag{7.81}$$

由式 (7.80) 可得潜水井的浸润曲线方程为

$$h = \sqrt{h_w^2 + \frac{Q}{\pi k} \ln \frac{r}{r_w}} \tag{7.82}$$

用式 (7.81) 减去式 (7.80)，并设井水位降深仍为 $S_w = H_0 - h_w$，则可得

$$Q = \frac{2\pi k H_0 S_w}{\ln(R/r_w)} \left(1 - \frac{S_w}{2H_0} \right) \tag{7.83}$$

式 (7.83) 称为潜水井的裘布衣公式。当 H_0 很大时，$\dfrac{S_w}{2H_0} \ll 1$，式 (7.83) 可简化为

$$Q = \frac{2\pi k H_0 S_w}{\ln(R/r_w)} \tag{7.84}$$

式中井的有效影响半径 R 的使用方法与承压井相同。

7.6.3　井群

如果在渗流区中有 n 口任意排列的井同时工作，而井之间的距离又不是很大，同时工作时井与井之间的地下渗流互相发生影响，浸润曲线呈现很复杂的形状，这种多个井的组合称为井群。求解井群工作的原理是势流叠加原理。

设水平不透水层内有 n 口井（完整井）按任意方式布置互相干扰，如图 7.18 所示。设 A 为井群影响范围内的任意点，它至各井的距离分别为 r_1、r_2、r_3、$\cdots$、r_n，各井的半径分别为 r_{w1}、r_{w2}、r_{w3}、$\cdots$、r_{wn}，各井的出水流量分别为 Q_1、Q_2、Q_3、$\cdots$、Q_n。

在前面推导承压井和潜水井的渗流量公式时，已知承压井和潜水井的渗流量公式可表

示为式 (7.71) 和式 (7.78)。为了便于研究，引入
流速势函数 φ 的概念，并令流速势函数为

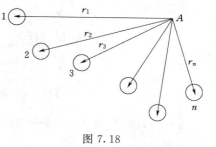

图 7.18

承压井
$$r=R \text{ 时}, \varphi=\varphi_R=kMH_0 \atop r=r_w \text{ 时}, \varphi=\varphi_w=kMh_w \Bigg\} \qquad (7.85)$$

潜水井
$$r=R \text{ 时}, \varphi=\varphi_R=\frac{1}{2}kH_0^2 \atop r=r_w \text{ 时}, \varphi=\varphi_w=\frac{1}{2}kh_w^2 \Bigg\} \qquad (7.86)$$

则式 (7.71) 和式 (7.78) 可用一个统一的式子来
表示，即

$$Q=2\pi r \frac{\mathrm{d}\varphi}{\mathrm{d}r} \qquad (7.87)$$

对式 (7.87) 积分得

$$\varphi=\frac{Q}{2\pi}\ln r+c \qquad (7.88)$$

各井单独工作时，A 点的流速势函数可按式 (7.88) 计算。当各井同时工作时，A
点的流速势函数按叠加原理应为

$$\varphi=\left(\frac{Q_1}{2\pi}\ln r_1+c_1\right)+\left(\frac{Q_2}{2\pi}\ln r_2+c_2\right)+\cdots+\left(\frac{Q_n}{2\pi}\ln r_n+c_n\right)=\sum_{i=1}^{n}\frac{Q_i}{2\pi}\ln r_i+C$$

$$(7.89)$$

其中
$$C=c_1+c_2+\cdots+c_n$$

式中：C 为一常数，由边界条件确定；r_i 为该点距第 i 号井井轴的距离。

井群形成的区域降落漏斗通常是不规则的，所以井的影响半径也不相等，假设依次为
R_1，R_2，R_3，$\cdots$，R_n，并令该处的流速势函数为 φ_R，则

$$\varphi_R=\frac{Q_1}{2\pi}\ln R_1+\frac{Q_2}{2\pi}\ln R_2+\cdots+\frac{Q_n}{2\pi}\ln R_n+C \qquad (7.90)$$

下面求含水层内任意点的动水位。由式 (7.89) 和式 (7.90) 可得

$$\varphi_R-\varphi=\frac{Q_1}{2\pi}\ln\frac{R_1}{r_1}+\frac{Q_2}{2\pi}\ln\frac{R_2}{r_2}+\cdots+\frac{Q_n}{2\pi}\ln\frac{R_n}{r_n} \qquad (7.91)$$

设 A 点的水头为 H，则由式 (7.85) 得

$$\varphi_R-\varphi=kM(H_0-H) \qquad (7.92)$$

将式 (7.92) 代入式 (7.91)，可解出承压井群的水头 H 为

$$H=H_0-\frac{1}{2\pi kM}\left(Q_1\ln\frac{R_1}{r_1}+Q_2\ln\frac{R_2}{r_2}+\cdots+Q_n\ln\frac{R_n}{r_n}\right) \qquad (7.93)$$

同理可得潜水井群的水头 H 为

$$H^2=H_0^2-\frac{1}{\pi k}\left(Q_1\ln\frac{R_1}{r_1}+Q_2\ln\frac{R_2}{r_2}+\cdots+Q_n\ln\frac{R_n}{r_n}\right) \qquad (7.94)$$

如各井的渗流量相等，均为 Q/n，影响半径相等，式 (7.93) 和式 (7.94) 可简
化为

承压井群

$$H = H_0 - \frac{Q}{2\pi kM}\left[\ln R - \frac{1}{n}\ln(r_1 r_2 \cdots r_n)\right] \tag{7.95}$$

潜水井群

$$H^2 = H_0^2 - \frac{Q}{\pi k}\left[\ln R - \frac{1}{n}\ln(r_1 r_2 \cdots r_n)\right] \tag{7.96}$$

由式 (7.95) 和式 (7.96) 得井群的出水流量为

承压井群

$$Q = \frac{2\pi kMS_w}{\ln R - \frac{1}{n}\ln(r_1 r_2 \cdots r_n)} \tag{7.97}$$

潜水井群

$$Q = \frac{\pi k(2H_0 - S_w)S_w}{\ln R - \frac{1}{n}\ln(r_1 r_2 \cdots r_n)} \tag{7.98}$$

$$S_w = H_0 - H$$

式中：S_w 为所求点的水位降深。

对于沿半径为 r 的圆周对称分布的井群，井群到圆心处的半径 $r_1 = r_2 = \cdots = r_n = r$，则式 (7.95) 和式 (7.96) 分别简化为

承压井群

$$H = H_0 - \frac{Q}{2\pi kM}\ln\frac{R}{r} \tag{7.99}$$

潜水井群

$$H^2 = H_0^2 - \frac{Q}{\pi k}\ln\frac{R}{r} \tag{7.100}$$

井群的出水流量可用下列公式计算：

承压井群

$$Q = \frac{2\pi kMS_w}{\ln(R/r)} \tag{7.101}$$

潜水井群

$$Q = \frac{\pi k(2H_0 - S_w)S_w}{\ln(R/r)} \tag{7.102}$$

【例题 7.4】　有一潜水井群由 8 个井组成，井的布置如例题 7.4 图所示。已知 $a = 50\text{m}$，$b = 20\text{m}$，井群的总出水流量 $Q = 30\text{L/s}$，各井抽水流量相同，井的半径 $r_w = 0.2\text{m}$，蓄水层厚度 $H_0 = 12.0\text{m}$，渗透系数 $k = 0.001\text{m/s}$，影响半径 $R = 700\text{m}$，试计算井群中心点 G 处的地下水位降深为多少？

解：

由例题 7.4 图知

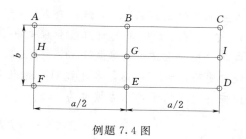

例题 7.4 图

$$r_A = r_C = r_F = r_D = \sqrt{10^2 + 25^2} = 26.926(\text{m})$$

$$r_B = r_E = 10.0(\text{m}); \quad r_H = r_I = 25.0(\text{m})$$

将 H_0、Q、R、r_A、r_C、r_F、r_D、r_B、r_E、r_H、r_I 代入式（7.96）计算 G 处地下水水深：

$$H^2 = H_0^2 - \frac{Q}{\pi k}\left[\ln R - \frac{1}{n}\ln(r_A r_C \cdots r_I)\right] = 110.347(\text{m}^2)$$

则 $H = 10.5046\text{m}$，G 点处的地下水位降深为

$$S_w = H_0 - H = 12 - 10.5046 = 1.4954(\text{m})$$

7.7 均质土坝的渗流

土坝是水利工程中常见的挡水建筑物之一。其渗流计算的主要任务是确定经过坝体的渗流量、浸润曲线和渗流速度等，来验证坝体的稳定性和水量损失。

土坝渗流一般作为平面问题来处理，取某个或某几个典型剖面进行研究，在坝体断面形状和地基条件比较简单的情况下近似按渐变渗流来分析。

土坝的形式很多，有均质土坝、带心墙的土坝、带斜墙的土坝、坝体有设排水设施的、地基有透水和不透水的等。本节主要介绍不透水地基上的均质土坝的渗流问题，其他类型的土坝渗流可参阅有关专业书籍。

设有一筑于水平不透水地基上的均质土坝如图 7.19 所示。上、下游水头分别为 H_1 和 H_2。上游液体将通过边界 AB 渗入坝体，在坝体形成浸润曲线 AC 并在 C 点逸出，C 点称为逸出点。CH 的垂直高度 a_0 称为逸出高度。$ABDC$ 区域为渗流区。

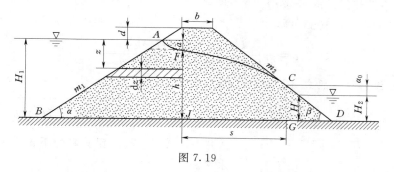

图 7.19

土坝渗流常采用分段法计算，并且有三段法和两段法两种计算方法，下面分别介绍。

7.7.1 用三段法计算均质土坝的渗流

三段法是将坝体渗流区划分为 3 段，即坝体上游的楔形段 $ABJF$，中间段 $JFGC$，以及下游楔形段 CGD。

1. 上游楔形段（图 7.19 中的 $ABJF$ 段）

这段的上游面 AB 为等势面，其单位势能均为 H_1，从上游坝面 AB 渗出的液体，流

线应垂直于坝面 AB；下游面为 FJ，可近似认为也是等势面，断面上各点的单位势能为 h。在这两个等势面之间流线弯曲较大，形状复杂，为了简化，可近似认为流线是水平线。设坝的上游边坡系数为 m_1，水面以下 z 处的水平直线长度为 $m_1(z+d)$，其中 d 为坝顶超高，$m_1 = \cot\alpha$，各流线两端的水头差都等于 a，即水头损失为 $H_1 - h = a$，因此该段内各流线的平均水力坡度为

$$J = \frac{a}{m_1(z+d)}$$

若在深度为 z 处单位宽度取一微元 dz，则通过 dz 的单宽渗流量 dq 为

$$dq = \frac{ka}{m_1(z+d)}dz$$

对上式从 $z=a$ 到 $z=a+h$ 积分，得全部单宽渗流量为

$$q = \frac{ka}{m_1}\ln\frac{d+a+h}{a+d} \tag{7.103}$$

在上面的分析中，由于作了不少假定，用式（7.103）求得的单宽渗流量是近似的，根据更精确的理论分析和实验成果，M. Musket 对式（7.103）加以修正得

$$q = k\left(1.12 + \frac{1.93}{m_1}\right)(H_1 - h) \tag{7.104}$$

2. 中间段（图 7.19 中的 $FJGC$ 段）

此段渗流为平底不透水层上的渐变渗流，其两端水深分别为 h 和 $H_2 + a_0$，两断面的间距为 s，则由式（7.50）可得

$$q = \frac{k}{2s}\left[h^2 - (a_0 + H_2)^2\right] \tag{7.105}$$

由图 7.19 的几何关系可得

$$s = b + m_2(H_1 - H_2 + d - a_0)$$

式中：m_2 为下游坝坡，$m_2 = \cot\beta$。

将上式代入式（7.105）得

$$q = \frac{k\left[h^2 - (a_0 + H_2)^2\right]}{2\left[b + m_2(H_1 - H_2 + d - a_0)\right]} \tag{7.106}$$

该段的浸润曲线方程仿照式（7.52）可得

$$y = \sqrt{h^2 - \frac{x}{s}\left[h^2 - (a_0 + H_2)^2\right]} \tag{7.107}$$

式中：x 为从 JF 断面算起的下游水平距离；y 为水深。

3. 下游楔形段

下游楔形段如图 7.20 所示。该段下游水深为 H_2，逸出点距下游水面的高度为 a_0。由图 7.20 可见，下游水面以上为无压区，水面以下为有压流，需要分开计算。计算时仍然假设下游段内渗流的流线为水平线。

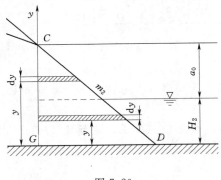

图 7.20

对于下游水面以上的无压区，设在距坝底为 y 处取一水平微小流束，通过该微小流束的单宽渗流量为 $\mathrm{d}q_1$，水力坡度 J 为 $1/m_2$，则

$$\mathrm{d}q_1 = kJ\,\mathrm{d}y = \frac{k}{m_2}\mathrm{d}y$$

对上式积分得

$$q_1 = \int_{H_2}^{H_2+a_0} \frac{k}{m_2}\mathrm{d}y = \frac{ka_0}{m_2} \tag{7.108}$$

对水面以下的有压区，同样可以写出

$$\mathrm{d}q_2 = kJ\,\mathrm{d}y$$

$$J = \frac{a_0}{m_2(a_0+H_2-y)}$$

代入上式并积分，积分限为 $0 \sim H_2$，得

$$q_2 = \frac{ka_0}{m_2}\ln\frac{a_0+H_2}{a_0}$$

下游楔形段泄出的总单宽渗流量为

$$q = q_1 + q_2 = \frac{ka_0}{m_2}\left(1 + \ln\frac{a_0+H_2}{a_0}\right) \tag{7.109}$$

上面将坝体分为三段进行分析得到三个方程，可以用来解三个未知数 h、a_0 和 q，但计算比较麻烦。

7.7.2 用两段法计算均质土坝的渗流

两段法是对三段法计算的简化，即把上游的楔形体 ABE 用一个矩形体 $AEB'A'$ 代替，如图 7.21 所示。而矩形体的宽度 ΔL 的确定，使在保持原来的上游水头 H_1 和单宽渗流量 q 的条件下，通过矩形和楔形体到

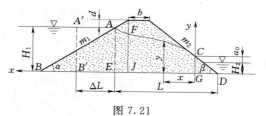

图 7.21

达 FJ 断面上的水头损失 a 相等，米哈伊洛夫（Г. К. Мнхайлов）由实验分析得到等效的矩形体的宽度 ΔL 由式（7.110）确定：

$$\Delta L = \frac{m_1}{1+2m_1}H_1 \tag{7.110}$$

这样，整个渗流区就由两段组成，即上游渗流段 $A'B'GC$ 和下游段 CGD。这样简化以后，上游段的水力坡度为

$$J = \frac{H_1-(a_0+H_2)}{L+\Delta L-m_2(a_0+H_2)}$$

由裘布衣公式

$$v = kJ = k\,\frac{H_1-(a_0+H_2)}{L+\Delta L-m_2(a_0+H_2)}$$

单宽渗流量为

$$q = \frac{k}{2}\,\frac{H_1^2-(a_0+H_2)^2}{L+\Delta L-m_2(a_0+H_2)} \tag{7.111}$$

对于下游段，仍可用式（7.109）进行计算。

上述两个方程可以求解两个未知数 q 和 a_0，浸润曲线可以取以点 G 为坐标原点的一组直角坐标系来进行研究，如图 7.21 所示。x 轴以向左为正，可以直接写出浸润曲线方程：

$$y=\sqrt{\frac{x}{\Delta L+L-m_2(a_0+H_2)}[H_1^2-(a_0+H_2)^2]+(a_0+H_2)^2} \tag{7.112}$$

假定一系列 x 值，即可由式（7.112）求得相应的 y 值，从而描绘出坝内浸润曲线。由式（7.112）可见，当 $x=0$ 时，$y=(a_0+H_2)$，当 $x=\Delta L+L-m_2(a_0+H_2)$ 时，$y=H_1$。

由式（7.112）计算的浸润曲线是从 C 点到 A' 点的，而实际上入渗点应在 A 点，故 $A'F$ 段的曲线应加以修正。在实用上把 A 点作为曲线的上游端起点，再用光滑曲线与 F 点连接即可。

【例题 7.5】 试用两段法绘制水平不透水地基上的均质土坝中的浸润曲线（图 7.21）。已知：$b=4.0\text{m}$、$d=0.8\text{m}$、$H_1=4.2\text{m}$、$H_2=0.5\text{m}$、$m_1=2.5$、$m_2=1.5$、$k=0.00005\text{cm/s}$。

解：

先由式（7.110）计算 ΔL，将 m_1、H_1 代入得

$$\Delta L=\frac{m_1}{1+2m_1}H_1=1.75(\text{m})$$

求 L，由图 7.21 可见

$$L=b+m_1d+m_2(H_1+d)=13.5(\text{m})$$

令式（7.111）和式（7.109）相等，求 a_0，q/k，即

$$\frac{a_0}{m_2}\left(1+\ln\frac{a_0+H_2}{a_0}\right)=\frac{1}{2}\frac{H_1^2-(a_0+H_2)^2}{L+\Delta L-m_2(a_0+H_2)}$$

将有关数据代入上式得 $a_0=0.5515\text{m}$，则

$$q=\frac{ka_0}{m_2}\left(1+\ln\frac{a_0+H_2}{a_0}\right)=0.0030247[\text{cm}^3/(\text{s}\cdot\text{cm})]$$

浸润曲线可由式（7.112）计算，将有关数据代入并简化得

$$y=\sqrt{1.2093x+1.10565}$$

计算结果见例题 7.5 表。

例题 7.5 表　　　　　　　计 算 结 果

x/m	0.00	5.0	10	13.5	13.67
y/m	1.0515	1.9214	3.633	4.1751	4.20

由例题 7.5 表中数据可以点绘浸润曲线，但该式计算到 A' 点，实际起点在 A 点，所以作图时将 A 点与 F 点用曲线板光滑连接即可。

7.8　利用流网法求解平面渗流

7.8.1　用流网法求解平面渗流

在《水力学》（上册）第 7 章已经介绍了流函数和流速势函数，以及用流网法求解平

面势流的方法。由于平面渗流满足拉普拉斯方程，因此，求解平面势流的流网法可以用来求解平面渗流。

用流网法求解平面渗流的方法是先绘制流网，然后根据流网进行渗流计算。

有关绘制流网的原则和方法在《水力学》（上册）第 7 章中已作了介绍。现以图 7.22 所示的水工建筑物透水地基中的有压渗流为例，说明平面有压渗流流网的绘制方法：

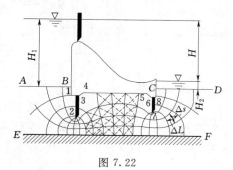

图 7.22

（1）按比例绘出建筑物的基底轮廓及岩层厚度。由渗流区的边界条件确定边界流线及边界等势线。

图 7.22 中的边界流线为：建筑物的地下轮廓线 B—1—2—3—4—5—6—7—8—C；渗流区域的底部边界 EF。边界等势线为：上游透水边界 AB 和下游透水边界 CD，在这两条边界上，其测压管水头 $z+p/\gamma=$const。

（2）根据组成流网的流线和等势线相互正交的特性，初步绘出流网。初绘流网时，可先按边界线的趋势大致画出流线或等势线。等势线和流线都应是光滑的曲线，且等势线与基底轮廓线及不透水层面相交处应保持垂直。

（3）对流网进行检验修正。初绘的流网不一定完全符合流网特性的要求，可进行检验和修正。检验的方法是在绘出的流网中加绘网格的对角线（如图 7.22 中虚线所示），如果每一个网格的对角线正交和相等，则所绘流网是正确的，反之则需要修正。然而，由于边界形状不规则，在形状突变处很难保证网格为正交方形网格，有时可能为三角形或五角形，但这不会影响整个流网的精度。

7.8.2　利用流网进行渗流计算

对流网进行检验修正后，即可用流网来求解渗流量、渗流速度和渗透压强。如图 7.22 所示，设上、下游水头分别为 H_1 和 H_2，水头差 $H=H_1-H_2$，流网共有 $n+1$ 条等势线（包括边界等势线在内），有 $m+1$ 条流线（包括两条边界流线），则任意两条等势线间的水头差 $\Delta H=H/n$。

1. 渗流速度与水力坡度

如果从流网上量得两条等势线之间的距离 Δs，则渗流区内各点的水力坡度为

$$J=\frac{\Delta H}{\Delta s}=\frac{H}{n\Delta s} \tag{7.113}$$

则渗流速度为

$$u=kJ=k\frac{H}{n\Delta s} \tag{7.114}$$

2. 渗流量的计算

设流网第 i 流段的单宽渗流量 Δq_i 为

$$\Delta q_i=k\frac{\Delta H}{\Delta s_i}\Delta L_i$$

式中：ΔL_i 为第 i 流段网格两条流线之间的距离，可以从流网图中直接量出。

渗流区的单宽总渗流量 q 为

$$q = k\Delta H \sum_{i=1}^{m} \frac{\Delta L_i}{\Delta s_i} = k \frac{H}{n} \sum_{i=1}^{m} \frac{\Delta L_i}{\Delta s_i} \tag{7.115}$$

若 $\Delta L = \Delta s$，为正交方形网格，则

$$q = kH \frac{m}{n} \tag{7.116}$$

3. 渗透压强

为了说明渗透压强的计算，以图 7.23 所示的坝基渗流为例，任意选取一直角坐标系，如以不透水基底作为横坐标，若需计算渗流区内任意点 N 的渗透压强，则该点的测压管水头 H_N 为

$$H_N = z_N + \frac{p_N}{\gamma}$$

故 N 点的渗透压强（以液柱高度计）为

$$\frac{p_N}{\gamma} = H_N - z_N \tag{7.117}$$

上游河床入渗边界为一条等势线，在该边界上各点水头为

$$H = z_1 + \frac{p_1}{\gamma} = z_1 + H_1$$

如果从上游河床入渗的水流到达 N 点所损失的水头为 h_f，那么 N 点的总水头为

$$H_N = (z_1 + H_1) - h_f \tag{7.118}$$

将式（7.118）代入式（7.117）得

$$\frac{p_N}{\gamma} = (z_1 + H_1) - h_f - z_N$$

或

$$\frac{p_N}{\gamma} = h_N - h_f \tag{7.119}$$

$$h_N = (z_1 + H_1) - z_N$$

式中：h_N 为 N 点在上游水面下的深度。

式（7.119）的物理意义是：渗流区内任意点 N 的渗透压强，等于从上游水面算起的该点静水压强再减去由入渗点至该点的水头损失。

工程中最重要的是要算出建筑物基底上的渗透扬压力。为了得到坝底的渗透压强分布图，一般是算出各等势线与坝底的交点 1、2、3、4、5、6、7、8、9 等处的渗透压强。

由图 7.23 可以看出，上述各点在上游水面下的深度均相等，即 $h_1 = h_2 = \cdots = h_9 = H_1$。但从入渗边界至各点间的水头损失是不相等的。若任意两等势线之间的水头损失为 $\Delta H = H/n$，显然，2～9 点的水头损失各为

$$h_{f2} = \Delta H \; ; h_{f3} = 2\Delta H \; ; h_{f4} = 3\Delta H \; ; \cdots \; ; h_{f9} = 8\Delta H$$

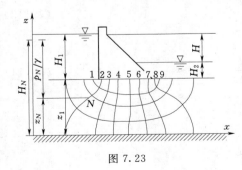

图 7.23

各点的渗透压强（以液柱高度计）为

$$p_1/\gamma = H_1$$
$$p_2/\gamma = H_1 - \Delta H$$
$$p_3/\gamma = H_1 - 2\Delta H$$
$$\vdots$$
$$p_9/\gamma = H_1 - 8\Delta H = H_2$$

7.9　渗流的实验方法

对于复杂的渗流问题，除可用流网法计算外，还可用模拟实验的方法来解决。

模拟（指物理模拟）法是用模拟模型再现渗流动态和过程的方法。模拟模型常用的方法有沙槽模型、窄缝槽模型、阻力管网模型、电模拟模型和离子模型等，本节只介绍电模拟模型。

7.9.1　电模拟实验原理

电模拟实验研究渗流问题的原理是地下水在多孔介质中的流动和导电介质中电流的流动具有相似性。通过测量电流现象中的有关物理量来解答渗流问题，这种方法称为水电比拟实验或电模拟实验。对于不可压缩流体，符合达西线性定律的渗流运动可以用拉普拉斯方程来描述；导体中电流现象的规律也可用拉普拉斯方程来描述。电流场和渗流场现象之间的比拟关系见表7.2。

表7.2　　　　　　　　　　　　　　渗流场与电流场的比拟

渗 流 场	电 流 场
水头 H	电位 V
水头函数的拉普拉斯方程 $\dfrac{\partial^2 H}{\partial x^2}+\dfrac{\partial^2 H}{\partial y^2}+\dfrac{\partial^2 H}{\partial z^2}=0$	电位函数的拉普拉斯方程 $\dfrac{\partial^2 V}{\partial x^2}+\dfrac{\partial^2 V}{\partial y^2}+\dfrac{\partial^2 V}{\partial z^2}=0$
等水头线（等势线）$H=$常数	等电位线 $V=$常数
渗流速度 u	电流密度 i
达西渗流定律 $u_x=-k\dfrac{\partial H}{\partial x}$　$u_y=-k\dfrac{\partial H}{\partial y}$　$u_z=-k\dfrac{\partial H}{\partial z}$	电流密度的欧姆定律 $i_x=-\sigma\dfrac{\partial V}{\partial x}$　$i_y=-\sigma\dfrac{\partial V}{\partial y}$　$i_z=-\sigma\dfrac{\partial V}{\partial z}$
渗透系数 k	导电系数 σ
连续性方程（质量守恒）$\dfrac{\partial u_x}{\partial x}+\dfrac{\partial u_y}{\partial y}+\dfrac{\partial u_z}{\partial z}=0$	克希荷夫(Kirchhoff)定律（电荷守恒）$\dfrac{\partial i_x}{\partial x}+\dfrac{\partial i_y}{\partial y}+\dfrac{\partial i_z}{\partial z}=0$
在不透水边界上 $\partial H/\partial n=0$ （n 为不透水边界的法线）	在绝缘边界上 $\partial V/\partial n=0$ （n 为绝缘边界的法线）

从表7.2中可以看出，如果用导体来做渗流区的模型，以电场模型代替按一定比例缩小的渗流区域，做到几何相似和边界条件相似，则导体中的等电位线就相当于渗流区的等水头线，导体中的电流密度就相当于渗流速度，导体中的电流强度就相当于渗流量。这就

是电模拟实验的实质。

为了得到这种相似并正确反映实际渗流情况，在设计模型时必须满足模型电流场和渗流场的几何相似和边界条件相似，现以图 7.24 所示的闸坝底部渗流为例，说明如下。

（1）模型电流场和渗流场的几何相似。图 7.24（a）为一闸坝建筑物的渗流场，图中 T 为渗流场的透水层厚度，H_1 为坝的上游水深，H_2 为坝的下游水深，H 为坝的上、下游水位差。建筑物的上游面 C_1 和下游面 C_2 均为透水层，建筑物的底部 C_0 和地基 C_3 均为不透水层，建筑物放在透水层中。为了减小建筑物底部的扬压力，在建筑物的底部设不透水的上游绕流板桩和下游绕流板桩以增加渗径。由于闸坝的上游水位高于下游水位，水将由闸坝的上游渗入闸坝的下游，在闸坝的底部形成渗流场。

实验时，取建筑物的地基轮廓和建筑物的上、下游一定长度作为研究对象，根据几何相似原理设计渗流区的范围。渗流区的范围确定以后，将渗流区的外部边界按一定比例做成一个几何相似的盘子，盘底以透明平板绝缘玻璃制作。盘内模型的周界用不透水的绝缘材料做成几厘米高的边墙，围成一个和渗流场几何相似的区域。再在模型包围的区域内盛以均匀的导电溶液，这样就在盘内形成了一个几何相似的均匀导电模型电流场，如图 7.24（b）所示。

如果渗流区的透水层厚度 T 不大，模拟的长度为水工建筑物的底部长度 L 加上透水层厚度 T 的 3～4 倍；如果透水区范围很大，其渗流区的模型范围可近似地作成一个半圆形区域，其半径 $R=1.5L$。

（2）模型电流场和渗流场的边界条件相似。渗流场和电流场的各种边界条件必须相

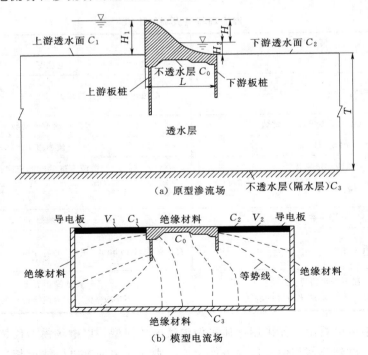

（a）原型渗流场

（b）模型电流场

图 7.24　渗流实验模型

似。其模拟方法为：不透水边界可用绝缘材料模拟；透水边界为一等势线，可用等电位的导体模拟，如图 7.24（b）所示。图中 V_1 为上游电压（势）边界，V_2 为下游电压（势）边界，虚线表示流场的等势线。图中上游透水面 C_1 和下游透水面 C_2 用导体模拟，例如导电铜板。建筑物底部不透水层 C_0、地基不透水层 C_3、不透水板桩以及其他不透水周界用绝缘材料制作，例如有机玻璃。

（3）渗流区域为均质岩层时，模型中的导电溶液也应该是均质的，渗透系数与导电溶液的导电系数应该符合相似比。如果渗流区域岩层不是均质的，则模型内代表不同岩层所用导电溶液的导电系数与相对应的岩层渗透系数的比值应当是常数，也就是具有相同的相似比。

7.9.2 电模拟实验的材料和测量装置

1. 电模拟实验的材料

渗流场模拟的导电溶液一般用硫酸铜溶液，可以根据需要配比不同浓度的硫酸铜溶液，并测量其导电系数；也可以直接采用自来水，如果自来水导电性不够，可以在自来水中加入少量食盐以增加导电性。导电溶液的厚度通常以 $1\sim2\mathrm{cm}$ 左右为宜，且各处相同。还有一种透明导电薄膜也可用于替代导电溶液开展电模拟实验。采用导电薄膜时，渗流场的模拟部分相对更为简单，即直接做一个平板，平板上设置坐标系统，在其上铺贴根据渗流场几何形状裁剪出的薄膜，加上上、下游导体材料即可。

模型等势线的导电板常用 $0.2\sim1.0\mathrm{mm}$ 厚的黄铜或紫铜片制作。

模型的边界用绝缘材料制作。绝缘材料常用的有石蜡、木材浸蜡、胶木、玻璃和油灰等，以有机玻璃最为方便。

2. 电模拟量测设备的电路原理

电模拟量测设备是基于欧姆（Ohm）定律和惠斯登（Whetstone）电桥原理制成的。图 7.25 所示为惠斯登电桥，图中 I_1 和 I_2 为电流，R_1、R_2、R_3、R_4 为电阻。R_1 和 R_2 以及 R_3 和 R_4 均为串联，然后再并联到 a、b 两点构成有 4 个臂的电桥。如果在 c、d 两点接一电压表，当电压表的指针指向 0 时，表示 c、d 两点无电位差或者说 c、d 两点的电位相同，根据欧姆定律，则

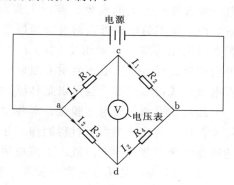

图 7.25　惠斯登电桥图

$$\left.\begin{array}{c}I_1R_1=I_2R_3\\I_1R_2=I_2R_4\end{array}\right\} \tag{7.120}$$

由此得

$$R_1/R_2=R_3/R_4 \tag{7.121}$$

因为 $R_3=(V_a-V_d)/I_2$，$R_4=(V_d-V_b)/I_2$，故式（7.121）可写成

$$\frac{R_1}{R_2}=\frac{R_3}{R_4}=\frac{V_a-V_d}{V_d-V_b} \tag{7.122}$$

式中：V_a、V_d、V_b 为图 7.25 相应点的电位（电压）。

又因为 $\dfrac{R_2+R_1}{R_1}=\dfrac{R_2}{R_1}+1=\dfrac{V_d-V_b}{V_a-V_d}+1=\dfrac{V_a-V_b}{V_a-V_d}$，则

$$\frac{R_1}{R_1+R_2}=\frac{V_a-V_d}{V_a-V_b} \qquad (7.123)$$

式（7.123）表明，在并联电路中，ac 段电阻与 acb 段全长电阻的比值等于另一支电路 ad 间的电位差与全路 adb 间总电位差的比值。

将该原理用于电模拟实验模型，可组成图 7.26 所示的两并联电路。其中一支电路，被电位测点（相当于原理图中的 c 点）分为 R_1 和 R_2，形成电桥的两个臂；另外一支电路，被另一测点（相当于原理图中的 d 点）分为 R_3 和 R_4，形成电桥的另外两个臂。当两测点之间连接的电流计中无电流通过时，该电路系统就满足了式（7.122）或式（7.123）。如果不断改变测点 c 在该支电路中的位置，就相当于改变了 R_1 和 R_2 的值和比例。当加在 a 和 b 之间的电压不变时，c 点的电压就随着位置的改变而改变，为了保持电桥平衡，则 d 点的位置也要随着 c 点的变化而改变。利用这种原理就能测得模型上不同位置的等位（势）线的位置或某位置的电位。

3. 电模拟的实验装置

电模拟的实验装置由两部分组成，即电路系统和渗流场模拟系统。

电路系统包括电源、可分压电路支路，分压电压测量电压表和等电位测量装置。

电源一般采用交流电。对于导电溶液来讲，其中导电的主要是离子，如果采用直流电，则容易产生电离现象。经过大量测试，电离现象比较小的交流电频率在 1000Hz 左右，而该频率的电源可以通过低频信号发生器产生，也可以通过模拟和数字电路制作。电源部分电压等级一般采用 5～10V；可分压电路支路部分由电位器或者等电阻串联电路、电阻切换装置、分压电压测量表组成；等电位测量装置包括验电器（微小电流测量表）或者电压表或者蜂鸣器（也可以是耳机）和探针。

渗流场模拟系统由实验盘、实验模型、导电溶液和汇流板组成。实验盘和实验模型的尺寸根据几何比尺用绝缘材料制作；导电溶液可以采用硫酸铜溶液或自来水，也可以采用透明导电薄膜替代导电溶液；汇流板用黄铜或紫铜片制作。

图 7.27 为一闸基渗流实验装置。实验时将电源与实验盘相连接，用探针测量等电位线，其数据由电压表直接读取，将渗流区各点的等电位点连接起来所成的曲线就是所要求的渗流等势线。

有了等势线，即可根据流网的性质绘出流线。

根据流函数与流速势函数的互换性可知，在同一模型上用实验的方法也可以测量流线。其方法为将原来的不透水边界改为透水边界，透水边界改为不透水边界，而导电铜板上保持原来的电位不变。测量出在新的边界条件下的等势线，该等势线

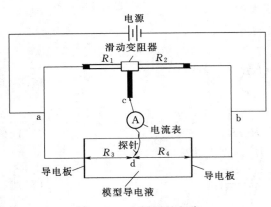

图 7.26　电桥测量电路

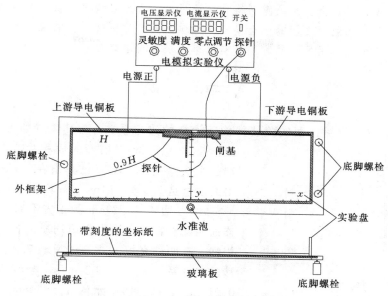

图 7.27 闸基渗流实验等势线量测设备

与前面所测量的等势线垂直，根据流速势函数和流函数的互换性可知，在新的边界条件下所测得的等势线就相当于所研究区域的流线。

7.10 岩 体 渗 流

近 40 年来，在对岩体与地下水的相互作用研究方面，逐渐形成了一门新兴的边缘性交叉学科——岩体水力学。岩体水力学的形成是对渗流理论的丰富与发展。

在土木建筑与水利水电工程中的岩质边坡的设计，水库诱发地震的预测，地下厂房、大坝等建筑物的稳定及渗流控制问题，地下洞室的稳定，石油与地热能的开发以及地下水资源的开发与利用等问题，都涉及岩体水力学性能的研究。

岩体水力学是应用渗流理论与岩石力学的基本理论，以动态的地质结构体为基础，研究岩体与地下水相互力学作用规律的科学，既包括岩体中地下水的运动规律，也包括地下水渗透力作用下的岩体稳定性问题。

岩体不同于松散沉积物的多孔介质。岩体内存在着大量的节理、裂隙，而且节理裂隙往往是成组分布的，且大小不同。所以岩体渗流有以下主要特征：①岩体渗流通道的复杂性；②岩体渗流的不均匀性，不均匀性通常表现为分带性和成层性；③岩体渗流的各向异性。

数学上处理岩体渗流主要有以下三种模型：

（1）等效连续介质模型。即将岩体中的裂隙渗流平均到岩体中，即可得到等效连续介质模型，这样就可利用前面讲过的经典的孔隙介质渗流的分析方法。

（2）裂隙网络模型。在弄清每条裂隙的空间方位、裂隙宽度等几何参数的前提下，以单个裂隙水流基本公式为基础，利用流入和流出各裂隙交叉点的流量相等来求其水头值。这种模型接近实际，但难度及工作量都大。

（3）双重介质模型。除裂隙网络外，还将岩体视为渗透系数较小的渗透连续介质，研究岩块孔隙与岩体裂隙之间的水交换。这种模型更接近实际，但数值分析工作量更大。

求解上述模型常用的计算方法是有限单元法和有限差分法。

习　题

7.1　在实验室用达西实验装置确定沙样的渗透系数 k，其装置如习题 7.1 图所示。

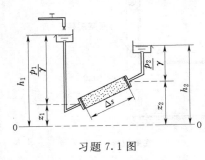

沙样长 $\Delta s = 0.2\text{m}$，横断面面积为 0.001m^2，沙样两端的水头差是 0.25m，已测出在 5min 内通过沙样流出的水量是 $7.5 \times 10^{-6}\text{m}^3$。计算渗透系数 k。

7.2　边长 $a = 20\text{cm}$ 的正方形管，长 $L = 200\text{cm}$，连通两储水容器。管中充填均质、各向同性的细沙与粗沙，有四种充填方式，如习题 7.2 图所示。已知细沙的渗透系数 $k_1 = 0.002\text{cm/s}$，粗沙的渗透系数 $k_2 = 0.05\text{cm/s}$，两容器中水深 $h_1 = 80\text{cm}$，$h_2 = 40\text{cm}$。问

习题 7.1 图

四种充填方式的渗流量各为多少？

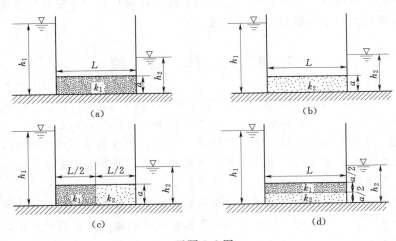

习题 7.2 图

7.3*　恒定水位法测定渗透系数的装置如习题 7.3 图所示。设圆筒内径 $D = 40\text{cm}$，断面 1—1 与断面 2—2 之间的距离 $L = 100\text{cm}$，此二断面间的测压管水头差 $h_w = 90\text{cm}$，水位恒定时的渗流量 $Q = 80\text{cm}^3/\text{s}$，土样的有效粒径 $d_{10} = 1\text{mm}$，孔隙率 $n = 0.2$，水的运动黏滞系数 $\nu = 0.0131\text{cm}^2/\text{s}$。求渗透系数 k，并判明该流动是否为线性渗流。

7.4　在习题 7.4 图所示的变水头渗透系数装置中装入直径为 10cm、厚度为 15cm 的土料时，直径为 8mm 的刻度计中的水位经过 2min 由 82cm 下降到 30cm。若实验时的水温是 $30℃$，试求水温为 $10℃$ 时的渗透系数 k。假设刻度计中的水位由保持不变的下水面量起。

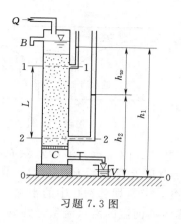

习题 7.3 图

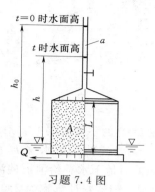

习题 7.4 图

7.5 如习题 7.5 图所示为一建在不透水层上的土坝渗流，具有静水边界（图中的 AB、CD）、不透水边界（BC）、自由液面（AE）及下游侧逸出液面（DE）。试用流速势函数表示这些面上的边界条件。

7.6 在一承压含水层上打两孔井，其间距为 200m，钻孔 1 的地下水位为 64.2m，钻孔 2 的地下水位为 63.4m，如习题 7.6 图所示。探得含水层是由厚度不同且互相平行的三层岩层组成，其中 $M_1 = 3.0$m，$M_2 = 5.0$m，$M_3 = 6.0$m，测得渗流量 $q = 2.7$m³/（d·m），试求等效渗透系数 k_p。如果已知 $k_1 = 0.00015$m/s，$k_2 = 0.0003$m/s，求渗透系数 k_3。

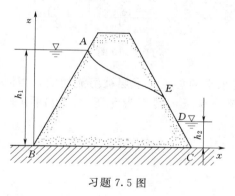

习题 7.5 图

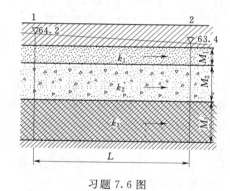

习题 7.6 图

7.7* 设在河道左侧有一含水层如习题 7.7 图所示，其底部不透水层的坡度 $i = 0.005$，河道中水深 $h_2 = 1.0$m，在距河道岸边 $L = 1000$m 处断面 1—1 的地下水深 $h_1 = 2.5$m，渗透系数 $k = 0.002$cm/s。试求地下水补给河道的单宽渗流量 q_1 和河槽正常水深 h_0，并绘制浸润曲线。如果在河道处修建水库，河道中水位抬高 4.0m，断面 1—1 的水深 h_1 仍为 2.5m。试求地下水补给河道的单宽渗流量 q_2 和正常水深 h_0'。

7.8 如习题 7.8 图所示为一不透水层上的排水廊道。已知垂直于纸面方向长 150m，廊道中水深 $h_0 = 2.2$m，含水层中水深 $H = 4.8$m，土层渗透系数 $k = 0.001$cm/s，廊道的有效影响半径 $R = 200$m。试求：

（1）廊道的排水流量 Q。

（2）距廊道 50m、100m 和 150m 处的地下水深。

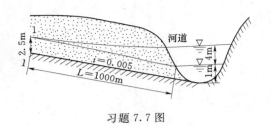

习题 7.7 图

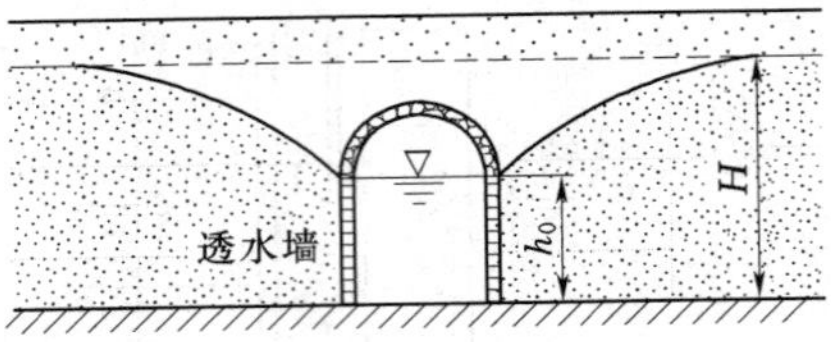

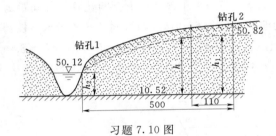

习题 7.8 图

7.9* 在 $i=0$ 的不透水层上有条河流如习题 7.9 图所示。河中水深 $h_2=2m$ 时，距河岸边 $L=500m$ 处的钻孔中水深 $h_1=5.2m$。当河上筑坝后水位抬高，河中水深增加 2m。假设筑坝前后地下水补给河道的渗流量不变，求筑坝后钻孔中的水深。

7.10 根据下列资料计算宽为 200m 的河岸流向河流的潜水流量，并确定离钻孔 2 为 110m 处的潜水位标高。已知河岸钻孔 1 揭露隔水层的标高为 10.52m，水面标高为 50.12m，距钻孔 1 为 500m 的钻孔 2 中揭露隔水层标高也为 10.52m，潜水面标高为 50.82m，如习题 7.10 图所示。岩层渗透系数为 10m/d。

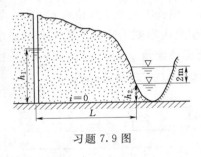

习题 7.9 图

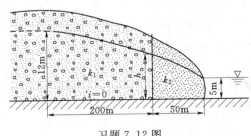

习题 7.10 图

7.11 如习题 7.11 图所示，顶底板平行且水平的承压含水层被河流切割，当河水位低于承压含水层的顶板时，承压含水层中的部分承压水转变为无压水。设图中的 H_1、H_2、M、k 和 L 值均为已知，试确定：

(1) 地下水补给河流的单宽渗流量 q。

(2) 承压流过渡到无压流的位置 L_1。

(3) 绘制浸润曲线。

7.12 如习题 7.12 图所示，河边岸滩由沙卵石和沙两种土壤组成。已知河道水深为 5m，$i=0$，距河道 250m 处的地下水深为 12m。试求距河道为 50m 处的地下水深。沙卵石的渗透系数为 50m/d，沙的渗透系数为 2m/d。

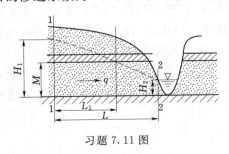

习题 7.11 图

习题 7.12 图

7.13*　如习题 7.13 图所示为一个通航运河的地质剖面图。由图中可以看出，不透水层为逆坡 $i=0.008$，在运河左面有一湖。渗水层的渗透系数 $k=0.01\text{cm/s}$，湖和运河之间的距离为 120m，运河中不渗水层在出口的标高是 4.90m，湖的水位为 8.30m，而运河中的水位则是 6.70m。由于河湖的水位差，地下水将向运河方向流动，求渗流的单宽渗流量，绘制浸润曲线。

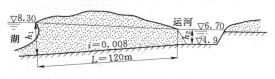

习题 7.13 图

7.14　今欲打一完全潜水井取水。已测得不透水层为平底，井的半径 $r_w=0.10\text{m}$，含水层厚度 $H_0=8.0\text{m}$，土为细沙，渗透系数 $k=0.001\text{cm/s}$。试计算当井中水深 $h_w=2.0\text{m}$，$S_w=H_0-h_w=6.0\text{m}$ 时的出水流量，并求井中水位与出水流量的关系。

7.15　设有半径 $r_w=15\text{cm}$ 的钻井布置在冲基岩中，为无压完全井，含水层由 2 层组成，如习题 7.15 图所示。其渗透系数和厚度分别为 $k_1=8\text{m/d}$，$k_2=4\text{m/d}$，$h_1=2\text{m}$，$h_2=4\text{m}$，井中水深 $h_w=4\text{m}$，有效影响半径 $R=600\text{m}$。试求地下水给井的供水流量。

7.16*　设有半径 $r_w=15\text{cm}$ 的钻井布置在承压含水层中，含水层由 3 层组成，如习题 7.16 图所示。其渗透系数和厚度分别为 $k_1=2\text{m/d}$，$k_2=6\text{m/d}$，$k_3=3\text{m/d}$，$M_1=2\text{m}$，$M_2=4\text{m}$，$M_3=6\text{m}$。井中水深 $h_w=14\text{m}$，有效影响半径 $R=600\text{m}$，此处的水头 $H_0=20\text{m}$。试求地下水给井的供水流量。

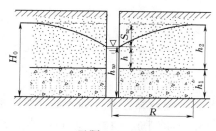

习题 7.15 图

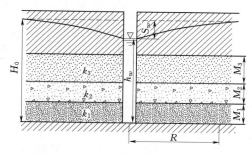

习题 7.16 图

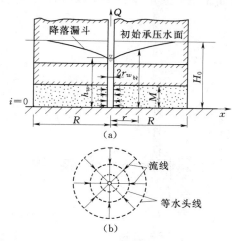

习题 7.17 图

7.17　如习题 7.17 图所示，含水层范围是无限的。已知 $Q=5.66\times10^{-3}\text{m}^3/\text{s}$，$r_w=0.076\text{m}$，$M=6.10\text{m}$，$k=10^{-4}\text{m/s}$。假定 $R=152.4\text{m}$ 和 $R=91.4\text{m}$，分别计算地下水的水位降深。若已知 $H_0=20\text{m}$，求 $R=91.4\text{m}$ 时的含水层的浸润曲线。

7.18　如习题 7.18 图所示为一潜水井，其柱坐标方程为 $\dfrac{1}{r}\dfrac{\text{d}}{\text{d}r}\left(\dfrac{\text{d}h^2}{\text{d}r}\right)=0$，边界条件为当 $r=R$ 时，$h=H_0$，当 $r=r_w$ 时，$h=h_w$。试求该潜水井的流量公式和浸润曲线方程。

7.19　为了测量土层的渗透系数，在被测区

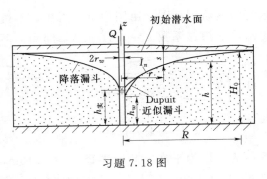

习题 7.18 图

域打一口井，并在井的附近有效影响半径范围内设一钻孔，如习题 7.19 图所示。钻孔距井中心 $r = 100$m，井半径 $r_w = 0.2$m。已知抽水流量为 0.0025m³/s，井中水深 $h_w = 2.2$m，钻孔水深 $h = 2.6$m。求土层的渗透系数。若测得土层的有效粒径为 0.5mm，试判断地下水的流动形态（水温为 20℃）。

7.20 设有一普通井群如习题 7.20 图所示。已知 $r_1 = 50$m，$r_2 = 70$m，$r_3 = 90$m，$r_4 = 60$m。各井的出水流量相同，总出水流量 $Q = 0.02$m³/s。有效影响半径均为 $R_0 = 500$m，地下含水层厚度 $H_0 = 10$m，渗透系数 $k = 0.001$m/s。试求含水层内 A 点的动水位 H。如果以上各井的有效影响半径分别为 $R_1 = 200$m，$R_2 = 250$m，$R_3 = 350$m，$R_4 = 500$m，出水流量仍相同，求 A 点的动水位。

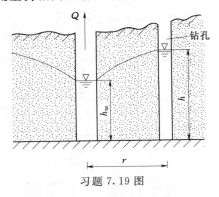

习题 7.19 图

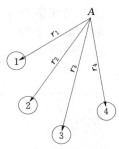

习题 7.20 图

7.21 为降低基坑的地下水位，在基坑周围布设 8 个普通完整井，如习题 7.21 图所示。各井的出水流量相等，总出水流量 $Q_0 = 0.02$m³/s。井的半径 $r_w = 0.15$m，地下水含水层厚度 $H_0 = 15$m，渗透系数 $k = 0.001$m/s。设井群的有效影响半径 $R = 500$m，求井群中心点 0 处地下水位降深 S_w。

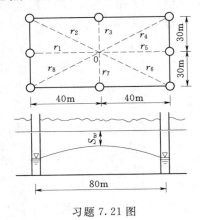

习题 7.21 图

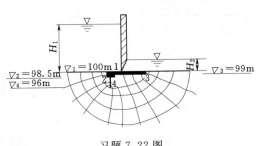

习题 7.22 图

7.22　有一水闸如习题 7.22 图所示，闸前水深 $H_1=12\mathrm{m}$，闸后水深 $H_2=2\mathrm{m}$。闸基渗流流网已绘出，如图所示。闸底板高程 $\nabla_1=100\mathrm{m}$，底面高程 $\nabla_3=99\mathrm{m}$，底板前端齿墙脚底高程 $\nabla_2=98.5\mathrm{m}$，板桩底高程 $\nabla_4=96\mathrm{m}$。已知渗透系数 $k=10^{-3}\mathrm{cm/s}$，试求闸底板底部各处渗透压强及闸基的渗流量。

7.23　某一筑于透水地基上的溢流坝，其上、下游水深及坝基流网如习题 7.23 图所示。坝轴总长为 $150\mathrm{m}$，渗透系数 $k=5\times10^{-5}\mathrm{cm/s}$。试求 m 点处的渗流速度及坝基的总渗流量。m 点处量得 $\Delta s=1.9\mathrm{m}$。

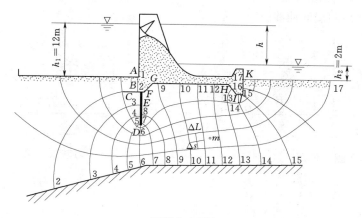

习题 7.23 图

7.24　一闸基流网如习题 7.24 图所示。今假定在 A、B、C 三点装测压管，试确定其中的渗透压强。就图中所标示的 1—1、2—2 及 3—3 三条流线而言，以哪一条的平均水力坡度为最大？为什么？设由流网量得 $\Delta s_1=2\mathrm{m}$，$\Delta s_2=3.5\mathrm{m}$，$\Delta s_3=7\mathrm{m}$，$k=3\times10^{-6}\mathrm{m/s}$。求下游河底这三根流线处的逸出速度。

7.25　在水平不透水地基上筑以梯形断面的均质堤防如习题 7.25 图所示。堤防土壤的渗透系数 $k=2\times10^{-4}\mathrm{cm/s}$，堤高 $H_n=15\mathrm{m}$，堤顶宽 $b=18\mathrm{m}$，上游水深 $H=12.4\mathrm{m}$，下游边坡系数 $m_2=1.5$。试求：

（1）单宽渗流量。

（2）绘制渗流的浸润曲线。

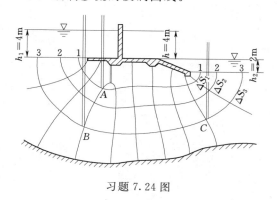

习题 7.24 图

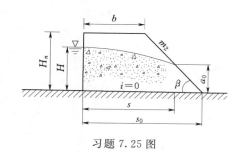

习题 7.25 图

7.26 某均质土坝建于不透水地基上，如习题 7.26 图所示。已知坝高为 17m，上游水深 $H_1=15$m，下游水深 $H_2=2.0$m，上、下游边坡系数分别为 $m_1=3.0$，$m_2=2.0$，坝顶宽度 $b=6.0$m，坝身的渗透系数 $k=0.001$cm/s。试用三段法计算坝身的单宽渗流量并画出坝内的浸润曲线。

7.27 某均质土坝建于不透水地基上，如习题 7.27 图所示。已知坝高为 17m，上游水深 $H_1=15$m，下游水深 $H_2=0$，上游边坡系数 $m_1=3.0$，下游边坡系数 $m_2=2.0$，坝顶宽度 $b=12.0$m，渗透系数 $k=3\times10^{-4}$cm/s。试用二段法计算坝身的单宽渗流量 q，逸出点高度 a_0，并绘制浸润曲线。

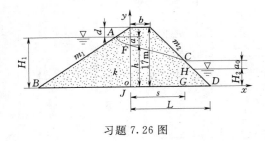

习题 7.26 图

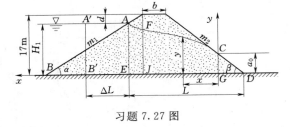

习题 7.27 图

第8章 动床水力学基础

前面几章所讨论的明渠水流都是研究清水在固定床面内的流动规律，其特征是槽身在水力作用下不变形，因而称之为定床。但是天然河道和不加衬砌的人工渠道，在水面以下的河床部分和水面以上的河岸部分都是由泥沙组成的，在水流作用下渠身形状可以有不同程度的变化，槽壁也多是透水的，在槽里流动的常常不是清水而是挟带有泥沙的浑水，这种槽身可以变形的明槽流动称为动床。研究定床中水流运动规律的称为定床水力学，研究动床中水流运动规律的称为动床水力学。定床水力学是动床水力学的基础，而动床水力学是定床水力学的继续。

明槽水力学的基本问题之一是阻力问题，这也是动床水力学的一个基本问题。

河流挟带泥沙必然会引起槽身的冲淤变形，在水流作用下，组成槽身的泥沙（组成河槽的石、沙、泥、土等统称为泥沙）被水流冲起带走的现象叫冲刷。当含沙水流不能带走所挟带的泥沙而使一部分泥沙沉积在河槽里，就形成了淤积。冲刷和淤积都使河槽发生变形。所以研究冲淤变化规律就是动床水力学的主要任务。

本章的目的在于探索水流与泥沙相互作用的力学机理和运动规律。由于动床水力学问题比较复杂，所以本章只是为深入学习动床水力学提供一个基础。

8.1 泥沙的主要特性

泥沙是指在流体中运动或受水流、风力、波浪、冰川及重力作用移动后沉积下来的固体颗粒碎屑。泥沙的特性包括静态和动态两种：静态特性是指泥沙的大小、形状和重度；动态特性是指泥沙的沉降速度和起动流速。

8.1.1 重度

泥沙颗粒实体单位体积的重量称为泥沙的重度，以 γ_s 表示。实测资料表明，各地河流泥沙的重度变化范围很小，其值在 $26000 \sim 27000 \text{N/m}^3$ 之间，在应用上一般取其平均值为 26500N/m^3。

淤积泥沙的干重度 γ' 系指沙样在 $100 \sim 105 ℃$ 的温度下烤干后的重量与原状沙样整个体积的比值称为干重度。在分析河床冲淤变化时，干重度是一个重要的物理量。由于孔隙随泥沙的级配及淤积久暂而变化，所以 γ' 变化的幅度较大，为 $3000 \sim 17000 \text{N/m}^3$。

淤积泥沙的干重度取决于其中值粒径 d_{50}、不均匀系数、淤积厚度和淤积时间等。若 d_{50} 在 0.04mm 以下，干重度的变化范围较大，由 5500N/m^3 变化至 12500N/m^3；当 d_{50} 在 0.2mm 以上时，变化较小，大致为 $14000 \sim 17000 \text{N/m}^3$；如 d_{50} 大于 0.04mm 而小于 0.2mm 时，可取干重度为 $12500 \sim 15600 \text{N/m}^3$。

8.1.2 粒径

颗粒直径（简称粒径）是颗粒大小的一个量度。因为实际河流泥沙的粒径变化范围很大，小的可以小到 $1\mu m$ 以下，大的可达几十厘米甚至到 $1m$ 以上，因而粒径是影响泥沙运动最主要的一个变量。粒径常用的表示方法有以下几种。

1. 等容粒径

泥沙颗粒并非圆球形，所谓等容粒径是指与泥沙颗粒具有同样体积的球体直径。其表达式为

$$d = \left(\frac{6V}{\pi}\right)^{1/3}$$

式中：V 为某一泥沙的体积；d 为等容粒径。

2. 筛孔粒径

用筛子来测量粒径时，以泥沙颗粒刚能通过的筛孔边长作为粒径，这种粒径叫筛孔粒径。粒径大于 $0.05mm$ 的颗粒多用筛孔粒径表示。

3. 沉速粒径

标准筛最小的孔径是 $0.05mm$，小于 $0.05mm$ 的泥沙粒径要用沉降速度的方法来确定。所谓沉速粒径，是指与泥沙比重相同，在相同液体中沉降时具有相同沉速的圆球直径，故称沉速粒径。

4. 算术平均粒径

直接测量泥沙的长、中、短三轴的长度 a、b、c，再用算术平均公式计算得算术平均粒径，即

$$d = \frac{1}{3}(a+b+c)$$

或用几何平均公式

$$d = \sqrt[3]{abc}$$

5. 中值粒径和平均粒径

河流泥沙都是由粒径不等的沙粒组合而成的。除了用粒径表示颗粒大小外，还需要表示粒径的分布情况。常用的方法是：通过颗粒分析（包括筛分和沉降），求出沙样中各种粒径级的重量，算出小于各种粒径级的泥沙总重量，然后在半对数纸上以横坐标（对数分格）表示泥沙粒径 d，纵坐标（普通分格）表示小于该粒径的泥沙在沙样中所占重量的百分比 P，这样点绘的粒径级配曲线简称级配曲线（或称粒配曲线），如图 8.1 所示。

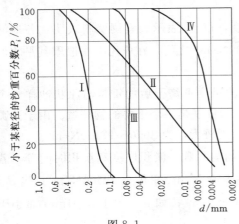

图 8.1

从泥沙级配曲线上，不仅可以知道沙样中颗粒的粒径大小及其变化范围，而且还可以了解沙样组成的均匀程度。如沙样中粗颗粒较多，则级配曲线将具有 I 的形式；如沙样中细颗粒较多，则有 IV 的形式；从级配曲线上还可以看

出，级配曲线的坡度越陡，说明沙样的组成越均匀，级配曲线越缓，说明泥沙的组成越不均匀。泥沙组成的均匀程度，可以用不均匀系数 $\eta = d_{60}/d_{10}$（或用 $\eta = \sqrt{d_{75}/d_{25}}$）来表示，$d_{60}$ 和 d_{10} 分别表示占总沙样 60% 和 10% 的粒径。如 $\eta = 1$，说明泥沙是由一种粒径组成的；不均匀系数越大，沙样中的粒径变化越大，泥沙越不均匀。

从级配曲线上也可以找出代表沙样的特征粒径。常用的特征粒径有两个，一个叫中值粒径 d_{50}，指在级配曲线上与纵坐标值 50% 相应的粒径，它表示大于和小于该粒径的泥沙重量各占沙样总重量的 50%。

另一个特征粒径称为算术平均粒径。它的求法是：将级配曲线的纵坐标（P）按其变化情况分成若干组，在横坐标（d）上定出各组泥沙的上、下限粒径 d_{max} 和 d_{min} 以及各组泥沙在整个沙样中所占重量的百分数 P_i，然后求出该组泥沙的算术平均粒径：

或

$$\left.\begin{array}{l} d_i = \dfrac{1}{2}(d_{max} + d_{min}) \\[2mm] d_i = \dfrac{1}{3}(d_{max} + d_{min} + \sqrt{d_{max}d_{min}}) \end{array}\right\} \qquad (8.1)$$

再用加权平均法求出整个沙样的平均粒径 $d_{平均}$

$$d_{平均} = \frac{\sum\limits_{i=1}^{n} P_i d_i}{100} \qquad (8.2)$$

式中：n 为分组的数目；P_i 为第 i 分组泥沙的重量占总沙样重量的百分数；d_i 为第 i 分组泥沙的平均粒径。

平均粒径比中值粒径能较正确地反映沙样的实际组成，但对于同一个沙样，当分组数目不同时，会得出不同的平均粒径，分组越多代表性越高。

6. 几何平均粒径

几何平均粒径可表示为

或

$$\left.\begin{array}{l} d_g = (d_1^{P_1} d_2^{P_2} \cdots d_n^{P_n})^{\frac{1}{100}} \\[2mm] \lg d_g = \dfrac{\sum\limits_{i=1}^{n} P_i \lg d_i}{100} \end{array}\right\} \qquad (8.3)$$

8.1.3 含沙量和浑水的黏滞性

含泥沙的水称为浑水。泥沙含量可用含沙量衡量。

1. 浑水的含沙量

浑水中含沙的多少可用含沙量来反映，含沙量有 3 种表示方法：

（1）体积比含沙量。表示泥沙所占体积与浑水体积的比值，用 S_V 表示，即

$$S_V = \frac{泥沙所占体积}{浑水体积} \qquad (8.4)$$

（2）重量比含沙量。表示泥沙所占重量与浑水重量的比值，用 S_G 表示，即

$$S_G = \frac{泥沙所占重量}{浑水重量} \qquad (8.5)$$

（3）混合比含沙量。表示泥沙所占重量与浑水体积的比值，用 S 表示，即

$$S = \frac{泥沙所占重量}{浑水体积} \tag{8.6}$$

三种不同表达式之间的关系为

$$S = \gamma_s S_V \tag{8.7}$$

$$S_G = \frac{\gamma_s S_V}{\gamma + (\gamma_s - \gamma) S_V} = \frac{S}{\gamma + (1 - \gamma/\gamma_s) S} \tag{8.8}$$

上两式中：γ_s 和 γ 分别为泥沙和清水的重度。

浑水的重度 γ_m 与含沙量的关系为

$$\gamma_m = \gamma + (\gamma_s - \gamma) S_V = \gamma + (1 - \gamma/\gamma_s) S \tag{8.9}$$

2. 浑水的黏滞性

浑水含沙量的大小及颗粒组成是影响浑水黏滞性的主要因素，含沙量较小的浑水流变特性仍然符合牛顿内摩擦定律：

$$\tau = \mu_m \frac{\mathrm{d}u}{\mathrm{d}y} = \rho_m \nu_m \frac{\mathrm{d}u}{\mathrm{d}y} \tag{8.10}$$

式中：τ 为切应力；μ_m、ρ_m、ν_m 分别为浑水的动力黏滞系数、密度和运动黏滞系数。

当含沙量增大到某一临界值 S_{Vc} 时，浑水的流变特性将发生质变，流型由牛顿体转变为非牛顿体。高含沙浑水的流变特性可近似按宾汉流体描述，其流变方程为

$$\tau = \tau_B + \eta \frac{\mathrm{d}u}{\mathrm{d}y} \tag{8.11}$$

式中：τ_B 为极限切应力；η 为刚度系数，即高含沙浑水的动力黏滞系数 μ_m。

研究表明，影响 μ_m 的主要因素是含沙量和泥沙的级配，μ_m、τ_B 可用下列公式计算：

$$\mu_m = \mu \left(1 - k \frac{S_V}{S_{Vm}}\right)^{-2.5} \tag{8.12}$$

$$S_{Vm} = 0.92 - 0.2 \lg \sum \left(\frac{P_i}{d_i}\right) \tag{8.13}$$

$$k = 1 + 2 \left(\frac{S_V}{S_{Vm}}\right)^{0.3} \left(1 - \frac{S_V}{S_{Vm}}\right)^4 \tag{8.14}$$

$$\tau_B = 0.098 \mathrm{e}^{B\varepsilon + 1.5} \tag{8.15}$$

上四式中：μ 为清水的动力黏滞系数；S_V、S_{Vm} 分别为体积比含沙量和极限含沙量；d_i、P_i 分别为某一粒径组的平均粒径及相应的重量百分比；k 为系数；$B = 8.45$；$\varepsilon = (S_V - S_{Vc})/S_{Vm}$，$S_{Vc}$ 为牛顿体转变为非牛顿体的临界含沙量，建议以 $\tau_B = 0.5 \mathrm{N/m^2}$ 时的含沙量作为 S_{Vc}，即

$$S_{Vc} = 1.26 S_{Vm}^{3.2} \tag{8.16}$$

μ_m、τ_B 也可用毛细管黏度计测量确定。

8.1.4　沉降速度

8.1.4.1　球体的沉降

放入静水中的泥沙颗粒将受重力作用而下沉。颗粒一旦在水中运动，将引起水的阻力。当作用于颗粒的阻力与水中颗粒的有效重力相平衡时，颗粒将以均匀速度下沉。这种

泥沙在静止清水中等速下沉的速度称为泥沙的沉降速度，简称沉速，以 ω 表示，常用的单位为 cm/s。由于粒径越粗，沉速越大，因此泥沙沉速又叫泥沙水力粗度。沉速是泥沙重要的水力特性之一，是综合反映泥沙颗粒的比重、形状和大小以及液体的阻力的一个物理量，是研究泥沙运动时常用的一个参数。

要确定沉速必须先知道液体的阻力，阻力的大小又与颗粒的运动状态有关。沙粒的运动状态与沙粒雷诺数 $Re_d = \omega d/\nu$ 有关，此处 d 表示泥沙粒径。实验表明，当 $Re_d < 0.5$ 时，泥沙颗粒基本上沿铅垂线下沉，附近的液体几乎不发生紊乱现象，这时的运动状态属于层流状态，也称黏性流状态，如图 8.2（a）所示。当 Re_d 大于 1000 时，泥沙颗粒脱离铅垂线盘旋下沉，附近的液体产生强烈的扰动和涡动，这时的运动状态属于紊流状态，如图 8.2（c）所示。当 Re_d 介于 $0.5 \sim 1000$

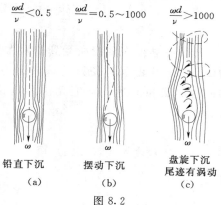

图 8.2

之间时，泥沙颗粒属于摆动状态下沉，绕流属于过渡状态，如图 8.2（b）所示。

球体在水中的重量为

$$W = \frac{\pi d^3}{6}(\rho_s - \rho)g = \frac{\pi d^3}{6}(\gamma_s - \gamma)$$

球体下沉时受到的阻力可用牛顿阻力公式表示为

$$D = C_d \rho \frac{\pi d^2}{4}\frac{\omega^2}{2} \tag{8.17}$$

球体作等速运动时，重力和阻力相等，即

$$C_d \rho \frac{\pi d^2}{4}\frac{\omega^2}{2} = \frac{\pi d^3}{6}(\rho_s - \rho)g$$

由此得

$$\omega = \sqrt{\frac{4}{3}\frac{(\rho_s - \rho)}{\rho}\frac{gd}{C_d}} \tag{8.18}$$

式中：ρ_s 为球体的密度；ρ 为水的密度；C_d 为阻力系数；d 为球的直径。

式（8.18）是球体在静止液体中沉降的普遍公式，阻力系数 C_d 随流态而变，因此不同流区有不同的沉降速度的表达式。

1. 层流沉降

按《水力学》（上册）第 8 章的斯托克斯方程，球体作层流沉降时所受的阻力为

$$D = 3\pi\mu\omega d \tag{8.19}$$

令式（8.19）和式（8.17）相等，则

$$C_d = \frac{24\mu}{\rho\omega d} = \frac{24}{\omega d/(\mu/\rho)} = \frac{24}{Re_d} \tag{8.20}$$

将式（8.20）代入式（8.18）得

$$\omega = \frac{1}{18} \frac{g}{\nu} \frac{\rho_s - \rho}{\rho} d^2 = \frac{1}{18} \frac{\gamma_s - \gamma}{\mu} d^2 \qquad (8.21)$$

式中：ν、μ 分别为水的运动黏滞系数和动力黏滞系数。

式（8.21）即为层流沉降的沉速公式。

2. 紊流沉降

球体作紊流沉降时所受到的阻力主要是形状阻力。形状阻力是因为边界层的分离，物体后部产生漩涡，使该区域内压力为负值，阻止物体向前运动。阻力的大小取决于物体的形状和流速，其值无法用理论方法推求。根据实验得出紊流沉降时的阻力系数为

$$C_d = 0.43 \qquad (8.22)$$

将式（8.22）代入式（8.18）得

$$\omega = 1.761 \sqrt{\frac{\rho_s - \rho}{\rho} g d} \qquad (8.23)$$

3. 过渡区沉降

过渡区绕流的阻力中，黏滞力和惯性力是同时存在的。当流态接近层流区，阻力主要是黏滞力；而到接近紊流区时，惯性力就成为阻力的主要部分了。

由于过渡区力学结构的复杂性，要从理论上导出沉速计算公式十分困难。沙玉清通过分析认为，要克服这个困难，可以引入两个新的参变量，其中一个只单独含有未知数粒径 d；另一个单独含有未知数沉速 ω；同时，为了符合水力相似性的要求，这两个新的参变量，又必须都是雷诺数 Re_d 的函数。然后再找出这两个新的参变数间的函数关系，就可以在技术上解决过渡区的沉降规律。下面推导过渡区的沉速判数和粒径判数。

前已述及的沙粒雷诺数为

$$Re_d = \omega d / \nu$$

由式（8.18）得沉速阻力系数为

$$C_d = \frac{4}{3} \frac{(\rho_s - \rho)}{\rho} \frac{g d}{\omega^2}$$

以上两式相除得

$$\frac{Re_d}{C_d} = \frac{3}{4} \frac{\omega^3}{\nu} \frac{\rho}{g(\rho_s - \rho)} = \frac{3}{4} S_a^3 \qquad (8.24)$$

式中：S_a 为一个单独只含沉速 ω 的无量纲数，称为"沉速判数"，即

$$S_a = \frac{\omega}{g^{1/3} \nu^{1/3} \left(\frac{\rho_s - \rho}{\rho} \right)^{1/3}} \qquad (8.25)$$

再将 Re_d / S_a 令为 φ，即

$$\varphi = \frac{Re_d}{S_a} = \frac{g^{1/3} \left(\frac{\rho_s - \rho}{\rho} \right)^{1/3} d}{\nu^{2/3}} \qquad (8.26)$$

φ 为一个单独只含粒径 d 的无量纲数，称为 "粒径判数"。

沉速判数和粒径判数之间的关系如图 8.3 所示，在过渡区，沙玉清求得 S_a 与 φ 之间的关系为

$$(\lg S_a + 3.665)^2 + (\lg \varphi - 5.777)^2 = R^2 = 39.00$$
$$(8.27)$$

用式（8.27），无论从 φ 求 S_a，即从粒径 d 求沉速 ω，或从 S_a 求 φ，即从 ω 求 d 都是很方便的。

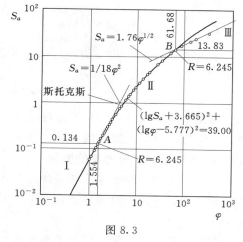

图 8.3

同理，如果将式（8.21）和式（8.23）代入式（8.25）可得层流区和紊流区的沉速判数：

层流区为

$$S_a = \frac{1}{18}\varphi^2 \tag{8.28}$$

紊流区为

$$S_a = 1.76\varphi^{1/2} \tag{8.29}$$

联立式（8.28）和式（8.27），可以得到相切点（图 8.3 中的 A 点），这就是层流区与过渡区的界限值；同样，联立式（8.29）和式（8.27），也可以得到过渡区和紊流区的界限值（图 8.3 中的 B 点）。沙粒雷诺数也可以用粒径判数和沉速判数来表示，由式（8.26）可得

$$Re_d = \varphi S_a \tag{8.30}$$

粒径判数、沉速判数的计算结果见表 8.1。

表 8.1　　　　　　　各流区的粒径判数、沉速判数和沙粒雷诺数

判数	层流区	过渡区	紊流区
S_a	<0.1342	0.1342~13.83	>13.83
φ	<1.554	1.554~61.68	>61.68
Re_d	<0.2085	0.2085~853.0	>853.0

8.1.4.2 泥沙的沉降

上面介绍的沉速公式只适用于球体。天然泥沙不是球体，形状变化很大，极不规则。但做沉降运动时仍可以分为层流区、过渡区和紊流区三种状态。各区分界的沙粒雷诺数 Re_d 与球体不同，阻力系数也不一样。张瑞瑾根据阻力叠加原理和大量的实测资料，得到天然泥沙颗粒在静水中的沉速公式如下：

层流区（$Re_d<0.5$，$d<0.1$mm，常温 $T=15\sim25℃$）：

$$\omega = 0.039\frac{\rho_s - \rho}{\rho}\frac{g}{\nu}d^2 \tag{8.31}$$

过渡区（$0.5 \leqslant Re_d \leqslant 1000$）：

$$\omega=\sqrt{\left(13.95\,\frac{\nu}{d}\right)^2+1.09\,\frac{\rho_s-\rho}{\rho}gd}-13.95\,\frac{\nu}{d} \qquad (8.32)$$

紊流区 ($Re_d>1000$，$d>4\mathrm{mm}$，常温 $T=15\sim25℃$)：

$$\omega=1.044\sqrt{\frac{\rho_s-\rho}{\rho}gd} \qquad (8.33)$$

值得指出，式（8.32）虽是过渡区的沉速公式，但经实测资料验证，它可同时满足层流区、紊流区以及过渡区的要求，也就是说，它是表示泥沙沉速的通用公式。

8.1.5 含沙量对沉降速度的影响

以上所讲的只限于球体和泥沙在静止清水中的沉降规律。如果水流是流动的，或水中含盐或泥沙，这些将对泥沙的沉速产生影响。实践证明，含沙量对泥沙沉速的影响是主要的。

含沙量较小时，泥沙可以看作是自由沉降，彼此间没有干扰。当含沙量增大至一定值后，含沙量对沉速的影响，不仅与泥沙的相互干扰有关，而且与粒径粗细关系甚大。含沙量较高时，粗颗粒以分散状下沉，浑水的黏滞性因粗颗粒含量的增加而改变甚小，含沙量对沉速的影响主要是粗粒下沉时造成附生的向上水流使沉速减小。细颗粒下沉时，附生水流影响很小，但会产生絮凝现象，絮凝作用使沉速增加。而浑水的黏滞性因细颗粒含量的增加而增大使沉速减小，含沙量对细颗粒沉速的影响表现为两者的综合作用。含沙量高时，不论是粗颗粒还是细颗粒，含沙量对沉速的影响主要表现为浑水黏滞性的增大，使泥沙尤其是细颗粒的沉速显著减小。一般认为，无黏性沙为粗颗粒，黏性较大或者有一定黏性的黏土为细颗粒。

含沙量对泥沙沉速的影响是很复杂的，目前的研究还很不深入。从工程实践讲，遇到的是有一定粗、细颗粒含量的非均匀浑水悬浮液，浑水的含沙量和粒径级配是已知的，则可由式（8.7）计算 S_V，由式（8.9）计算 γ_m，由式（8.13）计算 S_{Vm}，由式（8.14）和式（8.12）分别计算 k 和 μ_m，则 $\nu_m=\mu_m/\rho_m$。将非均匀沙分组，各组的粒径为 d_i，所占的重量百分数为 P_i，用所求得的 μ_m、ν_m、γ_m（或 ρ_m）替换式（8.21）、或式（8.25）、式（8.26）和式（8.27）中的 μ、ν、γ（或 ρ），求得分组沉速 ω_i，则非均匀沙浑水悬浮液考虑含沙量影响的平均沉速为

$$\overline{\omega}=\sum P_i\omega_i \qquad (8.34)$$

工程上一般按含沙量 $S=1960\mathrm{N/m^3}$ 作为高、低含沙量的分界值，当 $S>1960\mathrm{N/m^3}$ 时，应考虑含沙量对沉速的影响。

为了便于计算沉速，可以制成图表备查，如图 8.4 所示的曲线，从粒径和水温就可以直接查出沉速。

【例题 8.1】 有一直径为 5cm 的玻璃竖管，管内静水柱高为 50cm，水温 $T=20℃$。在时间 $t=0$ 时，水面放入沙样重 0.05N，此后相隔一定时间，从管底取出少量水沙样，取样时间及取出水沙样中的沙重列于例题 8.1 表（一），最后在水柱中剩下的沙重为 0.0025N。试根据上述资料，绘出反映粒径分配情况的级配曲线，并求出这种泥沙的平均粒径和中值粒径。

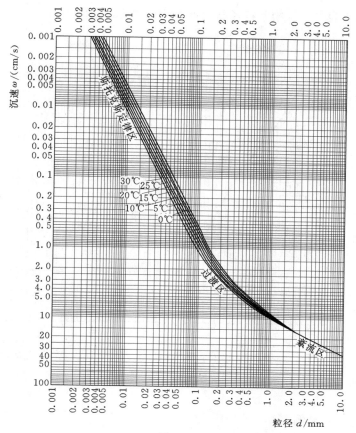

图 8.4

例题 8.1 表（一）

取样时间/s	56	106	217	333	610	1351	2500	5434	11111	21739
沙重/(10^{-2}N)	0	0.35	0.65	0.45	0.55	1.05	0.65	0.60	0.30	0.15

解：

已知沙粒的降落距离 $L=50$cm，沉速 $\omega_i=L/t_i$，求出相应于取样时间的沉速后，从图 8.4 求出相应的粒径，计算和查图结果见例题 8.1 表（二）。

例题 8.1 表（二）

时间 t_i/s	56	106	217	333	610	1351	2500	5434	11111	21739
沉速 ω/(cm/s)	0.893	0.472	0.230	0.150	0.082	0.037	0.020	0.0092	0.0045	0.0023
粒径 d/mm	0.1	0.07	0.05	0.04	0.03	0.02	0.015	0.01	0.007	0.005
沙重/(10^{-2}N)	0	0.35	0.65	0.45	0.55	1.05	0.65	0.60	0.30	0.15	0.25
较细沙重/(10^{-2}N)	5.0	4.65	4.00	3.55	3.00	1.95	1.30	0.70	0.40	0.25
较细沙重百分数/%	100	93	80	71	60	39	26	14	8	5

注 在 56s 取的沙样中的沙重为 $d>0.1$mm 的沙重，以后各时段所取的水沙样中的沙重小于上次取样时相应粒径，而又大于本次时间的相应粒径的沙重。因而在上表中各个沙重列于两个粒径之间。最后在水柱中剩下的沙重为粒径小于 0.005mm 的沙重。

根据例题 8.1 表（二）绘制粒径与沙重百分数的关系如例题 8.1 图所示，由图可得中值粒径 $d_{50}=0.0245\text{mm}$。

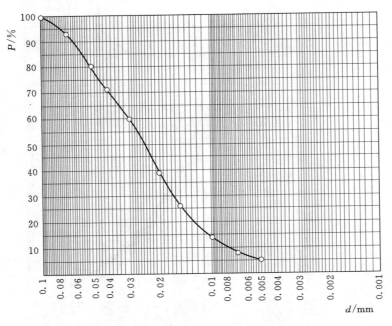

例题 8.1 图

计算平均粒径，见例题 8.1 表（三）。

例题 8.1 表 （三）

粒径组范围 /mm	代表粒径 d_i /mm	沙 重 /(10^{-2}N)	沙重百分数 P_i /%	$d_i P_i$
0.1~0.07	0.085	0.35	7	0.595
0.07~0.05	0.060	0.65	13	0.780
0.05~0.04	0.045	0.45	9	0.405
0.04~0.03	0.035	0.55	11	0.385
0.03~0.02	0.025	1.05	21	0.525
0.02~0.015	0.0175	0.65	13	0.2275
0.015~0.01	0.0125	0.60	12	0.15
0.01~0.007	0.0085	0.30	6	0.051
0.007~0.005	0.006	0.15	3	0.018
<0.005	0.0025	0.25	5	0.0125
			$\sum P_i=100$	$\sum d_i P_i=3.149$

平均粒径为

$$d_{平均} = \frac{\sum\limits_{i=1}^{n} P_i d_i}{100} = \frac{3.149}{100} = 0.03149 (\text{mm})$$

【例题 8.2】 已知某标准沙的直径 $d = 0.3\text{mm}$，在水中的比重为 1.65，水温为 20℃，试用张瑞瑾公式计算该标准沙在水中的沉降速度。

解：

已知该沙直径 $0.1 < d < 4\text{mm}$，因此用过渡区的沉速公式 (8.32)，即

$$\omega = \sqrt{\left(13.95 \frac{\nu}{d}\right)^2 + 1.09 \frac{\rho_s - \rho}{\rho} g d} - 13.95 \frac{\nu}{d}$$

当水温为 20℃时，水的运动黏滞系数 $\nu = 10^{-6} \text{m}^2/\text{s}$，比重 $(\rho_s - \rho)/\rho = 1.65$，所以

$$\omega = \sqrt{\left(13.95 \frac{\nu}{d}\right)^2 + 1.09 \frac{\rho_s - \rho}{\rho} g d} - 13.95 \frac{\nu}{d}$$

$$= \sqrt{\left(13.95 \times \frac{10^{-6}}{0.3 \times 10^{-3}}\right)^2 + 1.09 \times 1.65 \times 9.8 \times 0.3 \times 10^{-3}} - 13.95 \times \frac{10^{-6}}{0.3 \times 10^{-3}}$$

$$= 0.0397 (\text{m/s})$$

8.1.6 泥沙形状对沉速的影响

对于细颗粒的沙土和黏土等，因颗粒形状不易测定，考虑形状影响没有实际意义。但对砾石、卵石和块石来说，由于其形状较易测量，而且由于泥沙形状对沉速影响较大，所以许多学者对其进行了研究。根据罗曼诺夫斯基（В. В. Романовский）对紊流区的实测资料，以几何平均粒径 $\sqrt[3]{abc}$ 表示粒径 d，求得阻力系数 C_D 与形状系数 $\frac{c}{\sqrt{ab}}$ 的关系为

$$C_D = 0.45 \left(\frac{c}{\sqrt{ab}}\right)^{-4/3}$$

将上式代入式 (8.18) 得

$$\omega = 1.72 \left(\frac{c}{\sqrt{ab}}\right)^{2/3} \sqrt{\frac{\gamma_s - \gamma}{\gamma} g d} \tag{8.35}$$

8.2 河渠泥沙的基本运动方式

组成河槽的泥沙称为床沙或河床质。河床上的泥沙一方面具有运动的抗拒性，另一方面受水流作用也具有可动性。因此，在一种水流条件下，它会保持静止状态，在另一种水流条件下，它会随水流运动。泥沙由静止状态转变为运动状态的临界水流条件，称为泥沙的起动条件。

泥沙在水流中的运动状态（或运动方式）基本上可以分为两大类型。一种类型是较粗的泥沙一颗一颗地沿着河床滚动、滑动或跳跃前进，动一动，停一停，呈现间歇性，但都离不开床面或床面附近区域。运动着的泥沙与静止的泥沙经常交换，前进的速度较水流速度为小，具有这种运动方式的泥沙称为推移质，又称底沙。这部分泥沙属水流所挟运的泥

沙中较粗的一部分，它的沉降速度比水流内部的上、下脉动速度要大得多，因此不能悬浮在水中。

　　另一种类型是泥沙远离床面，随水流浮游前进，顺水流方向前进的速度与水流流速基本相同。浮游的位置时上时下，较细泥沙能上升到接近水面，较粗的有时可重新回到床面上，与床面泥沙发生置换现象。但与推移质的跃进相比，浮游的持续性一般是较大的，以这种方式运动的泥沙称为悬移质，又称悬沙。在水流所挟运的泥沙中属于较细的一部分，它的沉降速度比水流的脉动速度小，因而可以与水流基本上相等的速度随水流浮游在水中前进。

　　需要指出的是，一方面，推移质与悬移质具有不同的运动状态，在运动中遵循不同的力学规律。另一方面，推移质主要以推移的方式运动，但也可能表现为暂时的浮游，悬移质主要以悬移的方式运动，也可能表现为暂时的滚动、滑动或跃进。同一种粒径的泥沙，因流速的改变而改变它的运动方式，如流速小时可以作推移质运动的泥沙，流速大时就可能作悬移运动。一般可以用粒径弗劳德数 $v^2/(gd)$ 来判别推移质和悬移质，即

$$\frac{v^2}{gd} > 360（悬沙）$$

$$\frac{v^2}{gd} < 360（底沙）$$

式中：v 为水流的断面平均流速，以 m/s 计；d 为泥沙的粒径，以 m 计。

　　泥沙由推移运动转为悬移运动的临界水流条件称为泥沙的扬动条件。

　　从河床演变的观点来看，泥沙可分为造床泥沙与非造床泥沙。悬移质中的造床泥沙是较粗的，在河床质中大量存在，因此，在本河段中能够充分得到补给，使其能经常处于饱和状态，可以根据本河段的水流条件与泥沙条件确定其饱和含沙量。悬移质中的非造床泥沙粒径比河床质细得多，在河床质中除了很少因掩蔽在较大的沙粒后面，不能被水流冲走而有很少的残余外，河床质中几乎没有非造床泥沙，这部分泥沙从流域的上游输移而来，在本河段中得不到补给，因而也称为冲泻质。在推移质中也可能包括一小部分非造床泥沙。水流中非造床泥沙的多少，取决于流域的来沙量，而与河流的水力因素间缺乏明确的关系；但是对于某一特定的流域，因流域来沙量与降雨强度成正比，而流量同样与降雨强度成正比，因此在水力因素与含沙量之间仍可以建立一定的关系。

　　既然河床质中只是由于受到较粗泥沙的掩蔽而存在着少量的非造床泥沙，一定量的粗泥沙对细泥沙的掩蔽数量应当有一定限度，而由于这部分细沙的存在，将使河床质级配曲线发生转向，因此可以取河床质级配曲线的下部转折点作为造床泥沙与非造床泥沙的分界点，根据对大量实测资料分析，这一分界点的位置约在河床质级配曲线上 5%～10%处。

8.3　推　移　质　运　动

8.3.1　泥沙的起动

　　河床的冲刷起始于床面泥沙颗粒的起动，因此一定的床面颗粒开始起动的条件是动床水力学的一个首要问题。研究河床冲刷问题就必须搞清楚泥沙的起动条件。

泥沙的起动条件是指床面上的泥沙开始发生运动的水流条件，这是泥沙将动而未动的临界水流条件。床面颗粒的起动是因为促使颗粒运动的作用超过阻止颗粒运动的作用，因此，在阐述起动条件之前先分析颗粒的受力情况。

8.3.1.1 床面颗粒的受力分析

如图 8.5 所示为河床泥沙的受力情况，作用在泥沙上的力主要有水流的水平推移力、垂直上举力和泥沙在水中的有效重力、颗粒间的反力和摩擦力、颗粒间的黏结力等。

1. 有效重力 G

粒径为 d 的颗粒所受的重力为 $\alpha_1 d^3 \gamma_s$，其中 α_1 为颗粒的体积形状系数。该颗粒在水下的有效重力为

$$G = \alpha_1 d^3 (\gamma_s - \gamma) \tag{8.36}$$

当颗粒为圆球时，$\alpha_1 = \pi/6$。

2. 水流的推移力 F_x 和上举力 F_y

水流作用于床面颗粒顺水流方向的分力称为推移力，又称拖曳力。推移力的大小等于颗粒作用于水流的阻力，只是方向相反而已。

设在河床表面单位面积上有 N 个沙粒，各个沙粒的水平投影面积为 A_x，又设在这个单位面积上，只有 m 部分面积的沙粒在动，其他部分的沙粒是不动的，因此移动的沙粒数为 m/A_x，在单位面积河床上作用的水流推移力为 τ_0，因 $u_* = \sqrt{\tau_0/\rho}$，故平均一个沙粒受到水流的水平推移力为

$$F_x = \rho \frac{u_*^2 A_x}{m} \tag{8.37}$$

水流的上举力就是水流绕过床面上泥沙的时候，其顶部的流速大于底部的流速，按照伯努利方程，流速小的地方压强大，流速大的地方压强小，因此，作用于沙粒底部的压力大于作用于顶部的压力，使沙粒上举。同时流线绕流时发生弯曲，也产生上举力。当沙粒离开河床以后，沙粒上、下面的压力差减小，上举力逐渐消失。实验证明，当沙粒上举到离床面两倍黏性底层厚度的时候，上举力即消失。上举力 F_y 与水流的水平推力 F_x 成比例，即

$$F_y = k_y F_x = k_y \rho \frac{u_*^2 A_x}{m} \tag{8.38}$$

式中：k_y 为比例系数。

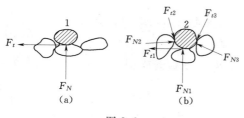

图 8.6

3. 颗粒间的反力和摩擦力

床面颗粒互相接触，周围颗粒通过接触对所考虑的颗粒施加反力（沿接触面法线方向）和摩擦力（沿接触面切线方向）。这种作用力随颗粒的相互位置和排列方式而不同，例如图 8.6 （a）、（b）所示的两种情况，颗粒的受力就不同。图 8.6 （a）中的颗粒 1 滑动时摩擦力

F_t 将起阻止作用，图 8.6 （b） 中的颗粒 2，除非临近的颗粒移开，否则它将无法起动。颗粒的相互位置和排列方式千差万别，没有明显的规律（除统计规律外），这是各作用力中最难以定量描述的一种。

4. 颗粒间的黏结力

黏结力发生在颗粒之间，属于分子力的范畴。对一般粗颗粒，黏结力的作用很小，可忽略不计。但随着粒径的减小，黏结力逐渐加强，特别是黏性土壤（黏土、淤泥）颗粒间的黏结力十分重要。实验表明，黏土粒径越细，起动反而越难，就是黏结力在起主要作用的结果。

黏土的黏结力是一个极为复杂的问题，影响黏结力的物理化学因素很多，如土质结构、矿物组成、密实度、亲水性能、塑性指数、机械组成、有机物种类和含量等，很难用简单的数学关系来表达。目前，随着表面化学、胶体化学方面的发展，颗粒间的分子力理论已有了基础，但要应用到动床水力学中还需要一个过程。

5. 边界渗流的影响

动床边界是渗水的，按照现有很少的研究资料，渗流对颗粒受力是有影响的。影响不仅来自因渗流引起的渗透压力，更明显的是渗流将改变床面附近的流向，紊动强度以及黏性底层厚度等，通过这些作用影响颗粒的受力状况，但对这些影响目前甚至连粗糙的估算办法也还没有。

到目前为止，对泥沙运动的研究，主要是对黏结力不起作用的非黏性泥沙，即使如此，由于颗粒的受力情况还不清楚，所以颗粒的起动条件仍未得到较好的解决。

8.3.1.2 单一等粒径泥沙起动的临界水流条件

研究泥沙的起动条件，目前通用的方法有两种：一种是以床面切应力 τ_0 为指标，当床面颗粒开始运动时的床面切应力称为临界推移力；另一种是以床面颗粒起动时的水流平均流速为指标，床面颗粒起动时的水流平均流速称为起动流速 v_0。

因为床面切应力 τ_0 是作用于颗粒的主要作用力之一，而颗粒的起动又是各种力的综合结果，所以用 τ_0 作为颗粒起动的指标是自然的，也是最直接的。但 τ_0 需要有水流的水力坡度 J，而较精确地测量 J 是不容易的。相反，水流平均流速很直观，又容易测量。但水流平均流速不能直接反映起动条件，需引入水深的因素。因为各有利弊，所以两种指标并行地通用到现在，但工程界乐于用水流平均流速作为起动条件。

考虑沙粒的水下重量与推移力及上举力相平衡，这时的 τ_0 即为临界推移力 τ_c，如为滑动平衡，则当

$$F_x \geqslant (G - F_y)f$$

时，沙粒开始滑动，f 为摩擦系数。如图 8.5 所示，各力对 O 点取矩，则当

$$Gl_3 \leqslant F_x l_1 + F_y l_2$$

时，沙粒开始滚动。设沙粒的水平投影面积 $A_x = \alpha_2 d^2$，沙粒的体积为 $\alpha_1 d^3$，α_1、α_2 为系数，则

$$\alpha_1 d^3 (\rho_s - \rho) g l_3 \leqslant \rho \frac{u_*^2}{m} \alpha_2 d^2 l_1 + \rho \frac{u_*^2}{m} k_y \alpha_2 d^2 l_2$$

当沙粒处于将动而未动的临界状态时，u_* 用 u_{*c} 表示，上式可写成

$$\alpha_1 d^3 (\rho_s - \rho) g l_3 \leqslant \rho \frac{u_{*c}^2}{m} \alpha_2 d^2 (l_1 + k_y l_2)$$

由上式解出

$$u_{*c}^2 = \frac{\alpha_1}{\alpha_2} \left(\frac{\rho_s - \rho}{\rho} \right) gd \frac{m l_3}{l_1 + k_y l_2} = K^2 \frac{\rho_s - \rho}{\rho} gd$$

对上式开方得

$$u_{*c} = K \sqrt{\frac{\rho_s - \rho}{\rho} gd} \tag{8.39}$$

$$K = \sqrt{\frac{\alpha_1}{\alpha_2} \frac{m l_3}{l_1 + k_y l_2}}$$

式中：α_1、α_2、l_1、l_2、l_3 均与沙粒的形状和组成有关，对某一种泥沙这些值为常数；k_y 是沙粒雷诺数 Re_d 的函数，需根据实验确定。

因为 $u_{*c} = \sqrt{\tau_c / \rho}$，则 $\tau_c = \rho u_{*c}^2$，由此得

$$\tau_c = K^2 (\rho_s - \rho) gd \tag{8.40}$$

希尔兹（A. F. Shields）认为，K 是阻力流速雷诺数 $Re_* = u_{*c} d / \nu$ 的函数，并把式（8.40）写成无量纲数，即

$$\frac{\tau_c}{(\gamma_s - \gamma) d} = f \left(\frac{u_{*c} d}{\nu} \right) \tag{8.41}$$

以 $\frac{\tau_c}{(\gamma_s - \gamma) d}$ 为纵坐标，$\frac{u_* d}{\nu}$ 为横坐标，则得有名的希尔兹起动曲线（又称临界推移力曲线），如图 8.7 所示。

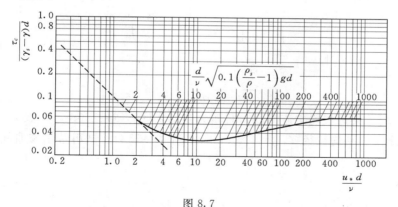

图 8.7

$Re_* = u_* d / \nu$ 是表征黏性底层厚度和沙粒直径比值的一个无量纲数，称为阻力流速雷诺数或沙粒雷诺数。黏性底层厚度 $\delta_0 = 11.6 \nu / u_*$，$u_* d / \nu = d / (\nu / u_*) = 11.6 d / \delta_0$，若 $u_* d / \nu = 11.6$，则 $d / \delta_0 = 1$，即泥沙粒径与黏性底层厚度相等，此时泥沙最容易起动，$\tau_c / [(\gamma_s - \gamma) d] = 0.03$。当 $Re_* > 11.6$ 以后，随着粒径的加大，沙粒的稳定性因重量增大而增大，u_{*c}^2 亦随之增大；至 $Re_* > 600$ 以后，$\tau_c / [(\gamma_s - \gamma) d]$ 为一常数，其值约为

0.06（混合沙）（均匀沙则为 0.04），不再随 Re_* 而变化，称为紊流区。当 $Re_*<2.0$ 以后，希尔兹认为 $\tau_c/[(\gamma_s-\gamma)d]$ 与 Re_* 应有直线关系，相当于层流阶段。但 $Re_*<2.0$ 以后并无实测资料，故希尔兹的直线在图中用虚线表示。

希尔兹起动曲线是当前最通用的起动关系，如果已知泥沙的粒径，就可由图 8.7 查出 τ_c 的值。但因横坐标 u_*d/ν 中含有要求的未知数 u_*，所以必须进行逐步试算才能正确地求得 u_* 值。

为了避免试算，图 8.7 上面绘出了 $\dfrac{d}{\nu}\sqrt{0.1\left(\dfrac{\rho_s-\rho}{\rho}\right)gd}$ 的辅助尺子，它的等值线绘在希尔兹图上是一系列坡度为 2 的平行线。已知 d、ν、ρ_s，可算出 $\dfrac{d}{\nu}\sqrt{0.1\left(\dfrac{\rho_s-\rho}{\rho}\right)gd}$，在图的辅助尺子上找出这一点，通过这一点作与其他等值线平行的直线，交希尔兹曲线于一点，查出该点相应的纵坐标 $\dfrac{\tau_c}{(\gamma_s-\gamma)d}$，乘以已知的 $(\gamma_s-\gamma)d$，即得临界推移力。

1975 年，意罗（C. G. Ilo）将希尔兹曲线分为四段用下列的关系式分段拟合，结果如下：

当 $u_*d_{50}/\nu<2.0$ 时

$$\frac{\tau_c}{(\gamma_s-\gamma)d_{50}}=0.11\left(\frac{u_*d_{50}}{\nu}\right)^{-4.0} \tag{8.42a}$$

当 $u_*d_{50}/\nu=2.0\sim10$ 时

$$\frac{\tau_c}{(\gamma_s-\gamma)d_{50}}=0.0715\left(\frac{u_*d_{50}}{\nu}\right)^{-0.337} \tag{8.42b}$$

当 $u_*d_{50}/\nu=10\sim500$ 时

$$\frac{\tau_c}{(\gamma_s-\gamma)d_{50}}=0.02\left(\frac{u_*d_{50}}{\nu}\right)^{0.176} \tag{8.42c}$$

当 $u_*d_{50}/\nu>500$ 时

$$\frac{\tau_c}{(\gamma_s-\gamma)d_{50}}=0.06 \tag{8.42d}$$

【例题 8.3】 某近似均匀流河段，断面为矩形，底宽 $b=150\text{m}$，底坡 $i=0.0004$，水深 $h=2\text{m}$，床沙的平均粒径 $d_{平均}=1.5\text{mm}$，水温 $T=15℃$。试用希尔兹曲线判断该床沙是否移动。

解：

河床的水力半径为

$$R=\frac{A}{\chi}=\frac{bh}{b+2h}=\frac{150\times2}{150+2\times2}=1.948(\text{m})$$

$$\tau_0=\rho gRJ=\gamma Ri=9.8\times1.948\times0.0004=7.636\times10^{-3}(\text{kN/m}^2)$$

$$u_*=\sqrt{\frac{\tau_0}{\rho}}=\sqrt{7.636\times10^{-3}}=0.0874(\text{m/s})$$

水温 $T=15℃$ 时，水的运动黏滞系数 $\nu=1.14\times10^{-6}\text{m}^2/\text{s}$，则

$$Re_* = \frac{u_* d}{\nu} = \frac{0.0874 \times 0.0015}{1.14 \times 10^{-6}} = 115$$

查希尔兹曲线，当 $Re_* = 115$ 时，$\tau_c / [(\gamma_s - \gamma)d] = 0.047$，则有

$$\tau_c = 0.047(\gamma_s - \gamma)d = 0.047 \times (26 - 9.8) \times 0.0015 = 1.142 \times 10^{-3} (\text{kN/m}^2)$$

由于 $\tau_0 > \tau_c$，所以床沙能够移动。

岩垣雄一从理论和实验验证了希尔兹曲线，并提出当比重 $\rho_s / \rho = 2.65$，水的运动黏滞系数 $\nu = 0.01 \text{cm}^2/\text{s}$（20.3℃）、$g = 980 \text{cm/s}^2$ 时，临界推移力可用五段拟合公式表示：

$d \geqslant 0.303 \text{cm}$ 时

$$\frac{\tau_c}{\rho} = 80.9d \tag{8.43a}$$

$0.118 \text{cm} \leqslant d \leqslant 0.303 \text{cm}$ 时

$$\frac{\tau_c}{\rho} = 134.6 d^{31/22} \tag{8.43b}$$

$0.0565 \text{cm} \leqslant d \leqslant 0.118 \text{cm}$ 时

$$\frac{\tau_c}{\rho} = 55.0d \tag{8.43c}$$

$0.0065 \text{cm} \leqslant d \leqslant 0.0565 \text{cm}$ 时

$$\frac{\tau_c}{\rho} = 8.41 d^{11/32} \tag{8.43d}$$

$d \leqslant 0.0065 \text{cm}$ 时

$$\frac{\tau_c}{\rho} = 226d \tag{8.43e}$$

岩垣雄一的公式[❶]中，d 的单位用 cm，$\frac{\tau_c}{\rho}$ 的单位为 cm^2/s^2。

8.3.1.3 混合泥沙的临界推移力

希尔兹、意罗和岩垣雄一的临界推移力公式都是对单一的等直径泥沙而言的。而实际河床上的泥沙是由大小不同的粒径组成的混合泥沙。1965 年，耶格阿扎罗夫（Egi-azaroff）根据河渠流速分布的对数律，推出了混合泥沙的临界推移力公式。

河渠中流速分布的对数律公式为

$$\frac{u}{u_*} = 8.5 + 5.75 \lg \frac{y}{\Delta} = 5.75 \lg \left(30.2 \frac{y}{\Delta}\right) \tag{8.44a}$$

假设研究混合泥沙中粒径为 d_i 的沙粒，水流作用于该沙粒上的绕流阻力为 F_{ri}，表示 F_{ri} 的代表流速为 u_{bi}，u_{bi} 是距河底 $y = \alpha_i d_i$ 处的流速。又假设混合泥沙的当量粗糙度 Δ 近似地等于平均粒径 d_m，这样 u_{bi} 可由式（8.44b）求出：

$$\frac{u_{bi}}{u_*} = 5.75 \lg \left(30.2 \frac{\alpha_i d_i}{d_m}\right) \tag{8.44b}$$

水流作用在泥沙颗粒上的绕流阻力 F_{ri} 可表示为

---

❶ 本书保留岩垣雄一的原公式。

$$F_{ri} = C_{Di} \frac{\pi d_i^2}{4} \frac{\rho u_{bi}^2}{2}$$

河床作用在泥沙颗粒上的摩擦阻力 F_i 为

$$F_i = g(\rho_s - \rho) \frac{\pi d_i^3}{6} \tan\alpha$$

式中：α 为泥沙的自然摩擦角。

在临界起动条件下，$F_{ri} = F_i$，于是得

$$\frac{u_{bi}^2}{(\rho_s/\rho - 1)gd_i} = \frac{4}{3} \frac{\tan\alpha}{C_{Di}} \tag{8.45}$$

将式（8.44b）代入式（8.45），根据实验，$\alpha_i = 0.63$，$\tan\alpha = 1$，令 $u_* = u_{*c}$，则得

$$\frac{u_{*ci}^2}{(\rho_s/\rho - 1)gd_i} = \frac{4}{3C_{Di}} \frac{1}{[5.75\lg(19d_i/d_m)]^2} \tag{8.46}$$

由实验求得阻力系数 $C_{Di} = 0.4$，代入式（8.46）得

$$\frac{u_{*ci}^2}{(\rho_s/\rho - 1)gd_i} = \frac{0.1}{[\lg(19d_i/d_m)]^2} \tag{8.47}$$

式（8.47）即为耶格阿扎罗夫的混合泥沙临界推移力公式。当 $d_i = d_m$ 时

$$\frac{u_{*cm}^2}{(\rho_s/\rho - 1)gd_m} = 0.06 \tag{8.48}$$

由式（8.47）和式（8.48）可得

$$\frac{u_{*ci}^2}{u_{*cm}^2} = \frac{\tau_{ci}}{\tau_{cm}} = \left[\frac{\lg 19}{\lg(19d_i/d_m)} \right]^2 \left(\frac{d_i}{d_m} \right) \tag{8.49}$$

式（8.49）表示混合泥沙中每个粒径的临界推移力与平均粒径 d_m 的临界推移力之比。实验表明，当 $d_i/d_m > 0.4$ 时，式（8.49）与实验资料非常吻合；然而当 $d_i/d_m < 0.4$ 时，式（8.49）与实测值相差较大。为此，平野、芦田、道上对 $d_i/d_m \leqslant 0.4$ 提出的计算式为

$$\frac{u_{*ci}^2}{u_{*cm}^2} = \frac{\tau_{ci}}{\tau_{cm}} = 0.85 \tag{8.50}$$

式（8.49）和式（8.50）中，对于平均粒径 d_m 的临界推移力 τ_{cm} 可按希尔兹曲线查算或按式（8.42）或式（8.43）计算。

8.3.1.4　起动流速 v_0

泥沙起动的另一种表示方法就是起动流速。由于用起动流速计算比较简单，所以工程界多用起动流速作为起动指标。

如果河床是水力粗糙的，则其流速分布公式为式（8.44），令 $y = \Delta = d$，即得作用于泥沙顶部的流速 u_b 为

$$u_b = 8.5u_*$$

将式（8.39）代入上式得

$$u_b = 8.5K \sqrt{\frac{\rho_s - \rho}{\rho} gd} \tag{8.51}$$

把 u_b 化为水流平均流速 v_0，要用到流速分布公式，采用不同的流速分布公式，得出不同

的起动流速公式。如采用流速分布的指数律公式，即

$$\frac{u}{v_0}=\frac{n+1}{n}\left(\frac{y}{h}\right)^{1/n}$$

式中：n 为常数，视断面形状和河道特性而定，一般在 4～9 之间变化。

将上式代入式（8.51），当 $y=d$，$u=u_b$ 时，式（8.51）可以写成

$$v_0=8.5K\frac{n}{n+1}\sqrt{\frac{\rho_s-\rho}{\rho}gd}\left(\frac{h}{d}\right)^{1/n}=C\sqrt{\frac{\rho_s-\rho}{\rho}gd}\left(\frac{h}{d}\right)^{1/n} \tag{8.52}$$

对于粗沙，当 $d>0.2\text{mm}$，C 为常数。根据沙莫夫（Г.И.Шамов）的研究，$C=1.14$，$n=6$，以 $(\rho_s-\rho)/\rho=1.65$ 代入得

$$v_0=4.6d^{1/3}h^{1/6} \tag{8.53}$$

式中：h 为水深；d、h 的单位为 m；v_0 的单位为 m/s。

冈恰洛夫（В.Н.Гончаров）采用流速分布的对数律，得起动流速公式为

$$v_0=1.07\lg\frac{8.8h}{d}\sqrt{\frac{\rho_s-\rho}{\rho}gd} \tag{8.54}$$

式（8.54）适用的粒径范围 $d=0.08～1.55\text{mm}$，水深 $h=4.2～30.1\text{cm}$。

对于非均质沙，式（8.54）中的 d 应采用 d_{95}。

对于黏性均匀沙，实验表明，黏性泥沙粒径虽小但起动流速较大，且粒径越细起动流速越大。这是由于黏性泥沙当颗粒愈细时，黏结力作用占主要地位。张瑞瑾得出黏性均匀沙的起动流速公式为

$$v_0=\left(\frac{h}{d}\right)^{0.14}\left(17.6\frac{\rho_s-\rho}{\rho}d+0.000000605\frac{10+h}{d^{0.72}}\right)^{1/2} \tag{8.55}$$

式（8.55）是根据黏性细颗粒泥沙的起动条件导出的，但由于粒径较大时，括号内的第二项实际上接近于零，同时，推求常数值时使用了范围较广的各种粒径的资料，因此这个公式不仅适用于黏性细颗粒，对于粗颗粒的散粒体泥沙也能适用。

起动流速的公式还有很多，下面再介绍窦国仁的公式：

$$v_0=\left[\frac{\rho_s-\rho}{\rho}gd\left(6.25+41.6\frac{h}{h_a}\right)+g\left(111+740\frac{h}{h_a}\right)\frac{h_a\delta}{d}\right]^{1/2} \tag{8.56}$$

式中：h_a 为以水柱高表示的大气压强；δ 为一个水分子厚度，即 $3\times10^{-8}\text{cm}$。

【例题 8.4】 某水库下泄清水，若下泄流量 $Q=500\text{m}^3/\text{s}$，下游河道宽 $b=200\text{m}$，过水断面面积 $A=500\text{m}^2$，床沙平均粒径 $d=5.6\text{mm}$，试问河床将冲深多少？

解：

（1）判断是否发生冲刷。下游河道水流的断面平均流速为

$$v=\frac{Q}{A}=\frac{500}{500}=1(\text{m/s})$$

下游河道的水深为

$$h=\frac{Q}{bv}=\frac{500}{200\times1}=2.5(\text{m})$$

起动流速用沙莫夫公式计算

$$v_0 = 4.6d^{1/3}h^{1/6} = 4.6 \times (5.6/1000)^{1/3} \times 2.5^{1/6} = 0.952(\text{m/s})$$

因为 $v > v_0$，河床发生冲刷。

（2）求河床的冲刷深度。设冲刷后的河道水深为 $h + \Delta h$，则

$$h + \Delta h = \frac{Q}{bv_0} = \frac{500}{200 \times 0.952} = 2.627(\text{m})$$

冲刷深度为

$$\Delta h = 2.627 - h = 2.627 - 2.5 = 0.127(\text{m})$$

8.3.1.5　止动流速和扬动流速

泥沙由运动转入静止的临界状态所对应的流速称为止动流速。紊流区的泥沙，止动时由动到静，其阻力系数一般较起动时由静到动为小；层流区的泥沙，由于落淤时河床表面的空隙率较大，所以止动的分子阻力系数也会相应降低。因此，对于同一泥沙来说，其止动流速应该较起动流速为小。目前确定止动流速主要是根据实验资料求出止动流速与起动流速之间的关系，其表达式为

$$v_H = kv_0 \tag{8.57}$$

式中：k 为系数，对于较粗的泥沙一般取 0.71；v_H 为止动流速。

对于很细的泥沙或含泥土的泥沙，式（8.57）并不适用。

当明渠水流的断面平均流速超过了起动流速，渠床上的泥沙就开始不连续的、间歇性的跳跃前进，当流速继续增大，跃动的距离也跟着增大，当流速大到某一程度，沙粒跃起之后，混入水中，成不着底的悬移运动，这一临界的平均流速称为扬动流速 v_s。

沙玉清的扬动流速公式为

$$v_s = 16.73\left(\frac{\gamma_s - \gamma}{\gamma}gd\right)^{2/5}\omega^{1/5}h^{1/5} \tag{8.58}$$

武汉水利水电学院给出的扬动流速公式为

$$v_s = \frac{15.1}{z}\left(\frac{h}{d}\right)^{1/6}\omega \tag{8.59}$$

其中

$$z = \frac{\omega}{ku_*}$$

式中：v_s 为扬动流速；k 为卡门常数；z 为悬浮指标。

8.3.2　河床床面形态

河床床面形态与推移质的运动强度密切相关。当泥沙以推移质运动形式达到一定量后，随着推移质在河床表面的群体运动的强度不同，床面会有不同的形态图，这种泥沙在床面上的群体运动称为沙波运动。现将各种床面形态按水流强度从弱到强说明如下。

1. 沙纹形态

设有一平整床面，水流强度刚足以使床面泥沙运动，如果床面泥沙不是很粗（据现有

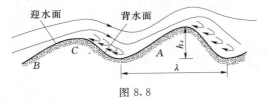

图 8.8

资料 $d < 0.6\text{mm}$），部分泥沙即处于运动状态；不久，少量泥沙聚集在床面某些部分，形成小丘；小丘缓慢移动加长，则床面上会形成一系列具有三角形剖面的形态，这种形态称为沙纹，如图 8.8 所示。沙纹长度 λ 一

般不超过 30～40cm，高度 h_s 不超过 3～4cm，坡度 h_s/λ 约在 1/10～1/20 之间。大江大河中的沙纹和小沟小渠中的沙纹尺寸都是如此，所以沙纹尺寸与河流大小无关。沙纹的尺寸大小与粒径关系较明显。沙纹迎水面坡度较缓，背水面坡度较陡，约为这种泥沙在水下的休止角。

在水流作用下，沙纹的迎水面是受冲刷的，颗粒沿着迎水面爬到顶峰以后，跌落在波谷，暂停前进，并被后来的颗粒所掩埋。迎水面冲刷、背水面淤积的结果使整个沙纹向下游移动。一直等到原来的沙谷又成为沙纹的迎水面时，被淹没的颗粒又可能被冲起运动。所以颗粒被起动以后，其运动是间歇性的，即运动一段时间，停止一段时间，然而这个颗粒停止了，另一个颗粒又起动了。从整体上看，泥沙运动是连续的，运动颗粒的数量在平均意义上也是不变的。

在平面上，沙纹的波峰常呈圆弧形。有的呈鱼鳞形，排列整齐有序。

沙纹的形成对自由液面没有影响。实验室的观测表明，沙纹的成长发育与黏滞性有关。

2. 沙垄形态

随着水流强度的增加，波长 λ、波高 h_s 均有所增长，沙纹发展成沙垄。沙垄也是迎水面冲刷，背水面淤积，缓慢向下游移动。所以沙垄的剖面形状特征与沙纹相似，只是沙垄尺寸要比沙纹大得多，而且与水流尺度有关，还受河流几何条件影响。这是区别沙纹与沙垄的标志之一。例如黄河花园口段沙垄长度 400m，高度 2.5m 左右，长江南京段沙垄长度 120m，高度 2.0m 左右。

沙纹和沙垄的波峰处水流都发生分离，在波谷形成漩涡。因沙垄尺度大，波谷处的漩涡也大，而且开始影响水面，使水面具有微弱的波状。但水面的波形和沙垄的波形是不同步的，即两个波的波峰或波谷不是在同一处，而是错开的。水面波形很微弱，常常不易察觉。有时在沙垄峰顶分离的水股可能在水面上引起微弱的"翻花"现象，这是比较容易察觉的。在平面上，沙垄排列很不规则。

沙垄发展到一定高度后，若水流强度继续增大，则沙垄尺寸不但不加大，反而会减小。这是因为沙峰处水流分离后的紊动强度随水流的增强而加大，更多的颗粒被紊动所悬浮，只有极少量的粗颗粒才从波峰跌落到波谷。悬浮的结果使波峰降低，沙垄走向消亡，最终使河床再一次恢复平整。

水流强度再继续增加，则床面又将会出现不平整，称为沙浪。沙浪的几何特征是上、下游坡面为对称的三角形，水面有同步的波形。产生沙浪时水流平均弗劳德数在 1 左右，所以沙浪产生处的水流系急流状态。床面出现急滩、深潭相间的类似山区河流的床面形态。

8.3.3 动床阻力

8.3.3.1 动床阻力的分类

动床阻力与定床阻力的特点是不一样的。定床阻力的特点是边界粗糙基本上为一定值，不随水流情况而变化。动床的特点是一方面组成动床阻力的要素各种各样，复杂多变；另一方面它又与水流条件和泥沙运动紧密相关。在动床水力学中，粗糙系数 n 随水流而变化。图 8.9 所示是我国几条典型河流的粗糙系数随流速或水位（或水深）的关系。由图中可以看出，不同河流动床阻力的变化规律各不相同。之所以产生这些不同，显然是和各河流在不同水位时床面形态的变化有关。

动床阻力通常是指冲积河流河床上的沙粒阻力和床面形态阻力（如沙纹、沙浪等）、河岸及滩面阻力、河槽形态阻力以及水工建筑物阻力等。动床河流上的总阻力可概括为

$$
河流总阻力\begin{cases}
岸壁阻力\\
滩面阻力\\
床面阻力（动床阻力）\begin{cases}沙粒阻力\\沙波阻力（床面形态阻力）\end{cases}\\
河槽形态阻力\\
水工建筑物阻力（如护岸、桥墩等）
\end{cases}
$$

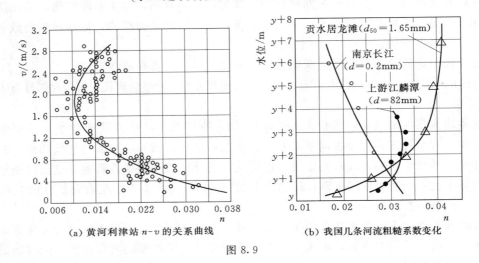

(a) 黄河利津站 $n\text{-}v$ 的关系曲线　　(b) 我国几条河流粗糙系数变化

图 8.9

　　(1) 沙粒阻力。由沙粒组成的平整床面，像其他任何固体边界一样，对水流要产生一种表面（肤面）阻力或摩擦阻力。床面的粗糙高度 Δ 可由沙粒粒径表示。如床面泥沙由大小不等的非均匀沙组成，则粗糙高度可由某一代表粒径表示。若用粗糙系数 n 表示床面的粗糙程度，则可由斯处克勒（Strickler）公式表示粒径与 n 的关系：

$$n = d_{65}^{1/6}/24 \tag{8.60}$$

式中：d_{65} 为床沙组成中按重量计有 65% 比它小的粒径，以 m 为单位。

　　类似的公式还有：

梅叶-彼得（Meyer - Peter）及摩勒（Müller）公式

$$n = d_{90}^{1/6}/26 \tag{8.61}$$

莱黄（Lane）公式

$$n = d_{75}^{1/6}/21.1 \tag{8.62}$$

钱宁分析了黄河下游资料，建议

$$n = d_{65}^{1/6}/19 \tag{8.63}$$

　　(2) 沙波阻力。沙波阻力是一种形状阻力（形体阻力）。当水流经过沙波峰顶时，将在沙波背后发生分离漩涡，紊动加剧，从而消耗较大的水流能量，这部分阻力随沙波的形态和尺度而改变，具体计算在后面阐述。

　　(3) 河岸及滩面阻力。河岸阻力按曼宁公式估算。因粗糙系数变化很大，不易确定，

对岸壁表面比较光滑的,可按光滑壁面处理;但在山区河流中,有时峭壁屹立,岸石参差,而河槽宽深比又很小,岸壁阻力可以很大。例如长江巫峡及瞿塘峡河段,岸壁粗糙系数有达 0.10 的。

滩面颗粒一般较细,但多杂草灌木和农作物,河岸也常有植物覆盖,这时对水流的阻力主要是由植被引起。但这方面至今尚未提出有效的估算方法。

(4)河槽形态阻力。河槽形态是河槽的走向、宽度和断面形状等。河槽形态方面的变化加剧了水流的非均匀程度,产生水流的迁移加速度。一般来说,逐渐变化所引起的阻力小,突然变化引起的阻力大。

(5)水工建筑物阻力。如在河段内设有水工建筑物,会给水流带来局部阻力。这种阻力的大小,因建筑物的外形、尺寸、位置等因素而异。

8.3.3.2 总阻力和部分阻力之间的关系

各部分阻力对泥沙运动的作用不同,如岸壁阻力对床沙的运动不起直接作用,因此在分析泥沙运动时,有必要把岸壁阻力从总阻力中分离出来。在这里讨论总阻力和部分阻力的关系就是要寻求分解总阻力,或是综合部分阻力的方法。

在明槽的水力计算中,对具有滩槽的复式断面,因滩槽的粗糙系数不同,把滩上水流和深槽水流分开单独进行计算。用同样的方法把滩面阻力分出来,剩下的就是区分岸壁阻力和床面阻力了,下面就讨论这个问题。

在二维的均匀水流里,床面切应力 τ_0 可表示为

$$\tau_0 = \gamma h J \tag{8.64}$$

式中:J 为水力坡度(在均匀流中,水力坡度 J、槽底坡度 i 与总水头线坡度是一致的,即 $J=i$)。

水力坡度的物理意义是单位重量液体在运行单位距离中所消耗的平均能量。对任一河段,一部分能量因克服床面阻力而消耗,另一部分则用于克服岸壁阻力。如把水力坡度 J 分成两部分,即 J_b 和 J_w,前者用于克服床面阻力,后者用于克服岸壁阻力,则

$$J = J_b + J_w \tag{8.65}$$

对于三维的非均匀水流,将式(8.64)中的水深 h 用水力半径 R 表示,则床面平均切应力 τ_b 和岸壁平均切应力 τ_w 可表示为

$$\left. \begin{array}{l} \tau_b = \gamma R J_b \\ \tau_w = \gamma R J_w \end{array} \right\} \tag{8.66}$$

式(8.66)就是梅叶-彼德和摩勒在 1948 年提出的拆分岸壁阻力和床面阻力的一种处理途径。这个方法把克服各部分的阻力都均匀地摊分到每一个单位重量的液体中,实验表明,这个方法没有特别不合理的地方。

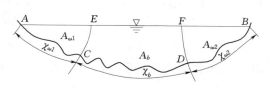

图 8.10

另一种方法是 1942 年爱因斯坦(H. A. Einstein)提出的液体分割法。这种处理方法不把水力坡度分开,而把液体分成几部分,每一部分的液体承担一部分边界上的阻力所需的能量。如同时假定各部分液体都具有同一流速,即等于断面平均流速,则液体

的划分就等于断面面积的划分。图 8.10 所示就是按阻力划分过水断面的示意图，图中各部分面积的界限 EC 和 FD 等就是垂直于等流速线而没有能量传递的线。

依照图 8.10，通过 ACE 的液体负担克服岸壁 AC 阻力所必需的能量；通过 BDF 的液体负担岸壁 BD 的阻力所必需的能量；通过 $CDFE$ 的液体承担克服床面 CD 的阻力所必需的能量。

设图 8.10 中各分割液体的面积为 $A_{\omega 1}$、$A_{\omega 2}$ 和 A_b，湿周分别为 $\chi_{\omega 1}$、$\chi_{\omega 2}$ 和 χ_b，则可写出如下关系式：

$$A = A_{\omega 1} + A_{\omega 2} + A_b \tag{8.67}$$

$$R_{\omega 1} = \frac{A_{\omega 1}}{\chi_{\omega 1}}, R_{\omega 2} = \frac{A_{\omega 2}}{\chi_{\omega 2}}, R_b = \frac{A_b}{\chi_b} \tag{8.68}$$

每一部分的流速都是断面平均流速 v，由谢才公式得

$$\left. \begin{array}{l} v = \dfrac{1}{n_{\omega 1}} R_{\omega 1}^{2/3} J^{1/2} \\[2mm] v = \dfrac{1}{n_{\omega 2}} R_{\omega 2}^{2/3} J^{1/2} \\[2mm] v = \dfrac{1}{n_b} R_b^{2/3} J^{1/2} \end{array} \right\} \tag{8.69}$$

式（8.69）中，岸壁粗糙系数 $n_{\omega 1}$、$n_{\omega 2}$ 可按定床办法确定。

有了各部分水力半径以后，则各部分的切应力 τ 可写成

$$\left. \begin{array}{l} \tau_{\omega 1} = \gamma R_{\omega 1} J \\[2mm] \tau_{\omega 2} = \gamma R_{\omega 2} J \\[2mm] \tau_b = \gamma R_b J \end{array} \right\} \tag{8.70}$$

在这样处理时，水力半径就具有另外一种新的物理意义，即

$$R_i = \frac{A_i}{\chi_i} = \frac{A_i \times 单位沿程距离}{\chi_i \times 单位沿程距离} = \frac{液体体积}{边界面积}$$

即水力半径可理解为为了克服单位边界面积上的阻力所需要提供能量的液体体积。边界越粗糙，消耗的能量越大，则其所需要的水力半径也越大。

这个方法假定各部分液体的流速和水力坡度都是一样的，则从曼宁公式可得

$$\frac{R}{n^{3/2}} = \frac{R_b}{n_b^{3/2}} = \frac{R_{\omega 1}}{n_{\omega 1}^{3/2}} = \frac{R_{\omega 2}}{n_{\omega 2}^{3/2}} \tag{8.71}$$

根据阻力叠加原理，有

$$\tau_0 \chi = \tau_{\omega 1} \chi_{\omega 1} + \tau_{\omega 2} \chi_{\omega 2} + \tau_b \chi_b \tag{8.72}$$

将式（8.70）代入式（8.72）得

$$R \chi = R_{\omega 1} \chi_{\omega 1} + R_{\omega 2} \chi_{\omega 2} + R_b \chi_b \tag{8.73}$$

把式（8.71）代入式（8.73）得

$$n^{3/2} \chi = n_{\omega 1}^{3/2} \chi_{\omega 1} + n_{\omega 2}^{3/2} \chi_{\omega 2} + n_b^{3/2} \chi_b \tag{8.74}$$

式（8.74）表明，各部分边界上的粗糙系数是以 3/2 次方按边界长度分配的。式（8.74）就是爱因斯坦方法的另一种表达式。

如果不假定各部分流速相等，而是假定为

$$\frac{v^2}{R^{1/3}}=\frac{v_{\omega 1}^2}{R_{\omega 1}^{1/3}}=\frac{v_{\omega 2}^2}{R_{\omega 2}^{1/3}}=\frac{v_b^2}{R_b^{1/3}}$$

并把 $\tau=\gamma RJ$ 代入式（8.72），再用曼宁公式置换其中的 J，则从式（8.72）可得

$$n^2\chi=n_{\omega 1}^2\chi_{\omega 1}+n_{\omega 2}^2\chi_{\omega 2}+n_b^2\chi_b \tag{8.75}$$

式（8.75）为姜国干公式。该式表明，各部分边界上的粗糙系数是以二次方按边界长度分配的。

　　爱因斯坦方法是较为普遍被人们采用的方法。但这个方法也只是一种简化的处理，各部分流速都一致显然只是一种近似的简化。

　　【例题 8.5】　实验室玻璃水槽宽 $b=0.8\text{m}$，在槽底铺沙做实验，如例题 8.5 图所示。当水深 $h=0.2\text{m}$ 时，实测流量 $Q=0.136\text{m}^3/\text{s}$，水力坡度 $J=0.0036$，已知玻璃的粗糙系数 $n_\omega=0.009$，试求床面粗糙系数 n_b。

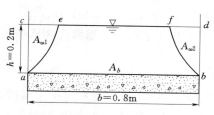

例题 8.5 图

　　解：

水槽的断面平均流速为

$$v=\frac{Q}{A}=\frac{0.136}{0.8\times 0.2}=0.85(\text{m/s})$$

全断面的总粗糙系数计算如下：

$$R=\frac{A}{\chi}=\frac{bh}{b+2h}=\frac{0.8\times 0.2}{0.8+2\times 0.2}=0.1333(\text{m})$$

$$n=\frac{1}{v}R^{2/3}J^{1/2}=\frac{1}{0.85}\times 0.1333^{2/3}\times 0.0036^{1/2}=0.01842$$

如例题 8.5 图所示，将全断面面积分成 3 个部分 $A_{\omega 1}$、$A_{\omega 2}$、A_b，其中 $A_{\omega 1}=A_{\omega 2}=A_\omega/2$，可写出下列方程为

$$A=A_\omega+A_b \tag{1}$$

$$A_b/\chi_b=R_b \tag{2}$$

$$A_\omega/\chi_\omega=R_\omega \tag{3}$$

$$v=\frac{1}{n_b}R_b^{2/3}J^{1/2} \tag{4}$$

$$v=\frac{1}{n_\omega}R_\omega^{2/3}J^{1/2} \tag{5}$$

　　有下列 5 个未知数，即 A_b、A_ω、R_b、R_ω、n_b。先从式（5）求解 R_ω

$$R_\omega=\left(\frac{n_\omega v}{\sqrt{J}}\right)^{3/2}=\left(\frac{0.009\times 0.85}{\sqrt{0.0036}}\right)^{3/2}=0.0455(\text{m})$$

$$A_\omega=\chi_\omega R_\omega=2\times 0.2\times 0.0455=0.0182(\text{m}^2)$$

$$R_b=\frac{A_b}{\chi_b}=\frac{A-A_\omega}{\chi_b}=\frac{0.2\times 0.8-0.0182}{0.8}=0.1773(\text{m})$$

$$n_b=\frac{1}{v}R_b^{2/3}J^{1/2}=\frac{1}{0.85}\times 0.1773^{2/3}\times 0.0036^{1/2}=0.02227$$

如果用式（8.75）求解，则

$$n^2 \chi = n_\omega^2 \chi_\omega + n_b^2 \chi_b$$

$$n_b = \sqrt{\frac{n^2 \chi - n_\omega^2 \chi_\omega}{\chi_b}} = \sqrt{\frac{0.01842^2 \times (0.8 + 2 \times 0.2) - 0.009^2 \times (2 \times 0.2)}{0.8}} = 0.02164$$

上面讨论了把床面阻力和岸壁阻力分离开来的方法。如果床面存在有沙波时，床面阻力是由沙粒阻力和沙波阻力（或床面形态阻力）所组成，所以也需要把这两部分分开计算。

设床面的沙粒阻力为 τ_b'，床面形态阻力为 τ_b''，按阻力叠加原理，有

$$\tau_b = \tau_b' + \tau_b'' \tag{8.76}$$

式中：τ_b 为床面综合切应力。

根据上面处理岸壁阻力和床面阻力的方法有

$$\left.\begin{array}{c} \tau_b' = \gamma R_b' J \\ \tau_b'' = \gamma R_b'' J \end{array}\right\} \tag{8.77}$$

式中：R_b' 和 R_b'' 分别为相应于床面沙粒阻力和床面形态阻力的水力半径。

因为床面沙粒阻力和形态阻力都在同一个边界上，所以可以写成

$$R_b = R_b' + R_b'' \tag{8.78}$$

因为沙粒阻力的性质属表面阻力，R_b' 可用定床水力学关系加以确定，有以下两种方法：

(1) 从流速分布求 R_b'。在《水力学》（上册）第 4 章已给出了二维明渠流速分布的对数律公式，将其用常用对数表示为

水力光滑床面

$$\frac{u_x}{u_*} = 5.5 + 5.75 \lg \frac{u_* y}{\nu} = 5.75 \lg \left(9.05 \frac{u_* y}{\nu} \right)$$

水力粗糙床面

$$\frac{u_x}{u_*} = 8.5 + 5.75 \lg \frac{y}{\Delta} = 5.75 \lg \left(30.2 \frac{y}{\Delta} \right)$$

柯力根（G. H. Keulegan）将以上二式沿水深积分求得垂线平均流速，并将水深用床面水力半径 R_b 表示，根据实验资料修正后提出垂线平均流速公式为

水力光滑床面

$$\frac{v}{u_*} = 3.25 + 5.75 \lg \frac{R_b u_*}{\nu} = 5.75 \lg \left(3.67 \frac{R_b u_*}{\nu} \right)$$

水力粗糙床面

$$\frac{v}{u_*} = 6.25 + 5.75 \lg \frac{R_b}{\Delta} = 5.75 \lg \left(12.27 \frac{R_b}{\Delta} \right)$$

为了运用方便，爱因斯坦把两个流区的公式合并为一，并且还可适用于过渡区。合并后的流速分布公式为

$$\frac{u_x}{u_*} = 5.75 \lg \left(30.2 \frac{xy}{\Delta} \right) \tag{8.79}$$

平均流速为

$$\frac{v}{u_*} = 5.75 \lg \left(12.27 \frac{x R_b}{\Delta} \right) \tag{8.80}$$

式中：x 为随 Δ/δ_0 而变化的系数，如图 8.11 所示，其中 δ_0 为黏性底层厚度，$\delta_0 = 11.6\nu/u_*$。

应用上述公式于有效沙波阻力的动床时，应该把 R_b 改为 R_b'，把 u_* 改为 $u_*' = \sqrt{\tau_b'/\rho} = \sqrt{gR_b'J}$。因为这些公式是从只有表面阻力的边界推导出来的。

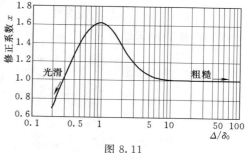

图 8.11

应用式（8.80）时，在已知断面平均流速 v 的情况下，可以反算出 R_b'，但需用试算法。计算步骤为：先假设一个 R_b'，从式（8.77）求出一个 τ_b'，从而求得 u_*'；再从式（8.80）求出 v，如计算的流速 v 与已知的流速 v 一致，则假定的 R_b' 即为所求的 R_b'。否则需重新假设 R_b'，再进行计算，直到要求的精度为准。

上述公式是针对二维明流而言的，所以只适用于宽浅河槽。

（2）从曼宁公式求 R_b'。此方法按斯处克勒公式（8.60）～式（8.63）中的一个求出床面粗糙系数 n_b'，然后按曼宁公式求出 R_b'。由于曼宁公式只适用于紊流粗糙区，对有些情况不一定适用，在某些情况下计算结果的可靠性要差一些。

【例题 8.6】 在例题 8.5 中，已知水槽床面泥沙粒径 $d_{65} = 0.5$mm，试用爱因斯坦公式和曼宁公式求 R_b'、R_b''、u_*'、u_*''。

解：

（1）由流速分布公式（8.80）求 R_b'。取 $\Delta = d_{65} = 0.5$mm $= 0.0005$m，取水温 $T = 20℃$，水的运动黏滞系数 $\nu = 10^{-6}$ m^2/s。由例题 8.5 已知，水槽中水流的断面平均流速 $v = 0.85$m/s，$J = 0.0036$。

$$u_*' = \sqrt{gR_b'J}$$
$$\delta_0 = 11.6\nu/u_*'$$
$$\frac{v}{u_*'} = 5.75\lg\left(12.27\,\frac{xR_b'}{\Delta}\right)$$

x 值由图 8.11 查算。列表计算，见例题 8.6 表。

例题 8.6 表

R_b' /m	$u_*' = \sqrt{gR_b'J}$ /(m/s)	$\delta_0 = 11.6\nu/u_*'$ /($\times 10^{-4}$m)	Δ/δ_0	x	$v = 5.75u_*'\lg\left(12.27\,\dfrac{xR_b'}{\Delta}\right)$ /(m/s)
0.07	0.0497	2.334	2.142	1.35	0.96172
0.06	0.0460	2.521	1.983	1.39	0.87577
0.0575	0.04504	2.575	1.9414	1.40	0.85351
0.0572	0.04492	2.582	1.9363	1.40	0.85065
0.05715	0.04490	2.583	1.9355	1.40	0.85023

由表中求得 $R_b' = 0.05715$m，$u_*' = 0.0449$m/s。

由例题 8.5 知，$R_b = 0.177$m，所以

$$R_b'' = R_b - R_b' = 0.177 - 0.05715 = 0.1199(\text{m})$$

$$u''_* = \sqrt{gR''_b J} = \sqrt{9.8 \times 0.1199 \times 0.0036} = 0.065 \, (\text{m/s})$$

（2）由曼宁公式计算

$$n'_b = d_{65}^{1/6}/24 = 0.0005^{1/6}/24 = 0.01174$$

$$R'_b = \left(\frac{n'_b v}{\sqrt{J}}\right)^{3/2} = \left(\frac{0.01174 \times 0.85}{\sqrt{0.0036}}\right)^{3/2} = 0.0678 \, (\text{m})$$

$$R''_b = R_b - R'_b = 0.177 - 0.0678 = 0.1092 \, (\text{m})$$

$$u''_* = \sqrt{gR''_b J} = \sqrt{9.8 \times 0.1092 \times 0.0036} = 0.06207 \, (\text{m/s})$$

$$u'_* = \sqrt{gR'_b J} = \sqrt{9.8 \times 0.0678 \times 0.0036} = 0.04891 \, (\text{m/s})$$

由以上计算可以看出，采用的计算公式不同，所得结果亦有差异。

8.3.3.3　床面形态阻力的计算

上面介绍了形态阻力的间接计算方法，即在确定了相应沙粒阻力的水力半径 R'_b 以后，从床面的综合水力半径 R_b 中减去 R'_b 后得出相应于床面形态阻力的水力半径 R''_b，从 R''_b 即可得出床面形态阻力 τ''_b。下面介绍几种从床面形态本身独立地提出确定形态阻力的方法。

1. 爱因斯坦方法

爱因斯坦用 $u''_* = \sqrt{\tau''_b/\rho}$ 表示床面形态阻力，用无量纲形式表示床面形态阻力为 v/u''_*，爱因斯坦认为，v/u''_* 是水流强度参数 ψ' 的函数，ψ' 为

$$\psi' = \frac{\gamma_s - \gamma}{\gamma} \frac{d_{35}}{R'_b J} \tag{8.81}$$

或

$$\psi' = \frac{(\gamma_s - \gamma)d_{35}}{\tau'_b}$$

ψ' 可理解为沙粒阻力（τ'_b）的无量纲表示形式，其中 d_{35} 表示床沙中按重量有 35% 的泥沙较这个粒径为细。爱因斯坦用 d_{35} 代表非均质的床沙。

爱因斯坦分析了美国十几条河流的资料，点绘了 v/u''_* 与 ψ' 的关系如图 8.12 所示。从图中来看，关系良好。但在用别的实测资料或水槽实验资料进行验证时，发现这个关系

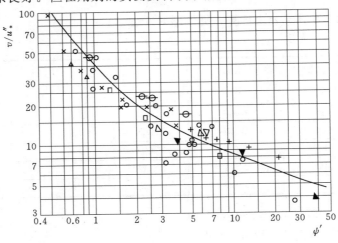

图 8.12

并不能适应所有情况。一般认为，图 8.12 的关系主要反映沙垄阻力，如泥沙较细，床面有沙纹时，沙纹阻力还与黏滞性有关，因而可能有另外的规律。

2. 英格隆（F. Engelund）方法

英格隆也把床面阻力分成两部分，即

$$\tau_b = \tau_b' + \tau_b''$$

把上式无量纲化，以 $(\gamma_s - \gamma)d_{35}$ 除之得

$$\frac{\tau_b}{(\gamma_s - \gamma)d_{35}} = \frac{\tau_b'}{(\gamma_s - \gamma)d_{35}} + \frac{\tau_b''}{(\gamma_s - \gamma)d_{35}} \tag{8.82}$$

令 $\tau_* = \dfrac{\tau_b}{(\gamma_s - \gamma)d_{35}}$，$\tau_*' = \dfrac{\tau_b'}{(\gamma_s - \gamma)d_{35}}$，$\tau_*'' = \dfrac{\tau_b''}{(\gamma_s - \gamma)d_{35}}$，则

$$\tau_* = \tau_*' + \tau_*'' \tag{8.83}$$

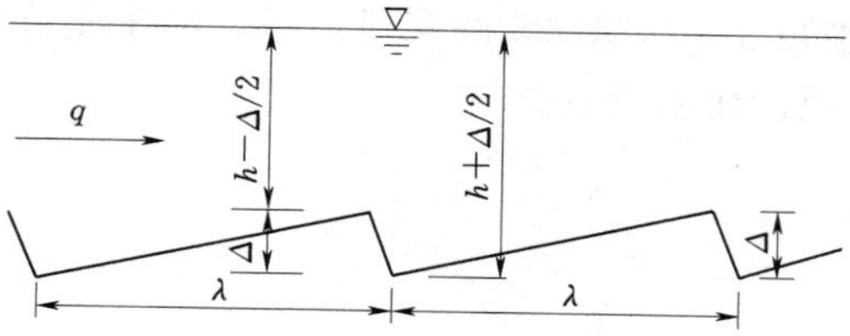

英格隆认为，$\tau_b' = \gamma R_b' J' = \gamma R_b' J$，所以有

$$\tau_*' = \frac{\gamma R_b' J}{(\gamma_s - \gamma)d_{35}} \tag{8.84}$$

英格隆把沙波阻力作为突然扩大的局部损失来考虑，如图 8.13 所示。设 h 为沙波上的平均水深，Δ 为沙波高度，λ 为沙波长度，如把床面形态看成二元的断面变化，根

图 8.13

据突然扩大的局部水头损失可写成

$$\frac{h_\omega''}{\lambda} = \frac{1}{\lambda}\left(1 - \frac{A_1}{A_2}\right)^2 \frac{v_1^2}{2g}$$

由图 8.13 可以看出，$A_1 = b\left(h - \dfrac{\Delta}{2}\right)$，$A_2 = b\left(h + \dfrac{\Delta}{2}\right)$，$v_1 = \dfrac{q}{(h - \Delta/2)}$，代入上式整理得

$$\frac{h_\omega''}{\lambda} = \frac{q^2}{2g\lambda}\frac{1}{(h - \Delta/2)^2}\left(1 - \frac{h - \Delta/2}{h + \Delta/2}\right)^2 \frac{h^2}{h^2} = \frac{v^2}{2g\lambda}\left(\frac{h}{h - \Delta/2} - \frac{h}{h + \Delta/2}\right)^2 \approx \frac{v^2}{2g\lambda}\left(\frac{\Delta}{h}\right)^2 = J'' \tag{8.85}$$

于是 τ_*'' 可以写成

$$\tau_*'' = \frac{\tau_b''}{(\gamma_s - \gamma)d_{35}} = \frac{\gamma h J''}{(\gamma_s - \gamma)d_{35}} = \frac{\gamma h}{(\gamma_s - \gamma)d_{35}}\frac{v^2}{2g\lambda}\left(\frac{\Delta}{h}\right)^2 = \frac{v^2}{2gh}\frac{\gamma \Delta^2}{(\gamma_s - \gamma)\lambda d_{35}} \tag{8.86}$$

英格隆根据相似假说，认为两个动力相似河段必须满足 $\left(\dfrac{\tau_*'}{\tau_*}\right)_1 = \left(\dfrac{\tau_*'}{\tau_*}\right)_2$，或 $\left(\dfrac{\tau_*''}{\tau_*}\right)_1 = \left(\dfrac{\tau_*''}{\tau_*}\right)_2$ 等，则

$$\tau_* = \varphi(\tau_*') \tag{8.87}$$

英格隆利用水槽实验资料点绘了式（8.87）的关系如图 8.14 所示。由图中可以看出，图中一部分指沙垄阻力；另一部分指平整床面和沙浪阻力。过渡部分资料已被故

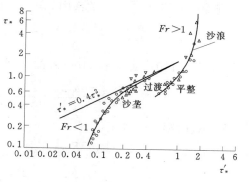

图 8.14

意略去，免得两部分混在一起。此外，沙纹阻力也被略去，因为沙纹阻力与黏滞性有关，而在以上分析中没有考虑到黏滞性的作用。

根据图 8.14 中的曲线，对于 $Fr<1$ 的沙垄阶段，可用下列公式确定 τ_* 和 τ'_* 的关系：

$$\tau'_* > 0.15（约数），\quad \tau'_* = 0.4\tau_*^2 \tag{8.88}$$

$$\tau'_* < 0.15（约数），\quad \tau'_* = 0.06 + 0.4\tau_*^2 \tag{8.89}$$

采用式（8.90）计算沙粒阻力：

$$\frac{v}{u'_*} = 6 + 5.75\lg\frac{R'_b}{2d_{65}} = 5.75\lg\left(11.053\,\frac{R'_b}{2d_{65}}\right) \tag{8.90}$$

英格隆方法曾受到实测资料的验证，结果还是比较满意的。

除了上述两种计算方法以外，还有其他计算方法，说明这个问题还没有一个公认的答案。

【例题 8.7】　有一平均水深 $h=5\text{m}$，水力坡度 $J=0.00035$ 的宽浅河道，河床质特征粒径 $d_{65}=1\text{mm}$，$d_{35}=0.5\text{mm}$，求平均流速 v 及沙面粗糙系数 n_b。

解：

(1) 爱因斯坦方法。

1) 假设 $R'_b \approx R \approx h = 5\text{m}$，则

$$\psi' = \frac{\gamma_s - \gamma}{\gamma}\frac{d_{35}}{R'_b J} = 1.65 \times \frac{0.5/1000}{5\times 0.00035} = 0.4714$$

查图 8.12，因为 $\psi'=0.4714$ 时已没有曲线，所以假定 $v/u''_*=110$（对后面的计算没有影响），因为流速分布公式为

$$\frac{v}{u'_*} = 5.75\lg\left(12.27\,\frac{xR'_b}{\Delta}\right)$$

$$u'_* = \sqrt{gR'_b J} = \sqrt{9.8\times 5\times 0.00035} = 0.131(\text{m/s})$$

取常温情况下水温为 20℃，水的运动黏滞系数 $\nu = 10^{-6}\text{m}^2/\text{s}$，则

$$\delta_0 = 11.6\frac{\nu}{u'_*} = 11.6\times\frac{10^{-6}}{0.131} = 8.855\times 10^{-5}(\text{m})$$

取 $\Delta = d_{65} = 1\text{mm} = 0.001\text{m}$，则

$$\Delta/\delta_0 = 0.001/(8.855\times 10^{-5}) = 11.293$$

查爱因斯坦 $\Delta/\delta_0 - x$ 关系图 8.11，得 $x=1.0$，由爱因斯坦流速对数律公式求得

$$v = 5.75u'_*\lg\left(12.27\,\frac{xR'_b}{\Delta}\right) = 5.75\times 0.131\times\lg\left(12.27\times\frac{1\times 5}{0.001}\right) = 3.61(\text{m/s})$$

因为 $v/u''_* = 110$，$u''_* = v/110 = 3.61/110 = 0.033(\text{m/s})$，所以

$$R''_b = \frac{u''^2_*}{gJ} = \frac{0.033^2}{9.8\times 0.00035} = 0.314(\text{m})$$

2) R'_b 的第二次校正：

$$R'_b = R_b - R''_b = 5 - 0.314 = 4.69(\text{m})$$

$$\psi' = \frac{\gamma_s - \gamma}{\gamma}\frac{d_{35}}{R'_b J} = 1.65\times\frac{0.5/1000}{4.69\times 0.00035} = 0.503$$

查图 8.12 得 $v/u''_* = 97$。

$$u'_* = \sqrt{gR'_bJ} = \sqrt{9.8 \times 4.69 \times 0.00035} = 0.127(\text{m/s})$$

$$\delta_0 = 11.6 \frac{\nu}{u'_*} = 11.6 \times \frac{10^{-6}}{0.127} = 9.134 \times 10^{-5}(\text{m})$$

$$\Delta/\delta_0 = 0.001/(9.134 \times 10^{-5}) = 10.95$$

查爱因斯坦 $\Delta/\delta_0 - x$ 关系图仍得 $x = 1.0$，则

$$v = 5.75u'_* \lg\left(12.27 \frac{xR'_b}{\Delta}\right) = 5.75 \times 0.127 \times \lg\left(12.27 \times \frac{1 \times 4.69}{0.001}\right) = 3.476(\text{m/s})$$

$$u''_* = v/97 = 3.476/97 = 0.03584(\text{m/s})$$

$$R''_b = \frac{u''^2_*}{gJ} = \frac{0.03584^2}{9.8 \times 0.00035} = 0.3744(\text{m})$$

3）R'_b 的第三次校正：

$$R'_b = R_b - R''_b = 5 - 0.3744 = 4.626(\text{m})$$

$$\psi' = \frac{\gamma_s - \gamma}{\gamma} \frac{d_{35}}{R'_bJ} = 1.65 \times \frac{0.5/1000}{4.626 \times 0.00035} = 0.51$$

查图 8.12 得 $v/u''_* = 96$。

$$u'_* = \sqrt{gR'_bJ} = \sqrt{9.8 \times 4.626 \times 0.00035} = 0.126(\text{m/s})$$

$$\delta_0 = 11.6 \frac{\nu}{u'_*} = 11.6 \times \frac{10^{-6}}{0.126} = 9.209 \times 10^{-5}(\text{m})$$

$$\Delta/\delta_0 = 0.001/(9.209 \times 10^{-5}) = 10.86$$

查爱因斯坦 $\Delta/\delta_0 - x$ 关系图仍得 $x = 1.0$。

$$v = 5.75u'_* \lg\left(12.27 \frac{xR'_b}{\Delta}\right) = 5.75 \times 0.126 \times \lg\left(12.27 \times \frac{1 \times 4.626}{0.001}\right) = 3.444(\text{m/s})$$

$$u''_* = v/96 = 3.444/96 = 0.0359(\text{m/s})$$

$$R''_b = \frac{u''^2_*}{gJ} = \frac{0.0359^2}{9.8 \times 0.00035} = 0.3753(\text{m})$$

4）R'_b 的第四次校正：

$$R'_b = R_b - R''_b = 5 - 0.3753 = 4.625(\text{m})$$

$$\psi' = \frac{\gamma_s - \gamma}{\gamma} \frac{d_{35}}{R'_bJ} = 1.65 \times \frac{0.5/1000}{4.625 \times 0.00035} = 0.51$$

查图 8.12 得 $v/u''_* = 96$。

$$u'_* = \sqrt{gR'_bJ} = \sqrt{9.8 \times 4.625 \times 0.00035} = 0.126(\text{m/s})$$

查爱因斯坦 $\Delta/\delta_0 - x$ 关系图得 $x = 1.0$。

$$v = 5.75u'_* \lg\left(12.27 \frac{xR'_b}{\Delta}\right) = 5.75 \times 0.126 \times \lg\left(12.27 \times \frac{1 \times 4.625}{0.001}\right) = 3.444(\text{m/s})$$

$$u''_* = v/96 = 3.444/96 = 0.0359(\text{m/s})$$

$$R''_b = \frac{u''^2_*}{gJ} = \frac{0.0359^2}{9.8 \times 0.00035} = 0.3753(\text{m})$$

$$R_b' = R_b - R_b'' = 5 - 0.3753 = 4.625 (\text{m})$$

与第三次校正结果一致。所以得

$$v/u_*'' = 96, v = 3.444\text{m/s}, u_*' = 0.126\text{m/s}, u_*'' = 0.0359\text{m/s}$$

$$R_b' = 4.625\text{m}, R_b'' = 0.3753\text{m}$$

下面求粗糙系数 n_b。

由曼宁公式得

$$Q = AC\sqrt{R_b J} = A\frac{1}{n_b}R_b^{1/6}\sqrt{R_b J} = A\frac{1}{n_b}R_b^{2/3}\sqrt{J}$$

$$\frac{Q}{A} = v = \frac{1}{n_b}R_b^{2/3}\sqrt{J}$$

$$n_b = \frac{1}{v}R_b^{2/3}\sqrt{J} = \frac{1}{3.444} \times 5^{2/3} \times \sqrt{0.00035} = 0.0159$$

（2）英格隆方法。由式（8.82）计算 τ_*

$$\tau_* = \frac{\tau_b}{(\gamma_s - \gamma)d_{35}} = \frac{\gamma R_b J}{(\gamma_s - \gamma)d_{35}} = \frac{R_b J}{\left(\frac{\gamma_s - \gamma}{\gamma}\right)d_{35}} = \frac{5 \times 0.00035}{1.65 \times 0.0005} = 2.12$$

下面由式（8.88）计算 τ_*'。

$\tau_*' = 0.40\tau_*^2 = 0.4 \times 2.12^2 = 1.8 > 0.15$，而 $Fr < 1$，符合式（8.88）所需的条件，故用该式计算 τ_*' 是正确的。由式（8.84）得

$$R_b' = \frac{(\gamma_s - \gamma)d_{35}\tau_*'}{\gamma J} = \frac{1.65 \times 0.0005 \times 1.8}{0.00035} = 4.243 (\text{m})$$

$$u_*' = \sqrt{gR_b' J} = \sqrt{9.8 \times 4.243 \times 0.00035} = 0.121 (\text{m/s})$$

$$v = 5.75u_*' \lg\left(11.053\frac{R_b'}{2d_{65}}\right) = 5.75 \times 0.121 \times \lg\left(11.053 \times \frac{4.243}{2 \times 0.001}\right) = 3.041 (\text{m/s})$$

相应的沙粒粗糙系数为

$$n_b' = \frac{1}{v}R_b'^{2/3}J^{1/2} = \frac{1}{3.041} \times 4.243^{2/3} \times 0.00035^{1/2} = 0.0161$$

又因为 $\tau_* = \tau_*' + \tau_*''$，所以

$$\tau_*'' = \tau_* - \tau_*' = 2.12 - 1.8 = 0.32$$

$$\tau_*'' = \frac{\gamma h J''}{(\gamma_s - \gamma)d_{35}}$$

$$J'' = \frac{\gamma_s - \gamma}{\gamma h}d_{35}\tau_*'' = \frac{1.65}{5} \times 0.0005 \times 0.32 = 5.28 \times 10^{-5}$$

$$n_b = \frac{1}{v}R_b^{2/3}\sqrt{J} = \frac{1}{3.041} \times 5^{2/3} \times \sqrt{0.00035} = 0.018$$

由于英格隆提出的断面平均流速公式考虑了泥沙起动和跃移等影响，因而求得的流速必然比爱因斯坦法求得的要小些，所求得的粗糙系数要大些。

8.3.3.4　推移质输沙率的计算

单位时间内通过河流某过水断面单位河床宽度的推移质数量称为单宽推移质输沙率。在国际单位制中，推移质输沙率的单位为 N/(s·m)。

在一定的水流和泥沙条件下，水流只能输送一定数量的推移质。如果河流上游推移质来沙量超过本河段的输沙率就会发生淤积，反之就会冲刷。在研究河床演变，估算河床淤积以及采取措施防止推移质进入电站磨损水轮机等问题时，都必须对推移质运动规律和推移质输沙率有正确的认识。但对于推移质测量的工具和方法一直存在问题，所以对推移质输沙率尚未有满意、统一的计算方法。

推移质输沙率的公式很多，根据影响的因素，可以归纳为 4 种类型：①从河床切应力出发；②以流速为主要参数；③应用功率原理；④应用概率概念。

下面介绍几个推移质输沙率公式。

1. 梅叶-彼得（Meyer-Peter）公式

$$q_b = \frac{\gamma_s}{\gamma_s - \gamma} \frac{8\left[\left(\dfrac{n'}{n}\right)^{3/2} \gamma h J - 0.047(\gamma_s - \gamma)d\right]^{3/2}}{(\gamma/g)^{1/2}} \tag{8.91}$$

$$n = R^{2/3} J^{1/2}/v$$

式中：q_b 为单宽推移质输沙率，以重量计；n 为曼宁粗糙系数；n' 为河床平整情况下的沙粒粗糙系数，梅叶-彼得取 $n' = d_{90}^{1/6}/26$，有人建议 $n' = d_{50}^{1/6}/24$。

梅叶-彼得曾在室内进行过大量的推移质实验，实验资料范围为：水深 $h = 1 \sim 120\text{cm}$，平均粒径 $d_m = 0.4 \sim 28.65\text{mm}$，水力坡度 $J = 0.0004 \sim 0.02$，流量 $Q = 0.002 \sim 4\text{m}^3/\text{s}$，泥沙重度 $\gamma_s = 12.25 \sim 42\text{kN/m}^3$。梅叶-彼得公式使用的实验资料范围较广，在公式推导过程中，考虑因素从简单到复杂，一步一步找出偏差的原因并加以修正，最后求出一般性的推移质输沙率公式。在应用到粗沙及卵石河床时，精度较高，可靠性较大，是目前常用的公式。

2. 列维（Леви）公式

$$q_b = 19.6d(v - v_0)\left(\frac{v}{\sqrt{gd}}\right)^3 \left(\frac{d}{h}\right)^{1/4} \tag{8.92}$$

式中：v 为断面平均流速；v_0 为泥沙的起动流速。

资料范围：$d = 0.25 \sim 23\text{mm}$，$h/d = 5 \sim 500$，$v/v_0 = 1.0 \sim 3.5$，式（8.92）的单位取 N、m、s。

3. 沙莫夫公式

均匀沙
$$q_b = 9.31d^{1/2}(v - 3.83d^{1/3}h^{1/6})\left(\frac{v}{3.83d^{1/3}h^{1/6}}\right)^3 \left(\frac{d}{h}\right)^{1/4} \tag{8.93}$$

非均匀沙
$$q_b = \eta D^{2/3}(v - 3.83d^{1/3}h^{1/6})\left(\frac{v}{3.83d^{1/3}h^{1/6}}\right)^3 \left(\frac{d}{h}\right)^{1/4} \tag{8.94}$$

式中：D 为非均匀沙中最粗的一组平均粒径；η 为系数，如果这一组泥沙占总沙样的 $40\% \sim 70\%$，$\eta = 29.4$；如占 $20\% \sim 40\%$ 或 $70\% \sim 80\%$；$\eta = 24.5$，如占 $10\% \sim 20\%$ 或 $80\% \sim 90\%$，$\eta = 14.7$。式（8.93）和式（8.94）的单位为 N、m、s。

沙莫夫公式的资料范围为：$d = 0.2 \sim 0.73\text{mm}$，$13 \sim 65\text{mm}$，$h = 1.02 \sim 3.94\text{m}$，$0.8 \sim 2.16\text{m}$，$v = 0.4 \sim 1.02\text{m/s}$，$0.8 \sim 2.95\text{m/s}$。

式（8.94）不宜用于平均粒径小于 0.2mm 的泥沙。

4. 爱因斯坦公式

爱因斯坦根据水槽实验的长期观察，注意到床面沙粒运动的随机性质，运用概率论，于 1950 年导出了有名的推移质输沙率公式。该公式用无量纲的推移质运动强度函数表示：

$$\varphi = \frac{q_b}{\gamma_s}\left(\frac{\gamma}{\gamma_s - \gamma}\right)^{1/2}\left(\frac{1}{gd^3}\right)^{1/2} \tag{8.95}$$

因输沙率与水流条件有关，水流条件可用水流强度函数 ψ' 表示，即

$$\psi' = \frac{\gamma_s - \gamma}{\gamma}\frac{d}{R_b' J} \tag{8.96}$$

ψ' 与 φ 的关系如图 8.15 所示，可供查算。

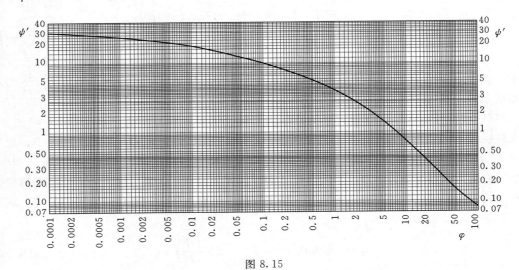

图 8.15

【例题 8.8】 某水库平均入库流量为 2000m³/s，回水末端上游河段在流量 $Q = 2000\text{m}^3/\text{s}$ 时，相应的河床宽度 $b = 200\text{m}$，断面平均水深 $h = 5\text{m}$，水力坡度 $J = 0.00012$，床沙中值粒径 $d_{50} = 2\text{mm}$，试用梅叶-彼得公式和沙莫夫公式求每年进入水库的推移质为多少？

解：

（1）用梅叶-彼得公式计算：

$$n' = d_{50}^{1/6}/24 = 0.002^{1/6}/24 = 0.01479$$

$$v = \frac{Q}{A} = \frac{Q}{bh} = \frac{2000}{200 \times 5} = 2\,(\text{m/s})$$

$$R = \frac{A}{\chi} = \frac{bh}{b + 2h} = \frac{200 \times 5}{200 + 2 \times 5} = 4.762\,(\text{m})$$

$$n = \frac{1}{v}R^{2/3}J^{1/2} = \frac{1}{2} \times 4.762^{2/3} \times 0.00012^{1/2} = 0.0155$$

$$\frac{\gamma_s}{\gamma_s - \gamma} = \frac{26000}{26000 - 9800} = 1.605$$

$$\left[\left(\frac{n'}{n}\right)^{3/2}\gamma hJ-0.047(\gamma_s-\gamma)d\right]^{3/2}$$

$$=\left[\left(\frac{0.01479}{0.0155}\right)^{3/2}\times9800\times5\times0.00012-0.047\times(26000-9800)\times0.002\right]^{3/2}$$

$$=7.874$$

$$q_b=\frac{\gamma_s}{\gamma_s-\gamma}\frac{8\left[\left(\frac{n'}{n}\right)^{3/2}\gamma hJ-0.047(\gamma_s-\gamma)d\right]^{3/2}}{(\gamma/g)^{1/2}}=1.605\times\frac{8\times7.874}{(9800/9.8)^{1/2}}$$

$$=3.197[\text{N}/(\text{s}\cdot\text{m})]$$

年入库推移质的量为

$$q_bbt=3.197\times200\times365\times24\times3600=2.016\times10^{10}(\text{N})$$

（2）沙莫夫公式：

$$3.83d_{50}^{1/3}h^{1/6}=3.83\times0.002^{1/3}\times5^{1/6}=0.631(\text{m/s})$$

$$q_b=9.31d^{1/2}(v-3.83d_{50}^{1/3}h^{1/6})\left(\frac{v}{3.83d_{50}^{1/3}h^{1/6}}\right)^3\left(\frac{d}{h}\right)^{1/4}$$

$$=9.31\times0.002^{1/2}\times(2-0.631)\times\left(\frac{2}{0.631}\right)^3\times\left(\frac{0.002}{5}\right)^{1/4}$$

$$=2.567[\text{N}/(\text{m}\cdot\text{s})]$$

年入库推移质的量为

$$q_bbt=2.567\times200\times365\times24\times3600=1.619\times10^{10}(\text{N})$$

由以上计算可以看出，采用的公式不同，计算结果也不同，说明推移质输沙率计算尚存在问题。

8.4 悬 移 质 运 动

随着水流浮游前进的泥沙称为悬移质。江河输送的泥沙，悬移质占主要部分。

8.4.1 泥沙的悬浮

泥沙的比重一般为2.65，较水大得多，如果只受重力作用，泥沙悬浮在水中是不可能的，而远距离传输更是不可能的。泥沙之所以能够悬浮在水中而不下沉，并实现其远距离输移的运动过程，是由于它除受重力作用外，还受到水流的紊动扩散作用。

一般的河渠水流均为紊流，紊流中有流速的脉动。垂直向上的脉动流速不断地把下层水流中的沙粒带到上层。另外，重力又不断地使沙粒从上层下沉到下层。泥沙的悬浮就是这两种力作用下的产物。

脉动有向上的，也有向下的。向上的脉动固然会把沙粒带向上层，但向下的脉动也照样会把沙粒带向下层。为什么说脉动把沙粒从下层带到上层呢？这是由于在重力作用下，下层水流中的含沙量多于上层水流的含沙量，向上的脉动把下层沙粒带到上层的量要多于同样大小但方向向下的脉动从上层带到下层的沙量，即随向上脉动的水量带到上层的沙量总是多于随向下脉动的水量带到下层的沙量。所以上、下脉动的综合结果是把沙粒从下往上带。总之，水流的脉动作用实质上是把悬移质从高含沙区输送到低含沙区，使浓的变稀，稀的变浓，企图把水流中各层的含沙均匀化，这种作用称为"紊动扩散作用"。由此可见，沙粒的悬浮是重力和紊动扩散两种力作用的结果。

悬移质的整个运动过程，取决于紊动扩散作用与重力作用的相对关系。当重力作用超过紊动扩散作用时，则下沉的泥沙多于悬浮起来的，整个过程河床表现为淤积；反之，当紊动扩散作用超过重力作用时，则悬浮的泥沙多于下沉的，整个过程河床表现为冲刷。如果悬浮起来的泥沙等于下沉的泥沙，就表明重力作用与紊动扩散作用处于暂时的相持状态，则河床处于不冲不淤的平衡输沙过程。有冲刷或淤积的输沙过程则称为不平衡输沙过程。

8.4.2　含沙量沿垂线的分布

悬移质运动中一个最基本的概念就是含沙量。它以 $1m^3$ 的浑水中所含的沙量表示。常用的单位是 kg/m^3，工程上常用符号 S 表示。在理论分析中则多用 $1m^3$ 浑水中所含泥沙的体积表示含沙浓度，叫体积比浓度 S_V，另外，也有用泥沙的重量与浑水重量比表示的重量比浓度 S_G。三种浓度之间的关系见式 (8.4)～式(8.8)。

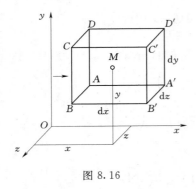

图 8.16

1. 悬移质运动的扩散方程

若在水流中任一方向 n 悬移质有浓度梯度，根据扩散理论，在单位时间内通过单位面积的沙量为 $\varepsilon_s \dfrac{\partial S}{\partial n}$，其中，$\varepsilon_S$ 为悬移质扩散系数。据此来分析三元非恒定流中的悬移质运动状态。取微小控制体 $dxdydz$ 如图 8.16 所示。设控制体的形心 M 的坐标为（x、y、z），该处的含沙量为 S，流速分量为 u_x、u_y、u_z，沿 x、y、z 方向的悬移质扩散系数分别为 ε_{Sx}、ε_{Sy} 和 ε_{Sz}，令泥沙的沉速为 ω，则在 dt 时段内经过平面 $ABCD$ 在 x 方向进入控制体的悬移质为

$$\left[u_x S - \frac{1}{2}\frac{\partial(u_x S)}{\partial x}dx\right]dydzdt - \left[\varepsilon_{Sx}\frac{\partial S}{\partial x} - \frac{1}{2}\frac{\partial\left(\varepsilon_{Sx}\frac{\partial S}{\partial x}\right)}{\partial x}dx\right]dydzdt$$

上式中第一项为随水流进入控制体的悬移质；第二项为紊动扩散作用带入控制体的悬移质。经过平面 $A'B'C'D'$ 离开控制体的悬移质为

$$\left[u_x S + \frac{1}{2}\frac{\partial(u_x S)}{\partial x}dx\right]dydzdt - \left[\varepsilon_{Sx}\frac{\partial S}{\partial x} + \frac{1}{2}\frac{\partial\left(\varepsilon_{Sx}\frac{\partial S}{\partial x}\right)}{\partial x}dx\right]dydzdt$$

两者的差值为

$$\left[-\frac{\partial(u_x S)}{\partial x} + \frac{\partial}{\partial x}\left(\varepsilon_{Sx}\frac{\partial S}{\partial x}\right)\right]dxdydzdt$$

同理可得 y 方向进出控制体的悬移质差值为

$$\left[-\frac{\partial(u_y S)}{\partial y} + \frac{\partial}{\partial y}\left(\varepsilon_{Sy}\frac{\partial S}{\partial y}\right) + \frac{\partial}{\partial y}(\omega S)\right]dxdydzdt$$

上式中多了一项 $\dfrac{\partial}{\partial y}(\omega S)$，是因为 y 方向悬移质受重力作用，在单位时间内下沉的悬移质为 ωS。

沿 z 方向进入控制体的悬移质差值为

$$\left[-\frac{\partial(u_z S)}{\partial z}+\frac{\partial}{\partial z}\left(\varepsilon_{Sz}\frac{\partial S}{\partial z}\right)\right]\mathrm{d}x\,\mathrm{d}y\,\mathrm{d}z\,\mathrm{d}t$$

根据连续性原理，上面三个差值之和应等于 $\mathrm{d}t$ 时段内控制体中悬移质的增量 $\frac{\partial S}{\partial t}\mathrm{d}x\,\mathrm{d}y\,\mathrm{d}z\,\mathrm{d}t$，即

$$\left[-\frac{\partial(u_x S)}{\partial x}-\frac{\partial(u_y S)}{\partial y}-\frac{\partial(u_z S)}{\partial z}+\frac{\partial(\omega S)}{\partial y}+\frac{\partial}{\partial x}\left(\varepsilon_{Sx}\frac{\partial S}{\partial x}\right)+\frac{\partial}{\partial y}\left(\varepsilon_{Sy}\frac{\partial S}{\partial y}\right)+\frac{\partial}{\partial z}\left(\varepsilon_{Sz}\frac{\partial S}{\partial z}\right)\right]\mathrm{d}x\,\mathrm{d}y\,\mathrm{d}z\,\mathrm{d}t$$
$$=\frac{\partial S}{\partial t}\mathrm{d}x\,\mathrm{d}y\,\mathrm{d}z\,\mathrm{d}t$$

整理得

$$-\frac{\partial(u_x S)}{\partial x}-\frac{\partial(u_y S)}{\partial y}-\frac{\partial(u_z S)}{\partial z}+\frac{\partial(\omega S)}{\partial y}+\frac{\partial}{\partial x}\left(\varepsilon_{Sx}\frac{\partial S}{\partial x}\right)+\frac{\partial}{\partial y}\left(\varepsilon_{Sy}\frac{\partial S}{\partial y}\right)+\frac{\partial}{\partial z}\left(\varepsilon_{Sz}\frac{\partial S}{\partial z}\right)$$
$$=\frac{\partial S}{\partial t} \tag{8.97}$$

式（8.97）即为三元非恒定流不平衡输沙情况下悬移质含沙量随空间和时间的变化规律。

对于二元情况，式（8.97）可写成

$$-\frac{\partial(u_x S)}{\partial x}-\frac{\partial(u_y S)}{\partial y}+\frac{\partial(\omega S)}{\partial y}+\frac{\partial}{\partial x}\left(\varepsilon_{Sx}\frac{\partial S}{\partial x}\right)+\frac{\partial}{\partial y}\left(\varepsilon_{Sy}\frac{\partial S}{\partial y}\right)=\frac{\partial S}{\partial t} \tag{8.98}$$

若水流为恒定均匀流，则式（8.98）中左边的第二项可以忽略，由于纵向扩散比垂向扩散小得多，可以略去，则式（8.98）进一步简化为

$$\frac{\partial S}{\partial t}=-u_x\frac{\partial S}{\partial x}+\frac{\partial(\omega S)}{\partial y}+\frac{\partial}{\partial y}\left(\varepsilon_{Sy}\frac{\partial S}{\partial y}\right)$$

若进一步假设水流挟沙处于恒定相对平衡的条件下，则 $\frac{\partial S}{\partial t}=0$，$\frac{\partial S}{\partial x}=0$，则上式变为

$$\frac{\partial}{\partial y}\left(\omega S+\varepsilon_{Sy}\frac{\partial S}{\partial y}\right)=0$$

对上式积分得

$$\omega S+\varepsilon_{Sy}\frac{\partial S}{\partial y}=C$$

在单位时间内，通过任一单位水平面而因紊动扩散作用向上托起的沙量 $\varepsilon_{Sy}\frac{\partial S}{\partial y}$，应和因重力作用向下降落的沙量 ωS 相等，故 $C=0$，于是可得

$$\omega S+\varepsilon_{Sy}\frac{\partial S}{\partial y}=0 \tag{8.99}$$

式（8.99）称为二维水沙两相流在恒定、均匀、平衡情况下悬移质含沙量沿垂线分布的基本微分方程。

2. 悬移质含沙量沿垂线分布

要求解式（8.99），首先应该求出 ε_{Sy} 沿水深的变化规律。一般可假定 ε_{Sy} 等于水流紊动扩散系数 ε，即

$$\varepsilon_{Sy}=\varepsilon=ku_*\left(1-\frac{y}{h}\right)y$$

式中：k 为卡门常数；h 为水深；u_* 为摩阻流速。

将上式代入式（8.99）得

$$\omega S+ku_*\left(1-\frac{y}{h}\right)y\frac{\mathrm{d}S}{\mathrm{d}y}=0$$

分离变量为

$$\frac{\mathrm{d}S}{S}=-\frac{\omega}{ku_*}\frac{\mathrm{d}y}{(1-y/h)y}$$

将上式从离河底较小的距离 a 积分到 y，并令 a 处的时均含沙量为 S_a，则得

$$\ln\frac{S}{S_a}=\frac{\omega}{ku_*}\ln\left(\frac{h-y}{y}\frac{a}{h-a}\right)$$

或

$$\frac{S}{S_a}=\left(\frac{h/y-1}{h/a-1}\right)^{\frac{\omega}{ku_*}} \tag{8.100}$$

式（8.100）就是奥布赖恩-劳斯（O′Bren-Rouse）得到的恒定二元均匀流在平衡输沙情况下的时均含沙量沿垂线分布的公式。

3. 悬浮指标

式（8.100）中的指数 $\omega/(ku_*)$ 具有很重要的意义，称为"悬浮指标"，用 z 表示，即 $z=\omega/(ku_*)$。它是度量重力作用的 ω 与度量紊动扩散作用的 ku_* 相对关系的一个指标。其数值越大，说明颗粒越粗，重力作用相对于紊动扩散作用越大，因而含沙量沿垂线分布越不均匀。反之，如颗粒越细，z 也相应地越小，则说明重力作用越弱，紊动扩散作用越强，因而含沙量沿垂线分布就越均匀。图 8.17 表示相对含沙量 S/S_a 与相对水深 y/h 的关系，对于不同的悬浮指标有不同的分布曲线。由图中可以看出，当 $z=0.06$ 时，含沙量沿垂线分

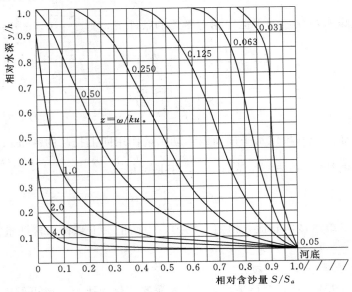

图 8.17

布已相当均匀；当 $z \geqslant 1.5$ 以后，颗粒的悬浮高度基本达不到水面；$z \geqslant 5$ 时，以悬浮形式运动的泥沙含量甚微。所以 $z = 5$ 可以作为泥沙是否进入悬浮状态的临界值。

需要说明的是，式（8.100）在含沙量较小时，计算值与实测资料吻合较好。但在颗粒粗、含沙量较大时，误差较大。这是因为在公式推导过程中作了一系列假设所致。式（8.100）的另一个问题是计算得出的水面含沙量为零，床面含沙量为无穷大，这是不符合实际的。说明在靠近河底的地方已属于推移质运动的范围。

【例题 8.9】 某灌溉渠道的引水口位于水深 7m 的河段，该处的平均流速 $v = 0.45 \text{m/s}$，水力坡度 $J = 0.0008$，悬移质的代表粒径 $d = 0.3 \text{mm}$，引水含沙量不得超过该处离河床 0.07m 处的含沙量的 0.1。试问引水口高程应为若干，才能满足上述含沙量的要求？设水温为 15℃，颗粒重度 $\gamma_s = 26.5 \text{kN/m}^3$。

解：

沉速用张瑞瑾通用公式计算。当水温为 15℃时，水的运动黏滞系数 $\nu = 1.141 \times 10^{-6} \text{m}^2/\text{s}$，则

$$\frac{\nu}{d} = \frac{1.141 \times 10^{-6}}{0.3 \times 10^{-3}} = 3.803 \times 10^{-3} (\text{m/s})$$

$$\frac{\rho_s - \rho}{\rho} = \frac{\gamma_s - \gamma}{\gamma} = \frac{26500 - 9800}{9800} = 1.704$$

$$\omega = \sqrt{\left(13.95 \frac{\nu}{d}\right)^2 + 1.09 \frac{\rho_s - \rho}{\rho} gd} - 13.95 \frac{\nu}{d}$$

$$= \sqrt{(13.95 \times 3.803 \times 10^{-3})^2 + 1.09 \times 1.704 \times 9.8 \times 0.0003} - 13.95 \times 3.803 \times 10^{-3}$$

$$= 0.038 (\text{m/s})$$

摩阻流速为

$$u_* = \sqrt{gRJ} \approx \sqrt{ghJ} = \sqrt{9.8 \times 7 \times 0.0008} = 0.2343 (\text{m/s})$$

悬浮指标为

$$z = \frac{\omega}{ku_*} = \frac{0.038}{0.4 \times 0.2343} = 0.4055$$

根据题意有

$$\frac{S}{S_a} = \left(\frac{h/y - 1}{h/a - 1}\right)^{\frac{\omega}{ku_*}} = \left(\frac{7/y - 1}{7/0.07 - 1}\right)^{0.4055} = 0.1$$

解上式得

$$\ln\left(\frac{7}{y} - 1\right) = \ln 99 + \frac{\ln 0.1}{0.4055} = -1.0833$$

求得 $y = 5.23 \text{m}$。即当引水渠高程超过 5.23m 以上时，引水含沙量就可以小于离河床 0.07m 处含沙量 S_a 的 0.1 倍。

8.4.3 悬移质中的床沙质和冲泻质

泥沙按照其相对于床沙组成的粗细及来源的不同，可分为床沙质和冲泻质。

在冲积河流的若干条垂线上，既对悬移质取沙样又对河床的表层取样，并进行颗粒分析。分析结果如图 8.18 所示。图 8.18（a）为同一条垂线情况，图 8.18（b）为几条垂线加权平均后的断面平均情况。由图中可以看出：

(1) 悬移质的中值粒径、平均粒径都比床沙的中值粒径、平均粒径小得多。

(2) 悬移质级配曲线具有较明显的最大粒径,却往往没有明显的最小粒径。

(3) 悬移质的不均匀性明显大于床沙的不均匀性。

(4) 悬移质中较粗的泥沙在床沙中大量存在,而较细的泥沙在床沙中几乎没有。

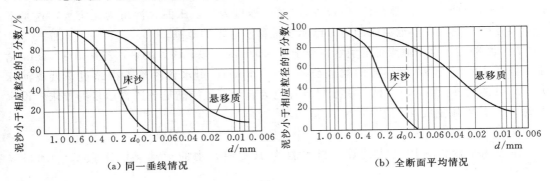

图 8.18

既然悬移质中较细的泥沙是床沙中几乎没有的,那么它是水流从上游流域带来的,基本上来多少带走多少,而且一泻千里,所以把悬移质中较细的泥沙称为冲泻质,而把悬移质中较粗的泥沙称为床沙质。床沙后加上"质"表明它是在水中运动的泥沙。观察表明,靠近河床附近,各种泥沙不断进行交换。床沙质既然是床沙中大量存在的,就有充分的机会和床沙进行交换。如果上游进入本河段的床沙质数量较少,水力挟带床沙质的能力有富余,就会从床沙中攫取泥沙得到补充,直到达到它所能携带的数量为止,在这过程中,河床相应发生冲刷;反之,若上游进入本河段的床沙质数量过多,则多余的部分就会落淤,河床相应地发生淤积。由此可见,在不冲不淤相对平衡状态时,水流能挟带床沙质的数量应与水流条件和河床表层组成有关,可由水流条件和河床组成确定。床沙质与河床的冲淤变化有密切的联系,所以又称为"造床质"。冲泻质泥沙与床沙几乎不发生交换,同河床演变关系不密切,在河床变形计算中,常将其排除在外,因此又把冲泻质称为"非造床质"。

床沙质与冲泻质既有区别,又有联系,两者在一定条件下可以互相转化。一般来说,床沙的组成上游粗些,下游细些;同一粒径的泥沙在上游属于冲泻质,到下游就可能属于床沙质。例如冲积平原河流的中下游,细沙是床沙质,粉沙以下属于冲泻质;到了近海河口段,粉沙也可能变成床沙质,冲泻质就只是黏土或比黏土更细的物质了。

从上面的分析可知,床沙质和冲泻质的分界不是绝对的,而是相对的。目前在划分床沙质与冲泻质时,常采用如下的经验准则:把悬移质级配曲线与相应的、即相同水流条件下的床沙级配曲线进行对比,以床沙级配中最细的 5% 的粒径 d_5(也有用 d_{10} 的)作为划分床沙质和冲泻质的界限。以图 8.18(b)为例,在床沙级配曲线上查得 $d_5 = 0.11$mm,则悬移质中大于 0.11mm 的泥沙为床沙质,小于 0.11mm 的泥沙为冲泻质。这样在悬移质级配曲线上可以定出悬移质中床沙质占 18%,冲泻质占 82%。若床沙级配曲线在纵坐标 10% 以下的范围有比较明显的拐点,也可将该拐点处相应的粒径作为分界粒径。当然,也有人认为分界粒径与水流条件有关,提出以悬浮指标 $z = 0.06$ 作为确定界限粒径的条件。

需要指出，"床沙质与冲泻质"以及"推移质与悬移质"是对运动中泥沙两套不同的名称，不可将它们混淆。床沙质与冲泻质都可以同时包含有推移质与悬移质；反之，在推移质与悬移质中也可以同时包含有床沙质与冲泻质。自然，冲泻质因为较细，主要以悬移形式运动，它在推移质中为数甚微，因而在研究推移质运动时通常不予考虑。不过，从概念上讲，把悬移质与冲泻质等同起来，把床沙质与推移质等同起来，或者认为床沙质只以悬浮形式运动都是不正确的。

8.4.4　悬移质输沙率的计算

由于悬移质中的冲泻质几乎和河床质不发生交换，不参与河床演变活动，它们只是随水流一泻而过。所以，悬移质输沙率是指在一定的水流与河床组成条件下，水流在单位时间内所能挟带并通过河段下泄的悬移质中床沙质泥沙的数量。

如以 q_s 表示悬移质单宽输沙率，则其表达式为

$$q_s = \int_a^h uS\,\mathrm{d}y = \gamma_s \int_a^h uS_V\,\mathrm{d}y \tag{8.101}$$

式中：u、S、S_V 分别为距床面 y 处的流速、悬移质含沙量和体积比含沙量；a 为床面层的厚度；q_s 的单位为 kg/(s·m) 或 N/(s·m)。

在实用上，常把悬移质单宽输沙率用平均含沙量 S_* 来表示，即

$$q_s = qS_* \tag{8.102}$$

式中：S_* 为在一定的水流条件下，河流处于不冲不淤临界状态时，单位液体所能挟带的悬移质中床沙质数量的平均值，kg/m³ 或 N/m³。

习惯上常把 S_* 叫做水流挟沙力、饱和含沙量或临界含沙量。

由式（8.102）得

$$S_* = \frac{q_s}{q} = \frac{\int_a^h uS\,\mathrm{d}y}{\int_0^h u\,\mathrm{d}y} \tag{8.103}$$

式（8.103）也可推广到断面平均情况，即

$$Q_s = QS_* \quad \text{或} \quad S_* = Q_s/Q \tag{8.104}$$

式中：Q_s 为悬移质断面输沙率，kg/s 或 N/s；Q 为流量，m³/s。

悬移质输沙率公式有以下几种。

1. 爱因斯坦公式

爱因斯坦公式是欧美国家广泛用来计算悬移质单宽输沙率的公式之一。将式（8.79）、式（8.100）代入式（8.101）得

$$q_s = \int_a^h uS\,\mathrm{d}y = 5.75u_* S_a \int_a^h \lg\left(30.2\,\frac{xy}{\Delta}\right)\left(\frac{h-y}{y}\,\frac{a}{h-a}\right)^z \mathrm{d}y$$

$$z = \omega/(ku_*)$$

式中：x 为校正系数，可由图 8.11 查算。

令 $\eta = y/h$，$A = a/h$，$\mathrm{d}y = h\,\mathrm{d}\eta$，代入爱因斯坦的单宽输沙率公式整理得

$$q_s = 5.75u_* S_a \frac{A^{z-1}}{(1-A)^z} a \int_A^1 \lg\left(30.2\frac{x\eta h}{\Delta}\right)\left(\frac{1-\eta}{\eta}\right)^z \mathrm{d}\eta$$

或

$$q_s = 5.75u_* S_a \frac{A^{z-1}}{(1-A)^z} a \left[\int_A^1 \lg\left(30.2\frac{xh}{\Delta}\right)\left(\frac{1-\eta}{\eta}\right)^z \mathrm{d}\eta + \int_A^1 \left(\frac{1-\eta}{\eta}\right)^z \lg\eta\,\mathrm{d}\eta\right]$$

$$= 5.75u_* S_a \frac{A^{z-1}}{(1-A)^z} a \left[\int_A^1 \lg\left(30.2\frac{xh}{\Delta}\right)\left(\frac{1-\eta}{\eta}\right)^z \mathrm{d}\eta + 0.434\int_A^1 \left(\frac{1-\eta}{\eta}\right)^z \ln\eta\,\mathrm{d}\eta\right]$$

将上式写成

$$q_s = 11.6u_* S_a a\left[2.303\lg\left(\frac{30.2xh}{\Delta}\right)I_1 + I_2\right] \tag{8.105}$$

其中

$$I_1 = 0.216\frac{A^{z-1}}{(1-A)^z}\int_A^1 \left(\frac{1-\eta}{\eta}\right)^z \mathrm{d}\eta$$

$$I_2 = 0.216\frac{A^{z-1}}{(1-A)^z}\int_A^1 \left(\frac{1-\eta}{\eta}\right)^z \ln\eta\,\mathrm{d}\eta$$

式中：I_1 与 I_2 是 A 和 z 的函数。

式 (8.105) 可通过数值积分求解，其结果如图 8.19 所示。

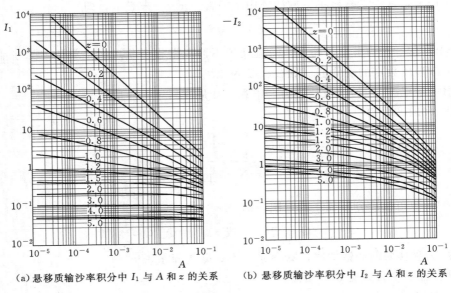

(a) 悬移质输沙率积分中 I_1 与 A 和 z 的关系　　(b) 悬移质输沙率积分中 I_2 与 A 和 z 的关系

图 8.19

关于 S_a，爱因斯坦认为，推移质集中在床面层范围内运动，悬移质在床面层以上的主流区运动。既然泥沙含沙量沿垂线的变化是连续的，床面层顶端的泥沙含沙量就应该等于悬移质的临底含沙量 S_a，这样就可以在 S_a 与推移质输沙率之间建立起联系。

当泥沙运动的强度不是很大时，推移质运动可认为在离床面 $2d$ 的流层内进行。如令 $a=2d$，推移质的单宽输沙率为 q_b，颗粒运动速度为 ζu_*，则

$$S_a = \frac{1}{\zeta}\frac{q_b}{2du_*} \tag{8.106}$$

由水槽实验得 $\zeta=11.6$，则

$$S_a=\frac{1}{23.2}\frac{q_b}{du_*}\tag{8.107}$$

式中：S_a 为 $y=a$ 处的时均含沙量，$\mathrm{kg/m^3}$ 或 $\mathrm{N/m^3}$。

将式（8.107）代入式（8.105）即可计算悬移质输沙率，注意式（8.105）中的 $a=2d$。

2. 武汉水利水电学院公式

张瑞瑾等在分析长江、黄河以及若干水库、渠道和室内水槽实验资料时，发现代表水流挟沙力的悬移质中属于床沙质部分的临界含沙量 S_* 与代表水流条件和河底组成条件的综合因素 $\dfrac{v^3}{gR\omega}$ 有较好的关系，从而得到如下公式：

$$S_*=K\left(\frac{v^3}{gR\omega}\right)^m\tag{8.108}$$

式中：v 为水流的断面平均流速；ω 为河床质的平均沉速；系数 K 和指数 m 不是常数，随 $\dfrac{v^3}{gR\omega}$ 而变，其值可查图 8.20。

因为 $\dfrac{v^3}{gR\omega}$ 为无量纲数，故 K 具有和 S_* 相同的量纲和单位，K 的单位为 $\mathrm{kg/m^3}$。

3. 根据黄河干流及无定河、渭河、伊洛河的实测资料的公式

$$S_*=10.5\frac{v^{2.26}}{R^{0.74}\omega^{0.77}}\tag{8.109}$$

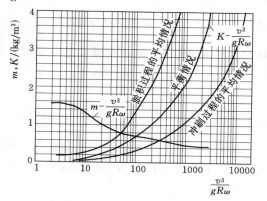

图 8.20

式中：沉速 ω 的单位为 $\mathrm{cm/s}$；水力半径 R 的单位为 m；水流的断面平均流速 v 的单位为 $\mathrm{m/s}$；S_* 的单位为 $\mathrm{N/m^3}$。

公式的适应范围为 $Q=29.3\sim3860\mathrm{m^3/s}$，水力坡度 $J=0.00036\sim0.0115$，$v=0.49\sim3.03\mathrm{m/s}$，$\omega=0.054\sim1.0\mathrm{cm/s}$，水深 $h=0.45\sim7.84\mathrm{m}$，$S_*=2.25\sim331\mathrm{N/m^3}$。

4. 扎马林（E. A. Замарин）公式

当 $0.002\mathrm{m/s}<\omega<0.008\mathrm{m/s}$ 时

$$S_*=0.216\left(\frac{v}{\omega}\right)^{3/2}(RJ)^{1/2}\tag{8.110}$$

当 $0.0004\mathrm{m/s}<\omega<0.002\mathrm{m/s}$ 时

$$S_*=107.8v\left(\frac{vRJ}{\omega}\right)^{1/2}\tag{8.111}$$

5. 黄河水利委员会公式

$$S_*=686.7\left(\frac{v^3}{gR\omega}\right)^{3/4}\left(\frac{R}{B}\right)^{1/2}\tag{8.112}$$

式中：B 为水面宽度。

式 （8.110）～式 （8.112）中 S_* 的单位为 N/m^3。

【**例题 8.10**】　某平原地区的冲积河流，原河宽为 b_0，平均水深为 h_0，相应的流量为 Q_0。若在河流中修建围堤，将河宽束窄为 $\frac{2}{3}b_0$，问河床将发生什么变化？在河床达到新的相对平衡后，其平均水深 h 应为多少？

解：

原河流在相对平衡状态下的挟沙力为

$$S_* = K\left(\frac{v^3}{gR\omega}\right)^m = K\left(\frac{Q_0^3}{gb_0^3 h_0^4 \omega}\right)^m$$

修建围堤后的挟沙力为

$$S'_* = K\left(\frac{Q_0^3}{g(2/3b_0)^3 h^4 \omega}\right)^m = K\left(\frac{3}{2}\right)^{3m}\left(\frac{Q_0^3}{gb_0^3 h^4 \omega}\right)^m$$

因为 $\left(\frac{3}{2}\right)^{3m} > 1$，在水深不变的情况下，$S'_* > S_*$；要保持输沙相对平衡，则必须 $h > h_0$，即发生河床的冲刷。河床经调整达到新的相对平衡，使 $S'_* = S_*$，即

$$\left(\frac{3}{2}\right)^{3m}\left(\frac{1}{h^4}\right)^m = \frac{1}{h_0^{4m}}$$

由上式得

$$h = \left(\frac{3}{2}\right)^{3/4} h_0 = 1.355 h_0$$

【**例题 8.11**】　某河段的单宽流量 $q = 8m^3/(s\cdot m)$，水深 $h = 5m$，水力坡度 $J = 0.0001$，悬移质的沉速 $\omega = 0.007m/s$，求水流的挟沙力及悬移质的单宽输沙率。

解：

用武汉水电学院公式计算：

$$v = q/h = 8/5 = 1.6(m/s)$$

$$\frac{v^3}{gR\omega} = \frac{1.6^3}{9.8\times5\times0.007} = 11.942$$

查图 8.20 得 $m = 1.25$，$K = 0.14$，则

$$S_* = K\left(\frac{v^3}{gR\omega}\right)^m = 0.14\times11.942^{1.25} = 3.11(kg/m^3)$$

$$q_s = qS_* = 8\times3.11 = 24.88[kg/(s\cdot m)]$$

8.4.5　悬移质对水流结构的影响

1. 对卡门常数 k 的影响

清水水流的卡门常数 $k_0 = 0.4$。不少资料表明，水流含沙后卡门常数 $k < 0.4$，且 k 值减小程度似与含沙量有关。另有资料指出，k 值随含沙量作直线降低，但与颗粒粒径无关。有人提出计算公式为

$$k = 0.4(1 - 0.95S_V)$$

伊本 （A. T. Ippem）的公式为

$$\frac{1}{k} = \frac{1}{k_0}\frac{1 + 2.5S_{Vb}}{1 + (\gamma_s/\gamma - 1)\overline{S}_V}$$

式中：S_{vb} 为近底最大含沙量，以体积百分数表示；$\overline{S_v}$ 为全部水流的平均含沙量，也以体积百分数表示。

2. 对水的运动黏滞系数的影响

含沙水流的黏滞性将受沙粒的影响而改变。沙玉清用黄土做实验，得到

$$\nu = \frac{\nu_0}{1 - S_V/(2\sqrt{d})}$$

式中：ν 为浑水的运动黏滞系数；ν_0 为清水的运动黏滞系数；d 为粒径，mm。

上式适用的粒径范围 $d = 0.0064 \sim 0.041$ mm。

钱宁、马惠民 1958 年用官厅、塘沽、包头、郑州等地的泥沙做实验得到

$$\mu = \mu_0 (1 - K_0 S_V)^{-2.5}$$

式中：K_0 为随浑水物理化学性质而变的一个系数，试验中的 K_0 值为 2.4～2.9。

必须指出，虽然浑水的运动黏滞系数与清水不一样，但其流变特性仍和清水相同，都是牛顿流体。如含沙浓度高到一定程度，引起流变特性的改变，即 τ 和 du/dy 不再具有 $\tau = \mu du/dy$ 的关系，浑水从牛顿流体变成了非牛顿流体，这样的高含沙浑水就不是本章所讨论的范围了。

3. 对水流能量损失的影响

悬移质对水流能量损失的影响，说法不一，目前尚有争议。但大量的实验资料表明，悬移质的存在使浑水水流的能量损失小于清水水流，而且含沙量越高，能量损失越小。这是由于悬移质可使水流紊动减弱，产生一种制约紊动作用的结果。因为紊动减弱了，紊动能量随之减小，水流能量损失也就随之减小。

为什么悬移质会对水流产生这种制约紊动的作用呢？目前对其机理尚未完全揭开。可能是由于：

（1）悬移质在水流中不断下沉有打碎、干扰水流中涡体的作用，因而可能使紊动减弱。

（2）临近河底或槽底的区域，是产生大量涡体的策源地，悬移质正好在这个区域中特别集中，使涡体的形成受到制约，因而使紊动减弱。

（3）悬移质使黏滞系数增大，因而使水流紊动减弱。

（4）水、沙质量不同，在流动的任何加速运动中，两者将显示不同的惯性力，从而发生相对运动，这种相对运动也可能使水流紊动减弱。

4. 对流速分布的影响

如图 8.21 所示为范诺尼（V. A. Vanoni）在矩形水槽中实验的结果。曲线 A 为清水水流实验，曲线 B 为以悬移质为主的浑水水流实验。悬移质粒径为 0.1mm，垂线平均含沙量为 15.8kg/m³，两者实验的条件为：槽宽 84cm，水深 9cm，水力坡度 0.0025。

由图 8.21 可以看出，相同相对水深点的流速梯度 $du/d\eta$（η 为相对水深）相差很大。除了

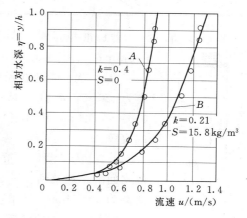

图 8.21

十分贴近槽底的局部范围以外，浑水水流的流速梯度都比清水水流为大。显然，这是含沙水流紊动减弱的必然结果。因为浑水中紊动减弱，动量传递作用比清水小，故流速分布不如紊动强的清水来得均匀。值得注意的是，浑水中流速分布虽有上述变化，但其对数分布规律并未改变。

习　题

8.1　有一沙样重 2.85N，筛分的结果见习题 8.1 表。试绘制沙样的粒径级配曲线，并求中值粒径和平均粒径。

习题 8.1 表

筛孔/mm	0.707	0.50	0.354	0.250	0.177	0.125	0.0707
存留沙重/(10^{-2}N)	0.3	0.5	10.2	163.7	102.2	7.4	0.7

8.2*　1m^3 的浑水中泥沙的重量为 2646N，若泥沙的重度为 26.46kN/m^3，试分别以体积比含沙量、重量比含沙量、混合比含沙量表示浑水的含沙量，并求浑水的重度。

8.3*　某河流水文站实测的洪水平均含沙量 $S=6.94$kN/m^3，平均泥沙级配见习题 8.3 表，测量时水温为 20℃。求该粒径组泥沙的平均沉速。

习题 8.3 表

d/mm	<0.005	0.005~0.01	0.01~0.025	0.025~0.05	0.05~0.10	0.10~0.25	0.25~0.50	0.50~1.00
P_i	0.055	0.017	0.053	0.13	0.201	0.166	0.241	0.137

8.4　含沙量为 $S=5.88$kN/m^3 的浑水，泥沙的粒径级配见习题 8.4 表。试求浑水的黏滞系数、浑水的重度和极限切应力。

习题 8.4 表

d/mm	0.005	0.01	0.025	0.05	0.10	0.25
小于 d 的重量百分数 P_i/%	20.4	28.6	49.0	79.4	99.2	100.0

8.5　计算下面 3 种标准粒径泥沙在 20℃静水中的沉降速度。$d_1=0.05$mm；$d_2=0.5$mm；$d_3=5$mm。

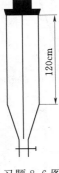
习题 8.6 图

8.6　有一分析粒径用的粒径计，如习题 8.6 图所示。颗粒的沉降距离为 120cm，水温为 15℃。为了取得粒径 $d>0.1$mm，0.1~0.05mm，0.05~0.025mm 的 3 组沙样，问在上端放入泥沙后，要隔多长时间在下端取样。

8.7　为了测量比重为 1.65 的标准沙的颗粒直径，将该沙撒在量筒的水面上，观察到经过 30s 后沙粒沉到量筒底部。已知水温为 20℃，量筒高为 $h=24$cm。试求沙粒的直径。

8.8*　一天然河道，已知泥沙粒径 $d=2$mm，水深 $h=2$m，底宽

$b=50\text{m}$，水力坡度 $J=0.0005$。试用希尔兹曲线和岩垣公式检查该河道泥沙是否能够移动。水温 $T=15℃$。

8.9 有一河流，河床泥沙级配见习题 8.9 表。试求河床泥沙的平均粒径 d_m 和临界推移力。

习题 8.9 表

粒径 d/mm	<0.45	0.45~0.6	0.6~0.9	0.9~1.2	1.2~1.8	>1.8
P_i/%	1.8	5.8	32.0	40.2	17.8	2.4
P/%	1.8	7.6	39.6	79.8	97.6	100.0

8.10 有水力坡度为 1/800、床面上的平均泥沙粒径为 4.2mm 的渠道。试求在渠道上泥沙开始运动时的临界水深。

8.11 河宽 $b=120\text{m}$，流量 $Q=600\text{m}^3/\text{s}$，水力坡度 $J=1/800$ 的河流，河床泥沙的平均粒径 $d_m=1.8\text{cm}$。试判别河床上的泥沙是否运动。已知当量粗糙度 $\Delta=3.35d_m$。

8.12 有一宽浅河槽，水深 $h=1.0\text{m}$，床沙粒径 $d=1.0\text{mm}$，粗糙系数 $n=0.015$。如果水的运动黏滞系数 $\nu=10^{-6}\text{m}^2/\text{s}$，$\gamma_s=27000\text{N}/\text{m}^3$。求河床开始发生冲刷时的单宽流量。

8.13 有一宽浅河槽，底坡 $i=0.0009$，粗糙系数 $n=0.02$，单宽流量 $q=2\text{m}^3/(\text{s}\cdot\text{m})$，$\gamma_s=26000\text{N}/\text{m}^3$。为了防止冲刷，渠底须铺多大的砾石。

8.14* 某水库下泄流量 $Q=600\text{m}^3/\text{s}$，下游河道宽 $b=300\text{m}$，过水断面面积 $A=550\text{m}^2$，床沙平均粒径 $d=5\text{mm}$。试判断河床是否冲刷，如冲刷，求冲刷深度。

8.15* 河心滩把河流分成左右两条支河，如习题 8.15 图所示。左支的平均河宽为 260m，水深为 2.6m；右支的平均河宽为 130m，水深为 1.6m；两支河长度相等。干流和两支流的粗糙系数 n 均为 0.03，河床泥沙的平均粒径为 0.25mm。如果干流流量为 1200m³/s，河宽为 300m，水深为 3m。问：

（1）左、右两支河的流量各为多少？

（2）干流与两支流的水力坡度各为多少？

（3）两支流是否会发生冲刷或淤积？

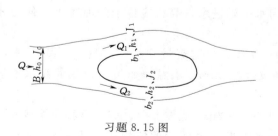

习题 8.15 图   习题 8.16 图

8.16 有一峡谷河段，其平均断面可简化为宽 120m、深 50m 的矩形断面，如习题 8.16 图所示。流量 $Q=15000\text{m}^3/\text{s}$，测得水力坡度 $J=0.0002$。河床组成中的 $d_{65}=200\text{mm}$，无沙波，可按平整床面考虑。试估算岸坡段的岸壁粗糙系数。

8.17 实验水槽宽 1.0m，在槽底铺沙进行实验，如习题 8.17 图所示。当槽中水深为

0.2m 时，实测流量 $Q=0.2\text{m}^3/\text{s}$，水力坡度 $J=0.004$，水槽玻璃的粗糙系数 $n_w=0.009$，水槽床面泥沙的粒径 $d_{65}=0.75\text{mm}$。试求床面沙粒阻力的水力半径 R_b' 和床面形态阻力的水力半径 R_b''。

8.18　某一河段的资料如下，试用爱因斯坦法和英格隆法确定其水力半径（忽略岸壁影响）。已知水力坡度 $J=0.0004$，$d_{35}=0.0006\text{m}$，$d_{65}=0.001\text{m}$，$Q=149\text{m}^3/\text{s}$，水力半径（水深）与过水断面面积的关系如习题 8.18 图所示。

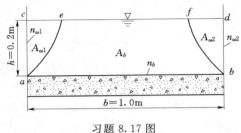

习题 8.17 图　　　　　　　习题 8.18 图

8.19　一河道宽 $b=100\text{m}$，流量 $Q=500\text{m}^3/\text{s}$，水力坡度 $J=0.0004$，平均水深 $h=4\text{m}$，床沙的平均粒径 $d_m=4.5\text{mm}$，$d_{65}=5\text{mm}$，$d_{90}=10\text{mm}$，泥沙重度 $\gamma_s=26\text{kN/m}^3$。假定推移质与床沙的组成相同，试用梅叶-彼得公式和爱因斯坦公式求推移质输沙率。

8.20　一矩形河槽，河宽 $b=70\text{m}$，水力坡度 $J=0.0004$，槽底与槽壁的泥沙平均粒径 $d_m=0.25\text{mm}$，$d_{90}=0.35\text{mm}$，粗糙系数 $n=0.04$。当河中流量 $Q=700\text{m}^3/\text{s}$ 时，试用梅叶-彼得公式和沙莫夫公式求进入河槽每天输移的推移质数量。

8.21　某河道左岸建有一座灌溉引水闸，闸底高出河底 2m。当河道通过流量 $Q=1000\text{m}^3/\text{s}$ 时，河宽 $b=100\text{m}$，水深 $h=5\text{m}$，水温为 20℃。试求粒径 $d=1\text{mm}$ 的泥沙会不会进入渠道？哪一种粒径的泥沙将会进入渠道？

8.22　某河道型水库长 20km，河床底坡为 0.0001。当水库流量 $Q=1000\text{m}^3/\text{s}$ 时，全库区平均河宽 $b=200\text{m}$，回水末端以上平均水深 $h=5\text{m}$，库区河床为均匀沙，$d_{50}=3\text{mm}$。试问在上述水流条件下，河床上的泥沙会不会向坝前推移？到达何处将停止推移？

8.23　某水电站要求防止 $d=2\text{mm}$ 的粗沙进入水轮机。当设计流量 $Q=2500\text{m}^3/\text{s}$ 时，相应的河宽 $b=200\text{m}$，水深 $h=5\text{m}$。问水电站进水口高程应位于距河底以上何处才能满足要求？

8.24　一矩形断面天然河道，底宽 $b=150\text{m}$，单宽流量 $q=4.5\text{m}^3/(\text{s}\cdot\text{m})$，水深 $h=3\text{m}$，水力坡度 $J=0.0002$，悬移质粒径 $d=0.1\text{mm}$，水温为 20℃。试用武汉水电学院的公式计算悬移质输沙率。

8.25*　在一宽矩形断面渠道中，测得水深 $h=2\text{m}$，底坡 $i=0.001$，悬移质泥沙的平均粒径 $d_m=0.15\text{mm}$，水温 $T=20$℃，河床底附近 a 处泥沙的体积比含沙量 $S_{Va}=88\times10^{-4}$，$a/h=0.04$，泥沙的重度 $\gamma_s=26\text{kN/m}^3$，卡门常数 $k=0.4$。试求：

（1）用劳斯公式绘制泥沙相对含沙量分布曲线。

（2）水深 1m 处的泥沙体积比含沙量 S_V、混合比含沙量 S 及重量比含沙量 S_G。

（3）假设河道的流速符合对数分布规律，即

$$u = \frac{u_*}{k} \ln\left(1 + \frac{y}{\Delta}\right)$$

其中河道的粗糙凸出高度 $\Delta = 1\text{cm}$，计算该河道的悬移质输沙率 q_s。

提示：用分段求和法按下式计算悬移质输沙率：

$$q_s = \gamma_s \Delta y \sum_{i=1}^{n} s_i u_i$$

8.26　有一梯形断面渠道，已知悬移质粒径 $d_m = 0.3\text{mm}$，流量 $Q = 5.2\text{m}^3/\text{s}$，底宽 $b = 3.8\text{m}$，边坡系数 $m = 1$，底坡 $i = 0.0006$，粗糙系数 $n = 0.025$，水温为 15℃，水中平均含沙量为 1kg/m^3，渠中为均匀流。试用黄河水利委员会的公式检查渠中能否发生冲淤现象。

8.27*　有一宽浅河道，水深 $h = 1.5\text{m}$，断面平均流速 $v = 1.1\text{m/s}$，水力坡度 $J = 0.0003$。已知床沙的中值粒径 $d_{50} = 0.6\text{mm}$，水温为 20℃，实测垂线含沙量见习题 8.27 表。

习题 8.27 表

y/h	0.05	0.07	0.10	0.15	0.20	0.25
$(h-y)/y$	19.00	13.30	9.00	5.67	4.00	3.00
$S/(\text{kg/m}^3)$	40.00	14.00	4.40	1.09	0.41	0.16

试求：

（1）理论悬浮指标 z 和实测悬浮指标 z_1。

（2）在河道岸边修一取水工程，要求取水口的最大含沙量小于 2.0kg/m^3，求取水口的高度。

8.28　有一宽浅河道，水深 $h = 1.5\text{m}$，断面平均流速 $v = 1.1\text{m/s}$，水力坡度 $J = 0.0003$。已知床沙的中值粒径 $d_{50} = 0.6\text{mm}$，水温为 20℃。试用爱因斯坦公式求输沙率。

第9章 计算水力学基础

9.1 概　述

水力学的研究有三种方法，即理论分析方法、实验研究方法和数值计算方法，数值计算方法又称计算水力学。

理论分析方法是根据机械运动的普遍规律，如质量守恒定律、能量守恒定律、动量定律以及动量矩定律，结合液体运动的特点，运用数理分析的方法建立水力学的理论体系，如液体运动的连续性方程、运动方程、动量矩方程等，加上一定的初始和边界条件，对这些方程进行求解，得到液体运动规律的具体表达式。

实验研究方法是根据相似原理，在模型上重演或预演液流现象，根据模型相似准则将实验结果换算成原型结果，用于指导设计和工程管理，或通过原型观测直接测量水力参数。

水力学中许多问题都是用积分方程或偏微分方程表示的，这些方程大多数情况下很难求得解析解，但可以按照一定的数值计算方法将其离散为线性代数方程组，通过求解代数方程组获得液流流场内部各个节点上的流速、压强、紊动能、紊动耗散率等水力参数，从而模拟液流运动的力学特征及其运动过程，这就是计算水力学。所以说，计算水力学是将表示液体运动的积分方程或偏微分方程转换成离散的代数方程形式，然后求解这些代数方程以得到离散的空间和时间点上的流场数值。

水力学的理论分析方法、实验研究方法和数值计算方法，形成了水力学研究的三大支柱。计算水力学不能代替水力学理论和实验方法，但有助于解释和理解理论和实验结果，是对理论和实验方法的促进和补充。随着高速计算机和使用计算机求解物理问题数值算法的迅速发展，计算水力学已成为水力学研究的重要手段。

9.2　计算水力学的基本方程

前面各章已研究了水力学的一些基本方程，即液体运动的连续性方程、考虑黏性影响的纳维埃-斯托克斯方程（运动方程），水击方程、明渠一维恒定渐变流方程（圣·维南方程）和明渠非恒定流方程。为简单计，本节对已有的方程给出散度形式，对新出现的方程给出推导过程，以使学生了解公式的来源和推导方法，加深对方程物理意义的理解。

9.2.1　液体运动的连续性方程

可压缩液体的连续性方程见《水力学》（上册）第 7 章的式（7.17），将其写成散度形式为

$$\frac{\partial \rho}{\partial t} + \nabla \cdot (\rho \vec{v}) = 0 \qquad (9.1)$$

对于不可压缩和等密度液体，$\rho=$const，则有

$$\nabla \cdot (\vec{v}) = 0 \qquad (9.2)$$

9.2.2 黏性液体的运动方程——纳维埃-斯托克斯方程

考虑液体黏性的纳维埃-斯托克斯方程（N-S方程）见《水力学》（上册）第7章的式 [7.26（a）]，写成散度形式为

$$\vec{f} - \frac{1}{\rho}\nabla p + \frac{\mu}{\rho}\nabla^2\vec{u} = \frac{\partial \vec{u}}{\partial t} + (\vec{u}\cdot\nabla)\vec{u} \qquad (9.3)$$

9.2.3 不可压缩液体的涡量方程

对复杂的有涡流动进行分析时，常用到涡量方程，它是以涡量作为基本变量，用涡量分布来描述有涡流动的方程。

1. 涡量的连续性方程

已知液体的涡量方程为 $\Omega=2\omega$，将《水力学》（上册）第7章的式（7.6）代入得

$$\left.\begin{array}{l}\Omega_x = 2\omega_x = \left(\dfrac{\partial u_z}{\partial y} - \dfrac{\partial u_y}{\partial z}\right)\\[2mm]\Omega_y = 2\omega_y = \left(\dfrac{\partial u_x}{\partial z} - \dfrac{\partial u_z}{\partial x}\right)\\[2mm]\Omega_z = 2\omega_z = \left(\dfrac{\partial u_y}{\partial x} - \dfrac{\partial u_x}{\partial y}\right)\end{array}\right\} \qquad (9.4)$$

给式（9.4）的一式求 x 的偏导数、二式求 y 的偏导数、三式求 z 的偏导数，然后相加得涡量的连续性方程为

$$\frac{\partial \Omega_x}{\partial x} + \frac{\partial \Omega_y}{\partial y} + \frac{\partial \Omega_z}{\partial z} = 0 \qquad (9.5)$$

2. 涡量的动量方程

不可压缩液体涡量的动量方程可由纳维埃-斯托克斯方程得到。给《水力学》（上册）第7章的 N-S 方程 [7.26（a）] 的第二式求 z 的偏微分，给第三式求 y 的偏微分，即

$$\frac{\partial Y}{\partial z} - \frac{1}{\rho}\frac{\partial^2 p}{\partial z \partial y} + \frac{\mu}{\rho}\left(\frac{\partial^3 u_y}{\partial z \partial x^2} + \frac{\partial^3 u_y}{\partial z \partial y^2} + \frac{\partial^3 u_y}{\partial z \partial z^2}\right)$$

$$= \frac{\partial}{\partial z}\left(\frac{\partial u_y}{\partial t}\right) + \frac{\partial u_x}{\partial z}\frac{\partial u_y}{\partial x} + u_x\frac{\partial^2 u_y}{\partial z \partial x} + \frac{\partial u_y}{\partial z}\frac{\partial u_y}{\partial y} + u_y\frac{\partial^2 u_y}{\partial z \partial y} + \frac{\partial u_z}{\partial z}\frac{\partial u_y}{\partial z} + u_z\frac{\partial^2 u_y}{\partial z^2}$$

$$\frac{\partial Z}{\partial y} - \frac{1}{\rho}\frac{\partial^2 p}{\partial y \partial z} + \frac{\mu}{\rho}\left(\frac{\partial^3 u_z}{\partial y \partial x^2} + \frac{\partial^3 u_z}{\partial y^3} + \frac{\partial^3 u_z}{\partial y \partial z^2}\right)$$

$$= \frac{\partial}{\partial y}\left(\frac{\partial u_z}{\partial t}\right) + \frac{\partial u_x}{\partial y}\frac{\partial u_z}{\partial x} + u_x\frac{\partial^2 u_z}{\partial y \partial x} + \frac{\partial u_y}{\partial y}\frac{\partial u_z}{\partial y} + u_y\frac{\partial^2 u_z}{\partial y^2} + \frac{\partial u_z}{\partial y}\frac{\partial u_z}{\partial z} + u_z\frac{\partial^2 u_z}{\partial y \partial z}$$

用后式减前式得

$$\frac{\partial Z}{\partial y} - \frac{\partial Y}{\partial z} + \frac{\mu}{\rho}\left(\frac{\partial^3 u_z}{\partial y \partial x^2} + \frac{\partial^3 u_z}{\partial y^3} + \frac{\partial^3 u_z}{\partial y \partial z^2}\right) - \frac{\mu}{\rho}\left(\frac{\partial^3 u_y}{\partial z \partial x^2} + \frac{\partial^3 u_y}{\partial z \partial y^2} + \frac{\partial^3 u_y}{\partial z \partial z^2}\right)$$

$$= \frac{\partial}{\partial y}\left(\frac{\partial u_z}{\partial t}\right) - \frac{\partial}{\partial z}\left(\frac{\partial u_y}{\partial t}\right) + \frac{\partial u_x}{\partial y}\frac{\partial u_z}{\partial x} - \frac{\partial u_x}{\partial z}\frac{\partial u_y}{\partial x} + u_x\frac{\partial^2 u_z}{\partial y \partial x} - u_x\frac{\partial^2 u_y}{\partial z \partial x}$$

$$+\frac{\partial u_y}{\partial y}\frac{\partial u_z}{\partial y}-\frac{\partial u_y}{\partial z}\frac{\partial u_y}{\partial y}+u_y\frac{\partial^2 u_z}{\partial y^2}-u_y\frac{\partial^2 u_y}{\partial z\partial y}+\frac{\partial u_z}{\partial y}\frac{\partial u_z}{\partial z}-\frac{\partial u_z}{\partial z}\frac{\partial u_y}{\partial z}$$

$$+u_z\frac{\partial^2 u_z}{\partial y\partial z}-u_z\frac{\partial^2 u_y}{\partial z^2}$$

$$\frac{\mu}{\rho}\left(\frac{\partial^3 u_z}{\partial y\partial x^2}+\frac{\partial^3 u_z}{\partial y^3}+\frac{\partial^3 u_z}{\partial y\partial z^2}\right)-\frac{\mu}{\rho}\left(\frac{\partial^3 u_y}{\partial z\partial x^2}+\frac{\partial^3 u_y}{\partial z\partial y^2}+\frac{\partial^3 u_y}{\partial z\partial z^2}\right)$$

$$=\frac{\mu}{\rho}\left[\frac{\partial^2}{\partial x^2}\left(\frac{\partial u_z}{\partial y}-\frac{\partial u_y}{\partial z}\right)+\frac{\partial^2}{\partial y^2}\left(\frac{\partial u_z}{\partial y}-\frac{\partial u_y}{\partial z}\right)+\frac{\partial^2}{\partial z^2}\left(\frac{\partial u_z}{\partial y}-\frac{\partial u_y}{\partial z}\right)\right]$$

$$=\frac{\mu}{\rho}\left(\frac{\partial^2 \Omega_x}{\partial x^2}+\frac{\partial^2 \Omega_x}{\partial y^2}+\frac{\partial^2 \Omega_x}{\partial z^2}\right)$$

$$\frac{\partial}{\partial y}\left(\frac{\partial u_z}{\partial t}\right)-\frac{\partial}{\partial z}\left(\frac{\partial u_y}{\partial t}\right)=\frac{\partial}{\partial t}\left(\frac{\partial u_z}{\partial y}-\frac{\partial u_y}{\partial z}\right)=\frac{\partial\Omega_x}{\partial t}$$

下面求 $\dfrac{\partial u_x}{\partial y}\dfrac{\partial u_z}{\partial x}-\dfrac{\partial u_x}{\partial z}\dfrac{\partial u_y}{\partial x}$ ，由式（9.4）可得

$$\Omega_y\frac{\partial u_x}{\partial y}=\frac{\partial u_x}{\partial z}\frac{\partial u_x}{\partial y}-\frac{\partial u_z}{\partial x}\frac{\partial u_x}{\partial y}$$

$$\Omega_z\frac{\partial u_x}{\partial z}=\frac{\partial u_y}{\partial x}\frac{\partial u_x}{\partial z}-\frac{\partial u_x}{\partial y}\frac{\partial u_x}{\partial z}$$

$$\frac{\partial u_x}{\partial y}\frac{\partial u_z}{\partial x}=\frac{\partial u_x}{\partial z}\frac{\partial u_x}{\partial y}-\Omega_y\frac{\partial u_x}{\partial y}$$

$$\frac{\partial u_y}{\partial x}\frac{\partial u_x}{\partial z}=\Omega_z\frac{\partial u_x}{\partial z}+\frac{\partial u_x}{\partial y}\frac{\partial u_x}{\partial z}$$

$$\frac{\partial u_x}{\partial y}\frac{\partial u_z}{\partial x}-\frac{\partial u_x}{\partial z}\frac{\partial u_y}{\partial x}=\frac{\partial u_x}{\partial z}\frac{\partial u_x}{\partial y}-\Omega_y\frac{\partial u_x}{\partial y}-\Omega_z\frac{\partial u_x}{\partial z}-\frac{\partial u_x}{\partial y}\frac{\partial u_x}{\partial z}$$

$$=-\Omega_y\frac{\partial u_x}{\partial y}-\Omega_z\frac{\partial u_x}{\partial z}$$

$$\frac{\partial u_y}{\partial y}\frac{\partial u_z}{\partial y}-\frac{\partial u_y}{\partial z}\frac{\partial u_y}{\partial y}=\frac{\partial u_y}{\partial y}\left(\frac{\partial u_z}{\partial y}-\frac{\partial u_y}{\partial z}\right)=\Omega_x\frac{\partial u_y}{\partial y}$$

$$\frac{\partial u_z}{\partial y}\frac{\partial u_z}{\partial z}-\frac{\partial u_z}{\partial z}\frac{\partial u_y}{\partial z}=\frac{\partial u_z}{\partial z}\left(\frac{\partial u_z}{\partial y}-\frac{\partial u_y}{\partial z}\right)=\Omega_x\frac{\partial u_z}{\partial z}$$

$$\left(\frac{\partial u_x}{\partial y}\frac{\partial u_z}{\partial x}-\frac{\partial u_x}{\partial z}\frac{\partial u_y}{\partial x}\right)+\left(\frac{\partial u_y}{\partial y}\frac{\partial u_z}{\partial y}-\frac{\partial u_y}{\partial z}\frac{\partial u_y}{\partial y}\right)+\left(\frac{\partial u_z}{\partial y}\frac{\partial u_z}{\partial z}-\frac{\partial u_z}{\partial z}\frac{\partial u_y}{\partial z}\right)$$

$$=-\Omega_y\frac{\partial u_x}{\partial y}-\Omega_z\frac{\partial u_x}{\partial z}+\Omega_x\left(\frac{\partial u_y}{\partial y}+\frac{\partial u_z}{\partial z}\right)$$

由连续性方程，$\dfrac{\partial u_x}{\partial x}+\dfrac{\partial u_y}{\partial y}+\dfrac{\partial u_z}{\partial z}=0$，$\dfrac{\partial u_y}{\partial y}+\dfrac{\partial u_z}{\partial z}=-\dfrac{\partial u_x}{\partial x}$，代入上式得

$$\left(\frac{\partial u_x}{\partial y}\frac{\partial u_z}{\partial x}-\frac{\partial u_x}{\partial z}\frac{\partial u_y}{\partial x}\right)+\left(\frac{\partial u_y}{\partial y}\frac{\partial u_z}{\partial y}-\frac{\partial u_y}{\partial z}\frac{\partial u_y}{\partial y}\right)+\left(\frac{\partial u_z}{\partial y}\frac{\partial u_z}{\partial z}-\frac{\partial u_z}{\partial z}\frac{\partial u_y}{\partial z}\right)$$

$$=-\Omega_y\frac{\partial u_x}{\partial y}-\Omega_z\frac{\partial u_x}{\partial z}-\Omega_x\frac{\partial u_x}{\partial x}$$

$$u_x \frac{\partial^2 u_z}{\partial y \partial x} - u_x \frac{\partial^2 u_y}{\partial z \partial x} = u_x \frac{\partial}{\partial x}\left(\frac{\partial u_z}{\partial y} - \frac{\partial u_y}{\partial z}\right) = u_x \frac{\partial \Omega_x}{\partial x}$$

$$u_y \frac{\partial^2 u_z}{\partial y^2} - u_y \frac{\partial^2 u_y}{\partial z \partial y} = u_y \frac{\partial}{\partial y}\left(\frac{\partial u_z}{\partial y} - \frac{\partial u_y}{\partial z}\right) = u_y \frac{\partial \Omega_x}{\partial y}$$

$$u_z \frac{\partial^2 u_z}{\partial y \partial z} - u_z \frac{\partial^2 u_y}{\partial z^2} = u_z \frac{\partial}{\partial z}\left(\frac{\partial u_z}{\partial y} - \frac{\partial u_y}{\partial z}\right) = u_z \frac{\partial \Omega_x}{\partial z}$$

所以

$$\frac{\partial Z}{\partial y} - \frac{\partial Y}{\partial z} + \frac{\mu}{\rho}\left(\frac{\partial^2 \Omega_x}{\partial x^2} + \frac{\partial^2 \Omega_x}{\partial y^2} + \frac{\partial^2 \Omega_x}{\partial z^2}\right)$$

$$= \frac{\partial \Omega_x}{\partial t} - \Omega_x \frac{\partial u_x}{\partial x} - \Omega_y \frac{\partial u_x}{\partial y} - \Omega_z \frac{\partial u_x}{\partial z} + u_x \frac{\partial \Omega_x}{\partial x} + u_y \frac{\partial \Omega_x}{\partial y} + u_z \frac{\partial \Omega_x}{\partial z}$$

同理可得

$$\frac{\partial Y}{\partial x} - \frac{\partial X}{\partial y} + \frac{\mu}{\rho}\left(\frac{\partial^2 \Omega_z}{\partial x^2} + \frac{\partial^2 \Omega_z}{\partial y^2} + \frac{\partial^2 \Omega_z}{\partial z^2}\right)$$

$$= \frac{\partial \Omega_z}{\partial t} - \Omega_x \frac{\partial u_z}{\partial x} - \Omega_y \frac{\partial u_z}{\partial y} - \Omega_z \frac{\partial u_z}{\partial z} + u_x \frac{\partial \Omega_z}{\partial x} + u_y \frac{\partial \Omega_z}{\partial y} + u_z \frac{\partial \Omega_z}{\partial z} \qquad (9.6)$$

$$\frac{\partial X}{\partial z} - \frac{\partial Z}{\partial x} + \frac{\mu}{\rho}\left(\frac{\partial^2 \Omega_y}{\partial x^2} + \frac{\partial^2 \Omega_y}{\partial y^2} + \frac{\partial^2 \Omega_y}{\partial z^2}\right)$$

$$= \frac{\partial \Omega_y}{\partial t} - \Omega_x \frac{\partial u_y}{\partial x} - \Omega_y \frac{\partial u_y}{\partial y} - \Omega_z \frac{\partial u_y}{\partial z} + u_x \frac{\partial \Omega_y}{\partial x} + u_y \frac{\partial \Omega_y}{\partial y} + u_z \frac{\partial \Omega_y}{\partial z}$$

如果不考虑质量力的影响，式（9.6）的散度形式为

$$\frac{\mu}{\rho}\nabla^2 \vec{\Omega} = \frac{\partial \vec{\Omega}}{\partial t} - (\vec{\Omega} \cdot \nabla)\vec{u} + (\vec{u} \cdot \nabla)\vec{\Omega} \qquad (9.7)$$

9.2.4 静止液体中分子扩散的基本方程

分子扩散的费克第一定律为

$$q = -D(\partial c / \partial n) \qquad (9.8)$$

式中：q 为物质在单位时间内沿单位面积法线方向的通量；c 为物质的质量浓度；n 为单位面积外法线矢量；D 为扩散系数，其量纲为 $[L^2/T]$。

静止液体中分子扩散的质量守恒方程、分子扩散方程见《水力学》（上册）第 9 章的式（9.93）～式（9.95）。分子扩散的质量守恒方程为

$$\frac{\partial c}{\partial t} + \left(\frac{\partial q_x}{\partial x} + \frac{\partial q_y}{\partial y} + \frac{\partial q_z}{\partial z}\right) = 0 \qquad (9.9)$$

由费克第一定律知，$q_x = -D_x \dfrac{\partial c}{\partial x}$，$q_y = -D_y \dfrac{\partial c}{\partial y}$，$q_z = -D_z \dfrac{\partial c}{\partial z}$，代入式（9.9）得

$$\frac{\partial c}{\partial t} = D_x \frac{\partial^2 c}{\partial x^2} + D_y \frac{\partial^2 c}{\partial y^2} + D_z \frac{\partial^2 c}{\partial z^2} \qquad (9.10)$$

当扩散质在液体中的扩散为各向同性时，$D_x = D_y = D_z = D$，式（9.10）变为

$$\frac{\partial c}{\partial t} = D\left(\frac{\partial^2 c}{\partial x^2} + \frac{\partial^2 c}{\partial y^2} + \frac{\partial^2 c}{\partial z^2}\right) \qquad (9.11)$$

式（9.10）和式（9.11）即为分子扩散浓度时空关系的基本方程，称为分子扩散方程，因为它基于费克第一定律，所以又称为费克第二定律。

9.2.5　移流扩散方程

移流扩散方程见《水力学》（上册）第 9 章的式（9.123），该式可以写成

$$\frac{\partial c}{\partial t}+\frac{\partial}{\partial x}(cu_x)+\frac{\partial}{\partial y}(cu_y)+\frac{\partial}{\partial z}(cu_z)=D_m\left(\frac{\partial^2 c}{\partial x^2}+\frac{\partial^2 c}{\partial y^2}+\frac{\partial^2 c}{\partial z^2}\right)+F_c \qquad (9.12)$$

式中：F_c 为扩散物质的发生率（单位时间单位体积的发生量）。

式（9.12）即为扩散物质的连续性方程，也叫费克扩散方程。如内部无扩散物质发生，$F_c=0$，式（9.12）变为

$$\frac{\partial c}{\partial t}+\frac{\partial}{\partial x}(cu_x)+\frac{\partial}{\partial y}(cu_y)+\frac{\partial}{\partial z}(cu_z)=D_m\left(\frac{\partial^2 c}{\partial x^2}+\frac{\partial^2 c}{\partial y^2}+\frac{\partial^2 c}{\partial z^2}\right) \qquad (9.13)$$

在静止的液体中没有对流，只有分子扩散，所以式（9.13）又变为式（9.11）。

9.2.6　热传导方程

将质量浓度 c 换为温度 T，采用与费克扩散定律形式相似的傅里叶热传导方程，即单位时间内通过单位面积的热传导量 q 与温度 T 在该面积法线方向的梯度成比例，即

$$q=-\lambda\frac{\partial T}{\partial n} \qquad (9.14)$$

式中：λ 为热传导系数。

仿照式（9.12）同样得到描述液体的热传导方程为

$$\frac{\partial T}{\partial t}+\frac{\partial}{\partial x}(Tu_x)+\frac{\partial}{\partial y}(Tu_y)+\frac{\partial}{\partial z}(Tu_z)=\lambda\left(\frac{\partial^2 T}{\partial x^2}+\frac{\partial^2 T}{\partial y^2}+\frac{\partial^2 T}{\partial z^2}\right)+F_T \qquad (9.15)$$

式中：F_T 为黏性耗散项。

除以上方程外，还有水击的连续性方程［《水力学》（上册）第 6 章的式（6.24）］和水击的运动方程［《水力学》（上册）第 6 章的式（6.19）］，明渠非恒定渐变流基本方程［《水力学》（下册）第 4 章的式（4.17）］等，这里不再一一列举。

9.3　偏微分方程的分类及其定解条件

9.3.1　偏微分方程的类型

由以上得到的水力学偏微分控制方程可以看出，所有的流动现象都可以用微分方程来描述，方程的最高阶偏导数均是线性的，即不存在最高阶偏导数的乘方或指数形式，只存在最高阶偏导数本身与一个系数的乘积，该系数是因变量本身的函数，这样的方程被称为拟线性偏微分方程。拟线性偏微分方程可以从数学上进行分类，一般可以分为双曲型、抛物型和椭圆型。

对于水力学中常见的二阶偏微分方程可以写成下面的一般形式，即

$$a\frac{\partial^2\varphi}{\partial x^2}+b\frac{\partial^2\varphi}{\partial x\partial y}+c\frac{\partial^2\varphi}{\partial y^2}+d\frac{\partial\varphi}{\partial x}+e\frac{\partial\varphi}{\partial y}+f\varphi=g(x,y) \qquad (9.16)$$

式中：φ 是以 x 和 y 为自变量的任意函数；a、b、c、d、e、f 为 x 和 y 的函数；$g(x,$

y）为自由项。式（9.16）的特征方程为

$$a\left(\frac{\mathrm{d}y}{\mathrm{d}x}\right)^2 + b\,\frac{\mathrm{d}y}{\mathrm{d}x} + c = 0 \tag{9.17}$$

解上式得

$$\frac{\mathrm{d}y}{\mathrm{d}x} = \frac{-b \pm \sqrt{b^2 - 4ac}}{2a} \tag{9.18}$$

方程类型的判别式为

双曲型：$b^2 - 4ac > 0$，方程存在两组实特征线；

抛物型：$b^2 - 4ac = 0$，方程存在一组实特征线；

椭圆型：$b^2 - 4ac < 0$，方程不存在实特征线。

对于一阶拟线性偏微分方程组，可以写成下面的通用形式，即

$$a_1\,\frac{\partial u}{\partial x} + b_1\,\frac{\partial u}{\partial y} + c_1\,\frac{\partial v}{\partial x} + d_1\,\frac{\partial v}{\partial y} = f_1$$

$$a_2\,\frac{\partial u}{\partial x} + b_2\,\frac{\partial u}{\partial y} + c_2\,\frac{\partial v}{\partial x} + d_2\,\frac{\partial v}{\partial y} = f_2 \tag{9.19}$$

式中：u 和 v 为因变量，是 x 和 y 的连续函数；系数 a_1、b_1、c_1、d_1、f_1、a_2、b_2、c_2、d_2 和 f_2 为 x、y、u 和 v 的函数。

若在有限的空间内，该方程组不存在不连续解，其特征方程为

$$(a_1c_2 - a_2c_1)\left(\frac{\mathrm{d}y}{\mathrm{d}x}\right)^2 - (a_1d_2 - a_2d_1 + b_1c_2 - b_2c_1)\frac{\mathrm{d}y}{\mathrm{d}x} + (b_1d_2 - b_2d_1) = 0$$

令 $(a_1c_2 - a_2c_1) = a$，$-(a_1d_2 - a_2d_1 + b_1c_2 - b_2c_1) = b$，$(b_1d_2 - b_2d_1) = c$，方程又变成了式（9.17），仍可以用式（9.18）判别方程的类型。

9.3.2 偏微分方程的守恒型与非守恒型

9.3.2.1 守恒型与非守恒型的概念

在推导液体的连续性方程、动量方程、扩散方程和热传导方程时，均用到了空间有限控制体或空间微元的概念。空间有限控制体有固定控制体和流动控制体之分。由空间固定的有限控制体得到的方程，不管是积分型的还是偏微分型的，都是守恒型控制方程；由随空间流动的有限控制体得到的方程，不管是积分型的还是偏微分型的，均称为非守恒型控制方程。

同理，对于无穷小的液体微元，也分为空间固定液体微元和空间流动液体微元。由空间固定液体微元得到的偏微分方程称为守恒型控制方程，由空间流动液体微元得到的偏微分方程称为非守恒型控制方程。

9.3.2.2 物质导数

如图 9.1 所示为一随液体一起运动的无穷小的液体微元，在直角坐标系 x、y

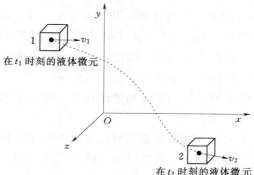

图 9.1

和 z 方向，设 x 方向的流速 $u_x = u_x(x,y,z,t)$，y 方向的流速 $u_y = u_y(x,y,z,t)$，z 方向的流速 $u_z = u_z(x,y,z,t)$，标量密度场 $\rho = \rho(x,y,z,t)$。在 t_1 时刻液体微元位于点 1 的位置，液体微元的密度 $\rho_1 = \rho_1(x_1,y_1,z_1,t_1)$，在 t_2 时刻液体微元运动到点 2 的位置，液体微元的密度变为 $\rho_2 = \rho_2(x_2,y_2,z_2,t_2)$。对于函数 $\rho = \rho(x,y,z,t)$，可以在点 1 用泰勒级数展开，即

$$\rho_2 = \rho_1 + \left(\frac{\partial \rho}{\partial x}\right)_1 (x_2 - x_1) + \left(\frac{\partial \rho}{\partial y}\right)_1 (y_2 - y_1) + \left(\frac{\partial \rho}{\partial z}\right)_1 (z_2 - z_1) + \left(\frac{\partial \rho}{\partial t}\right)_1 (t_2 - t_1) + （高阶项）$$

给上式两边同除以 $t_2 - t_1$，忽略高阶项得到

$$\frac{\rho_2 - \rho_1}{t_2 - t_1} = \left(\frac{\partial \rho}{\partial x}\right)_1 \frac{x_2 - x_1}{t_2 - t_1} + \left(\frac{\partial \rho}{\partial y}\right)_1 \frac{y_2 - y_1}{t_2 - t_1} + \left(\frac{\partial \rho}{\partial z}\right)_1 \frac{z_2 - z_1}{t_2 - t_1} + \left(\frac{\partial \rho}{\partial t}\right)_1 \tag{9.20}$$

式（9.20）的物理意义是液体微元从点 1 运动到点 2 时，其密度随时间的平均变化率。当 $t_2 \to t_1$ 时，有

$$\lim_{t_2 \to t_1} \frac{\rho_2 - \rho_1}{t_2 - t_1} = \frac{D\rho}{Dt} \tag{9.21}$$

式中：$D\rho/Dt$ 为当液体微元经过点 1 时密度随时间的瞬时变化率，称为物质导数。

$D\rho/Dt$ 与 $(\partial \rho/\partial t)_1$ 不同，它是给定液体微元在空间运动时，密度随时间的变化率，也就是液体微元在经过点 1 时的密度改变，这时将视线固定在液体微元上，随它一起运动。$(\partial \rho/\partial t)_1$ 的物理意义是固定在点 1 的液体微元密度随时间的变化率，将视线固定在静止的点 1 上，关注的是流场中由于瞬时脉动引起密度的变化。因此 $D\rho/Dt$ 和 $\partial \rho/\partial t$ 在物理上和数值上均不相同。

因为 $\lim_{t_2 \to t_1} \frac{x_2 - x_1}{t_2 - t_1} = u_x$，$\lim_{t_2 \to t_1} \frac{y_2 - y_1}{t_2 - t_1} = u_y$，$\lim_{t_2 \to t_1} \frac{z_2 - z_1}{t_2 - t_1} = u_z$，因此当 $t_2 \to t_1$ 时，对方程（9.20）取极限得

$$\frac{D\rho}{Dt} = u_x \frac{\partial \rho}{\partial x} + u_y \frac{\partial \rho}{\partial y} + u_z \frac{\partial \rho}{\partial z} + \frac{\partial \rho}{\partial t} \tag{9.22}$$

式（9.22）可以写成 $$\frac{D}{Dt} = \frac{\partial}{\partial t} + u_x \frac{\partial}{\partial x} + u_y \frac{\partial}{\partial y} + u_z \frac{\partial}{\partial z}$$

或 $$\frac{D}{Dt} = \frac{\partial}{\partial t} + (\vec{v} \cdot \nabla) \tag{9.23}$$

式中：D/Dt 为物质导数，其物理意义是运动液体微元上的物理量随时间的变化率；$\partial/\partial t$ 为局部导数，其物理意义是固定点上的物理量随时间的变化率；$(\vec{v} \cdot \nabla)$ 为迁移速度，其物理意义是由于不同的空间位置具有不同的流动特性，液体微元在流场中从一个位置运动到另一个位置而产生的随时间的变化率。

物质导数适用于流场中的任意变量，例如 Dp/Dt、DT/Dt、Du/Dt 等，这里 p 和 T 分别是压强和温度。

上面推导物质导数的目的是给出物质导数的物理意义。其实物质导数的本质就是微积分学中的全微分，所以物质导数公式（9.22）可以写成

$$\frac{d\rho}{dt} = \frac{\partial \rho}{\partial t} + u_x \frac{\partial \rho}{\partial x} + u_y \frac{\partial \rho}{\partial y} + u_z \frac{\partial \rho}{\partial z}$$

上面给出了物质导数的物理意义，可以根据物质导数的物理意义对偏微分方程进行分类。凡是由空间固定液体微元得到的偏微分方程均为守恒型方程；凡是由空间流动液体微元得到的偏微分方程均为非守恒型方程。或者根据方程的全微分和偏导数来进行分类。凡是方程以全微分形式表示的即为非守恒型方程；凡是方程以偏微分形式表示的即为守恒型方程。例如连续性方程的非守恒型方程可以表示为

$$\frac{\mathrm{d}\rho}{\mathrm{d}t} + \rho \nabla \cdot (\vec{v}) = 0$$

守恒型方程可以表示为

$$\frac{\partial \rho}{\partial t} + \nabla \cdot (\rho\vec{v}) = 0$$

以上两式中：$\mathrm{d}\rho/\mathrm{d}t$ 为液体微元从一个位置移动到另一个位置时密度随时间的变化率，属于非守恒型方程；而 $\partial\rho/\partial t$ 是固定点的液体微元密度随时间的变化率，属于守恒型方程。

根据以上分类，本章给出的连续性方程、运动方程、涡量方程、分子扩散方程、移流扩散方程和热传导方程均属于守恒型方程。

9.3.3 方程的定解条件

上面讨论的守恒型与非守恒型的控制方程适应于所有牛顿流体的流动，各个不同过程之间的区别是由初始条件和边界条件来规定的。初始条件和边界条件统称为定解条件。控制方程及相应的定解条件构成了对一个物理过程完整的数学描述。

初始条件是所研究对象在过程开始的 $t=t_0$ 时刻各个求解变量的空间分布，在计算开始时必须予以给定，即

$$u_x = u_x(x,y,z,t_0) = u_{x0}(x,y,z)$$
$$u_y = u_y(x,y,z,t_0) = u_{y0}(x,y,z)$$
$$u_z = u_z(x,y,z,t_0) = u_{z0}(x,y,z)$$
$$p = p(x,y,z,t_0) = p_0(x,y,z)$$
$$\rho = \rho(x,y,z,t_0) = \rho_0(x,y,z)$$
$$T = T(x,y,z,t_0) = T_0(x,y,z)$$

对于稳态问题不需要初始条件。

边界条件是在求解区域的边界上所求解的变量或其一阶导数随地点及时间的变化规律。在所研究区域的物理边界上，一般速度与温度的边界条件设置方法如下：

在固体边界上对速度取无滑移条件，即在固体边界上液体的速度等于固体表面的速度，如果固体表面是静止的，当液体流过它时有

$$u_x = u_y = u_z = 0 \tag{9.24}$$

对于温度边界，有三类边界条件。定义壁面材料的温度为 T_w（壁面温度），如果在给定的问题中壁面温度已知，则气体温度 T 的边界条件为

$$T = T_w$$

如果壁面温度是未知的，根据傅里叶（Fourier）的热传导定律有

$$q_w = -\left(\lambda \frac{\partial T}{\partial n}\right)_w$$

式中：q_w 为瞬时壁面热通量；n 为壁面法线方向。

如果没有热传导给壁面，则壁面温度被定义为绝热壁面温度 T_{aw}，这时绝热壁面的适当边界条件是 $q_w = 0$，因此对于绝热壁面边界条件可表示为

$$(\partial T / \partial n)_w = 0$$

下面给出椭圆型方程、抛物型方程和双曲型方程的定解条件。

1. 椭圆型方程

对于椭圆型方程有三类边界条件：

第一类边界条件是在给定的区域 Γ 上给定函数值 φ，此条件也称为狄立克里（Dirichlet）条件，即

$$\varphi \big|_\Gamma = f_1(x, y, z)$$

第二类边界条件或称为纽曼（Neumann）条件，在边界 Γ 上给定函数 φ 的法向导数值，即

$$\frac{\partial \varphi}{\partial n} \bigg|_\Gamma = f_2(x, y, z)$$

第三类边界条件为混合边界条件，即

$$\left(a \frac{\partial \varphi}{\partial n} + b\varphi \right) \bigg|_\Gamma = f_3(x, y, z)$$

式中：a，$b \geqslant 0$。

在给定边界条件时，可在封闭域上全部给定第一类边界条件，也可以全部给定第三类边界条件，但不能在封闭域上全部给定第二类边界条件，否则它将使最终求解的代数方程组可约而无法得到唯一解。在描述不可压缩势流问题、恒定渗流问题、浅水环流问题和波浪问题中常用到椭圆型方程。

2. 抛物型方程

对于抛物型方程，定解条件分为两类，一类是初值问题，只需给出初始条件，而不需要边界条件，在数学上称为初值问题或柯西（Kauchy）问题，其一维形式为

$$\frac{\partial c}{\partial t} = \beta \frac{\partial^2 c}{\partial x^2} \quad (-\infty < x < \infty, t > 0, \beta > 0)$$

$$c(x, 0) = F(x)$$

该方程可用来描述污染物质在静止流体中的扩散，表示其浓度 c 在时间和空间上的变化规律。

另一类为混合问题，其定解条件是必须同时给出初始条件和边界条件。初始条件即在全域上给定初始时刻的函数值；边界条件和椭圆型方程一样，在封闭域上给定。边界条件有 3 种形式，其给定方法与椭圆型方程相同。求解非恒定不可压缩流动的纳维埃-斯托克斯方程属于混合问题。

3. 双曲型方程

双曲型方程常在管道非恒定流即水击问题、明渠非恒定流（如一维圣·维南方程）、洪水演变、河口潮流计算中遇到。实际计算中常为初边值混合问题，要求给出初始条件和边界条件。

一阶形式的双曲型方程及初值问题的定解式为

$$\frac{\partial u}{\partial t} + \alpha \frac{\partial u}{\partial x} = 0 \quad (-\infty < x < \infty, \ t > 0)$$

初值条件为
$$u(x,0)=F(x)$$

设 $\alpha>0$ 的情形，因为 $\dfrac{\mathrm{d}u}{\mathrm{d}t}=\dfrac{\partial u}{\partial t}+\dfrac{\partial u}{\partial x}\dfrac{\mathrm{d}x}{\mathrm{d}t}$，当 $\alpha=\dfrac{\mathrm{d}x}{\mathrm{d}t}$ 时，$\dfrac{\mathrm{d}u}{\mathrm{d}t}=0$，说明存在一簇特征线，即

$$\mathrm{d}x/\mathrm{d}t=\alpha \text{ 或 } x-\alpha t=\zeta \quad (\zeta \text{ 为常数})$$

这些特征线上满足特征关系为

$$\mathrm{d}u/\mathrm{d}t=0 \text{ 或 } u(x,t)=\text{const}$$

二阶形式的双曲型方程的常见形式及初值问题的定解式为

$$\frac{\partial^2 u}{\partial t^2}=\alpha^2 \frac{\partial^2 u}{\partial x^2} \quad (-\infty<x<\infty,\ t>0,\ \alpha>0)$$

初始条件为

$$u(x,0)=F(x),\ \left.\frac{\partial u}{\partial t}\right|_{(x,0)}=G(x)$$

其初始条件不仅要给定初始扰动 $F(x)$，还要给定初始扰动速度，即待求函数的导数值。

一阶双曲型方程混合问题的定解式为

$$\frac{\partial u}{\partial t}+\alpha\frac{\partial u}{\partial x}=0 \quad (x_1\leqslant x\leqslant x_2,\ t>0,\ \alpha>0)$$

初值条件为
$$u(x,0)=F(x)$$
边界条件为
$$u(x_1,t)=\psi_1(t)$$

当 $\alpha>0$ 时，特征线向右倾斜，根据解的依赖区分析，只能在左边界即 $x=x_1$ 线上给定边界条件，在右边界上的值由初值或左边值所确定而不能另外给定；当 $\alpha<0$ 时，特征线向左倾斜，只能在右边界即 $x=x_2$ 线上给定边界条件，这时 $u(x_2,t)=\psi_2(t)$。

二阶波动方程混合问题的解见《水力学》（上册）第 6 章第 6.7.4 小节的水击计算的特征线法。

9.4 数 值 计 算 方 法

数值计算方法主要为有限差分法、有限元法和有限体积法。其中有限差分法是历史上最早采用的数值方法，对简单几何形状中的流动也是一种最容易实施的数值方法。作为数值计算的基础，本章只介绍有限差分法。

有限差分法求解偏微分方程要满足两条基本要求，一条是差分方程应能准确地代表原微分方程；另一条是差分方程的解应能准确地代表原微分方程的解。基本要求的实质是差分离散格式的相容性、收敛性和稳定性。

9.4.1 方程的离散化

离散化（discretization）是数值分析中特有的概念，1955 年由德国人 W. R. Wasow 首次提出。所谓离散化，就是将计算域划分成网格节点（即离散点）。图 9.2 所示为一 xOy 平面上的离散网格，设 x 方向的网格间距为 Δx，y 方向的网格间距为 Δy，网格间距可以是均匀的，也可以是不均匀的，根据情况而定。一般情况下在各方向采用均匀分布的网格，这样做不仅可以简化求解过程、节省储存空间，而且计算精度高；x 方向和 y 方

向在一般情况下网格间距是不相同的。

定义网格点通过 x 方向增长的坐标为 i，y 方向增长的坐标为 n，若 (i,n) 是图 9.2 中的 p 点，则 p 点右边相邻的一点记作 $(i+1,n)$，左边相邻的一点记作 $(i-1,n)$，上边相邻的一点记作 $(i,n+1)$，下边相邻的一点记作 $(i,n-1)$。

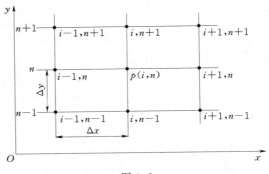

图 9.2

9.4.2 有限差分法

有限差分法就是将求解域划分为差分网格，用有限个网格节点（离散点）代替连续的求解域，然后将偏微分方程的导数用差商代替，推导出含有离散点上有限个未知数的差分方程组，求此方程组的解作为偏微分方程定解问题的数值近似解。有限差分法发展较早也比较成熟，较多的用于求解双曲型和抛物型方程。

下面推导有限差分法常用的差分方程。如图 9.2 所示，设 u_i^n 表示点 (i,n) 上 x 方向的流速，则点 $(i+1,n)$ 上的流速为 u_{i+1}^n，用关于点 (i,n) 的泰勒级数展开式表示为

$$u_{i+1}^n = u_i^n + \left(\frac{\partial u}{\partial x}\right)_i^n \Delta x + \left(\frac{\partial^2 u}{\partial x^2}\right)_i^n \frac{(\Delta x)^2}{2} + \left(\frac{\partial^3 u}{\partial x^3}\right)_i^n \frac{(\Delta x)^3}{6} + \cdots \qquad (9.25)$$

由式（9.25）解出 $(\partial u/\partial x)_i^n$ 得

$$\left(\frac{\partial u}{\partial x}\right)_i^n = \frac{u_{i+1}^n - u_i^n}{\Delta x} - \left(\frac{\partial^2 u}{\partial x^2}\right)_i^n \frac{\Delta x}{2} - \left(\frac{\partial^3 u}{\partial x^3}\right)_i^n \frac{(\Delta x)^2}{6} - \cdots \qquad (9.26)$$

式（9.26）的等式左边为点 (i,n) 的实际一阶偏微分；等式右边的第一项为一阶偏微分方程的有限差分表示形式，其余项为截断误差。在式（9.26）中，截断误差中的最低阶项是 Δx 的量级，可以写成

$$\left(\frac{\partial u}{\partial x}\right)_i^n = \frac{u_{i+1}^n - u_i^n}{\Delta x} + o(\Delta x) \qquad (9.27)$$

式中：$o(\Delta x)$ 为一个数学符号，表示与 Δx 同量级。

因此方程（9.27）中的有限差分式为一阶精度。

在实际计算中，只用到式（9.27）等式右边的第一项，所以差分方程可以表示为

$$\left(\frac{\partial u}{\partial x}\right)_i^n \approx \frac{u_{i+1}^n - u_i^n}{\Delta x} \qquad (9.28)$$

方程（9.28）中的有限差分式用到了点 (i,n) 右侧的信息，即用到了 u_i^n 右侧的 u_{i+1}^n，因此方程（9.28）的有限差分式称为前差。

下面写出 u_{i-1}^n 关于 u_i^n 的泰勒级数展开式，即

$$u_{i-1}^n = u_i^n + \left(\frac{\partial u}{\partial x}\right)_i^n (-\Delta x) + \left(\frac{\partial^2 u}{\partial x^2}\right)_i^n \frac{(-\Delta x)^2}{2} + \left(\frac{\partial^3 u}{\partial x^3}\right)_i^n \frac{(-\Delta x)^3}{6} + \cdots \qquad (9.29)$$

式（9.29）可以写成

$$u_{i-1}^n = u_i^n - \left(\frac{\partial u}{\partial x}\right)_i^n (\Delta x) + \left(\frac{\partial^2 u}{\partial x^2}\right)_i^n \frac{(\Delta x)^2}{2} - \left(\frac{\partial^3 u}{\partial x^3}\right)_i^n \frac{(\Delta x)^3}{6} + \cdots \qquad (9.30)$$

由式 (9.30) 解出

$$\left(\frac{\partial u}{\partial x}\right)_i^n = \frac{u_i^n - u_{i-1}^n}{\Delta x} + \left(\frac{\partial^2 u}{\partial x^2}\right)_i^n \frac{\Delta x}{2} - \left(\frac{\partial^3 u}{\partial x^3}\right)_i^n \frac{(\Delta x)^2}{6} + \cdots \qquad (9.31)$$

式 (9.31) 中的截断误差的最低阶项仍是 Δx 的量级。式 (9.31) 写成差分形式为

$$\left(\frac{\partial u}{\partial x}\right)_i^n = \frac{u_i^n - u_{i-1}^n}{\Delta x} \qquad (9.32)$$

式 (9.32) 用到了 u_i^n 左边的信息 u_{i-1}^n，因此方程 (9.32) 的有限差分式称为后差。因为截断误差中的最低阶项仍为 Δx 的量级，所以方程 (9.32) 中的有限差分式称为一阶精度后差。

多数情况下一阶精度是不够的，下面构造二阶精度的有限差分法。用式 (9.25) 减去式 (9.30) 得

$$u_{i+1}^n - u_{i-1}^n = 2\left(\frac{\partial u}{\partial x}\right)_i^n \Delta x + 2\left(\frac{\partial^3 u}{\partial x^3}\right)_i^n \frac{(\Delta x)^3}{6} + \cdots \qquad (9.33)$$

式 (9.33) 可以写成

$$\left(\frac{\partial u}{\partial x}\right)_i^n = \frac{u_{i+1}^n - u_{i-1}^n}{2\Delta x} + o(\Delta x)^2 \qquad (9.34)$$

式 (9.34) 为二阶精度的 $(\partial u / \partial x)_i^n$ 的差分表示式，因为用到了 u_i^n 右边的 u_{i+1}^n 和左边的 u_{i-1}^n，所以称为中心差分。

对于 y 方向，同样可以得到前差、后差和中心差分为

$$\left.\begin{array}{l} \left(\dfrac{\partial u}{\partial y}\right)_i^n = \dfrac{u_i^{n+1} - u_i^n}{\Delta y} + o(\Delta y) \\[3mm] \left(\dfrac{\partial u}{\partial y}\right)_i^n = \dfrac{u_i^n - u_i^{n-1}}{\Delta y} + o(\Delta y) \\[3mm] \left(\dfrac{\partial u}{\partial y}\right)_i^n = \dfrac{u_i^{n+1} - u_i^{n-1}}{2\Delta y} + o(\Delta y)^2 \end{array}\right\} \qquad (9.35)$$

下面研究二阶偏导数的差分方程。将式 (9.25) 与式 (9.30) 相加得

$$u_{i+1}^n + u_{i-1}^n = 2u_i^n + \left(\frac{\partial^2 u}{\partial x^2}\right)_i^n (\Delta x)^2 + \left(\frac{\partial^4 u}{\partial x^4}\right)_i^n \frac{(\Delta x)^4}{12} + \cdots \qquad (9.36)$$

由式 (9.36) 解出

$$\left(\frac{\partial^2 u}{\partial x^2}\right)_i^n = \frac{u_{i+1}^n - 2u_i^n + u_{i-1}^n}{(\Delta x)^2} + o(\Delta x)^2 \qquad (9.37)$$

式 (9.37) 即为二阶偏微分方程的有限差分式，其精度为二阶精度。

对于 y 方向，同样可以得到

$$\left(\frac{\partial^2 u}{\partial y^2}\right)_i^n = \frac{u_i^{n+1} - 2u_i^n + u_i^{n-1}}{(\Delta y)^2} + o(\Delta y)^2 \qquad (9.38)$$

也可以构造另一种二阶差分格式，在 $(n+1)$ 层面上取空间二阶差商，由图 9.2 得

$$u_{i+1}^{n+1} = u_i^{n+1} + \left(\frac{\partial u}{\partial x}\right)_i^{n+1} (\Delta x) + \left(\frac{\partial^2 u}{\partial x^2}\right)_i^{n+1} \frac{(\Delta x)^2}{2} + \left(\frac{\partial^3 u}{\partial x^3}\right)_i^{n+1} \frac{(\Delta x)^3}{6} + \left(\frac{\partial^4 u}{\partial x^4}\right)_i^{n+1} \frac{(\Delta x)^4}{24} + \cdots$$

$$u_{i-1}^{n+1} = u_i^{n+1} - \left(\frac{\partial u}{\partial x}\right)_i^{n+1} (\Delta x) + \left(\frac{\partial^2 u}{\partial x^2}\right)_i^{n+1} \frac{(\Delta x)^2}{2} - \left(\frac{\partial^3 u}{\partial x^3}\right)_i^{n+1} \frac{(\Delta x)^3}{6} + \left(\frac{\partial^4 u}{\partial x^4}\right)_i^{n+1} \frac{(\Delta x)^4}{24} + \cdots$$

将以上两式相加得

$$u_{i+1}^{n+1} + u_{i-1}^{n+1} = 2u_i^{n+1} + \left(\frac{\partial^2 u}{\partial x^2}\right)_i^{n+1} (\Delta x)^2 + \left(\frac{\partial^4 u}{\partial x^4}\right)_i^{n+1} \frac{(\Delta x)^4}{12} + \cdots$$

由上式得
$$\left(\frac{\partial^2 u}{\partial x^2}\right)_i^{n+1} = \frac{u_{i+1}^{n+1} - 2u_i^{n+1} + u_{i-1}^{n+1}}{(\Delta x)^2} + o(\Delta x)^2 \tag{9.39}$$

还可以取 n 层和 $n+1$ 层的平均值构造二阶差商，将式（9.37）和式（9.39）相加取平均得

$$\frac{\partial^2 u}{\partial x^2} = \frac{1}{2}\left(\frac{u_{i+1}^n - 2u_i^n + u_{i-1}^n}{(\Delta x)^2} + \frac{u_{i+1}^{n+1} - 2u_i^{n+1} + u_{i-1}^{n+1}}{(\Delta x)^2}\right) + o(\Delta x)^2$$

$$= \frac{u_{i+1}^{n+1} + u_{i+1}^n + u_{i-1}^{n+1} + u_{i-1}^n - 2(u_i^{n+1} + u_i^n)}{2(\Delta x)^2} + o(\Delta x)^2 \tag{9.40}$$

式（9.40）称为 Crank – Nicolson 格式，该格式在求解抛物型方程中广泛应用。

对于混合偏微分 $\partial^2 u/(\partial x \partial y)$，可以通过以下步骤得到近似差分方程。对式（9.25）和式（9.30）分别求 y 的偏导数得

$$\left(\frac{\partial u}{\partial y}\right)_{i+1}^n = \left(\frac{\partial u}{\partial y}\right)_i^n + \left(\frac{\partial^2 u}{\partial x \partial y}\right)_i^n \Delta x + \left(\frac{\partial^3 u}{\partial x^2 \partial y}\right)_i^n \frac{(\Delta x)^2}{2} + \left(\frac{\partial^4 u}{\partial x^3 \partial y}\right)_i^n \frac{(\Delta x)^3}{6} + \cdots$$

$$\left(\frac{\partial u}{\partial y}\right)_{i-1}^n = \left(\frac{\partial u}{\partial y}\right)_i^n - \left(\frac{\partial^2 u}{\partial x \partial y}\right)_i^n \Delta x + \left(\frac{\partial^3 u}{\partial x^2 \partial y}\right)_i^n \frac{(\Delta x)^2}{2} - \left(\frac{\partial^4 u}{\partial x^3 \partial y}\right)_i^n \frac{(\Delta x)^3}{6} + \cdots$$

将以上两式相减得

$$\left(\frac{\partial u}{\partial y}\right)_{i+1}^n - \left(\frac{\partial u}{\partial y}\right)_{i-1}^n = 2\left(\frac{\partial^2 u}{\partial x \partial y}\right)_i^n \Delta x + 2\left(\frac{\partial^4 u}{\partial x^3 \partial y}\right)_i^n \frac{(\Delta x)^3}{6} + \cdots$$

由上式得
$$\left(\frac{\partial^2 u}{\partial x \partial y}\right)_i^n = \frac{(\partial u/\partial y)_{i+1}^n - (\partial u/\partial y)_{i-1}^n}{2\Delta x} - 2\left(\frac{\partial^4 u}{\partial x^3 \partial y}\right)_i^n \frac{(\Delta x)^2}{12} + \cdots$$

或
$$\left(\frac{\partial^2 u}{\partial x \partial y}\right)_i^n = \frac{(\partial u/\partial y)_{i+1}^n - (\partial u/\partial y)_{i-1}^n}{2\Delta x} + o(\Delta x)^2 \tag{9.41}$$

下面由图 9.2 求 $(\partial u/\partial y)_{i+1}^n$ 和 $(\partial u/\partial y)_{i-1}^n$。由图 9.2 得

$$u_{i+1}^{n+1} = u_{i+1}^n + \left(\frac{\partial u}{\partial y}\right)_{i+1}^n (\Delta y) + \left(\frac{\partial^2 u}{\partial y^2}\right)_{i+1}^n \frac{(\Delta y)^2}{2} + \left(\frac{\partial^3 u}{\partial y^3}\right)_{i+1}^n \frac{(\Delta y)^3}{6} + \cdots$$

$$u_{i+1}^{n-1} = u_{i+1}^n - \left(\frac{\partial u}{\partial y}\right)_{i+1}^n (\Delta y) + \left(\frac{\partial^2 u}{\partial y^2}\right)_{i+1}^n \frac{(\Delta y)^2}{2} - \left(\frac{\partial^3 u}{\partial y^3}\right)_{i+1}^n \frac{(\Delta y)^3}{6} + \cdots$$

将以上两式相减得

$$\left(\frac{\partial u}{\partial y}\right)_{i+1}^n = \frac{u_{i+1}^{n+1} - u_{i+1}^{n-1}}{2\Delta y} - \left(\frac{\partial^3 u}{\partial y^3}\right)_{i+1}^n \frac{(\Delta y)^2}{6} + \cdots = \frac{u_{i+1}^{n+1} - u_{i+1}^{n-1}}{2\Delta y} + o(\Delta y)^2 \tag{9.42}$$

由图 9.2 还可得

$$u_{i-1}^{n+1} = u_{i-1}^n + \left(\frac{\partial u}{\partial y}\right)_{i-1}^n (\Delta y) + \left(\frac{\partial^2 u}{\partial y^2}\right)_{i-1}^n \frac{(\Delta y)^2}{2} + \left(\frac{\partial^3 u}{\partial y^3}\right)_{i-1}^n \frac{(\Delta y)^3}{6} + \cdots$$

$$u_{i-1}^{n-1} = u_{i-1}^{n} - \left(\frac{\partial u}{\partial y}\right)_{i-1}^{n}(\Delta y) + \left(\frac{\partial^2 u}{\partial y^2}\right)_{i-1}^{n}\frac{(\Delta y)^2}{2} - \left(\frac{\partial^3 u}{\partial y^3}\right)_{i-1}^{n}\frac{(\Delta y)^3}{6} + \cdots$$

将以上两式相减得

$$\left(\frac{\partial u}{\partial y}\right)_{i-1}^{n} = \frac{u_{i-1}^{n+1} - u_{i-1}^{n-1}}{2\Delta y} - \left(\frac{\partial^3 u}{\partial y^3}\right)_{i-1}^{n}\frac{(\Delta y)^2}{6} + \cdots = \frac{u_{i-1}^{n+1} - u_{i-1}^{n-1}}{2\Delta y} + o(\Delta y)^2 \quad (9.43)$$

将式（9.42）和式（9.43）代入式（9.41）得

$$\left(\frac{\partial^2 u}{\partial x \partial y}\right)_i^n = \frac{u_{i+1}^{n+1} - u_{i+1}^{n-1} - u_{i-1}^{n+1} + u_{i-1}^{n-1}}{4\Delta x \Delta y} + o\left[(\Delta x)^2, (\Delta y)^2\right] \quad (9.44)$$

式（9.44）即为混合偏微分 $\left[\partial^2 u/(\partial x \partial y)\right]_i^n$ 的二阶精度中心差分近似式，其截断误差为 $o\left[(\Delta x)^2, (\Delta y)^2\right]$。

上面推导了对不同偏导数的几种有限差分近似公式，这只是有限差分式很小的一部分，还有很多其他形式的差分近似形式，特别是一些精度更高的有限差分近似，如三阶精度、四阶精度或更高，这些高精度的有限差分式通常需要引进更多的网格节点。

【例题 9.1】 求在空间坐标 n 处，空间坐标 $[i-2, i+2]$ 上，具有四阶精度的空间 5 点一阶和二阶中心差分格式；具有二阶精度的三阶差分格式。

解：

计算简图如例题 9.1 图。

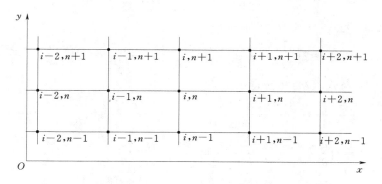

例题 9.1 图

（1）写出 u_{i+1}^n 和 u_{i-1}^n 关于 u_i^n 的泰勒级数展开式见式（9.25）和式（9.30）。

（2）写出 u_{i+2}^n 和 u_{i-2}^n 关于 u_i^n 的泰勒级数展开式。

$$u_{i+2}^n = u_i^n + \left(\frac{\partial u}{\partial x}\right)_i^n\frac{(2\Delta x)}{1!} + \left(\frac{\partial^2 u}{\partial x^2}\right)_i^n\frac{(2\Delta x)^2}{2!} + \left(\frac{\partial^3 u}{\partial x^3}\right)_i^n\frac{(2\Delta x)^3}{3!} + \left(\frac{\partial^4 u}{\partial x^4}\right)_i^n\frac{(2\Delta x)^4}{4!}$$
$$+ \left(\frac{\partial^5 u}{\partial x^5}\right)_i^n\frac{(2\Delta x)^5}{5!} + \left(\frac{\partial^6 u}{\partial x^6}\right)_i^n\frac{(2\Delta x)^6}{6!} + \cdots \quad (1)$$

$$u_{i-2}^n = u_i^n + \left(\frac{\partial u}{\partial x}\right)_i^n\frac{(-2\Delta x)}{1!} + \left(\frac{\partial^2 u}{\partial x^2}\right)_i^n\frac{(-2\Delta x)^2}{2!} + \left(\frac{\partial^3 u}{\partial x^3}\right)_i^n\frac{(-2\Delta x)^3}{3!}$$
$$+ \left(\frac{\partial^4 u}{\partial x^4}\right)_i^n\frac{(-2\Delta x)^4}{4!} + \left(\frac{\partial^5 u}{\partial x^5}\right)_i^n\frac{(-2\Delta x)^5}{5!} + \left(\frac{\partial^6 u}{\partial x^6}\right)_i^n\frac{(-2\Delta x)^6}{6!} + \cdots \quad (2)$$

1）求 $\left(\dfrac{\partial u}{\partial x}\right)_i^n$ 的差分形式。

将式（1）和式（2）相减得

$$u_{i+2}^n - u_{i-2}^n = 4\left(\frac{\partial u}{\partial x}\right)_i^n \frac{\Delta x}{1!} + 16\left(\frac{\partial^3 u}{\partial x^3}\right)_i^n \frac{(\Delta x)^3}{3!} + 64\left(\frac{\partial^5 u}{\partial x^5}\right)_i^n \frac{(\Delta x)^5}{5!} + \cdots \tag{3}$$

将式（9.25）和式（9.30）相减得

$$u_{i+1}^n - u_{i-1}^n = 2\left(\frac{\partial u}{\partial x}\right)_i^n \frac{\Delta x}{1!} + 2\left(\frac{\partial^3 u}{\partial x^3}\right)_i^n \frac{(\Delta x)^3}{3!} + 2\left(\frac{\partial^5 u}{\partial x^5}\right)_i^n \frac{(\Delta x)^5}{5!} + \cdots \tag{4}$$

给式（4）乘以 8，然后与式（3）相减得

$$\left(\frac{\partial u}{\partial x}\right)_i^n = \frac{u_{i-2}^n - 8u_{i-1}^n + 8u_{i+1}^n - u_{i+2}^n}{12\Delta x} + 4\left(\frac{\partial^5 u}{\partial x^5}\right)_i^n \frac{(\Delta x)^4}{120} + \cdots \tag{5}$$

略去余项 $o(\Delta x)^4 = 4\left(\dfrac{\partial^5 u}{\partial x^5}\right)_i^n \dfrac{(\Delta x)^4}{120} + \cdots$ 得

$$\left(\frac{\partial u}{\partial x}\right)_i^n = \frac{u_{i-2}^n - 8u_{i-1}^n + 8u_{i+1}^n - u_{i+2}^n}{12\Delta x} \tag{6}$$

2）求 $\left(\dfrac{\partial^2 u}{\partial x^2}\right)_i^n$ 的差分形式。

将式（1）与式（2）相加得

$$u_{i+2}^n + u_{i-2}^n = 2u_i^n + 8\left(\frac{\partial^2 u}{\partial x^2}\right)_i^n \frac{(\Delta x)^2}{2!} + 32\left(\frac{\partial^4 u}{\partial x^4}\right)_i^n \frac{(\Delta x)^4}{4!} + 128\left(\frac{\partial^6 u}{\partial x^6}\right)_i^n \frac{(\Delta x)^6}{6!} + \cdots \tag{7}$$

将式（9.25）和式（9.30）相加得

$$u_{i+1}^n + u_{i-1}^n = 2u_i^n + 2\left(\frac{\partial^2 u}{\partial x^2}\right)_i^n \frac{(\Delta x)^2}{2!} + 2\left(\frac{\partial^4 u}{\partial x^4}\right)_i^n \frac{(\Delta x)^4}{4!} + 2\left(\frac{\partial^6 u}{\partial x^6}\right)_i^n \frac{(\Delta x)^6}{6!} + \cdots \tag{8}$$

给式（8）乘以 16 与式（7）相减得

$$\left(\frac{\partial^2 u}{\partial x^2}\right)_i^n = \frac{-u_{i+2}^n + 16u_{i+1}^n - 30u_i^n + 16u_{i-1}^n - u_{i-2}^n}{12(\Delta x)^2} + 8\left(\frac{\partial^6 u}{\partial x^6}\right)_i^n \frac{(\Delta x)^4}{6!} + \cdots \tag{9}$$

略去余项 $o(\Delta x)^4 = 8\left(\dfrac{\partial^6 u}{\partial x^6}\right)_i^n \dfrac{(\Delta x)^4}{6!} + \cdots$ 得

$$\left(\frac{\partial^2 u}{\partial x^2}\right)_i^n = \frac{-u_{i+2}^n + 16u_{i+1}^n - 30u_i^n + 16u_{i-1}^n - u_{i-2}^n}{12(\Delta x)^2} \tag{10}$$

3）求 $\left(\dfrac{\partial^3 u}{\partial x^3}\right)_i^n$ 的差分形式。

给式（4）乘以 2 与式（3）相减得

$$u_{i+2}^n - u_{i-2}^n - 2u_{i+1}^n + 2u_{i-1}^n = 12\left(\frac{\partial^3 u}{\partial x^3}\right)_i^n \frac{(\Delta x)^3}{3!} + 60\left(\frac{\partial^5 u}{\partial x^5}\right)_i^n \frac{(\Delta x)^5}{5!} + \cdots$$

由上式得

$$\left(\frac{\partial^3 u}{\partial x^3}\right)_i^n = \frac{u_{i+2}^n - u_{i-2}^n - 2u_{i+1}^n + 2u_{i-1}^n}{2(\Delta x)^3} - 30\left(\frac{\partial^5 u}{\partial x^5}\right)_i^n \frac{(\Delta x)^2}{5!} + \cdots$$

略去余项 $o(\Delta x)^2 = -30\left(\dfrac{\partial^5 u}{\partial x^5}\right)_i^n \dfrac{(\Delta x)^2}{5!} + \cdots$ 得

$$\left(\frac{\partial^3 u}{\partial x^3}\right)_i^n = \frac{u_{i+2}^n - u_{i-2}^n - 2u_{i+1}^n + 2u_{i-1}^n}{2(\Delta x)^3}$$

9.4.3 有限差分法的格式

有限差分法有显式和隐式两种格式。所谓显式是指在求解过程中每个差分方程仅包含一个未知数，因此可以直接求解这个未知数。隐式是指一个差分方程中含有多于一个以上的未知数，方程不独立，在求解未知数时必须同时求解某一时刻所有网格点上的差分方程来获取未知数。为了方便，现以一维热传导方程为例说明显式和隐式两种格式的求解过程。

9.4.3.1 显式格式

以一维热传导方程为例说明如下。一维热传导方程为

$$\frac{\partial T}{\partial t} = \lambda \frac{\partial^2 T}{\partial x^2} \tag{9.45}$$

对式（9.45）用前差来近似的表示 $\partial T/\partial t$，用中心二阶差分来近似的表示 $\partial^2 T/\partial x^2$，将式（9.35）用于式（9.45）的左边，式（9.37）用于式（9.45）的右边得

$$\frac{T_i^{n+1} - T_i^n}{\Delta t} = \lambda \frac{T_{i+1}^n - 2T_i^n + T_{i-1}^n}{(\Delta x)^2} \tag{9.46}$$

将式（9.46）写成

$$T_i^{n+1} = T_i^n + \frac{\lambda \Delta t}{(\Delta x)^2}(T_{i+1}^n - 2T_i^n + T_{i-1}^n) \tag{9.47}$$

由式（9.47）可以看出，假设在 n 时刻所有网格点上的 T 都是已知的，可以直接利用 n 时刻的已知值计算 $n+1$ 时刻所有网格点上的 T 值，如图9.3所示。当 $n+1$ 时刻所有网格点上的 T 值已知后，再利用 $n+1$ 时刻的值来计算 $n+2$ 时刻所有网格点上的 T 值，以此类推，可以得到所有网格点上的 T 值，这种计算过程称为推进过程。由式（9.47）可以看出这种推进是通过一种直接的机制来完成的，公式的右端仅包含 n 时刻的性质，公式的左端包含 $n+1$ 时刻的性质，式中只有一个未知量 T_i^{n+1}，因此式（9.47）可以由 n 时刻的已知量直接求出 T_i^{n+1} 的值，根据显式差分方程格式的定义，这种方法称为显式差分方法。

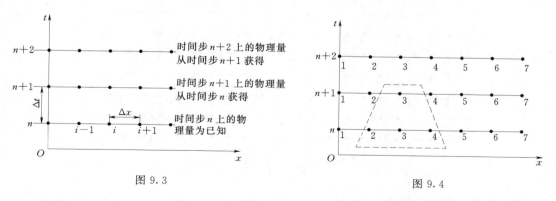

图9.3　　　　　　　　　　　　　　图9.4

考虑如图9.4所示的节点，沿 x 方向分布7个节点，图中虚线部分表示了计算过程，即要计算 $n+1$ 层的第3点的 T_3^{n+1}，需要用到第 n 层的3个节点2、3、4，对图 $n+1$ 层的计算过程如下：由式（9.47）得

$$T_2^{n+1} = T_2^n + \frac{\lambda \Delta t}{(\Delta x)^2}(T_3^n - 2T_2^n + T_1^n)$$

$$T_3^{n+1} = T_3^n + \frac{\lambda \Delta t}{(\Delta x)^2}(T_4^n - 2T_3^n + T_2^n)$$

$$\cdots$$

$$T_6^{n+1} = T_6^n + \frac{\lambda \Delta t}{(\Delta x)^2}(T_7^n - 2T_6^n + T_5^n)$$

对于 $n+1$ 层的节点 1 和 7，则需根据已知的边界条件来确定。当 $n+1$ 层所有节点的值已知时，则可用同样的方法计算 $n+2$ 层节点的值，以此类推。

【例题 9.2】 已知热传导方程为

$$\frac{\partial T}{\partial t} = \lambda \frac{\partial^2 T}{\partial x^2} \quad (0 < x < \pi, \ t > 0)$$

$$T\big|_{t=0} = \varphi(x), \ T\big|_{x=0} = T\big|_{x=\pi} = 0 \quad (t \geqslant 0)$$

$$\varphi(x) = \begin{cases} x & (0 \leqslant x < \pi/2) \\ \pi - x & (\pi/2 \leqslant x < \pi) \end{cases}$$

已知 $\lambda \Delta t/(\Delta x)^2 = 5/9$，取 $\Delta x = \pi/20$，试用显式差分格式求解 T。

解：

将偏微分方程写成差分方程，直接应用式（9.47），即

$$T_i^{n+1} = T_i^n + \frac{\lambda \Delta t}{(\Delta x)^2}(T_{i+1}^n - 2T_i^n + T_{i-1}^n)$$

由题意，$\Delta x = \pi/20$，$\lambda \Delta t/(\Delta x)^2 = 5/9$，代入上式得

$$T_i^{n+1} = \frac{5}{9}T_{i+1}^n + \left(1 - \frac{10}{9}\right)T_i^n + \frac{5}{9}T_{i-1}^n$$

计算简图如例题 9.2 图所示。

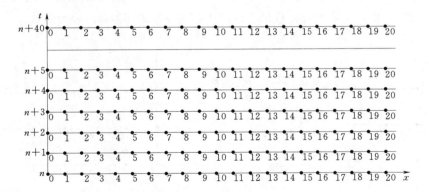

例题 9.2 图

根据图和题意，已知 $T_0^n = 0$，$T_{20}^n = 0$，当 $0 \leqslant x < \pi/2$ 时，$T_i^n = x$；当 $\pi/2 \leqslant x < \pi$ 时，$T_i^n = \pi - x$。由此得 $T_0^n = 0$、$T_1^n = \pi/20$、$T_2^n = 2\pi/20$、$T_3^n = 3\pi/20$、$T_4^n = 4\pi/20$、$T_5^n = 5\pi/20$、$T_6^n = 6\pi/20$、$T_7^n = 7\pi/20$、$T_8^n = 8\pi/20$、$T_9^n = 9\pi/20$、$T_{10}^n = 10\pi/20$、$T_{11}^n = 9\pi/20$、

$T_{12}^n = 8\pi/20$、$T_{13}^n = 7\pi/20$、$T_{14}^n = 6\pi/20$、$T_{15}^n = 5\pi/20$、$T_{16}^n = 4\pi/20$、$T_{17}^n = 3\pi/20$、$T_{18}^n = 2\pi/20$、$T_{19}^n = \pi/20$、$T_{20}^n = 0$。

下面计算 $n+1$ 层的 T，由边界条件知，在 $x=0$ 和 $x=\pi$ 的边界上，T 均为零。计算如下：

$$T_0^{n+1} = 0$$

$$T_1^{n+1} = \frac{5}{9}T_2^n + \left(1 - \frac{10}{9}\right)T_1^n + \frac{5}{9}T_0^n = \frac{5}{9} \times \frac{2\pi}{20} - \frac{1}{9} \times \frac{\pi}{20} + \frac{5}{9} \times 0 = 0.15708$$

$$T_2^{n+1} = \frac{5}{9}T_3^n + \left(1 - \frac{10}{9}\right)T_2^n + \frac{5}{9}T_1^n = \frac{5}{9} \times \frac{3\pi}{20} - \frac{1}{9} \times \frac{2\pi}{20} + \frac{5}{9} \times \frac{\pi}{20} = 0.31416$$

$$T_3^{n+1} = \frac{5}{9}T_4^n + \left(1 - \frac{10}{9}\right)T_3^n + \frac{5}{9}T_2^n = \frac{5}{9} \times \frac{4\pi}{20} - \frac{1}{9} \times \frac{3\pi}{20} + \frac{5}{9} \times \frac{2\pi}{20} = 0.47124$$

$$\cdots$$

$$T_9^{n+1} = \frac{5}{9}T_{10}^n + \left(1 - \frac{10}{9}\right)T_9^n + \frac{5}{9}T_8^n = \frac{5}{9} \times \frac{10\pi}{20} - \frac{1}{9} \times \frac{9\pi}{20} + \frac{5}{9} \times \frac{8\pi}{20} = 1.41372$$

$$T_{10}^{n+1} = \frac{5}{9}T_{11}^n + \left(1 - \frac{10}{9}\right)T_{10}^n + \frac{5}{9}T_9^n = \frac{5}{9} \times \frac{9\pi}{20} - \frac{1}{9} \times \frac{10\pi}{20} + \frac{5}{9} \times \frac{9\pi}{20} = 1.39626$$

$$T_{11}^{n+1} = \frac{5}{9}T_{12}^n + \left(1 - \frac{10}{9}\right)T_{11}^n + \frac{5}{9}T_{10}^n = \frac{5}{9} \times \frac{8\pi}{20} - \frac{1}{9} \times \frac{9\pi}{20} + \frac{5}{9} \times \frac{10\pi}{20} = 1.41372$$

$$\cdots$$

$$T_{19}^{n+1} = \frac{5}{9}T_{20}^n + \left(1 - \frac{10}{9}\right)T_{19}^n + \frac{5}{9}T_{18}^n = \frac{5}{9} \times 0 - \frac{1}{9} \times \frac{\pi}{20} + \frac{5}{9} \times \frac{2\pi}{20} = 0.15708$$

$$T_{20}^{n+1} = 0$$

由以上计算可以看出，该计算为对称结构，所以只要计算一半就可以了。知道了 $n+1$ 层的 T 值后，可以根据 $n+1$ 层的 T 值计算 $n+2$ 层的 T 值，以此类推。计算结果见例题 9.2 计算表。

例 题 9.2 计 算 表

i	1	2	3	4	5	6	7	8	9	10
T^{n+1}	0.1571	0.3142	0.4712	0.6283	0.7854	0.9425	1.0996	1.2566	1.4137	1.3963
T^{n+5}	0.1571	0.3142	0.4712	0.6283	0.7854	0.9259	1.0829	1.1502	1.2854	1.2342
T^{n+10}	0.1562	0.3142	0.4617	0.6260	0.7377	0.9187	0.9480	1.1433	1.0606	1.2298
T^{n+15}	0.1595	0.2889	0.4786	0.5441	0.7885	0.7361	1.0526	0.8496	1.2100	0.8862
T^{n+20}	0.1171	0.3533	0.3261	0.7100	0.4714	1.0441	0.5455	1.2932	0.5700	1.3868
T^{n+25}	0.2382	0.0707	0.7228	0.0847	1.2061	0.0306	1.6226	-0.0471	1.8699	-0.0832
T^{n+30}	-0.1648	0.8550	-0.5261	1.7152	-0.9404	2.5129	-1.3385	3.0995	-1.5893	3.3175
T^{n+35}	0.9489	-1.4113	2.8337	-2.8253	4.6156	-4.1288	6.0711	-5.0824	6.9048	-5.4360
T^{n+40}	-2.1208	4.6768	-6.2835	9.1262	-10.1114	12.9534	-13.1504	15.6009	-14.8578	16.5538

9.4.3.2 隐式格式

对式（9.45）的左边仍采用前差，将式（9.39）代入式（9.45）的右边得

$$\frac{T_i^{n+1} - T_i^n}{\Delta t} = \lambda \frac{T_{i+1}^{n+1} - 2T_i^{n+1} + T_{i-1}^{n+1}}{(\Delta x)^2} \tag{9.48}$$

由式（9.48）可以看出，在第 n 层有一个已知量 T_i^n，在 $n+1$ 层有 3 个未知量 T_i^{n+1}、T_{i+1}^{n+1}、T_{i-1}^{n+1}。由图 9.2 和图 9.3 可以看出，由 n 层的一个已知点，不可能求解 $n+1$ 层上的 3 个未知节点值。如果 x 方向有 $i+1$ 个节点，其内节点有 $i-1$ 个，则需列 $i-1$ 个方程联立求解，根据隐式格式的定义，式（9.48）的差分格式称为隐格式或隐式。

式（9.48）可以写成

$$\frac{\lambda \Delta t}{(\Delta x)^2} T_{i+1}^{n+1} + \frac{\lambda \Delta t}{(\Delta x)^2} T_{i-1}^{n+1} - \left(1 + \frac{2\lambda \Delta t}{(\Delta x)^2}\right) T_i^{n+1} = -T_i^n$$

令 $\lambda \Delta t/(\Delta x)^2 = A$，$1 + 2\lambda \Delta t/(\Delta x)^2 = B$，代入上式整理得

$$AT_{i+1}^{n+1} + AT_{i-1}^{n+1} - BT_i^{n+1} = -T_i^n = K_i \tag{9.49}$$

式中：等式左边为 $n+1$ 时刻的未知量；等式右边的 K_i 中包含了 n 时刻的物理量，它是已知的。

【例题 9.3】　试用第 n 层和 $n+1$ 层时刻的平均值来构造一维扩散方程的隐式差分方程。

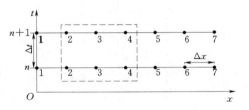

例题 9.3 图

解：

对式（9.45）的左边仍采用前差，将式（9.40）代入式（9.45）的右边得

$$\frac{T_i^{n+1} - T_i^n}{\Delta t} = \lambda \frac{T_{i+1}^{n+1} + T_{i+1}^n + T_{i-1}^{n+1} + T_{i-1}^n - 2(T_i^{n+1} + T_i^n)}{2(\Delta x)^2}$$

将上式写成

$$\frac{\lambda \Delta t}{2(\Delta x)^2} T_{i-1}^{n+1} - \left[1 + \frac{\lambda \Delta t}{(\Delta x)^2}\right] T_i^{n+1} + \frac{\lambda \Delta t}{2(\Delta x)^2} T_{i+1}^{n+1} = -T_i^n - \frac{\lambda \Delta t}{2(\Delta x)^2}(T_{i+1}^n - 2T_i^n + T_{i-1}^n)$$

令 $\dfrac{\lambda \Delta t}{2(\Delta x)^2} = A$，$1 + \dfrac{\lambda \Delta t}{(\Delta x)^2} = B$，上式简化为

$$AT_{i-1}^{n+1} - BT_i^{n+1} + AT_{i+1}^{n+1} = -T_i^n - A(T_{i+1}^n - 2T_i^n + T_{i-1}^n) = K_i$$

上式的右边为 n 时刻的物理量，为已知量；左边为 $n+1$ 时刻的物理量，为未知量。对于例题 9.3 图中网格点 2～6 应用上式，对于节点 2 有

$$AT_1^{n+1} - BT_2^{n+1} + AT_3^{n+1} = K_2$$

同理对于节点 3、4、5、6 有

$$AT_2^{n+1} - BT_3^{n+1} + AT_4^{n+1} = K_3$$
$$AT_3^{n+1} - BT_4^{n+1} + AT_5^{n+1} = K_4$$
$$AT_4^{n+1} - BT_5^{n+1} + AT_6^{n+1} = K_5$$
$$AT_5^{n+1} - BT_6^{n+1} + AT_7^{n+1} = K_6$$

根据边界条件，网格节点上的 1、7 点是已知的，所以上式中的 T_1^{n+1} 和 T_7^{n+1} 已知，将已知条件均放在等式的右边，上式可以写成

$$-BT_2^{n+1} + AT_3^{n+1} = K_2 - AT_1^{n+1} = K_2'$$
$$AT_2^{n+1} - BT_3^{n+1} + AT_4^{n+1} = K_3$$
$$AT_3^{n+1} - BT_4^{n+1} + AT_5^{n+1} = K_4$$
$$AT_4^{n+1} - BT_5^{n+1} + AT_6^{n+1} = K_5$$
$$AT_5^{n+1} - BT_6^{n+1} = K_6 - AT_7^{n+1} = K_6'$$

上式中 5 个方程有 5 个未知数，将上式写成矩阵形式，即

$$
\begin{bmatrix}
-B & A & 0 & 0 & 0 \\
A & -B & A & 0 & 0 \\
0 & A & -B & A & 0 \\
0 & 0 & A & -B & A \\
0 & 0 & 0 & A & -B
\end{bmatrix}
\begin{bmatrix}
T_2^{n+1} \\
T_3^{n+1} \\
T_4^{n+1} \\
T_5^{n+1} \\
T_6^{n+1}
\end{bmatrix}
\begin{bmatrix}
K_2' \\
K_3 \\
K_4 \\
K_5 \\
K_6'
\end{bmatrix}
$$

上式的系数矩阵为一个三对角矩阵，可以根据解矩阵的方法求解。

【例题 9.4】　同例题 9.2，试用隐格式计算 T。

解：

已知 $\Delta x = \pi/20$，$A = \lambda \Delta t/(\Delta x)^2 = 5/9$，$B = [1 + 2\lambda \Delta t/(\Delta x)^2] = 19/9$。采用式（9.48）的隐格式计算，将 A、B 代入式（9.49）得

$$\frac{5}{9}T_{i+1}^{n+1} + \frac{5}{9}T_{i-1}^{n+1} - \frac{19}{9}T_i^{n+1} = -T_i^n$$

对于 $n+1$ 层，当 $i = 1$，…，19 时，上式可以写成

$$i = 1 \qquad \frac{5}{9}T_2^{n+1} + \frac{5}{9}T_0^{n+1} - \frac{19}{9}T_1^{n+1} = -T_1^n$$

$$i = 2 \qquad \frac{5}{9}T_3^{n+1} + \frac{5}{9}T_1^{n+1} - \frac{19}{9}T_2^{n+1} = -T_2^n$$

$$i = 3 \qquad \frac{5}{9}T_4^{n+1} + \frac{5}{9}T_2^{n+1} - \frac{19}{9}T_3^{n+1} = -T_3^n$$

$$\vdots$$

$$i = 19 \qquad \frac{5}{9}T_{20}^{n+1} + \frac{5}{9}T_{18}^{n+1} - \frac{19}{9}T_{19}^{n+1} = -T_{19}^n$$

式中：T_1^n、T_2^n、T_3^n、…、T_{19}^n 见例题 9.2。

在边界上，$T_0^{n+1} = 0$ 和 $T_{20}^{n+1} = 0$，写成矩阵形式为

$$
\begin{bmatrix}
5/9 & 5/9 & -19/9 & & & \\
& 5/9 & 5/9 & -19/9 & & \\
& & 5/9 & 5/9 & -19/9 & \\
& & & \ddots & \ddots & \ddots \\
& & & 5/9 & 5/9 & -19/9
\end{bmatrix}
\begin{bmatrix}
T_1^{n+1} \\
T_2^{n+1} \\
T_3^{n+1} \\
\vdots \\
T_{19}^{n+1}
\end{bmatrix}
=
\begin{bmatrix}
T_1^n \\
T_2^n \\
T_3^n \\
\vdots \\
T_{19}^n
\end{bmatrix}
$$

上式的矩阵为三对角矩阵，可以利用追赶法求解，知道了 $n+1$ 层的 T 值后，可以根据 $n+1$ 层的 T 值计算 $n+2$ 层的 T 值，以此类推。本例题利用 Matlab 程序计算的结果见

例题 9.4 数值计算表。

例题 9.4 数值计算表

i	1	2	3	4	5	6	7	8	9	10
T^{n+1}	0.1571	0.3142	0.4712	0.6283	0.7852	0.9418	1.0973	1.2488	1.3861	1.4736
T^{n+5}	0.1569	0.3137	0.4701	0.6254	0.7783	0.9260	1.0628	1.1791	1.2603	1.2903
T^{n+10}	0.1554	0.3100	0.4625	0.6112	0.7530	0.8836	0.9970	1.0861	1.1434	1.1632
T^{n+15}	0.1515	0.3013	0.4474	0.5870	0.7169	0.8331	0.9307	1.0049	1.0515	1.0674
T^{n+20}	0.1456	0.2888	0.4271	0.5576	0.6770	0.7819	0.8685	0.9333	0.9735	0.9871
T^{n+25}	0.1384	0.2741	0.4043	0.5261	0.6365	0.7323	0.8107	0.8688	0.9046	0.9167
T^{n+30}	0.1307	0.2585	0.3807	0.4944	0.5968	0.6852	0.7570	0.8100	0.8425	0.8534
T^{n+35}	0.1229	0.2429	0.3574	0.4636	0.5589	0.6407	0.7070	0.7557	0.7856	0.7956
T^{n+40}	0.1152	0.2278	0.3349	0.4341	0.5229	0.5990	0.6604	0.7055	0.7331	0.7424

本题的真解为

$$T(x,\ t)=\frac{4}{\pi}\sum_{k=0}^{\infty}\frac{(-1)^k}{(2k+1)^2}\frac{\sin(2k+1)x}{e^{(2k+1)^2 t}}$$

由题已知，$\lambda=1$，$x=i\Delta x=i\pi/20$，$i=1,\ 2,\ 3,\ \cdots,\ 10$，$t=j\Delta t=j\times\frac{5}{9}(\Delta x)^2=$

$j\times\frac{5}{9}\times\frac{\pi^2}{20^2}=\frac{j\pi^2}{720}$，$j=1,\ 2,\ 3,\ \cdots,\ 40$，真解计算结果见例题 9.4 的解析解计算表。

例题 9.4 的解析解计算表

i	1	2	3	4	5	6	7	8	9	10
T^{n+1}	0.1571	0.3142	0.4712	0.6283	0.7854	0.9425	1.0993	1.2530	1.3833	1.4387
T^{n+5}	0.1571	0.3141	0.4709	0.6270	0.7809	0.9288	1.0638	1.1750	1.2492	1.2754
T^{n+10}	0.1561	0.3114	0.4645	0.6134	0.7547	0.8837	0.9944	1.0800	1.1344	1.1530
T^{n+15}	0.1523	0.3026	0.4489	0.5882	0.7171	0.8315	0.9269	0.9989	1.0439	1.0591
T^{n+20}	0.1460	0.2895	0.4276	0.5575	0.6759	0.7793	0.8643	0.9276	0.9667	0.9800
T^{n+25}	0.1385	0.2741	0.4039	0.5251	0.6345	0.7292	0.8063	0.8634	0.8985	0.9103
T^{n+30}	0.1304	0.2580	0.3797	0.4927	0.5943	0.6817	0.7525	0.8047	0.8367	0.8474
T^{n+35}	0.1224	0.2420	0.3559	0.4614	0.5559	0.6370	0.7024	0.7506	0.7800	0.7899
T^{n+40}	0.1146	0.2266	0.3331	0.4315	0.5196	0.5950	0.6558	0.7004	0.7277	0.7369

由例题 9.2 和例题 9.4 的数值解和解析解可以看出，同一题用显式计算和用隐式计算的结果是不同的。显式计算随着 j 的增加而越来越偏离解析解，而隐式计算的结果与解析解相近。为什么会产生这种情况呢？这与差分方程的相容性、收敛性和稳定性有关。

下面讨论显格式与隐格式的优缺点。由式（9.47）和式（9.49）可以看出，显格式只有一个未知数，而隐格式有三个未知数，显然，显格式的计算过程比隐格式简单，隐格式计算需要求解大型的代数方程组，也需要处理大型矩阵。但从例题 9.2 和例题 9.4 可以看出，显格式虽然简单，但有时存在计算不收敛的问题。这是因为在显格式的计算中，当步长 Δx 给定时，时间 Δt 并不是可以独立、任意选取的，它需要小于等于一个特定量。这个特定量由稳定性要求来确定，如果 Δt 的选取大于这个特定量，时间推进就会不稳定，就会出现由于数值达到无穷大或者对负数开根号而无法继续的情况；如果 Δt 选得很小，又会增加计算时间。而在隐式推进中就没有类似的稳定性要求，对大多数隐式方法而言，比显式算法中的 Δt 大得多的情况仍可以保持稳定性，可以用相对较少的时间求得稳定的数值解；当然，如果采用的时间步长 Δt 较大，截断误差也较大，计算精度也较显式计算稍差一些。

9.4.4 有限差分法格式的相容性、收敛性和稳定性

9.4.4.1 相容性

将一个偏微分方程用差分格式化为相应的差分方程，当步长 Δt 和 Δx 趋近于零时，这个差分方程应该收敛于原微分方程，也就是说，相应的差分方程和微分方程之间的截断误差在任一时刻任一网格点上均应趋近于零，这样的差分方程和微分方程是相容的，否则为不相容的。只有差分方程与微分方程相容，该差分格式所形成的差分方程才能对所形成的微分方程逼近，才能反映该微分方程的物理实质。

下面以一维迁移方程和热传导方程为例说明相容性。

一维迁移方程为

$$\frac{\partial u}{\partial t} + c \frac{\partial u}{\partial x} = 0$$

将 $u(x,t)$ 分别在 Δt 和 Δx 邻域内用泰勒级数展开，得

$$u_i^{n+1} = u_i^n + \left(\frac{\partial u}{\partial t}\right)_i^n \frac{\Delta t}{1!} + \left(\frac{\partial^2 u}{\partial t^2}\right)_i^n \frac{(\Delta t)^2}{2!} + \left(\frac{\partial^3 u}{\partial t^3}\right)_i^n \frac{(\Delta t)^3}{3!} + o(\Delta t)^4$$

$$u_{i+1}^n = u_i^n + \left(\frac{\partial u}{\partial x}\right)_i^n \frac{\Delta x}{1!} + \left(\frac{\partial^2 u}{\partial x^2}\right)_i^n \frac{(\Delta x)^2}{2!} + \left(\frac{\partial^3 u}{\partial x^3}\right)_i^n \frac{(\Delta x)^3}{3!} + o(\Delta x)^4$$

由以上两式解出 $\partial u/\partial t$ 和 $\partial u/\partial x$，代入一维迁移方程相加得

$$\frac{u_i^{n+1} - u_i^n}{\Delta t} + c \frac{u_{i+1}^n - u_i^n}{\Delta x}$$

$$= \left(\frac{\partial u}{\partial t}\right)_i^n + c\left(\frac{\partial u}{\partial x}\right)_i^n + \left(\frac{\partial^2 u}{\partial t^2}\right)_i^n \frac{(\Delta t)}{2!} + c\left(\frac{\partial^2 u}{\partial x^2}\right)_i^n \frac{(\Delta x)}{2!} + o[(\Delta t)^2, (\Delta x)^2]$$

$$= \left(\frac{\partial u}{\partial t}\right)_i^n + c\left(\frac{\partial u}{\partial x}\right)_i^n + R(\Delta t, \Delta x)$$

当 $\Delta t \to 0$，$\Delta x \to 0$ 时，$R \to 0$，则

$$\frac{u_i^{n+1} - u_i^n}{\Delta t} + c \frac{u_{i+1}^n - u_i^n}{\Delta x} = \left(\frac{\partial u}{\partial t}\right)_i^n + c\left(\frac{\partial u}{\partial x}\right)_i^n = \frac{\partial u}{\partial t} + c \frac{\partial u}{\partial x} = 0$$

因此，差分方程和微分方程在时间上和空间上均具有一阶精度，所以差分方程与微分方程相容。

对于热传导方程式（9.45），在时间上取前差，在空间上取二阶中心差分，由式（9.35）得

$$\frac{T_i^{n+1} - T_i^n}{\Delta t} = \left(\frac{\partial T}{\partial t}\right)_i^n + \left(\frac{\partial^2 T}{\partial t^2}\right)_i^n \frac{\Delta t}{2!} + \cdots$$

由式（9.36）和式（9.37）得

$$\frac{T_{i+1}^n - 2T_i^n + T_{i-1}^n}{(\Delta x)^2} = \left(\frac{\partial^2 T}{\partial x^2}\right)_i^n + 2\left(\frac{\partial^4 T}{\partial x^4}\right)_i^n \frac{(\Delta x)^2}{4!} + \cdots$$

将以上公式代入式（9.45）得

$$\frac{T_i^{n+1} - T_i^n}{\Delta t} - \lambda \frac{T_{i+1}^n - 2T_i^n + T_{i-1}^n}{(\Delta x)^2}$$

$$= \left(\frac{\partial T}{\partial t}\right)_i^n - \lambda \left(\frac{\partial^2 T}{\partial x^2}\right)_i^n + \left(\frac{\partial^2 T}{\partial t^2}\right)_i^n \frac{\Delta t}{2!} - 2\lambda \left(\frac{\partial^4 T}{\partial x^4}\right)_i^n \frac{(\Delta x)^2}{4!} + o\left[(\Delta t)^2, (\Delta x)^4\right]$$

$$= \left(\frac{\partial T}{\partial t}\right)_i^n - \lambda \left(\frac{\partial^2 T}{\partial x^2}\right)_i^n + R\left[(\Delta t), (\Delta x)^2\right]$$

当 $\Delta t \to 0$，$\Delta x \to 0$ 时，$R \to 0$，则

$$\frac{T_i^{n+1} - T_i^n}{\Delta t} - \lambda \frac{T_{i+1}^n - 2T_i^n + T_{i-1}^n}{(\Delta x)^2} = \left(\frac{\partial T}{\partial t}\right)_i^n - \lambda \left(\frac{\partial^2 T}{\partial x^2}\right)_i^n = \frac{\partial T}{\partial t} - \lambda \frac{\partial^2 T}{\partial x^2} = 0$$

差分方程和微分方程在时间上均具有一阶精度，在空间上均具有二阶精度，所以差分方程与微分方程相容。

【例题 9.5】　已知热传导方程为式（9.45），如果采用 $\dfrac{T_i^{n+1} - T_i^{n-1}}{2\Delta t} - \lambda \dfrac{T_{i+1}^n - T_i^{n+1} - T_i^{n-1} + T_{i-1}^n}{(\Delta x)^2} = 0$ 的差分格式，试分析其相容性。

解：

由上面的差分格式可以看出，此差分方程是对式（9.45）的左边取中心差分，即

$$T_i^{n+1} = T_i^n + \left(\frac{\partial T}{\partial t}\right)_i^n \frac{\Delta t}{1!} + \left(\frac{\partial^2 T}{\partial t^2}\right)_i^n \frac{(\Delta t)^2}{2!} + \left(\frac{\partial^3 T}{\partial t^3}\right)_i^n \frac{(\Delta t)^3}{3!} + \left(\frac{\partial^4 T}{\partial t^4}\right)_i^n \frac{(\Delta t)^4}{4!} + \cdots \quad (1)$$

$$T_i^{n-1} = T_i^n + \left(\frac{\partial T}{\partial t}\right)_i^n \frac{(-\Delta t)}{1!} + \left(\frac{\partial^2 T}{\partial t^2}\right)_i^n \frac{(-\Delta t)^2}{2!} + \left(\frac{\partial^3 T}{\partial t^3}\right)_i^n \frac{(-\Delta t)^3}{3!} + \left(\frac{\partial^4 T}{\partial t^4}\right)_i^n \frac{(-\Delta t)^4}{4!} + \cdots$$

$$\quad (2)$$

将以上两式相减得

$$T_i^{n+1} - T_i^{n-1} = 2\left(\frac{\partial T}{\partial t}\right)_i^n \frac{\Delta t}{1!} + 2\left(\frac{\partial^3 T}{\partial t^3}\right)_i^n \frac{(\Delta t)^3}{3!} + \cdots \quad (3)$$

$$\frac{T_i^{n+1} - T_i^{n-1}}{2\Delta t} = \left(\frac{\partial T}{\partial t}\right)_i^n + \left(\frac{\partial^3 T}{\partial t^3}\right)_i^n \frac{(\Delta t)^2}{3!} + \cdots \quad (4)$$

对公式右边有

$$T_{i+1}^n = T_i^n + \left(\frac{\partial T}{\partial x}\right)_i^n \frac{\Delta x}{1!} + \left(\frac{\partial^2 T}{\partial x^2}\right)_i^n \frac{(\Delta x)^2}{2!} + \left(\frac{\partial^3 T}{\partial x^3}\right)_i^n \frac{(\Delta x)^3}{3!} + \left(\frac{\partial^4 T}{\partial x^4}\right)_i^n \frac{(\Delta x)^4}{4!} + \cdots \quad (5)$$

$$T_{i-1}^n = T_i^n + \left(\frac{\partial T}{\partial x}\right)_i^n \frac{(-\Delta x)}{1!} + \left(\frac{\partial^2 T}{\partial x^2}\right)_i^n \frac{(-\Delta x)^2}{2!} + \left(\frac{\partial^3 T}{\partial x^3}\right)_i^n \frac{(-\Delta x)^3}{3!} + \left(\frac{\partial^4 T}{\partial x^4}\right)_i^n \frac{(-\Delta x)^4}{4!} + \cdots$$

$$\quad (6)$$

将以上两式相加得

$$T_{i+1}^n + T_{i-1}^n = 2T_i^n + 2\left(\frac{\partial^2 T}{\partial x^2}\right)_i^n \frac{(\Delta x)^2}{2!} + 2\left(\frac{\partial^4 T}{\partial x^4}\right)_i^n \frac{(\Delta x)^4}{4!} + \cdots \tag{7}$$

将式（1）和式（2）相加得

$$T_i^{n+1} + T_i^{n-1} = 2T_i^n + 2\left(\frac{\partial^2 T}{\partial t^2}\right)_i^n \frac{(\Delta t)^2}{2!} + 2\left(\frac{\partial^4 T}{\partial t^4}\right)_i^n \frac{(\Delta t)^4}{4!} + \cdots \tag{8}$$

将式（7）与式（8）相减得

$$T_{i+1}^n - T_i^{n+1} - T_i^{n-1} + T_{i-1}^n = 2\left(\frac{\partial^2 T}{\partial x^2}\right)_i^n \frac{(\Delta x)^2}{2!} - 2\left(\frac{\partial^2 T}{\partial t^2}\right)_i^n \frac{(\Delta t)^2}{2!}$$
$$+ 2\left(\frac{\partial^4 T}{\partial x^4}\right)_i^n \frac{(\Delta x)^4}{4!} - 2\left(\frac{\partial^4 T}{\partial t^4}\right)_i^n \frac{(\Delta t)^4}{4!} + \cdots \tag{9}$$

$$\frac{T_{i+1}^n - T_i^{n+1} - T_i^{n-1} + T_{i-1}^n}{(\Delta x)^2} = \left(\frac{\partial^2 T}{\partial x^2}\right)_i^n - \left(\frac{\partial^2 T}{\partial t^2}\right)_i^n \frac{(\Delta t)^2}{(\Delta x)^2}$$
$$+ \left(\frac{\partial^4 T}{\partial x^4}\right)_i^n \frac{(\Delta x)^2}{12} - \left(\frac{\partial^4 T}{\partial t^4}\right)_i^n \frac{(\Delta t)^4}{12(\Delta x)^2} + \cdots \tag{10}$$

$$\frac{T_i^{n+1} - T_i^{n-1}}{2\Delta t} - \lambda \frac{T_{i+1}^n - T_i^{n+1} - T_i^{n-1} + T_{i-1}^n}{(\Delta x)^2}$$
$$= \left(\frac{\partial T}{\partial t}\right)_i^n + \left(\frac{\partial^3 T}{\partial t^3}\right)_i^n \frac{(\Delta t)^2}{3!} - \lambda\left[\left(\frac{\partial^2 T}{\partial x^2}\right)_i^n - \left(\frac{\partial^2 T}{\partial t^2}\right)_i^n \frac{(\Delta t)^2}{(\Delta x)^2}\right.$$
$$+ \left(\frac{\partial^4 T}{\partial x^4}\right)_i^n \frac{(\Delta x)^2}{12} - \left(\frac{\partial^4 T}{\partial t^4}\right)_i^n \frac{(\Delta t)^4}{12(\Delta x)^2} + \cdots\left.\right]$$
$$= \left(\frac{\partial T}{\partial t} - \lambda \frac{\partial^2 T}{\partial x^2}\right)_i^n + \lambda\left(\frac{\partial^2 T}{\partial t^2}\right)_i^n \frac{(\Delta t)^2}{(\Delta x)^2} + \left(\frac{\partial^3 T}{\partial t^3}\right)_i^n \frac{(\Delta t)^2}{6}$$
$$- \lambda\left(\frac{\partial^4 T}{\partial x^4}\right)_i^n \frac{(\Delta x)^2}{12} + \lambda\left(\frac{\partial^4 T}{\partial t^4}\right)_i^n \frac{(\Delta t)^4}{12(\Delta x)^2} + o\left[(\Delta x)^4, (\Delta t)^4, \frac{(\Delta t)^6}{(\Delta x)^2}\right] \tag{11}$$

当 $\Delta x \to 0$，$\Delta t \to 0$ 时，式（11）化为

$$\frac{T_i^{n+1} - T_i^{n-1}}{2\Delta t} - \lambda \frac{T_{i+1}^n - T_i^{n+1} - T_i^{n-1} + T_{i-1}^n}{(\Delta x)^2} = \left(\frac{\partial T}{\partial t} - \lambda \frac{\partial^2 T}{\partial x^2}\right)_i^n + \lambda\left(\frac{\partial^2 T}{\partial t^2}\right)_i^n \frac{(\Delta t)^2}{(\Delta x)^2} = 0$$

$$\tag{12}$$

与式（9.45）相比，差分方程中多了一项 $\lambda\left(\dfrac{\partial^2 T}{\partial t^2}\right)_i^n \dfrac{(\Delta t)^2}{(\Delta x)^2}$。如果 $\Delta x \to 0$，$\Delta t \to 0$ 时，$(\Delta t / \Delta x) \to 0$，此差分格式造成的差分方程与原来的微分方程是相容的；如果 $\Delta x \to 0$，$\Delta t \to 0$ 时，$(\Delta t / \Delta x)$ 不趋于零，则差分方程与微分方程是不相容的。

9.4.4.2　收敛性

首先说明差分方程的误差。有限差分法的误差有离散误差和舍入误差。无论哪一种差分格式，都存在忽略高阶项引起的误差和对边界条件的数值处理方法引入的误差，这种误差称为离散误差；在用计算机计算的过程中，不断舍去有限位数以后的数字，由此引起的误差称为舍入误差。如果用 A 表示偏微分方程的解析解，D 表示差分方程的精确解，N 表示由实际计算得到的有限精度的数值解，则离散误差为

$$离散误差 = A - D$$

$$舍入误差 = N - D = \varepsilon$$

总误差为

$$总误差 = 离散误差 + 舍入误差$$

当计算步长无限缩小时，即 $\Delta x \to 0$，$\Delta t \to 0$ 时，差分方程的解趋近于微分方程的解，这种性质称为收敛性。设点 (x,t) 是定解域中的任一点，当 $\Delta x \to 0$ 和 $\Delta t \to 0$ 时，对于任何节点 (i,n) 上的离散误差趋近于零，称离散格式是收敛的，否则是不收敛的。在这个收敛概念中，仅涉及离散误差，而不涉及求解过程中出现的任何数值误差，如舍入误差。

特别指出，差分方程满足了相容性，并不一定满足收敛性，相容性只是收敛性的必要条件之一。

直接证明差分方程的收敛性是比较困难的，一般采用间接方法，该方法要求差分方程与相应的微分方程是相容和稳定的，也就满足了收敛性，这就是 Lax 等价定理。

Lax 等价定理：如果给定的线性微分方程的初值问题是适定的（所谓适定是指微分方程在一定的初始和边界条件下要有唯一解，且在初始和边界条件稍有改变时，微分方程的解也只是稍有偏离），对应的差分方程是相容的，则差分方程的收敛性和稳定性是等价的，或者说，稳定性是收敛性的必要和充分条件。运用该定理，只要证明差分方程的相容性和稳定性就可以间接证明差分方程的收敛性，这是通常用于证明差分格式收敛性的方法。

应该指出，等价定理只对于线性的初值问题有严格的证明，只有在某些附加假设下才能推广到初边值混合问题。对于非线性问题，至今尚未得到与 Lax 等价定理相当的定理。大多数的真实流动问题是非线性的，并且是边值或边初值混合问题，因此不可能严格应用 Lax 等价定理。在计算水力学中，收敛性的理论证明工作还远没有解决，特别是多维问题的方程组。

9.4.4.3　稳定性

一个初值问题的离散格式，如果可以确保在任一时层计算中所引入的误差都不会在以后时层的计算中被不断地放大，以致变得无界，则称此离散格式是稳定的。

在离散方程的实际求解过程中，不可避免地会引入舍入误差（包括初始误差或边界误差），对于给定的物理问题，其数值解的舍入误差取决于所用计算方法及所用计算机的字长。在计算时，如果误差积累在各步计算中被逐渐放大，以致物理问题的解被完全破坏，这种离散格式就是不稳定的。相反，如果误差的影响逐步消失或保持有界，这种离散格式是稳定的。这就是所谓的稳定性问题。

分析稳定性的方法很多，常见的方法有矩阵方法、傅里叶级数方法（或称 Von·Neumann 方法）、直观方法（或称离散摄动法）、Hirt 方法、能量方法等。

本节介绍最常用的 Von·Neumann 方法。Von·Neumann 方法的基本思想可以从小扰动传递的角度来理解，假定所计算的初值问题和边界值是准确无误的，而在某时层（例如初始时刻）的计算中引入了一个误差矢量，误差就是一个小的扰动。如果这一扰动的强度（或振幅）是随时间的推移而不断增大的，则这一差分格式就是不稳定的；反之，若扰动的振幅随时间而衰减或保持不变，则差分格式就是稳定的。

下面仍以一维热传导方程为例研究差分方程的稳定性问题。

已知一维热传导方程（9.45）的差分方程用显式表示为式（9.46）。设该差分方程的精

确解为 D，实际计算得到的有限精度的数值解为 N，其舍入误差为 $N-D=\varepsilon$，则

$$N=D+\varepsilon \tag{9.50}$$

数值解 N 必须满足差分方程，这是因为计算机编程所要解的方程就是差分方程。将式（9.50）代入差分方程的显格式（9.46）得

$$\frac{D_i^{n+1}+\varepsilon_i^{n+1}-D_i^n-\varepsilon_i^n}{\lambda\Delta t}=\frac{D_{i+1}^n+\varepsilon_{i+1}^n-2D_i^n-2\varepsilon_i^n+D_{i-1}^n+\varepsilon_{i-1}^n}{(\Delta x)^2} \tag{9.51}$$

由定义，D 是差分方程的精确解，因此它精确满足差分方程，可以写出

$$\frac{D_i^{n+1}-D_i^n}{\lambda\Delta t}=\frac{D_{i+1}^n-2D_i^n+D_{i-1}^n}{(\Delta x)^2} \tag{9.52}$$

由式（9.51）减去式（9.52）得

$$\frac{\varepsilon_i^{n+1}-\varepsilon_i^n}{\lambda\Delta t}=\frac{\varepsilon_{i+1}^n-2\varepsilon_i^n+\varepsilon_{i-1}^n}{(\Delta x)^2} \tag{9.53}$$

现在考虑方程（9.46）的稳定性。如果误差 ε_i 在解方程中已经存在（在任何真实求解过程中它们总是存在的），则只有当 ε_i 在从第 n 个时间步推进到第 $n+1$ 个时间步的过程中是逐渐减小的，或者至少保持不变，才能保证解是稳定的。如果 ε_i 在求解过程中是逐渐增大，那么解就是不稳定的。这就是说，在解是稳定的前提下，需要满足

$$\left|\frac{\varepsilon_i^{n+1}}{\varepsilon_i^n}\right|\leqslant 1 \tag{9.54}$$

设误差 ε 具有周期性，可表示为傅里叶级数的复数形式，即

$$\varepsilon(x)=\sum_{m=-\infty}^{\infty}A_m\mathrm{e}^{ik_m x} \tag{9.55}$$

式中：$A_m=\dfrac{1}{2L}\displaystyle\int_{-L}^{L}\varepsilon(x)\mathrm{e}^{-ik_m x}\mathrm{d}x$（$m=0$，1，2，3，$\cdots$）为振幅；$L$ 为求解区域的长度；这里特别注意 i 不是节点，$i=\sqrt{-1}$ 为虚数单位；$\mathrm{e}^{ik_m x}=\cos k_m x+i\sin k_m x$，其中 k_m 为波数，可表示为

$$k_m=2\pi/\lambda \tag{9.56}$$

式中：λ 为波长。

John D.Anderso. J.R 认为，考虑沿 x 方向一段距离 L，如果在这段距离内仅包含一个正弦波，则波长 $\lambda=L$，$k_m=2\pi/L$；如果在这段距离内有两个正弦波，则 $\lambda=L/2$，$k_m=2(2\pi/L)$；以此类推，如果有 m 个正弦波，则 $k_m=m(2\pi/L)$。所以波数 k_m 下标 m 的意义为 m 等于给定间隔 L 上波的数目。

由式（9.55）可以看出，对 m 求和表示对波数不断增加的正、余弦函数的连续求和。但在差分计算时，考虑到实际数值求解中仅涉及有限个网格点，所以式（9.55）中存在项数的限制。如图 9.5 所示为数值求解的区域 L，由图中可以看出，最大的可能波长 $\lambda_{\max}=L$，最小可能波长为 3 个相邻网点上的正弦（或余弦）函数的值均为零的情况，因此最小的可能波长 $\lambda_{\min}=2\Delta x$，如果在 L 长的距离内有 $N+1$ 个网格点，在这些网格点之间有 N 个间距，则 $\Delta x=L/N$，因此 $\lambda_{\min}=2L/N$，代入式（9.56）得

$$k_m=\frac{2\pi}{L}\frac{N}{2} \tag{9.57}$$

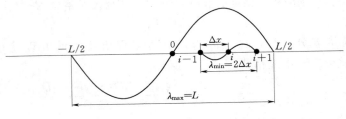

图 9.5

由此得 $m = N/2$，这就是式（9.55）所允许的最高阶的谐波。因此，对于 $N+1$ 个网格点的网格，方程（9.55）可以写成

$$\varepsilon(x) = \sum_{m=1}^{N/2} A_m \mathrm{e}^{ik_m x} \tag{9.58}$$

式（9.58）给出了 n 时刻舍入误差随空间的变化关系。如果假设振幅 A_m 是时间 t 的函数，式（9.58）可扩展为

$$\varepsilon(x,t) = \sum_{m=1}^{N/2} A_m(t) \mathrm{e}^{ik_m x} \tag{9.59}$$

因为误差有随时间呈指数增长或衰减的趋势，所以进一步假设 A_m 随时间呈指数变化，式（9.59）又可以写成

$$\varepsilon(x,t) = \sum_{m=1}^{N/2} \mathrm{e}^{at} \mathrm{e}^{ik_m x} \tag{9.60}$$

式（9.60）即为舍入误差随时间和空间变化的关系式，式中 a 是一个常数（对不同的 m 取不同的值）。

前面已经指出，傅里叶级数方法（Von·Neumann 方法）适用于线性问题，如果差分方程是线性的，其舍入误差满足同样的差分方程，舍入误差的整个数列的每一项的行为同整个数列的行为是相同的，所以在进行误差分析时，只处理数列中的某一项即可，所以式（9.60）可表示为

$$\varepsilon_m(x,t) = \mathrm{e}^{at} \mathrm{e}^{ik_m x} \tag{9.61}$$

稳定性一般可以用式（9.61）进行分析。

现在分析一维热扩散方程显式计算的稳定性问题。

将式（9.61）代入式（9.53）得

$$\frac{\mathrm{e}^{a(t+\Delta t)} \mathrm{e}^{ik_m x} - \mathrm{e}^{at} \mathrm{e}^{ik_m x}}{\lambda \Delta t} = \frac{\mathrm{e}^{at} \mathrm{e}^{ik_m(x+\Delta x)} - 2\mathrm{e}^{at} \mathrm{e}^{ik_m x} + \mathrm{e}^{at} \mathrm{e}^{ik_m(x-\Delta x)}}{(\Delta x)^2}$$

给上式同除以 $\mathrm{e}^{at} \mathrm{e}^{ik_m x}$ 得

$$\frac{\mathrm{e}^{a\Delta t} - 1}{\lambda \Delta t} = \frac{\mathrm{e}^{ik_m \Delta x} - 2 + \mathrm{e}^{-ik_m \Delta x}}{(\Delta x)^2}$$

因为 $\cos(k_m \Delta x) = \dfrac{\mathrm{e}^{ik_m \Delta x} + \mathrm{e}^{-ik_m \Delta x}}{2}$，代入上式整理得

$$\mathrm{e}^{a\Delta t} = 1 + \frac{2\lambda \Delta t}{(\Delta x)^2} [\cos(k_m \Delta x) - 1]$$

又因为 $\dfrac{\cos(k_m \Delta x)-1}{2}=-\sin^2\left(\dfrac{k_m \Delta x}{2}\right)$ ，代入上式得

$$e^{a\Delta t}=1-\frac{4\lambda \Delta t}{(\Delta x)^2}\sin^2\left(\frac{k_m \Delta x}{2}\right)$$

将式（9.61）代入式（9.54）得

$$\left|\frac{\varepsilon_i^{n+1}}{\varepsilon_i^n}\right|=\left|\frac{e^{a(t+\Delta t)}e^{ik_m x}}{e^{at}e^{ik_m x}}\right|=|e^{a\Delta t}|\leqslant 1$$

比较以上两式得

$$\left|\frac{\varepsilon_i^{n+1}}{\varepsilon_i^n}\right|=|e^{a\Delta t}|=\left|1-\frac{4\lambda \Delta t}{(\Delta x)^2}\sin^2\left(\frac{k_m \Delta x}{2}\right)\right|\leqslant 1$$

去掉绝对值得稳定条件为

$$-1\leqslant 1-\frac{4\lambda \Delta t}{(\Delta x)^2}\sin^2\left(\frac{k_m \Delta x}{2}\right)\leqslant 1$$

此不等式的右端自动成立，要使左端成立。则要求

$$\frac{\lambda \Delta t}{(\Delta x)^2}\sin^2\left(\frac{k_m \Delta x}{2}\right)\leqslant \frac{1}{2}$$

因为 $\sin^2(k_m \Delta x/2)$ 的最大值为 1，所以为使上式成立只要 $\lambda \Delta t/(\Delta x)^2\leqslant 1/2$ 即可。

由上面的分析可以看出，对于一维热扩散方程，显式格式收敛的条件是 $\lambda \Delta t/(\Delta x)^2\leqslant 1/2$。在例题 9.2 中，取 $\lambda \Delta t/(\Delta x)^2=5/9>1/2$，误差随时间的推进而逐渐增加，最终引起数值推进求解发散。

上面的分析方法称为 Von·Neumann 稳定性方法，它在考察线性差分方程的稳定性问题中经常被用到。

【例题 9.6】 已知一维波动方程为

$$\frac{\partial u}{\partial t}+c\frac{\partial u}{\partial x}=0$$

试用 Von·Neumann 稳定性方法分析该差分方程的稳定性。

解：

（1）对时间采用前差，对空间采用中心差分得

$$\frac{u_i^{n+1}-u_i^n}{\Delta t}+c\frac{u_{i+1}^n-u_{i-1}^n}{2\Delta x}=0$$

上式的误差方程为

$$\frac{\varepsilon_i^{n+1}-\varepsilon_i^n}{\Delta t}+c\frac{\varepsilon_{i+1}^n-\varepsilon_{i-1}^n}{2\Delta x}=0$$

将式（9.61）的 $\varepsilon_m(x,t)=e^{at}e^{ik_m x}$ 代入上式得

$$\frac{e^{a(t+\Delta t)}e^{ik_m x}-e^{at}e^{ik_m x}}{\Delta t}+c\frac{e^{at}e^{ik_m(x+\Delta x)}-e^{at}e^{ik_m(x-\Delta x)}}{2\Delta x}=0$$

整理上式得

$$\frac{e^{a\Delta t}-1}{\Delta t}+c\frac{e^{ik_m \Delta x}-e^{-ik_m \Delta x}}{2\Delta x}=0$$

因为 $\dfrac{\mathrm{e}^{ik_m \Delta x} - \mathrm{e}^{-ik_m \Delta x}}{2i} = \sin(k_m \Delta x)$，代入上式得

$$\frac{\mathrm{e}^{a\Delta t} - 1}{\Delta t} + \frac{c}{\Delta x} i \sin(k_m \Delta x) = 0$$

由上式解出 $\mathrm{e}^{a\Delta t} = 1 - \dfrac{c\Delta t}{\Delta x} i \sin(k_m \Delta x)$，因为

$$\left| \frac{\varepsilon_i^{n+1}}{\varepsilon_i^n} \right| = \left| \frac{\mathrm{e}^{a(t+\Delta t)} \mathrm{e}^{ik_m x}}{\mathrm{e}^{at} \mathrm{e}^{ik_m x}} \right| = |\mathrm{e}^{a\Delta t}| = \left| 1 - \frac{c\Delta t}{\Delta x} i \sin(k_m \Delta x) \right| \leqslant 1$$

式中：在实部的前后时刻振幅相等，属临界情况；虚部为震荡型函数，振幅比不稳定，差分方程属于不稳定情况。

（2）对时间采用前差，对空间采用后差：

$$\frac{u_i^{n+1} - u_i^n}{\Delta t} + c \frac{u_i^n - u_{i-1}^n}{\Delta x} = 0$$

误差方程为

$$\frac{\varepsilon_i^{n+1} - \varepsilon_i^n}{\Delta t} + c \frac{\varepsilon_i^n - \varepsilon_{i-1}^n}{\Delta x} = 0$$

将式（9.61）代入上式整理得

$$\mathrm{e}^{a\Delta t} = 1 - \frac{c\Delta t}{\Delta x}(1 - \mathrm{e}^{-ik_m \Delta x})$$

$$\left| \frac{\varepsilon_i^{n+1}}{\varepsilon_i^n} \right| = |\mathrm{e}^{a\Delta t}| = \left| 1 - \frac{c\Delta t}{\Delta x}(1 - \mathrm{e}^{-ik_m \Delta x}) \right| \leqslant 1$$

由上式可以看出，$\mathrm{e}^{-ik_m \Delta x}$ 的实部小于或等于 1，对于 $0 < c\Delta t / \Delta x \leqslant 1$ 均有后一时刻振幅较前一时刻之比恒小于 1，说明这种差分格式是稳定的。

【例题 9.7】　设区域 Γ 为例题 9.7 图所示的 L 型区域 $OABCDEO$，试取 $\Delta x = \Delta y = 1/4$，用差分法求解椭圆型方程

$$\frac{\partial^2 u}{\partial x^2} + \frac{\partial^2 u}{\partial y^2} = 0, (x,y) \in \Gamma \tag{1}$$

$$u \big|_{x=0} = y(1-y) \tag{2}$$

$$u \big|_{y=0} = x(1-x) \tag{3}$$

$$u = 0, (x,y) \in ABCDE \tag{4}$$

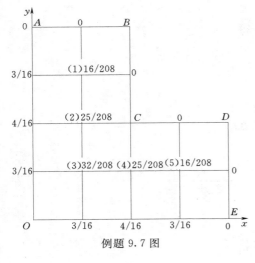

例题 9.7 图

解：

1. 确定边界上的 u 值

由边值条件可以看出，当 $x = y = 0$，由式（2）和式（3）得 $u = 0$。当 $x = 0$，$y = 1/4$、$2/4$、$3/4$ 和 1 时，由式（2）得 $u = 3/16$、$4/16$、$3/16$ 和 0。当 $y = 0$，$x = 1/4$、$2/4$、$3/4$ 和 1 时，由式（3）得 $u = 3/16$、$4/16$、$3/16$ 和 0。

2.对网格点（1）、（2）、（3）、（4）、（5）写差分方程

对二阶偏微分方程采用二阶精度的中心差分，即

$$\left(\frac{\partial^2 u}{\partial x^2}\right)_i^n = \frac{u_{i+1}^n - 2u_i^n + u_{i-1}^n}{(\Delta x)^2}$$

$$\left(\frac{\partial^2 u}{\partial y^2}\right)_i^n = \frac{u_i^{n+1} - 2u_i^n + u_i^{n-1}}{(\Delta y)^2}$$

将以上两式代入式（1）得

$$\frac{u_{i+1}^n - 2u_i^n + u_{i-1}^n}{(\Delta x)^2} = -\frac{u_i^{n+1} - 2u_i^n + u_i^{n-1}}{(\Delta y)^2}$$

因为步长 $\Delta x = \Delta y$ ，整理上式为

$$4u_i^n = u_{i+1}^n + u_{i-1}^n + u_i^{n+1} + u_i^{n-1}$$

对于网格点（1）： $\qquad 4u_1 = 0 + 3/16 + u_2 + 0 = 3/16 + u_2$

网格点（2）： $\qquad 4u_2 = 0 + 4/16 + u_3 + u_1 = 4/16 + u_3 + u_1$

网格点（3）： $\qquad 4u_3 = u_4 + 3/16 + 3/16 + u_2 = 6/16 + u_4 + u_2$

网格点（4）： $\qquad 4u_4 = u_5 + u_3 + 4/16 + 0 = 4/16 + u_5 + u_3$

网格点（5）： $\qquad 4u_5 = 0 + u_4 + 3/16 + 0 = 3/16 + u_4$

解以上方程组得 $u_1 = 16/208$ ， $u_2 = 25/208$ ， $u_3 = 32/208$ ， $u_4 = 25/208$ ， $u_5 = 16/208$ ，将计算的 u 值也写入例题 9.7 图中。

9.5　紊流基本方程与紊流数学模型简介

9.5.1　紊流的基本方程

1.紊流的时均连续性方程和运动方程

紊流的时均连续性方程见《水力学》（上册）第 7 章的式（7.50），即

$$\frac{\partial}{\partial x_i}(\bar{u}_i) = 0 \qquad\qquad (9.62)$$

紊流的时均运动方程，即雷诺方程见《水力学》（上册）第 7 章的式（7.51），写成张量形式为

$$\overline{F}_i - \frac{1}{\rho}\frac{\partial \bar{p}}{\partial x_i} + \frac{\mu}{\rho}\frac{\partial^2 \bar{u}_i}{\partial x_j^2} - \frac{\partial(\overline{u_i' u_j'})}{\partial x_j} = \frac{\partial \bar{u}_i}{\partial t} + \bar{u}_j\frac{\partial \bar{u}_i}{\partial x_j} \qquad\qquad (9.63)$$

2.紊流扩散的时均方程

三维紊流扩散方程见《水力学》（上册）第 9 章的式（9.140）和式（9.143），即

$$\frac{\partial \bar{c}}{\partial t} + \bar{u}_x\frac{\partial \bar{c}}{\partial x} + \bar{u}_y\frac{\partial \bar{c}}{\partial y} + \bar{u}_z\frac{\partial \bar{c}}{\partial z}$$

$$= \frac{\partial}{\partial x}\left(E_x\frac{\partial \bar{c}}{\partial x}\right) + \frac{\partial}{\partial y}\left(E_y\frac{\partial \bar{c}}{\partial y}\right) + \frac{\partial}{\partial z}\left(E_z\frac{\partial \bar{c}}{\partial z}\right) + D_m\left(\frac{\partial^2 \bar{c}}{\partial x^2} + \frac{\partial^2 \bar{c}}{\partial y^2} + \frac{\partial^2 \bar{c}}{\partial z^2}\right) \qquad (9.64)$$

式中： $\bar{c}$ 为浓度的时间平均值； E_x 、 E_y 、 E_z 分别为 x 、 y 、 z 轴方向的紊流扩散系数；

D_m 为分子扩散系数。

在紊流运动中，紊动的尺度远大于分子运动的尺度，如略去分子扩散项，且紊流扩散系数沿流不变，则三维紊流扩散方程为

$$\frac{\partial \overline{c}}{\partial t} + \overline{u}_x \frac{\partial \overline{c}}{\partial x} + \overline{u}_y \frac{\partial \overline{c}}{\partial y} + \overline{u}_z \frac{\partial \overline{c}}{\partial z} = E_x \frac{\partial^2 \overline{c}}{\partial x^2} + E_y \frac{\partial^2 \overline{c}}{\partial y^2} + E_z \frac{\partial^2 \overline{c}}{\partial z^2} \tag{9.65}$$

3. 紊流时均流能量方程

紊流的时均动能 K 是通过雷诺方程推导出来的。设紊流的时均动能 K 为

$$K = \frac{\overline{u}_i^2}{2} = \frac{\overline{u}_x^2 + \overline{u}_y^2 + \overline{u}_z^2}{2} \tag{9.66}$$

给式 (9.63) 两边同乘以时均流速 $\overline{u}_i$ 得

$$\overline{u}_i \left[\overline{F}_i - \frac{1}{\rho} \frac{\partial \overline{p}}{\partial x_i} + \frac{\mu}{\rho} \frac{\partial^2 \overline{u}_i}{\partial x_j^2} - \frac{\partial (\overline{u'_i u'_j})}{\partial x_j} \right] = \overline{u}_i \left[\frac{\partial \overline{u}_i}{\partial t} + \overline{u}_j \frac{\partial \overline{u}_i}{\partial x_j} \right] \tag{9.67}$$

根据数学上的求导法则，有

$$\overline{u}_i \frac{\partial \overline{p}}{\partial x_i} = \frac{\partial (\overline{p}\, \overline{u}_i)}{\partial x_i} - \overline{p} \frac{\partial \overline{u}_i}{\partial x_i}$$

根据连续性方程，$\partial \overline{u}_i / \partial x_i = 0$，所以 $\overline{u}_i \dfrac{\partial \overline{p}}{\partial x_i} = \dfrac{\partial (\overline{p}\, \overline{u}_i)}{\partial x_i}$

$$\overline{u}_i \frac{\partial^2 \overline{u}_i}{\partial x_j^2} = \frac{1}{2} \frac{\partial^2 (\overline{u}_i \overline{u}_i)}{\partial x_j^2} - \frac{\partial \overline{u}_i}{\partial x_j} \frac{\partial \overline{u}_i}{\partial x_j} = \frac{\partial^2 K}{\partial x_j^2} - \frac{\partial \overline{u}_i}{\partial x_j} \frac{\partial \overline{u}_i}{\partial x_j}$$

$$\overline{u}_i \frac{\partial (\overline{u'_i u'_j})}{\partial x_j} = \frac{\partial (\overline{u}_i \overline{u'_i u'_j})}{\partial x_j} - \overline{u'_i u'_j} \frac{\partial \overline{u}_i}{\partial x_j}$$

$$\overline{u}_i \frac{\partial \overline{u}_i}{\partial t} = \frac{1}{2} \frac{\partial (\overline{u}_i \overline{u}_i)}{\partial t} = \frac{\partial K}{\partial t}$$

因为 $\overline{u}_j \dfrac{\partial \overline{u}_i}{\partial x_j} = \dfrac{\partial (\overline{u}_i \overline{u}_j)}{\partial x_j}$ ，所以 $\overline{u}_i \overline{u}_j \dfrac{\partial \overline{u}_i}{\partial x_j} = \overline{u}_i \dfrac{\partial (\overline{u}_i \overline{u}_j)}{\partial x_j}$ 。

$$\overline{u}_i \frac{\partial (\overline{u}_i \overline{u}_j)}{\partial x_j} = \overline{u}_i \overline{u}_i \frac{\partial \overline{u}_j}{\partial x_j} + \overline{u}_i \overline{u}_j \frac{\partial \overline{u}_i}{\partial x_j} = \overline{u}_i \overline{u}_i \frac{\partial \overline{u}_j}{\partial x_j} + \frac{\overline{u}_j}{2} \frac{\partial (\overline{u}_i \overline{u}_i)}{\partial x_j} = \overline{u}_i \overline{u}_i \frac{\partial \overline{u}_j}{\partial x_j} + \overline{u}_j \frac{\partial K}{\partial x_j}$$

根据连续性方程，$\partial \overline{u}_j / \partial x_j = 0$，所以 $\overline{u}_i \dfrac{\partial (\overline{u}_i \overline{u}_j)}{\partial x_j} = \overline{u}_j \dfrac{\partial K}{\partial x_j}$ ，将以上公式代入式 (9.67) 得

$$\frac{\partial K}{\partial t} + \overline{u}_j \frac{\partial K}{\partial x_j} = \overline{u}_i \overline{F}_i - \frac{1}{\rho} \frac{\partial (\overline{p}\, \overline{u}_i)}{\partial x_i} + \frac{\mu}{\rho} \frac{\partial^2 K}{\partial x_j^2} - \frac{\mu}{\rho} \frac{\partial \overline{u}_i}{\partial x_j} \frac{\partial \overline{u}_i}{\partial x_j} - \frac{\partial}{\partial x_j} [\overline{u}_i (\overline{u'_i u'_j})] + \overline{u'_i u'_j} \frac{\partial \overline{u}_i}{\partial x_j} \tag{9.68}$$

　Ⅰ　　　Ⅱ　　　　Ⅲ　　　　Ⅳ　　　　Ⅴ　　　　Ⅵ　　　　　Ⅶ　　　　Ⅷ

式 (9.68) 即为紊流时均流能量方程。式中Ⅰ为时均动能的时间变化率；Ⅱ为时均动能的空间对流变化率；Ⅲ为质量力引起的时均动能的变化率；Ⅳ为压强梯度引起的时均动能的变化率；Ⅴ为黏性应力引起的动能的空间扩散率；Ⅵ为平均流动能的黏性耗散率；Ⅶ为雷诺应力引起的动能的空间扩散率；Ⅷ为平均流动能向紊动动能的转化率。其中Ⅰ～Ⅴ项为保守项，Ⅵ和Ⅷ为非保守项，它反映了紊流时均运动能量的耗散性。

4. 紊流瞬时流动的能量方程

紊流瞬时流动的能量方程仍由纳维埃-斯托克斯方程推出。纳维埃-斯托克斯方程（9.3）可以写成

$$\frac{\partial u_i}{\partial t} + u_j \frac{\partial u_i}{\partial x_j} = F_i - \frac{1}{\rho} \frac{\partial p}{\partial x_i} + \frac{\mu}{\rho} \frac{\partial^2 u_i}{\partial x_j^2} \tag{9.69}$$

给式（9.69）的等式两边同乘以瞬时流速 u_i，则

$$u_i \left(\frac{\partial u_i}{\partial t} + u_j \frac{\partial u_i}{\partial x_j} \right) = u_i \left(F_i - \frac{1}{\rho} \frac{\partial p}{\partial x_i} + \frac{\mu}{\rho} \frac{\partial^2 u_i}{\partial x_j^2} \right) \tag{9.70}$$

因为 $u_i \frac{\partial u_i}{\partial t} = \frac{1}{2} \frac{\partial(u_i u_i)}{\partial t}$，$u_i u_j \frac{\partial u_i}{\partial x_j} = u_j \frac{1}{2} \frac{\partial(u_i u_i)}{\partial x_j}$，$u_i \frac{\partial p}{\partial x_i} = \frac{\partial(p u_i)}{\partial x_i}$，$u_i \frac{\partial^2 u_i}{\partial x_j^2} = \frac{1}{2} \frac{\partial^2(u_i u_i)}{\partial x_j^2} - \frac{\partial u_i}{\partial x_j} \frac{\partial u_i}{\partial x_j}$，代入式（9.70）得

$$\frac{1}{2} \frac{\partial(u_i u_i)}{\partial t} + u_j \frac{1}{2} \frac{\partial(u_i u_i)}{\partial x_j} = u_i F_i - \frac{1}{\rho} \frac{\partial(p u_i)}{\partial x_i} + \frac{\mu}{\rho} \left[\frac{1}{2} \frac{\partial^2(u_i u_i)}{\partial x_j^2} - \frac{\partial u_i}{\partial x_j} \frac{\partial u_i}{\partial x_j} \right] \tag{9.71}$$

式（9.71）即为不可压缩液体瞬时流的能量方程，也就是紊流的总能量方程。

将式（9.71）中的瞬时值写成时均值与脉动值的形式，并对其进行时间平均得

$$\frac{1}{2} \frac{\partial(\overline{u_i}\,\overline{u_i} + \overline{u'_i u'_i})}{\partial t} + (\overline{u_j} + u'_j) \frac{1}{2} \frac{\partial(\overline{u_i}\,\overline{u_i} + \overline{u'_i u'_i})}{\partial x_j}$$

$$= (\overline{u_i}\,\overline{F_i} + \overline{u'_i F'_i}) - \frac{1}{\rho} \frac{\partial(\overline{p}\,\overline{u_i} + \overline{p'u'_i})}{\partial x_i}$$

$$+ \frac{\mu}{\rho} \left[\frac{1}{2} \frac{\partial^2(\overline{u_i}\,\overline{u_i} + \overline{u'_i u'_i})}{\partial x_j^2} - \overline{\frac{\partial(\overline{u_i} + u'_i)}{\partial x_j} \frac{\partial(\overline{u_i} + u'_i)}{\partial x_j}} \right] \tag{9.72}$$

5. 紊流时均流的涡量方程

涡量方程（9.7）可以写成张量形式为

$$\frac{\partial \Omega_i}{\partial t} + u_j \frac{\partial \Omega_i}{\partial x_j} = \Omega_j \frac{\partial u_i}{\partial x_j} + \frac{\mu}{\rho} \frac{\partial^2 \Omega_i}{\partial x_j^2} \tag{9.73}$$

改写式（9.73），并注意连续性方程，则式（9.73）可以写成

$$\frac{\partial \Omega_i}{\partial t} + \frac{\partial(u_j \Omega_i)}{\partial x_j} = \frac{\partial(u_i \Omega_j)}{\partial x_j} + \frac{\mu}{\rho} \frac{\partial^2 \Omega_i}{\partial x_j^2}$$

将上式的瞬时值写成时均值与脉动值相加的形式，即

$$\frac{\partial(\overline{\Omega_i} + \Omega'_i)}{\partial t} + \frac{\partial\left[(\overline{u_j} + u'_j)(\overline{\Omega_i} + \Omega'_i)\right]}{\partial x_j} = \frac{\partial\left[(\overline{u_i} + u'_i)(\overline{\Omega_j} + \Omega'_j)\right]}{\partial x_j} + \frac{\mu}{\rho} \frac{\partial^2(\overline{\Omega_i} + \Omega'_i)}{\partial x_j^2}$$

对上式进行时间平均得

$$\frac{\partial \overline{\Omega_i}}{\partial t} + \frac{\partial (\overline{u}_j \overline{\Omega_i} + \overline{u'_j \Omega'_i})}{\partial x_j} = \frac{\partial (\overline{u_i} \overline{\Omega_j} + \overline{u'_i \Omega'_j})}{\partial x_j} + \frac{\mu}{\rho} \frac{\partial^2 \overline{\Omega_i}}{\partial x_j^2} \qquad (9.74)$$

6. 紊流脉动值的动量方程

将纳维埃-斯托克斯方程（9.69）写成时均值与脉动值的形式，即

$$\frac{\partial (\overline{u_i} + u'_i)}{\partial t} + (\overline{u}_j + u'_j) \frac{\partial (\overline{u_i} + u'_i)}{\partial x_j} = (\overline{F_i} + F'_i) - \frac{1}{\rho} \frac{\partial (\overline{p} + p')}{\partial x_i} + \frac{\mu}{\rho} \frac{\partial^2 (\overline{u_i} + u'_i)}{\partial x_j^2}$$

用上式减去雷诺方程（9.63）得

$$\frac{\partial u'_i}{\partial t} + \overline{u}_j \frac{\partial u'_i}{\partial x_j} + u'_j \frac{\partial \overline{u_i}}{\partial x_j} + u'_j \frac{\partial u'_i}{\partial x_j} = F'_i - \frac{1}{\rho} \frac{\partial p'}{\partial x_i} + \frac{\mu}{\rho} \frac{\partial^2 u'_i}{\partial x_j^2} + \frac{\partial (\overline{u'_i u'_j})}{\partial x_j}$$

$\dfrac{\partial (u'_i u'_j)}{\partial x_j} = u'_j \dfrac{\partial u'_i}{\partial x_j} + u'_i \dfrac{\partial u'_j}{\partial x_j}$，由连续性方程有 $\dfrac{\partial u'_j}{\partial x_j} = 0$，所以 $\dfrac{\partial (u'_i u'_j)}{\partial x_j} = u'_j \dfrac{\partial u'_i}{\partial x_j}$，则上式变为

$$\frac{\partial u'_i}{\partial t} + \overline{u}_j \frac{\partial u'_i}{\partial x_j} + u'_j \frac{\partial \overline{u_i}}{\partial x_j} + \frac{\partial (u'_i u'_j)}{\partial x_j} = F'_i - \frac{1}{\rho} \frac{\partial p'}{\partial x_i} + \frac{\mu}{\rho} \frac{\partial^2 u'_i}{\partial x_j^2} + \frac{\partial (\overline{u'_i u'_j})}{\partial x_j}$$

上式进一步可以写成

$$\frac{\partial u'_i}{\partial t} + \overline{u}_j \frac{\partial u'_i}{\partial x_j} = F'_i - \frac{1}{\rho} \frac{\partial p'}{\partial x_i} - u'_j \frac{\partial \overline{u_i}}{\partial x_j} - \frac{\partial (u'_i u'_j)}{\partial x_j} + \frac{\partial (\overline{u'_i u'_j})}{\partial x_j} + \frac{\mu}{\rho} \frac{\partial^2 u'_i}{\partial x_j^2} \qquad (9.75)$$

式（9.75）即为紊流脉动值的动量方程。

9.5.2　紊流数学模型

自然界和工程中的液流运动几乎都是紊流运动，雷诺方程则是描述紊流时均运动的基本方程。求解雷诺方程的关键是确定雷诺应力。雷诺应力是在对纳维埃-斯托克斯方程进行时间平均的过程中产生的，由于方程中增加了雷诺应力项，使得方程中未知数的个数多于方程的个数。为了求解雷诺方程，从 20 世纪 20 年代人们就开始致力于通过求解雷诺方程预测紊流运动。所谓紊流数学模型，就是引入某些假设和经验关系，把雷诺应力通过紊动的平均参数和时均变量联系起来，补充一组代数方程或偏微分方程，使雷诺方程组封闭，从而得以求解。

紊流数学模型可根据其用途及复杂程度划分成不同的类型。通常是根据模型所采用的微分输运方程的个数来划分，不含微分方程的模型称为零方程模型，包含一个或两个微分输运方程的模型称为单方程模型或双方程模型，包含更多偏微分方程的模型称为多方程模型。此外，也有将紊流数学模型按其特点和用途命名的，如代数应力方程、双层模型、低雷诺数模型和 $k - \varepsilon$ 模型等。

9.5.2.1　零方程模型和单方程模型

零方程模型有普朗特的混合长度模型，布辛涅斯克（J. V. Boussinesq）模型和柯莫哥洛夫-普朗特（А. Н. Колмогоров - Prandtl）紊流黏性系数模型。其中普朗特的混合长度模型在《水力学》（上册）第 4 章已给出了公式，即

$$- \rho \overline{u'_x u'_y} = \rho l^2 \frac{\mathrm{d} u_x}{\mathrm{d} y} \left| \frac{\mathrm{d} u_x}{\mathrm{d} y} \right| \qquad (9.76)$$

式中：l 为普朗特的混合长度，一般由实验确定。

普朗特的混合长度理论的直接结果是给出了沿边界法线方向的流速分布公式，即流速分布的对数律公式，该公式是水力学最重要的公式之一。

1980 年，W. Rodi 给出了二维紊流混合长度的一些例子，见表 9.1，可供计算时参考。

表 9.1   二 维 紊 流 混 合 长 度

流动类型	混合长度 l	特征长度 L
混合层	$0.07L$	层宽
射流	$0.09L$	射流半宽
尾流	$0.16L$	尾流半宽
轴对称射流	$0.075L$	射流半宽
边界层($\partial p/\partial x=0$)		
黏性底层和对数律($y/L \leqslant 0.22$)	$k_0 y[1-\exp(-y^+/26)]$	边界层厚度
外层($y/L>0.22$)	$0.09L$	
管道和渠道(充分发展紊流)	$[0.14-0.08(1-y/L)^2-0.06(1-y/L)^4]L$	管半径或渠半宽

注 $k_0=0.41$ 为卡门常数；y 为离开壁面的距离；$y^+=v_* y/\nu$，ν 为液体的运动黏滞系数，v_* 为摩阻流速。

普朗特的混合长度模型的优点是计算资源廉价，薄剪切层、射流、混合层、尾流和边界层的预测都很好，易于建模；缺点是完全不能描述分离和回流流动，只能计算时均动量和紊流剪切层。

1877 年，布辛涅斯克提出了紊动黏滞系数的概念，他类比牛顿内摩擦定律的黏滞切应力，认为紊动切应力也可以通过一个紊动动力黏滞系数 μ_t 乘以时均角速度的 2 倍来表示，即

$$-\rho \overline{u'_x u'_y} = \mu_t\left(\frac{\partial \overline{u}_y}{\partial x}+\frac{\partial \overline{u}_x}{\partial y}\right) = \rho \nu_t\left(\frac{\partial \overline{u}_y}{\partial x}+\frac{\partial \overline{u}_x}{\partial y}\right)$$

$$-\rho \overline{u'_y u'_z} = \mu_t\left(\frac{\partial \overline{u}_z}{\partial y}+\frac{\partial \overline{u}_y}{\partial z}\right) = \rho \nu_t\left(\frac{\partial \overline{u}_z}{\partial y}+\frac{\partial \overline{u}_y}{\partial z}\right) \qquad (9.77)$$

$$-\rho \overline{u'_z u'_x} = \mu_t\left(\frac{\partial \overline{u}_x}{\partial z}+\frac{\partial \overline{u}_z}{\partial x}\right) = \rho \nu_t\left(\frac{\partial \overline{u}_x}{\partial z}+\frac{\partial \overline{u}_z}{\partial x}\right)$$

对于二维恒定均匀流，式（9.77）简化为

$$-\rho \overline{u'_x u'_y} = \mu_t \frac{\mathrm{d}\overline{u}_x}{\mathrm{d}y} = \rho \nu_t \frac{\mathrm{d}\overline{u}_x}{\mathrm{d}y} \qquad (9.78)$$

式中：μ_t 和 ν_t 分别为紊流的动力黏性系数和运动黏性系数。将式（9.78）与式（9.76）相比较，可得 $\mu_t = \rho l^2 \mathrm{d}u_x/\mathrm{d}y$，$\nu_t = \mu_t/\rho = l^2 \mathrm{d}u_x/\mathrm{d}y$。

为了把布辛涅斯克的式（9.78）用于三维紊流流动，人们将布氏公式（9.78）做了扩展，改写成下述形式

$$-\overline{u'_i u'_j} = \nu_t\left(\frac{\partial \overline{u}_i}{\partial x_j}+\frac{\partial \overline{u}_j}{\partial x_i}\right) - \frac{2}{3}k\delta_{ij} \qquad (i,j=1,2,3) \qquad (9.79)$$

式中：k 为紊动能；δ_{ij} 为克罗内克（Kronecker Delta）符号，$i=j$ 时，$\delta_{ij}=1$，表示雷诺正

应力，$i \neq j$ 时，$\delta_{ij} = 0$，表示雷诺切应力。

1942 年，苏联学者柯莫哥洛夫提出紊流的特征可以用紊动能 k 和特征频率 f 来表示。1945 年，德国学者普朗特提出紊流的特征可以用混合长度和特征速度来表示，并提出应该选用紊动能 k 的平方根作为特征速度，由此提出了紊流黏性系数的表达式为

$$\nu_t = C'_u l \sqrt{k} \tag{9.80}$$

式中：C'_u 为经验常数。

式（9.80）称为柯莫哥洛夫-普朗特公式。

9.5.2.2　双方程模型

根据柯莫哥洛夫-普朗特公式，描述紊流特性的参数以选用特征速度和特征长度这两个参数为宜。紊流特征参数应能充分反映紊流随时间演变及在空间传输的特性。为此，两个参数均应通过相应的微分输运方程来确定。通过两个微分方程确定两项紊流参数，这样构成的紊流数学模型称为双方程模型。

现有的双方程模型都选用紊动能 k 作为第一个紊流特征参数。这是因为紊动能 k 充分反映了液体紊动的强弱，表示紊流中紊动能的大小；$\sqrt{k}$ 具有速度的量纲，代表着紊流的特征速度；k 还具有严密的理论推导方法，方程中的各项均具有明确的物理意义。

关于紊流的第二个特征参数及其相应的输运方程，根据柯莫哥洛夫-普朗特公式，应该选用特征长度。但建立特征长度的输运方程有很大的困难。因此人们进行了大量的探索，建立了许多不同的双方程模型。其中经受住实践的考验并获得广泛应用的首推 $k-\varepsilon$ 模型。下面重点介绍 $k-\varepsilon$ 模型，因为紊动能 k 和耗散率 ε 有严格的推导方法，为了使学生掌握 k 和 ε 的物理意义和推导演变过程，本节首先推导 k 和 ε 方程，然后介绍常用的 $k-\varepsilon$ 模型。

1. 紊动能量 k

紊动能量 k 简称紊动能，其定义为

$$k = \frac{\overline{u'_i u'_i}}{2} = \frac{\overline{u'_x u'_x} + \overline{u'_y u'_y} + \overline{u'_z u'_z}}{2} \tag{9.81}$$

紊动能表示紊动所携带的动能量，反映了液体紊动的强弱，是最重要的紊动运动参数。

紊动能的推导方法有三种，第一种是对雷诺应力输运方程进行缩并，即可得到 k 方程。第二种是用瞬时流速乘以纳维埃-斯克托斯方程，得到瞬时能量方程，对其进行时间平均，得到平均形式的总能量方程，从中减去时均流能量方程，所余各项组成了紊动能方程。第三种是用脉动流速与相应的瞬时值动量方程（即纳维埃-斯克托斯方程，但要把流速和压强等写成时均值与脉动值之和的形式）相乘，再对其进行时间平均，把时间平均后的三个方程相加整理可得紊动能方程。现按照第二种方法对紊动能 k 推导如下。

用式（9.72）减去式（9.68）可直接得紊动能 k

$$\frac{\partial k}{\partial t} + \overline{u}_j \frac{\partial k}{\partial x_j} = \overline{u'_i F'_i} - \frac{1}{\rho} \frac{\partial (\overline{p' u'_i})}{\partial x_i} + \frac{\mu}{\rho} \frac{\partial^2 k}{\partial x_j^2} - \frac{\mu}{\rho} \overline{\frac{\partial u'_i}{\partial x_j} \frac{\partial u'_i}{\partial x_j}} + \frac{\partial}{\partial x_j} [\overline{u_i} (\overline{u'_i u'_j})] - \overline{u'_i u'_j} \frac{\partial \overline{u}_i}{\partial x_j}$$

$$\tag{9.82}$$

　　Ⅰ　　　　Ⅱ　　　　Ⅲ　　　　Ⅳ　　　　　Ⅴ　　　　　　Ⅵ　　　　　　　Ⅶ　　　　　　Ⅷ

式中：Ⅰ 为脉动动能的当地瞬时变化率；Ⅱ 为脉动动能的对流传递；Ⅲ 为质量力引起

的脉动动能的变化率；Ⅳ为由于脉动压强而引起的脉动动能的传递；Ⅴ为由于分子黏性而引起的脉动动能的梯度传递；Ⅵ为由于分子黏性的作用使脉动动能耗散而转变为热能的部分；Ⅶ为雷诺应力引起的脉动动能的空间扩散率；Ⅷ为由时均流动传递给脉动流动的能量。

2. 紊动耗散率 ε

紊动耗散率 ε 的推导过程如下。将 i 方向的脉动流速动量方程（9.75）（不计质量力）对坐标 x_k 取微分，即

$$\frac{\partial}{\partial x_k}\left(\frac{\partial u_i'}{\partial t}\right)+\frac{\partial}{\partial x_k}\left(\overline{u}_j\frac{\partial u_i'}{\partial x_j}\right)=-\frac{1}{\rho}\frac{\partial}{\partial x_k}\left(\frac{\partial p'}{\partial x_i}\right)-\frac{\partial}{\partial x_k}\left(u_j'\frac{\partial \overline{u}_i}{\partial x_j}\right)-\frac{\partial}{\partial x_k}\left[\frac{\partial(u_i'u_j')}{\partial x_j}\right]$$

$$+\frac{\partial}{\partial x_k}\left[\frac{\partial(\overline{u_i'u_j'})}{\partial x_j}\right]+\frac{\mu}{\rho}\frac{\partial}{\partial x_k}\left(\frac{\partial^2 u_i'}{\partial x_j^2}\right)$$

利用微分顺序的互换性得

$$\frac{\partial}{\partial t}\left(\frac{\partial u_i'}{\partial x_k}\right)+\frac{\partial \overline{u}_j}{\partial x_k}\frac{\partial u_i'}{\partial x_j}+\overline{u}_j\frac{\partial}{\partial x_k}\left(\frac{\partial u_i'}{\partial x_j}\right)=-\frac{1}{\rho}\frac{\partial}{\partial x_i}\left(\frac{\partial p'}{\partial x_k}\right)-\frac{\partial u_j'}{\partial x_k}\frac{\partial \overline{u}_i}{\partial x_j}-u_j'\frac{\partial}{\partial x_j}\left(\frac{\partial \overline{u}_i}{\partial x_k}\right)$$

$$-\frac{\partial}{\partial x_k}\left[\frac{\partial(u_i'u_j')}{\partial x_j}\right]+\frac{\partial}{\partial x_k}\left[\frac{\partial(\overline{u_i'u_j'})}{\partial x_j}\right]+\frac{\mu}{\rho}\frac{\partial}{\partial x_k}\left(\frac{\partial^2 u_i'}{\partial x_j^2}\right)$$

因为 $\mu/\rho=\nu$，给上式乘以 $2\nu(\partial u_i'/\partial x_k)$ 代入整理得

$$2\nu\frac{\partial u_i'}{\partial x_k}\frac{\partial}{\partial t}\left(\frac{\partial u_i'}{\partial x_k}\right)+2\nu\frac{\partial u_i'}{\partial x_k}\overline{u}_j\frac{\partial}{\partial x_k}\left(\frac{\partial u_i'}{\partial x_j}\right)$$

$$=-\frac{1}{\rho}2\nu\frac{\partial u_i'}{\partial x_k}\frac{\partial}{\partial x_i}\left(\frac{\partial p'}{\partial x_k}\right)-2\nu\frac{\partial u_i'}{\partial x_k}\frac{\partial \overline{u}_j}{\partial x_k}\frac{\partial u_i'}{\partial x_j}-2\nu\frac{\partial u_i'}{\partial x_k}\frac{\partial u_j'}{\partial x_k}\frac{\partial \overline{u}_i}{\partial x_j}-2\nu\frac{\partial u_i'}{\partial x_k}u_j'\frac{\partial}{\partial x_j}\left(\frac{\partial \overline{u}_i}{\partial x_k}\right)$$

$$-2\nu\frac{\partial u_i'}{\partial x_k}\frac{\partial}{\partial x_k}\left[\frac{\partial(u_i'u_j')}{\partial x_j}\right]+2\nu\frac{\partial u_i'}{\partial x_k}\frac{\partial}{\partial x_k}\left[\frac{\partial(\overline{u_i'u_j'})}{\partial x_j}\right]+2\nu^2\frac{\partial u_i'}{\partial x_k}\frac{\partial}{\partial x_k}\left(\frac{\partial^2 u_i'}{\partial x_j^2}\right) \qquad (9.83)$$

下面对各项进行分析

$$2\nu\frac{\partial u_i'}{\partial x_k}\frac{\partial}{\partial t}\left(\frac{\partial u_i'}{\partial x_k}\right)=2\nu\left[\frac{1}{2}\frac{\partial}{\partial t}\left(\frac{\partial u_i'}{\partial x_k}\frac{\partial u_i'}{\partial x_k}\right)\right]=\frac{\partial}{\partial t}\left[\nu\left(\frac{\partial u_i'}{\partial x_k}\right)^2\right]$$

$$2\nu\frac{\partial u_i'}{\partial x_k}\overline{u}_j\frac{\partial}{\partial x_k}\left(\frac{\partial u_i'}{\partial x_j}\right)=2\nu\,\overline{u}_j\frac{\partial u_i'}{\partial x_k}\frac{\partial}{\partial x_k}\left(\frac{\partial u_i'}{\partial x_j}\right)=2\nu\,\overline{u}_j\frac{1}{2}\frac{\partial}{\partial x_j}\left[\left(\frac{\partial u_i'}{\partial x_k}\right)^2\right]=\overline{u}_j\frac{\partial}{\partial x_j}\left[\nu\left(\frac{\partial u_i'}{\partial x_k}\right)^2\right]$$

$$\frac{2\nu}{\rho}\frac{\partial u_i'}{\partial x_k}\frac{\partial}{\partial x_i}\left(\frac{\partial p'}{\partial x_k}\right)=\frac{2\nu}{\rho}\left[\frac{\partial}{\partial x_i}\left(\frac{\partial u_i'}{\partial x_k}\frac{\partial p'}{\partial x_k}\right)-\frac{\partial p'}{\partial x_k}\frac{\partial}{\partial x_k}\left(\frac{\partial u_i'}{\partial x_i}\right)\right]=\frac{2\nu}{\rho}\frac{\partial}{\partial x_i}\left(\frac{\partial u_i'}{\partial x_k}\frac{\partial p'}{\partial x_k}\right)$$

根据张量双重下标求和与哑元的互换性，有

$$2\nu\left(\frac{\partial u_i'}{\partial x_k}\frac{\partial \overline{u}_j}{\partial x_k}\frac{\partial u_i'}{\partial x_j}+\frac{\partial u_i'}{\partial x_k}\frac{\partial u_j'}{\partial x_k}\frac{\partial \overline{u}_i}{\partial x_j}\right)=2\nu\left(\frac{\partial u_j'}{\partial x_k}\frac{\partial \overline{u}_i}{\partial x_k}\frac{\partial u_j'}{\partial x_i}+\frac{\partial u_i'}{\partial x_j}\frac{\partial u_k'}{\partial x_j}\frac{\partial \overline{u}_i}{\partial x_k}\right)=2\nu\frac{\partial \overline{u}_i}{\partial x_k}\left(\frac{\partial u_j'}{\partial x_k}\frac{\partial u_j'}{\partial x_i}+\frac{\partial u_i'}{\partial x_j}\frac{\partial u_k'}{\partial x_j}\right)$$

$$2\nu\frac{\partial u_i'}{\partial x_k}\frac{\partial}{\partial x_k}\left[\frac{\partial(u_i'u_j')}{\partial x_j}\right]=2\nu\frac{\partial u_i'}{\partial x_k}\frac{\partial}{\partial x_k}\left(u_j'\frac{\partial u_i'}{\partial x_j}+u_i'\frac{\partial u_j'}{\partial x_j}\right)$$

$$=2\nu\frac{\partial u_i'}{\partial x_k}\frac{\partial}{\partial x_k}\left(u_j'\frac{\partial u_i'}{\partial x_j}\right)$$

$$= 2\nu\left(\frac{\partial u_i'}{\partial x_k}\frac{\partial u_j'}{\partial x_k}\frac{\partial u_i'}{\partial x_j} + u_j'\frac{\partial u_i'}{\partial x_k}\frac{\partial^2 u_i'}{\partial x_k \partial x_j}\right)$$

$$= 2\nu\left(\frac{\partial u_i'}{\partial x_k}\frac{\partial u_j'}{\partial x_k}\frac{\partial u_i'}{\partial x_j} + u_j'\frac{\partial u_i'}{\partial x_k}\frac{\partial^2 u_i'}{\partial x_j \partial x_k}\right)$$

$$= 2\nu\left[\frac{\partial u_i'}{\partial x_k}\frac{\partial u_j'}{\partial x_k}\frac{\partial u_i'}{\partial x_j} + u_j'\frac{1}{2}\frac{\partial}{\partial x_j}\left(\frac{\partial u_i'}{\partial x_k}\right)^2\right]$$

$$= 2\nu\frac{\partial u_i'}{\partial x_k}\frac{\partial u_j'}{\partial x_k}\frac{\partial u_i'}{\partial x_j} + u_j'\frac{\partial}{\partial x_j}\left[\nu\left(\frac{\partial u_i'}{\partial x_k}\right)^2\right]$$

$$2\nu^2\frac{\partial u_i'}{\partial x_k}\frac{\partial}{\partial x_k}\left(\frac{\partial^2 u_i'}{\partial x_j^2}\right) = 2\nu^2\frac{\partial u_i'}{\partial x_k}\frac{\partial^2}{\partial x_j^2}\left(\frac{\partial u_i'}{\partial x_k}\right)$$

$$= 2\nu^2\frac{\partial}{\partial x_j}\left[\frac{\partial u_i'}{\partial x_k}\frac{\partial}{\partial x_j}\left(\frac{\partial u_i'}{\partial x_k}\right)\right] - 2\nu^2\left[\frac{\partial}{\partial x_j}\left(\frac{\partial u_i'}{\partial x_k}\right)\right]^2$$

$$= 2\nu^2\frac{\partial^2}{\partial x_j^2}\left[\frac{1}{2}\left(\frac{\partial u_i'}{\partial x_k}\right)^2\right] - 2\nu^2\left(\frac{\partial^2 u_i'}{\partial x_j \partial x_k}\right)^2$$

$$= \nu\frac{\partial^2}{\partial x_j^2}\left[\nu\left(\frac{\partial u_i'}{\partial x_k}\right)^2\right] - 2\nu^2\left(\frac{\partial^2 u_i'}{\partial x_j \partial x_k}\right)^2$$

将以上各式代入式（9.83）得

$$\frac{\partial}{\partial t}\left[\nu\left(\frac{\partial u_i'}{\partial x_k}\right)^2\right] + \overline{u}_j\frac{\partial}{\partial x_j}\left[\nu\left(\frac{\partial u_i'}{\partial x_k}\right)^2\right] = -\frac{2\nu}{\rho}\frac{\partial}{\partial x_i}\left(\frac{\partial u_i'}{\partial x_k}\frac{\partial p'}{\partial x_k}\right)$$

$$-2\nu\frac{\partial\overline{u}_i}{\partial x_k}\left(\frac{\partial u_j'}{\partial x_k}\frac{\partial u_j'}{\partial x_i} + \frac{\partial u_i'}{\partial x_j}\frac{\partial u_k'}{\partial x_j}\right) - 2\nu\frac{\partial u_i'}{\partial x_k}u_j'\frac{\partial}{\partial x_j}\left(\frac{\partial\overline{u}_i}{\partial x_k}\right)$$

$$-\left\{2\nu\frac{\partial u_i'}{\partial x_k}\frac{\partial u_j'}{\partial x_k}\frac{\partial u_i'}{\partial x_j} + u_j'\frac{\partial}{\partial x_j}\left[\nu\left(\frac{\partial u_i'}{\partial x_k}\right)^2\right]\right\}$$

$$+2\nu\frac{\partial u_i'}{\partial x_k}\frac{\partial}{\partial x_k}\left[\frac{\partial(\overline{u_i'u_j'})}{\partial x_j}\right] + \nu\frac{\partial^2}{\partial x_j^2}\left[\nu\left(\frac{\partial u_i'}{\partial x_k}\right)^2\right]$$

$$-2\nu^2\left(\frac{\partial^2 u_i'}{\partial x_j \partial x_k}\right)^2$$

对上式进行时间平均，并将 $\varepsilon = \nu\overline{(\partial u_i'/\partial x_k)^2}$ 代入整理得

$$\frac{\partial\varepsilon}{\partial t} + \overline{u}_j\frac{\partial\varepsilon}{\partial x_j} = -2\nu\frac{\partial\overline{u}_i}{\partial x_k}\left(\overline{\frac{\partial u_j'}{\partial x_k}\frac{\partial u_j'}{\partial x_i}} + \overline{\frac{\partial u_i'}{\partial x_j}\frac{\partial u_k'}{\partial x_j}}\right)$$

$$-\frac{2\nu}{\rho}\frac{\partial}{\partial x_i}\left(\overline{\frac{\partial u_i'}{\partial x_k}\frac{\partial p'}{\partial x_k}}\right) + \nu\frac{\partial^2\varepsilon}{\partial x_j^2} - 2\nu^2\overline{\left(\frac{\partial^2 u_i'}{\partial x_j \partial x_k}\right)^2}$$

$$-2\nu\overline{\frac{\partial u_i'}{\partial x_k}\frac{\partial u_j'}{\partial x_k}\frac{\partial u_i'}{\partial x_j}} - \overline{u_j'\frac{\partial\varepsilon}{\partial x_j}} - 2\nu\overline{\frac{\partial u_i'}{\partial x_k}u_j'\frac{\partial}{\partial x_j}\left(\frac{\partial\overline{u}_i}{\partial x_k}\right)} \tag{9.84}$$

式（9.84）即为精确形式的紊动能耗散率 ε 方程。

上面从纯数学的角度推导了紊动能 k 方程（9.82）和紊动耗散率 ε 方程（9.84），但这两个方程都相当复杂，式中包含了许多高阶相关矩，不便应用。为了实际应用，必须对

k 方程和 ε 方程进行模化处理。1945 年，我国著名学者、现代紊流模式理论的奠基人周培源就提出了以紊动耗散率作为表征紊流特征参数的思想，并提出了一种紊流运动的求解方法。完整的 k–ε 模型是 Launder 和 Jones 于 1972 年提出的。

对于紊动能 k，Launder 和 Jones 通过量纲分析认为，$\mu(\partial u_i'/\partial x_j)^2$ 如果以 k 和紊流尺度 l 来表示，则可写成

$$\mu \overline{\frac{\partial u_i'}{\partial x_j} \frac{\partial u_i'}{\partial x_j}} = \rho C_D k^{3/2}/l$$

式中：C_D 为经验常数。

$\overline{u_i' u_j'}(\partial \overline{u}_i/\partial x_j)$ 利用布辛涅斯克关于紊流应力的假说，可以写成

$$-\rho \overline{u_i' u_j'} \frac{\partial \overline{u}_i}{\partial x_j} = \mu_t \left(\frac{\partial \overline{u}_i}{\partial x_j} + \frac{\partial \overline{u}_j}{\partial x_i} \right) \frac{\partial \overline{u}_i}{\partial x_j}$$

将式（9.82）中的第 IV 项和 VII 项合并，均视为脉动动能的扩散传递，且表示为扩散传递的常规形式，即

$$-\frac{\partial (\overline{p' u_i'})}{\partial x_i} + \rho \frac{\partial}{\partial x_j} [\overline{u}_i (\overline{u_i' u_j'})] = \frac{\mu_t}{\sigma_k} \frac{\partial^2 k}{\partial x_j^2}$$

式中：σ_k 为与紊动能 k 有关的 Prandtl 数。

将以上各式代入式（9.82），忽略质量力得紊动能 k 的模化方程为

$$\rho \frac{\partial k}{\partial t} + \rho \overline{u}_j \frac{\partial k}{\partial x_j} = \frac{\partial}{\partial x_j} \left[\left(\mu + \frac{\mu_t}{\sigma_k} \right) \frac{\partial k}{\partial x_j} \right] + \mu_t \frac{\partial \overline{u}_i}{\partial x_j} \left(\frac{\partial \overline{u}_i}{\partial x_j} + \frac{\partial \overline{u}_j}{\partial x_i} \right) - C_D \rho \frac{k^{3/2}}{l} \quad (9.85)$$

对于紊动耗散率 ε，Launder 和 Jones 仍通过量纲分析，设

$$-2\nu \frac{\partial \overline{u}_i}{\partial x_k} \left(\overline{\frac{\partial u_j'}{\partial x_k} \frac{\partial u_j'}{\partial x_i}} + \overline{\frac{\partial u_i'}{\partial x_j} \frac{\partial u_k'}{\partial x_j}} \right) = c_1 \frac{\varepsilon}{k} \frac{\mu_t}{\rho} \frac{\partial \overline{u}_i}{\partial x_k} \left(\frac{\partial \overline{u}_i}{\partial x_k} + \frac{\partial \overline{u}_k}{\partial x_i} \right)$$

式中：c_1 为经验常数。

由于压力引起的脉动传递项相对于其他各项可以忽略不计，黏性作用而引起的耗散率的衰减及漩涡脉动的产生率，在高雷诺数下，可以认为与运动黏滞系数无关，可近似地表示为

$$2\nu^2 \overline{\left(\frac{\partial^2 u_i'}{\partial x_j \partial x_k} \right)^2} + 2\nu \overline{\frac{\partial u_i'}{\partial x_k} \frac{\partial u_j'}{\partial x_k} \frac{\partial u_i'}{\partial x_j}} = c_2 \frac{\varepsilon^2}{k}$$

式中：c_2 为经验常数。

$-\overline{u_j'(\partial \varepsilon/\partial x_j)}$ 代表了由于速度的脉动而引起的 ε 的扩散，可表示为

$$-\overline{u_j' \frac{\partial \varepsilon}{\partial x_j}} = \frac{1}{\rho} \frac{\partial}{\partial x_j} \left(\frac{\mu_t}{\sigma_\varepsilon} \frac{\partial \varepsilon}{\partial x_j} \right)$$

式中：σ_ε 为与耗能率 ε 有关的 Prandtl 数。

$-2\nu \overline{\frac{\partial u_i'}{\partial x_k} u_j' \frac{\partial}{\partial x_j} \left(\frac{\partial \overline{u}_i}{\partial x_k} \right)}$ 可以表示成平均流动参数的一阶与二阶导数的乘积，也可近似地略而不计。根据以上假设，求得紊动能耗散率 ε 的模化方程为

$$\rho \frac{\partial \varepsilon}{\partial t} + \rho \overline{u}_j \frac{\partial \varepsilon}{\partial x_j} = \frac{\partial}{\partial x_j} \left[\left(\mu + \frac{\mu_t}{\sigma_\varepsilon} \right) \frac{\partial \varepsilon}{\partial x_j} \right] + \frac{c_1 \varepsilon}{k} \mu_t \frac{\partial \overline{u}_i}{\partial x_k} \left(\frac{\partial \overline{u}_i}{\partial x_k} + \frac{\partial \overline{u}_k}{\partial x_i} \right) - \frac{c_2 \rho \varepsilon^2}{k} \quad (9.86)$$

式 (9.85) 和式 (9.86) 即为经过模化的标准的 $k - \varepsilon$ 模型。式中，$\mu_t = \rho c_\mu k^2 / \varepsilon$，$C_D k^{3/2} / l = \varepsilon$，在标准 $k - \varepsilon$ 模型中，$c_\mu = 0.09$，$\sigma_k = 1.0$，$c_1 = 1.44$，$c_2 = 1.92$，$\sigma_\varepsilon = 1.3$。

$k - \varepsilon$ 模型在工程中应用得最为广泛，因为在各类长度比尺模型中，ε 方程最为简单。$k - \varepsilon$ 模型主要用于无浮力平面射流、平壁边界层、管流、通道流或喷管内流动、无旋及弱旋的二维及三维流动。但 $k - \varepsilon$ 模型也有难以克服的缺陷，例如不能反映紊流的各向异性，ε 方程中各项的物理概念不十分明确，对于强旋流、浮力流、重力分层流、曲壁边界层、低雷诺数流动、圆射流等方面模拟存在较大的问题或者说不成功。

双方程模型除 $k - \varepsilon$ 模型外，还有其他模型。双方程模型一般都采用紊动能作为第一个特征量，至于第二个特征量，可以是紊流的特征长度、特征频率、特征涡量等，以及对 $k - \varepsilon$ 模型做了多种改进和完善，由于篇幅有限，这里不再赘述。

第10章 高速水流简介

10.1 概　　述

　　水工建筑物的高速水流问题是工程中最为关注的问题之一。所谓高速水流，是指流速为 20～50m/s 的水流。近几十年来，高坝建设蓬勃发展，例如我国 1988 年建成的龙羊峡重力拱坝坝高 178m，2006 年建成的三峡水电站坝高 181m，已建成的二滩水电站坝高 240m，拉西瓦水电站坝高 250m，白鹤滩水电站坝高 289m、泄洪洞出口流速为 47m/s。小湾水电站坝高 294.5m，锦屏水电站坝高 305m，目前为世界第一高坝，泄洪洞出口流速高达 51.55m/s。这些高坝中的高速水流甚至超高速水流（流速超过 50m/s）问题难度之大，是世界罕见的。

　　高速水流所研究的主要问题如下。

　　1. 水流脉动与水工建筑物的振动问题

　　紊流具有脉动的性质。所谓脉动，就是流速或压强以某平均值为中心上、下跳动的现象，称为流速或压强的脉动现象。在高速水流中，脉动压强的影响不可忽视，甚至成为主要考虑对象。例如某泄水钢管测得的脉动压强为时均压强的 1.43 倍，再如江西柘林水电站泄洪洞消力池底板被空蚀破坏，在事后的模型试验中发现，破坏处的时均压强均为正值，而只有脉动压强有较大的负压。因此，在设计高水头的泄水建筑物时，必须考虑脉动压强。强烈的脉动压强有时还会引起水工建筑物的振动，例如水电站厂房顶溢流、闸孔出流以及其他轻型水工建筑物过流时，都能观测出建筑物不同程度的振动，引起这些轻型结构振动的震源就是水流的脉动压强。

　　2. 高速水流的掺气问题

　　高水头泄水建筑物泄流时，当水流速度达到一定程度，会看到从两边墙的某部位开始水面变得"粗糙"，随着流程的增加和流速的增大，这种"粗糙"向水流内部发展，形成了泡沫状乳白色的水气混合物，这就是水流的掺气现象。水流掺气后，使液体的连续性遭到破坏，根据连续介质建立的水力学方程也不再适用。因此有必要探讨掺气发生的条件、掺气对泄水建筑物的影响、掺气水深的计算等问题。

　　3. 泄水建筑物的空蚀问题

　　高速水流通过泄水建筑物的某些部位时，固体表面常被剥蚀和破坏，这种现象称为空蚀。空蚀问题首先是在航海界发现的，20 世纪 30 年代开始在水工建筑物上发现。由于空蚀问题严重影响船舶和泄水建筑物的安全运行，所以它是高速水流研究的一个重要课题。

　　4. 明渠急流冲击波和滚波问题

　　明渠急流冲击波是渠槽中侧墙几何条件变化而在水面形成的一种波。当高速水流通过变化的固壁边界时，由于流速大，水流对几何边界的变化非常敏感，从而引起水面产生波浪，这种波浪称为冲击波。实际观测表明，对于明渠急流，当边墙的一侧或两侧不成直线（局部偏折或弯曲）或渠身为非棱柱体时，都会产生冲击波。在一定的条件下，即使侧墙几何形状与尺寸不变，在槽宽水浅的陡槽中也可以产生波浪，这种波浪称为滚波。急流冲击波和滚波的出现改变了水流原有的运动特征：一方面使水流局部水深增加，要求增加陡槽边墙的设计高度，增加了工程造价；另一方面增加了下游消能的困难。

5. 泄水建筑物的消能防冲问题

在第 6 章已介绍了 4 种传统的消能形式，即底流消能、挑流消能、面流消能和戽流消能。但对于高水头、大单宽流量的泄水建筑物，采用单一传统的消能形式已不能满足安全泄洪的要求。因此，近几十年来，各种新型消能工应运而生，如挑流高程不同的大差动泄洪、各种异形挑坎、窄缝挑坎等收缩式消能工，宽尾墩、掺气分流墩等辅助消能工、台阶式溢洪道、旋流消能以及多种形式结合的综合式消能措施，突破了传统的消能形式，为高水头、大单宽流量的泄洪消能开辟了新的途径。

由以上论述可以看出，高速水流中出现的各种特殊的水力现象可以归结为脉动、振动、波动、掺气、空蚀和消能。与处于中、低速运动的水流相比，高速水流的各种作用力中，常常是惯性力起主导作用；在高速水流情况下，边壁与水流的相互作用更加明显，明渠中的高速水流常伴随着冲击波的发生；高速水流在更多的情况下属于多相流动，例如掺气水流与空化水流均属于水、气两相流。

高速水流问题十分复杂，尤其是超高速水流问题，其研究的难度很大，目前的研究还不甚成熟，所以超高速水流问题今后很长一段时间仍然是高速水流研究的主要课题之一。

10.2　高速水流的脉动

10.2.1　高速水流的脉动现象及成因

1. 高速水流的脉动现象

高水头水工建筑物泄洪时，由于高速水流的强烈紊动，水流对建筑物固体表面会产生脉动压强。如果将脉动压强随时间的关系记录下来，即呈现出周期性的不规则变化，且围绕着时均压强值上、下跳动，其波形如图 10.1 所示。图中时均压强用 $\overline{p}$ 表示，瞬时压强与时均压强之差就是脉动压强，用 p' 表示。

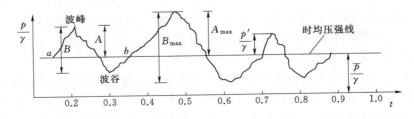

图 10.1　脉动压强波形图

作用在水工建筑物上的紊流脉动压强与水工建筑物的振动、空蚀、消能防冲等问题密切相关，对水工建筑物的影响主要有下列 3 个方面。

（1）增加了水工建筑物的瞬时荷载，从而提高了对建筑物强度的要求。如果设计荷载时未考虑脉动压强的影响，可能导致建筑物的破坏；特别是在建筑物基础或岩石裂隙等处产生的脉动压强，会使动水压力增大，导致消力池隔墙倒塌、基础底板掀动冲走等。

（2）可能引起建筑物的振动。由于脉动压强的周期性变化，压强时大时小往复作用在建筑物上，会使轻型结构产生强烈的振动，尤其是当动水压强的脉动频率与水工建筑物的自振频率一致或非常接近时，还有可能引起建筑物特别是轻型结构的共振，严重威胁建筑物的安全。所以对轻型结构的护坦、溢流的水电站厂房顶面、闸门、压力钢管等，设计时必须考虑是否会因振动而引起破坏。

（3）增加了空蚀发生的可能性。空蚀是水流中局部压强低于某一数值时，水流中放出空泡，空泡随水流带走，在高压区空泡突然溃灭，空泡溃灭时可能产生极大的压强。那些在边壁附近溃灭的空泡就会对边壁施加巨大的冲击力。如此长时间的作用就会使脆性材料断裂，或使韧性材料疲劳而发生剥蚀破坏，这种破坏就是空蚀。脉动压强的负值使瞬时压强大为降低，从而增大了建筑物发生空蚀的可能性。

水流的脉动现象十分复杂，脉动的幅度有大有小，变化频繁而无明显的规律性，为一种随机性质的波动。脉动现象在高速水流中表现得更为突出，高速水流的脉动，是高水头泄水建筑物设计中必须考虑的主要问题之一。

2. 脉动压强的成因分析

脉动压强的成因是一个复杂的问题。一般认为，脉动压强是紊流边界层中多级漩涡随机性的混掺运动所引起的，把这种学说称为涡成因说。

涡成因说认为，在紊流中充满着尺度大小不同、转动方向各异的无数涡体，这种大小不同的涡体组成连续的漩涡谱。大漩涡的尺度与紊流条件密切相关，正是这些大尺度的漩涡决定着紊流的力学特征；而小尺度的漩涡则在黏滞性的影响下将紊流能量转换为热能而散失。

现以图 10.2 的涡体为例说明脉动压强的成因。显然，涡体转向与水流方向一致的一边流速加大，因而压强变小，相反的一边则流速减小，压强变大，这样就导致涡体两边的压强差形成作用于涡体的横向升力（或下沉力），当这个升力足以克服涡体自重和水对涡体的黏滞性阻力时，涡体就得以上升而进入流速不同的相邻流层，这就构成了水流的混掺

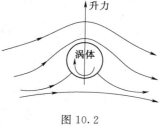

图 10.2

作用。因为紊流中转向与大小不同的涡体有无数个，所以水流的混掺作用一直杂乱无章地进行着，从而导致水流流速的脉动；依据能量方程，也就导致压强的脉动。可见涡体的存在是产生脉动压强的根本原因。在高速水流中，涡体转速极大，因此脉动十分剧烈。

高速水流中出现强烈旋转的涡体，与水流的黏滞性、流速的大小和边界的不平顺有关。一些实验资料表明，流速越大，边界变化越大，则水流中漩涡大且转动越强烈，因而脉动压强也越大。此外，其他的局部原因，如水流中形成空蚀、气囊和波浪等也能增大脉动压强。

10.2.2　脉动压强的基本方程

在不可压缩液体中，N-S 方程及连续性方程分别为

$$\frac{\partial u_i}{\partial t}+u_j\,\frac{\partial u_i}{\partial x_j}+\frac{1}{\rho}\,\frac{\partial p}{\partial x_i}-\nu\,\nabla^2 u_i=0 \quad (i=1,2,3) \tag{10.1}$$

$$\partial u_i/\partial x_i=0 \tag{10.2}$$

式中：∇^2 为拉普拉斯算子；u_i 为 i 方向的流速分量：$i=1,2,3$，分别代表 x、y、z 三个方向的流速分量。对式（10.1）进行 $\partial/\partial x_i$ 运算有

$$\frac{\partial^2 u_i}{\partial x_i \partial t}+u_j\,\frac{\partial^2 u_i}{\partial x_i \partial x_j}+\frac{\partial u_j}{\partial x_i}\frac{\partial u_i}{\partial x_j}+\frac{1}{\rho}\,\frac{\partial^2 p}{\partial x_i^2}-\nu\,\nabla^2\frac{\partial u_i}{\partial x_i}=0 \tag{10.3}$$

考虑到连续性方程（10.2），则式（10.3）简化为

$$\frac{\partial^2 p}{\partial x_i^2}=-\rho\,\frac{\partial u_j}{\partial x_i}\frac{\partial u_i}{\partial x_j}=-\rho\,\frac{\partial^2 (u_i u_j)}{\partial x_i \partial x_j} \tag{10.4}$$

式（10.4）表明液体的压强传播速度满足泊松（Poisson）方程。由于脉动现象十分复杂，目前广泛采用的方法是时间平均法，即把紊流运动看作由两个流动叠加而成，一个是时间平均流动，一个是脉动流动。把式（10.4）各个物理量的瞬时值看成是脉动值与时均值之和，即 $p=\bar{p}+p'$，$u_i=\bar{u}_i+u_i'$，$u_j=\bar{u}_j+u_j'$，代入式（10.4）得

$$\frac{\partial^2 p}{\partial x_i^2}=\nabla^2 p=\nabla^2\bar{p}+\nabla^2 p'=-\rho\,\frac{\partial^2}{\partial x_i \partial x_j}(\bar{u}_i\bar{u}_j+\bar{u}_i u_j'+\bar{u}_j u_i'+u_i' u_j') \tag{10.5}$$

式中：$\bar{u}_i$、$\bar{u}_j$、$\bar{p}$ 为时均值；u_i'、u_j'、p' 为脉动值。

对式（10.5）取时间平均得

$$\nabla^2\overline{\bar{p}}+\nabla^2\overline{p'}=-\rho\,\frac{\partial^2}{\partial x_i \partial x_j}(\overline{\bar{u}_i\bar{u}_j}+\overline{\bar{u}_i u_j'}+\overline{\bar{u}_j u_i'}+\overline{u_i' u_j'}) \tag{10.6}$$

因为脉动量的时间平均值为零，时均值的时间平均值仍为时均值，所以有

$$\nabla^2\bar{p}=-\rho\,\frac{\partial^2}{\partial x_i \partial x_j}(\overline{u_i u_j}+\overline{u_i' u_j'}) \tag{10.7}$$

用式（10.5）减去式（10.7）得

$$\nabla^2 p'=-\rho\,\frac{\partial^2}{\partial x_i \partial x_j}(\bar{u}_i u_j'+\bar{u}_j u_i'+u_i' u_j'-\overline{u_i' u_j'})$$

$$=-\rho\left[\frac{\partial^2 (\bar{u}_i u_j'+\bar{u}_j u_i')}{\partial x_i \partial x_j}+\frac{\partial^2 (u_i' u_j'-\overline{u_i' u_j'})}{\partial x_i \partial x_j}\right] \tag{10.8}$$

又因为

$$\frac{\partial^2 (\bar{u}_i u_j'+\bar{u}_j u_i')}{\partial x_i \partial x_j}=\frac{\partial}{\partial x_i}\left[\frac{\partial (\bar{u}_i u_j'+\bar{u}_j u_i')}{\partial x_j}\right]$$

$$=\frac{\partial}{\partial x_i}\left[u_j'\frac{\partial \bar{u}_i}{\partial x_j}+\bar{u}_j\,\frac{\partial u_i'}{\partial x_j}\right]=\frac{\partial u_j'}{\partial x_i}\frac{\partial \bar{u}_i}{\partial x_j}+\frac{\partial \bar{u}_j}{\partial x_i}\frac{\partial u_i'}{\partial x_j} \tag{10.9}$$

根据张量双重下标求和和哑元的互换性，式（10.9）可以写成

$$\frac{\partial^2 (\bar{u}_i u_j'+\bar{u}_j u_i')}{\partial x_i \partial x_j}=\frac{\partial u_j'}{\partial x_i}\frac{\partial \bar{u}_i}{\partial x_j}+\frac{\partial \bar{u}_i}{\partial x_j}\frac{\partial u_j'}{\partial x_i}=2\,\frac{\partial u_j'}{\partial x_i}\frac{\partial \bar{u}_i}{\partial x_j} \tag{10.10}$$

将式（10.10）代入式（10.8）得

$$\nabla^2 p'=-\rho\left[2\,\frac{\partial \bar{u}_i}{\partial x_j}\frac{\partial u_j'}{\partial x_i}+\frac{\partial^2 (u_i' u_j'-\overline{u_i' u_j'})}{\partial x_i \partial x_j}\right] \tag{10.11}$$

式（10.11）为脉动压强的基本方程，它属于泊松方程。公式右端的第一项称为"紊动-剪切"项，即流速脉动与时均剪切力联合作用项；第二项称为"紊动-紊动"项，完全由流速脉动引起，这两种脉动源控制着紊流压强脉动的本质，可见紊流的压强脉动来源于流速的脉动。

10.2.3 脉动压强的分析方法

水流中的时均压强一般可用测压管测量，而脉动压强数据的测量均采用非电量的电测法。使用脉动压强传感器将非电量转换为电量，传感器输出的电讯号经动态应变仪放大后，用动态信号分析仪进行分析处理。

脉动压强是一个随机量，应用数理统计和随机理论研究较为符合实际。所以脉动压强的分析方法有数理统计法和频谱分析法。

10.2.3.1 脉动压强的数理统计法

数理统计法主要是找出脉动压强的振幅 A 和频率 f。振幅用以量度脉动压强数值的大小，频率用以判断建筑物发生振动的可能性。主要分析步骤如下。

（1）波形图的整理。脉动压强测量的波形图如图 10.1 所示。图中波峰与后面相邻的一个波谷合在一起称为一个波，如图 10.1 中的 a 与 b 之间称为一个波。波的振幅为波峰或波谷到时均压强线的高度，用 A 表示，各波中最大的一个振幅称为最大振幅 $A_{\max}$。波峰到波谷的高度称为摆幅，用 B 表示。

根据波形图选取样本。根据经验，样本一般取 100 个波以上，历时 10～15s。统计波形时，对于波幅小于 $2A_{\max}/n_0(n_0＝3～5)$ 的小波可以舍去。

（2）求时均压强线。时均压强为

$$\overline{p}=\frac{1}{T}\int_0^T p\,\mathrm{d}t \tag{10.12}$$

而

$$p=\overline{p}\pm p' \tag{10.13}$$

式中：p 为瞬时压强；$\overline{p}$ 为时均压强；p' 为脉动压强；T 为记录历时。

式（10.13）表明，对于时均压强线而言，其上、下侧的波形图的面积相等；而脉动压强就是波形图的振幅 A，即波顶（或波谷）与时均压强线的垂直距离。

（3）读出每个波的周期和频率。图 10.1 中的 ab 波所经历的时间 t 称为波的周期，而每秒钟振动波（脉动）发生的次数，即 $1/t$ 称为这个波的频率，常用 f 来表示，即 $f=1/t$。

（4）找出最大频率 $f_{\max}$ 和最小频率 $f_{\min}$。

（5）在最大频率 $f_{\max}$ 到最小频率 $f_{\min}$ 之间，将各个波的频率从大到小排列。

（6）划分频率区间，例如 $0～2.5\mathrm{s}^{-1}$，$2.5～5.0\mathrm{s}^{-1}$，$5.0～7.5\mathrm{s}^{-1}$，$7.5～10\mathrm{s}^{-1}$，……等，即每个区间相隔 $2.5\mathrm{s}^{-1}$。

（7）统计各区间频率出现的次数 N，求出各区间频率所出现次数的百分数，即 $\frac{N}{\sum N}\times100\%$。

（8）以频率 f 为横坐标，以各区间频率出现的次数的百分数为纵坐标，绘制频率的概率分布图，如图 10.3 所示。

（9）求主频率 f_0。从图上找出次数出现最多的频率，即主频率，如图 10.3 中的 f_0。

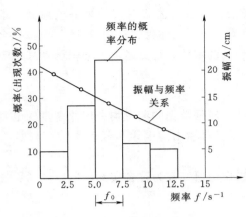

图 10.3　频率的概率分布图

主频率表示脉动压强以这个频率作用于建筑物的次数最多，所以主频率 f_0 是研究建筑物振动的主要参数之一。

（10）求最大振幅 A_{max} 和主振幅 A_0。波形图中各波的振幅中最大的一个称为最大振幅 A_{max}，相应于主频率 f_0 的振幅称为主振幅 A_0。波形图上每个波都可以找出两个振幅，即波峰到时均线的振幅和波谷到时均线的振幅。在分析时应取较大的一个作为该波的振幅。每个频率区间各个波有各自的振幅，取其数字平均值作为该区间的振幅。也可以做出振幅 A 与频率 f 的关系曲线，如图 10.3 所示。

一般研究振动问题时，要用主振幅 A_0；在确定瞬时荷载时，要用最大振幅 A_{max}。

（11）为了分析方便，也可以采用摆幅。因为每个波的振幅是取波峰或波谷至时均线的距离较大的一个，所以 $2A_{max} > B_{max}$，即 $A_{max} > 0.5B_{max}$，或写作

$$A_{max} = \alpha B_{max} \tag{10.14}$$

式中：B_{max} 为最大摆幅；α 应为大于 0.5 的系数。根据工程实践，一般取 $\alpha = 0.65 \sim 0.70$ 之间，即

$$A_{max} = (0.65 \sim 0.70)B_{max} \tag{10.15}$$

同理得

$$A = (0.65 \sim 0.70)B \tag{10.16}$$

$$A_0 = (0.65 \sim 0.70)B_0 \tag{10.17}$$

由于取用单个的最大振幅，往往有较多的偶然性，在工程中多采用 5% 的最大振幅来表示脉动压强的特征值。5% 的最大振幅就是在整个样本中，选出相当总数的 5% 个最大的振幅的算术平均值。在计算动水荷载或判断是否产生振动时，采用

$$p = \overline{p} + 0.5(2A_{max})_{5\%} \tag{10.18}$$

在判断是否产生空蚀时，采用

$$p = \overline{p} - 0.5(2A_{max})_{5\%} \tag{10.19}$$

实验资料还表明，脉动压强与时均压强的大小无关，而与断面的平均流速水头成正比，即

$$p'_{max}/\gamma = A_{max} = kv^2/(2g) \tag{10.20}$$

式中：v 为断面平均流速；g 为重力加速度；k 为最大脉动压强系数。

k 值随边界情况及水流内部结构而变，即边界越不平顺，水流分离越大，则 k 值越大。据现有资料，k 值的变化范围大致可归纳见表 10.1。

表 10.1　　　　　　　　　　最大脉动压强系数 k 值表

边界及水流情况	大 致 运 用 条 件	k
边界平顺，水流不分离	平整溢流坝面，陡槽、平直泄水管等	0.05～0.10
边界不很平顺，水流分离	溢流坝面局部不平整，管道弯段、分叉段、差动坎、流线形好的消能工、坝后护坦等	0.15～0.30
边界很不平顺，水流发生漩涡	流线形差的消能工、船闸输水廊道、水跃区、挑流冲刷坑等	0.30～0.60

应该指出，脉动压强的变化是十分复杂的，即使同一边界及流速条件，k 值也随单宽流量、水深等因素而变，表 10.1 只提供出 k 的大概数值，较精确的数据要通过专门的实验才能得出。

10.2.3.2 脉动压强的频谱分析法

脉动压强的数理统计法比较直观，但也存在一些难以克服的缺点，例如对于小波的取舍没有严格的限定，对于频率区间的划分没有严格的标准，所以对于同一种实验结果的数据处理可能会因人而异。

随着计算机技术的普遍应用，对脉动压强的数据处理已普遍采用随机函数理论为依据的随机数据处理法，也称脉动压强的频谱分析法。

如果一个物理过程是以时间 t 为参数的各态历经的平稳随机过程，通常可以用均值、方差、相关函数、功率谱密度及概率密度函数等特征值来描述脉动压强的紊动特性。所谓各态历经是指一个随机变量在许多个相同的实验中或一个实验重复多次时出现的所有可能状态，能够在一次实验的相当长的时间或相当大的空间范围内，以相同的概率出现，这样就可以以一次实验结果的平均值来代替大量实验所得到的统计平均值。

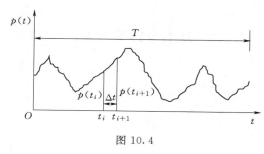

图 10.4

假设图 10.4 为一各态历经平稳随机过程 $p(t)$ 的一个样本记录，记录历时为 T，则脉动压强的频谱分析法步骤如下。

（1）确定采样间隔和样本容量。采样间隔 Δt 可采用不失真的奈斯特（Nyquist）定律来决定，即

$$\Delta t = 1/(2f_e) \tag{10.21}$$

式中：f_e 为研究的脉动压强的最大频率或奈斯特折叠频率。根据经验，一般要求脉动压强波形图所取历时 T 应为所研究的脉动压强可能最大周期的 8～10 倍。

采样的样本容量为

$$n = T/\Delta t \tag{10.22}$$

例如取 $f_e = 100/s$，则采样间隔 $\Delta t = 1/(2 \times 100) = 0.005s$，若取采样时间 $T = 5s$，则样本容量为 $n = T/\Delta t = 5/0.005 = 1000$。

（2）求均值。根据实测的压强过程线，将计算时段分成 n 个微小时段 Δt，读出每个时段末的 $p_1, p_2, p_3, \cdots, p_n$，则均值为

$$\bar{p} = \frac{1}{n} \sum_{i=1}^{n} p_i = \frac{1}{n}(p_1 + p_2 + p_3 + \cdots + p_n) \tag{10.23}$$

（3）求脉动值

$$\left. \begin{array}{l} p_1' = p_1 - \bar{p} \\ p_2' = p_2 - \bar{p} \\ \vdots \\ p_n' = p_n - \bar{p} \end{array} \right\} \tag{10.24}$$

（4）计算方差

$$D_p = \frac{1}{T}\int_0^T [p(t)-\overline{p}]^2 \mathrm{d}t = \frac{1}{n}\sum_{i=1}^n (p_i-\overline{p})^2 = \frac{1}{n}\sum_{i=1}^n p_i'^2 \tag{10.25}$$

（5）计算各阶自相关函数。相关函数反映了紊流场中的某种尺度，是描述时间过程在时间域上的特性，通过它的傅里叶变换可以求功率谱密度。

相关函数的计算公式为

$$R(\tau) = \frac{1}{T-\tau}\int_0^{T-\tau}[p(t)-\overline{p}][p(t+\tau)-\overline{p}]\mathrm{d}t = \frac{1}{(n-q)}\sum_{i=1}^{n-q}[p(t_i)-\overline{p}][p(t_i+\tau)-\overline{p}]$$

$$\tag{10.26}$$

式中：$\tau=q\Delta t$，$q=0,1,2,3,4,\cdots,m$，q 为滞后数；m 为最大滞后数。

如果对测量数据 $p_1,p_2,p_3,\cdots,p_n$ 按式（10.27）进行标准化处理，即

$$\tilde{p} = (p_i-\overline{p})/D_p \tag{10.27}$$

则经处理后的平稳随机过程的数学期望为零，方差为 1，此时的相关函数 $R(\tau)$ 即为时间间隔 τ 的各阶自相关函数，常以 $r(\tau)$ 表示，即

$$r(\tau) = \frac{1}{(n-\tau)D_p}\sum_{i=1}^{n-\tau}\tilde{p}_i\tilde{p}_{i+1} \tag{10.28}$$

式中：$\tau=0,1,2,3,4,\cdots,m$。

因此有

$$\left.\begin{array}{l}r(1) = \dfrac{p_1'p_2'+p_2'p_3'+p_3'p_4'+\cdots+p_{n-1}'p_n'}{(n-1)D_p} \\[3mm] r(2) = \dfrac{p_1'p_3'+p_2'p_4'+p_3'p_5'+\cdots+p_{n-2}'p_n'}{(n-2)D_p} \\[3mm] \vdots \\[2mm] r(m) = \dfrac{p_1'p_{1+m}'+p_2'p_{2+m}'+p_3'p_{3+m}'+\cdots+p_{n-m}'p_n'}{(n-m)D_p}\end{array}\right\} \tag{10.29}$$

根据经验，最大滞后数 $m=0.1n$，例如样本容量 $n=1000$ 时，$m=100$，但一般只要计算到 $r(\tau)\to 0$ 时，就不必再往下计算了。

（6）计算功率谱密度。功率谱密度的计算公式为

$$S(K) = 1 + 2.0 \times \sum_{\tau=1}^m r(\tau)\cos\frac{2\pi}{K}\tau \tag{10.30}$$

式中：K 为水流的频率 f 或周期 t；$\tau=1,2,3,\cdots,m$；$K=1,2,3,\cdots,m$。

例如 $K=1$，由式（10.30）计算的功率谱密度为

$$S(1) = 1 + 2.0[r(1)\cos(2\pi\times 1)+r(2)\cos(2\pi\times 2)+r(3)\cos(2\pi\times 3)+\cdots]$$

由式（10.30）计算的是粗略谱，在实际计算中，为了减小采样误差，一般采用平滑谱，可用三点滑动平均的平滑谱计算公式为

$$S_0 = \frac{1}{2}[S(0) + S(1)]$$

$$S_k = \frac{1}{4}[S(K-1) + 2S(K) + S(K+1)]$$

$$S_m = \frac{1}{2}[S(m-1) + S(m)]$$

$$(10.31)$$

（7）绘出功率谱密度函数的分布曲线，即 $S(f)$-f 和 $S(t)$-t 关系，如图 10.5 所示。由图中可求得谱密度最大的频率 f_k 为峰值频率。峰值频率就是所研究的脉动压强的代表频率。也可绘出频谱密度 $S(t)$-t 的关系曲线，由该图可求得谱密度最大时所相应的周期 t，从而起主导作用的最优频率为

$$f = 1/t \qquad (10.32)$$

最优频率就是对建筑物的振动起主导作用的频率。

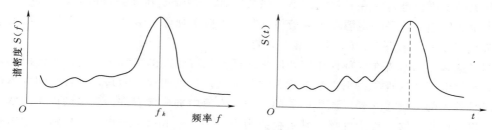

图 10.5 功率谱密度函数的分布曲线

（8）计算均方差。

$$\sigma = \sqrt{D_p} \qquad (10.33)$$

均方差表示随机变量在数学期望附近分散和偏离程度的一个特征值，可作为脉动压强振幅的统计特征值，又可作为脉动压强的强度。长江水利水电科学研究院建议：平均脉动压强振幅取 $\overline{A} = \sigma$。计算动水荷载时的最大振幅取 $A_{max} = 1.96\sigma$。计算空化水流时最大振幅取 $A_{max} = 2.58\sigma$。

10.3 水工建筑物的空蚀

10.3.1 空蚀现象

空蚀问题最早发现于 19 世纪末期。当时随着舰船速度的提高，出现了螺旋桨叶片剥蚀问题，因此首先在造船专业开展了对空蚀问题的研究。随后是水轮机叶片出现了剥蚀。1935 年巴拿马麦登坝泄水道进口发生了严重空蚀以后，水利行业才开始对这一问题进行研究。

水工建筑物空蚀破坏的实例屡见不鲜，在这些破坏中，轻者造成表面麻面，重者形成坑洞，从而可能使泄水能力降低，水流流态恶化，诱发结构振动，以致不同程度地影响建筑物的正常运行。特别严重者甚至威胁到建筑物的安全。最早发生空蚀破坏的工程之一是美国的胡佛枢纽工程中的泄洪隧洞。该隧洞洞径为 15.2m，用混凝土衬砌，设计流量为

5500m³/s，初期泄洪流量为 380m³/s，流态为明流。运行 4 个月之后泄放流量为 1070m³/s，连续泄放几个小时以后，弯道处的隧洞底部即发生了空蚀破坏。破坏的部位是混凝土塞，该处的混凝土厚度达 7.5m，混凝土的龄期已有 7 年之久。空蚀破坏处不仅将混凝土击穿，而且在岩基中形成了一个深 13.7m、长 35m、宽 9.5m 的大坑。从坑中冲走混凝土和岩石共计 4500m³。我国刘家峡水电站泄洪洞，1972 年泄洪后在反弧段末段也被剥蚀成一个长 31m、宽 12m、深 4m 的大坑。

10.3.2　空蚀产生的原因

空蚀与空化现象密切相关。空化现象就是水在常温下，由于压强降低到某一临界数值（一般为水的气化压强）以下，水流内部形成空穴、空洞和空腔现象。

当液面为标准大气压强时，水加热到 100℃ 时就会沸腾而变为蒸汽。但降低气压时（如在海拔较高的地区），水温不到 100℃ 便沸腾了，也就是说，压强越低，呈现气化、沸腾现象的温度就越低。在一定温度下，只要液面压强降低到某一定值时，水也会沸腾，放出大量的气泡。这种一定温度下使液体气化的相应压强称为蒸汽压强，不同温度下水的饱和蒸汽压强见《水力学》（上册）第 1 章的表 1.1。

同样道理，当水流在局部低压区，压强降低到相应温度的蒸汽压强时，水流内部就会放出大量气泡，这种现象在水力学上称为空化现象。这里要注意的是，这种气泡并不像掺气水流是外面的空气掺入到水流里面去的，而是水流内部就含有许许多多的尚未溶解的空气与蒸汽的微小气泡，称为气核，其直径约为 $10^{-3} \sim 10^{-4}$ mm。这些气泡小到人的肉眼看不见它们。当水流中压强降低，气核便膨胀长大，大到人的肉眼可以看得见的程度，也就是说水流中发生空化现象。所以气核的存在是形成空化的根据（内因），负压的存在是形成空化的条件。

高速水流的高度紊动，可将低压区放出来的气泡随水流带走，当气泡带到下游高压区时，由于内外压差迫使气泡突然溃灭，气泡的溃灭过程时间极短，约千分之一秒，四周的液体以极快的速度去填充气泡空间，以致这些液体质点的动量在几乎无穷小的时间内变为零，因此产生了极大的冲击力，其大小有几个甚至几十个大气压，这种巨大的冲击力不停地冲击着固体边界，使固体表面造成严重的剥蚀，这种剥蚀称为空蚀，这是空蚀产生的根本原因。

现代的高速摄影技术证实了气泡溃灭时确实存在冲击壁面的射流，这种射流流速高，时间短，流量小，作用面也小，故称微射流。有的研究者认为微射流的流速为 120m/s，若射流直径为 $1 \sim 25 \mu m$，则流速可高达 1000m/s。Hammitt 曾估算游移性气泡溃灭时微射流的冲击压强可高达 691000kN/m²，如此大的冲击力如果作用在边壁上足以造成表面损伤。

由以上分析可知，空化产生于低压区，空蚀发生在它下游的高压区，空化是发生空蚀的根源，空蚀是气泡溃灭时微射流冲击边壁使材料破坏的结果。当边界发生急剧变化时，流线发生分离，形成漩涡，就会产生低压区，漩涡中心常常是空化的低压中心。水工建筑物的隧洞进口收缩段、溢流坝顶部、溢流反弧段、闸门槽、隧洞转弯段、消力齿槛附近均容易发生空蚀。此外，在工程施工中，由于种种原因常会在建筑物的表面留一些局部的凹凸坎或残留的突起物如钢筋头等，当高速水流经过这些不平整部位，也会出现流线分离，引起很大的局部负压而发生空蚀。图 10.6 中符号＋处就是泄水建筑物最经常发生空蚀的部位。

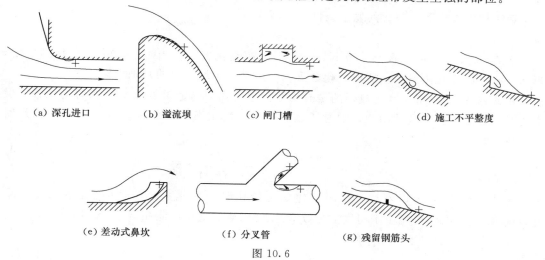

（a）深孔进口　　　　（b）溢流坝　　　（c）闸门槽　　　　　　（d）施工不平整度

（e）差动式鼻坎　　　（f）分叉管　　　　（g）残留钢筋头

图 10.6

10.3.3　判断空化的指标——空化数

空化发生的条件可表示为

$$p \leqslant p_v \tag{10.34}$$

式中：p 为水流中某点的瞬时压强（绝对压强）；p_v 为蒸汽压强。

式（10.34）已给出了空化发生的条件，只要知道水流中的局部低压值，就可以判断空化是否发生。但是水流中的局部低压值往往难以得知，应用时很不方便，工程上常用一个无量纲数 K_0 作为衡量实际水流是否发生空化的指标，称为空化数，其表达式为

$$K_0 = \frac{p - p_v}{\rho v^2 / 2} = \frac{(p - p_v)/\gamma}{v^2/(2g)} \tag{10.35}$$

式中：p 和 v 为水流未受到边界局部变化影响处的绝对压强及断面平均流速；ρ 为水流的密度；g 为重力加速度；γ 为水流的重度。

式（10.35）中的分子越大，越不容易发生空化；分母越大，越容易发生空化。由此可以看出，流速越大，绝对压强越低，空化数越小，发生空化的可能性就越大。当 K_0 降到某一数值 K_i 时开始发生空化，这个数值 K_i 就称为初生空化数。边界条件不同，流速和压强的分布也不同，所以初生空化数的大小随边界条件而异。对于某种边界轮廓，初生空化数可通过实验确定，例如溢流坝面的 $K_i = 0.3 \sim 0.5$，流线形门槽 $K_i =$

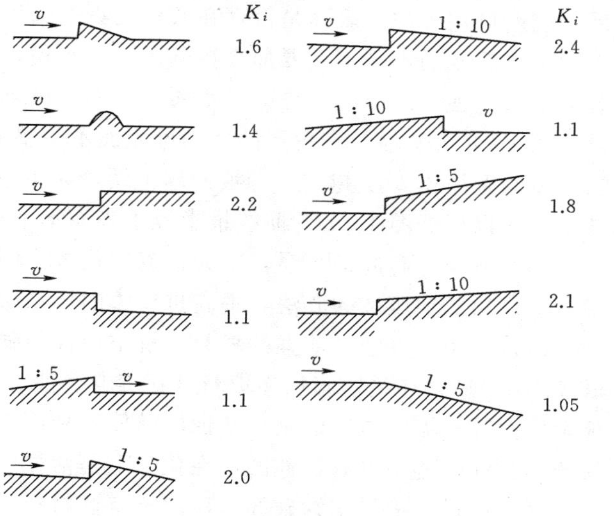

	K_i		K_i
v →	1.6	v → 1:10	2.4
v →	1.4	1:10 v	1.1
v →	2.2	v → 1:5	1.8
v →	1.1	v → 1:10	2.1
1:5 v →	1.1	v → 1:5	1.05
v → 1:5	2.0		

图 10.7

0.6。图 10.7 是一些不同边界轮廓初生空化数的实验值，可供参考。

利用初生空化数，空化的发生条件可以写成

$$K_0 \leqslant K_i \tag{10.36}$$

由式（10.36）可以看出，当 $K_0 < K_i$ 时，有空化发生；当 $K_0 = K_i$ 时空化刚发生；当 $K_0 > K_i$ 时空化不发生。所以空化数可以作为是否出现空化的判别指标。

在式（10.35）中，空化数指的是时均空化数，式中的绝对压强 p 是指时均压强。但水流紊动时运动要素是脉动的，瞬时压强可能比时均压强小一个脉动压强 p'，所以瞬时空化数应为

$$K' = \frac{p - p' - p_v}{\rho v^2/2} = \frac{(p - p_v)/\gamma}{v^2/(2g)} - \frac{p'/\gamma}{v^2/(2g)} = K_0 - \frac{p'/\gamma}{v^2/(2g)} \tag{10.37}$$

由式（10.37）可以看出，瞬时空化数可能比时均空化数小，时均空化数 $K_0 > K_i$ 时，瞬时空化数 K' 可能小于初生空化数 K_i，所以瞬时空化可能在 $K_0 > K_i$ 时发生。

K' 与 K_0 存在以下关系，即

$$K' = K_0 - 0.14 \tag{10.38}$$

由此可知，瞬时空化数可能比时均空化数低 0.14。所以，在高度紊动的区域内，一个"细微"的空化可能远在被察觉以前即以随机的方式发生了，因而表明空化可能在看见以前即发出声音。

10.3.4　防止空蚀的措施

防止空蚀的措施主要有下列几个方面。

（1）边界轮廓要设计成流线形。流线形水流不容易分离，边界压强与水流最低压强相近，初生空化数 K_i 较小，因而不容易发生空化和空蚀。设计建筑物时，在照顾运转要求的前提下，要尽可能注意水流边界轮廓线的合理性，切忌急弯和边界突然改变等，以避免水流与边界脱离而产生漩涡。

（2）严格控制施工不平整度。施工时，要严格控制边界表面的平整、光洁。施工结束后，应严格检查溢流表面是否存在残留的钢筋头等各种预留凸起物，对过水边界表面在施工中可能造成的不平整度要加以控制。一般来说，升坎比跌坎容易发生空蚀，凸起比凹陷容易引起空蚀，将凸起部分磨成平缓的坡面，就可大大减少发生空蚀的可能性。

图 10.8 为斜坡及三角形凸体两种表面不平整度的初生空化数曲线。由图中可以看出，当凸体的宽高比 l/Δ 越大，即坡面越平缓，初生空化数 K_i 越小，则发生空蚀的可能性就越小。可以根据图 10.8 的曲线推求施工表面不平整度的要求。

（3）适当提高局部压强，增大水流空化数。例如对于短有压进口的泄水工程，可以采用在出口顶部加压坡的办法，提高进口段的压强，从而增大了水流的空化数。

（4）采用抗空蚀性能强的材料。抗空蚀性能强的材料主要有高标号的混凝土（一般不低于 C45 号）、环氧树脂加充填料（石英粉、沙、橡皮粉）、采用 1~2cm 厚的工业用橡皮板做护面等。需要说明的是，空蚀能够使各种固体受到损害，所有金属，不论是硬的还是软的，脆性的还是具有延性的，在化学上是活性的还是惰性的，橡皮、塑料、玻璃及其他非金属材料均会遭受空蚀破坏。所以抗空蚀材料具有一定的适应条件。

（5）减小气泡溃灭时的破坏能力。可以采用超空化特性确定建筑物的体型，使气泡溃

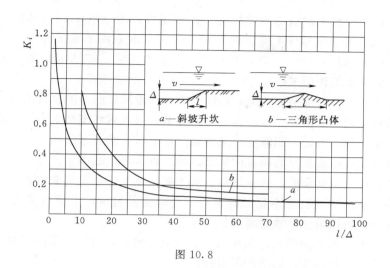

图 10.8

灭在水流中，而非边壁附近。

（6）掺气减蚀。向水流可能发生空化的区域通气，这是目前国、内外采用的一种经济而有效的减蚀措施，已得到许多工程实践的证明。

掺气减蚀措施的一般工程形式，是在过流面上设置掺气槽、掺气挑坎（在侧壁上亦有折流器）、或突跌错台等。当水流经过这些突变处，即脱离边壁，形成射流，射流水股下面（或侧面）出现了空腔，通过两侧预留的突缩或预埋的通气管，将空气导入空腔。射流水股下缘在行进过程中，将扩散掺气形成掺气层，当它重新回落到底板或扩散至侧壁时，又卷入了部分空气，致使下游近壁水层成为掺气水流，在沿程一段距离内可保持其掺气浓度不小于某一防蚀有效的最低浓度值，使得这段距离内的过流面不致遭受空蚀破坏。

10.4 高速水流的掺气

10.4.1 水流的掺气现象

当高速水流沿溢流坝或泄槽下泄时，常常伴有掺气现象。掺气是指空气进入液体的整个过程。水流掺气以后会呈现"乳白色"的水气混合体，水流表面逐渐由光滑变得粗糙，当掺气发展到很充分时，水滴会四处飞溅，这种水流称为掺气水流或水气二相流。

高速水流的掺气现象，常常发生在高速陡槽、溢流坝、岸边溢洪道、明流泄洪洞和挑流水股、底孔进口以及闸门井等处。

按其掺气的成因不同，掺气可分为自掺气和强迫掺气两种。自掺气是指高速水流经过溢流坝、陡槽、明流隧洞等，当流速达到一定程度时，大量空气自水流表面掺入水流中，以气泡形式随水流带走，这种掺气过程称为自掺气。当高速水流通过某种边界条件改变的泄水建筑物（如闸门槽、掺气坎、通气槽等）或水流表面有突变（如竖井溢洪道、水跃等），或水流撞击与交汇，由此而形成的掺气水流称为强迫掺气水流。

掺气水流对水工建筑物既有有利的一面，也有不利的一面，具体表现如下。

（1）水流掺气以后，增加了水气混合体的可压缩性，对空泡溃灭时所产生的冲击力起缓冲作用，减轻了对水工建筑物的破坏能力。根据彼得卡（Peterka）和拉斯姆逊（Rasmussen）的研究，当水中掺气浓度达到 1.5%～2.5% 时，混凝土试件的空蚀破坏显著减小，而当掺气浓度达到 7%～8% 时，则空蚀现象基本消失。掺气减蚀是一种经济有效的工程措施，已为许多工程所采用。

（2）水流掺气可以增加消能效果，减轻水流对下游河床的冲刷。当水垫或水跃中掺入空气以后，增强了紊动摩擦，可以消耗一定的能量；而挑射水流在空中的扩散掺气可以减小水流进入下游水垫的有效冲刷能量，从而减小水流对下游河床的冲刷。

（3）水流掺气对河流复氧有明显的效果，可改善水环境的质量。

（4）水流掺气使液体膨胀，水深增加。对于明流泄水道须加高泄水道的边墙；对于无压隧洞，如果对水流掺气估计不足，洞顶空间余幅留得过少，可能造成有压或明满流交替，水流不间断地击拍洞壁，威胁隧洞的安全。

（5）增大了水流的脉动压强，从而加大了建筑物的瞬时荷载，提高了对建筑物强度的要求，甚至会增大建筑物发生振动的可能性。

（6）水流掺气以后，空气中水花飞溅，给管理工作带来不便。特别是高坝挑流后，会形成一大片雾化区，不但给工作、交通、生活带来不便，而且给建筑物及电器设备的布置带来困难。

10.4.2 掺气的机理

关于掺气的机理，目前有两种理论，即表面波破碎理论和紊流边界层理论。

表面波破碎理论是苏联的伏依诺维奇（Войнович）于 1946 年提出来的。表面波破碎理论把水流表面的掺气看作是由于表面波浪的破碎引起的。当水流表面流速足够大时，水流与空气的运动速度不同，其交界面就会出现波浪现象，当水流与气流的速度差大于波浪的传播速度时，波浪就会继续发展，最后波浪破碎，卷入了空气，形成了掺气水流。但实验观测表明，这一理论与实际情况不甚符合。

紊流边界层理论是 1939 年由美国人 E.Lane 首先提出来的。以后法国人 G. Halbronn、澳大利亚人 V. Michels 以及美国人 W. J. Bauer 等提出了掺气发生点的求解方法。

紊流边界层理论认为，紊流边界层发展到与水深相等时，紊流暴露在空气中，由于水流紊动引起液体质点横向脉动流速的动能大于液体表面张力所做的功时，则液体质点离开水面进入空中，当其回落至水面时带入空气，从而使水流掺气。所以认为紊流边界层发展到水面的地方是掺气的发生点，如图 10.9（a）所示。吴持恭曾在溢流陡槽中对水流掺气现象进行观测，发现紊流边界层发展到水面水流并不掺气，这说明边界层发展到水面，使紊流暴露在空气中，只是水流掺气的必要条件，而其充分条件是水流紊动要达到一定的强度，能使水面附近的涡体具有足够大的竖向瞬时速度，其动能能够克服表面张力及自身重力所做的功，以水滴形式跃出水面，水滴回落时带进了空气，形成掺气水流。

紊流边界层理论经实验证实是正确的，与观测到的水流掺气现象，即水滴自水面抛射而出的情况是一致的，当坝顶水头越高时，掺气发生点越向下游移动，这符合边界层发展的理论。

掺气水流可以分为 4 个区域，即清水区、水中气泡区（悬移区）、空中水滴区（跃移区）以及气流区，如图 10.9（b）所示。清水区为底部不掺气区域，如果掺气充分发展不存在清水区。悬移区为气泡在水中由于水流紊动而悬移的区域，此区水流中的平均掺气浓度的大小主要取决于水流的紊动混掺作用，控制气泡分布的因素与泥沙悬移现象相同，所以称为悬移区。跃移区为水流表面某些液体质点或水团有较大的法向紊动流速，其值足以克服表面张力及重力的影响，以水滴形式跳出水流表面，跃入空中，水滴回落又可激起其他液体质点的跳跃，犹如泥沙从气流或水流取得动能而跳跃的现象一样，所以称为跃移区。气流区为上部空气区，上部空气边界对水流有阻滞作用，其实质是一个上部边界层，使得水流表层也出现一个减速层。

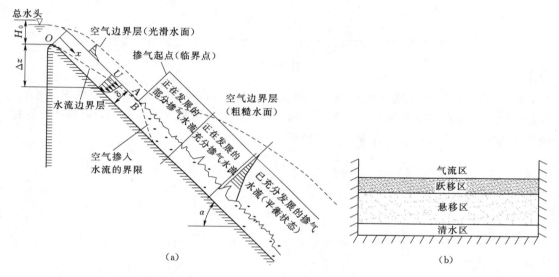

图 10.9　水流掺气的紊流边界层理论

10.4.3　掺气水深和掺气发生条件的理论分析

吴持恭从理论上推求了掺气水深的计算和掺气发生条件的判断问题。今取水面附近一个涡体来分析，如图 10.10 所示。假设涡体的特征直径为 d，涡体沿水面法线方向的瞬时流速为 u_y，则使涡体跃出水面的瞬时动能 EK 为

$$EK = \frac{1}{2}mu_y^2 = \frac{1}{2}\rho_w \frac{\pi}{6}d^3 u_y^2 = \frac{\gamma}{2g}\frac{\pi}{6}d^3 u_y^2 = \frac{\gamma}{12g}\pi d^3 u_y^2 \qquad (10.39)$$

式中：m 为液体的质量；γ 为液体的重度；ρ_w 为液体的密度；g 为重力加速度。

水面附近的涡体完全跃出水面时，克服表面张力所做的功可用表面自由能 WS 来表示，即

$$WS = \sigma' \pi d^2 \qquad (10.40)$$

式中：σ' 为表面张力系数。

水面附近的涡体刚好完全跃出水面时，克服自身重力所做的重力功 WG_1 为

$$WG_1 = \frac{4}{3}\gamma\pi\left(\frac{d}{2}\right)^3 \frac{d}{2}\cos\alpha = \frac{1}{12}\gamma\pi d^4 \cos\alpha \qquad (10.41)$$

式中：α 为水面倾角。

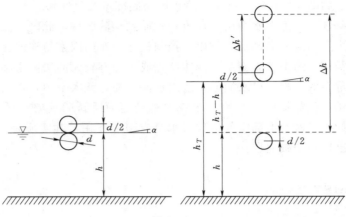

图 10.10

式 (10.41) 是水流掺气前的情况。水流掺气后，涡体跃出的水面已非原来的水面，而是掺气水流水点的跃移区与气泡悬浮区的交界面，所以未掺气前水面附近涡体刚好跃出掺气水流的交界面时，克服自身重力所做的功 WG_2 为

$$WG_2 = \frac{4}{3}\gamma\pi\left(\frac{d}{2}\right)^3\cos\alpha\left[\int_{h-d/2}^{h_T}(1-\beta_0)\mathrm{d}y + \frac{d}{2}\right]$$

式中：β_0 为含水率。

因为

$$\int_{h-d/2}^{h_T}(1-\beta_0)\mathrm{d}y + \frac{d}{2} = h_T - h + \frac{d}{2} - \int_{h-d/2}^{h_T}\beta_0\mathrm{d}y + \frac{d}{2} = h_T - h + d - \int_{h-d/2}^{h_T}\beta_0\mathrm{d}y$$

所以

$$WG_2 = \frac{\pi}{6}\gamma d^3\cos\alpha\left(h_T - h + d - \int_{h-d/2}^{h_T}\beta_0\mathrm{d}y\right) \tag{10.42}$$

若涡体跃出水面后，尚有竖向瞬时流速的余动能，涡体将以水滴形式跃离水面，抛射至某一高度 $\Delta h'$，则涡体所做的抛射功 WP 为

$$WP = \frac{4\pi}{3}\gamma\left(\frac{d}{2}\right)^3\Delta h'\cos\alpha = \frac{\pi}{6}\gamma d^3\Delta h'\cos\alpha \tag{10.43}$$

若忽略液体质点所受的空气阻力的影响，根据功能平衡原理，有

$$EK = WS + WG_2 + WP \tag{10.44}$$

将式 (10.39)、式 (10.40)、式 (10.42) 和式 (10.43) 代入式 (10.44) 整理得

$$\frac{u_y^2}{2g} = \frac{6\sigma'}{\gamma d} + \left(h_T - h + \frac{d}{2} + \Delta h' + \frac{d}{2} - \int_{h-d/2}^{h_T}\beta_0\mathrm{d}y\right)\cos\alpha$$

令 $h_T - h + d/2 + \Delta h' = \Delta h$，$\left(\dfrac{d}{2} - \displaystyle\int_{h-d/2}^{h_T}\beta_0\mathrm{d}y\right)/\Delta h = K_0$，代入上式得

$$\frac{u_y^2}{2g} = \frac{6\sigma'}{\gamma d} + \Delta h\cos\alpha(1 + K_0) \tag{10.45}$$

式中：K_0 为掺气修正系数，在未掺气时，$h_T = h$，$\beta_0 = 1$，$K_0 = 0$。

由于未掺气水流沿水面法线方向的时均流速为零，所以涡体在沿水面法线方向的瞬时

流速等于该方向的脉动流速，即 $u_y = u'_y$，故式（10.45）可以写成

$$\frac{u'^2_y}{2g} = \frac{6\sigma'}{\gamma d} + \Delta h \cos\alpha (1 + K_0) \qquad (10.46)$$

对式（10.46）取时间平均得

$$\frac{\overline{u}'^2_y}{2g} = \frac{6\sigma'}{\gamma \overline{d}} + \Delta \overline{h} \cos\alpha (1 + \overline{K}_0) \qquad (10.47)$$

M. Hino 的研究表明，涡体直径的时均值可假设为

$$\overline{d} = k_1 \sqrt{R\nu / v_*} = k_1 (\nu \sqrt{R} / \sqrt{gJ})^{1/2} \qquad (10.48)$$

式中：k_1 为系数；R 为水力半径；ν 为水流的运动黏滞系数；v_* 为摩阻流速；J 为水力坡度。

又因为 $\overline{u}'^2_y$ 可以写成 $(\sqrt{\overline{u}'^2_y})^2$，根据窦国仁的研究，在水面附近涡体的竖向脉动流速与摩阻流速成正比，即

$$\sqrt{\overline{u}'^2_y} = k_2 v_* = k_2 \sqrt{gRJ} \qquad (10.49)$$

式中：k_2 为系数。

将式（10.48）和式（10.49）代入式（10.47）整理得

$$\Delta \overline{h} = \frac{1}{2\cos\alpha} \left[BRJ - A \left(\frac{J}{R} \right)^{1/4} \right] \qquad (10.50)$$

式中：$A = \dfrac{12\sigma' g^{1/4}}{k_1 \nu^{1/2} \gamma (1 + \overline{K}_0)}$；$B = \dfrac{k_2^2}{1 + \overline{K}_0}$。

故掺气水流水深的计算公式为

$$h_a = h + \Delta \overline{h} = h + \frac{1}{2\cos\alpha} \left[BRJ - A \left(\frac{J}{R} \right)^{1/4} \right] \qquad (10.51)$$

式中：h、R、J 分别为不掺气水流时的水深、水力半径和水力坡度。

均匀流时，$J = i$，i 为明渠的底坡；非均匀流时，$J = (nv/R^{2/3})^2$，n 为粗糙系数，v 为断面平均流速。

对于待定系数 A 和 B，吴持恭根据实验给出的计算公式为

$$A = (3.1 + 4.26J - 4.78J^2) \times 10^{-3} \qquad (10.52)$$

$$B = -17.942J^2 + 21.369J - 2.269 \quad (J \geqslant 0.5) \qquad (10.53)$$

$$B = 7.23 \times 10^{-0.52J} \quad (J < 0.5) \qquad (10.54)$$

下面研究掺气水流发生的条件。

紊流边界层发展到水面是掺气发生的必要条件，其充分条件为水面附近的涡体所具有的竖向脉动动能大于克服表面张力所做的功和涡体刚好跃出水面所做的重力功，所以水流掺气发生的条件为

$$EK > WS + WG_1 \qquad (10.55)$$

取 $u_y = u'_y$，将式（10.39）、式（10.40）和式（10.41）代入式（10.55）再取时均得

$$\frac{\overline{u}'^2_y}{2g} > \frac{6\sigma'}{\gamma \overline{d}} + \frac{\overline{d}}{2} \cos\alpha \qquad (10.56)$$

将式（10.48）和式（10.49）代入式（10.56）整理得

$$k_2^2(R^5J^3)^{1/4} > \frac{12\sigma'g^{1/4}}{\gamma k_1\nu^{1/2}} + k_1\frac{\nu^{1/2}}{g^{1/4}}\left(\frac{R}{J}\right)^{1/2}\cos\alpha$$

水流未掺气时，$K_0=0$。所以 $A=\dfrac{12\sigma'g^{1/4}}{\gamma k_1\nu^{1/2}}$，$k_1=\dfrac{12\sigma'g^{1/4}}{A\gamma\nu^{1/2}}$，$B=k_2^2$，代入上式得

$$(R^5J^3)^{1/4} > \frac{A}{B} + \frac{12\sigma'}{AB\gamma}\left(\frac{R}{J}\right)^{1/2}\cos\alpha$$

由上式解出 J 得

$$J > \left\{\left[\frac{A}{B} + \frac{12\sigma'}{AB\gamma}\left(\frac{R}{J}\right)^{1/2}\cos\alpha\right]^4 \frac{1}{R^5}\right\}^{1/3} \tag{10.57}$$

令

$$J_{\min} = \left\{\left[\frac{A}{B} + \frac{12\sigma'}{AB\gamma}\left(\frac{R}{J}\right)^{1/2}\cos\alpha\right]^4 \frac{1}{R^5}\right\}^{1/3} \tag{10.58}$$

则 $J > J_{\min}$ 时，水流开始掺气，这就是以最小水力坡度形式表示的明渠均匀流水流掺气条件的判别式。此式也可近似地应用于明渠非均匀流，只要令 $J=(n\nu/R^{2/3})^2$ 即可。

如果取 $J=(n\nu/R^{2/3})^2$ 代入式（10.57）化简后得

$$\nu > \frac{1}{n}\left[\left(\frac{A}{B} + \frac{12\sigma'}{AB\gamma}\frac{R^{7/6}}{n\nu}\cos\alpha\right)^4 \frac{1}{R}\right]^{1/6} \tag{10.59}$$

令

$$\nu_{\min} = \frac{1}{n}\left[\left(\frac{A}{B} + \frac{12\sigma'}{AB\gamma}\frac{R^{7/6}}{n\nu}\cos\alpha\right)^4 \frac{1}{R}\right]^{1/6} \tag{10.60}$$

则 $\nu > \nu_{\min}$ 时，水流开始掺气。这就是以最小流速表示的明渠均匀流掺气条件的判别式，此式也可近似地应用于明渠非均匀流。式（10.60）经国内、外 18 组实测资料验证，与实际情况能较好吻合。

10.4.4 掺气水深和掺气发生条件的经验公式

1. 掺气水深的计算

水流的掺气程度，可用掺气浓度 C 来衡量，掺气浓度为掺气水流中气体的体积占水汽混合体的体积的比值。如以 W_a 表示掺气水流中气体的体积，W 表示掺气水流中水的体积，则掺气浓度为

$$C = W_a/(W+W_a) \tag{10.61}$$

有时也可用含水率 β_0 来表示水流的掺气程度，即

$$\beta_0 = W/(W+W_a) \tag{10.62}$$

由式（10.61）和式（10.62）可得

$$C = 1 - \beta_0 \tag{10.63}$$

二维掺气水流的断面平均掺气浓度为

$$\overline{C} = \frac{1}{h_a}\int_h^{h_a} C\,\mathrm{d}y \tag{10.64}$$

式中：h 为清水水流的水深，若掺气充分并达到底部时，$h=0$；h_a 为掺气水流的水深；$\overline{C}$ 为断面平均掺气浓度。

三维掺气水流的断面平均掺气浓度 $\overline{C}$ 可用掺气水流中气体的流量 Q_a 和掺气水流中水的流量 Q 与水气混合体的流量比值求得，即

$$\overline{C} = Q_a/(Q_a+Q) \tag{10.65}$$

$$\overline{\beta}_0 = Q/(Q_a + Q) \tag{10.66}$$

对于矩形断面，宽度为 b，掺气水流的水深为 h_a，不掺气水流的水深为 h，掺气水流的断面平均流速为 u_{xa}，不掺气水流的断面平均流速为 v，则

$$\overline{\beta}_0 = \frac{Q}{Q_a + Q} = \frac{vbh}{u_{xa}bh_a} = \frac{vh}{u_{xa}h_a}$$

如近似地认为 $u_{xa} \approx v$，则

$$\overline{\beta}_0 = h/h_a = 1 - \overline{C} \tag{10.67}$$

或

$$h_a = h/(1 - \overline{C}) \tag{10.68}$$

式（10.68）即为掺气水流水深的计算公式。

对于不掺气水流的水深，可按照第 2 章的明渠恒定非均匀渐变流水面曲线的计算方法计算。如果知道矩形渠槽中水流的断面掺气浓度 $\overline{C}$ 或断面平均含水率 $\overline{\beta}_0$，就可以利用式（10.68）计算掺气水流的水深。

2. 掺气浓度和掺气发生条件的经验公式

在用式（10.68）计算掺气水深时，必须知道断面平均掺气浓度或含水率。断面平均掺气浓度或含水率有以下经验公式。

（1）霍尔（L. S. Hall）公式：

$$\overline{\beta}_0 = \frac{1}{1 + \alpha_0 v^2/(gR)} \tag{10.69}$$

式中：v 为不掺气水流的断面平均流速；R 为不掺气水流的水力半径；α_0 为与壁面性质有关的系数。

对于木壁面，$\alpha_0 = 0.003 \sim 0.004$；对于普通混凝土壁面，$\alpha_0 = 0.004 \sim 0.006$；对于粗混凝土或光滑砌石壁面，$\alpha_0 = 0.008 \sim 0.012$；对于粗砌石或浆砌石块面，$\alpha_0 = 0.015 \sim 0.02$。

（2）美国陆军工程兵团公式：

$$\left. \begin{array}{l} \overline{C} = 0.509 + 0.38\lg(i/q^{2/3}) \quad \text{（光滑槽）} \\ \overline{C} = 0.826 + 0.70\lg(i/q^{1/5}) \quad \text{（粗糙槽）} \end{array} \right\} \tag{10.70}$$

式中：i 为渠槽底坡；q 为单宽流量。

（3）王俊勇公式和王世夏公式：

王俊勇根据国、内外 13 个陡槽掺气水流实测资料得到的公式为

$$\overline{\beta}_0 = 0.937 \left(Fr^2 \psi \frac{b}{h} \right)^{-0.088} \tag{10.71}$$

式中：b 为泄槽宽度；$\psi = n\sqrt{g}/R^{1/6}$；n 为粗糙系数。

王世夏公式：

$$\overline{C} = 0.538 \left(\frac{nv}{R^{2/3}} - 0.02 \right) \tag{10.72}$$

对于掺气发生条件的判别，除吴持恭的式（10.57）和式（10.59）以外，还有下列经验公式：

（1）杜马（J. H. Douma）公式：

$$v_{min} = \sqrt{5gR} \tag{10.73}$$

（2）巴维尔（D. Pavel）公式：

$$J_{min} = 0.0784/R^{0.0834} \tag{10.74}$$

式中：R 的单位以 m 计。当 $v > v_{min}$ 或 $J > J_{min}$ 时水流开始掺气。

10.4.5 掺气发生点的确定

掺气发生点是指紊流边界层发展到水面、水流紊动能使涡体跃出水面，如图 10.9 中的 B 点。但在底坡较陡的情况下，紊流边界层发展到水面后，因流速和紊动强度均增加较快，经过很短距离水流即开始掺气，所以近似地认为紊流边界层发展到水面处即为掺气发生点。

对于矩形陡槽的掺气发生点可直接应用《水力学》（上册）第 8 章的紊流边界层公式来计算。在计算时，式中的 δ 用水深代替，x 用掺气发生点距陡槽起始断面的距离 L 代替。

由于溢流坝的坝面为曲面，曲面紊流边界层目前尚无成熟简单的理论公式。米切尔斯（Michels）曾将平板紊流边界层的公式应用于溢流坝面，但其系数通过实测资料来确定。平板紊流边界层的计算公式［见《水力学》上册的式（8.56）］可以写成下面的通用形式

$$\delta = a\left(\frac{\nu}{v}\right)^{m/(m+1)} x^{1/(m+1)} \tag{10.75}$$

式中：a 和 m 为系数；ν 为水流的运动黏滞系数；v 为水流的断面平均流速，且 $v = q/h$。

当紊流边界层发展到水面时，$\delta = h$，$x = L$，代入式（10.75）整理得

$$L/h = q^m/(a^{m+1}\nu^m)$$

令 $1/(a^{m+1}\nu^m) = b$，则

$$L/h = bq^m \tag{10.76}$$

关于掺气发生点的确定，有多种经验公式。米切尔斯根据原型观测及模型试验资料求得

$$L/h = 129.6/q^{1/12} \tag{10.77}$$

式中：q 为溢流坝的单宽流量，$m^3/(s \cdot m)$；h 为距坝面起始点 L 处的水深，h、L 的单位为 m。

王俊勇等根据原型观测得出的经验公式为

$$L = 12.2q^{0.718} \tag{10.78}$$

1980 年，肖兴斌通过对 9 个溢流坝的原型观测，提出的公式为

$$L = 14.0q^{0.715} \tag{10.79}$$

天津大学刘宣烈得到的公式为

$$L = \frac{\Delta}{6.03}\left(\frac{q}{\sqrt{g\Delta^3 i}}\right)^{0.789} \tag{10.80}$$

式中：Δ 为壁面的当量粗糙度；i 为泄槽的底坡。

康拜尔（Campbel）提出的公式为

$$h/L = 0.08/(L/\Delta)^{0.233} \tag{10.81}$$

10.4.6 强迫掺气

强迫掺气主要有挑射水流的掺气、水跃的掺气、竖井溢洪道的掺气，以及为减免空蚀破坏常在溢流面设置各种掺气设施，给溢流面强迫掺气。

强迫掺气的特点是仅在局部范围内掺气，经过一定距离后，在强迫掺气设施附近，由于气泡不断逸出，加之水面还有可能存在掺气，因此，水流具有典型的非均匀掺气特性。

目前，虽然在工程中已大量应用掺气设施来减免溢流面的空蚀破坏，但对于强迫掺气的理论研究尚不多见。

10.5 高速水流的急流冲击波

10.5.1 明渠急流冲击波现象

溢洪道或陡槽中的水流，一般都属于急流。当明渠中的急流遇到渠壁改变方向（如因

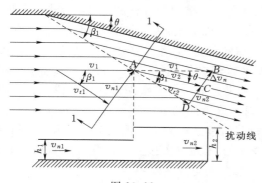

图 10.11

工程要求采用收缩段或扩散段），或是因为地形限制溢洪道或陡槽采用弯道时，因渠槽的边壁偏转对渠中水流有扰动作用，而在急流中，这种扰动只能向下游传播，使下游平面上形成一系列呈菱形状的扰动波，称为冲击波，如图 10.11 所示。实际观测表明，对于明渠急流，当边墙一侧或两侧不成直线或渠身为非棱柱体时，都会产生冲击波。冲击波对工程有两个不利的影响：

（1）冲击波使水流局部壅高。实际观测表明，当渠槽边墙向水流内部偏转时，冲击波使横断面上的水深局部增加，因而增加了边墙的高度，加大了工程造价。

（2）冲击波传到下游出口处，使水流部分集中，增加了下游消能的困难。

因此，工程上应尽量避免冲击波的发生，在无法避免时，则必须预先估计出其水深的壅高值，以采取必要的工程措施。

10.5.2 冲击波的成因

冲击波是怎样产生的？一般认为，当具有巨大惯性的急流遇到内偏折（即凹弯）边墙的阻碍时，水流对边墙产生冲击，而边墙迫使水流转向。边墙的阻碍使水面局部壅高，形成一个正的扰动波，如图 10.12 中的实线所示。

当急流遇到边墙的外偏折（即凸弯）时，突然失去依托，水面局部降落，形成一个负的扰动波，如图 10.12 中的虚线所示。对于急流，流速大于波速，扰动波不可能向上游传播，只能向下游传播。当扰动波横向往对岸传播时，与急流合成后，使扰动线（即波前）呈一向下游倾斜的斜线；当扰动波传到对岸时，

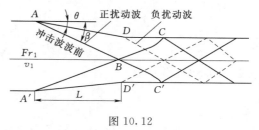

图 10.12

又以同样斜率反射回来，如此不断地向下游传播。对于两岸均有偏折的急流渠道，左、右岸偏折点产生的扰动同时穿梭似地向对岸传播及反射，从而形成了有规则的冲击波现象。

综上分析，边界的偏折是产生冲击波的外因，急流的巨大惯性是产生冲击波的内因，对于缓流，即使边界再偏折，也不致产生冲击波。

10.5.3 冲击波的水力计算

由于冲击波是因为边墙偏折所引起的，所以，它一方面向下游传播，另一方面还要横向传播。因为急流中波的传播速度小于水流的速度，因此扰动波横向传播时，水流正以大于波速的流速向前运动，扰动到达时，水流已前进一段距离。所以扰动影响的范围必然在扰动开始发生地点的下游，且距侧壁的距离越远越靠近下游，这样，在平面上就形成一条划分扰动区域的斜线，称为扰动线，亦叫波前。扰动线与原来水流方向的夹角 β_1 称为波角，扰动线以下的区域内发生水面壅高，扰动线保持一定的波角斜贯下游，遇到对岸边墙又反射回来，如此继续下去，便形成一系列的波。若两侧边墙的偏转情况相同，便形成一系列的菱形波。如不发生新的扰动，则由于波的相互干扰及摩阻作用，陡槽内的波将逐渐衰减下去。同理，当侧壁向水流外面偏转时，由于水流断面扩大，扰动线以下区域内，水面跌落。

如图 10.11 所示，边墙向水流内部偏转，设偏转角为 θ，水流产生一个波角为 β_1 的冲击波。h_1、v_1、h_2、v_2 分别为扰动线上、下游的水深和流速；v_{t1}、v_{n1} 和 v_{t2}、v_{n2} 分别为 v_1、v_2 沿扰动线方向和垂直于扰动线方向的流速分量。由于水深只在扰动线上、下游有变化，沿扰动线的方向水流不受干扰作用，因此该方向的分速不应改变，即 $v_{t1}=v_{t2}$。为了求得扰动线的位置和扰动后的水深，利用动量方程进行分析。现假定：①水流的铅直方向的加速度可以忽略不计，因而沿铅垂线上的动水压强可以按静水压强分布规律计算；②水流的水深由 h_1 变到 h_2 的过程中，能量损失和阻力可以忽略不计。

对单位长度的波前写连续性方程和动量方程如下：

$$h_1 v_{n1} = h_2 v_{n2} \tag{10.82}$$

$$\frac{\gamma}{2}(h_2^2 - h_1^2) = \frac{\gamma}{g}q(v_{n1} - v_{n2}) \tag{10.83}$$

因为 $q = h_1 v_{n1}$，$v_{n2} = (h_1/h_2)v_{n1}$，代入式（10.82）得

$$v_{n1} = \sqrt{gh_1}\sqrt{\frac{1}{2}\frac{h_2}{h_1}\left(1 + \frac{h_2}{h_1}\right)} \tag{10.84}$$

以 $v_{n1} = v_1 \sin\beta_1$ 代入式（10.84）得

$$\sin\beta_1 = \frac{\sqrt{gh_1}}{v_1}\sqrt{\frac{1}{2}\frac{h_2}{h_1}\left(1 + \frac{h_2}{h_1}\right)} \tag{10.85}$$

或

$$\sin\beta_1 = \frac{1}{Fr_1}\sqrt{\frac{1}{2}\frac{h_2}{h_1}\left(1 + \frac{h_2}{h_1}\right)} \tag{10.86}$$

由式（10.86）得

$$\frac{h_2}{h_1} = \frac{1}{2}(\sqrt{1 + 8Fr_1^2 \sin^2\beta_1} - 1) \tag{10.87}$$

式（10.86）和式（10.87）表示波角及水深变化和原来水流特征的关系。

当 $h_2 \approx h_1 = h$ 时，式（10.86）可简化为

$$\sin\beta_1 = 1/Fr_1 = \sqrt{gh}\,/v \tag{10.88}$$

在这种情况下，波角主要取决于原来水流的弗劳德数。

1. 小偏折角引起的冲击波

对于小偏折角，可以用 $\Delta\theta$ 代替 θ。为了求得扰动前后的水深变化，对图 10.11 中的三角形 ABC 应用正弦定律，得

$$\frac{\Delta v_n}{v_1} = \frac{\sin\Delta\theta}{\sin(90° + \beta_1 - \Delta\theta)} \tag{10.89}$$

当 $\Delta\theta \to d\theta$ 时，$\sin\Delta\theta \to d\theta$，$\sin(90° + \beta_1 - \Delta\theta) \to \cos\beta_1$，$\Delta v_n \to dv_n$，去掉代表未扰动前水流运动要素各量的脚标 1，得

$$dv_n = v d\theta/\cos\beta \tag{10.90}$$

考虑到 $h_2 - h_1 = dh$，$v_{n1} - v_{n2} = dv_n$，则式（10.83）变为

$$\frac{\gamma v_n h}{g} dv_n = \frac{\gamma}{2}\left[(h + dh)^2 - h^2\right]$$

略去高次微商 $(dh)^2$，上式简化为

$$dv_n = g\,dh/v_n \tag{10.91}$$

合并式（10.90）和式（10.91），并以 $v_n = v\sin\beta$ 代入得

$$\frac{dh}{d\theta} = \frac{v^2}{g}\frac{\sin\beta}{\cos\beta} = \frac{v^2}{g}\frac{\sin\beta}{\sqrt{1 - \sin^2\beta}} = \frac{v^2}{g}\frac{\sqrt{gh}}{\sqrt{v^2 - gh}} \tag{10.92}$$

式（10.92）就是微小偏转角引起的水深变化的微分方程。

当波高不大时，可略去阻力，假设断面能量不变，即

$$h + v^2/(2g) = H$$

或

$$v = \sqrt{2g(H - h)}$$

代入式（10.92）得

$$\frac{dh}{d\theta} = \frac{2(H - h)\sqrt{h}}{\sqrt{2H - 3h}}$$

对上式进行积分得

$$\theta = \sqrt{3}\arctan\sqrt{\frac{3h}{2H - 3h}} - \arctan\frac{1}{\sqrt{3}}\sqrt{\frac{3h}{2H - 3h}} - \theta_1 \tag{10.93}$$

以 $2H = 2h + hv^2/(gh) = h(2 + Fr^2)$ 代入式（10.93），又可得

$$\theta = \sqrt{3}\arctan\sqrt{\frac{3}{Fr^2 - 1}} - \arctan\frac{1}{\sqrt{Fr^2 - 1}} - \theta_1 \tag{10.94}$$

式中：h、Fr 均为受偏转角 θ 扰动后的水深及弗劳德数；θ_1 为积分常数，由初始条件 $\theta = 0$，$h = h_1$ 确定。

式（10.94）是卡门（T. V. Kármán）得到的，故称为卡门公式。

为了便于计算，将式（10.94）绘成曲线如图 10.13 所示，只要知道扰动前的水流条件，即 h_1/H 或 Fr_1，可由图 10.13 查出对应的角度 θ_1 值，然后加减边墙的偏折角 θ（内偏折为加，外偏折为减）后，即可根据 $\theta_1 \pm \theta$ 查出扰动后的水流情况 h_2/H 或 Fr_2，从而定出 h_2 和 v_2。

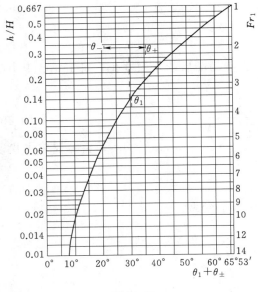

图 10.13

2. 大偏折角引起的冲击波

当侧壁直线转向，偏角较大时，上述方法不再适用。当波高较大时，h_2 比 h_1 大得多，因为 $v_{t1}=v_{t2}$，由图 10.11 的几何关系知

$$v_{t1}=\frac{v_{n1}}{\tan\beta_1}=v_{t2}=\frac{v_{n2}}{\tan(\beta_1-\theta)}$$

以式（10.82）$v_{n1}=(h_2/h_1)v_{n2}$ 代入上式得

$$\frac{h_2}{h_1}=\frac{\tan\beta_1}{\tan(\beta_1-\theta)} \qquad (10.95)$$

由式（10.95）得

$$\tan\theta=\frac{\tan\beta_1(h_2/h_1-1)}{h_2/h_1+\tan^2\beta_1}$$

由式（10.95）和式（10.87）得

$$\tan\theta=\frac{\tan\beta_1(\sqrt{1+8Fr_1^2\sin^2\beta_1}-3)}{2\tan^2\beta_1+\sqrt{1+8Fr_1^2\sin^2\beta_1}-1} \qquad (10.96)$$

若已知未扰动前的 Fr_1 和干扰角 β_1，则可以由式（10.96）直接求出偏转角 θ。但如果知道偏转角 θ 和 Fr_1，由式（10.96）求干扰角 β_1 难度较大。为了计算方便，现给出迭代公式。

由式（10.87）和式（10.95）得

$$\sqrt{1+8Fr_1^2\sin^2\beta_1}-1=\frac{2\tan\beta_1}{\tan(\beta_1-\theta)}$$

由上式得

$$\tan(\beta_1-\theta)=\frac{2\tan\beta_1}{\sqrt{1+8Fr_1^2\sin^2\beta_1}-1}$$

由此得 β_1 的迭代公式为

$$\beta_1=\arctan\left[\frac{2\tan\beta_1}{\sqrt{1+8Fr_1^2\sin^2\beta_1}-1}\right]+\theta \qquad (10.97)$$

在迭代时，β_1 和 θ 的单位均用弧度。一般 θ 是已知的，式（10.97）的迭代初值 β_1 略大于 θ 即可。有了 β_1，再利用式（10.95）或式（10.87）求出 h_2。

10.5.4　冲击波的反射与干扰

以上分析只限于水流沿一侧转折的边墙流动，未考虑对岸边墙传来的影响。而实际上泄水建筑物两侧边墙所造成的扰动是互相影响的。因为侧壁转折所发生的冲击波传至对岸时要发生反射，这样就造成了彼此干扰，使波浪加强或减弱，在下游形成复杂的扰动波形图。图 10.14 为一边侧壁有转折，而另一边墙平直的情况。

由图 10.14 可以看出，侧壁在 A 点开始以直线向内偏转一个 θ 角，扰动波以波角 β_1 自 A 点传至到对岸 B 点。扰动线 AB 下游水面壅高。水流因受侧壁转折的影响，迫使流线转向，平行于 AC。此时对岸侧壁虽未转向，但对水流流线来说，相当于 BD 岸偏转一

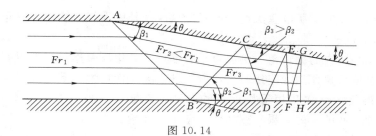

图 10.14

个角度 θ，所以扰动线又以波角 β_2 自 B 点反射到 C 点，如此继续下去，至 D，E，F，$\cdots$，这种现象称为冲击波的反射。因为侧壁是向水流内部偏转的，所以水深逐步壅高，即 $h_1 < h_2 < h_3 \cdots$，$Fr_1 > Fr_2 > Fr_3 \cdots$。至于波角，在水深越来越增加，弗劳德数越来越小的情况下，波角 β 则越来越大，若偏转的侧壁相当长，最后波角可达 $90°$，波浪不再反射。

如果两岸侧壁都向内偏转一个同样大小的转折角 θ，则冲击波的波形图将是以中心线为对称轴，两边都与图 10.14 相同的波形所组成，如图 10.15 所示。

如果渠道两岸侧壁同向转折一个 θ 角，如图 10.16 所示。向外转折的侧壁将自 A 点以波角 β_1 产生跌落波，也叫负波，用 Fr^- 来表示；向内偏转的侧壁将自 B 点以波角 β_2 产生壅高波，也叫正波，用 Fr^+ 表示。由于扰动波的反射，正负波互相干扰，使水面产生高低不平的复杂图形。对于图 10.16 所示的情况，ACD 范围内为负波，水深减小，弗劳德数增大；BCE 范围内为正波，水深增大，弗劳德数减小；$CDJE$ 范围内为正负波相互抵消，水深及弗劳德数均恢复到与未扰动前一样的数值。这样，正负波互相反射、干扰，继续向下游传播，产生如图 10.16 所示的波形图。

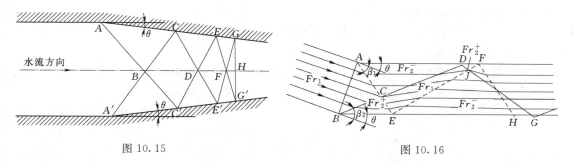

图 10.15   图 10.16

根据以上原理，可以设想，如果两岸侧壁转折点 A、B 在同一扰动线上就可以消除扰动波，如图 10.17 所示。侧壁向外转折的一边，自 A 点产生一个负波，以波角 β 横过渠道传到 B 点，B 点反射的负波扰动线将与 B 点因侧壁向内转折产生的正波扰动线相重合，正负波互相抵消，所以不再有扰动发生。

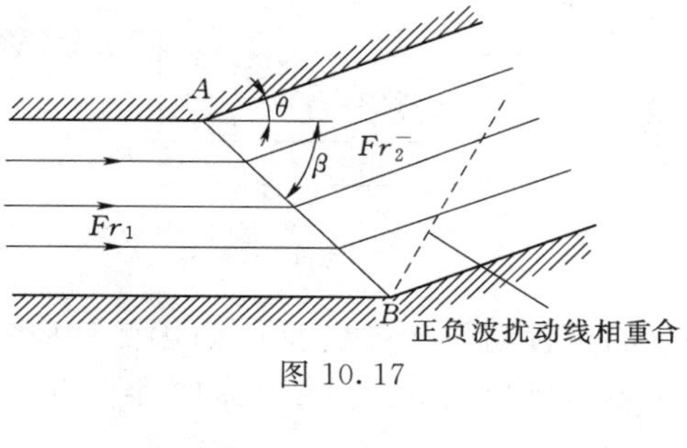

图 10.17

10.5.5 克服急流冲击波的方法

由以上分析可知，产生急流冲击波的内因是水流的惯性，外因是边界条件的改变。水流的惯性是难以改变的，所以急流冲击波只能从改变外因上想办法。下面介绍一些克服急流冲击波的具体方法。

（1）尽量减小边界的偏转角。例如对于收缩段，若用反弧连接，表面上看似乎比较平顺圆滑，但其总偏折角比直线连接时大，所以冲击波反而增大，不宜采用。

（2）采用正负扰动波互相干扰抵消的办法，能够起到减免急流冲击波的良好效果。例如对于图 10.12 所示的收缩段，只要根据上述公式适当选择偏折角 θ 或收缩段长度 L，使 C 与 D 或 C' 与 D' 互相重合，正负扰动波即相互抵消。对于弯道，可在弯曲段前后各接一段曲线（一般叫复曲线法），其半径约为原曲线的 2 倍，使其扰动恰好与弯曲段的扰动相互抵消。

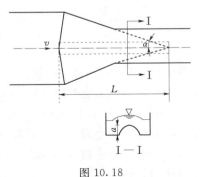

图 10.18

（3）局部抬高渠底，使增加动水压力而与扰动波引起的冲击力相平衡，也能有效减免收缩段或扩散段的急流冲击波。局部抬高的长度 L 由收缩段几何形状确定，如图 10.18 所示。局部抬高的高度可用式（10.98）计算，即

$$a = \sqrt{h_1^2 + \frac{2h_1 v \sin^2 \alpha}{g}} - h_1 \tag{10.98}$$

式中：α 为收缩段与渠道中心线的夹角；a 为渠底局部抬高的高度。

此外，抬高弯道凹岸渠底而造成一种横向波，或将较宽弯道分割成较窄弯道等，也能有效减免冲击波。

10.5.6　急流过渡段的设计

根据以上克服冲击波的方法，对急流过渡段设计如下。

1. 急流收缩段的设计

对于急流收缩段的设计应满足：①冲击波的高度尽可能降低；②减小或尽可能地消除收缩段下游渠道的冲击波。如前所述，理论上直线连接应是最佳的选择。

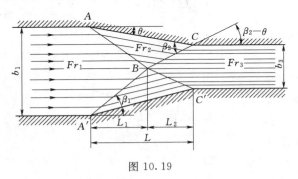

图 10.19

图 10.19 为一急流直线收缩段，在直线段的起点，由于侧壁向内偏转，产生正扰动，在收缩段的终点，由于侧壁向外偏转，产生负扰动。两岸侧壁起点 A 和 A' 产生的扰动线在中心线的 B 点相遇，又被反射到侧壁的 C 点及 C' 点，如图 10.19 所示。若能恰当选择直线收缩段的长度及偏转角 θ，使 C 及 C' 恰在收缩段的终点，则扰动线 BC 及 BC' 所产生的正扰动与终点 C 及 C' 点因侧壁向外转折所产生的负扰动大小相等，正负互相抵消，下游不再发生扰动。由图 10.19 中的几何关系可以看出，直线收缩段的长度 L 为

$$L = L_1 + L_2 = \frac{b_1}{2\tan\beta_1} + \frac{b_3}{2\tan(\beta_2 - \theta)} \tag{10.99}$$

$$L = (b_1 - b_3)/(2\tan\theta) \tag{10.100}$$

设计时，Fr_1、b_1、b_3 是已知的，可以先假设一个偏折角 θ，用式（10.97）求出 β_1，代入式（10.87）求出 h_2，然后求出 Fr_2。这里特别强调 $Fr_2 = v_2/\sqrt{gh_2}$ 的计算，v_2 不能采用连续性方程直接由流量除以过水断面面积，其原因有二：①过渡区的宽度是变化的；②过渡区的水流不是单向的，如图 10.19 所示。由图 10.11 可以看出

$$v_{n1} = v_1 \sin\beta_1$$

$$v_{n2} = v_2 \sin(\beta_1 - \theta)$$

将以上两式代入式（10.82）得

$$h_2 = \frac{v_{n1}}{v_{n2}} = \frac{v_1 h_1 \sin\beta_1}{v_2 \sin(\beta_1 - \theta)} \tag{10.101}$$

由此得

$$v_2 = \frac{v_1 h_1 \sin\beta_1}{h_2 \sin(\beta_1 - \theta)} \tag{10.102}$$

给式（10.102）两边同除以 $\sqrt{gh_2}$ 整理得

$$Fr_2 = Fr_1 \left(\frac{h_1}{h_2}\right)^{3/2} \frac{\sin\beta_1}{\sin(\beta_1 - \theta)} \tag{10.103}$$

求出 Fr_2 后，将已知的 Fr_2 和 θ 值代入式（10.97）求出 β_2，再用式（10.99）求出 L。求出的 L 值应与式（10.100）求出的 L 值相等，如不相等，须重新假设 θ，重复以上步骤，直到相等为止。这样就可对于给定的一个流量，确定出直线收缩段长度 L 和偏折角 θ。

收缩段以后的水力参数 Fr_3 和水深 h_3 计算过程如下：

根据连续性方程，$h_1 v_1 b_1 = h_3 v_3 b_3$，而 $v_1 = \sqrt{gh_1} Fr_1$，$v_3 = \sqrt{gh_3} Fr_3$，所以有

$$Fr_3 = \frac{b_1}{b_3} \frac{Fr_1}{(h_3/h_1)^{3/2}} \tag{10.104}$$

$$\frac{h_3}{h_1} = \left(\frac{b_1}{b_3} \frac{Fr_1}{Fr_3}\right)^{2/3} \tag{10.105}$$

2. 急流扩散段的设计

对急流扩散段的设计至今尚无完善的理论，下列实践经验可供初步设计时参考。

（1）急流扩散段起始断面以前的行近渠道的长度最少应有 5 倍的水深，才能保证进口处的动水压强按静水压强分布。

（2）若扩散段用直线连接，则下游冲击波是不可避免的。但欲使波动不致过分严重，侧壁扩散角应控制在下列范围之内：

$$\tan\theta \leqslant 1/(3Fr_1) \tag{10.106}$$

（3）对逐渐扩散的渠道，欲使急流得到良好的扩散，可用式（10.107）定出边墙曲线：

$$\frac{y}{b_1} = \frac{1}{2}\left(\frac{x}{b_1 Fr_1}\right)^{3/2} + \frac{1}{2} \tag{10.107}$$

式中：x、y 为扩散段侧壁的坐标，以扩散段进口断面与渠段中心线的交点为原点，以中心线为 x 轴，与中心线正交方向为 y 轴；b_1 为扩展始端宽度；Fr_1 为上游未扰动水流的

弗劳德数。

对下游与一定宽度相接的渠道，如果下游渠道宽度 $b_2 \leqslant 4b_1$，则可用反曲线连接，边墙曲线可以用图 10.20 来设计。

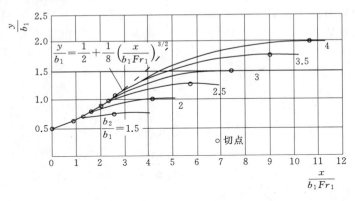

图 10.20

3. 急流弯道的设计

急流弯道的主要特点是自由液面上出现菱形交叉的冲击波，使水流表面变化非常复杂。设计急流弯道的一个重要任务就是分析计算冲击波，并提出消除或减弱冲击波的措施。

图 10.21 所示为一曲率半径和宽度都不变的矩形弯道急流，在弯道开始处，由于外壁在 A 点开始弯曲，在此处产生一个扰动，以波角 β_1 向外扩展，扰动线为 AB。同时，由于内壁在 A' 点开始弯曲，也产生一个初始扰动，其扰动线为 $A'B$。两条扰动线在 B 点相交。在 ABA' 的上游，水流不受扰动的影响，继续沿着来流方向运动，B 点以后，ABC 区只受外墙正扰动的影响，水面沿程逐渐升高至最高点 C；$A'BD$ 区只受内墙负扰动影响，水面沿程逐渐降低至最低点 D；过了 D 点以后，CBD 以下受两侧扰动同时影响，并不断地向下游反射、干扰和传播。由图 10.21 还可以看出，沿外壁当圆弧中心角为 θ_0，$3\theta_0$，$5\theta_0$，…处为水面最高点，圆弧中心角为 $2\theta_0$，$4\theta_0$，…处为水面的最低点；而沿内壁圆弧中心角为 θ_0，$3\theta_0$，$5\theta_0$，…处为水面最低点，圆弧中心角为 $2\theta_0$，$4\theta_0$，…处为水面的最高点。

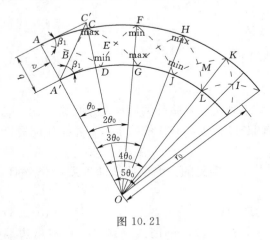

图 10.21

θ_0 可以根据下面的方法确定。由图 10.21 可以看出，$AC \approx AC' = b / \tan\beta_1$，而

$$\tan\theta_0 = \frac{AC'}{r_0 + b/2} = \frac{b}{(r_0 + b/2)\tan\beta_1} \tag{10.108}$$

式中：β_1 为初始角，用式（10.88）计算；式（10.88）中的 Fr_1 为弯道上游渠道的水流弗劳德数。

由式 (10.108) 解出：

$$\theta_0 = \arctan\left[\frac{b}{(r_0+b/2)\tan\beta_1}\right] \tag{10.109}$$

式中：b 为渠道宽度；r_0 为渠道中心线的曲率半径。

式 (10.109) 计算的是相应于第一次最大水深时的中心角 θ_0。

关于边墙水深，可由式 (10.110) 计算，即

$$h = \frac{v^2}{g}\sin^2\left(\beta_1 \pm \frac{\theta_0}{2}\right) \tag{10.110}$$

对外边墙转折角 θ_0 用正值；对内边墙 θ_0 用负值。

弯道中的水流做曲线运动，不仅受重力的作用，而且还受离心力的作用。由于离心力的作用，使得弯道水流产生凹岸高凸岸低的横向水面，称为弯道的平衡水面。

设水流未进入弯道前的原水面为 AA'，水流进入弯道后，若不考虑侧壁的扰动，因离心力所产生的平衡水面为 BB'，如图 10.22 所示。高出原水面的超高 AB 可近似地用下面的方法确定：

设液体质点的质量为 Δm，液体质点的流速近似地等于断面平均流速 v，各液体质点的曲率半径用平均曲率半径 r_0 来代替，则液体质点的离心力为 $\Delta mv^2/r_0$，重力为 Δmg，平衡时，该两力在 BB' 上的投影应相等，即

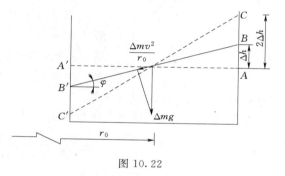

图 10.22

$$\Delta mg\sin\varphi = \frac{\Delta mv^2}{r_0}\cos\varphi$$

由上式得
$$\tan\varphi = v^2/(r_0 g)$$

又因为
$$\tan\varphi = \Delta h/(0.5b)$$

所以
$$\Delta h = bv^2/(2r_0 g) \tag{10.111}$$

由此可知，在矩形急流弯道中，若不考虑侧壁的扰动作用，因离心力作用沿外壁水面高出原水面的超高约为 $bv^2/(2r_0 g)$。

克纳普（Knapp）通过分析计算和实验结果均证明，弯道中冲击波的最高点高出原水面恰等于超高的两倍，即 $AC = 2\Delta h = bv^2/(r_0 g)$，同样，最低点比原水面低 $bv^2/(r_0 g)$。

由以上分析可以看出，弯道急流的扰动波沿侧壁在平衡水面的上、下振荡，其振幅为 $bv^2/(2r_0 g)$，其波长为 $2r_0\theta_0$。

急流弯道冲击波的消除方法有渠底超高法、渠底横向扇形抬高法、弯曲导流板法、复曲线法、斜导流掺气挑坎法、局部抬高渠底法、限制弯道半径法等。有关具体的设计，可参考相关文献。

10.6　陡 槽 中 的 滚 波

当陡槽的底坡 i 大于临界底坡 i_k 数倍时，有时还会产生另外一种奇异的波动现象，即每隔一定距离后，出现一个又有一个的波，其波前横贯全渠，波速大于流速，以致出现大波追小波，小波并成大波，以滚雪球似的方式不断向前传播，这种波动称为滚波，如图 10.23 所示。发生滚波的水流称为超急流。

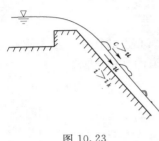

图 10.23

滚波与冲击波是完全不同的。冲击波是由于边界条件改变而引起的，其波动形状和位置在水流中都是固定的。而滚波则破坏了水流的恒定状态，使得水槽中的水面突然升高，同时也增加了下游消能的困难。

至于滚波形成的机理，一般认为在底坡较大的陡槽中，重力的分力及惯性力甚大，而摩阻力相对较小，扰动波在行进过程中，摩阻力不足以使它衰减，波高反而不断沿程增加，恒定流状态不能保持，就形成了滚波，所以陡槽摩阻力相对太小是形成滚波的根本原因。

关于滚波发生的条件，卡尔特维尔（Н. А. Картвелишвилъ）给出的判别式为

$$\frac{v_0}{\sqrt{gh_0}} > \frac{1.4}{1-1.4(\sqrt{\lambda}-0.45)^2} \tag{10.112}$$

沃依尼契霞诺仁茨基（Т. Г. Войнич - Сяноженцкий）给出的判别式为

$$\frac{v_0}{\sqrt{gh_0}} > \frac{1.7}{1-3.5(\sqrt{\lambda}-0.25)^2} \tag{10.113}$$

式中：v_0、h_0 分别为均匀流时的水流断面平均流速和水深；g 为重力加速度；λ 为渠槽的阻力系数。

滚波产生的条件是滚波形成的必要条件而非充分条件，按照卡姆巴连（А. О. Гамбарян）的研究，形成滚波的充分条件是渠槽长度 x_w 必须相当长，该长度可按式（10.114）计算，即

$$x_w/h_k \geqslant 4Fr^{2/3} \tag{10.114}$$

或

$$x_w/h_0 \geqslant 30/\lambda \tag{10.115}$$

式中：h_k 为临界水深；x_w 为滚波发生断面距渠槽进口的长度；Fr 为无滚波时水流的弗劳德数。

关于发生滚波的渠道坡度，阿尔锡尼施维里（Арсенивили）通过实验认为，坡度大、槽宽而水浅的陡槽中容易发生滚波，并提出了判别条件为 $0.02 < i < 0.3$，$h_0/\chi_0 < 0.1$ 时将发生滚波。其中 i 为陡槽的底坡；h_0、χ_0 为均匀流时水槽的水深和湿周。实践表明，这种判断方法简洁而与实验和原型观测一致。汤马斯（H. A. Tomas）认为，滚波发生的条件为 $\alpha_0 = \arcsin(4i_k)$，德列斯连尔（R. F. Dressler）认为 $\alpha_0 = \arctan(4i_k)$，其中 α_0 为渠道底坡。

滚波运动的速度比无滚波时的水流平均速度大 50%，根据卡姆巴连等的实验得到滚

波速度的计算式为

$$\frac{C_0}{\sqrt{gh_k}}=\frac{2}{3}(Fr+2) \tag{10.116}$$

式中：C_0 为滚波的速度。

滚波的波峰和波谷的关系满足水跃共轭水深的关系，即

$$\frac{h_2}{h_1}=\frac{1}{2}(\sqrt{1+8Fr_c^2}+1) \tag{10.117}$$

式中：h_2 和 h_1 分别为波峰和波谷断面的水深；$Fr_c=c/\sqrt{gh_1}$；c 为相对于水流的波速。

在设计陡槽时应校核槽内有无滚波发生，若可能发生滚波，应采取工程措施加以减免，一般的工程措施为减小陡槽的宽度，或人工加糙以增加陡槽的水深，或改变陡槽的断面形状，例如采用三角形和扇形断面一般不易发生滚波。

习　　题

10.1　用电测仪器每隔 0.5s 测得某溢洪道底部 A 点处的瞬时压强如习题表 10.1 所示。试求：

（1）时均压强 $\bar{p}$。

（2）脉动流速 p'。

（3）最大振幅 $A_{\max}$。方差 D_p，均方根 σ。

习题 10.1 表　　　　　　　　溢洪道底部 A 点处的瞬时压强测量值

测次	1	2	3	4	5	6	7	8	9	10
p/γ/m	3.76	4.10	4.68	4.60	4.34	3.48	3.24	3.82	3.96	4.38

10.2　已测得闸后侧壁处的时均真空高度 $\bar{p}_v/\gamma=2.5$m，断面平均流速 $v=22$m/s。问该处的最小瞬时真空高度为多少？

10.3*　有一泄洪隧洞，由模型试验测得某段的相对压强为 1.85m 水柱，断面平均流速为 28m/s，水温为 15℃。为防止空蚀发生，问对混凝土表面的不平整度如何要求。

10.4　有一高水头泄洪隧洞，在进口段设有事故平板闸门，泄放最大流量时，闸门槽前断面平均流速为 24m/s，断面最高点的压强水头为 30m（相对压强）。试问若采用流线形门槽（初生空化数 $K_i=0.6$）是否会发生空蚀？（取水温为 15℃）

10.5*　有矩形断面的混凝土陡槽，底宽为 10m，粗糙系数 $n=0.014$，在某断面求得不掺气水流的水深为 2m，断面平均流速为 28m/s，求掺气水流的水深。

10.6　某矩形断面陡槽，槽宽 $b=6.0$m，底坡 $i=0.584$，系用刨平木板制成，粗糙系数 $n=0.010$，当流量 $Q=6.23$m³/s，实际测得掺气水流的水深 $h_a=0.12$m。试计算掺气水流的水深，并与实测的掺气水深比较。

10.7　某矩形断面混凝土陡槽，全长 100m，底宽 0.6m，坡度 $\theta=30°$，粗糙系数 $n=0.014$，水流经过实用堰自由流入陡槽，最大流量 $Q=2$m³/s。试计算掺气水流的水面线。

10.8*　有一矩形断面陡槽，底宽 $b=10$m，泄洪流量 $Q=300$m³/s。因地形限制，溢

洪道边墙有一个 $\theta=13°$ 的偏转角。若已知偏转前的水深 $h_1=2.5\text{m}$，试计算偏转后溢洪道中的水深。

10.9 水深 $h_1=0.25\text{m}$ 的急流由于侧壁向内偏转 $\theta=20°$ 的角，产生 $\beta=30°$ 的冲击波。试求：

(1) 共轭水深 h_2。

(2) 上游断面平均流速 v_1。

(3) 下游断面平均流速 v_2。

10.10 有一宽 3.0m 的矩形陡槽，如习题 10.10 图所示，因地形关系，陡槽必须直线转折 30°。已知侧壁开始转折处的水深为 0.25m，断面平均流速为 5m/s。设计中应如何避免下游冲击波的发生，下游槽宽应为若干？转折后的水深为多少？

10.11 有一矩形断面陡槽，如习题 10.11 图所示，通过的流量 $Q=16\text{m}^3/\text{s}$。今欲将槽宽从 3.7m 收缩到 2.2m，已知收缩段起点处的水深 $h_1=0.6\text{m}$，欲使收缩段下游不发生冲击波，试求收缩段的长度及侧壁偏转角。

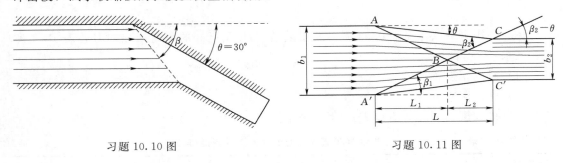

习题 10.10 图   习题 10.11 图

10.12 有一矩形断面的陡槽，底宽 $b=4\text{m}$。当槽中发生急流时，断面平均流速 $v_1=10\text{m/s}$，流量 $Q=60\text{m}^3/\text{s}$。流经一个弯道，弯道槽中线的曲率半径 $r_0=40\text{m}$。试计算弯道外墙最大水深发生的位置。

参 考 文 献

［1］ 清华大学水力学教研组.水力学［M］.1980 年修订版.北京：高等教育出版社，1983.

［2］ 吴持恭.水力学［M］.3 版.北京：高等教育出版社，2003.

［3］ 徐正凡.水力学［M］.北京：高等教育出版社，1987.

［4］ 许荫椿，胡德保，薛朝阳.水力学［M］.3 版.北京：科学出版社，1990.

［5］ 闻德荪，魏亚东，李兆年，等.工程流体力学（水力学）［M］.北京：高等教育出版社，1992.

［6］ 华东水利学院.水力学［M］.北京：科学出版社，1979.

［7］ 华东水利学院.水力学［M］.北京：科学出版社，1984.

［8］ 刘润生，李家星，王培莉.水力学［M］.南京：河海大学出版社，1992.

［9］ 西南交通大学水力学教研室.水力学［M］.北京：高等教育出版社，1993.

［10］ 武汉水利电力学院水力学教研室.水力学［M］.北京：人民教育出版社，1974.

［11］ 李建中.水力学［M］.西安：陕西科学技术出版社，2002.

［12］ 刘亚坤.水力学［M］.北京：中国水利水电出版社，2008.

［13］ 于布.水力学［M］.广州：华南理工大学出版社，2001.

［14］ 裴国霞，唐朝春.水力学［M］.北京：机械工业出版社，2007.

［15］ 武汉水利电力学院，华东水利学院.水力学［M］.北京：人民教育出版社，1979.

［16］ 李鉴初，杨景芳.水力学教程［M］.北京：高等教育出版社，1995.

［17］ 李文雄.水资源工程流体力学［M］.黄景祥，刘忠朝，译.武汉：武汉水利电力大学出版社，1995.

［18］ 清华大学水力学教研组.天津大学水利系水力学教研室，译.水力学［M］.北京：商务印书馆，1954.

［19］ 沙玉清.泥沙运动学引论［M］.沙际德，校订.西安：陕西科学技术出版社，1996.

［20］ 张瑞瑾.河流泥沙动力学［M］.北京：中国水利水电出版社，2002.

［21］ 王昌杰.河流动力学［M］.北京：人民交通出版社，2001.

［22］ 泄水建筑物消能防冲论文集编审组.泄水建筑物消能防冲论文集［C］.北京：水利出版社，1980.

［23］ ISO 标准手册 16：明渠水流测量［M］.水利电力部水文局，等译.北京：中国标准出版社，1986.

［24］ 武汉水利电力学院水力学教研室.水力计算手册［M］.北京：水利电力出版社，1983.

［25］ 中华人民共和国水利部.水工建筑物测流规范（SL 20—92）［S］.北京：水利电力出版社，1992.

［26］ 张志昌.明渠测流的理论和方法［M］.西安：陕西人民出版社，2004.

［27］ 张志昌.U 形渠道测流［M］.西安：西北工业大学出版社，1997.

［28］ 格拉夫·阿廷拉卡.河川水力学［M］.赵文谦，万兆惠，译.成都：成都科技大学出版社，1997.

［29］ 薛禹群，朱学愚.地下水动力学［M］.北京：地质出版社，1979.

［30］ 薛禹群.地下水动力学原理［M］.北京：地质出版社，1986.

［31］ 郭东平.地下水动力学［M］.西安：陕西科学技术出版社，1994.

［32］ 华东水利学院.水工设计手册：第六卷 泄水与过坝建筑物［M］.北京：水利电力出版

社，1987.

[33] 李建中，宁利中. 高速水力学 [M]. 西安：西北工业大学出版社，1994.

[34] 刘士和. 高速水流 [M]. 北京：科学出版社，2005.

[35] 陈椿庭. 高坝大流量泄洪建筑物 [M]. 北京：水利电力出版社，1988.

[36] 大连工学院水力学教研室. 水力学解题指导及习题集 [M]. 北京：高等教育出版社，1966.

[37] 张志昌，李郁侠，朱岳钢. U形渠道水跃的试验研究 [J]. 西安理工大学学报，1998，14（4）：377－381.

[38] P. 阿克尔斯，等. 测流堰槽 [M]. 北京市水利科学研究所，译. 北京：北京市水利科技情报站，1984.

[39] 张志昌，赵莹. 梯形断面明渠水跃共轭水深新的迭代方法 [J]. 西安理工大学学报，2014，30（1）：67－72.

[40] 张志昌，赵莹，傅铭焕. 矩形平底明渠水跃长度公式的分析与应用 [J]. 西北农林科技大学学报，2014，42（11）：188－198.

[41] 张志昌，傅铭焕，赵莹，等. 平底渐扩式消力池深度的计算 [J]. 武汉大学学报，2013，46（3）：295－299.

[42] 张志昌，李若冰. 基于动量方程的挖深式消力池深度的计算 [J]. 西北农林科技大学学报，2012，40（12）：214－218.

[43] 张志昌，李若冰，赵莹，等. 消力坎式消力池淹没系数和坎高的计算 [J]. 长江科学院院报，2013，30（11）：50－54.

[44] 张志昌，李若冰，赵莹，等. 综合式消力池深度和坎高的计算 [J]. 西安理工大学学报，2013，29（1）：81－85.

[45] 张志昌，魏炳乾，李国栋. 水力学及河流动力学实验 [M]. 北京：中国水利水电出版社，2016.

[46] 张志昌，张巧玲. 明渠恒定急变流和渐变流水力特性研究 [M]. 北京：科学出版社，2016.

[47] 张建丰，张志昌，李涛. 土壤水动力过程物理模拟 [M]. 北京：中国水利水电出版社，2020.

[48] John D. Anderson. JR. 计算流体力学入门 [M]. 姚朝辉，周强，译. 北京：清华大学出版社，2010.

[49] 陶文铨. 数值传热学 [M]. 西安：西安交通大学出版社，1988.

[50] 周雪漪. 计算水力学 [M]. 北京：清华大学出版社，1995.

[51] 高学平. 高等流体力学 [M]. 天津：天津大学出版社，2005.

[52] 许唯临，杨永全，邓军. 水力学数学模型 [M]. 北京：科学出版社，2010.

后　记

　　《水力学》（上、下册）第三版重印得到了西安理工大学水利水电学院国家一流专业建设点经费的大力支持，在此表示衷心的感谢！

　　水力学是研究液体运动规律以及应用这些规律解决实际工程问题的科学。内容多、概念多、学习难度大。为了使读者了解水力学的基本内容和知识要点，作《学习水力学》奉献给读者。有利于读者在学习水力学课程的过程中，知道水力学的基本问题、理解水力学的基本概念、掌握水力学的基本理论；有利于提高读者学习水力学的积极性和自觉性；有利于培养读者的科研兴趣和探索精神。也可以使读者在茶余饭后作为笑谈，古人云：笑一笑，十年少，正此谓也。

学习水力学

学习水力学，
先熟其物理特性，
静压、浮体。
元、涡、恒、非、均、总流[1]，
缓、急别[2]，层、紊分[3]，
沿程和局部阻力。
人生难得觅知己，
欧拉[4]、雷诺[5]、斯托克斯[6]；
纳维埃[7]，
伯努利[8]。

一篇读罢霜染丝，
还记着三大方程[9]，
管、渠痕迹[10]。
孔出、堰溢、浪淘沙[11]，
达西渗透原理[12]。
普朗特创边界层[13]，
冯卡门发现涡系[14]，
数模又开启新分支[15]。
时代催，
朝夕异。

注：

[1]　元、涡、恒、非、均、总流：指元流、涡流、恒定流、非恒定流、均匀流和总流。

[2]　缓、急别：指缓流和急流。

［3］　层、紊分：指液体中层流和紊流两种不同的流动形态。

［4］　欧拉（Euler）：瑞士数学家，古典水力学的奠基人。

［5］　雷诺（Reynolds）：英国力学家、物理学家，层流和紊流两种不同流动形态的提出者，著名的雷诺方程的创始人。

［6］　斯托克斯（Stokes）：英国物理学家。

［7］　纳维埃（Navier）：法国科学家。纳维埃和斯托克斯共同创立了著名的纳维埃-斯托克斯方程。

［8］　伯努利（Bernoulli）：瑞士数学家，古典水力学的奠基人。

［9］　三大方程：指连续性方程、能量方程和动量方程。

［10］　管、渠痕迹：指有压管流和无压明渠流。

［11］　孔出、堰溢、浪淘沙：孔出指孔口和闸孔出流；堰溢指堰流；浪淘沙指波浪运动和泥沙运动。

［12］　达西渗透原理：达西（Darcy），法国水力学家，渗流理论的奠基人。

［13］　普朗特（Prandtl）：德国科学家，边界层理论的创始人，现代流体力学之父。

［14］　冯卡门（von Kármán）：匈牙利科学家，涡街理论的创始人，现代航天之父。

［15］　数模又开启新分支：指计算水力学。